石油高等院校特色规划教材

油藏数值模拟

（富媒体）

刘月田　编著

石油工业出版社

内 容 提 要

本书内容主要包括三部分：一是基础部分，即通用的数值模拟方法，包括油藏数值模拟的概念、油藏渗流数学模型的建立、油藏渗流数学模型的离散化及线性代数差分方程组的解法等；二是专业部分，介绍各种典型油气藏的数值模拟理论与方法；三是应用部分，包括实际油藏数值模拟的方法步骤、油藏数值模拟软件使用方法及实际油藏数值模拟应用实例等。最后简单介绍油藏数值模拟现行技术及发展趋势。

本书可作为石油与天然气工程、资源与环境、地球科学等学科的研究生和本科生"油藏数值模拟"课程教材，同时可供油气田开发、石油地质等相关技术领域专业研究人员阅读参考。

图书在版编目（CIP）数据

油藏数值模拟：富媒体/刘月田编著. —北京：石油工业出版社，2021.10（2024.10重印）

石油高等院校特色规划教材

ISBN 978-7-5183-4835-0

Ⅰ.①油… Ⅱ.①刘… Ⅲ.①油藏数值模拟—高等学校—教材 Ⅳ.①TE319

中国版本图书馆 CIP 数据核字（2021）第 176179 号

出版发行：石油工业出版社

（北京市朝阳区安华里2区1号楼　100011）

网　　址：www.petropub.com

编辑部：（010）64523733

图书营销中心：（010）64523633

经　　销：全国新华书店

排　　版：三河市聚拓图文制作有限公司

印　　刷：北京中石油彩色印刷有限责任公司

2021年10月第1版　2024年10月第2次印刷
787毫米×1092毫米　开本：1/16　印张：24.5
字数：659千字

定价：68.00元
（如发现印装质量问题，我社图书营销中心负责调换）
版权所有，翻印必究

前言

人类进行科学研究的主要手段有三种，即实验观测、理论分析和数值计算，其中数值计算是随计算机技术发展起来的以计算机作为主要工具的最新研究手段。数值计算也常常叫作数值模拟、数值实验或数值仿真。数值计算既是一种科研手段和方法，同时其本身也作为一门科学——计算科学而不断发展。数值计算正在现代科学和工程研究中发挥越来越大的作用。

油藏数值模拟是人们利用数值模拟手段研究油气藏内物质运动变化规律及油气藏开发工程的一门科学技术，是现代油气田开发领域的主要研究方法之一，在全世界油气田开发中有着非常普遍的应用。

20世纪80年代开始，国内石油院校陆续开设"油藏数值模拟"课程，各院校编写了相关教学讲义，积累了丰富的教学实践经验。1989年9月由陈月明教授主编、多所石油院校合编的《油藏数值模拟基础》出版，该书一直被国内石油院校作为本科生教材或主要参考书之一。1993年韩大匡院士、陈钦雷教授共同编著出版了《油藏数值模拟基础》，该书一直被石油院校作为研究生"油藏数值模拟"课程教材或主要教学参考书。另外还有一些相关教材先后出版。

本书形成于长期的教学与科研实践当中，是在充分参考以前的教材、广泛进行相关文献资料调研的基础上，根据油藏数值模拟技术领域发展特点和趋势选取教材内容，注重专业和实用特色编写而成。与以往教材相比，书中扩充了典型油藏数学模型，突出了现代油藏数值模拟的理论方法，加强了油藏模拟应用内容，配置了油藏模拟教学软件。由此使得本书具有如下主要特点：

（1）内容的全面性和系统性。本书既包括理论方法，也包括实际应用和软件；同时，考虑到各种文献中油藏数值模拟应用的实例很多，实际工作中学习油藏数值模拟应用的机会也很多，而系统介绍油藏数值模拟理论方法的书籍和文献较少，因此本书将理论方法放在第一位，这部分内容占了大部分篇幅。在理论方面，对各种类型油藏和开发方式的典型数学模型，以及油藏模型的各种代表性解法都尽可能全面地进行了介绍，并将数学模型和多种解法相结合，形成了系统的理论方法体系。在应用方面，介绍了实际油藏数值模拟的方法步骤及完整的应用实例，新增了油藏模拟教学软件介绍、使用方法、应用实例等，并提供程序软件和富媒体资源。

（2）典型概念和原理的明确解释。本书对油藏数值模拟理论方法中一些重要的概念给出了明确的定义和说明，对一些重要的方法原理给出了直观的阐述，对一些此前不够明确的问题进行了解释。例如，离散化及网格化的概念，油藏模拟边界条件、初始条件、辅助方程的一般形式，封闭边界条件不同表述方式及其相互关系，线性方程迭代解法及非线性油藏模型全隐式迭代解法的构建原理等。

(3) 主要算法过程的完整性。油藏数值模型解法的核心内容是对渗流控制方程中渗流项、累积项和注采项的处理，本书对油水两相模型、黑油模型、多组分模型、各向异性模型及双重介质模型中所用到的 IMPES 解法、半隐式解法、全隐式解法及其渗流控制方程的渗流项、累积项和注采项的处理过程给出了比较深入全面的介绍。书中保留了较多的具体公式推导过程，因为这些推导过程比较复杂，需要根据特定的油藏条件和参数的物理含义选择推导方向；如果省略，则可能增加阅读理解上的难度。

本书内容主要包括三部分：一是油藏数值模拟基本理论和方法，包括油藏数值模拟的概念、油藏渗流数学模型的建立、油藏渗流数学模型的离散化及线性代数差分方程组的解法等，分布在第 1 章到第 5 章；二是典型油气藏模型数值模拟理论与方法，由简单到复杂包括单相渗流油藏数值模拟方法、两相渗流油藏数值模拟方法、黑油模型数值模拟方法、多组分模型数值模拟方法、各向异性油藏数值模拟方法、裂缝性油藏双重介质模型及若干典型问题的数值模拟算法，分布在第 6 章到第 12 章；三是油藏数值模拟应用部分，包括实际油藏数值模拟的方法步骤、油藏数值模拟软件使用方法及实际油藏数值模拟应用实例等。最后简单介绍油藏数值模拟现行技术及发展趋势。

本书是研究生和本科生"油藏数值模拟"课程的教材合订本，各部分内容由浅入深，可选择使用。作为本科生教材建议选用第 1 章、第 2 章(2.1 节~2.8 节，2.11 节)、第 3 章、第 5 章(5.1 节~5.5 节，5.8 节)、第 6 章(6.1 节~6.3 节)、第 7 章、第 13 章、第 14 章、第 15 章。作为硕士研究生教材建议选用第 1 章、第 2 章、第 3 章、第 5 章、第 6 章、第 7 章、第 8 章、第 13 章、第 14 章、第 15 章。对于博士生和专业研究人员，全书内容均适宜参考。本科生和硕士生在课程学习中若有余力，也可扩大和深入参阅范围。

研究生何宇廷、何旋、程紫燕等参加了全书内容的编辑整理工作，研究生让腾达、王靖茹进行了富媒体的制作，中石油大港油田、辽河油田的专家和同行为本书的形成提供了帮助和支持，还有许多参与和关心本书编写和出版工作的同行、同事，在此一并表示感谢！

最后，向书中引用到其论著的众多专家学者表示感谢！

由于作者水平有限，书中不足之处在所难免，恳请读者批评指正。

刘月田
2021 年 6 月

目录

第1章 绪论 1
  1.1 计算科学与数值模拟 1
  1.2 油藏数值模拟的概念 1
  1.3 油藏数值模拟发展历程简介 4
  习 题 5

第2章 油藏渗流数学模型 6
  2.1 一般偏微分方程类型及其物理意义 6
  2.2 油藏渗流数学模型的分类 7
  2.3 油藏渗流数学模型的构成及建立步骤 9
  2.4 单相流体渗流的数学模型 10
  2.5 两相流体渗流数学模型 17
  2.6 渗流数学方程的通式 22
  2.7 多组分模型 23
  2.8 黑油模型 26
  2.9 聚合物驱油藏模型 29
  2.10 热采油藏模型 32
  2.11 定解条件 34
  习 题 37

第3章 有限差分原理与方法 39
  3.1 离散化概念及常用方法 39
  3.2 有限差分离散基础 40
  3.3 渗流微分方程的差分离散 47
  3.4 定解条件的离散化 51
  3.5 数学模型差分求解实例 56
  3.6 差分方程的稳定性 74
  3.7 差分方程的非线性问题 79
  习 题 80

第4章 几种简单高效的差分离散方法 82
  4.1 双曲型方程的特征线网格解法 82
  4.2 D4网格排序方法 84

4.3 稳态问题的非稳态解法 ·· 86
4.4 分步离散方法与交替方向差分格式 ·· 89
4.5 小结 ··· 93
习　题 ··· 93

第 5 章　线性代数方程组的解法 ··· 94
5.1 三对角方程组的直接解法——追赶法 ·· 94
5.2 LU 分解法和 GAUSS 消元法 ·· 96
5.3 简单迭代法 ··· 101
5.4 Seidel 迭代法 ·· 103
5.5 松弛迭代法 ··· 105
5.6 强隐式方法 ··· 106
5.7 预处理正交极小化方法 ·· 111
5.8 直接法和迭代法的总结比较 ··· 124
习　题 ··· 125

第 6 章　单相渗流油藏数值模拟方法 ··· 126
6.1 非均匀网格及其差商的建立方法 ··· 126
6.2 单井油藏径向渗流数值模拟方法 ··· 129
6.3 平面油藏数值模拟方法 ·· 134
6.4 薄层单相渗流油藏数值模拟方法 ··· 141
习　题 ··· 149

第 7 章　两相渗流油藏数值模拟方法 ··· 151
7.1 两相渗流油藏数学模型 ·· 151
7.2 二维两相渗流差分方程的建立 ··· 153
7.3 两相渗流差分方程的 IMPES 解法 ·· 157
7.4 边界的统一化处理方法 ·· 165
7.5 两相渗流数值模拟程序编制 ··· 166
习　题 ··· 168

第 8 章　黑油模型数值模拟方法 ··· 169
8.1 黑油油藏数学模型 ··· 169
8.2 黑油模型的差分方程 ·· 172
8.3 IMPES 方法 ··· 174
8.4 半隐式方法 ··· 184
8.5 全隐式方法 ··· 197
8.6 循序隐式方法 ·· 200

8.7 小结 ··· 203
习　题 ··· 204

第9章　凝析油气藏多组分模型数值模拟方法 ·· 205
9.1 凝析油气藏多组分数学模型 ·· 205
9.2 凝析油气藏多组分模型的 IMPES 解法 ·· 209
9.3 凝析油气藏多组分模型的全隐式解法 ·· 218
9.4 小结 ··· 232
习　题 ··· 232

第10章　各向异性油藏数值模拟方法 ·· 233
10.1 各向异性油藏的概念及基本性质 ·· 233
10.2 三维三相各向异性油藏渗流数学模型 ·· 236
10.3 各向异性油藏渗流差分方程 ·· 240
10.4 各向异性油藏模型的全隐式解法 ·· 247
10.5 各向异性油藏模型及解法分析 ··· 263
习　题 ··· 263

第11章　裂缝性油藏双重介质模型 ··· 264
11.1 双孔单渗油水两相裂缝油藏模型及解法 ··· 264
11.2 裂缝性油藏双孔双渗模型 ··· 269
11.3 双孔双渗模型差分方程 ·· 273
11.4 双孔双渗模型的全隐式解法 ·· 276
11.5 双孔双渗裂缝性油藏模型及解法分析 ·· 286
习　题 ··· 287

第12章　几个典型问题的数值算法 ··· 288
12.1 多网格注采井的处理方法 ··· 288
12.2 隐式井底压力方法 ·· 296
12.3 过泡点问题的处理方法 ·· 299
12.4 网格取向效应及其处理方法 ·· 306
习　题 ··· 309

第13章　油藏数值模拟应用 ·· 310
13.1 油藏资料处理及数值地质模型建立 ··· 310
13.2 生产历史拟合及可预测模型建立 ·· 320
13.3 油藏开发方案的设计、预测与优选 ··· 323
13.4 油藏开发研究数值模拟应用实例 ·· 324
13.5 小结 ··· 346

习　题 ·· 346

第14章　黑油模型教学软件及其用法 ·· 347
14.1　黑油模型教学软件ANS的功能和特点 ·· 347
14.2　ANS软件的构成及安装运行方法 ·· 347
14.3　ANS软件数据体的编制方法 ··· 349
14.4　数据体编写实例 ··· 360
习　题 ·· 370

第15章　油藏数值模拟现行技术及发展趋势 ·· 371
15.1　油藏数值模拟现行技术 ·· 371
15.2　油藏数值模拟发展趋势 ·· 380
习　题 ·· 381

参考文献 ··· 382

富媒体资源目录

序号	名称	页码
1	视频1　ANS软件介绍	347
2	ANS软件用法及实例	347
3	视频2　网格系统	361
4	视频3　网格步长修正	362
5	视频4　网格顶部深度	362
6	视频5　孔隙度和渗透率分布	362
7	视频6　孔隙度和渗透率的修正	364
8	视频7　传导系数修正	365
9	视频8　相对渗透率和毛管力	365
10	视频9　流体PTV数据	365
11	视频10　初始压力和饱和度	366
12	视频11　运行控制参数	367
13	视频12　解法控制参数	367
14	视频13　油藏开发过程模拟控制参数	367
15	视频14　单井资料	369
16	视频15　数据输出分析	370

第 1 章 绪论

本章简要介绍油藏数值模拟及其相关概念。从计算科学引入油藏数值模拟，给出了油藏数值模拟的定义，介绍了其功能、优势和局限性，以及在油气田开发中的地位与作用，最后简要介绍了油藏数值模拟技术的发展历程。

1.1 计算科学与数值模拟

自 20 世纪 50 年代开始，随着计算机技术的不断发展，产生并迅速发展起来一门新兴学科，就是计算科学。计算科学发展到现在，已经渗透到各个自然科学和人文科学领域，融合形成了许多的分支学科和交叉学科，包括计算数学、计算力学、计算物理、计算化学、计算生物学(生物信息学)、计算天文学等自然科学交叉学科，也包括计算经济学、计算社会学、计算语言学、计算管理学等人文科学交叉学科。

计算科学既是一门独立的学科，同时也是各个科学及工程领域普遍使用的研究方法和工具。作为研究方法和工具，计算科学就称作数值模拟，又叫作数值计算、数值仿真或数值实验。

以机理研究为基础，建立研究对象的综合数学模型，利用离散化方法和计算机工具求解数学模型，得到所求物理量在研究区域内离散化的数值分布，从而反映研究对象的运动变化过程和规律，这样的研究方法就是数值模拟。数值模拟的基本特点是离散，其求解过程以离散形式进行，计算结果以离散形式表示。数值模拟的基本工具是计算机，而计算机处理任何事务的方式都是数字化的，也就是离散化的。

数值模拟的应用领域非常广泛。这些应用领域包括油气田开发、天气预报、污染控制与环境保护、水利工程(桥梁、堤坝、大型管道等)、空气动力工程(火箭、飞机、汽车、大型建筑物等)、天体研究及航天工程(天体、卫星、飞船等运动模拟)、高温高压骤变(核变、爆炸、冶炼等)过程控制、化工过程(如反应塔或管道内的化学反应)控制等工程领域，还包括社会发展问题研究(人口变化、资源开发、经济发展等模拟预测)、语言智能翻译、计算机(绘画、音乐、舞蹈)艺术等人文领域。

计算科学和数值模拟技术的发展方兴未艾，其发展方向主要有两个：一是针对各种科学问题，不断研究创建新型计算方法，发展更加高效的数值模拟技术；二是不断开拓更多的应用领域，与更多的传统学科相结合。

数值模拟、理论分析、物理实验是人类进行科学研究的三大手段。计算科学的发展和数值模拟技术的应用大大推动了现代科学与工程研究的进步，同时在人类社会和经济发展中发挥了十分重要的作用。计算科学和数值模拟在现代科学技术体系中具有十分重要的地位。

1.2 油藏数值模拟的概念

油藏数值模拟是计算科学与油气田开发工程相结合而产生的一门科学技术。

以油藏地质和开发机理研究为基础,建立油藏的综合数学模型,并利用计算机工具求解数学模型,得到油藏内压力和各种流体饱和度等物理量随时间变化的数值分布,从而反映其运动变化规律,实现对油藏及其开发过程的模拟预测,这就是油藏数值模拟。

油藏数值模拟求解的主要物理量是油藏内的压力和油、气、水等流体饱和度。压力和饱和度的分布与变化规律是油气田开发中的核心问题。有了这两个指标,所有其他问题(如油气产量、含水率、气油比、采收率等的计算)都可以迎刃而解。几乎所有的油藏研究都是围绕饱和度和压力分布问题而展开的。

油藏数值模拟研究领域的主要内容分两个方面:一是理论方法研究,包括油藏数学模型建立、数值模型的建立即数学模型离散化、差分方程组的求解、计算软件的编制;二是油藏数值模拟实际应用,包括油田实际问题分析与数模软件选择、资料数据处理、油藏地质模型的建立、开发历史拟合、油藏开发预测与优化。

油气田开发研究的主要目的就是在一定的经济投入和相关的自然与人文环境下,最大限度地提高油气的开采速度和最终采收率。但是,油气藏的地质形态及开发过程都十分复杂,包括油气藏构造、岩石物性、孔隙结构等地层静态属性的复杂性,包括油藏内流体的分布形态、物理性质及与岩石相互作用的复杂性,包括油气藏生产过程中油气产量、压力、温度和饱和度变化的复杂性,还包括热力驱油、化学驱油等三次采油机理及过程的复杂性。因此,要达到提高油气开采速度和采收率的目的,必须充分研究和掌握油藏内物质(油、气、水、岩石等)的运动变化规律,全面研究把握油气藏静动态特征和开发趋势,准确预测油气藏开发效果。

油藏研究的方法和途径有多种,而油藏数值模拟就是其中重要的一种。通过对各种类型油藏的开发研究方法进行分析,可以看出油藏数值模拟方法的优势和局限性,以及在油气田开发研究中的地位和作用。

油藏开发研究的主要方法有直接方法、物理实验方法、数学解析方法和油藏数值模拟方法[1]。

(1)直接方法就是直接观测实际油藏的方法。这类方法总是与实际油藏的勘探、开发、生产过程紧密相连,它们或者伴随油藏开发过程而使用,如地震、取心、录井、测井、试井、产液剖面测试、注水剖面测试等,或者作为油藏开发过程的组成部分而实施,如试油、试采、井组开发试验、先导开发试验、工业化开发试验等。

直接方法客观反映实际油藏特点,为人们提供第一手的油藏资料数据,为其他研究方法提供基础和依据,直观而易于接受。直接方法是必不可少的油气藏研究手段,并应用于油藏开发过程的各个阶段,贯穿油藏整个生命周期。但是,一般说来直接方法使用成本高、操作费用大、实施周期长;同时,直接方法对油藏产生的影响是不可逆的,存在经济和技术风险。例如油藏开发试验,需要庞大的钻完井及地面建设投资,如果实施后生产效果不好,很可能无法收回投资,造成巨额经济损失。再如注水开发试验,一旦实施,即使发现效果不好,油井暴性水淹、油产量急剧下降,也无法使油藏恢复到注水前的状态。另外,绝大部分直接方法只能获取井点或油藏局部的数据,对远离井点的油藏内部情况观测不清楚,单纯依靠直接方法得到的油藏认识不够全面和系统,存在一定的盲目性。所以,直接方法很难对油气藏整体开发效果进行全面的研究预测。

(2)物理实验方法即室内实验方法,大概包括两类。一类是微观机理实验,包括油藏各类物性参数及其变化规律的测试实验,以及各种条件下渗流机理和规律的测试实验,常见的有岩石孔隙度测试、渗透率测试、流体高压物性测试,以及相对渗透率测试、毛管力测试和三次采油机理实验等。另一类是相似性物理模拟,即根据相似原理把实际油藏按比例缩小,通过小模型试验直观地观察测试油藏渗流和开发过程中某一方面或某些方面的规律及特性。

物理实验方法的优势和作用是：①发现认识微观运动规律，为建立油藏数理模型提供机理基础；②验证、校核理论研究和数值研究的结果，使其在物理特征上与实际油藏相符。

物理实验方法的局限性在于：①目前的油藏物理模拟技术很难进行实际油藏开发问题的整体物理模拟，只能进行微观机理和规律的观测实验研究。其主要原因是人们尚无法建立与实际油藏及其渗流与开发过程全面相似的物理模型，虽然在一些具体技术方向上取得了进展，但还没有在生产实践中普及应用；②物理模拟成本较高，周期较长，物理实验通常需要投入较多的人力和时间，需要合适的实验场地、完善的实验设备和足够的实验材料，还比较容易受到不可预知因素的影响。

（3）数学解析方法就是通过建立数学模型并求取模型的解析解来研究描述油藏内流体渗流现象的方法。

数学解析方法直接求出各种物理量之间的数学函数关系，所以易于得到比较明确的物理概念，能够帮助人们全面、深入地认识和把握客观物质的运动变化规律；同时，所需研究条件简单、研究工作成本低、周期短、易于开展。这些是数学解析方法的突出优点。然而，到目前为止依靠解析方法能够求解的油藏渗流与开发问题还很少，只有经过多种假设、充分简化后的油藏渗流数学模型才能求得解析解；数学解析方法只能解决理想的、简单的油藏渗流问题，很难直接用于实际的复杂油气藏开发过程的研究。

（4）油藏数值模拟方法以直接方法提供的油藏基础资料数据和室内物理实验提供的油藏物性与微观渗流规律为基础，以数学解析方法得到的认识为指导，充分利用各种方法的研究成果，与各种油藏研究方法相配合，对油气藏渗流特征与开发过程进行完整的、全面的、综合的研究。

由于数学建模方法和计算技术的发展，油藏数学模型可以包含油藏所有必要的属性及整体开发过程，且不用对数学模型进行简化就可以求解。因此，油藏数值模拟方法可以用于实际油气藏开发过程整体模拟研究，预测开发方案的效果，为油藏开发设计提供直接的依据；而且，油藏开发过程的数值模拟周期短、费用低、可重复。除了实际油藏开发模拟之外，油藏数值模拟还可用于油藏渗流规律研究，进行复杂渗流力学现象和过程计算，为渗流力学理论的发展提供有力的支持。

油藏数值模拟方法也具有一定的局限性，包括进行数值模拟需要目标油藏全面的资料数据、油藏开发历史拟合具有不唯一性，以及数值模拟本身属于近似方法等。油藏数值模型与实际油藏不可能完全相同，油藏数值模拟结果不可避免地存在误差。数模研究者的水平高低、所掌握的油藏资料的多少和真伪及数模软件质量的优劣决定着误差的大小。但是，理论和实践都已证明，这些局限性和误差都属于可控制、可忽略的范围，不影响油藏数值模拟技术对油藏渗流规律与开发过程研究的适用性和优越性。

油藏数值模拟在油藏开发中具有非常重要而不可替代的作用。它联系着油气田开发上下游的方方面面，所有静态、动态资料都要综合到油藏数值模型中，所有的生产开发方案都要经过数值模拟进行预测评价后才能实施，油藏数值模拟直接影响着油气开发方案的设计水平。

现在，油藏数值模拟已经普遍应用于各种油气藏开发过程，成为油气田开发研究不可或缺的方法和工具。

1.3 油藏数值模拟发展历程简介

油藏数值模拟技术的发展与计算技术(计算机与计算方法)的发展密不可分。计算技术给油气田开发工程提供了强有力的研究手段,使得很多以前无法解决的问题得以解决;而油气田开发工程也给计算技术提供了具有重大价值的研究发展方向和技术应用领域。油气田开发工程与计算技术的结合产生了油藏数值模拟,因此研究油藏数值模拟的发展史离不开计算机技术的发展史。

20世纪40年代世界上出现了第一台现代意义上的计算机,尽管那时候的计算机还远不能满足各种实际问题计算的需要,但人们已经开始研究如何借助计算机解决各种工程与科研领域的问题。

50年代是计算技术的理论奠基时代,许多用于计算机计算的数值方法都是那时候提出或建立的,且这些方法很多用于以后发展起来的油藏数值模拟技术之中。

60年代油藏渗流与开发中一些较为简单的问题开始用计算机进行求解,例如单相、两相流体渗流的一维、二维油藏渗流场的计算,以及不同形式井网单元开发指标计算等问题。其中很多问题是人们此前所难以求解的,正是计算机和数值模拟技术的出现与应用,使得这些问题迎刃而解。不过,因为当时的计算机硬件技术水平较低,CPU运算速度只有每秒0.1M(10万)次左右,所以还很难直接进行实际油藏的数值模拟,所计算求解的往往都是经过简化的油藏模型。

70年代大型标量计算机出现了,其运算速度可达每秒1~5M(即100万~500万)次,内存可达16M字节。计算机硬件水平的提高,促进了油藏数值模拟理论、技术的发展和应用。D. W. Peaceaman 的《油藏数值模拟基础》及 K. Aziz 与 A. Settari 的《油藏模拟》[2]等经典著作相继发表和出版;以黑油模型为代表的数值模拟建模理论、算法结构和实现方法逐渐成熟;油藏数值模拟技术越来越多地应用于实际油气藏开发领域。然而,毕竟当时计算机的硬件性能仍很低,无法支撑大规模数据运算程序,因此油藏数值模拟软件的算法一般仅限于隐式压力显示饱和度(IMPES)解法或半隐式解法等,从而影响和制约着油藏数值模拟的效率及应用范围,只能进行中小型油藏一般开发问题的数值模拟,尚难以解决大型油藏复杂开发过程的数值模拟应用问题。另外,当时大型标量计算机的昂贵价格,也是影响油藏数值模拟应用普及速度的一个重要因素。

80年代计算机技术飞跃到一个新的水平,超级向量机的计算速度达到几十亿次左右,内存达到1000~2000M字节,各种型号的中小型计算机、并行计算机及高性能工作站相继涌现,性能价格比越来越高,为油藏模拟技术的发展和推广提供了极为有利的设备条件。在这样的有力条件下,油藏数值模拟技术得以飞速发展,大型商业软件的模型系统不断得到完善,且软件界面友好,运行可靠。油藏模拟领域一道最靓丽的风景就是工作站技术越来越广泛的应用,就是在这个年代人们开始利用计算机对油藏模型进行前、后处理,使数值模拟计算从大量的人工劳动中解放出来,极大地方便了用户。在用工作站进行前处理时,此前卡片输入和人工键盘输入改为图形及数字化设备输入,并进行网格系统的自动剖分和网格数据的自动赋值。在进行后处理时,大量繁杂的人工数据整理工作改为彩色图形显示和打印输出,既方便又美观,并且模拟结果的显示还在向动态方向发展,以便更为直观地对计算结果进行分析和研究,这些技术支撑着油藏模拟领域向着现代化工业应用的水平迈进。这个年代,实际油藏数值模拟的成本越来越低,使得油藏模拟的应用迅速普及。并且,也正因为大量油气工业用户的需要,行业内出现了专业的软件制作者和供应商,由此开始了油藏数值模拟软件的商品化时代。

90年代计算机硬件技术得到进一步发展，个人计算机（微机）已经具备了此前的工作站甚至中大型计算机的功能，使油藏数值模拟在微机上就可以顺利进行，工作更为便利。油藏数值模拟软件已基本上形成了一整套能处理各种类型油、气藏和各种不同开采方式的系列软件。这些软件包括但并不限于以下类型：

按流体性质分类：黑油模型、组分模型、混相驱模型、热采模型、化学驱模型等。

按岩石介质分类：单孔单渗模型、双孔单渗模型、双孔双渗模型等。

按非线性模型解法分类：IMPES方法、半隐式、交替隐式、全隐式、自适应隐式等。

按线性方程组解法分类：所有的节点排序方法、直接解法及迭代解法。

按井的处理方法分类：常规处理方法和隐式井底压力方法，并可对井、井组、区域及全油藏给定各种约束和控制条件。

这些软件此前都是单独使用的，而20世纪90年代数模软件发展的一个明显趋势是模块化和集成化，就是把许多不同处理方法、不同功能、适用于不同情况的模型以模块的形式结合到一个软件中，形成所谓的多功能软件包。上述集成方式并不是简单地把各种各样的模型集合到一起，得到一个各种模型和各种功能的算术总和，而是充分利用了各种模型的共性，尽量使这些模型能共享最新技术功能，并且将各种不同功能有机地组合起来，形成远比这些功能的算术总和更为强大和更为方便的新功能，可以处理更为复杂的情况。例如模型的输入、输出部分是各种模型必须有的，一旦将多种模型结合到一起，就可以共享同一输入或输出模块，不仅减少了工作量，而且方便了用户。线性方程组的求解程序，也是各种模型所必备的，实现了软件的集成化以后，也就没有必要每个模型都带一个求解程序了，而且各种求解方法都形成一个个模块，便于按油田开发的实际情况选用。

21世纪初叶，油藏数值模拟技术的发展完成了第一个大循环，人们对所有已经认识的油藏类型和开发方式，完成了油藏渗流与开发机理研究、数学模型建立、数值模型及其解法建立、计算机软件编制、应用和完善的过程。

2010年以来，随着新的油气藏类型的发现及其开发进程的开启与深入，油藏数值模拟技术的发展进入第二个大循环，即对新的油藏类型和新的油藏开发方式进行基础机理研究，然后建立相应的数学模型、数值模型、求解方法，再开发、完善相应的油藏数值模拟软件。2015—2020年常用的个人计算机的运算速度达到每秒几十亿次甚至百亿次，内存达几十亿甚至百亿字节，相当于20世纪八九十年代大型"超级"计算机的性能；2020年世界上最快的超级计算机运算速度已经达到每秒几十亿亿次，即每秒$1.0×10^{17}$次的量级，这些都为油藏数值模拟的发展和应用提供了强大的动力。油藏数值模拟技术进入了一个螺旋式上升、前进的新时代。

1. 油藏数值模拟的定义是什么？油藏数值模拟求解的主要物理量是什么？
2. 比较油藏数值模拟同其他油藏研究方法的优劣。
3. 油藏数值模拟研究的两大基本内容是什么？
4. 简述油藏数值模拟的功能、作用和局限性。
5. 简述油藏数值模拟技术的发展历程。

第2章 油藏渗流数学模型

客观物质及其运动变化规律的数学描述就是数学模型。描述油藏岩石介质内流体渗流和油藏开发过程的数学模型叫作油藏渗流数学模型，建立油藏渗流数学模型是进行油藏数值模拟的基础。本章从一般数学偏微分方程的特点出发，介绍油藏渗流数学模型的分类和建立方法，并建立多种常见油藏渗流问题的数学模型。

2.1 一般偏微分方程类型及其物理意义

2.1.1 偏微分方程类型

油藏内油气水的流动是一种渗流现象，油气开发过程在科学意义上是一种宏观的力学运动过程。用宏观力学观点看客观世界，看到的是一个时空世界。描述客观物质运动，只需两大要素：一个是时间，一个是空间。表示物质运动规律的数学方程，尽管形式千变万化，但只有两个自变量，即时间坐标和空间坐标；物理量与时空的关系，就是数学方程。

一般工程领域的问题常用二阶偏微分方程来描述，二阶偏微分方程包括以下三种类型。

1. 椭圆型方程(稳定状态方程)

$$\Delta u = \frac{\partial^2 u}{\partial x^2} + \frac{\partial^2 u}{\partial y^2} + \frac{\partial^2 u}{\partial z^2} = f(x,y,z) \tag{1}$$

式中 x, y, z——直角坐标；
f——已知函数；
Δ——Laplace 算子，$f=0$ 时为 Laplace 方程。
定解条件：只需边界条件，属于单纯的空间问题。

2. 抛物型方程(扩散方程)

$$\frac{\partial u}{\partial t} = b\Delta u \tag{2}$$

式中 t——时间，$0<t<T$，T 为常数，s；
b——常数，$b>0$。
定解条件：需要同时给定初始条件和边界条件。

3. 双曲型方程(流动传质方程)

$$\frac{\partial^2 u}{\partial t^2} - c^2 \Delta u = 0 \tag{3}$$

式中 c——常数。

定解条件：需要同时给定初始条件和边界条件。

对一维情形，因为

$$\frac{\partial^2 u}{\partial t^2}-c^2\frac{\partial^2 u}{\partial x^2}=\left(\frac{\partial}{\partial t}-c\frac{\partial}{\partial x}\right)\left(\frac{\partial}{\partial t}+c\frac{\partial}{\partial x}\right)u=\left(\frac{\partial}{\partial t}+c\frac{\partial}{\partial x}\right)\left(\frac{\partial}{\partial t}-c\frac{\partial}{\partial x}\right)u=0$$

所以，二阶方程式(3)可表示成两个一阶微分方程：

$$\frac{\partial u}{\partial t}+c\frac{\partial u}{\partial x}=0 \tag{4}$$

$$\frac{\partial u}{\partial t}-c\frac{\partial u}{\partial x}=0 \tag{5}$$

这两个一阶微分方程的解都是原二阶方程的解，反之亦然。所以可用一阶形式的式(4)或式(5)代替二阶形式的式(3)进行相关问题的研究。

反映平衡、稳定状态分布的方程总是椭圆型的；反映热传导、压力传导、浓度扩散等过程的方程总是抛物型的；反映振动、波动传播和流动传质等过程的方程总是双曲型的。后面两类均为不稳定运动。

2.1.2 典型偏微分方程的物理意义

1. 双曲型方程(流动传质方程)

$$\frac{\partial u}{\partial t}+c\frac{\partial u}{\partial x}=0$$

如图 2.1.1 所示，该类方程表示：某一空间区域的物理量(u)，保持其分布形态不变，以一定的速度(c)向前移动。因此这类方程又称为流动传质方程。描述油藏中的等饱和度线(如油水前缘)运动的方程即属于此类型。

2. 抛物型方程(扩散方程)

$$\frac{\partial u}{\partial t}=b\Delta u$$

如图 2.1.2 所示，该类方程表示：某一空间区域的物理量分布(u)，保持其中心位置不变向周围扩散，其分布形态发生变化，这类方程又称为扩散方程。一般油藏的渗流控制方程(描述压力的扩散过程)即属于此类型。

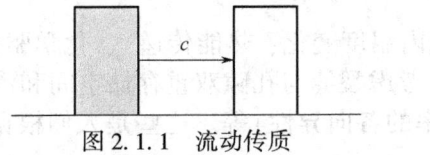

图 2.1.1 流动传质　　　　　　　图 2.1.2 扩散

2.2 油藏渗流数学模型的分类

在了解一般数学偏微分方程以后，开始讨论油藏渗流数学模型，本节主要介绍油藏渗流数学模型的分类。油藏渗流数学模型一般有下面三种分类方法[3]。

2.2.1 按流体相态数目分类

按油藏内流体相态的数目分类，油藏模型可以分以下几种：
(1)单相流模型：描述只有一相流体流动的数学模型。
(2)两相流模型：描述有两相流体流动的数学模型。
(3)三相流模型：描述有三相流体流动的数学模型。
(4)多相模型：描述有多于三相物质运动的数学模型。

2.2.2 按油藏的维数分类

油藏内各种静动态参数发生变化的空间方向数目就是该油藏的维数。
(1)零维模型：油藏内岩石和流体性质都是均质的，饱和度分布和压力分布也都是均匀的；油藏内任意处的压力发生变化时，整个油藏内的压力都同时发生变化。如油藏工程分析中常用的物质平衡法所建立的油藏模型就是零维模型。
(2)一维模型：油藏内流体沿一个方向流动，所有物理量只在这一个方向发生变化，在其他方向均不变化。如直线平行渗流问题、平面轴对称径向渗流问题等。
(3)二维模型：油藏流体只在两个方向上流动，所有物理量只在这两个方向发生变化，在第三个方向上没有变化。最常见的是薄油层内的平面渗流问题。
(4)三维模型：油藏内各种参数沿三个方向变化。这是自然界中最普遍的油藏渗流问题。

2.2.3 按模型使用功能分类

按使用功能分类的意思是，模型描述什么样的油气藏或描述什么样的开发方式，就叫什么模型。常见的油藏模型有：
(1)气藏模型：描述天然气藏的数学模型。有的气藏内只有天然气存在，而有的气藏内不仅存在天然气，还存在水。
(2)黑油模型：描述油气水三相同时存在的油藏的数学模型。一般认为天然气只可以溶于油中或从油中分离出来，油和水之间及气和水之间不发生质量交换。
(3)组分模型：描述油藏内多种碳氢化合物化学组分渗流过程的数学模型。每种化学组分可以存在于油气水三相中的任意一相内，相与相之间可以存在质量交换。这种模型常用于描述凝析油藏，此时也称为凝析油藏模型。
(4)其他模型：包括热力驱模型(考虑油藏内温度变化、热能传递)、化学驱模型(考虑水相黏度及油藏渗透率变化)、双重介质模型(考虑裂缝与孔隙双重存储空间和渗流系统)、各向异性模型(考虑渗流介质的复杂性即渗透率的各向异性)等。这些是人们根据油藏开发方式或地质特征命名的模型。

实际工作中用到的渗流数学模型常常同时用多种分类指标来命名，如三维两相渗流数学模型、三维双重介质黑油模型等。数学模型的分类并没有严格统一的标准，其名称往往是约定俗成的。

另外，一旦某种渗流数学模型被命名，那么由这个数学模型离散化得到的数值计算模型，以及根据其离散数值模型编制的计算机软件都会被冠以相同的名称。例如组分模型所指的既是多组分油藏数学模型，又是多组分油藏数值模型及数值模拟软件。

2.3 油藏渗流数学模型的构成及建立步骤

2.3.1 油藏渗流数学模型的构成

完整的油藏渗流数学模型包括微分方程和定解条件，前者描述流体渗流遵循的规律，后者说明流体渗流所处的环境。

油气水等流体渗流过程是发生在油气藏内的客观物理现象，遵循相应的客观物理规律。这些内在的物理规律由人们研究而发现，并以物理原理和数学方程的形式表现出来。这些物理原理及其数学方程被用来描述油藏渗流过程，因而构成了油藏渗流数学模型的方程组。油藏渗流数学模型常用到的基本方程包括下述四类。

（1）质量守恒方程：对应质量守恒原理，在油藏渗流问题中为连续性方程。质量守恒原理是一个普适的原理，连续性方程是建立综合渗流数学模型所必需的方程，通过它将描述各方面物理现象的分散微分方程统一起来，起着把各种物理力学现象联系起来的作用。

（2）能量守恒方程：对应能量守恒原理，在油藏渗流问题中为焓守恒方程，也叫热函守恒方程。能量守恒原理是一个普适的原理，但只用于必须考虑温度变化的油藏渗流问题中，例如利用蒸汽吞吐、蒸汽驱、火烧油层方法开发油藏的渗流问题。一般油气藏开发过程中，温度变化和热量传递对油藏开发过程影响很小而被忽略不计，认为油藏恒等温且无热函传递发生，能量守恒方程自然消去，不在油藏渗流数学模型中出现。

（3）运动方程：描述流体渗流速度与所受外力的关系，它是数学模型中不可缺少的组成部分。在线性渗流情况下流体运动遵从达西定律，对应的方程是达西公式。在非线性渗流情况下，流体运动方程有各种形式，如高速非达西渗流最常用的二项式运动方程、带有拟启动压力梯度的低渗透性油藏渗流运动方程等。

（4）辅助方程：主要描述油藏内各种流体和固体物质的物理性质的变化规律，如密度、黏度、相对渗透率、毛管力、孔隙度、渗透率等随油藏压力、温度及流体饱和度等参数变化的规律。许多特殊的物理化学机理都以辅助方程形式体现在模型中。

数学模型的微分方程描述的是同类物理现象所共有的规律，要完整描述一个具体过程，除了相应的偏微分方程外，还需要定解条件。

油藏渗流问题的定解条件包括：(1)油藏的几何形态及边界条件；(2)油藏渗流与开发的初始条件。第(1)项是渗流问题的空间定解条件，用于描述油藏渗流区域的位置、形状等空间特征及边界约束条件；第(2)项是油藏的初始状态，用于说明渗流流动从何时开始及该时刻油藏内物理量所处的状态，包括流体饱和度、压力分布等。

定解条件就是约束条件。渗流过程经受的约束条件必须正确、全面地在模型中表达出来，即给出正确的定解条件，才能保证数学模型能够正确地描述所研究的渗流现象。

2.3.2 油藏渗流数学模型的建立步骤

根据以上原理，建立数学模型的步骤如下[4]：

（1）确定所要求解的问题。在油藏数值模拟问题中，求解的主要对象通常是压力分布和饱和度分布。如果是单相渗流，则没有饱和度的问题。

（2）问题满足的条件。全面分析和把握问题满足的条件往往可以简化问题。例如在研究平面平行流和平面径向流时，因为地层厚度与平面距离的比值很小，且渗流中的物理量在垂向上变化很小，常常可以不考虑流体的垂向流动；又如，黏度是随压力变化的，但在温度恒定且油层压力大于饱和压力时，黏度变化很小，可以视为常数。

（3）渗流方程组的建立。根据渗流基本原理和渗流特点列出渗流问题所满足的基本方程，包括运动方程、质量守恒方程（即连续性方程）、能量守恒方程和辅助方程，即得到油藏渗流数学模型的方程组。为利于模型分析和求解，一般将运动方程代入质量守恒方程和能量守恒方程，得到渗流控制方程。这样，由渗流控制方程和辅助方程组成油藏模型方程组。

（4）定解条件的建立。根据渗流问题的物理条件写出数学模型的定解条件。

（5）量纲验证。检查方程中所有项的量纲是否一致，量纲一致是方程式正确的必要条件。

（6）适定性验证。必须保证方程组的封闭性，以及定解条件与方程组的匹配性。

（7）数学模型适用性验证。检查模型建立过程及结果中对某些因素的简化与保留是否合理，应保证模型符合原物理问题的性质和特点。

2.4 单相流体渗流的数学模型

单纯的油藏或单纯的气藏利用天然弹性能量开采时，地层内的渗流表现为单一的油相渗流或单一的气相渗流，它们都是单相流体渗流。另外，在油气藏渗流及油气田开发研究中，常常为了方便而把多相流体渗流简化为单相流体渗流。单相流体渗流是基本的和重要的渗流形式，很多油气藏渗流和开发规律都可以利用单相渗流形式表述。

本节将按照上一节所述的建模原则和步骤，分可压缩流体和微可压缩流体两种情况，推导建立三维孔隙介质空间内单相流体渗流的控制方程。单相流体渗流问题主要是求解渗流区域内任意时刻的压力分布。解得压力分布以后，就可以计算其他物理量的分布，如渗流速度、流体密度等，也可以计算油气井产量、井底流压等油气藏开发数据。

2.4.1 单相可压流体三维渗流微分方程

该渗流问题的物理条件是：渗流区域为三维区域，岩石介质是非均质的（孔隙度和渗透率都是空间变量），且具有可压缩性（岩石孔隙度随压力变化而变化），但渗透率的变化忽略不计；区域内只有一种流体组分，且始终以同一种相态形式存在；流体是可压缩的；渗流服从达西定律；渗流场内温度均匀且不变化，即油藏是恒等温的。

根据上述物理条件，系统地建立该渗流问题的基本方程，再由基本方程推导出控制方程。基本方程包括连续性方程（即质量守恒方程）、运动方程和辅助方程。因为油藏内是恒等温的，没有热量传递和温度变化，所以无需能量守恒方程。模型的主要未知量为压力分布。

1. 连续性方程

以单相流体为研究对象，建立其连续性方程。

在三维渗流区域中建立直角坐标系 xyz，任取一个微小立方体单元，其六个面分别与直角坐标轴垂直，如图 2.4.1 所示。假设：微元体的长宽高分别为 Δx、Δy 和 Δz，微元体为均质；流体在 x、y、z 三个方向上的分速度分别是 v_x、v_y、v_z，流体穿过微元体时 v_x、v_y、v_z 的方向与坐标轴正向一致；流体密度为 ρ。微元体内人工注采流体的质量流量为 Q（量纲为 M/T）。在 Δt 时间段内观察微元体内流体质量的运动变化。

首先，计算在 Δt 时间内由于渗流运动使得流体净流入微元体的质量。为此，分 x、y、z 三个方向进行分析。

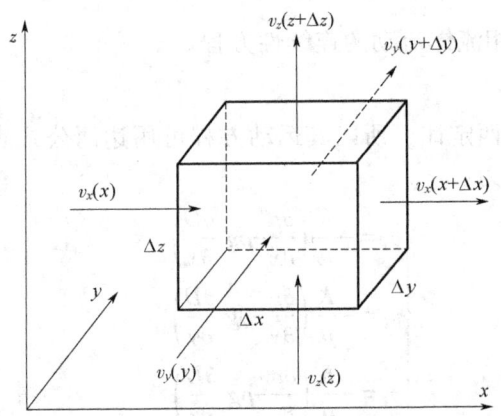

图 2.4.1 单相流体渗流场中的立方体微元

在 x 方向上流入微元体的质量为 $(\rho v_x)|_x \Delta y \Delta z \Delta t$，流出微元体的质量是 $(\rho v_x)|_{x+\Delta x} \Delta y \Delta z \Delta t$。所以在 x 方向上 Δt 时间内流入和流出微元体的质量差（即净流入质量）为：

$$(\rho v_x)|_x \Delta y \Delta z \Delta t - (\rho v_x)|_{x+\Delta x} \Delta y \Delta z \Delta t = -[(\rho v_x)|_{x+\Delta x} - (\rho v_x)|_x]\Delta y \Delta z \Delta t \tag{1}$$

同理，y 方向上 Δt 时间内微元体的净流入质量为：

$$-[(\rho v_y)|_{y+\Delta y} - (\rho v_y)|_y]\Delta x \Delta z \Delta t \tag{2}$$

z 方向上 Δt 时间内微元体的净流入质量为：

$$-[(\rho v_z)|_{z+\Delta z} - (\rho v_z)|_z]\Delta x \Delta y \Delta t \tag{3}$$

将式(1)、式(2)、式(3)相加，便得到 Δt 时间内由于渗流运动使得流体净流入微元体的质量：

$$-[(\rho v_x)|_{x+\Delta x}-(\rho v_x)|_x]\Delta y \Delta z \Delta t-[(\rho v_y)|_{y+\Delta y}-(\rho v_y)|_y]\Delta x \Delta z \Delta t-[(\rho v_z)|_{z+\Delta z}-(\rho v_z)|_z]\Delta x \Delta y \Delta t \tag{4}$$

其次，Δt 时间内人工注入微元体的流体质量为：

$$Q\Delta t \tag{5}$$

最后，Δt 时间段前后微元体内流体的质量增量为：

$$(\rho \phi \Delta x \Delta y \Delta z)|_{t+\Delta t}-(\rho \phi \Delta x \Delta y \Delta z)|_t = [(\rho \phi)|_{t+\Delta t}-(\rho \phi)|_t]\Delta x \Delta y \Delta z \tag{6}$$

式中 ϕ——岩石孔隙度。

根据质量守恒原理，在 Δt 时间段前后微元体内流体质量的增量应等于在 Δt 时间内流体净流入微元体的质量与人工注入微元体的流体质量之和，于是可得：

$$-[(\rho v_x)|_{x+\Delta x}-(\rho v_x)|_x]\Delta y \Delta z \Delta t-[(\rho v_y)|_{y+\Delta y}-(\rho v_y)|_y]\Delta x \Delta z \Delta t$$
$$-[(\rho v_z)|_{z+\Delta z}-(\rho v_z)|_z]\Delta x \Delta y \Delta t+Q\Delta t = [(\rho \phi)|_{t+\Delta t}-(\rho \phi)|_t]\Delta x \Delta y \Delta z \tag{7}$$

用 $\Delta x \Delta y \Delta z \Delta t$ 去除方程(7)的两端各项，得：

$$-\frac{(\rho v_x)|_{x+\Delta x}-(\rho v_x)|_x}{\Delta x}-\frac{(\rho v_y)|_{y+\Delta y}-(\rho v_y)|_y}{\Delta y}-\frac{(\rho v_z)|_{z+\Delta z}-(\rho v_z)|_z}{\Delta z}+\frac{Q}{\Delta x \Delta y \Delta z}=\frac{(\rho \phi)|_{t+\Delta t}-(\rho \phi)|_t}{\Delta t} \tag{8}$$

令方程(8)中的 Δx、Δy、Δz 趋近于零，对方程(8)中各项取极限，得：

$$-\frac{\partial}{\partial x}(\rho v_x)-\frac{\partial}{\partial y}(\rho v_y)-\frac{\partial}{\partial z}(\rho v_z)+q=\frac{\partial}{\partial t}(\rho \phi) \tag{9}$$

其中 $q=Q/(\Delta x \Delta y \Delta z)$

式中 q——单位时间向单位体积渗流空间内注入的流体质量，采出时为负，注入时为正，

kg/(m³·s)。

方程(9)就是三维单相流体流动的连续性方程。

2. 运动方程

因为流体渗流服从达西定律,所以其运动方程可用达西公式表示,同时考虑重力作用,单相流体渗流的运动方程为:

$$\begin{cases} v_x = -\dfrac{K}{\mu}\left(\dfrac{\partial p}{\partial x} - \rho g \dfrac{\partial D}{\partial x}\right) \\ v_y = -\dfrac{K}{\mu}\left(\dfrac{\partial p}{\partial y} - \rho g \dfrac{\partial D}{\partial y}\right) \\ v_z = -\dfrac{K}{\mu}\left(\dfrac{\partial p}{\partial z} - \rho g \dfrac{\partial D}{\partial z}\right) \end{cases} \quad (10)$$

式中 K——岩石介质的渗透率,m²;

μ——单相流体的黏度,Pa·s;

p——渗流场内压力分布,Pa;

D——垂直深度,m;

g——重力加速度,取9.8m/s²。

当 z 垂直向上时,$\dfrac{\partial D}{\partial z}=-1$;$z$ 垂直向下时,$\dfrac{\partial D}{\partial z}=1$;同时,只要 z 为垂直方向,无论向上还是向下,都有 $\dfrac{\partial D}{\partial x}=\dfrac{\partial D}{\partial y}=0$。

3. 辅助方程

要求解上述渗流问题,还需要给出其必要的辅助方程,一方面完整描述该渗流问题的物理条件,另一方面提供足够多的数学方程来组成封闭的方程组。

流体密度和压力之间的关系式(即流体状态方程)为:

$$\rho = \rho(p) \quad (11)$$

单相流体的黏度和压力的关系式为:

$$\mu = \mu(p) \quad (12)$$

油藏岩石孔隙度分布变化关系式为:

$$\phi = \phi(x,y,z,p) \quad (13)$$

油藏岩石渗透率分布变化关系式为:

$$K = K(x,y,z) \quad (14)$$

流体的注入速度为:

$$q = q(x,y,z,t) \quad (15)$$

至此,单相可压流体渗流的基本方程都已得到。

一般实际油藏岩石的孔隙度和渗透率既是非均质的,也是随时间变化的。这是因为岩石压缩膨胀、流体渗流冲刷、固体颗粒堵塞、流体成分吸附及化学反应溶蚀等都会引起岩石孔隙度的变化,而油藏压敏、水敏、速敏、盐敏等作用经常导致渗透率的变化,其中最常见的就是油藏流体压力变化使得岩石压缩或膨胀而引起的孔渗变化;且通常孔隙度和渗透率的变化是同时发生的。但是,在实际油藏研究中,如果孔隙度和渗透率的变化不明显,则为了简单往往将其忽略。式(13)表示孔隙度非均匀分布且随油藏流体压力变化而变化,因此是时间变量;式(14)则表示渗透率不随时间变化。

仅根据本问题设定的渗流条件，尚无法给出各辅助方程的具体形式。

将运动方程式(10)代入连续性方程式(9)，得：

$$\frac{\partial}{\partial x}\left[\rho\frac{K}{\mu}\left(\frac{\partial p}{\partial x}-\rho g\frac{\partial D}{\partial x}\right)\right]+\frac{\partial}{\partial y}\left[\rho\frac{K}{\mu}\left(\frac{\partial p}{\partial y}-\rho g\frac{\partial D}{\partial y}\right)\right]+\frac{\partial}{\partial z}\left[\rho\frac{K}{\mu}\left(\frac{\partial p}{\partial z}-\rho g\frac{\partial D}{\partial z}\right)\right]+q=\frac{\partial}{\partial t}(\rho\phi) \quad (16)$$

上式就是单相可压流体渗流的控制方程。它和辅助方程式(11)至式(15)联立组成完整的单相可压流体渗流微分方程组。

将式(16)中的微分用 Hamilton 算子形式"∇"表示，得：

$$\nabla\left[\frac{\rho K}{\mu}(\nabla p-\rho g\nabla D)\right]+q=\frac{\partial}{\partial t}(\rho\phi) \quad (17)$$

2.4.2 单相微可压缩流体三维渗流微分方程

油气藏中的单相微可压流体一般指单一油相流体。

设定渗流的物理条件：渗流区域为三维区域，岩石介质具有非均质性（孔隙度和渗透率都是空间变量），且具有微可压缩性，即岩石孔隙度随压力变化会发生微小变化，渗透率的变化忽略不计；区域内只有一种流体组分，且始终以同一种相态形式存在；流体是微可压缩的；渗流服从达西定律；渗流区域内温度均匀且不变化，即油藏是恒等温的。

对于微可压流体，渗流控制方程仍然是式(16)；同时，辅助方程式(11)至式(15)可以给出更为具体的形式。

单相微可压流体的状态方程就是其保持温度不变时密度与压力的关系式，以其压缩系数的定义形式给出：

$$C_L=\left(\frac{1}{\rho}\frac{\partial \rho}{\partial p}\right)\bigg|_{p_0}=\frac{1}{\rho_0}\frac{\partial \rho}{\partial p}\bigg|_{p_0} \quad (18)$$

式中 C_L——微可压流体的压缩系数常量，是一个小量，Pa^{-1}；

p_0——选定的参考压力，常取作油藏初始状态下的压力，Pa；

ρ_0——参考压力 p_0 下的流体密度，常常取作油藏初始状态下的流体密度，kg/m^3。

对式(18)进行积分可以得到单相微可压流体的另一种形式的状态方程：

$$\rho=\rho_0+\rho_0 C_L(p-p_0) \quad (19)$$

微可压岩石介质的压缩系数定义为[5]：

$$C_f=\left(\frac{1}{\phi}\frac{\partial \phi}{\partial p}\right)\bigg|_{p_0}=\frac{1}{\phi_0}\frac{\partial \phi}{\partial p}\bigg|_{p_0} \quad (20)$$

其中 $\phi_0=\phi_0(x,y,z)$

式中 C_f——微可压岩石的压缩系数常量，是一个小量，Pa^{-1}；

ϕ_0——参考压力 p_0 下的岩石介质的孔隙度，常常取作油藏初始状态下的孔隙度。

利用积分运算可得式(20)的另一种形式：

$$\phi=\phi_0+\phi_0 C_f(p-p_0) \quad (21)$$

式(21)就是岩石孔隙度的变化关系式(13)的具体形式。

利用式(18)至式(21)，将方程式(16)右端进行变形处理：

$$\frac{\partial}{\partial t}(\rho\phi) = \rho\frac{\partial\phi}{\partial t} + \phi\frac{\partial\rho}{\partial t} = \rho\frac{\partial\phi}{\partial p}\frac{\partial p}{\partial t} + \phi\frac{\partial\rho}{\partial p}\frac{\partial p}{\partial t} = \rho\phi_0 C_f\frac{\partial p}{\partial t} + \phi\rho_0 C_L\frac{\partial p}{\partial t}$$

$$= [\rho_0 + \rho_0 C_L(p-p_0)]\phi_0 C_f\frac{\partial p}{\partial t} + [\phi_0 + \phi_0 C_f(p-p_0)]\rho_0 C_L\frac{\partial p}{\partial t} \tag{22}$$

因为 C_L 和 C_f 是小量，式（22）的方括号中 $\rho_0 C_L(p-p_0)$ 和 $\phi_0 C_f(p-p_0)$ 两项可以忽略。于是有：

$$\frac{\partial}{\partial t}(\rho\phi) = \rho_0\phi_0 C_f\frac{\partial p}{\partial t} + \phi_0\rho_0 C_L\frac{\partial p}{\partial t} = \rho_0\phi_0(C_L+C_f)\frac{\partial p}{\partial t} \tag{23}$$

对方程式（17）的左端，有：

$$\frac{\partial}{\partial x}\left(\frac{\rho K}{\mu}\frac{\partial p}{\partial x}\right) = \rho\frac{\partial}{\partial x}\left(\frac{K}{\mu}\frac{\partial p}{\partial x}\right) + \frac{K}{\mu}\frac{\partial p}{\partial x}\frac{\partial \rho}{\partial x} = \rho\frac{\partial}{\partial x}\left(\frac{K}{\mu}\frac{\partial p}{\partial x}\right) + \frac{K}{\mu}\frac{\partial p}{\partial x}\frac{\partial \rho}{\partial p}\frac{\partial p}{\partial x} = \rho\frac{\partial}{\partial x}\left(\frac{K}{\mu}\frac{\partial p}{\partial x}\right) + \frac{K}{\mu}C_L\rho_0\left(\frac{\partial p}{\partial x}\right)^2$$

$$= [\rho_0+\rho_0 C_L(p-p_0)]\frac{\partial}{\partial x}\left(\frac{K}{\mu}\frac{\partial p}{\partial x}\right) + \frac{K}{\mu}C_L\rho_0\left(\frac{\partial p}{\partial x}\right)^2$$

舍去含有小量 C_L 的项之后得到：

$$\frac{\partial}{\partial x}\left(\frac{\rho K}{\mu}\frac{\partial p}{\partial x}\right) = \rho_0\frac{\partial}{\partial x}\left(\frac{K}{\mu}\frac{\partial p}{\partial x}\right) \tag{24}$$

单一油相流体黏度随压力变化的关系可表示为：

$$\mu = \mu_0 - C_\mu(p-p_0) \tag{25}$$

式中 C_μ——单相微可压流体的黏度随压力变化的速率，是一个小量，10^{-9} s；

μ_0——参考压力 p_0 下的流体黏度，常常取作油藏初始状态下的黏度，为常数，Pa·s。

由式（25）舍去小量，得 $\mu=\mu_0$，即认为单相流体黏度为常数；将其代入式（24），得：

$$\frac{\partial}{\partial x}\left(\frac{\rho K}{\mu}\frac{\partial p}{\partial x}\right) = \frac{\rho_0}{\mu_0}\frac{\partial}{\partial x}\left(K\frac{\partial p}{\partial x}\right) \tag{26}$$

同理可得：

$$\frac{\partial}{\partial y}\left(\frac{\rho K}{\mu}\frac{\partial p}{\partial y}\right) = \frac{\rho_0}{\mu_0}\frac{\partial}{\partial y}\left(K\frac{\partial p}{\partial y}\right) \tag{27}$$

$$\frac{\partial}{\partial z}\left(\frac{\rho K}{\mu}\frac{\partial p}{\partial z}\right) = \frac{\rho_0}{\mu_0}\frac{\partial}{\partial z}\left(K\frac{\partial p}{\partial z}\right) \tag{28}$$

$$\nabla\cdot\left(\frac{\rho K}{\mu}\rho g\nabla D\right) = \rho_0\nabla\cdot\left(\frac{\rho K g}{\mu_0}\nabla D\right) = \frac{g\rho_0^2}{\mu_0}\nabla\cdot(K\nabla D) \tag{29}$$

将式（23）和式（26）至式（29）代回式（16），且两端同除以 ρ_0，得：

$$\frac{\partial}{\partial x}\left[\frac{K}{\mu_0}\left(\frac{\partial p}{\partial x}-\rho_0 g\frac{\partial D}{\partial x}\right)\right] + \frac{\partial}{\partial y}\left[\frac{K}{\mu_0}\left(\frac{\partial p}{\partial y}-\rho_0 g\frac{\partial D}{\partial y}\right)\right] + \frac{\partial}{\partial z}\left[\frac{K}{\mu_0}\left(\frac{\partial p}{\partial z}-\rho_0 g\frac{\partial D}{\partial z}\right)\right] + q_{V0} = \phi_0(C_L+C_f)\frac{\partial p}{\partial t}$$

$$\tag{30}$$

其中

$$q_{V0} = \frac{q}{\rho_0}$$

式中 q_{V0}——单位时间向单位体积渗流空间内注入的流体在参考压力 p_0 下的体积，s^{-1}。

式（30）即为单相微可压流体恒等温渗流的控制方程。其中压力 p 是唯一的未知量，因此方程是可解的。

将式（30）写成简化形式，得：

$$\nabla \cdot \left[\frac{K}{\mu_0} (\nabla p - \rho_0 g \nabla D) \right] + q_{V0} = \phi_0 (C_L + C_f) \frac{\partial p}{\partial t} \tag{31}$$

单相微可压流体恒等温渗流方程是一个关于压力未知量的抛物型二阶偏微分方程，它描述的是单相流体渗流过程中压力的变化及传播规律。

如果假设渗流区域是均质的，即 K 不随空间位置发生变化，为空间常数；同时考虑到

$$\nabla \cdot (\rho_0 g \nabla D) = \rho_0 g \nabla^2 D = 0$$

则由式(31)得到

$$\nabla^2 p + \frac{\mu_0}{K} q_{V0} = \frac{\phi_0 \mu_0}{K} (C_L + C_f) \frac{\partial p}{\partial t} \tag{32}$$

上式即均匀介质单相微可压流体恒等温渗流模型方程。该渗流方程在柱坐标系 (r,θ,z) 中表示为：

$$\frac{1}{r} \frac{\partial}{\partial r} \left(r \frac{\partial p}{\partial r} \right) + \frac{1}{r^2} \frac{\partial^2 p}{\partial \theta^2} + \frac{\partial^2 p}{\partial z^2} + \frac{\mu_0}{K} q_{V0} = \frac{\phi_0 \mu_0}{K} (C_L + C_f) \frac{\partial p}{\partial t} \tag{33}$$

如果是平面轴对称径向渗流，则由式(31)可得：

$$\frac{1}{r} \frac{\partial}{\partial r} \left(r \frac{\partial p}{\partial r} \right) + \frac{\mu_0}{K} q_{V0} = \frac{\phi_0 \mu_0}{K} (C_L + C_f) \frac{\partial p}{\partial t} \tag{34}$$

此即均匀介质单相微可压流体平面轴对称径向渗流方程，常用于油藏内单井渗流分析。

实际应用中，式(30)、式(32)及式(34)中表示初始值的下标"0"可以忽略。理由如本小节前面所述，因为流体和岩石都是微可压缩的，在本节涉及的油藏渗流与开发过程中，相关物性参数及流体体积的相对变化量很小，可以忽略。

2.4.3 气体三维渗流微分方程

气体的压缩性比原油的压缩性大得多，气体渗流属于单相可压流体渗流。

首先设定渗流模型的物理条件：渗流区域为三维区域；区域内只有一种气体组分，且始终以气相形式存在；气相是可压缩的；岩石介质的压缩性比气体小得多，忽略不计；渗流服从达西定律；区域内温度均匀且不变化，即渗流场是恒等温的；气体的重力项很小，忽略不计。

在上述物理条件下，由式(16)可得一般形式的气体渗流方程：

$$\frac{\partial}{\partial x} \left(\frac{\rho_g K}{\mu_g} \frac{\partial p}{\partial x} \right) + \frac{\partial}{\partial y} \left(\frac{\rho_g K}{\mu_g} \frac{\partial p}{\partial y} \right) + \frac{\partial}{\partial z} \left(\frac{\rho_g K}{\mu_g} \frac{\partial p}{\partial z} \right) + q_g = \phi \frac{\partial}{\partial t} (\rho_g) \tag{35}$$

式(35)写成微分算子形式，得：

$$\nabla \cdot \left(\frac{\rho_g K}{\mu_g} \nabla p \right) + q_g = \phi \frac{\partial}{\partial t} (\rho_g) \tag{36}$$

式中 ρ_g——气体组分的密度，kg/m^3；

μ_g——气相流体的黏度，$Pa \cdot s$；

q_g——单位时间向单位体积渗流空间内注入的气组分的质量，$kg/(m^3 \cdot s)$；

ϕ_0——岩石介质初始状态下的孔隙度。

考虑渗流规律和气藏特征，系统地给出上述问题的辅助方程：

$$\rho_g = \rho_g(p) \tag{37}$$

$$\mu_g = \mu_g(p) \tag{38}$$

$$\phi = \phi(x,y,z) \tag{39}$$

$$K = K(x,y,z) \tag{40}$$

$$q_g = q_g(x,y,z,t,p) \tag{41}$$

式(35)与辅助方程一起组成完整的气体渗流控制方程组。

下面推导均匀介质中真实气体的渗流控制方程。

均匀介质中渗透率 K 和孔隙度 ϕ 均为空间常数，则式(35)变为如下形式：

$$\frac{\partial}{\partial x}\left(\frac{\rho_g}{\mu_g}\frac{\partial p}{\partial x}\right) + \frac{\partial}{\partial y}\left(\frac{\rho_g}{\mu_g}\frac{\partial p}{\partial y}\right) + \frac{\partial}{\partial z}\left(\frac{\rho_g}{\mu_g}\frac{\partial p}{\partial z}\right) + \frac{q_g}{K} = \frac{\phi}{K}\frac{\partial}{\partial t}(\rho_g) \tag{42}$$

真实气体的状态方程为：

$$pV_g = ZnRT \tag{43}$$

式中　n——气体的物质的量，mol；

　　　R——气体常数，J/(mol·K)；

　　　T——气体的温度，在本节中设为常数，K；

　　　V_g——气体的体积，m³；

　　　Z——气体偏差系数或压缩因子，表示在某一温度和压力条件下同一质量的真实气体体积与理想气体体积之比。

一般情况下 Z 是压力、温度和气体组分的函数，但因已设定温度和气体组分都不变，所以 Z 只是压力的函数，即 $Z=Z(p)$。具体的 $Z=Z(p)$ 关系曲线可以通过查阅有关文献图版确定，有条件的实验室也可以直接通过物理实验得到。

设气体质量为 m，气体摩尔质量记作 M，则有 $n=m/M$，同时 $\rho_g = m/V_g$，代入式(43)，得：

$$\rho_g = \frac{pM}{ZRT} \tag{44}$$

将式(44)代入式(42)，可得：

$$\frac{\partial}{\partial x}\left(\frac{p}{Z\mu_g}\frac{\partial p}{\partial x}\right) + \frac{\partial}{\partial y}\left(\frac{p}{Z\mu_g}\frac{\partial p}{\partial y}\right) + \frac{\partial}{\partial z}\left(\frac{p}{Z\mu_g}\frac{\partial p}{\partial z}\right) + \frac{RTq_g}{MK} = \frac{\phi}{K}\frac{\partial}{\partial t}\left(\frac{p}{Z}\right) \tag{45}$$

写成微分算子形式，得：

$$\nabla \cdot \left(\frac{p}{Z\mu_g}\nabla p\right) + \frac{RTq_g}{MK} = \frac{\phi}{K}\frac{\partial}{\partial t}\left(\frac{p}{Z}\right)$$

上式即为均匀介质中真实气体的渗流控制方程。它与辅助方程 $\mu_g = \mu_g(p)$ 和 $Z=Z(p)$ 一起组成完整的气体渗流控制方程组。为了把式(45)写成更简便的形式，定义压力函数

$$\psi = 2\int_{p_0}^{p}\frac{p}{Z\mu_g}dp \tag{46}$$

由式(46)可以得到：

$$\frac{\partial \psi}{\partial x} = \frac{d\psi}{dp}\frac{\partial p}{\partial x} = \frac{2p}{Z\mu_g}\frac{\partial p}{\partial x}, \quad \frac{\partial \psi}{\partial y} = \frac{2p}{Z\mu_g}\frac{\partial p}{\partial y}, \quad \frac{\partial \psi}{\partial z} = \frac{2p}{Z\mu_g}\frac{\partial p}{\partial z}, \quad \frac{\partial \psi}{\partial t} = \frac{d\psi}{dp}\frac{\partial p}{\partial t} = \frac{2p}{Z\mu_g}\frac{\partial p}{\partial t}$$

同时还有

$$\frac{\partial}{\partial t}\left(\frac{p}{Z}\right) = \frac{\partial}{\partial p}\left(\frac{p}{Z}\right)\frac{\partial p}{\partial t}$$

再定义气体的拟压缩系数

$$C_g = \frac{1}{\rho_g}\frac{\partial \rho_g}{\partial p} = \frac{1}{p} - \frac{1}{Z}\frac{\partial Z}{\partial p} = \frac{Z}{p}\frac{\partial}{\partial p}\left(\frac{p}{Z}\right)$$

将以上各式代入式(45)，可得：

$$\frac{\partial^2 \psi}{\partial x^2} + \frac{\partial^2 \psi}{\partial y^2} + \frac{\partial^2 \psi}{\partial z^2} + \frac{RTq_g}{MK} = \frac{\phi \mu_g C_g}{K}\frac{\partial \psi}{\partial t} \tag{47}$$

写成微分算子形式，得：

$$\nabla^2 \psi + \frac{RTq_g}{MK} = \frac{\phi \mu_g C_g}{K}\frac{\partial \psi}{\partial t}$$

上式就是简便形式的均匀介质中真实气体渗流控制方程。和式(45)作用相同，式(47)与辅助方程式(37)至式(41)一起组成完整的气体渗流控制方程组。

如果是理想气体，则有 $Z=1$。如果忽略压力对黏度的影响，则有 $\mu_g = \mu_{g0}$。这里 μ_{g0} 为常数，可以取气藏初始状态的气体黏度。由此可得到 $\psi = (p^2 - p_0^2)/\mu_{g0}$ 及 $C_g = 1/p$。把这些参数代入式(47)，可得：

$$\frac{\partial^2 p^2}{\partial x^2} + \frac{\partial^2 p^2}{\partial y^2} + \frac{\partial^2 p^2}{\partial z^2} + \frac{RT\mu_{g0}}{MK}q_g = \frac{\phi \mu_{g0}}{Kp}\frac{\partial}{\partial t}(p^2) \tag{48}$$

如果式(48)右端项分母中的压力取作气藏平均压力，即 $p = \bar{p}$，并把 $\bar{p}$ 视作常数，则上式变为：

$$\frac{\partial^2 p^2}{\partial x^2} + \frac{\partial^2 p^2}{\partial y^2} + \frac{\partial^2 p^2}{\partial z^2} + \frac{RT\mu_{g0}}{MK}q_g = \frac{1}{\mathcal{K}}\frac{\partial}{\partial t}(p^2) \tag{49}$$

其中 $\mathcal{K} = K\bar{p}/(\phi \mu_{g0})$ 称作气体导压系数。上式即均匀介质中理想气体的简化渗流控制方程。写成算子形式，得：

$$\nabla^2 p^2 + \frac{RT\mu_{g0}}{MK}q_g = \frac{1}{\mathcal{K}}\frac{\partial}{\partial t}(p^2) \tag{50}$$

2.5 两相流体渗流数学模型

如果一个油藏中的烃类组分始终以液态形式存在，同时油藏中存在可流动的水，那么这个油藏中流体的流动就是油水两相渗流。如果一个气藏中的烃类组分始终以气态形式存在，同时气藏中含有可流动的水，那么气藏中流体的流动就是气水两相渗流。两相渗流模型主要研究以上两种渗流情况。

本节将建立油水两相渗流和气水两相渗流的微分方程组。为了反映空间维数的影响，油水两相和气水两相渗流的方程组分别采用一维和二维的形式。

2.5.1 一维油水两相可压缩流体渗流模型

根据油水两相油藏的实际特点，给定油水两相流体渗流的物理条件：

(1) 油藏区域为一维空间；

(2) 油藏具有非均质性，岩石孔隙度和渗透率都是空间变量，油藏截面积可随位置变化；

(3) 油藏岩石具有可压缩性，即孔隙度随油藏流体压力变化而变化，但渗透率变化可忽略不计；

(4) 渗流区域内只有油和水两种组分；

(5) 油组分存在于油相中，水组分存在于水相中，两相流体中的组分互不交换；

(6) 流体是可压缩的；

(7) 渗流服从达西定律；

(8) 渗流区域是恒等温的。

根据上述物理条件，首先建立油水两相渗流问题的基本方程，再由基本方程推导出控制方程。基本方程包括连续性方程、运动方程和辅助方程。因为渗流区域是恒等温的，没有热量传递和温度变化，所以无需能量方程。渗流方程要求解的主要未知量是油水两相的压力和饱和度。

1. 连续性方程

如图 2.5.1 所示，在渗流区域内取渗流方向为 x 轴方向建立直角坐标系。假设一维渗流区域的横截面积为 $A(x)$，顺着流动方向任取一个长度微元 Δx、以 Δx 为高在渗流区域中形成一个台状体积微元。微元左端面积为 $A(x)$，右端面积为 $A(x+\Delta x)$，平均面积为 $\bar{A}$。在任意时刻 t，微元左端油、水流入速度分别设为 $v_o(x,t)$ 和 $v_w(x,t)$，微元右端油、水流出速度分别为 $v_o(x+\Delta x,t)$ 和 $v_w(x+\Delta x,t)$。油、水密度分别为 ρ_o 和 ρ_w。

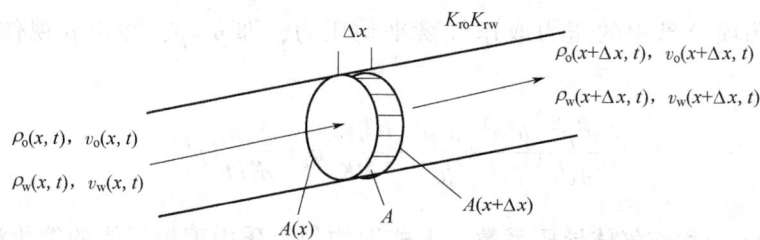

图 2.5.1　油水两相流体一维渗流场中的体积微元

任取一时间微元 Δt，在从 t 到 $t+\Delta t$ 的时间段内考察微元体内流体质量的变化，由此建立其连续性方程。因为在本节渗流问题中，流体组分和流体的相是一一对应的，因此组分连续性方程可以用相的形式建立。下面以油相为例建立连续性方程。

在 Δt 时间内流入流出微元体的油相流体的质量差为：

$$(A\rho_o v_o)|_{(x,t)} \cdot \Delta t - (A\rho_o v_o)|_{(x+\Delta x,t)} \cdot \Delta t = [(A\rho_o v_o)|_{(x,t)} - (A\rho_o v_o)|_{(x+\Delta x,t)}]\Delta t \tag{1}$$

考虑人工注入流体：

$$q_o \Delta x \cdot \bar{A} \cdot \Delta t \tag{2}$$

式中　q_o——单位时间向单位体积渗流空间内注入的油相流体质量，$kg/(m^3 \cdot s)$。

Δt 时间内，微元体内油的质量增量为：

$$(\rho_o S_o \phi)|_{t+\Delta t} \cdot \bar{A} \cdot \Delta x - (\rho_o S_o \phi)|_t \cdot \bar{A} \cdot \Delta x \tag{3}$$

式中　S_o——油相饱和度。

根据质量守恒原理，知式(1)+式(2)=式(3)，然后两端同除以 $\Delta x \cdot \Delta t$，得：

$$q_o \bar{A} - \frac{(A\rho_o v_o)|_{(x+\Delta x,t)} - (A\rho_o v_o)|_{(x,t)}}{\Delta x} = \frac{(\rho_o S_o \phi)|_{t+\Delta t} - (\rho_o S_o \phi)|_t}{\Delta t} \bar{A}$$

上式两端取极限 $\Delta x \to 0$，$\Delta t \to 0$，得：

$$-\frac{\partial(A\rho_o v_o)}{\partial x}+q_o A=A\frac{\partial(\phi\rho_o S_o)}{\partial t} \tag{4}$$

同理得水相流体连续性方程:

$$-\frac{\partial(A\rho_w v_w)}{\partial x}+q_w A=A\frac{\partial(\phi\rho_w S_w)}{\partial t} \tag{5}$$

式中 S_w——水相饱和度;
q_w——水相流体的质量注入速度,kg/(m³·s)。

2. 运动方程

因为渗流服从达西定律,所以运动方程就是达西公式。油水两相渗流的达西公式为:

$$\begin{cases} v_o=-\dfrac{K\cdot K_{ro}}{\mu_o}\left(\dfrac{\partial p_o}{\partial x}-\rho_o g\dfrac{\partial D}{\partial x}\right) \\ v_w=-\dfrac{K\cdot K_{rw}}{\mu_w}\left(\dfrac{\partial p_w}{\partial x}-\rho_w g\dfrac{\partial D}{\partial x}\right) \end{cases} \tag{6}$$

式中 v_o——油相的渗流速度,m/s;
v_w——水相的渗流速度,m/s;
K_{ro}——油相的相对渗透率;
K_{rw}——水相的相对渗透率;
μ_o——油相的黏度,Pa·s;
μ_w——水相的黏度,Pa·s;
p_o——油相的压力,Pa;
p_w——水相的压力,Pa。

3. 辅助方程

系统地考虑渗流规律和油藏特征,给出上述问题的辅助方程:

$$S_o+S_w=1 \tag{7}$$
$$p_{cow}(x,S_w)=p_{cwo}(x,S_w)=p_o-p_w \tag{8}$$
$$\rho_o=\rho_o(p_o),\rho_w=\rho_w(p_w) \tag{9}$$
$$\mu_o=\mu_o(p_o),\mu_w=\mu_w(p_w) \tag{10}$$
$$K_{ro}=K_{ro}(x,S_w),K_{rw}=K_{rw}(x,S_w) \tag{11}$$
$$\phi=\phi(x,p) \tag{12}$$
$$A=A(x) \tag{13}$$
$$K=K(x) \tag{14}$$
$$q_o=q_o(x,t),q_w=q_w(x,t) \tag{15}$$

式中 p_{cow}——油水两相间的毛管力,也可记作 p_{cwo},Pa。岩石润湿性为水湿时,p_{cow} 为正值,油湿时为负值。

4. 渗流控制方程组

将式(6)代入式(4)和式(5),得:

$$\begin{gathered}\frac{\partial}{\partial x}\left[\frac{A\rho_o K\cdot K_{ro}}{\mu_o}\left(\frac{\partial p_o}{\partial x}-\rho_o g\frac{\partial D}{\partial x}\right)\right]+q_o A=A\frac{\partial}{\partial t}(\phi\rho_o S_o) \\ \frac{\partial}{\partial x}\left[\frac{A\rho_w K\cdot K_{rw}}{\mu_w}\left(\frac{\partial p_w}{\partial x}-\rho_w g\frac{\partial D}{\partial x}\right)\right]+q_w A=A\frac{\partial}{\partial t}(\phi\rho_w S_w) \end{gathered} \tag{16}$$

写成微分算子形式,得:

$$\nabla \cdot \left[\frac{A\rho_o K \cdot K_{ro}}{\mu_o}(\nabla p_o - \rho_o g \nabla D)\right] + q_o A = A\frac{\partial}{\partial t}(\phi \rho_o S_o)$$

$$\nabla \cdot \left[\frac{A\rho_w K \cdot K_{rw}}{\mu_w}(\nabla p_w - \rho_w g \nabla D)\right] + q_w A = A\frac{\partial}{\partial t}(\phi \rho_w S_w) \quad (17)$$

上式就是油水两相可压缩流体在一维可压介质中的恒等温渗流控制方程,它与式(7)至式(15)一起组成封闭的渗流控制方程组。

2.5.2 二维气水两相可压缩流体渗流数学模型

根据含水气藏的实际特点,给定气水两相流体渗流的物理条件:
(1)气藏区域为二维空间;
(2)气藏具有非均质性,岩石孔隙度和渗透率都是空间变量,气藏厚度可随位置变化;
(3)气藏岩石具有可压缩性,即孔隙度随油藏流体压力变化,但渗透率变化可忽略不计;
(4)渗流区域内只有气和水两种组分;
(5)气组分存在于气相中,水组分存在于水相中,两相流体中的组分互不转移;
(6)流体是可压缩的;
(7)渗流服从达西定律;
(8)渗流区域是恒等温的。

根据上述物理条件,首先建立气水两相渗流问题的基本方程,再由基本方程推导出控制方程。基本方程包括连续性方程、运动方程和辅助方程。因为渗流区域是恒等温的,没有热量传递和温度变化,所以无需能量守恒方程。渗流方程要求解的主要未知量是气水两相的压力和饱和度。

1. 连续性方程

如图2.5.2所示,以二维渗流平面作为 x-y 平面建立直角坐标系,设任意点 (x,y) 处的渗流区域(地层)的厚度为 $H(x,y)$;在 (x,y) 渗流平面内任取一个面积微元,微元长 Δx,宽 Δy;以该微元为横截面形成一个垂直于渗流平面的柱体,记柱体的平均高度为 $\overline{H}$。假设气相和水相流体的渗流速度向量分别为 v_g 和 v_w,气相流体在 x、y 方向的渗流速度分量分别为 v_{gx} 和 v_{gy},水相流体在 x、y 方向的渗流速度分量分别为 v_{wx} 和 v_{wy},气、水的密度分别为 ρ_g 和 ρ_w,气、水的饱和度分别为 S_g 和 S_w。

任取一时间微元 Δt,在从 t 到 $t+\Delta t$ 的时间段内考察微元体内流体质量的变化,由此建立其连续性方程。下面以气相为例建立连续性方程。

Δt 时间内,气相通过垂直于 x 方向的两个面纯流入微元的质量为:

$$(H\rho_g v_{gx})|_x \cdot \Delta y \Delta t - (H\rho_g v_{gx})|_{x+\Delta x} \cdot \Delta y \Delta t \quad (18)$$

气相通过垂直于 y 方向的两个面纯流入微元的质量为:

$$(H\rho_g v_{gy})|_y \cdot \Delta x \Delta t - (H\rho_g v_{gy})|_{y+\Delta y} \cdot \Delta x \Delta t \quad (19)$$

考虑人工注采影响:如果单位时间向单位体积渗流空间(即单位体积气藏)内注入的气相流体质量记作 q_g,则 Δt 时间内注入微元体的气体质量为:

$$q_g \overline{H} \Delta x \Delta y \Delta t \quad (20)$$

Δt 时间内,由于密度、饱和度等增加,微元体气相质量增加量为:

$$(\rho_g S_g \phi)|_{t+\Delta t} \cdot \overline{H} \Delta x \Delta y - (\rho_g S_g \phi)|_t \cdot \overline{H} \Delta x \Delta y \quad (21)$$

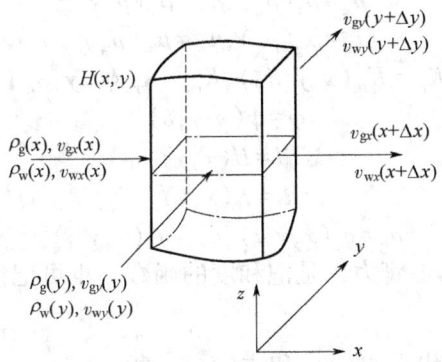

图 2.5.2 两相流体二维渗流场体积微元

由质量守恒原理知：式(18)+式(19)+式(20)=式(21)，然后方程两边同除以 $\Delta x \Delta y \Delta t$，得：

$$\frac{(H\rho_g v_{gx})|_x-(H\rho_g v_{gx})|_{x+\Delta x}}{\Delta x}+\frac{(H\rho_g v_{gy})|_y-(H\rho_g v_{gy})|_{y+\Delta y}}{\Delta y}+q_g\overline{H}=\overline{H}\cdot\frac{(\rho_g S_g \phi)|_{t+\Delta t}-(\rho_g S_g \phi)|_t}{\Delta t} \tag{22}$$

对上式取极限：$\Delta x \to 0$，$\Delta y \to 0$ 和 $\Delta t \to 0$，得：

$$q_g H-\frac{\partial(H\rho_g v_{gx})}{\partial x}-\frac{\partial(H\rho_g v_{gy})}{\partial y}=H\frac{\partial(\rho_g S_g \phi)}{\partial t} \tag{23}$$

上式就是气相流体(即气组分)连续性方程。同理可得水相连续方程：

$$q_w H-\frac{\partial(H\rho_w v_{wx})}{\partial x}-\frac{\partial(H\rho_w v_{wy})}{\partial y}=H\frac{\partial(\rho_w S_w \phi)}{\partial t} \tag{24}$$

式中 q_w——水相流体的质量注入速度，kg/(m³·s)。

式(23)和式(24)写成哈密顿算子形式，分别为：

$$q_g H-\nabla\cdot(H\rho_g \boldsymbol{v}_g)=H\frac{\partial(\rho_g S_g \phi)}{\partial t}$$

$$q_w H-\nabla\cdot(H\rho_w \boldsymbol{v}_w)=H\frac{\partial(\rho_w S_w \phi)}{\partial t}$$

2. 运动方程

考虑重力作用的气水两相渗流达西公式为：

$$v_{gx}=-\frac{K\cdot K_{rg}}{\mu_g}\left(\frac{\partial p_g}{\partial x}-\rho_g g\frac{\partial D}{\partial x}\right),\ v_{gy}=-\frac{K\cdot K_{rg}}{\mu_g}\left(\frac{\partial p_g}{\partial y}-\rho_g g\frac{\partial D}{\partial y}\right) \tag{25}$$

$$v_{wx}=-\frac{K\cdot K_{rw}}{\mu_w}\left(\frac{\partial p_w}{\partial x}-\rho_w g\frac{\partial D}{\partial x}\right),\ v_{wy}=-\frac{K\cdot K_{rw}}{\mu_w}\left(\frac{\partial p_w}{\partial y}-\rho_w g\frac{\partial D}{\partial y}\right) \tag{26}$$

式中 K_{rg}——气相的相对渗透率；
　　μ_g——气相的黏度，Pa·s；
　　p_g——气相的压力，Pa。

3. 辅助方程

考虑渗流规律和气藏特征，系统地给出上述问题的辅助方程：

$$S_g+S_w=1 \tag{27}$$

$$p_{cgw}(x,y,S_w)=p_{cwg}(x,y,S_w)=p_g-p_w \tag{28}$$

$$\rho_g = \rho_g(p_g), \rho_w = \rho_w(p_w) \tag{29}$$

$$\mu_g = \mu_g(p_g), \mu_w = \mu_w(p_w) \tag{30}$$

$$K_{rg} = K_{rg}(x, y, S_w), K_{rw} = K_{rw}(x, y, S_w) \tag{31}$$

$$\phi = \phi(x, y, p) \tag{32}$$

$$H = H(x, y) \tag{33}$$

$$K = K(x, y) \tag{34}$$

$$q_g = q_g(x, y, t), q_w = q_w(x, y, t) \tag{35}$$

式中 p_{cgw}——气水两相间的毛管力，是饱和度的函数，也可记作 p_{cwg}，Pa。

4. 渗流控制方程组

将式(25)、式(26)分别代入式(23)和式(24)，得：

$$\frac{\partial}{\partial x}\left[\frac{\rho_g H K K_{rg}}{\mu_g}\left(\frac{\partial p_g}{\partial x} - \rho_g g \frac{\partial D}{\partial x}\right)\right] + \frac{\partial}{\partial y}\left[\frac{\rho_g H K K_{rg}}{\mu_g}\left(\frac{\partial p_g}{\partial y} - \rho_g g \frac{\partial D}{\partial y}\right)\right] + q_g H = H \frac{\partial}{\partial t}(\phi \rho_g S_g) \tag{36}$$

$$\frac{\partial}{\partial x}\left[\frac{\rho_w H K K_{rw}}{\mu_w}\left(\frac{\partial p_w}{\partial x} - \rho_w g \frac{\partial D}{\partial x}\right)\right] + \frac{\partial}{\partial y}\left[\frac{\rho_w H K K_{rw}}{\mu_w}\left(\frac{\partial p_w}{\partial y} - \rho_w g \frac{\partial D}{\partial y}\right)\right] + q_w H = H \frac{\partial}{\partial t}(\phi \rho_w S_w) \tag{37}$$

式(36)和式(37)写成微分算子形式，得：

$$\begin{cases} \nabla \cdot \left[\dfrac{\rho_g H K K_{rg}}{\mu_g}(\nabla p_g - \rho_g g \nabla D)\right] + q_g H = H \dfrac{\partial}{\partial t}(\phi \rho_g S_g) \\ \nabla \cdot \left[\dfrac{\rho_w H K K_{rw}}{\mu_w}(\nabla p_w - \rho_w g \nabla D)\right] + q_w H = H \dfrac{\partial}{\partial t}(\phi \rho_w S_w) \end{cases} \tag{38}$$

上式就是气水两相可压缩流体在二维可压介质中的恒等温渗流控制方程。它与式(27)至式(35)一起组成封闭的渗流控制方程组。

2.6 渗流数学方程的通式

对比观察前几节内容可以看出，不同相流体和不同维数空间渗流的控制方程都具有相似的形式。为了研究和叙述的方便，可以用统一形式把这些渗流方程表示出来。

采用下标符号 l 表示流体的相，即令 $l=o$、g、w，分别表示油相、气相和水相。

定义几何因子 α 如下：

$$\alpha(x, y, z) = \begin{cases} A(x), & \text{当流动是一维渗流情况时，表示渗流空间的截面积} \\ H(x, y), & \text{当流动是二维渗流情况时，表示渗流空间的厚度} \\ 1, & \text{当流动是三维渗流情况时} \end{cases}$$

采用以上符号，并考虑注采项，得任意相流体任意维数空间渗流的连续性方程：

$$-\nabla \cdot (\alpha \rho_l v_l) + \alpha q_l = \alpha \frac{\partial(\phi \rho_l S_l)}{\partial t} \tag{1}$$

达西定律可以写成：

$$v_l = -\frac{K K_{rl}}{\mu_l}(\nabla p_l - \rho_l g \nabla D) \tag{2}$$

式(1)和式(2)联立，得：

$$\nabla \cdot \left[\frac{\alpha \rho_l K K_{rl}}{\mu_l}(\nabla p_l - \rho_l g \nabla D)\right] + \alpha q_l = \alpha \frac{\partial(\phi \rho_l S_l)}{\partial t} \tag{3}$$

这就是任意相流体在任意维数空间渗流方程的通式。

油藏内各种物质成分叫作组分。相是物质即组分存在或运动的形态。相互溶合的组分同为一相。组分和相是两个不同的概念，具有不同的物理意义，其属性也是不同的。经常用到的密度、体积、压力、流速、饱和度、相对渗透率等物理性质都是相的属性；而组分的常用属性只有一个，那就是质量，这正是质量守恒原理的体现。

建立渗流模型及数模的目的是研究油藏内油、气、水等各种流体物质（即组分）的分布与变化情况，也就是说，数值模拟的主要研究对象是流体组分。

在前两节讨论的油气藏中，每一种组分（油、气、水等）只存在于一种相内，每一种流体相内只包含一种组分。在这种情况下，研究某一种组分在油藏中的分布和运动，只需研究它所在的相的分布和运动即可。因为流体运动和相直接相关，从流体的相出发建立渗流模型，比从流体组分出发更简捷方便。所以，前面两节中渗流方程是以流体的相（油相、气相、水相等）为对象建立起来的。

渗流方程通式（3）只适用于前面几节所述流体相之间没有组分转移的情况。但是，实际油藏内的碳氢化合物包括很多种组分，每一种组分都可能以多种相态存在和运动，并在不同相间发生质量转移；同时，每一相内都可能含有多种组分，且各组分的比例可能不断地变化。所以，无法通过单一相的运动来直接反映组分的分布变化过程，必须把研究对象由相转为组分，由建立相的渗流方程转为以组分为对象建立渗流控制方程。这些将体现在后面几节的内容中。

2.7 多组分模型

实际油藏内所包含的流体成分及其相变关系是复杂的。在油气田开发生产中，经常需要分辨不同的油气组分并跟踪研究它们在油藏内的分布变化过程和规律，而多组分模型就是为了适应这种需要而建立的。

2.7.1 多组分模型的物理条件

根据目标油气藏的一般特点，给定多组分模型的物理条件：

(1) 油气藏区域可以是一维、二维或三维空间；
(2) 油藏内共有 N 种流体组分；
(3) 油藏内的流体有油、气、水三种相态；
(4) 每一种组分都可能存在于所有的相中，每一相流体中都可能含有所有的组分，且各相之间存在各种组分的互相转移；
(5) 组分在相间转移的过程于瞬间完成，即认为相间达到平衡过程持续的时间为零；
(6) 流体是可压缩的；
(7) 油藏具有非均质性，即岩石孔隙度和渗透率都是空间变量；
(8) 油藏岩石具有可压缩性，即孔隙度随油藏流体压力而变化，但渗透率变化可忽略不计；
(9) 渗流服从达西定律；
(10) 渗流区域是恒等温的。

2.7.2 多组分渗流控制方程

在渗流区域内的 N 种组分中任选一种组分 i，设它在油、气、水三相中所占的质量分数

分别为 C_{io}、C_{ig} 和 C_{iw}。考察组分 i 在渗流区域内的分布及其变化。

1. 连续性方程

在2.4节和2.5节中，采用体积微元分析方法推导出了流体渗流的连续性方程。本节以此为基础，依照相似步骤和质量守恒原理，推导组分 i 的连续性方程。

设油、气、水三相的流速分别为 v_o、v_g 和 v_w，它们的量纲是 $[L/T]=[L^3/(L^2T)]$，可以理解为单位时间内穿过单位横截面积的流体的体积。油、气、水三相的质量流速分别为 $\rho_o v_o$、$\rho_g v_g$、$\rho_w v_w$，以上各量的量纲是 $[M/(L^2T)]$，物理意义是单位时间内穿过单位横截面积的流体的质量，单位为 $kg/(m^2 \cdot s)$。由上述各相流速及组分 i 在各相中的质量分数，可得组分 i 随各流体相流动的质量流速为：

$$v_{im} = C_{io}\rho_o v_o + C_{ig}\rho_g v_g + C_{iw}\rho_w v_w \tag{1}$$

在三维空间直角坐标系 (x,y,z) 内，把上式写成坐标方向分量的形式，得：

$$v_{im} = \begin{bmatrix} C_{io}\rho_o v_{ox} + C_{ig}\rho_g v_{gx} + C_{iw}\rho_w v_{wx} \\ C_{io}\rho_o v_{oy} + C_{ig}\rho_g v_{gy} + C_{iw}\rho_w v_{wy} \\ C_{io}\rho_o v_{oz} + C_{ig}\rho_g v_{gz} + C_{iw}\rho_w v_{wz} \end{bmatrix} \tag{2}$$

设组分 i 的质量注入速度为：

$$q_i = q_i(x,y,z,t) \tag{3}$$

式中　q_i——单位时间向单位体积油藏内注入的组分 i 的质量，量纲为 $[M/(L^3T)]$，$kg/(m^3 \cdot s)$。

组分 i 在单位体积渗流空间微元中的质量为：

$$\phi(C_{io}\rho_o S_o + C_{ig}\rho_g S_g + C_{iw}\rho_w S_w) \tag{4}$$

与2.6节原理相同，只需用式(1)、式(3)和式(4)分别代替2.6节中的 $\rho_l v_l$、q_l 和 $\phi \rho_l S_l$，即得：

$$-\nabla \cdot [\alpha(C_{io}\rho_o v_o + C_{ig}\rho_g v_g + C_{iw}\rho_w v_w)] + \alpha q_i = \alpha \frac{\partial}{\partial t}[\phi(C_{io}\rho_o S_o + C_{ig}\rho_g S_g + C_{iw}\rho_w S_w)] \tag{5}$$

这就是任意组分 i 满足的连续性方程。

2. 运动方程

组分模型的运动方程就是达西公式，可写成如下形式：

$$\begin{cases} v_o = -\dfrac{KK_{ro}}{\mu_o}(\nabla p_o - \rho_o g \nabla D) \\ v_g = -\dfrac{KK_{rg}}{\mu_g}(\nabla p_g - \rho_g g \nabla D) \\ v_w = -\dfrac{KK_{rw}}{\mu_w}(\nabla p_w - \rho_w g \nabla D) \end{cases} \tag{6}$$

将式(6)代入式(5)，得：

$$\nabla \cdot \left[\frac{\alpha C_{io}\rho_o KK_{ro}}{\mu_o}(\nabla p_o - \rho_o g \nabla D) + \frac{\alpha C_{ig}\rho_g KK_{rg}}{\mu_g}(\nabla p_g - \rho_g g \nabla D) + \frac{\alpha C_{iw}\rho_w KK_{rw}}{\mu_w}(\nabla p_w - \rho_w g \nabla D) \right] + \alpha q_i$$

$$= \alpha \frac{\partial}{\partial t}[\phi(C_{io}\rho_o S_o + C_{ig}\rho_g S_g + C_{iw}\rho_w S_w)] \tag{7}$$

上式就是任意组分 i 渗流满足的控制方程。因为油藏中共有 N 个组分，所以组分渗流模型中包括 N 个这样的渗流控制方程。

2.7.3 辅助方程

式(7)形式的渗流控制方程有 N 个，但其所含的物理量共有 $(4N+18)$ 个：$p_o, p_g, p_w, S_o, S_g, S_w, \rho_o, \rho_g, \rho_w, \mu_o, \mu_g, \mu_w, K_{ro}, K_{rg}, K_{rw}, \alpha, \phi, K; C_{io}, C_{ig}, C_{iw}, q_i, i=1,\cdots,N$；所以，要建立封闭的方程组，还需要 $(3N+18)$ 个辅助方程。

经过系统地考虑渗流规律和油藏特征，全面地给出上述问题的辅助方程。

油、气、水三相饱和度之间自然满足的关系方程，1个：

$$S_o + S_g + S_w = 1 \tag{8}$$

油、气、水三相中各组分质量分数自然满足的方程，3个：

$$\sum_{i=1}^{N} C_{io} = 1, \sum_{i=1}^{N} C_{ig} = 1, \sum_{i=1}^{N} C_{iw} = 1 \tag{9}$$

油、气、水三相间毛管力方程，2个：

$$\begin{cases} p_g - p_o = p_{cgo}(x,y,z,S_g) = p_{cog}(x,y,z,S_g) \\ p_o - p_w = p_{cwo}(x,y,z,S_w) = p_{cow}(x,y,z,S_w) \end{cases} \tag{10}$$

油、气、水三相状态方程，3个：

$$\begin{cases} \rho_o = \rho_o(p_o, C_{io}) \\ \rho_g = \rho_g(p_g, C_{ig}) \\ \rho_w = \rho_w(p_w, C_{iw}) \end{cases} \tag{11}$$

油、气、水三相黏度方程，3个：

$$\begin{cases} \mu_o = \mu_o(p_o, C_{io}) \\ \mu_g = \mu_g(p_g, C_{ig}) \\ \mu_w = \mu_w(p_w, C_{iw}) \end{cases} \tag{12}$$

油、气、水三相相对渗透率方程，3个：

$$\begin{cases} K_{ro} = K_{ro}(x,y,z,S_g,S_w) \\ K_{rg} = K_{rg}(x,y,z,S_g) \\ K_{rw} = K_{rw}(x,y,z,S_w) \end{cases} \tag{13}$$

油藏地质构造及岩石物性参数方程，3个：

$$\alpha(x,y,z) = \begin{cases} A(x), & \text{一维油藏} \\ H(x,y), & \text{二维油藏} \\ 1, & \text{三维油藏} \end{cases} \tag{14}$$

$$\phi = \phi(x,y,z,p) \tag{15}$$

$$K = K(x,y,z) \tag{16}$$

N 个组分的三相间平衡方程，$2N$ 个：

$$\begin{cases} C_{ig}/C_{io} = k_{igo}(T, p_o, C_{1g}, C_{2g}, \cdots, C_{Ng}, C_{1o}, C_{2o}, \cdots, C_{No}) \\ C_{io}/C_{iw} = k_{iow}(T, p_o, C_{1o}, C_{2o}, \cdots, C_{No}, C_{1w}, C_{2w}, \cdots, C_{Nw}) \\ i = 1, \cdots, N \end{cases} \tag{17}$$

式中 k_{igo}——组分 i 在气相和油相中质量分数的比值；
k_{iow}——组分 i 在油相和水相中质量分数的比值。

各组分的质量注入速度方程，N 个：

$$q_i = q_i(x,y,z,t,p), i=1,\cdots,N \tag{18}$$

上述各式中 x、y、z 为直角坐标。式(8)至式(18)共包括($3N+18$)个辅助方程，它们与式(7)包含的 N 个渗流控制方程一起组成完整的组分模型方程组。

2.8 黑油模型

2.8.1 概念

"黑油"指的是非挥发性原油，是相对于油质较轻的挥发性油而言的，其油质较重，色泽较深，故称为黑油。黑油模型是根据黑油油藏的主要特点，对实际油藏作了一些简化假设后建立的渗流数学模型，由此建立的数值模型和计算机软件也称为黑油模型。

黑油模型的物理条件假设为：
(1)油气藏区域可以是一维、二维或三维空间。
(2)渗流区域内共含有油、气、水三个组分，烃类流体只含油、气两个组分。油组分是指在地面标准状况下经差异分离后残存的液体，气组分是指在地面条件下分离出来的全部烃类气体。
(3)渗流区域中流体最多只有油、气、水三种相态。
(4)水组分只存在于水相中，油组分只存在于油相中，气组分可同时存在于气相和油相中，即气组分在油藏中可同时以自由气和溶解气的形式存在，气组分在水相中的微量溶解忽略不计。水相中只含有水组分，气相中只含有气组分，油相中可同时含有油组分和气组分。
(5)水相与油相、水相与气相间不发生任何组分转移，油相与气相间可发生气组分转移。随着油藏压力的上升，气组分可从气相溶解到油相中；随着压力的下降，气组分可从油相分离到气相中。假定组分在相间转移的过程于瞬间完成，即任意组分达到相间平衡的过程持续时间为零。
(6)流体是可压缩的。
(7)油藏具有非均质性，即岩石孔隙度和渗透率都是空间变量。
(8)油藏岩石具有可压缩性，即孔隙度随油藏流体压力而变化，但渗透率变化可忽略不计。
(9)渗流服从达西定律。
(10)渗流区域是恒等温的。

黑油模型是目前用于实际油藏的最基本的模型，是油藏数值模拟中发展最完善、最成熟的模型，同时也是应用最广泛的模型。

2.8.2 渗流控制方程

黑油模型可看作多组分模型的一种特例。只要将黑油模型的物理条件及其数学表达式代入组分模型的渗流方程组就可以得到黑油模型的渗流方程组。

设油、气、水各组分在油、气、水三相中的质量分数分别为 C_{io}、C_{ig}、C_{iw}。其中下标 $i=$ O、G、W，分别表示油、气、水三组分；下标 o、g、w 分别表示油、气、水三相。把这些质量分数符号代入上一节的多组分模型，得黑油模型的渗流控制方程，见式(1)至式(3)。

油组分：

$$\nabla \cdot \left[\frac{\alpha C_{Oo}\rho_o KK_{ro}}{\mu_o}(\nabla p_o - \rho_o g \nabla D) + \frac{\alpha C_{Og}\rho_g KK_{rg}}{\mu_g}(\nabla p_g - \rho_g g \nabla D) + \frac{\alpha C_{Ow}\rho_w KK_{rw}}{\mu_w}(\nabla p_w - \rho_w g \nabla D) \right] + \alpha q_O$$

$$= \alpha \frac{\partial}{\partial t}[\phi(C_{Oo}\rho_o S_o + C_{Og}\rho_g S_g + C_{Ow}\rho_w S_w)] \tag{1}$$

气组分：

$$\nabla \cdot \left[\frac{\alpha C_{Go}\rho_o KK_{ro}}{\mu_o}(\nabla p_o - \rho_o g \nabla D) + \frac{\alpha C_{Gg}\rho_g KK_{rg}}{\mu_g}(\nabla p_g - \rho_g g \nabla D) + \frac{\alpha C_{Gw}\rho_w KK_{rw}}{\mu_w}(\nabla p_w - \rho_w g \nabla D) \right] + \alpha q_G$$

$$= \alpha \frac{\partial}{\partial t}[\phi(C_{Go}\rho_o S_o + C_{Gg}\rho_g S_g + C_{Gw}\rho_w S_w)] \tag{2}$$

水组分：

$$\nabla \cdot \left[\frac{\alpha C_{Wo}\rho_o KK_{ro}}{\mu_o}(\nabla p_o - \rho_o g \nabla D) + \frac{\alpha C_{Wg}\rho_g KK_{rg}}{\mu_g}(\nabla p_g - \rho_g g \nabla D) + \frac{\alpha C_{Ww}\rho_w KK_{rw}}{\mu_w}(\nabla p_w - \rho_w g \nabla D) \right] + \alpha q_W$$

$$= \alpha \frac{\partial}{\partial t}[\phi(C_{Wo}\rho_o S_o + C_{Wg}\rho_g S_g + C_{Ww}\rho_w S_w)] \tag{3}$$

下面由黑油模型的物理条件推导上述三个方程中的各项质量分数。

假设质量为 W_O 的油组分，在地面标准状况下的密度为 ρ_{osc}，体积为 V_{osc}；油藏条件下的溶解气油比为 R_{so}，质量为 W_O 的油组分在油藏条件下所溶解的气体质量为 W_G；则如下关系成立：

$$W_O = V_{osc}\rho_{osc}, \quad W_G = V_{osc}R_{so}\rho_{gsc}, \quad W_O + W_G = V_{osc}B_o\rho_o \tag{4}$$

由式(4)可得油相中油、气、水组分的质量分数：

$$C_{Oo} = \frac{W_O}{W_O + W_G} = \frac{\rho_{osc}}{B_o\rho_o}, \quad C_{Go} = \frac{W_G}{W_O + W_G} = \frac{R_{so}\rho_{gsc}}{B_o\rho_o}, \quad C_{Wo} = 0 \tag{5}$$

由黑油模型的组分与相间关系可知，气相中油、气、水组分的质量分数分别为：

$$C_{Og} = 0, \quad C_{Gg} = 1, \quad C_{Wg} = 0 \tag{6}$$

水相中油、气、水组分的质量分数分别为：

$$C_{Ow} = 0, \quad C_{Gw} = 0, \quad C_{Ww} = 1 \tag{7}$$

将式(5)至式(7)代入式(1)至式(3)，并考虑到 $\rho_g = \rho_{gsc}/B_g$ 及 $\rho_w = \rho_{wsc}/B_w$，得：

$$\nabla \cdot \left[\frac{\alpha \rho_{osc} KK_{ro}}{B_o\mu_o}(\nabla p_o - \rho_o g \nabla D) \right] + \alpha q_O = \alpha \frac{\partial}{\partial t}\frac{\phi \rho_{osc} S_o}{B_o} \tag{8}$$

$$\nabla \cdot \left[\frac{\alpha R_{so}\rho_{gsc} KK_{ro}}{B_o\mu_o}(\nabla p_o - \rho_o g \nabla D) + \frac{\alpha \rho_{gsc} KK_{rg}}{B_g\mu_g}(\nabla p_g - \rho_g g \nabla D) \right] + \alpha q_G$$

$$= \alpha \frac{\partial}{\partial t}\left[\phi \left(\frac{R_{so}\rho_{gsc} S_o}{B_o} + \frac{\rho_{gsc} S_g}{B_g} \right) \right] \tag{9}$$

$$\nabla \cdot \left[\frac{\alpha \rho_{wsc} KK_{rw}}{B_w\mu_w}(\nabla p_w - \rho_w g \nabla D) \right] + \alpha q_W = \alpha \frac{\partial}{\partial t}\frac{\phi \rho_{wsc} S_w}{B_w} \tag{10}$$

式(8)至式(10)两端分别同除以 ρ_{osc}、ρ_{gsc} 和 ρ_{wsc}，得：

$$\nabla \cdot \left[\frac{\alpha KK_{ro}}{B_o\mu_o}(\nabla p_o - \rho_o g \nabla D) \right] + \alpha q_{oVsc} = \alpha \frac{\partial}{\partial t}\frac{\phi S_o}{B_o} \tag{11}$$

$$\nabla \cdot \left[\frac{\alpha R_{so} KK_{ro}}{B_o\mu_o}(\nabla p_o - \rho_o g \nabla D) + \frac{\alpha KK_{rg}}{B_g\mu_g}(\nabla p_g - \rho_g g \nabla D) \right] + \alpha q_{gVsc} = \alpha \frac{\partial}{\partial t}\left[\phi \left(\frac{R_{so} S_o}{B_o} + \frac{S_g}{B_g} \right) \right] \tag{12}$$

$$\nabla \cdot \left[\frac{\alpha K K_{rw}}{B_w \mu_w} (\nabla p_w - \rho_w g \nabla D) \right] + \alpha q_{wVsc} = \alpha \frac{\partial}{\partial t} \frac{\phi S_w}{B_w} \tag{13}$$

式(11)至式(13)即为黑油模型渗流控制方程。其中，$q_{oVsc}(=q_O/\rho_{osc})$、$q_{gVsc}(=q_G/\rho_{gsc})$、$q_{wVsc}(=q_W/\rho_{wsc})$分别表示在单位时间内向单位体积油藏中注入的油、气、水相流体折算到地面标准状况下的体积。在地面标准状况下，油、气、水组分分别只存在于油、气、水三相之中，因此式(11)至式(13)中每一相的注入体积就是其对应组分的注入体积。

2.8.3 辅助方程

式(11)至式(13)共有3个方程，但其中的物理量有25个：$p_o, p_g, p_w, S_o, S_g, S_w, B_o, B_g, B_w, \rho_o, \rho_g, \rho_w, \mu_o, \mu_g, \mu_w, K_{ro}, K_{rg}, K_{rw}, \alpha, \phi, K, R_{so}, q_{oVsc}, q_{gVsc}, q_{wVsc}$；所以，要建立封闭的方程组，还需要22个辅助方程。经过系统地分析，给出所需辅助方程，如式(14)至式(24)所示。

三相饱和度之间自然满足的关系式，1个：

$$S_o + S_g + S_w = 1 \tag{14}$$

溶解气油比方程，1个：

$$R_{so} = R_{so}(p_o) \tag{15}$$

相间毛管力方程，2个：

$$\begin{cases} p_g - p_o = p_{cgo}(x,y,z,S_g) = p_{cog}(x,y,z,S_g) \\ p_o - p_w = p_{cwo}(x,y,z,S_w) = p_{cow}(x,y,z,S_w) \end{cases} \tag{16}$$

相体积系数方程，3个：

$$\begin{cases} B_o = B_o(p_o) \\ B_g = B_g(p_g) \\ B_w = B_w(p_w) \end{cases} \tag{17}$$

相状态方程（密度方程），3个：

$$\begin{cases} \rho_o = \rho_o(p_o) \\ \rho_g = \rho_g(p_g) \\ \rho_w = \rho_w(p_w) \end{cases} \tag{18}$$

相黏度方程，3个：

$$\begin{cases} \mu_o = \mu_o(p_o) \\ \mu_g = \mu_g(p_g) \\ \mu_w = \mu_w(p_w) \end{cases} \tag{19}$$

各相的相对渗透率方程，3个：

$$\begin{cases} K_{ro} = K_{ro}(x,y,z,S_g,S_w) \\ K_{rg} = K_{rg}(x,y,z,S_g) \\ K_{rw} = K_{rw}(x,y,z,S_w) \end{cases} \tag{20}$$

油藏地质构造及岩石物性参数方程，3个：

$$\alpha(x,y,z) = \begin{cases} A(x) &, \text{一维油藏} \\ H(x,y) &, \text{二维油藏} \\ 1 &, \text{三维油藏} \end{cases} \tag{21}$$

$$\phi = \phi(x,y,z,p) \tag{22}$$

$$K = K(x,y,z) \tag{23}$$

油、气、水注采速度方程，3个：

$$\begin{cases} q_{oVsc} = q_{oVsc}(x,y,z,t) \\ q_{gVsc} = q_{gVsc}(x,y,z,t) \\ q_{wVsc} = q_{wVsc}(x,y,z,t) \end{cases} \tag{24}$$

上述各式中 (x,y,z) 为直角坐标，适用于三维情况；若是二维或一维情况，则将换成 (x,y) 或 (x)。式(14)至式(24)共包括22个辅助方程，它们与式(11)至式(13)的3个方程一起组成完整的黑油模型方程组。

式(14)至式(24)所示的22个辅助方程包含目标油藏的全面的数据资料，这些资料来自地质与开发、室内与现场的各种研究成果，以及油藏实际生产数据。只有将所有辅助方程与渗流控制方程式(11)至式(13)相结合，才能求解油藏模型。这也就意味着，必须将油藏的各方面资料数据全部利用，全面掌握油藏的性质特点，才能对油藏开发过程进行正确的数值模拟预测，从而对油藏开发提供有益的帮助。

2.9 聚合物驱油藏模型

聚合物驱是化学驱油提高采收率技术中的一种，一般在水驱基础上使用，20世纪90年代在我国大多数油田进行了试验及推广应用。聚合物驱油藏模型有不同种类，下面介绍常用的两相四组分流体聚合物驱模型[6,7]。

2.9.1 聚合物驱油藏模型物理条件

(1)油藏中共有四个组分：油、水、聚合物和盐。
(2)油藏中物质共有三种相态。流体有两相：油相和水相；固体有一相：岩石吸附相。
(3)油相只含油组分，水相中包含水、聚合物和盐三种组分，岩石吸附相中包含聚合物和盐两种组分。油组分只存在于油相中，水组分只存在于水相中，聚合物组分和盐组分可以同时存在于水相中和岩石吸附相中，并可以在两相间转换。
(4)物理弥散遵循广义Fick定律。
(5)聚合物溶液会降低水相渗透率。
(6)流动中无化学反应发生。
(7)流体是可压缩的。
(8)油藏具有非均质性，即岩石孔隙度和渗透率都是空间变量。
(9)油藏岩石具有可压缩性，即孔隙度随油藏流体压力而变化，但渗透率变化可忽略不计。
(10)渗流服从达西定律。
(11)油藏区域是恒等温的。

2.9.2 渗流控制方程

油组分：

$$\nabla \cdot \left[\frac{KK_{ro}\rho_o}{\mu_o}(\nabla p_o - \rho_o g \nabla D) \right] - q_o = \frac{\partial}{\partial t}(\phi \rho_o S_o) \tag{1}$$

水相中总组分：

$$\nabla \cdot \left[\frac{KK_{rw}\rho_w}{\mu_p R_k}(\nabla p_w - \rho_w g \nabla D) \right] - q_w = \frac{\partial}{\partial t}(\phi \rho_w S_w) \tag{2}$$

聚合物组分：

$$\nabla \cdot (D_p \phi F S_w \rho_w \nabla C_p) + \nabla \cdot \left[\frac{KK_{rw}\rho_w C_p}{\mu_p R_k}(\nabla p_w - \rho_w g \nabla D) \right] - q_w C_p = \frac{\partial}{\partial t}(\phi F S_w \rho_w C_p + \rho_{rb}\tilde{C}_p) \quad (3)$$

盐组分：

$$\nabla \cdot (D_s \phi S_w \rho_w \nabla C_s) + \nabla \cdot \left[\frac{KK_{rw}C_s \rho_w}{\mu_p R_k}(\nabla p_w - \rho_w g \nabla D) \right] - q_w C_s = \frac{\partial}{\partial t}(\phi S_w \rho_w C_s + \rho_{rb}\tilde{C}_s) \quad (4)$$

式中 C_p——聚合物组分在水相中的质量分数；

C_s——盐组分在水相中的质量分数；

$\tilde{C}_p$——聚合物在岩石吸附相中的质量分数；

$\tilde{C}_s$——盐在岩石吸附相中的质量分数；

F——聚合物可进入的孔隙体积分数；

R_k——渗透率降低系数；

μ_p——聚合物溶液（即水相）黏度，$Pa \cdot s$；

ρ_{rb}——岩石吸附相的密度，kg/m^3；

q_o——油相的质量注采项，$kg/(m^3 \cdot s)$；

q_w——水相的质量注采项，$kg/(m^3 \cdot s)$；

D_p——聚合物组分在水相中的扩散系数，其数值作为常数处理，由室内实验测得，m^2/s；

D_s——盐组分在水相中的扩散系数，其数值作为常数处理，由室内实验测得，m^2/s。

聚合物驱模型主要求解的未知量是 p_o、p_w、S_o、S_w、C_p、C_s。渗流方程组中的变量共有21个，它们是 p_o、p_w、S_o、S_w、C_p、C_s、$\tilde{C}_p$、$\tilde{C}_s$、F、R_k、μ_p、μ_o、ρ_o、ρ_w、K_{ro}、K_{rw}、ρ_{rb}、ϕ、K、q_o、q_w。因此要求解上面的方程组，除去式(1)至式(4)外，还需要17个辅助方程。

2.9.3 辅助方程

必须全面地分析渗流规律和油藏特点，系统地给出模型所需的辅助方程。

此处首先给出聚合物驱特有的动态参数变化方程，这些方程反映的是聚合物驱特有的渗流机理和规律。

（1）水相黏度 μ_p：

$$\mu_p = \mu_w \left[1 + (A_1 C_p + A_2 C_p^2 + A_3 C_p^3)\left(\frac{\gamma}{\gamma_c}\right)^{n_\gamma - 1}\left(\frac{C_s}{C_{smin}}\right)^{n_s} \right] \quad (5)$$

式中 A_1、A_2、A_3——常数；

γ_c——临界剪切速率，s^{-1}；

n_γ——剪切速率指数；

n_s——盐指数。

这些参数都可以根据实验或经验得到。剪切速率为 γ：

$$\gamma = \left(\frac{3n_\gamma + 1}{4n_\gamma}\right)^{\frac{n_\gamma}{n_\gamma - 1}} \frac{|v_w|}{(0.5C'KK_{rw}\phi S_w/R_k)^{1/2}}$$

其中

$$v_w = \frac{-KK_{rw}}{\mu_p R_k}(\nabla p_w - \rho_w g \nabla D)$$

式中 C'——毛细管迂曲参数(常数)。

(2)渗透率降低系数 R_k：

$$R_k = 1 + (R_{kmax} - 1)\tilde{C}_p/\tilde{C}_{pmax} \tag{6}$$

其中

$$R_{kmax} = \left\{1 - 2.65 \times 10^{-7} C_k \left(\frac{\phi}{K}\right)^{1/2} \left[\frac{MA_1}{\rho_w}\left(\frac{\gamma}{\gamma_c}\right)^{n_\gamma - 1}\left(\frac{C_s}{C_{smin}}\right)^{n_s}\right]^{1/3}\right\}^{-4}$$

式中 R_{kmax}——最大渗透率降低系数；
　　C_k——渗透率降低实验测试所得常数；
　　M——聚合物分子量(常数)。

(3)吸附质量分数 $\tilde{C}_p$ 和 $\tilde{C}_s$：

$$\tilde{C}_p = \frac{b\tilde{C}_{pmax}C_p}{1 + bC_p} \tag{7}$$

其中

$$\tilde{C}_{pmax} = 8.0155 \times 10^{-7} \frac{(\phi F)^{3/2} M^{1/3} \sigma}{\rho_{rb} K^{1/2}} \left[\frac{A_1}{\rho_w}\left(\frac{\gamma}{\gamma_c}\right)^{n_\gamma - 1}\left(\frac{C_s}{C_{smin}}\right)^{n_s}\right]^{-2/3}$$

式中 b——平衡吸附常数。
　　$\tilde{C}_{pmax}$——最大聚合物吸附质量分数；
　　σ——吸附参数。

$$\tilde{C}_s = 1 - \tilde{C}_p \tag{8}$$

(4)聚合物可进入的孔隙体积分数 F：

$$F = \frac{\int_{r_m}^{\infty} r^2 f(r) \, dr}{\int_0^{\infty} r^2 f(r) \, dr} \tag{9}$$

其中

$$r_m = 100\left[\frac{0.3MA_1}{\pi N_A \rho_w}\left(\frac{\gamma}{\gamma_c}\right)^{n_\gamma - 1}\left(\frac{C_s}{C_{smin}}\right)^{n_s}\right]^{1/3}$$

式中 r——毛细管半径，m；
　　$f(r)$——毛细管半径分布函数；
　　r_m——聚合物分子半径，m；
　　N_A——阿伏加德罗常数(6.022×10^{23})。

(5)岩石吸附相密度 ρ_{rb}：

$$\rho_{rb} = \rho_{rb}(\tilde{C}_p) \tag{10}$$

(6)两相饱和度之间自然满足的关系式：

$$S_o + S_w = 1 \tag{11}$$

(7)油水相间毛管力方程：

$$p_o - p_w = p_{cwo}(x, y, z, S_w) = p_{cow}(x, y, z, S_w) \tag{12}$$

(8)密度变化方程：

$$\rho_o = \rho_o(p_o) \tag{13}$$

$$\rho_w = \rho_w(p_w) \tag{14}$$

(9)油相黏度方程：

$$\mu_o = \mu_o(p_o) \tag{15}$$

(10)油水两相的相对渗透率方程：
$$K_{ro} = K_{ro}(x, y, z, S_w) \tag{16}$$
$$K_{rw} = K_{rw}(x, y, z, S_w) \tag{17}$$

(11)油藏地质构造及岩石物性参数方程：
$$\phi = \phi(x, y, z, p) \tag{18}$$
$$K = K(x, y, z) \tag{19}$$

(12)油、水注采项：
$$q_o = q_o(x, y, z, t) \tag{20}$$
$$q_w = q_w(x, y, z, t) \tag{21}$$

式(5)至式(21)共包括17个辅助方程，它们与式(1)至式(4)的渗流控制方程一起组成完整的聚合物驱模型方程组。只有将所有辅助方程跟渗流控制方程相结合，才能求解油藏模型。

式(5)至式(21)所示的17个辅助方程包含油藏的完整数据资料，这些资料来自地质与开发、室内与现场的各种研究成果，以及油藏生产数据。必须利用完整的油藏资料数据，全面掌握油藏的性质特点，才能正确地对油藏渗流与开发过程进行数值模拟。

2.9.4 模型特点分析

(1)本节所介绍的聚合物驱油藏模型考虑了聚合物溶液的非牛顿流变性、聚合物和盐的吸附、聚合物溶液渗透率的降低、聚合物的分子扩散、聚合物不能进入的孔隙体积，以及盐对聚合物溶液特性的影响，能够反映聚合物驱油藏渗流与开发过程主要的现象和规律。

(2)上述模型具有与黑油模型接近的简单特点，是对一般化学驱组分模型简化。

(3)油藏化学驱提高采收率方法包括聚合物驱、表面活性剂驱、碱驱、复合驱等。一般的化学驱模型特点主要有：①油藏内有水、油、表面活性剂微乳液三个流体相；②油藏内含有水、油、表面活性剂、聚合物、醇(或其他注剂)、总阴离子、钠离子、钙离子、镁离子、氯离子等多种组分；③残余油可以被乳化(或增溶)，任一组分可存在于任一流体相中。因此，与本节所述的聚合物驱模型相比，一般化学驱模型更复杂。

2.10 热采油藏模型

热力开采是稠油油藏最有力的开发方法之一，而蒸汽驱、蒸汽吞吐及热水驱是应用最普遍的热力开采方式，本节热采油藏模型的描述对象就是蒸汽驱、蒸汽吞吐或热水驱开发的油藏[8]。

2.10.1 热采油藏模型的物理条件

热采油藏最突出的特点是油藏内温度的非均匀分布与变化及热量的传递。结合油藏开发实际需要，给定热采模型的物理条件如下：

(1)油藏内渗流是变温度过程，即流体和岩石温度皆随时间和空间而变化；
(2)油藏内流体有 N_p 个相、N_c 个组分；
(3)任一组分可存在于任一相中，并可以在各相间相互转换；
(4)热传导遵循傅里叶定律；
(5)流体是可压缩的；
(6)油藏具有非均质性，即岩石孔隙度和渗透率都是空间变量；

(7)油藏岩石具有可压缩性,即孔隙度随油藏流体压力而变化,但渗透率变化可忽略不计;

(8)渗流服从达西定律。

2.10.2 渗流控制方程

热采模型既要考虑质量守恒,也要考虑能量守恒,因此其渗流控制方程包括两类,即质量守恒方程和能量守恒方程。

1. 各组分质量守恒方程

对于任意组分 i,其渗流过程满足质量守恒原理,据此建立的质量守恒渗流控制方程为:

$$\sum_{j=1}^{N_p} \nabla \cdot \left[X_{ij}\rho_j \frac{KK_{rj}}{\mu_j}(\nabla p + \nabla p_{cj} - \rho_j g \nabla D) \right] - q_i = \frac{\partial}{\partial t}\left(\phi \sum_{j=1}^{N_p} \rho_j S_j X_{ij} \right), i = 1,2,3,\cdots,N_c \quad (1)$$

式中 X_{ij}——组分 i 在 j 相中的摩尔分数;

p——油相压力,$p=p_o$,Pa;

p_{cj}——j 相与油相间毛管力,Pa;

ρ_j——j 相流体的摩尔密度,mol/m³;

q_i——组分 i 的摩尔注入速度,即单位时间向单位体积油藏内注入的组分 i 的摩尔数,mol/(m³·s)。

2. 体系能量守恒方程

热采油藏内物质总体系满足能量守恒原理,考虑体系温度的分布变化与内能、热量、机械能等传递的关系,建立的能量守恒渗流控制方程为:

$$\sum_{j=1}^{N_p} \nabla \cdot \left[H_j\rho_j \frac{KK_{rj}}{\mu_j}(\nabla p + \nabla p_{cj} - \gamma_j \nabla D) \right] + \nabla \cdot (\tau_c \nabla T) - Q_H - Q_{HL}$$
$$= \frac{\partial}{\partial t}\left[\phi \sum_{j=1}^{N_p} \rho_j S_j c_{pj} T + (1-\phi)\rho_r c_{pr} T \right] \quad (2)$$

式中 H_j——j 相流体的焓(enthalpy),指单位质量流体所含的全部热能,表征为体系的内能+体系的体积×外界施加于体系的压强,J/kg;

τ_c——热传导系数,W/(m·K);

Q_H——焓采出速度,J/s;

Q_{HL}——覆盖层热损失速度,J/s;

c_p——比定压热容,J/(kg·K);

T——绝对温度,K。

下标 r 表示岩石骨架。

2.10.3 辅助方程

经过对渗流规律和油藏特点进行全面分析,系统地给出热采油藏模型的辅助方程:

(1)饱和度约束方程,1 个:

$$\sum_{j=1}^{N_p} S_j = 1 \quad (3)$$

(2)摩尔分数约束方程,N_p 个:

$$\sum_{i=1}^{N_c} X_{ij} = 1, \quad j=1,2,\cdots,N_p \tag{4}$$

(3)相平衡方程，$N_c \times N_p$ 个：

$$X_{ij}/X_i = k_{ij}(X_1, X_2, \cdots, X_{N_c}, p, T), \quad i=1,2,\cdots,N_c; \; j=1,2,\cdots,N_p \tag{5}$$

式中　X_i——组分 i 在体系中的摩尔分数；
　　　k_{ij}——平衡系数，由实验室测得。

(4)焓方程，N_p 个：

$$H_j = H_j(p, T, X_1, X_2, \cdots, X_{N_c}), \quad j=1,2,\cdots,N_p \tag{6}$$

(5)各相与油相间毛管力方程，N_p 个：

$$\begin{cases} p_j - p_o = p_{cj}(x,y,z,S_1,S_2,\cdots,S_{N_p}), & j \text{ 为气态相} \\ p_o - p_j = p_{cj}(x,y,z,S_1,S_2,\cdots,S_{N_p}), & j \text{ 为液态相} \end{cases}, \quad j=1,2,\cdots,N_p \tag{7}$$

(6)各相流体的密度方程，N_p 个：

$$\rho_j = \rho_j(p_o + p_{cj}, X_1, X_2, \cdots, X_{N_c}), \quad j=1,2,\cdots,N_p \tag{8}$$

(7)各相流体的黏度方程，N_p 个：

$$\mu_j = \mu_j(p_o + p_{cj}, X_1, X_2, \cdots, X_{N_c}), \quad j=1,2,\cdots,N_p \tag{9}$$

(8)各相流体的相对渗透率方程，N_p 个：

$$K_{rj} = K_{rj}(x,y,z,S_1,S_2,\cdots,S_{N_p}), \quad j=1,2,\cdots,N_p \tag{10}$$

(9)岩石孔隙度分布及变化方程，1 个：

$$\phi = \phi(x,y,z,p_o) \tag{11}$$

(10)岩石渗透率分布方程，1 个：

$$K = K(x,y,z) \tag{12}$$

(11)各组分的注采项方程，N_c 个：

$$q_i = q_i(x,y,z,t), \quad i=1,2,\cdots,N_c \tag{13}$$

式(1)至式(13)含有的变量包括：$X_{ij}, X_i, S_j, p, T, H_j, p_{cj}, K_{rj}, \rho_j, \mu_j, \phi, K, q_i (i=1,2,\cdots,N_c; j=1,2,\cdots,N_p)$，总数为 $(N_c \times N_p + 2N_c + 6N_p + 4)$ 个，与方程数相等，因此可组成封闭方程组。

式(1)至式(13)就是完整的热采油藏模型方程组，可描述具有 N_c 个组分、N_p 个相的流体在变温度条件下的渗流规律。热采模型主要求解的未知量是：$X_i, S_j, p, T, (i=1,2,\cdots,N_c; j=1,2,\cdots,N_p)$。

为了方便求解上述方程组，将式(5)、式(6)代入式(1)、式(2)和式(4)，得到一个新的方程组，其中包括 $2N_c + 5N_p + 4 = N_{pc}$ 个方程，所含变量也是 N_{pc} 个：$X_i, S_j, p, T, p_{cj}, K_{rj}, \rho_j, \mu_j, \phi, K, q_i (i=1,2,\cdots,N_c; j=1,2,\cdots,N_p)$。这是一个三维多相多组分渗流偏微分方程组。

从上述分析可以看出，只有将渗流控制方程和所有的辅助方程相结合，才能构成完整的油藏模型，才能对油藏进行求解和模拟。这意味着，必须将普遍的渗流机理和规律与全面的油藏属性和特点相结合，才能正确地描述油藏渗流与开发过程。

2.11　定解条件

完整的渗流问题数学模型包括渗流控制方程组和定解条件。前者描述流体运动规律，后者说明实际问题存在及发生的环境和条件。定解条件包括边界条件和初始条件，边界条件描述渗流区域的位置、形状等特征及渗流所受的约束条件，初始条件描述渗流开始时刻区域内物质所处的状态。

数值模拟面对的渗流问题既包括实际油气藏开发中的渗流问题,也包括科学研究中的各种典型渗流问题,如实验室岩心驱替渗流问题等。

本节主要给出一般的渗流模型定解条件。在后面的章节中将根据具体情况,介绍定解条件的具体形式及处理方法。

2.11.1 边界条件

油气藏边界包括油气藏的自然边界(或称外边界)及人工钻井造成的井筒边界(或称内边界)。无论是自然边界(外边界)还是人工边界(内边界),都可以归结为三种类型。油藏渗流数学模型中求解的主要未知量是压力和饱和度,其中压力分布直接决定着油藏内流体的流动,因此油藏渗流的边界条件一般以压力形式给出;并且根据一般油藏模型的数学性质和物性关系,只需要给出边界上的压力条件即可满足模型求解的需要。又因为各相流体压力之间的关系由毛管力决定,所以只需给出其中一个流体相的压力即可,一般给出油相压力边界条件,油相压力即代表油藏流体压力。

1. 第一类边界

第一类边界就是给出流体压力分布的边界,因此也叫定压边界。

给定第一类边界的几何形态:

$$\Gamma_1(x,y,z)=0 \tag{1}$$

则 Γ_1 上的第一类边界条件可表示为:

$$p|_{\Gamma_1}=\zeta(s,t), s\in\Gamma_1 \tag{2}$$

式中 $\zeta(s,t)$——边界点位置 s 和时间 t 的已知函数。

当然 $\zeta(s,t)$ 也可以关于 t 和(或) s 是常数,即表示恒定且(或)均匀压力边界。

2. 第二类边界

第二类边界就是给出边界上的法向压力梯度分布。因为渗流速度与压力梯度直接相关,所以相当于给定法向渗流速度,因此又称为定流速边界。

给定第二类边界的几何形态:

$$\Gamma_2(x,y,z)=0 \tag{3}$$

则第二类边界条件可表示为:

$$\frac{\partial p}{\partial n}|_{\Gamma_2}=\eta(s,t), s\in\Gamma_2 \tag{4}$$

式中 $\eta(s,t)$——边界点位置 s 和时间 t 的已知函数。

当然 $\eta(s,t)$ 也可以关于 t 和(或) s 是常数,即表示恒定且(或)均匀法向流速边界。

3. 第三类边界

第三类边界就是给定流体压力与流速(即压力梯度)之间的变化关系。

给定第三类边界的几何形态:

$$\Gamma_3(x,y,z)=0 \tag{5}$$

则第三类边界条件可表示为:

$$\left(\frac{\partial p}{\partial n}+\gamma(s,t)\cdot p\right)|_{\Gamma_3}=\xi(s,t), s\in\Gamma_3 \tag{6}$$

式中 $\gamma(s,t)$、$\xi(s,t)$——边界点位置 s 和时间 t 的已知函数。

当然 $\gamma(s,t)$ 和 $\xi(s,t)$ 也可以关于 t 和(或) s 是常数,即表示恒定且(或)均匀的第三类边界条件。

2.11.2 初始条件

油藏渗流问题的初始条件，指的是初始时刻油藏区域内主要未知量的分布。初始条件的内容和形式由具体的油藏模型决定。下面是一些常用油藏数学模型的初始条件。

1. 单相流体油藏模型

单相流体油藏模型的初始条件可表示为：

$$p|_{t=0}=p^0(x,y,z) \tag{7}$$

式中 $p^0(x,y,z)$——给定的油藏内流体压力初始分布。

油藏内其他变量的初始值根据辅助方程由 $p^0(x,y,z)$ 计算得到，不能独立给定。

2. 油水两相油藏模型

油水两相油藏模型的初始条件可表示为：

$$p_o|_{t=0}=p_o^0(x,y,z), S_w|_{t=0}=S_w^0(x,y,z) \tag{8}$$

式中 $p_o^0(x,y,z)$、$S_w^0(x,y,z)$——给定的油藏内油相压力和水相饱和度的初始分布。

水相压力 $p_w^0(x,y,z)$ 和油相饱和度 $S_o^0(x,y,z)$ 及其他变量根据辅助方程由 $p_o^0(x,y,z)$ 和 $S_w^0(x,y,z)$ 计算得到，不能独立给定。

3. 气水两相油藏模型

气水两相油藏模型的初始条件可表示为：

$$p_g|_{t=0}=p_g^0(x,y,z), S_w|_{t=0}=S_w^0(x,y,z) \tag{9}$$

式中 $p_g^0(x,y,z)$、$S_w^0(x,y,z)$——给定的油藏内气相压力和水相饱和度的初始分布。

水相压力 $p_w^0(x,y,z)$ 和气相饱和度 $S_g^0(x,y,z)$ 及其他变量根据辅助方程由 $p_g^0(x,y,z)$ 和 $S_w^0(x,y,z)$ 计算得到。

4. 黑油模型

黑油模型的初始条件可表示为：

$$p_o|_{t=0}=p_o^0(x,y,z), S_w|_{t=0}=S_w^0(x,y,z), S_g|_{t=0}=S_g^0(x,y,z) \tag{10}$$

式中 $p_o^0(x,y,z)$——给定的油相压力在油藏内的初始分布；
$S_w^0(x,y,z)$——给定的水相饱和度在油藏内的初始分布；
$S_g^0(x,y,z)$——给定的气相饱和度在油藏内的初始分布。

其他所有变量根据辅助方程由上述三个量计算得到。

5. 聚合物驱油藏模型

聚合物驱油藏模型的初始条件可表示为：

$$p_o|_{t=0}=p_o^0(x,y,z), S_w|_{t=0}=S_w^0(x,y,z), C_p|_{t=0}=C_p^0(x,y,z), C_s|_{t=0}=C_s^0(x,y,z) \tag{11}$$

式中 $p_o^0(x,y,z)$——给定的油相压力在油藏内的初始分布；
$S_w^0(x,y,z)$——给定的水相饱和度在油藏内的初始分布；
$C_p^0(x,y,z)$——给定的聚合物质量分数在油藏内的初始分布；
$C_s^0(x,y,z)$——给定的盐分质量分数在油藏内的初始分布。

其他所有变量根据辅助方程由上述四个量计算得到。

6. 热采油藏模型

热采油藏模型的初始条件可表示为：

$$p_o|_{t=0}=p_o^0(x,y,z), T|_{t=0}=T^0(x,y,z), X_i|_{t=0}=X_i^0(x,y,z), S_j|_{t=0}=S_j^0(x,y,z) \quad (12)$$

式中 $p_o^0(x,y,z)$——给定的油藏内油相压力在油藏内的初始分布；

$T^0(x,y,z)$——给定的油藏内温度在油藏内的初始分布；

$X_i^0(x,y,z)$——给定的油藏内组分 i 摩尔分数在油藏内的初始分布；

$S_j^0(x,y,z)$——给定的油藏内 j 相流体饱和度在油藏内的初始分布。

其他所有变量根据辅助方程由上述四类变量计算得到，其值与上述四类变量之间必须满足辅助方程，不能独立给定。

另外一些油藏模型的初始条件将在后续专门章节中介绍。

习题

1. 建立渗流数学模型常用的基本方程有哪几种？
2. 以单相流体渗流为研究对象：
(1)利用质量守恒原理和达西定律，推导出单相流体流动的渗流控制方程；
(2)在第(1)步的基础上，推导单相微可压流体均质油藏渗流的控制方程。
3. 在单相微可压流体油藏中，忽略重力影响，不考虑注入项，利用质量守恒原理，推导出柱坐标系下平面轴对称径向流动的基本微分方程：

$$\frac{1}{r}\frac{\partial}{\partial r}\left(\frac{K\rho}{\mu}r\frac{\partial p}{\partial r}\right)=\phi C\rho_0 \frac{\partial p}{\partial t}$$

4. 简述黑油模型的概念并推导其数学模型。
5. 简述组分模型的概念并推导其数学模型。
6. 下面的推导过程是否正确？为什么？

多组分模型中油组分的渗流控制方程为：

$$\nabla \cdot \left[\frac{\alpha C_{io}\rho_o KK_{ro}}{\mu_o}(\nabla p_o-\rho_o g\nabla D)+\frac{\alpha C_{ig}\rho_g KK_{rg}}{\mu_g}(\nabla p_g-\rho_g g\nabla D)+\frac{\alpha C_{iw}\rho_w KK_{rw}}{\mu_w}(\nabla p_w-\rho_w g\nabla D)\right]+\alpha q_i$$

$$=\alpha\frac{\partial}{\partial t}[\varphi(C_{io}\rho_o S_o+C_{ig}\rho_g S_g+C_{iw}\rho_w S_w)] \quad (1)$$

由于
$$B_o=\frac{V_o}{V_{osc}}=\frac{\rho_{osc}}{\rho_o}, B_g=\frac{V_g}{V_{gsc}}=\frac{\rho_{gsc}}{\rho_g}, B_w=\frac{V_w}{V_{wsc}}=\frac{\rho_{wsc}}{\rho_w} \quad (2)$$

所以
$$\rho_o=\frac{\rho_{osc}}{B_o}, \rho_g=\frac{\rho_{gsc}}{B_g}, \rho_w=\frac{\rho_{wsc}}{B_w} \quad (3)$$

将式(3)代入式(1)，得：

$$\nabla \cdot \left[\frac{\alpha C_{io}\rho_{osc} KK_{ro}}{B_o\mu_o}(\nabla p_o-\rho_o g\nabla D)+\frac{\alpha C_{ig}\rho_{gsc} KK_{rg}}{B_g\mu_g}(\nabla p_g-\rho_g g\nabla D)+\frac{\alpha C_{iw}\rho_{wsc} KK_{rw}}{B_w\mu_w}(\nabla p_w-\rho_w g\nabla D)\right]$$

$$+\alpha q_{LV}\rho_{Lsc}=\alpha\frac{\partial}{\partial}[\phi(C_{io}\rho_{osc}S_o/B_o+C_{ig}\rho_{gsc}S_g/B_g+C_{iw}\rho_{wsc}S_w/B_w)] \quad (4)$$

式中 B_l——l 相的体积系数；

V_l——l 相的体积，m^3。

7. 三维油水两相油藏渗流控制方程组为：

$$\begin{cases} \nabla \cdot \left[\dfrac{\rho_o K \cdot K_{ro}}{\mu_o} (\nabla P_o - \rho_o g \nabla D) \right] + q_o = \dfrac{\partial}{\partial t} (\phi \rho_o S_o) \\ \nabla \cdot \left[\dfrac{\rho_w K \cdot K_{rw}}{\mu_w} (\nabla P_w - \rho_w g \nabla D) \right] + q_w = \dfrac{\partial}{\partial t} (\phi \rho_w S_w) \end{cases} \quad (5)$$

试列出数值求解上述方程组即进行油藏数值模拟所需的资料数据的种类，并说明获取这些资料数据的技术途径。

第3章 有限差分原理与方法

油藏渗流数学模型建立之后，必须经过求解得到其未知量随时间和空间的变化过程及结果，才能清楚地反映油藏内流体渗流过程和规律，帮助人们认识和掌握油藏开发状况和趋势。但由于一般油藏模型都比较复杂，所以必须利用计算机进行求解。本章介绍用计算机求解油藏渗流问题的基本方法，即数学模型的离散化求解方法，主要是有限差分求解方法。它既是油藏数值模拟的基础，也是所有科学与工程领域数值模拟的基础。

3.1 离散化概念及常用方法

3.1.1 离散化概念

一般地说，离散化就是将连续的量处理成若干个不连续单元的集合。

计算机只能识别、存储和计算离散形式的包含有限个数据的量，无法识别也无法存储和计算那些连续变化的、包含无限个数据的量。而油藏数学模型中所包含的各种物理量及其各类算子(如微商等)一般都是连续形式，求解区域包含无限多个点，计算机无法直接求解。欲用计算机进行求解，必须将油藏渗流模型离散化。

将油藏渗流模型由计算机无法识别或存储的连续形式转化为计算机可以识别和存储的离散形式，叫作油藏渗流模型的离散化。离散化是数值求解方法的基本特征。

渗流数学模型离散化的主要步骤包括：(1)将求解区域网格化，并按一定顺序编号；(2)将求解区域上连续分布的物理量及其微商表示为各网格点上的物理量及其线性代数式，将物理量变化所满足的微分方程和定解条件转化为关于网格点物理量的线性代数方程；(3)将以上方程联立，组成代数方程组。离散化的数学模型又称为数值模型。

数学模型离散化的要求：(1)数值模型必须与原数学模型同解；(2)数值模型具有足够的精度，其误差必须可以控制；(3)模型构造尽量简单，容易求解。

3.1.2 离散化常用方法

常用的离散化方法包括有限差分法、有限单元法、有限分析法、Green函数法和分步杂交法等，它们有着各自不同的结构特点和适用范围，最终目的都是把数学模型离散为数值模型。

(1)有限差分法：主要思想是用差分代替微分、用差商近似代替方程中的微商以实现微分方程的离散化，由此得到的离散化方程称为差分方程，也叫差分格式。有限差分法是发展最早的数学模型离散化方法[9]，在油藏数值模拟中一直占据主导地位。其优点是简便、直观、通用性强；缺点是网格划分不够灵活。

(2)有限单元法：主要思想是用网格插值多项式代替方程中的物理量，在求解区域上对控制方程求积分，就是令控制方程在积分意义下得到近似满足，并由此实现离散化，形成求解未知量的代数方程组。有限单元法于20世纪50年代建立并开始用于结构设计；到60年代，开始应用于流体力学计算领域[10]；目前是数值计算应用的主要方法之一。有限单元法的特点是网格灵活，适于处理复杂几何形状的边界；但由于有限元方法把边界条件和内部网格统一处理，计算程序需要随边界条件的不同而进行较大的改动，所以采用有限元法编制的程序软件通用性相对较弱。

（3）有限分析法：主要思想是将控制方程分不同区域求出解析解，再将局部解析解组成整体的数值解。有限分析法可保持微分方程原有的物理意义，且得到的有限分析解高阶可微，准确度高。但是，适合于用有限分析法求解的数学模型相对较少。

（4）Green函数法：主要思想是将三维区域的问题简化为求解一组边界积分方程问题，降低方程的维数，节约存储和计算空间。该方法适于解决复杂形状区域问题，过程中将方程和边界条件做统一处理。

（5）分步杂交法：主要思想是对方程中不同物理意义的项分步骤进行计算，计算中各项可以选用各自最合适而彼此不同的离散方法。此方法本身并非一种独立的离散方法，而是多种离散方法在同一问题计算中的组合使用。

3.1.3 油藏数值模拟中的离散化方法

实际油藏的形状千变万化，边界条件多种多样。油藏数模软件要普遍应用于实际油藏研究，必须对油藏边界条件具有较好的通用性。有限差分法虽然在精确刻画具体问题边界时不如有限元等方法精确，但却有很好的通用性。因此，目前油藏数值模拟软件尤其大型商业软件使用的离散方法主要是有限差分法。从下节开始，本书主要介绍和应用有限差分离散方法。

3.2 有限差分离散基础

用差分方法离散数学模型，首先需要把求解区域网格化，建立差分网格系统，在差分网格上将未知量及其微商离散化，形成相应的差商。

3.2.1 差分网格建立与变量离散化

本小节从一维到多维介绍油藏求解区域离散化及油藏区域内变量离散化的原理和方法。

1. 一维油藏空间区域及其变量的离散化

如图3.2.1所示，以油藏长度方向为 x 轴建立直角坐标系。假设一维油藏空间区域为 $[0,L]$，油藏区域内的压力分布为 $p=p(x)$。在这里，无论是油藏空间坐标还是压力分布函数，都是连续的量，计算机无法识别和存储，也不能对其进行计算分析。为了用计算机研究上述问题，需要对油藏空间区域及其变量进行离散化。

1）空间区域离散化

在 x 坐标轴上区域 $[0,L]$ 内均匀地取 $N+1$ 个空间点，记作 $x_i=i\Delta x(i=0,1,\cdots,N)$，其中 Δx 是两个相邻点间的距离。自此，将用这有限数量的离散分布的 $N+1$ 个空间点代替原来含有无限个点的一维连续空间 $[0,L]$，来表示目标油藏区域。只要将 $x_i(i=0,1,\cdots,N)$ 作为数组存入计算机，就意味着油藏区域已被计算机识别且存储。上述空间点称作网格点，油藏区域被网格点分成的一个个小区间称作差分网格，Δx 称作网格步长。至此，差分网格系统已经建立，即目标油藏区域已经离散化。

2) 变量的离散化

令压力函数变量 $p=p(x)$ 在上述每一个网格点 x_i 上取值,记作 $p_i=p(x_i)$ ($i=0,1,\cdots,N$)。自此,将用这 $N+1$ 个离散分布的函数值代替原来连续分布的含有无限多个取值的函数变量 $p=p(x)$。只要将 $p_i(i=0,1,\cdots,N)$ 作为数组存入计算机,就意味着油藏内变量 $p=p(x)$ 已被计算机识别并存储,所有与 $p(x)$ 有关的计算将改用 $p_i(i=0,1,\cdots,N)$ 进行。至此,压力函数变量的离散化已经完成。其他函数变量的离散化方法与上述压力函数 $p=p(x)$ 相同。

2. 一维油藏时空区域及其变量的离散化

一般的油藏渗流和开发过程中,油藏内的物理量既随着空间变化,也随着时间变化,因此渗流和开发问题的求解区域既包括时间也包括空间,可称作时空区域。

假设一维油藏空间与时间区域如图 3.2.2 所示,其中 x 为空间坐标,t 为时间坐标。油藏在 x 方向的空间区域为 $[0,L]$,油藏渗流及开发过程的时间区域为 $[0,T]$,油藏时空区域内的压力分布为 $p=p(x,t)$。油藏的空间、时间及压力都是连续的量,要使得计算机能够对其进行识别、存储和计算,必须将其离散化。

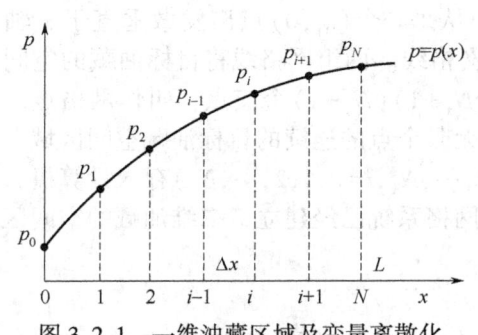
图 3.2.1 一维油藏区域及变量离散化

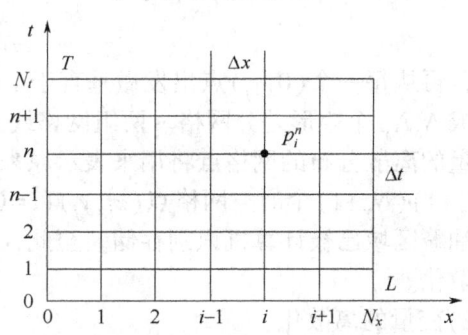
图 3.2.2 一维油藏时空区域离散化

1) 时空区域离散化

在 x 坐标轴上区域 $[0,L]$ 内均匀地取 N_x+1 个空间点,记作 $(x_i,0)$,$x_i=i\Delta x$,$i=0,1,\cdots,N_x$。其中 Δx 是网格步长;$L=N_x\Delta x$。同样地,在时间 t 坐标轴上的区域 $[0,T]$ 内均匀地取 N_t+1 个时间点,记作 $(0,t^n)$,$t^n=n\Delta t$,$n=0,1,\cdots,N_t$。其中 Δt 是时间步长;$T=N_t\Delta t$。经每一个 $(x_i,0)$ 点做 x 轴的垂线,叫作网格线;同样,经每一个 $(0,t^n)$ 点做垂直于 t 轴的网格线。两组网格线将目标油藏的时空区域分割成 N_xN_t 个矩形的小区域,叫作差分网格。两组网格线共有 $(N_x+1)\cdot(N_t+1)$ 个交点,叫作网格点。用这有限数量的离散分布的时空网格点表示原来含有无限个点的连续的目标油藏时空区域。只要将 $(N_x+1)(N_t+1)$ 个时空网格点 (x_i,t^n) ($i=0,1,2,\cdots,N_x,n=0,1,2,\cdots,N_t$) 存入计算机,则意味着油藏时空区域已被计算机识别并存储。至此,油藏时空区域的差分网格系统已经建立,油藏的时空区域已经离散化。

2) 变量的离散化

令函数变量 $p=p(x,t)$ 在上述每一个网格点 (x_i,t^n) 上取值,记作 $p_i^n=p(x_i,t^n)$ ($i=0,1,\cdots,N_x,n=0,1,2,\cdots,N_t$)。其物理意义是:油藏内任意一点 x_i 在 t^n 时刻(或第 n 时间步)的压力分布为 p_i^n。从此这有限多个离散分布的函数值将代替原来连续分布的含有无限多个取值的函数变量 $p=p(x,t)$。只要将 $p_i^n=p(x_i,t^n)$ ($i=0,1,\cdots,N_x,n=0,1,2,\cdots,N_t$) 作为数组存入计算机,就意味着油藏内压力变量 $p=p(x,t)$ 已被计算机识别存储,所有与 $p=p(x,t)$ 有关

的计算将利用 $p_i^n(i=0,1,\cdots,N_x,n=0,1,\cdots,N_t)$ 进行。至此，压力函数变量的离散化已经完成。其他函数变量的离散化方法与上述压力函数 $p=p(x,t)$ 的离散化方法相同。

3. 二维油藏空间区域及其变量的离散化

假设二维油藏空间区域如图 3.2.3 所示，其中 x、y 为二维空间区域直角坐标。油藏在 x 方向空间区域为 $[0,L_x]$，y 方向的空间区域为 $[0,L_y]$，油藏区域内的压力分布为 $p=p(x,y)$。油藏空间及其压力分布都是连续的量，必须将其离散化，计算机才能够对其进行识别、存储和计算。

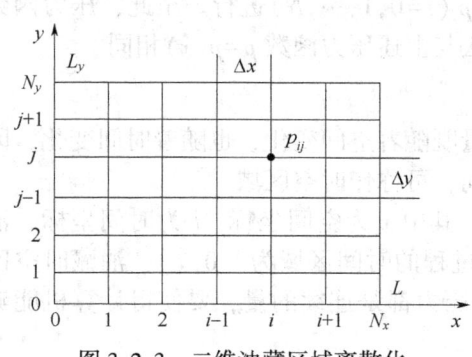

图 3.2.3　二维油藏区域离散化

1) 油藏区域离散化

在 x 坐标轴上区域 $[0,L_x]$ 内均匀地取 N_x+1 个空间点，记作 $(x_i,0)$，$x_i=i\Delta x, i=0,1,\cdots,N_x$，其中 Δx 是网格步长，$L_x=N_x\Delta x$；在 y 轴区域 $[0,L_y]$ 内均匀地取 N_y+1 个空间点，记作 $(0,y_j)$，$y_j=j\Delta y, j=0,1,\cdots,N_y$，其中 Δy 是网格步长，$L_y=N_y\Delta y$。从每一个 $(x_i,0)$ 点出发做垂直于 x 轴的网格线，再从每一个 $(0,y_j)$ 点出发做垂直于 y 轴的网格线。两组网格线将目标油藏的空间区域分割成 N_xN_y 个矩形差分网格。两组网格线共有 $(N_x+1)(N_y+1)$ 个交点，叫作网格点。这有限数量的离散分布的网格点将用来表示原来含有无限个点的连续的目标油藏空间区域。只要将 $(N_x+1)(N_y+1)$ 个时空网格点 $(x_i,y_j)(i=0,1,2,\cdots,N_x,j=0,1,2,\cdots,N_y)$ 存入计算机，就意味着油藏区域已被计算机识别存储。至此，差分网格系统已经建立，二维油藏的空间区域已经离散化。

2) 变量的离散化

令压力变量 $p=p(x,y)$ 在上述每一个网格点 (x_i,y_j) 上取值，记作 $p_{ij}=p(x_i,y_j)(i=0,1,\cdots,N_x,j=0,1,2,\cdots,N_y)$。其物理意义是：油藏内任意一点 (x_i,y_j) 的压力为 p_{ij}。从此，将用这离散分布的有限多个函数值代替原来连续变化的含有无限多个取值的函数变量 $p=p(x,y)$。只要将 $p_{ij}=p(x_i,y_j)$，$(i=0,1,\cdots,N_x,j=0,1,\cdots,N_y)$ 作为数组存入计算机，就意味着油藏内压力函数 $p=p(x,y)$ 已被计算机识别存储，与 $p=p(x,y)$ 有关的计算将利用 $p_{ij}(i=0,1,\cdots,N_x,j=0,1,\cdots,N_y)$ 进行。至此，压力函数变量的离散化已经完成。其他函数变量的离散化方法步骤与上述压力函数 $p=p(x,y)$ 的离散化方法相同。

4. 二维油藏时空区域及其变量的离散化

首先建立二维空间及时间坐标系 (x,y,t)。假设油藏在 x 方向的空间区域为 $[0,L_x]$，y 方向的空间区域为 $[0,L_y]$，油藏渗流及开发的时间区域为 $[0,T]$，油藏时空区域内的压力分布为 $p=p(x,y,t)$。

在 x 坐标轴上区域 $[0,L_x]$ 内均匀地取 N_x+1 个空间点，记作 $x_i=i\Delta x(i=0,1,\cdots,N_x)$，其中 Δx 是网格步长，$L_x=N_x\cdot\Delta x$；在 y 轴区域 $[0,L_y]$ 内均匀地取 N_y+1 个空间点，记作 $y_j=j\cdot\Delta y(j=0,1,\cdots,N_y)$，其中 Δy 是网格步长，$L_y=N_y\cdot\Delta y$，在时间 t 轴上的区域 $[0,T]$ 内均匀地取 N_t+1 个时间点，记作 $t^n=n\cdot\Delta t$，$n=0,1,\cdots,N_t$，其中 Δt 是时间步长；$T=N_t\cdot\Delta t$。过每一个 x_i 点做一个垂直于 x 轴的平面，再过每一个 y_j 点做一个垂直于 y 轴的平面，然后过每一个 t^n 点做一个垂直于 t 轴的平面。这三组平面把目标油藏时空区域分割为 $N_xN_yN_t$ 个长方体小区域即差分网格，三组平面的交线即长方体小区域的边线叫作网格线。可以取长方体差分网格的顶点即网格线的交点作为网格点，这些网格点共有 $(N_x+1)(N_y+1)$

(N_t+1)个,记作(x_i,y_j,t^n)($i=0,1,2,\cdots,N_x,j=0,1,2,\cdots,N_y,n=0,1,2,\cdots,N_t$)。这些有限数量的离散分布的网格点将用来表示原来含有无限个点的连续的目标油藏时空区域。只要将(N_x+1)(N_y+1)(N_t+1)个时空网格点存入计算机,就意味着油藏模型的时空区域已被计算机识别并存储。至此,油藏空间及时间区域的差分网格系统已经建立,目标油藏的时空区域已经离散化。

令压力函数 $p=p(x,y,t)$ 在上述每个网格点(x_i,y_j,t^n)上取值,记作 $p_{ij}^n=p(x_i,y_j,t^n)$ ($i=0,1,\cdots,N_x,j=0,1,\cdots,N_y,n=0,1,2,\cdots,N_t$)。其物理意义是:油藏内任意一点($x_i,y_j$)在 t^n 时刻(或第 n 时间步)的压力分布为 p_{ij}^n。从此,就可以用这有限个离散分布的函数值代替原来连续变化的含有无限多个函数值的函数变量 $p=p(x,y,t)$。只要将 $p_{ij}^n=p(x_i,y_j,t^n)$ ($i=0,1,\cdots,N_x,j=0,1,\cdots,N_y,n=0,1,2,\cdots,N_t$) 作为数组存入计算机,则意味着油藏内压力分布函数 $p=p(x,y,t)$ 已被计算机识别存储,所有与 $p=p(x,y,t)$ 有关的计算将利用 $p_{ij}^n=p(x_i,y_j,t^n)$ ($i=0,1,\cdots,N_x,j=0,1,\cdots,N_y,n=0,1,\cdots,N_t$) 进行。至此,压力函数变量的离散化已经完成。其他函数变量的离散化方法与上述压力函数 $p=p(x,y,t)$ 的离散化方法相同。

5. 三维油藏空间区域及其变量的离散化

首先建立三维空间坐标系(x,y,z)。假设油藏在 x 方向的空间区域为 $[0,L_x]$,y 方向的空间区域为 $[0,L_y]$,z 方向的空间区域为 $[0,L_z]$,油藏空间区域的压力分布为 $p=p(x,y,z)$。

参照前述方法,即可对三维油藏空间区域进行离散化。在油藏空间区域内 x、y、z 坐标轴上分别取 N_x+1、N_y+1、N_z+1 个点,利用经过这些坐标点的垂直于坐标轴的平面可以把油藏三维空间分割为 $N_xN_yN_z$ 个长方体差分网格,平行面的交线即网格边线叫作网格线,长方体差分网格的边长叫作网格步长,x、y、z 方向上的网格步长分别记作 Δx、Δy 和 Δz。若取长方体差分网格的顶点即网格线的交点作为网格点,则共有(N_x+1)(N_y+1)(N_z+1)个网格点,记作(x_i,y_j,z_k)($i=0,1,2,\cdots,N_x,j=0,1,2,\cdots,N_y,z=0,1,2,\cdots,N_z$)。将($N_x+1$)($N_y+1$)($N_z+1$)个网格点存入计算机,则差分网格系统即已建立,目标油藏空间区域得到离散化。

令压力函数 $p=p(x,y,z)$ 在上述每个网格点(x_i,y_j,z_k)上取值,记作 $p_{ijk}=p(x_i,y_j,z_k)$ ($i=0,1,\cdots,N_x,j=0,1,\cdots,N_y,k=0,1,\cdots,N_z$)。将 p_{ijk} ($i=0,1,\cdots,N_x,j=0,1,\cdots,N_y,k=0,1,\cdots,N_z$) 作为数组存入计算机,并代替原来的连续函数变量 $p=p(x,y,z)$ 进行有关的计算,则压力函数变量的离散化即已完成。三维空间其他函数变量的离散化方法与压力函数 $p=p(x,y,z)$ 的离散化方法相同。

6. 三维油藏时空区域及其变量的离散化

首先建立三维空间及时间坐标系(x,y,z,t)。假设油藏在 x 方向的空间区域为 $[0,L_x]$,y 方向的空间区域为 $[0,L_y]$,z 方向的空间区域为 $[0,L_z]$,油藏渗流及开发的时间区域为 $[0,T]$,油藏时空区域的压力分布为 $p=p(x,y,z,t)$。

在油藏空间区域内 x、y、z 坐标轴上分别取 N_x+1、N_y+1、N_z+1 个空间点,在时间坐标轴 t 上取 N_t+1 个时间点,就可以把油藏时空区域分割为 $N_xN_yN_zN_t$ 个四维差分网格。若取差分网格的顶点即网格线的交点作为网格点,则共有(N_x+1)(N_y+1)(N_z+1)(N_t+1)个网格点,记作(x_i,y_j,z_k,t^n)($i=0,1,\cdots,N_x,j=0,1,\cdots,N_y,k=0,1,\cdots,N_z,n=0,1,\cdots,N_t$)。$x$、$y$、$z$ 方向上的网格步长分别记作 Δx、Δy 和 Δz,t 方向上的网格步长一般称作时间步长,记作 Δt。将上述网格点存入计算机,则油藏时空区域差分网格系统已建立,目标油藏区域得到离散化。

令压力函数 $p=p(x,y,z,t)$ 在上述时空网格系统中的每一点 (x_i,y_j,z_k,t^n) 上取值,记作 $p_{ijk}^n=p(x_i,y_j,z_k,t^n)$ $(i=0,1,\cdots,N_x,j=0,1,\cdots,N_y,k=0,1,\cdots,N_z,n=0,1,\cdots,N_t)$。其物理意义是:油藏内任意一点 (x_i,y_j,z_k) 在 t^n 时刻(或第 n 时间步)的压力分布为 p_{ijk}^n。将 p_{ijk}^n 作为数组存入计算机,并代替原来的连续变量 $p=p(x,y,z,t)$,则压力变量 $p=p(x,y,z,t)$ 的离散化即可完成。三维空间其他函数变量的离散化方法与压力函数 $p=p(x,y,z,t)$ 的离散化方法相同。

差分网格可分为等距网格与非等距网格。等距网格就是同一坐标方向上各网格点之间的距离(网格步长)都相等的网格。本节上述各种维度网格系统的建立方法是以等距网格来说明的。非等距网格就是同一坐标方向上各网格点之间的距离(网格步长)不相等的网格。同一油藏网格系统中,可以某些(个)坐标方向是等距网格,而另一些(个)坐标方向是非等距网格。

实际油藏数值模拟中,网格步长相比于求解区域(油藏)的尺度都是小量,往往相差两个数量级以上。

差分网格可分为点中心网格和块中心网格。点中心网格用网格线的交点作为未知量离散和求解的位置点。本小节上述所建网格系统皆为点中心网格,例如图 3.2.1 至图 3.2.3。块中心网格用网格块中心点作为未知量离散和求解的位置点,如图 3.2.4 所示。在均匀网格情况下,点中心网格和块中心网格的差别不明显,在非均匀情况下两种网格具有明显的差别和影响,这将在本书的后续内容中体现出来。

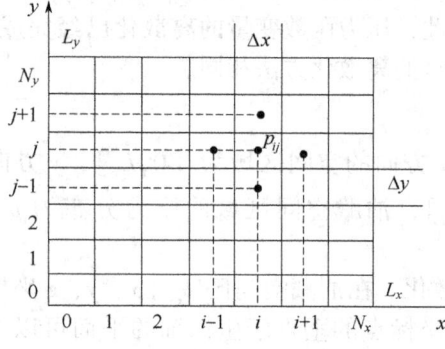

图 3.2.4 二维油藏区域块中心网格系统

3.2.2 差商与差分

本小节从一阶到二阶、从一维到多维介绍数学模型中微商项的离散化原理和方法。

1. 一阶微商与差商

以一维空间问题为例,如图 3.2.1 所示,假设求解区域及函数变量 $p(x)$ 均已离散化,$p(x)$ 在任意网格点 x_i 上的微商为 $\left.\dfrac{\partial p}{\partial x}\right|_{x_i}$。下面对 $\left.\dfrac{\partial p}{\partial x}\right|_{x_i}$ 进行离散。

把 $p_{i+1}=p(x_{i+1})$ 展开成 x_i 点上的泰勒级数形式:

$$p_{i+1}=p_i+\Delta x p'(x_i)+\frac{(\Delta x)^2}{2!}p''(x_i)+\frac{(\Delta x)^3}{3!}p'''(x_i)+\cdots \tag{1}$$

将式(1)进行整理,得:

$$p'(x_i)=\frac{p_{i+1}-p_i}{\Delta x}-\frac{\Delta x}{2!}p''(x_i)-\frac{(\Delta x)^2}{3!}p'''(x_i)-\cdots \tag{2}$$

式(2)中网格步长 Δx 是小量,消掉式(2)中 Δx 量阶以上的小量,可得:

$$\left.\frac{\partial p}{\partial x}\right|_{x=x_i}=p'(x_i)=\frac{p_{i+1}-p_i}{\Delta x} \tag{3}$$

式(3)右端就是函数 p 在 x_i 点的一阶差商。因为差商中用到了网格点 x_i 本身及其前方的网格点 x_{i+1},所以叫作 p 在 x_i 点的一阶向前差商。其中 $\Delta p_i=p_{i+1}-p_i$ 称为变量 p 在 x_i 点的向前差分。

上述差商相对于微商存在截断误差。根据上面推导过程消掉的小量量阶，可以确定上述一阶向前差商的截断误差为 $O(\Delta x)$。容易看出该误差跟网格步长相关。

式(3)中一阶向前差商 $\frac{p_{i+1}-p_i}{\Delta x}$ 是变量 p 的网格点值 p_i、p_{i+1} 的线性代数式。经过前述变量 p 的离散化过程，p_i、p_{i+1} 等已经作为数组存入计算机，调用这些数据就可以组成 $\frac{p_{i+1}-p_i}{\Delta x}$，这就意味着计算机可以识别 $\frac{p_{i+1}-p_i}{\Delta x}$ 并进行计算。因此，式(3)将计算机无法识别的微商 $\frac{\partial p}{\partial x}\big|_{x=x_i}$ 转变成了计算机可以识别、存储和计算的差商 $\frac{p_{i+1}-p_i}{\Delta x}$，完成了一阶微商 $\frac{\partial p}{\partial x}\big|_{x=x_i}$ 的离散化。

上述一阶微商离散化也可以在网格点 x_i 及其后方相邻网格点 x_{i-1} 上完成。将 $p_{i-1}=p(x_{i-1})$ 展开成 x_i 点上的泰勒级数形式：

$$p_{i-1}=p_i-\Delta x p'(x_i)+\frac{(\Delta x)^2}{2!}p''(x_i)-\frac{(\Delta x)^3}{3!}p'''(x_i)+\cdots \quad (4)$$

$$\Rightarrow p'(x_i)=\frac{p_i-p_{i-1}}{\Delta x}+O(\Delta x) \Rightarrow \frac{\partial p}{\partial x}\bigg|_{x_i}=\frac{p_i-p_{i-1}}{\Delta x} \quad (5)$$

式(4)右端是函数 p 在 x_i 点的一阶向后差商，其截断误差为 $O(\Delta x)$，$\Delta p_i=p_i-p_{i-1}$ 称为变量 p 在 x_i 点的向后差分。

一阶微商 $\frac{\partial p}{\partial x}\big|_{x_i}$ 除了可以离散为一阶向前差商和一阶向后差商外，还可以离散为一阶中心差商。用式(1)和式(3)相减，即得：

$$\frac{\partial p}{\partial x}\bigg|_{x_i}=\frac{p_{i+1}-p_{i-1}}{2\Delta x} \quad (6)$$

式(6)是函数 p 在 x_i 点的一阶中心差商，其截断误差为 $O[(\Delta x)^2]$，$\Delta p_i=p_{i+1}-p_{i-1}$ 称作中心差分。

对于时间变量 t 的函数 $p(t)$，其在任意时刻 t^n（即第 n 时间步）的一阶微商 $\frac{\partial p}{\partial t}\big|_{t^n}$ 同样可以离散为三种差商形式：

$p(t)$ 在 t^n 时刻的一阶向前差商：$\frac{\partial p}{\partial t}\big|_{t^n}=\frac{p^{n+1}-p^n}{\Delta t}$；

$p(t)$ 在 t^n 时刻的一阶向后差商：$\frac{\partial p}{\partial t}\big|_{t^n}=\frac{p^n-p^{n-1}}{\Delta t}$；

$p(t)$ 在 t^n 时刻的一阶中心差商：$\frac{\partial p}{\partial t}\big|_{t^n}=\frac{p^{n+1}-p^{n-1}}{2\Delta t}$。

对于同为时间与空间函数的变量 $p(x,t)$，其对某一个自变量的一阶差商可依上述相同方法得到。如图3.2.2所示，$p(x,t)$ 在任意时空网格点 (x_i,t^n) 上的不同形式一阶差商举例如下：

p 在 (i,n) 点对 x 的一阶向前差商：$\left.\dfrac{\partial p}{\partial x}\right|_{(x_i,t^n)} = \dfrac{p_{i+1}^n - p_i^n}{\Delta x}$；

p 在 (i,n) 点对 t 的一阶向前差商：$\left.\dfrac{\partial p}{\partial t}\right|_{(x_i,t^n)} = \dfrac{p_i^{n+1} - p_i^n}{\Delta t}$；

p 在 (i,n) 点对 t 的一阶中心差商：$\left.\dfrac{\partial p}{\partial t}\right|_{(x_i,t^n)} = \dfrac{p_i^{n+1} - p_i^{n-1}}{2\Delta t}$。

2. 二阶微商与差商

首先以一维空间问题为例，如图 3.2.1 所示，假设求解区域及函数变量 $p(x)$ 均已离散化，$p(x)$ 在任意网格点 x_i 上的二阶微商为 $\left.\dfrac{\partial^2 p}{\partial x^2}\right|_{x_i}$。下面对 $\left.\dfrac{\partial^2 p}{\partial x^2}\right|_{x_i}$ 进行离散，得到 $p(x)$ 在 x_i 点上的二阶差商。

将式（1）和式（4）相加，可得：

$$p_{i+1} + p_{i-1} = 2p_i + (\Delta x)^2 p''(x_i) + \dfrac{2(\Delta x)^4}{4!} p^{(4)}(x_i) + \cdots \tag{7}$$

将式（7）进行整理，得：

$$p''(x_i) = \dfrac{p_{i+1} - 2p_i + p_{i-1}}{(\Delta x)^2} + O[(\Delta x)^2]$$

网格步长 Δx 是小量，忽略上式中 $(\Delta x)^2$ 以上量级的小量，即得：

$$\left.\dfrac{\partial^2 p}{\partial x^2}\right|_{x_i} = \dfrac{p_{i+1} - 2p_i + p_{i-1}}{(\Delta x)^2} \tag{8}$$

式（8）右端就是 $p(x)$ 对 x 在 x_i 点的二阶差商。截断误差为二阶小量 $O[(\Delta x)^2]$。

对于二维空间情况，如图 3.2.3 所示。根据上述一维空间二阶微商离散化形式，容易推出二维空间内任一方向二阶微商的离散形式即二阶差商。在对某一坐标方向的微商进行差商离散时，所有变量在另一方向的坐标保持不变。如 $p(x,y)$ 在任意网格点 (x_i,y_j) 上对 x 的二阶差商为：

$$\left.\dfrac{\partial^2 p(x,y)}{\partial x^2}\right|_{(x_i,y_j)} = \dfrac{p_{i+1,j} - 2p_{i,j} + p_{i-1,j}}{(\Delta x)^2} \tag{9}$$

式（9）的截断误差为二阶小量 $O[(\Delta x)^2]$。

对于三维空间和时间变量的函数 $p(x,y,z,t)$，其对某个空间方向或时间的二阶差商也可以根据上述步骤推导，或直接从形式上类推得到。如在任意一个时空网格点 (x_i,y_j,z_k,t^n) 上有

$$\left.\dfrac{\partial^2 p}{\partial x^2}\right|_{(i,j,k,n)} = \dfrac{p_{i+1,j,k}^n - 2p_{i,j,k}^n + p_{i-1,j,k}^n}{(\Delta x)^2}$$

$$\left.\dfrac{\partial^2 p}{\partial y^2}\right|_{(i,j,k,n)} = \dfrac{p_{i,j+1,k}^n - 2p_{i,j,k}^n + p_{i,j-1,k}^n}{(\Delta y)^2}$$

$$\left.\dfrac{\partial^2 p}{\partial z^2}\right|_{(i,j,k,n)} = \dfrac{p_{i,j,k+1}^n - 2p_{i,j,k}^n + p_{i,j,k-1}^n}{(\Delta z)^2}$$

3.3 渗流微分方程的差分离散

上节介绍了油藏数学模型求解区域、变量和微商的差分离散方法，本节以单相微可压缩流体渗流方程为例，介绍微分方程的差分离散方法。微分方程的差分离散形式叫作差分方程，因此微分方程的差分离散也是差分方程的建立。

3.3.1 一维油藏渗流的差分方程

由2.4节式(32)，不考虑注采项，可得一维均质油藏微可压流体渗流微分方程：

$$E\frac{\partial^2 p}{\partial x^2}=\frac{\partial p}{\partial t}, E=\frac{K}{\phi\mu C} \tag{1}$$

其中
$$C=C_L+C_f$$

式中 x——一维直角坐标；

ϕ——岩石介质的孔隙度；

K——岩石介质的渗透率，m^2；

μ——单相流体的黏度，$Pa \cdot s$；

C_L 和 C_f——油藏流体和岩石的压缩系数，Pa^{-1}；

$p=p(x,t)$——压力分布，Pa。

微分方程的差分离散是在各个网格点上进行的，目的是建立求解各网格点未知量的差分方程。相应于一阶微商可离散为不同形式的差商，微分方程也可以离散为不同形式的差分方程。下面分别给出其建立方法。假设求解区域网格系统已经建立，且各种变量及其微商项已经离散化。

1. 显式差分方程

在油藏区域网格系统中任选一点，记作(i,n)。将$\frac{\partial^2 p}{\partial x^2}$在时空点$(i,n)$的二阶差商和$\frac{\partial p}{\partial t}$在时空点$(i,n)$的一阶向前差商代入式(1)，可得：

$$E\frac{p_{i+1}^n-2p_i^n+p_{i-1}^n}{(\Delta x)^2}=\frac{p_i^{n+1}-p_i^n}{\Delta t} \tag{2}$$

整理得：

$$p_i^{n+1}=(1-2\delta)p_i^n+\delta(p_{i+1}^n+p_{i-1}^n), \delta=E\Delta t/(\Delta x)^2 \tag{3}$$

式(2)和式(3)就是微分方程式(1)在任一时空点(i,n)处的离散形式，即一维均质油藏微可压流体渗流显式差分方程。这是一个关于网格点上变量值的线性代数方程。经过前述变量p的离散化过程，p_{i+1}^n、p_i^n、p_{i-1}^n 及 p_i^{n+1}等已经作为数组存入计算机，调用这些数据就可以组成上述差分方程式(2)或式(3)，这就意味着计算机可以识别该差分方程并进行计算。至此，原来计算机无法识别的微分方程式(1)已转变为计算机可以识别、存储和计算的差分方程式(2)和式(3)，完成了一维均质油藏微可压流体渗流方程的离散化。

式(3)中的上下标取不同值，式(3)就成为不同网格点上的差分方程，油藏网格系统中每一个网格点都对应一个这样的差分方程。式(3)为上述显式差分方程的通式。

上述差分方程相对于原微分方程存在截断误差，其来源是差商代替微商的过程，截断误差为$R=O[\Delta t+(\Delta x)^2]$。

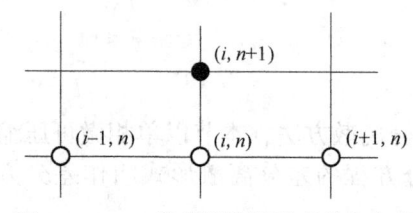

图 3.3.1 一维单相渗流显式差分方程所含网格点及其时空关系

差分方程式(3)中各网格点变量的时空位置关系如图 3.3.1 所示。利用差分方程求解油藏渗流与开发问题，都是一个时间步接一个时间步逐渐往前进行。假设第 n 时间步的网格值已知，第 $n+1$ 时间步的网格值待求，则方程中只有一个未知量 p_i^{n+1}，可以单独利用式(3)直接计算得到。式(3)相当于以显式方式为 p_i^{n+1} 赋值，因此称作显式差分方程。在 $n=0$（即 $t=0$）的各网格点上的变量值给定后，便可利用显式差分方程式(3)逐空间点、逐时间步对整个问题进行计算，具体计算方法及实例见本章后续内容。

2. 隐式差分方程

在油藏区域网格系统中任选一点，记作 $(i,n+1)$。将 $\dfrac{\partial^2 p}{\partial x^2}$ 在时空网格点 $(i,n+1)$ 上的二阶差商和 $\dfrac{\partial p}{\partial t}$ 在时空点 $(i,n+1)$ 的一阶向后差商代入微分方程式(1)，可得：

$$E\frac{p_{i+1}^{n+1}-2p_i^{n+1}+p_{i-1}^{n+1}}{(\Delta x)^2}=\frac{p_i^{n+1}-p_i^n}{\Delta t} \tag{4}$$

整理得：

$$(1+2\delta)p_i^{n+1}-\delta(p_{i-1}^{n+1}+p_{i+1}^{n+1})=p_i^n,\ \delta=E\Delta t/(\Delta x)^2 \tag{5}$$

式(4)和式(5)是微分方程式(1)在任一时空点 $(i,n+1)$ 处的另一种离散形式，即一维均质油藏微可压流体渗流隐式差分方程。它们也是关于网格点上变量值 p_{i+1}^{n+1}、p_i^{n+1}、p_{i-1}^{n+1} 及 p_i^n 的线性代数方程，此前这些网格变量值已经作为数组存入计算机，调用这些数据就可以组成上述差分方程式(4)或式(5)。这意味着计算机可以识别、存储该差分方程并进行计算。原来计算机无法识别的微分方程式(1)已转变为计算机可以识别、存储和计算的形式，即差分方程(4)或式(5)，一维均质油藏微可压流体渗流方程的差分离散已经完成。

式(5)中的上下标取不同值，式(5)就成为不同网格点上的差分方程，油藏网格系统中每一个网格点都对应一个这样的差分方程。式(5)为上述隐式差分方程的通式，其截断误差为 $R=O[\Delta t+(\Delta x)^2]$。

差分方程式(5)中各网格点变量的时空位置关系如图 3.3.2 所示。

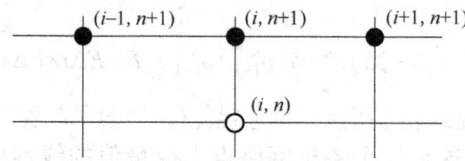

图 3.3.2 一维单相渗流隐式差分方程所含网格点及其时空关系

利用差分方程求解油藏渗流与开发问题，都是逐一时间步往前进行的。假设第 n 时间步的网格值已知，第 $n+1$ 时间步的网格值待求，则方程式(5)中含有 3 个未知量 p_{i+1}^{n+1}、p_i^{n+1}、p_{i-1}^{n+1}，无法利用单一网格差分方程求解未知量，需要将各网格点上的差分方程联立，组成线性代数方程组，再对所有网格点上未知量值同时求解。因此该差分方程称作隐式差分方程。具体计算方法及实例见本章后续内容。

3. 其他差分方程举例

以上的显式和隐式差分方程是最基本方程,另还有各种为了特殊用途设计的差分方程。Crank-Nicolson 方程是一种较典型的差分方程。它的构造思想是将显式和隐式方程相加取平均,以期将时间向前和向后差分引起的误差抵消或尽量减小。将式(2)和式(4)相加再除以2,可得:

$$\frac{E}{2}\frac{p_{i+1}^{n+1}-2p_i^{n+1}+p_{i-1}^{n+1}}{(\Delta x)^2}+\frac{E}{2}\frac{p_{i+1}^n-2p_i^n+p_{i-1}^n}{(\Delta x)^2}=\frac{p_i^{n+1}-p_i^n}{\Delta t} \tag{6}$$

整理后得:

$$\frac{\delta}{2}p_{i+1}^{n+1}-(\delta+1)p_i^{n+1}+\frac{\delta}{2}p_{i-1}^{n+1}=-\frac{\delta}{2}p_{i+1}^n+(\delta-1)p_i^n-\frac{\delta}{2}p_{i-1}^n \tag{7}$$

其中 $\delta = E\Delta t/(\Delta x)^2$

式(6)和式(7)是微分方程式(1)在任一时空点(i,n+1)处的另一种离散形式,即一维均质油藏微可压流体渗流 Crank-Nicolson 差分方程。它是关于网格点上变量值 p_{i+1}^{n+1}、p_i^{n+1}、p_{i-1}^{n+1} 及 p_{i+1}^n、p_i^n、p_{i-1}^n 的线性代数方程,计算机可以识别、存储该差分方程并进行计算。

油藏区域中每一个网格点都对应一个式(7)这样的差分方程。式(7)称为 Crank-Nicolson 差分方程的通式,其截断误差为 $R=O[(\Delta t)^2+(\Delta x)^2]$,由此可知由时间差分引起的截断误差比显式差分方程和隐式差分方程小一个量阶。

差分方程式(7)中各网格点变量的时空位置关系如图 3.3.3 所示。假设第 n 时间步的值已知,第 n+1 时间步的值待求,则方程(7)中含有 3 个未知量 p_{i+1}^{n+1}、p_i^{n+1}、p_{i-1}^{n+1},无法利用单一网格差分方程求解未知量,需要将各网格点上的差分方程联立,组成线性代数方程组,再对所有网格点上未知量值同时求解。因此该差分方程也属于隐式类差分方程。

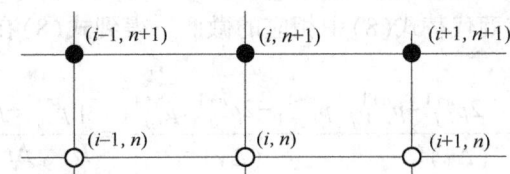

图 3.3.3　一维单相渗流 Crank-Nicolson 差分方程所含网格点及其时空关系

3.3.2　二维油藏渗流的差分方程

由 2.4 节式(30),不考虑注采项,可得二维均质油藏微可压流体渗流微分方程

$$\frac{\partial^2 p}{\partial x^2}+\frac{\partial^2 p}{\partial y^2}=\frac{1}{E}\frac{\partial p}{\partial t}, E=\frac{K}{\phi\mu C} \tag{8}$$

式中　x、y——二维直角坐标;
　　　$p=p(x,y,t)$——压力分布,Pa。

与一维渗流相同,二维渗流微分方程也可以离散为不同形式的差分方程。下面分别给出其建立方法。假设求解区域网格系统已经建立,且各种变量及其微商项已经离散化。

1. 显式差分方程

在油藏区域网格系统中任选一点,记作(i,j,n)。将式(8)中的时间微商用一阶向前差商代替,空间微商用二阶差商代替,即可得到微分方程式(8)在网格(i,j,n)处的差分方程:

$$\frac{p_{i+1,j}^n - 2p_{i,j}^n + p_{i-1,j}^n}{(\Delta x)^2} + \frac{p_{i,j+1}^n - 2p_{i,j}^n + p_{i,j-1}^n}{(\Delta y)^2} = \frac{1}{E}\frac{p_{i,j}^{n+1} - p_{i,j}^n}{\Delta t} \tag{9}$$

令 $\alpha = \dfrac{E\Delta t}{(\Delta x)^2}$，$\beta = \dfrac{E\Delta t}{(\Delta y)^2}$，并整理式(9)得：

$$p_{i,j}^{n+1} = p_{i,j}^n + \alpha(p_{i+1,j}^n - 2p_{i,j}^n + p_{i-1,j}^n) + \beta(p_{i,j+1}^n - 2p_{i,j}^n + p_{i,j-1}^n) \tag{10}$$

式(9)和式(10)就是上述二维均质油藏微可压流体渗流的显式差分方程通式，是微分方程式(8)的离散形式。它是关于网格点上变量值的线性代数方程，所以计算机可以对其识别、存储和计算。式(9)和式(10)截断误差为 $R = O[\Delta t + (\Delta x)^2 + (\Delta y)^2]$。

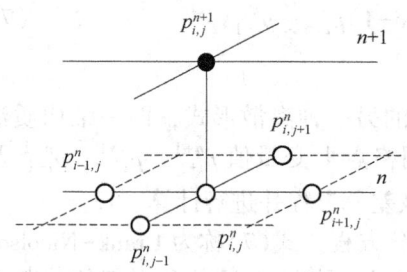

图3.3.4 二维单相渗流显式差分方程所含网格点及其时空关系

差分方程式(10)中包含6个网格上的变量值 $p_{i,j-1}^n$、$p_{i-1,j}^n$、$p_{i,j}^n$、$p_{i+1,j}^n$、$p_{i,j+1}^n$ 和 $p_{i,j}^{n+1}$，各网格点变量的时空位置关系如图3.3.4所示。

假设第 n 时间步的值已知，第 $n+1$ 时间步的值待求，则方程式(10)中只含有一个未知量 $p_{i,j}^{n+1}$，可以单独利用本点网格 (i,j,n) 上的差分方程式(10)直接计算得到。式(10)相当于以显式方式为 p_i^{n+1} 赋值，因此被称作显式差分方程。只要给定 $n=0$（即 $t=0$）时间步各网格点上的变量值，便可利用显式差分方程逐点逐步对整个问题进行计算求解，具体计算方法及实例见本章后续内容。

2. 隐式差分方程

在油藏区域网格系统中任选一点，记作 $(i,j,n+1)$。用 $p(x,y,t)$ 在 $(i,j,n+1)$ 点上对 x 和 y 的二阶差商及对 t 的向后差商代替式(8)中相应的微商，得到式(8)在网格 $(i,j,n+1)$ 点的差分方程：

$$\frac{p_{i+1,j}^{n+1} - 2p_{i,j}^{n+1} + p_{i-1,j}^{n+1}}{(\Delta x)^2} + \frac{p_{i,j+1}^{n+1} - 2p_{i,j}^{n+1} + p_{i,j-1}^{n+1}}{(\Delta y)^2} = \frac{1}{E}\frac{p_{i,j}^{n+1} - p_{i,j}^n}{\Delta t} \tag{11}$$

记 $\alpha = \dfrac{E\Delta t}{(\Delta x)^2}$，$\beta = \dfrac{E\Delta t}{(\Delta y)^2}$，并整理式(11)得：

$$-\beta p_{i,j-1}^{n+1} - \alpha p_{i-1,j}^{n+1} + (2\alpha + 2\beta + 1)p_{i,j}^{n+1} - \alpha p_{i+1,j}^{n+1} - \beta p_{i,j+1}^{n+1} = p_{i,j}^n \tag{12}$$

将式(12)写成标准形式：

$$c_{ij}p_{i,j-1}^{n+1} + a_{ij}p_{i-1,j}^{n+1} + e_{ij}p_{i,j}^{n+1} + b_{ij}p_{i+1,j}^{n+1} + d_{ij}p_{i,j+1}^{n+1} = p_{ij}^n \tag{13}$$

式中 $c_{ij} = -\beta$，$a_{ij} = -\alpha$，$e_{ij} = 2\alpha + 2\beta + 1$，$b_{ij} = -\alpha$，$d_{ij} = -\beta$。式(13)就是二维均质油藏微可压流体渗流的隐式差分方程通式，是微分方程式(8)的另一种离散形式，计算机可以识别、存储和计算。式(13)的截断误差为 $R = O[\Delta t + (\Delta x)^2 + (\Delta y)^2]$。

差分方程式(13)中包含6个网格上的变量值 $p_{i,j-1}^{n+1}$、$p_{i-1,j}^{n+1}$、$p_{i,j}^{n+1}$、$p_{i+1,j}^{n+1}$、$p_{i,j+1}^{n+1}$ 和 $p_{i,j}^n$，各网格点变量的时空位置关系如图3.3.5所示。假设第 n 时间步的值已知，第 $n+1$ 时间步的值待求，则方程式(13)中含有5个未知量 $p_{i,j-1}^{n+1}$、$p_{i-1,j}^{n+1}$、$p_{i,j}^{n+1}$、$p_{i+1,j}^{n+1}$、$p_{i,j+1}^{n+1}$，无法利用单一网格差分方程求解未知量，需要将各网格点上的差分方程联立，组成线性代数方程组，再对所有网格点上未知量值同时求解，因此该差分方程称作隐式差分方程。具体计算方法及实例见本章后续内容。

3. 其他差分方程举例

与一维情况相似，除了显式和隐式差分方程以外，二维渗流微分方程也可以离散为其他形式的差分方程，例如 Crank-Nicolson 方程。将显式差分方程式(9)和隐式差分方程式(11)相加再除以2，即得：

$$2(\alpha+\beta+1)p_{i,j}^{n+1}-\beta p_{i,j-1}^{n+1}-\alpha p_{i-1,j}^{n+1}-\alpha p_{i+1,j}^{n+1}-\beta p_{i,j+1}^{n+1}$$
$$=2(1-\alpha-\beta)p_{i,j}^{n}+\beta p_{i,j-1}^{n}+\alpha p_{i-1,j}^{n}+\alpha p_{i+1,j}^{n}+\beta p_{i,j+1}^{n} \quad (14)$$

这就是二维渗流微分方程的 Crank-Nicolson 差分方程，截断误差为 $R=O[(\Delta t)^2+(\Delta x)^2+(\Delta y)^2]$，时间差分的截断误差比显式差分方程和隐式差分方程小一个量阶。它也是微分方程式(8)的一种离散形式，计算机可以对其识别、存储和计算。

差分方程式(14)中各网格点变量的时空位置关系如图 3.3.6 所示。假设第 n 时间步的值已知，第 $n+1$ 时间步的值待求，则方程式(14)中含有 5 个未知量 $p_{i,j-1}^{n+1}$、$p_{i-1,j}^{n+1}$、$p_{i,j}^{n+1}$、$p_{i+1,j}^{n+1}$、$p_{i,j+1}^{n+1}$，无法利用单一网格差分方程求解未知量，需要将各网格点上的差分方程联立，组成线性代数方程组，再对所有网格点上的未知量值同时求解。因此该差分方程也属于隐式类差分方程。

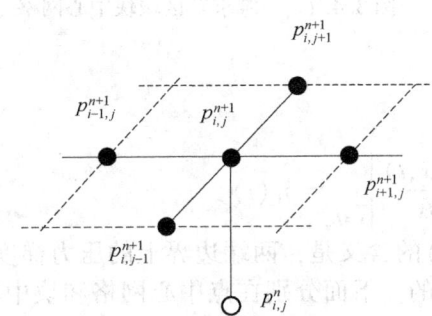

图 3.3.5 二维单相渗流隐式差分方程所含网格点及其时空关系

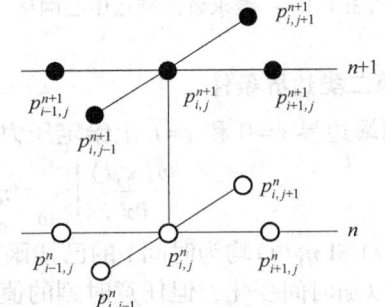

图 3.3.6 Crank-Nicolson 差分方程所含网格点及其时空关系

3.4 定解条件的离散化

数学模型的离散化包括微分方程的离散和定解条件的离散。参照第 2 章中列出的定解条件类型，本节以较简单的单相流体渗流问题为例，介绍定解条件的离散方法。

3.4.1 外边界的离散化

以一维求解区域为例说明外边界条件的离散化方法。如图 3.2.2 所示，假设一维渗流空间区域为 $[0,L]$，待求变量为压力 $p=p(x,t)$。

1. 第一类边界条件

在两端边界 $x=0$ 和 $x=L$ 上给定压力值

$$p(x,t)|_{x=0}=\zeta_\Lambda(t), p(x,t)|_{x=L}=\zeta_\Gamma(t) \quad (1)$$

其中 $\zeta_\Lambda(t)$ 和 $\zeta_\Gamma(t)$ 均为时间 t 的已知函数。式(1)的含义是，两端边界上的压力可以随时间变化，但任意时刻的值都是已知的。下面分别在点中心网格和块中心网格中对边界条件式(1)进行离散。

1)点中心网格

如图 3.2.2 和图 3.4.1 所示。因为区域边界正好是网格点 $i=0$ 和 $i=N_x$,则直接令边界网格上变量取式(1)中给定的边界值即可将式(1)离散化,即:

$$p_0^n = \zeta_\Lambda(t^n) = \zeta_\Lambda^n, p_{N_x}^n = \zeta_\Gamma(t^n) = \zeta_\Gamma^n \tag{2}$$

其中,$n=0,1,2\cdots,N_t$,表示任一个时间步。式(2)就是第一类边界条件式(1)的离散形式。简单方便,没有误差。

2)块中心网格

如图 3.4.2 所示。求解区域用块中心网格离散化后,边界网格点是 $i=1$ 和 $i=N_x$,原区域边界不是网格点。最简单的离散方法如式(3)式所示:

$$p_1^n = \zeta_\Lambda(t^n) = \zeta_\Lambda^n, p_{N_x}^n = \zeta_\Gamma(t^n) = \zeta_\Gamma^n \tag{3}$$

式(3)的截断误差为 $R=O(\Delta x)$。虽另有减少误差的方法,但较繁琐且应用不多,此处不再赘述。

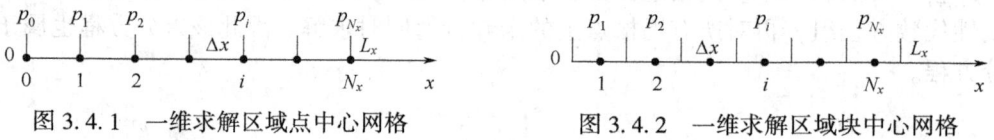

图 3.4.1 一维求解区域点中心网格　　图 3.4.2 一维求解区域块中心网格

2. 第二类边界条件

在两端边界 $x=0$ 和 $x=L$ 上给定压力梯度值

$$\left.\frac{\partial p(x,t)}{\partial x}\right|_{x=0} = \eta_\Lambda(t), \left.\frac{\partial p(x,t)}{\partial x}\right|_{x=L_x} = \eta_\Gamma(t) \tag{4}$$

其中 $\eta_\Lambda(t)$ 和 $\eta_\Gamma(t)$ 均为时间 t 的已知函数。式(4)的含义是,两端边界上的压力梯度(渗流速度)可以随时间变化,但任意时刻的值都是已知的。下面分别在点中心网格和块中心网格中对边界条件式(4)进行离散。

1)点中心网格

如图 3.4.3 所示,区域网格点为 $i=1,2,\cdots,N_x$。

方法一:利用边界网格点及其相邻网格点在边界处建立差商,对边界条件式(4)进行离散,得:

$$\frac{p_2^n - p_1^n}{\Delta x} = \eta_\Lambda(t^n) = \eta_\Lambda^n, \frac{p_{N_x}^n - p_{N_x-1}^n}{\Delta x} = \eta_\Gamma(t^n) = \eta_\Gamma^n$$

整理得:

$$p_1^n = p_2^n - \Delta x \eta_\Lambda^n, p_{N_x}^n = p_{N_x-1}^n + \Delta x \eta_\Gamma^n \tag{5}$$

式(5)截断误差 $R=O(\Delta x)$。

方法二:如图 3.4.4,采用镜像法。建立虚拟网格点 $i=0$,使其与 $i=2$ 点呈轴对称(以过 $i=1$ 点即 $x=0$ 点的坐标轴的垂线为对称轴);再建立虚拟网格点 $i=N_{x+1}$,使其与 $i=N_{x-1}$ 点呈轴对称(以过 $i=N_x$ 点即 $x=L_x$ 点的坐标轴的垂线为对称轴)。则 $x=0$ 和 $x=L_x$ 点的边界条件可利用中心差商离散:

$$\frac{p_2^n - p_0^n}{2\Delta x} = \eta_\Lambda(t^n) = \eta_\Lambda^n, \frac{p_{N_x+1}^n - p_{N_x-1}^n}{2\Delta x} = \eta_\Gamma(t^n) = \eta_\Gamma^n$$

整理可得:

$$p_0^n = p_2^n - 2\Delta x \eta_\Lambda^n, p_{N_x+1}^n = p_{N_x-1}^n + 2\Delta x \eta_\Gamma^n \tag{6}$$

式(6)误差 $R=O[(\Delta x)^2]$，精度较高。

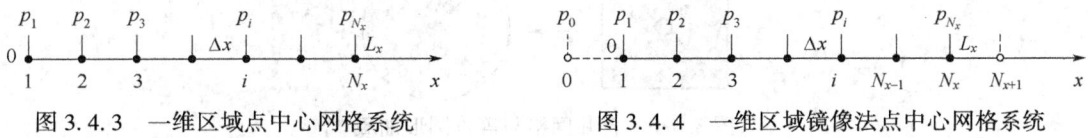

图 3.4.3 一维区域点中心网格系统　　　　图 3.4.4 一维区域镜像法点中心网格系统

2) 块中心网格

如图 3.4.5 所示。在块中心网格中，离散第二类条件比较合适的方法是镜像法。以过 $i=1$ 点即 $x=0$ 点的坐标轴的垂线为对称轴，建立虚拟网格点 $i=0$，使其与 $i=1$ 点呈轴对称；再以过 $i=N_x$ 点即 $x=L_x$ 点的坐标轴的垂线为对称轴，建立虚拟网格点 $i=N_x+1$，使其与 $i=N_x$ 点呈轴对称。则 $x=0$ 和 $x=L_x$ 点的边界条件可利用中心差商离散：

$$\frac{p_1^n - p_0^n}{\Delta x} = \eta_\Lambda(t^n) = \eta_\Lambda^n, \quad \frac{p_{N_x+1}^n - p_{N_x}^n}{\Delta x} = \eta_\Gamma(t^n) = \eta_\Gamma^n$$

整理可得：

$$p_0^n = p_1^n - \Delta x \eta_\Lambda^n, \quad p_{N_x+1}^n = p_{N_x}^n + \Delta x \eta_\Gamma^n \tag{7}$$

式(7)误差 $R=O[(\Delta x)^2]$。因其所用两个网格点距离更近，其误差较式(6)更小，精度更高。

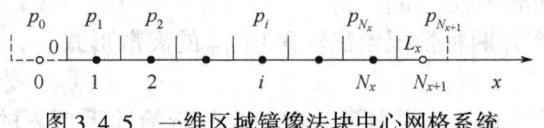

图 3.4.5 一维区域镜像法块中心网格系统

3.4.2 内边界的离散化

油藏的内边界就是井筒边界。井筒相对于油气藏来说尺度很小，却是整个油气藏运动变化的动力源泉。看似矛盾的两方面恰是井筒边界的特点，井筒边界离散化的关键也在于此。本节以单相渗流为例介绍井边界处理的基本方法，更复杂的情况在后续章节陆续介绍。

1. 井的非边界化离散思路

一方面，由于井筒边界的尺度相对于油藏尺度往往小几个量阶，如果直接将井筒作为油藏边界，按照井筒尺度划分油藏网格，那么网格数量会大得惊人（10km² 油藏网格数量可达十亿），现在常用的计算机无法进行计算。为了适应计算机容量和速度的限制，控制网格数量，实现正常模拟运算，实际油藏模拟的网格尺度一般都在几十米以上，井筒尺度很难与网格匹配，因此不再直接将井筒作为油藏边界处理。另一方面，为了描述井在油藏中的作用，在渗流控制方程中用注采项表示井的注采量，并将井作为其所在网格中的源（汇）项处理，井的生产条件（即井筒边界条件）将运用到井所在网格的差分方程中。因此，内边界（井筒边界）的离散化就转化成了渗流控制方程中注采项的处理。注采项的物理含义已经在第 2 章的 2.3 节、2.4 节等多处介绍过。

2. 井筒注采项的离散化方法

以平面油藏为例。在一个时间步内，将井所在网格看作一个定压边界油藏，并将方形网格等价为一个圆形油藏，网格向井的流动当作拟稳定流动，如图 3.4.6 所示。

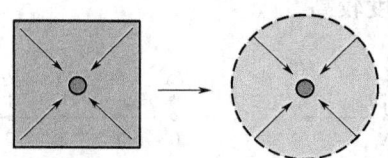

图 3.4.6 含井网格与等价圆形油藏

因此，井的产量符合式(8)：

$$Q_{ij} = \left(\frac{2\pi\rho h K}{\mu}\right)_{ij} \frac{p_{ij} - p_{wfij}}{\ln\frac{r_e}{r_w} + S} \tag{8}$$

式中　Q_{ij}——井在(i,j)网格的产量，即单位时间从网格(i,j)采出的流体的质量，跟注采项 q_{ij} 符号相反，kg/s；

　　　K——油藏渗透率，m^2；

　　　h——油层厚度(或网格厚度)，m；

　　　μ——流体黏度，Pa·s；

　　　p_{ij}——网格压力，Pa；

　　　p_{wfij}——井底流压，Pa；

　　　r_w——井筒半径，m；

　　　r_e——等价圆形油藏半径，m。

下面分定压井和定产井两种情况给出注采项 q_{ij} 的离散形式。

1) 定产井情况

此时井的产量 Q_{ij} 是已知的。根据第 2 章 2.4 节所给注采项 q 的定义，即单位时间向单位体积油藏注入的流体质量，可得：

$$q_{ij} = \frac{-Q_{ij}(t)}{V_{ij}} = \frac{-Q_{ij}(t)}{\Delta x \Delta y h} \tag{9}$$

其中

$$V_{ij} = \Delta x \Delta y h$$

式中　$Q_{ij}(t)$——时间的已知函数；

　　　Δx、Δy——x 和 y 方向的网格步长；

　　　V_{ij}——网格(i,j)的体积。

一般地，当差分方程为显式时，注采项也取为显式：$q_{ij} = -Q_{ij}^n/(\Delta x \Delta y h)$；当差分方程为隐式时，注采项也取作隐式：$q_{ij} = -Q_{ij}^{n+1}/(\Delta x \Delta y h)$。这样使得方程中的渗流项和注采项保持同步，以便更好地满足质量守恒定律。

2) 定压井情况

此时井底流压 p_{wfij} 是已知的。将式(8)和式(9)联立，得：

$$q_{ij} = \left(\frac{2\pi\rho K}{\mu \Delta x \Delta y}\right)_{ij} \frac{p_{wfij}(t) - p_{ij}}{\ln\frac{r_e}{r_w} + S} \tag{10}$$

式中　$p_{wfij}(t)$——时间的已知函数。

一般地，当差分方程为显式时，注采项中的 p_{wfij} 和 p_{ij} 也取为显式，即 $p_{wfij} = p_{wfij}^n$，$p_{ij} = p_{ij}^n$；当差分方程为隐式时，注采项中 p_{wfij} 和 p_{ij} 也取作隐式，即 $p_{wfij} = p_{wfij}^{n+1}$，$p_{ij} = p_{ij}^{n+1}$。这样能够更好地满足质量守恒定律。

式(9)和式(10)就是离散化的内边界(井筒边界)条件,也是渗流控制方程内注采项的离散形式。而式(8)可以在网格压力 p_{ij}^{n+1} 解出以后,用来求解定产井的井底流压 p_{wfij}^{n+1} 或定压井的产量 Q_{ij}^{n+1}。

关于式(10)中圆形等价油藏半径 r_e,针对不同情况有不同的计算公式:

(1)各向同性地层:

长方形网格:$r_e \doteq 0.14\sqrt{(\Delta x)^2+(\Delta y)^2}$ 或 $r_e \doteq 0.208\sqrt{\Delta x \Delta y}$;

正方形网格:$r_e \doteq 0.208\Delta x$。

(2)各向异性地层:

$$r_e = 0.28 \frac{\left[\left(\frac{K_y}{K_x}\right)^{\frac{1}{2}}(\Delta x)^2+\left(\frac{K_x}{K_y}\right)^{\frac{1}{2}}(\Delta y)^2\right]^{\frac{1}{2}}}{\left(\frac{K_y}{K_x}\right)^{\frac{1}{4}}+\left(\frac{K_x}{K_y}\right)^{\frac{1}{4}}}$$

3.4.3 初始条件的离散化

初始条件的离散化就是将求解区域内未知量在初始时刻的分布值利用差分网格进行离散,给所有网格点赋值。对于单相流体油藏渗流问题,其初始条件的离散化比较简单,主要是初始压力分布的离散化。

1. 一维情况

假设油藏内压力初始分布为:

$$p(x,t)|_{t=0}=\psi(x) \tag{11}$$

则离散化后可得:

$$p_i^0=\psi(x_i), i=1,2,\cdots,N_x \tag{12}$$

式中 x——一维坐标;

$\psi(x)$——x 的已知函数;

N_x——x 方向的网格数。

2. 二维情况

假设油藏内压力初始分布为:

$$p(x,y,t)|_{t=0}=\psi(x,y) \tag{13}$$

则离散化后可得:

$$p_{i,j}^0=\psi(x_i,y_j), i=1,2,\cdots,N_x, j=1,2,\cdots,N_y \tag{14}$$

式中 x、y——二维直角坐标;

$\psi(x,y)$——x、y 的已知函数;

N_x、N_y——x 和 y 方向的网格数。

3. 三维情况

假设油藏内压力初始分布为:

$$p(x,y,z,t)|_{t=0}=\psi(x,y,z) \tag{15}$$

则离散化后可得:

$$p_{i,j,k}^0=\psi(x_i,y_j,z_k), i=1,2,\cdots,N_x, j=1,2,\cdots,N_y, k=1,2,\cdots,N_z$$

式中 x、y、z——三维直角坐标;

$\psi(x,y,z)$——x、y、z 的已知函数；

N_x、N_y、N_z——x、y 和 z 方向的网格数。

3.5 数学模型差分求解实例

前面几节介绍了对油藏数学模型进行差分离散的基本原理和方法。本节以单相微可压缩流体渗流问题为例，介绍利用差分方程对数学模型进行求解的基本原理和方法。

3.5.1 一维区域第一类边界单相渗流问题差分解法

1. 数学模型与定解问题

假设一维均质单相流体渗流区域如图 3.5.1 所示，其空间区域为 $[0,L]$，两端为第一类边界条件，时间变化区间为 $[0,T]$。沿区域长度方向建立空间坐标 x，与其垂直方向建立时间坐标 t。其渗流微分方程为：

$$E\frac{\partial^2 p}{\partial x^2}=\frac{\partial p}{\partial t} \tag{1}$$

边界条件为：

$$p(0,t)=\zeta_\Lambda(t),\ p(L,t)=\zeta_\Gamma(t) \tag{2}$$

初始条件为：

$$p(x,t)|_{t=0}=p(x,0)=\psi(x) \tag{3}$$

其中

$$E=K/(\phi\mu C)$$

式中 $x\in[0,L]$，$t\in[0,T]$；$\zeta_\Lambda(t)$ 和 $\zeta_\Gamma(t)$ 是 t 的已知函数；$\psi(x)$ 是 x 的已知函数。

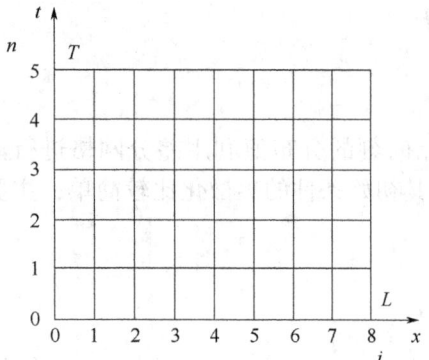

图 3.5.1 一维渗流区域及其差分网格

定解问题：求解渗流区域压力 $p(x,t)$ 的分布变化。

下面分别用显式差分方程和隐式差分方程求解上述定解问题。

2. 显式差分求解方法与步骤

1）求解区域的离散化

首先将求解区域离散化，建立时空网格系统，如图 3.5.1 所示。网格系统采用的是点中心网格，x 方向空间区域共有 9 个网格点，即 $i=0,1,2,\cdots,8$；时间步共有 6 个，即 $n=0,1,2,\cdots,5$。

2）边界条件离散化

按照 3.4.1 小节所述方法，很容易将边界条件式(2)离散化，如下式所示：

$$p_0^0=\zeta_\Lambda(t^0),p_0^1=\zeta_\Lambda(t^1),p_0^2=\zeta_\Lambda(t^2),p_0^3=\zeta_\Lambda(t^3),p_0^4=\zeta_\Lambda(t^4),p_0^5=\zeta_\Lambda(t^5)$$

$$p_8^0=\zeta_\Gamma(t^0),p_8^1=\zeta_\Gamma(t^1),p_8^2=\zeta_\Gamma(t^2),p_8^3=\zeta_\Gamma(t^3),p_8^4=\zeta_\Gamma(t^4),p_8^5=\zeta_\Gamma(t^5)$$

其中，$t^0=0$。上两式可简写为：

$$p_0^n=\zeta_\Lambda(t^n),p_8^n=\zeta_\Gamma(t^n)\ (n=0,1,2,3,4,5) \tag{4}$$

式(4)即为离散化的边界条件。

3）初始条件离散化

按照 3.4.3 小节所述方法，将初始条件式(3)离散化，得到：

$$p_0^0=\psi(x_0)=\psi(0),p_1^0=\psi(x_1),p_2^0=\psi(x_2),\cdots,p_7^0=\psi(x_7),p_8^0=\psi(x_8)=\psi(L) \tag{5}$$

其中 p_0^0 和 p_8^0 已在离散边界条件式(4)中给出，并且实际问题定解条件必定满足下式：

$$\psi(x_0)=p_0^0=\zeta_\Lambda(t^0), \psi(x_8)=p_8^0=\zeta_\Gamma(t^0)$$

因此，离散化的初始条件只包括内部网格点，如式(6)所示：

$$p_i^0=\psi(x_i)(i=1,2,3,4,5,6,7) \quad (6)$$

4) 微分方程的离散化

按照3.3.1小节所述方法，将渗流控制方程式(1)进行显式差分离散，得到显式差分方程通式：

$$p_i^{n+1}=\delta_1 p_{i-1}^n+\delta_2 p_i^n+\delta_1 p_{i+1}^n \quad (7)$$

其中，$\delta_1=E\Delta t/(\Delta x)^2$，$\delta_2=1-2E\Delta t/(\Delta x)^2$。

至此，数学模型已完全离散化。下面将对问题进行求解计算，求解的目标是图3.5.1中除去初始时刻及边界后的网格点上的压力值，即$p_i^n(i=1,2,\cdots,7,n=1,2,\cdots,5)$。

5) 差分计算

利用差分方程通式(7)对所有目标网格点进行求解，求解计算按照顺序逐时间步进行。

(1) 第1时间步($t=\Delta t$时刻)：

此时是由初始时刻压力分布值求第1个时间步上的压力分布，对应到差分通式(7)中有$n=0$，$n+1=1$。将$n=0$和$i=1$代入差分方程通式(7)，则可求得第1个网格上的压力值p_1^1。同理，将$n=0$和$i=2,\cdots,7$依次代入差分方程通式(7)，则可分别求得第2至第7个网格在第一个时间步的压力值$p_2^1,p_3^1,\cdots,p_7^1$。具体计算过程如式(8)所示：

$$\begin{aligned}
p_1^1&=\delta_1 p_0^0+\delta_2 p_1^0+\delta_1 p_2^0=\delta_1\zeta_\Lambda(t^0)+\delta_2\psi(x_1)+\delta_1\psi(x_2)\\
p_2^1&=\delta_1 p_1^0+\delta_2 p_2^0+\delta_1 p_3^0=\delta_1\psi(x_1)+\delta_2\psi(x_2)+\delta_1\psi(x_3)\\
p_3^1&=\delta_1 p_2^0+\delta_2 p_3^0+\delta_1 p_4^0=\delta_1\psi(x_2)+\delta_2\psi(x_3)+\delta_1\psi(x_4)\\
p_4^1&=\delta_1 p_3^0+\delta_2 p_4^0+\delta_1 p_5^0=\delta_1\psi(x_3)+\delta_2\psi(x_4)+\delta_1\psi(x_5)\\
p_5^1&=\delta_1 p_4^0+\delta_2 p_5^0+\delta_1 p_6^0=\delta_1\psi(x_4)+\delta_2\psi(x_5)+\delta_1\psi(x_6)\\
p_6^1&=\delta_1 p_5^0+\delta_2 p_6^0+\delta_1 p_7^0=\delta_1\psi(x_5)+\delta_2\psi(x_6)+\delta_1\psi(x_7)\\
p_7^1&=\delta_1 p_6^0+\delta_2 p_7^0+\delta_1 p_8^0=\delta_1\psi(x_6)+\delta_2\psi(x_7)+\delta_1\zeta_\Gamma(t^0)
\end{aligned} \quad (8)$$

其中代入了相应初始条件和边界条件的离散值。式(8)中各式右端的每一项都取上一时间步的值，均为已知值，因此各式左端量得以求出。至此，各个网格第1时间步的压力值p_1^1，$p_2^1,\cdots,p_7^1$得解，即$t=\Delta t$时刻渗流区域内压力分布已经求得。

(2) 第2时间步($t=2\Delta t$时刻)：

此时已知时间步为1，待求时间步为2，对应到差分通式(7)中$n=1$，$n+1=2$。将$n=1$，$i=1,2,\cdots,7$依次代入差分方程通式(7)，则可分别求得各个网格在第一个时间步的值：

$$\begin{aligned}
p_1^2&=\delta_1 p_0^1+\delta_2 p_1^1+\delta_1 p_2^1=\delta_1\zeta_\Lambda(t^1)+\delta_2 p_1^1+\delta_1 p_2^1\\
p_2^2&=\delta_1 p_1^1+\delta_2 p_2^1+\delta_1 p_3^1\\
p_3^2&=\delta_1 p_2^1+\delta_2 p_3^1+\delta_1 p_4^1\\
p_4^2&=\delta_1 p_3^1+\delta_2 p_4^1+\delta_1 p_5^1\\
p_5^2&=\delta_1 p_4^1+\delta_2 p_5^1+\delta_1 p_6^1\\
p_6^2&=\delta_1 p_5^1+\delta_2 p_6^1+\delta_1 p_7^1\\
p_7^2&=\delta_1 p_6^1+\delta_2 p_7^1+\delta_1 p_8^1=\delta_1 p_6^1+\delta_2 p_7^1+\delta_1\zeta_\Gamma(t^1)
\end{aligned} \quad (9)$$

式(9)中各式右端的每一项都取上一时间步的值，均为已知值，因此各个网格第2时间步的压力值得解。至此，$t=2\Delta t$时刻渗流区域内压力分布已经求得。

(3)第3,4,5时间步($t=3\Delta t$, $t=4\Delta t$, $t=5\Delta t$时刻):

压力分布依上述同样的步骤可得。

至此,上述一维均质区域单相流体渗流定解问题已完成求解。从中可以看到,原本利用解析方法难以求解的动态边界条件下的不稳定渗流问题,可以利用差分离散方法变为简单的线性代数运算问题,从而很容易解决。这就是数值模拟方法的基本原理和作用。

3. 隐式差分求解方法与步骤

1)求解区域的离散化

此部分与显式差分求解方法相同,如图3.5.1所示。

2)边界条件离散化

此部分与显式差分求解方法相同,如式(4)所示。

3)初始条件离散化

此部分与显式差分求解方法相同,如式(6)所式。

4)微分方程的离散化

按照3.3.1小节所述方法,将渗流控制方程式(1)进行隐式差分离散,得到隐式差分方程通式:

$$\delta_1 p_{i-1}^{n+1} + \delta_2 p_i^{n+1} + \delta_1 p_{i+1}^{n+1} = p_i^n \tag{10}$$

其中,$\delta_1 = -E\Delta t/(\Delta x)^2$,$\delta_2 = 1 + 2E\Delta t/(\Delta x)^2$。

至此,数学模型已完全离散化。下面将对问题进行求解计算,求解的目标是图3.5.1中除去初始时刻及边界后的网格点上的压力值,即$p_i^n(i=1,2,\cdots,7, n=1,2,\cdots,5)$。

5)差分计算

利用差分方程通式(10)对所有目标网格点进行求解,求解计算按照顺序逐时间步进行。

(1)第1时间步($t=\Delta t$时刻):

此时是由初始时刻压力分布求第1个时间步上的压力分布,对应到隐式差分方程通式(10)中有$n=0, n+1=1$。将$n=0, i=1,2,\cdots,7$依次代入差分方程通式(10),则可分别得到各个网格上的隐式差分方程:

$$\begin{cases} i=1\text{点}: \delta_1 p_0^1 + \delta_2 p_1^1 + \delta_1 p_2^1 = p_1^0 \Rightarrow \delta_2 p_1^1 + \delta_1 p_2^1 = p_1^0 - \delta_1 p_0^1 = \psi(x_1) - \delta_1 \zeta_\Lambda(t^1) \\ i=2\text{点}: \delta_1 p_1^1 + \delta_2 p_2^1 + \delta_1 p_3^1 = p_2^0 = \psi(x_2) \\ i=3\text{点}: \delta_1 p_2^1 + \delta_2 p_3^1 + \delta_1 p_4^1 = p_3^0 = \psi(x_3) \\ i=4\text{点}: \delta_1 p_3^1 + \delta_2 p_4^1 + \delta_1 p_5^1 = p_4^0 = \psi(x_4) \\ i=5\text{点}: \delta_1 p_4^1 + \delta_2 p_5^1 + \delta_1 p_6^1 = p_5^0 = \psi(x_5) \\ i=6\text{点}: \delta_1 p_5^1 + \delta_2 p_6^1 + \delta_1 p_7^1 = p_6^0 = \psi(x_6) \\ i=7\text{点}: \delta_1 p_6^1 + \delta_2 p_7^1 + \delta_1 p_8^1 = p_7^0 \Rightarrow \delta_1 p_6^1 + \delta_2 p_7^1 = p_7^0 - \delta_1 p_8^1 = \psi(x_7) - \delta_1 \zeta_\Gamma(t^1) \end{cases} \tag{11}$$

其中,因为p_0^1和p_8^1是边界点,所以是已知值,移至方程右端并代入边界条件的离散值$\zeta_\Lambda(t^1)$和$\zeta_\Gamma(t^1)$。式(11)中7个线性方程联合组成方程组,恰含有七个未知量$p_1^1, p_2^1, \cdots, p_7^1$,联立求解,即可同时得到第1时间步各网格点上压力值$p_1^1, p_2^1, \cdots, p_7^1$。至此,$t=\Delta t$时刻渗流区域内压力分布已经求得。

(2)第2时间步($t=2\Delta t$时刻):

此时已知时间步为1,待求时间步为2,对应到差分通式(10)中有$n=1, n+1=2$。将$n=1, i=1,2,\cdots,7$代入差分方程通式(10),则可分别得到各个网格上的隐式差分方程:

$$\begin{cases} i=1 \text{ 点}: \delta_1 p_0^2 + \delta_2 p_1^2 + \delta_1 p_2^2 = p_1^1 \Rightarrow \delta_2 p_1^2 + \delta_1 p_2^2 = p_1^1 - \delta_1 \zeta_\Lambda(t^2) \\ i=2 \text{ 点}: \delta_1 p_1^2 + \delta_2 p_2^2 + \delta_1 p_3^2 = p_2^1 \\ i=3 \text{ 点}: \delta_1 p_2^2 + \delta_2 p_3^2 + \delta_1 p_4^2 = p_3^1 \\ i=4 \text{ 点}: \delta_1 p_3^2 + \delta_2 p_4^2 + \delta_1 p_5^2 = p_4^1 \\ i=5 \text{ 点}: \delta_1 p_4^2 + \delta_2 p_5^2 + \delta_1 p_6^2 = p_5^1 \\ i=6 \text{ 点}: \delta_1 p_5^2 + \delta_2 p_6^2 + \delta_1 p_7^2 = p_6^1 \\ i=7 \text{ 点}: \delta_1 p_6^2 + \delta_2 p_7^2 + \delta_1 p_8^2 = p_7^1 \Rightarrow \delta_1 p_6^2 + \delta_2 p_7^2 = p_7^1 - \delta_1 \zeta_\Gamma(t^2) \end{cases} \quad (12)$$

其中，因为 p_0^2 和 p_8^2 在边界点上，所以是已知值，移至方程右端并代入边界条件的离散值 $\zeta_\Lambda(t^2)$ 和 $\zeta_\Gamma(t^2)$。式(12)中7个线性方程联合组成方程组，恰含有七个未知量 $p_1^2, p_2^2, \cdots, p_7^2$，联立求解，即可同时得到第2时间步各网格点上压力值 $p_1^2, p_2^2, \cdots, p_7^2$。至此，$t = 2\Delta t$ 时刻油藏内压力分布已经解得。

(3) 第 m 时间步（$t = m\Delta t$ 时刻）：

将 $n = m, i = 1, 2, \cdots, 7$ 代入差分方程通式(10)，则可分别得到各个网格上的隐式差分方程：

$$\begin{cases} i=1 \text{ 点}: \delta_2 p_1^m + \delta_1 p_2^m = p_1^{m-1} - \delta_1 \zeta_\Lambda(t^m) \\ i=2 \text{ 点}: \delta_1 p_1^m + \delta_2 p_2^m + \delta_1 p_3^m = p_2^{m-1} \\ i=3 \text{ 点}: \delta_1 p_2^m + \delta_2 p_3^m + \delta_1 p_4^m = p_3^{m-1} \\ \vdots \\ \vdots \\ i=7 \text{ 点}: \delta_1 p_6^m + \delta_2 p_7^m = p_7^{m-1} - \delta_1 \zeta_\Gamma(t^m) \end{cases} \quad (13)$$

式(13)中七个线性方程含有七个未知量 $p_1^m, p_2^m, \cdots, p_7^m$，联合组成封闭的方程组，写成矩阵形式如下：

$$\begin{pmatrix} \delta_2 & \delta_1 & & & & & \\ \delta_1 & \delta_2 & \delta_1 & & & & \\ & \delta_1 & \delta_2 & \delta_1 & & & \\ & & \delta_1 & \delta_2 & \delta_1 & & \\ & & & \delta_1 & \delta_2 & \delta_1 & \\ & & & & \delta_1 & \delta_2 & \delta_1 \\ & & & & & \delta_1 & \delta_2 \end{pmatrix} \cdot \begin{pmatrix} p_1^m \\ p_2^m \\ p_3^m \\ p_4^m \\ p_5^m \\ p_6^m \\ p_7^m \end{pmatrix} = \begin{pmatrix} p_1^{m-1} - \delta_1 \zeta_\Lambda(t^m) \\ p_2^{m-1} \\ p_3^{m-1} \\ p_4^{m-1} \\ p_5^{m-1} \\ p_6^{m-1} \\ p_7^{m-1} - \delta_1 \zeta_\Gamma(t^m) \end{pmatrix} \quad (14)$$

求解方程组(14)，则可同时得到第 m 时间步各网格上压力值 $p_1^m, p_2^m, \cdots, p_7^m$，此即 $t = m\Delta t$ 时刻渗流区域内压力分布。

采用相同步骤按时间顺序求解，得到最后时间步上各网格压力值 $p_1^5, p_2^5, \cdots, p_7^5$，此即 $t = T$ 时刻渗流区域内压力分布。

上述一维均质区域单相流体渗流问题的隐式差分求解至此结束。从中可以看到，原本利用解析方法很难求解的动态边界条件下的不稳定渗流问题，不但可以利用差分离散方法很容易地求解，而且可以采用显式、隐式等多种方式求解。这也是数值模拟方法的基本特点和功能。

3.5.2 一维区域第二类边界单相渗流问题差分解法

在前面 3.5.1 小节中介绍了第一类边界（即已知边界压力值）条件下一维均质区域单相流体渗流问题的差分解法。本节介绍具有第二类边界的一维均质区域单相渗流问题的差分解法。相比于第一类边界渗流问题解法，第二类边界问题解法有更多的形式可以选用。

1. 数学模型与定解问题

如图 3.5.2 所示，一维渗流空间区域为 $[0,L]$，两端均为第二类边界。时间变化区间为 $[0,T]$。沿区域长度方向建立空间坐标 x，与其垂直方向建立时间坐标 t。渗流控制微分方程为：

$$E\frac{\partial^2 p}{\partial x^2}=\frac{\partial p}{\partial t}, p=p(x,t), x\in[0,L], t\in[0,T] \tag{15}$$

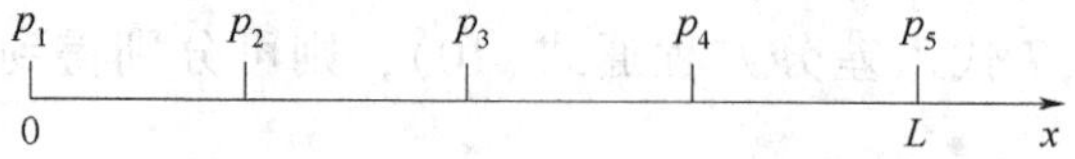

图 3.5.2 第二类边界一维渗流区域及点中心网格示意图

边界条件：

$$\frac{\partial p}{\partial x}\Big|_{x=0}=\eta_\Lambda(t), \frac{\partial p}{\partial x}\Big|_{x=L}=\eta_\Gamma(t) \tag{16}$$

初始条件：

$$p(x,t)\big|_{t=0}=p(x,0)=\psi(x) \tag{17}$$

式中 $\eta_\Lambda(t)$ 和 $\eta_\Gamma(t)$ 是 t 的已知函数。

定解问题：求解渗流区域压力 $p(x,t)$ 的分布变化。

下面分别介绍点中心和块中心网格求解方法。

2. 点中心网格差分解法

采用点中心网格将求解区域离散化，建立网格系统。假设 x 方向共有 5 个网格点，空间网格分布如图 3.5.2 所示。为了简单明了，图中没有画出时间网格。图中所示各网格点压力值表示该网格点任意时间步上的压力值，省略了时间步上标 n，$n=0,1,2,\cdots,N_T$，N_T 为最大的时间步数。

初始条件离散化后得到：

$$p_i^0=\psi(x_i) (i=1,2,3,4,5) \tag{18}$$

下面分实际网格和虚拟网格两种解法进行介绍。

1）实际网格解法

本方法即利用实际渗流区域中的网格对边界条件进行离散化，再对问题进行求解。在 x_1 点利用 x_1 和 x_2 两个网格点建立向前差商来对左边界条件进行离散，在 x_5 点利用 x_5 和 x_4 两个网格点建立向后差商来对右边界条件进行离散，得到：

$$\frac{p_2^{n+1}-p_1^{n+1}}{\Delta x}=\eta_\Lambda(t^{n+1}), \frac{p_5^{n+1}-p_4^{n+1}}{\Delta x}=\eta_\Gamma(t^{n+1})$$

整理后得

$$\begin{cases} p_1^{n+1}=p_2^{n+1}-\Delta x \cdot \eta_\Lambda(t^{n+1}) \\ p_5^{n+1}=p_4^{n+1}+\Delta x \cdot \eta_\Gamma(t^{n+1}) \end{cases}, n=0,1,2,\cdots,N_T-1 \quad (19)$$

(1) 显式差分解法。

对微分方程(15)式进行显式差分离散,建立显式差分方程通式:

$$p_i^{n+1}=(1-2\delta)p_i^n+\delta(p_{i+1}^n+p_{i-1}^n) \quad (20)$$

其中, $\delta=E\Delta t/(\Delta x)^2$。

利用式(20)和离散边界条件式(19)可逐时间步、逐点对问题进行求解。求解步骤如下。

① 第1时间步($t=\Delta t$时刻):

此时已知时间步为0,待求时间步为1,对应到差分通式(20)中有 $n=0$, $n+1=1$。

先求内部网格(非边界网格)未知量值。将 $n=0$ 和 $i=2,3,4$ 依次代入差分方程通式(20),则可分别求得第2至第4个网格在第一个时间步的压力值 p_2^1、p_3^1、p_4^1:

$$p_i^1=(1-2\delta)p_i^0+\delta(p_{i+1}^0+p_{i-1}^0), i=2,3,4 \quad (21)$$

式(21)右端各项均为已知的初始值,所以 p_2^1、p_3^1、p_4^1 可以求得。

再求边界网格的未知量值 p_1^1 和 p_5^1。将 $n=0$ 分别代入离散边界条件式(19),则可得:

$$p_1^1=p_2^1-\Delta x \cdot \eta_\Lambda(t^1), p_5^1=p_4^1+\Delta x \cdot \eta_\Gamma(t^1) \quad (22)$$

至此,各个网格第1时间步的压力值 $p_1^1,p_2^1,\cdots,p_5^1$ 得解,即 $t=\Delta t$ 时刻渗流区域内压力分布已经求得。

② 第2时间步($t=2\Delta t$ 时刻):

采用上一时间步相同的方法步骤,可得:

$$p_i^2=(1-2\delta)p_i^1+\delta(p_{i+1}^1+p_{i-1}^1), i=2,3,4 \quad (23)$$

$$p_1^2=p_2^2-\Delta x \cdot \eta_\Lambda(t^2), p_5^2=p_4^2+\Delta x \cdot \eta_\Gamma(t^2) \quad (24)$$

式(23)和式(24)右端各项均为已知的上一个时间步的压力值,所以 $p_1^2,p_2^2,\cdots,p_5^2$ 得解。至此,$t=2\Delta t$ 时刻渗流区域内压力分布已经求得。

对任意时间步,依据上述步骤依次进行求解,直到最后时间步 N_T,则原定解问题得解。

(2) 隐式差分解法。

对微分方程式(15)进行隐式差分离散,建立隐式差分方程通式:

$$(1+2\delta)p_i^{n+1}-\delta(p_{i-1}^{n+1}+p_{i+1}^{n+1})=p_i^n \quad (25)$$

利用式(25)和离散边界条件式(19)即可逐时间步对问题进行求解。求解步骤如下:

① 第1时间步($t=\Delta t$ 时刻):

此时已知时间步为0,待求时间步为1,对应到差分通式(25)中有 $n=0$, $n+1=1$。

将 $n=0$ 及 $i=2,3,4$ 代入差分方程通式(25),则可分别得到各个内部网格上的隐式差分方程:

$$(1+2\delta)p_i^1-\delta(p_{i-1}^1+p_{i+1}^1)=p_i^0=\psi(x_i), i=2,3,4 \quad (26)$$

将 $n=0$ 代入离散化后的边界条件式(19),则可得到两个边界点满足的方程:

$$p_1^1=p_2^1-\Delta x \cdot \eta_\Lambda(t^1), p_5^1=p_4^1+\Delta x \cdot \eta_\Gamma(t^1) \quad (27)$$

式(26)和式(27)包含5个方程,5个未知量,组成封闭的线性代数方程组。联立求解,同时得到所有网格点第1时间步的压力值 p_1^1、p_2^1、p_3^1、p_4^1、p_5^1,即 $t=\Delta t$ 时刻渗流区域内压力分布已经求得。

② 第 2 时间步（$t=2\Delta t$ 时刻）：

此时已知时间步为 1，待求时间步为 2，对应到差分通式(25)中有 $n=1$，$n+1=2$。

将 $n=1$ 及 $i=2,3,4$ 代入差分方程通式(25)，则可分别得到各个内部网格上的隐式差分方程：

$$(1+2\delta)p_i^2 - \delta(p_{i-1}^2 + p_{i+1}^2) = p_i^1, \quad i=2,3,4 \tag{28}$$

将 $n=1$ 代入离散化后的边界条件式(19)，则可分别得到两个边界点满足的方程：

$$p_1^2 = p_2^2 - \Delta x \cdot \eta_\Lambda(t^2), \quad p_5^2 = p_4^2 + \Delta x \cdot \eta_\Gamma(t^2) \tag{29}$$

式(28)和式(29)包含 5 个方程，5 个未知量，组成封闭的线性代数方程组。联立求解，同时得到所有网格点第 2 时间步的压力值 p_1^2、p_2^2、p_3^2、p_4^2、p_5^2，即 $t=2\Delta t$ 时刻渗流区域内压力分布已经求得。

对任意时间步，依据上述步骤依次进行求解，直到最后时间步 N_T，则原定解问题得解。

2) 虚拟网格解法（镜像法）

本方法就是利用虚拟网格对边界条件进行离散化，再对问题进行求解。虚拟网格解法又叫镜像法，虚拟网格也叫镜像网格。

以经过 $i=1$ 点即 $x=0$ 点的坐标轴的垂线为对称轴，建立 $i=2$ 点的轴对称镜像点，即虚拟网格点 $i=0$；再以经过 $i=5$ 点即 $x=L$ 点的坐标轴的垂线为对称轴，建立 $i=4$ 点的轴对称镜像点，即虚拟网格点 $i=6$。如图 3.5.3 所示。

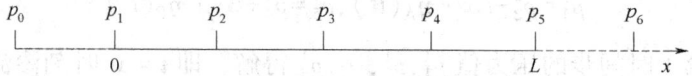

图 3.5.3　第二类边界一维区域点中心网格镜像法示意图

在 $i=1$ 点（即 $x=0$ 点）利用 $i=0$ 和 $i=2$ 两个网格点建立中心差商对左边界条件进行离散。在 $i=5$ 点利用 $i=4$ 和 $i=6$ 两个网格点建立中心差商对右边界条件进行离散，得到：

$$\frac{p_2^{n+1} - p_0^{n+1}}{2\Delta x} = \eta_\Lambda(t^{n+1}), \quad \frac{p_6^{n+1} - p_4^{n+1}}{2\Delta x} = \eta_\Gamma(t^{n+1})$$

整理后得：

$$\begin{cases} p_0^{n+1} = p_2^{n+1} - 2\Delta x \cdot \eta_\Lambda(t^{n+1}) \\ p_6^{n+1} = p_4^{n+1} + 2\Delta x \cdot \eta_\Gamma(t^{n+1}) \end{cases}, \quad n=0,1,2,\cdots,N_T-1 \tag{30}$$

(1) 显式差分解法。

利用显式差分方程通式(20)和离散边界条件式(30)逐时间步、逐点对问题进行求解。

① 第 1 时间步（$t=\Delta t$ 时刻）：

此时已知时间步为 0，待求时间步为 1，对应到差分通式(20)中有 $n=0$，$n+1=1$。

先求解渗流区域内网格即实际网格。令 $n=0$ 并将 $i=1,2,3,4,5$ 依次代入差分方程通式(20)，则可分别求得所有实际网格在第一个时间步的压力值 p_1^1、p_2^1、p_3^1、p_4^1、p_5^1：

$$p_i^1 = (1-2\delta)p_i^0 + \delta(p_{i+1}^0 + p_{i-1}^0), \quad i=1,2,3,4,5 \tag{31}$$

再求解虚拟网格。将 $n=0$ 代入离散边界条件式(30)，则可求得虚拟点上的未知量压力值 p_0^1 和 p_6^1：

$$p_0^1 = p_2^1 - 2\Delta x \cdot \eta_\Lambda(t^1), \quad p_6^1 = p_4^1 + 2\Delta x \cdot \eta_\Gamma(t^1) \tag{32}$$

至此，各个网格第 1 时间步的压力值 $p_0^1, p_1^1, p_2^1, \cdots, p_6^1$ 得解，即 $t=\Delta t$ 时刻渗流区域内压力分布已经求得。

② 第 2 时间步（$t=2\Delta t$ 时刻）：

采用与第 1 时间步相同的方法步骤,可得:

$$p_i^2 = (1-2\delta)p_i^1 + \delta(p_{i+1}^1 + p_{i-1}^1), i=1,2,3,4,5 \tag{33}$$

$$p_0^2 = p_2^2 - 2\Delta x \cdot \eta_\Lambda(t^2), p_6^2 = p_4^2 + 2\Delta x \cdot \eta_\Gamma(t^2) \tag{34}$$

至此各网格第 2 时间步的压力值 $p_0^2, p_1^2, p_2^2, \cdots, p_6^2$ 得解。

对任意时间步,依据上述步骤依次进行求解,直到最后时间步 N_T,则原定解问题得解。

(2)隐式差分解法。

利用隐式差分方程通式式(25)和离散边界条件式(30)逐时间步对问题进行求解。

① 第 1 种方式(简单方式)。

a. 第 1 时间步($t=\Delta t$ 时刻):

此时已知时间步为 0,待求时间步为 1,对应到差分通式(25)中有 $n=0$,$n+1=1$。

令 $n=0$ 并将 $i=1,2,3,4,5$ 代入差分方程通式(25),则可分别得到各个实际网格的隐式差分方程:

$$(1+2\delta)p_i^1 - \delta(p_{i-1}^1 + p_{i+1}^1) = p_i^0 = \psi(x_i), i=1,2,3,4,5 \tag{35}$$

令 $n=0$,可由离散化后的边界条件式(30)得到两个边界点满足的方程:

$$p_0^1 = p_2^1 - 2\Delta x \cdot \eta_\Lambda(t^1), p_6^1 = p_4^1 + 2\Delta x \cdot \eta_\Gamma(t^1) \tag{36}$$

式(35)和式(36)包含 7 个方程,7 个未知量,组成封闭的线性代数方程组。联立求解,同时得到所有网格点第 1 时间步的压力值,即 $p_i^1, i=0,1,2,3,4,5,6$。

b. 第 2 时间步($t=2\Delta t$ 时刻):

此时已知时间步为 1,待求时间步为 2,对应到差分通式(25)中有 $n=1$,$n+1=2$。采用与第 1 时间步相同的方法可得实际网格的隐式差分方程:

$$(1+2\delta)p_i^2 - \delta(p_{i-1}^2 + p_{i+1}^2) = p_i^1, i=1,2,3,4,5 \tag{37}$$

由离散边界条件得两个边界网格点满足的方程

$$p_0^2 = p_2^2 - 2\Delta x \cdot \eta_\Lambda(t^2), p_6^2 = p_4^2 + 2\Delta x \cdot \eta_\Gamma(t^2) \tag{38}$$

式(37)和式(38)组成 7 阶的封闭线性代数方程组。联立求解得到所有网格点第 2 时间步的压力值 $p_i^2, i=0,1,2,3,4,5,6$。

对任意时间步,依据上述步骤依次进行求解,直到最后时间步 N_T,则原定解问题得解。

上述求解方式构造简单,但要求解的方程组阶数较高,计算量大。

② 第 2 种方式(高效方式)。

a. 第 1 时间步($t=\Delta t$ 时刻):

此时已知时间步为 0,待求时间步为 1,对应到差分通式(25)中有 $n=0$,$n+1=1$。

令 $n=0$ 并将 $i=2,3,4$ 代入差分方程通式(25),则可分别得到各个内部网格的隐式差分方程:

$$(1+2\delta)p_i^1 - \delta(p_{i-1}^1 + p_{i+1}^1) = p_i^0 = \psi(x_i), i=2,3,4 \tag{39}$$

下面单独处理边界网格和虚拟网格。分别写出左边界网格点($i=1$ 点)差分方程及其相邻虚拟网格点($i=0$ 点)的差分方程:

$$(1+2\delta)p_1^1 - \delta(p_0^1 + p_2^1) = p_1^0 = \psi(x_1) \tag{40}$$

$$p_0^1 = p_2^1 - 2\Delta x \cdot \eta_\Lambda(t^1) \tag{41}$$

式(40)和式(41)联立消掉虚拟网格点,得到:

$$(1+2\delta)p_1^1 - 2\delta p_2^1 = p_1^0 - 2\delta\Delta x \cdot \eta_\Lambda(t^1) \tag{42}$$

同理,可以得到右边界网格($i=5$ 点)差分方程及其相邻虚拟网格($i=6$ 点)差分方程联立后的方程

$$(1+2\delta)p_5^1 - 2\delta p_4^1 = p_5^0 + 2\delta \Delta x \cdot \eta_\Gamma(t^1) \tag{43}$$

式(39)、式(42)和式(43)共包含 5 个方程，5 个未知量，组成一个 5 阶的封闭方程组。联立求解，同时得到所有实际网格点第 1 时间步的压力值，即 $p_i^1, i=1,2,3,4,5$。

b. 第 2 时间步（$t=2\Delta t$ 时刻）：

此时已知时间步为 1，待求时间步为 2，对应到差分通式(25)中有 $n=1$，$n+1=2$。

将 $n=1$ 代入差分方程通式(25)和离散边界条件式(30)，与第 1 时间步同理可得，用实际网格求解得隐式差分方程组：

$$(1+2\delta)p_i^2 - \delta(p_{i-1}^2 + p_{i+1}^2) = p_i^1, i=2,3,4 \tag{44}$$

$$(1+2\delta)p_1^2 - 2\delta p_2^2 = p_1^1 - 2\delta \Delta x \cdot \eta_\Lambda(t^2) \tag{45}$$

$$(1+2\delta)p_5^2 - 2\delta p_4^2 = p_5^1 + 2\delta \Delta x \cdot \eta_\Gamma(t^2) \tag{46}$$

式(44)、式(45)和式(46)组成一个封闭的线性代数方程组。联立求解，同时得到所有实际网格点第 2 时间步的压力值 $p_i^2, i=1,2,3,4,5$。

对于任意时间步，与上述步骤同理求解，直到最后时间步 N_T，则原定解问题得解。

可以看出，上述求解方式与简单方式相比，构造过程比较复杂，但方程组阶数较小，计算量小，因此求解过程更高效。

3. 块中心网格差分解法

采用块中心网格将求解区域离散化，建立网格系统。假设 x 方向共有 4 个网格点，空间网格分布如图 3.5.4 所示。为了简单，图中没有画出时间网格，图中所示各网格点压力值表示该网格点任意时间步上的压力值，省略了时间步上标 $n, n=0,1,2,\cdots,N_T$，N_T 为最大的时间步数。

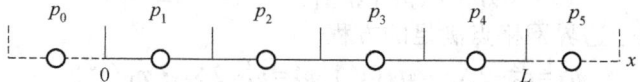

图 3.5.4 第二类边界一维区域块中心网格及镜像法示意图

从理论上说，前面所述点中心网格的各种解法也都可以在块中心网格系统使用，都可以达到对原问题进行求解的目的，其使用的方法步骤也都相同。其中精度最高、使用最方便、应用最普遍的是块中心网格镜像法。下面介绍该方法的求解步骤，其他方法不再赘述。

以经过 $x=0$ 点的坐标轴的垂线为对称轴，建立 $i=1$ 点的轴对称镜像点即虚拟网格点 $i=0$；再以经过 $x=L$ 点的坐标轴的垂线为对称轴，建立 $i=4$ 点的轴对称镜像点即虚拟网格点 $i=5$，如图 3.5.4 所示。

在 $x=0$ 点利用 $i=0$ 和 $i=1$ 两个网格点建立中心差商对左边界条件进行离散，在 $x=L$ 点利用 $i=4$ 和 $i=5$ 两个网格点建立中心差商对右边界条件进行离散，得到：

$$\frac{p_1^{n+1} - p_0^{n+1}}{\Delta x} = \eta_\Lambda(t^{n+1}), \frac{p_5^{n+1} - p_4^{n+1}}{\Delta x} = \eta_\Gamma(t^{n+1})$$

整理后得：

$$\begin{cases} p_0^{n+1} = p_1^{n+1} - \Delta x \cdot \eta_\Lambda(t^{n+1}) \\ p_5^{n+1} = p_4^{n+1} + \Delta x \cdot \eta_\Gamma(t^{n+1}) \end{cases}, n=0,1,2,\cdots,N_T-1 \tag{47}$$

下面分别介绍显式和隐式两种差分解法。

1）显式差分解法

利用显式差分方程通式(20)和离散边界条件式(47)逐时间步、逐点对问题进行求解。

(1)第1时间步($t=\Delta t$时刻):

此时已知时间步为0,待求时间步为1,对应到差分通式(20)中有$n=0$,$n+1=1$。

令$n=0$并将$i=1,2,3,4$依次代入差分方程通式(20),得:
$$p_i^1=(1-2\delta)p_i^0+\delta(p_{i+1}^0+p_{i-1}^0), i=1,2,3,4 \tag{48}$$

将$n=0$代入离散边界条件式(47),得:
$$p_0^1=p_1^1-\Delta x\cdot\eta_\Lambda(t^1), p_5^1=p_4^1+\Delta x\cdot\eta_\Gamma(t^1) \tag{49}$$

至此,各个网格第1时间步的压力值$p_0^1,p_1^1,p_2^1,\cdots,p_5^1$得解。

(2)第2时间步($t=2\Delta t$时刻):

采用与第1时间步相同的方法步骤,可得
$$p_i^2=(1-2\delta)p_i^1+\delta(p_{i+1}^1+p_{i-1}^1), i=1,2,3,4 \tag{50}$$
$$p_0^2=p_1^2-\Delta x\cdot\eta_\Lambda(t^2), p_5^2=p_4^2+\Delta x\cdot\eta_\Gamma(t^2) \tag{51}$$

至此各网格第2时间步的压力值$p_0^2,p_1^2,p_2^2,\cdots,p_5^2$得解。

对任意时间步,依据上述步骤依次进行求解,直到最后时间步N_T,则原定解问题得解。

2) 隐式差分解法

利用隐式差分方程通式(25)和离散边界条件式(47)逐时间步求解原问题。采用消除方程中虚拟网格的方式(高效方式)求解。

(1)第1时间步($t=\Delta t$时刻):

此时已知时间步为0,待求时间步为1,对应到差分通式(25)中有$n=0$,$n+1=1$。

令$n=0$并将$i=2,3$代入差分方程通式(25),则可分别得到各个内部网格的隐式差分方程:
$$(1+2\delta)p_i^1-\delta(p_{i-1}^1+p_{i+1}^1)=p_i^0=\psi(x_i), i=2,3 \tag{52}$$

分别写出左边界网格点($i=1$点)差分方程及其相邻虚拟网格点($i=0$点)的差分方程:
$$(1+2\delta)p_1^1-\delta(p_0^1+p_2^1)=p_1^0=\psi(x_1) \tag{53}$$
$$p_0^1=p_1^1-\Delta x\cdot\eta_\Lambda(t^1) \tag{54}$$

式(53)和式(54)联立消掉虚拟网格点,得到:
$$(1+\delta)p_1^1-\delta p_2^1=p_1^0-\delta\Delta x\cdot\eta_\Lambda(t^1)=\psi(x_1)-\delta\Delta x\cdot\eta_\Lambda(t^1) \tag{55}$$

同理,可以得到右边界网格($i=4$)点差分方程及其相邻虚拟网格($i=5$点)点差分方程的联立后的方程:
$$(1+\delta)p_4^1-\delta p_3^1=p_4^0+\delta\Delta x\cdot\eta_\Gamma(t^1)=\psi(x_4)+\delta\Delta x\cdot\eta_\Gamma(t^1) \tag{56}$$

式(52)、式(55)和式(56)共包含4个方程,4个未知量,组成一个封闭方程组。联立求解,同时得到所有实际网格点第1时间步的压力值,即$p_i^1,i=1,2,3,4$。

(2)第2时间步($t=2\Delta t$时刻):

此时已知时间步为1,待求时间步为2,对应到差分通式(25)中有$n=1$,$n+1=2$。

将$n=1$代入差分方程通式(25)和离散边界条件式(47),与第1时间步同理,可得用于实际网格求解的隐式差分方程组:
$$(1+2\delta)p_i^2-\delta(p_{i-1}^2+p_{i+1}^2)=p_i^1, i=2,3 \tag{57}$$
$$(1+\delta)p_1^2-\delta p_2^2=p_1^1-\delta\Delta x\cdot\eta_\Lambda(t^2) \tag{58}$$
$$(1+\delta)p_4^2-\delta p_3^2=p_4^1+\delta\Delta x\cdot\eta_\Gamma(t^2) \tag{59}$$

式(57)、式(58)、式(59)共包含4个方程,4个未知量,组成一个封闭方程组。联立求解,同时得到所有实际网格点第2时间步的压力值$p_i^2,i=1,2,3,4$。

对于任意时间步,与上述步骤同理求解,直到最后时间步N_T,则原定解问题得解。

3.5.3 二维均质区域单相渗流问题差分求解方法

二维均质区域单相渗流问题的差分求解比一维问题更具有代表性，尤其是隐式差分解法中的网格排序和差分方程组建立步骤。下面以第一边界条件为例介绍二维均质区域单相渗流问题的差分解法。

1. 数学模型与定解问题

如图3.5.5所示，二维渗流区域为矩形，长和宽分别为 L_x 和 L_y，四周为第一类边界，时间变化区间为 $[0,T]$。以区域长度方向为 x 坐标方向，宽度方向为 y 坐标方向，建立直角坐标系。取与 x、y 垂直的方向为时间坐标 t。建立数学模型如下。

渗流控制微分方程：

$$\frac{\partial^2 p}{\partial x^2}+\frac{\partial^2 p}{\partial y^2}=\frac{1}{E}\frac{\partial p}{\partial t}, E=\frac{K}{\phi\mu C}, p=p(x,y,t) \tag{60}$$

$$x\in[0,L_x], y\in[0,L_y]; t\in[0,T] \tag{61}$$

边界条件：

$$p(0,y,t)=\zeta_W(y,t), p(x,0,t)=\zeta_S(x,t),$$
$$p(L_x,y,t)=\zeta_E(y,t), p(x,L_y,t)=\zeta_N(x,t) \tag{62}$$

初始条件：

$$p(x,y,0)=\psi(x,y) \tag{63}$$

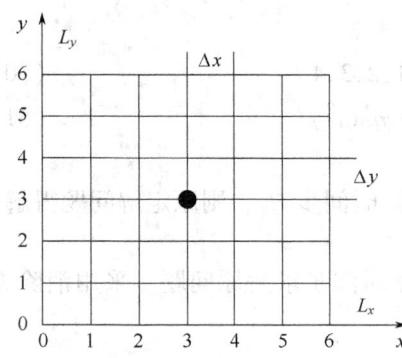

图3.5.5 二维渗流区域及点中心网格示意图

其中，$\zeta_W(y,t)$、$\zeta_S(x,t)$、$\zeta_E(y,t)$、$\zeta_N(x,t)$ 和 $\psi(x,y)$ 都是已知函数。

定解问题：求解渗流区域压力 $p(x,y,t)$ 的分布变化。

下面分别介绍显式和隐式差分求解方法。

2. 显式差分求解

采用点中心网格将求解区域离散化，建立网格系统。假设 x 和 y 方向各有7个网格点，空间网格分布如图3.5.5所示。为了简单，图中没有画出时间网格，时间步 $n=0,1,2,\cdots,N_T$。

1）数学模型的离散化

首先离散渗流微分方程，建立显式差分方程通式：

$$p_{i,j}^{n+1}=p_{i,j}^n+\alpha(p_{i+1,j}^n-2p_{i,j}^n+p_{i-1,j}^n)+\beta(p_{i,j+1}^n-2p_{i,j}^n+p_{i,j-1}^n)$$
$$\alpha=E\Delta t/(\Delta x)^2, \beta=E\Delta t/(\Delta y)^2 \tag{64}$$

然后对边界条件进行离散：

$$p_{0,j}^n=\zeta_W(y_j,t^n)=\zeta_{Wj}^n, p_{i,0}^n=\zeta_S(x_i,t^n)=\zeta_{Si}^n, p_{6,j}^n=\zeta_E(y_j,t^n)=\zeta_{Ej}^n,$$
$$p_{i,6}^n=\zeta_N(x_i,t^n)=\zeta_{Ni}^n, i=1,2,\cdots,5; j=0,1,2\cdots,6; n=0,1,\cdots,N_T \tag{65}$$

最后离散初始条件

$$p_{i,j}^0=\psi(x_i,y_j)=\psi_{i,j}, i=1,2,\cdots,5; j=1,2,\cdots,5 \tag{66}$$

2）求解过程

待求解的时空网格点为 (i,j,n)：$i\in[1,5], j\in[1,5], n\in[1,N_T]$。

（1）第1时间步（$t=\Delta t$ 时刻）的解：

此时已知时间步为 $n=0$，待求时间步为 $n+1=1$。利用式（64）至式（66），可得：

$(i,j)=(1,1)$点：

$$p_{1,1}^1=p_{1,1}^0+\alpha(p_{2,1}^0-2p_{1,1}^0+p_{0,1}^0)+\beta(p_{1,2}^0-2p_{1,1}^0+p_{1,0}^0)$$

$$=\psi_{1,1}+\alpha[\psi_{2,1}-2\psi_{1,1}+\zeta_{W1}^0]+\beta(\psi_{1,2}-2\psi_{1,1}+\zeta_{S1}^0)$$

$(i,j)=(2,1)$点：
$$p_{2,1}^1=p_{2,1}^0+\alpha(p_{3,1}^0-2p_{2,1}^0+p_{1,1}^0)+\beta(p_{2,2}^0-2p_{2,1}^0+p_{2,0}^0)$$
$$=\psi_{2,1}+\alpha[\psi_{3,1}-2\psi_{2,1}+\psi_{1,1}]+\beta(\psi_{2,2}-2\psi_{2,1}+\zeta_{S2}^0)$$

……

$(i,j)=(3,2)$点：
$$p_{3,2}^1=p_{3,2}^0+\alpha(p_{4,2}^0-2p_{3,2}^0+p_{2,2}^0)+\beta(p_{3,3}^0-2p_{3,2}^0+p_{3,1}^0)$$
$$=\psi_{3,2}+\alpha[\psi_{4,2}-2\psi_{3,2}+\psi_{2,2}]+\beta(\psi_{3,3}-2\psi_{3,2}+\psi_{3,1})$$

……

$(i,j)=(5,5)$点：
$$p_{5,5}^1=p_{5,5}^0+\alpha(p_{6,5}^0-2p_{5,5}^0+p_{4,5}^0)+\beta(p_{5,6}^0-2p_{5,5}^0+p_{5,4}^0)$$
$$=\psi_{5,5}+\alpha[\zeta_{E5}^0-2\psi_{5,5}+\psi_{4,5}]+\beta(\zeta_{N5}^0-2\psi_{5,5}+\psi_{5,4})$$

至此，第 1 时间步（$t=\Delta t$ 时刻）所有网格点压力值全部求出。

(2) 第 2 时间步（$t=2\Delta t$ 时刻）的解：

此时已知时间步为 $n=1$，待求时间步为 $n+1=2$。利用显式通式(64)及离散边界条件式(65)得：

$(i,j)=(1,1)$点：
$$p_{1,1}^2=p_{1,1}^1+\alpha(p_{2,1}^1-2p_{1,1}^1+\zeta_{W1}^1)+\beta(p_{1,2}^1-2p_{1,1}^1+\zeta_{S1}^1)$$

$(i,j)=(2,1)$点：
$$p_{2,1}^2=p_{2,1}^1+\alpha(p_{3,1}^1-2p_{2,1}^1+p_{1,1}^1)+\beta(p_{2,2}^1-2p_{2,1}^1+\zeta_{S2}^1)$$

……

$(i,j)=(3,2)$点：
$$p_{3,2}^2=p_{3,2}^1+\alpha(p_{4,2}^1-2p_{3,2}^1+p_{2,2}^1)+\beta(p_{3,3}^1-2p_{3,2}^1+p_{3,1}^1)$$
$$=\psi_{3,2}+\alpha[\psi_{4,2}-2\psi_{3,2}+\psi_{2,2}]+\beta(\psi_{3,3}-2\psi_{3,2}+\psi_{3,1})$$

……

$(i,j)=(5,5)$点：
$$p_{5,5}^2=p_{5,5}^1+\alpha(p_{6,5}^1-2p_{5,5}^1+p_{4,5}^1)+\beta(p_{5,6}^1-2p_{5,5}^1+p_{5,4}^1)$$
$$=\psi_{5,5}+\alpha[\zeta_{E5}^1-2\psi_{5,5}+\psi_{4,5}]+\beta(\zeta_{N5}^1-2\psi_{5,5}+\psi_{5,4})$$

至此，第 2 时间步（$t=2\Delta t$ 时刻）所有网格点压力值全部求出。

第 $3,4,\cdots,N_T$ 时间步（即 $t=3\Delta t,\cdots,t=N_T\cdot\Delta t$ 时刻）的解同理可得，至此渗流区域压力分布变化已知，原问题得解。

3. 隐式差分求解

采用块中心网格将求解区域离散化，建立网格系统。假设 x 方向网格有 6 个，y 方向网格有 7 个，空间网格分布如图 3.5.6 所示。为了简单，图中没有画出时间网格，时间步 $n=0,1,2,\cdots,N_T$。

1) 数学模型的离散化

首先离散渗流微分方程，建立隐式差分方程通式：
$$c_{ij}p_{i,j-1}^{n+1}+a_{ij}p_{i-1,j}^{n+1}+e_{ij}p_{i,j}^{n+1}+b_{ij}p_{i+1,j}^{n+1}+d_{ij}p_{i,j+1}^{n+1}=p_{ij}^n \tag{67}$$

其中 $c_{ij}=d_{ij}=-\beta,a_{ij}=b_{ij}=-\alpha,e_{ij}=2\alpha+2\beta+1,\alpha=E\Delta t/(\Delta x)^2,\beta=E\Delta t/(\Delta y)^2$。

然后对边界条件进行离散：
$$p_{0,j}^{n+1}=\zeta_W(y_j,t^{n+1})=\zeta_{Wj}^{n+1}, \quad p_{i,0}^{n+1}=\zeta_S(x_i,t^{n+1})=\zeta_{Si}^{n+1}, \quad p_{6,j}^{n+1}=\zeta_E(y_j,t^{n+1})=\zeta_{Ej}^{n+1},$$

$$p_{i,6}^{n+1}=\zeta_N(x_i,t^{n+1})=\zeta_{Ni}^{n+1},\ i=1,2,\cdots,4;\ \ j=0,1,2\cdots,6;\ \ n=0,1,\cdots,N_T \qquad (68)$$

最后离散初始条件，得：

$$p_{i,j}^0=\psi(x_i,y_j)=\psi_{i,j},\ i=1,2,\cdots,4;\ j=1,2,\cdots,5 \qquad (69)$$

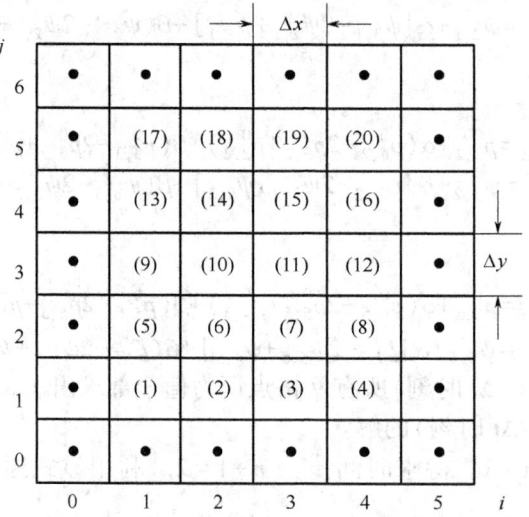

图 3.5.6　二维渗流区域及块中心网格示意图

2）求解过程

待求解的时空网格点为 (i,j,n)：$i\in[1,4]$，$j\in[1,5]$，$n\in[1,N_T]$。

逐时间步进行求解。假设第 n 时间步即 $t=n\Delta t$ 时刻的解已知，欲求第 $n+1$ 时间步即 $(n+1)\Delta t$ 时刻各网格压力值。利用式（67）至式（69），可得各网格点满足的隐式差分方程：

$(i,j)=(1,1)$ 点：

$$c_{1,1}p_{1,0}^{n+1}+a_{1,1}p_{0,1}^{n+1}+e_{1,1}p_{1,1}^{n+1}+b_{1,1}p_{2,1}^{n+1}+d_{1,1}p_{1,2}^{n+1}=p_{1,1}^n$$

将离散化的边界条件式（68）代入得：

$$e_{1,1}p_{1,1}^{n+1}+b_{1,1}p_{2,1}^{n+1}+d_{1,1}p_{1,2}^{n+1}=p_{1,1}^n-c_{1,1}\zeta_{S1}^{n+1}-a_{1,1}\zeta_{W1}^{n+1}=g_{1,1}^n \qquad (70)$$

$(i,j)=(2,1)$ 点：

$$c_{2,1}p_{2,0}^{n+1}+a_{2,1}p_{1,1}^{n+1}+e_{2,1}p_{2,1}^{n+1}+b_{2,1}p_{3,1}^{n+1}+d_{2,1}p_{2,2}^{n+1}=p_{2,1}^n$$

将离散化的边界条件（68）式代入得：

$$a_{2,1}p_{1,1}^{n+1}+e_{2,1}p_{2,1}^{n+1}+b_{2,1}p_{3,1}^{n+1}+d_{2,1}p_{2,2}^{n+1}=p_{2,1}^n-c_{2,1}\zeta_{S2}^{n+1}=g_{2,1}^n \qquad (71)$$

$(i,j)=(3,1)$ 点：

$$a_{3,1}p_{2,1}^{n+1}+e_{3,1}p_{3,1}^{n+1}+b_{3,1}p_{4,1}^{n+1}+d_{3,1}p_{3,2}^{n+1}=p_{3,1}^n-c_{3,1}\zeta_{S3}^{n+1}=g_{3,1}^n \qquad (72)$$

……

$(i,j)=(3,2)$ 点：

$$c_{3,2}p_{3,1}^{n+1}+a_{3,2}p_{2,2}^{n+1}+e_{3,2}p_{3,2}^{n+1}+b_{3,2}p_{4,2}^{n+1}+d_{3,2}p_{3,3}^{n+1}=p_{3,2}^n=g_{3,2}^n \qquad (73)$$

……

$(i,j)=(4,5)$ 点：

$$c_{4,5}p_{4,4}^{n+1}+a_{4,5}p_{3,5}^{n+1}+e_{4,5}p_{4,5}^{n+1}=p_{4,5}^n-b_{3,2}\zeta_{E5}^{n+1}-d_{3,2}\zeta_{N4}^{n+1}=g_{4,5}^n \qquad (74)$$

上述方程总共 20 个，含有 20 个待求网格压力值的未知量，可以组成封闭的方程组进行求解。

为了将上述方程组成方程组求解，将待求网格按行自然排序，未知量随之编号，如图 3.5.6 所示。

利用网格排序号代替上述各方程中未知量下标的位置编号，上述差分方程变为：

$$\left. \begin{array}{l} (1,1)=(1)\text{点}: e_{1,1}p_{(1)}^{n+1}+b_{1,1}p_{(2)}^{n+1}+d_{1,1}p_{(5)}^{n+1}=g_{1,1}^{n} \\ (2,1)=(2)\text{点}: a_{2,1}p_{(1)}^{n+1}+e_{2,1}p_{(2)}^{n+1}+b_{2,1}p_{(3)}^{n+1}+d_{2,1}p_{(6)}^{n+1}=g_{2,1}^{n} \\ (3,1)=(3)\text{点}: a_{3,1}p_{(2)}^{n+1}+e_{3,1}p_{(3)}^{n+1}+b_{3,1}p_{(4)}^{n+1}+d_{3,1}p_{(7)}^{n+1}=g_{3,1}^{n} \\ \cdots\cdots \\ (3,2)=(7)\text{点}: c_{3,2}p_{(3)}^{n+1}+a_{3,2}p_{(6)}^{n+1}+e_{3,2}p_{(7)}^{n+1}+b_{3,2}p_{(8)}^{n+1}+d_{3,2}p_{(11)}^{n+1}=g_{3,2}^{n} \\ \cdots\cdots \\ (4,5)=(20)\text{点}: c_{4,5}p_{(16)}^{n+1}+a_{4,5}p_{(19)}^{n+1}+e_{4,5}p_{(20)}^{n+1}=g_{4,5}^{n} \end{array} \right\} \quad (75)$$

将式(75)中的各方程组成方程组，主要是构建系数矩阵 A。系数矩阵 A 是一个 20×20 的矩阵，其构建方法是：将式(75)中各方程的系数依次填入矩阵 A 中相应的元素位置，所填入元素位置的行与差分方程的排序号相同，所填入位置的列与方程系数后未知量下标的排序号相同，由此可得方程组矩阵 A。

再将未知量按网格排序号排序组成未知向量 P，将右端已知量组成已知向量 G，然后组成矩阵形式的线性代数差分方程组：

$$A\cdot P=G \quad (76)$$

写成分量形式，即：

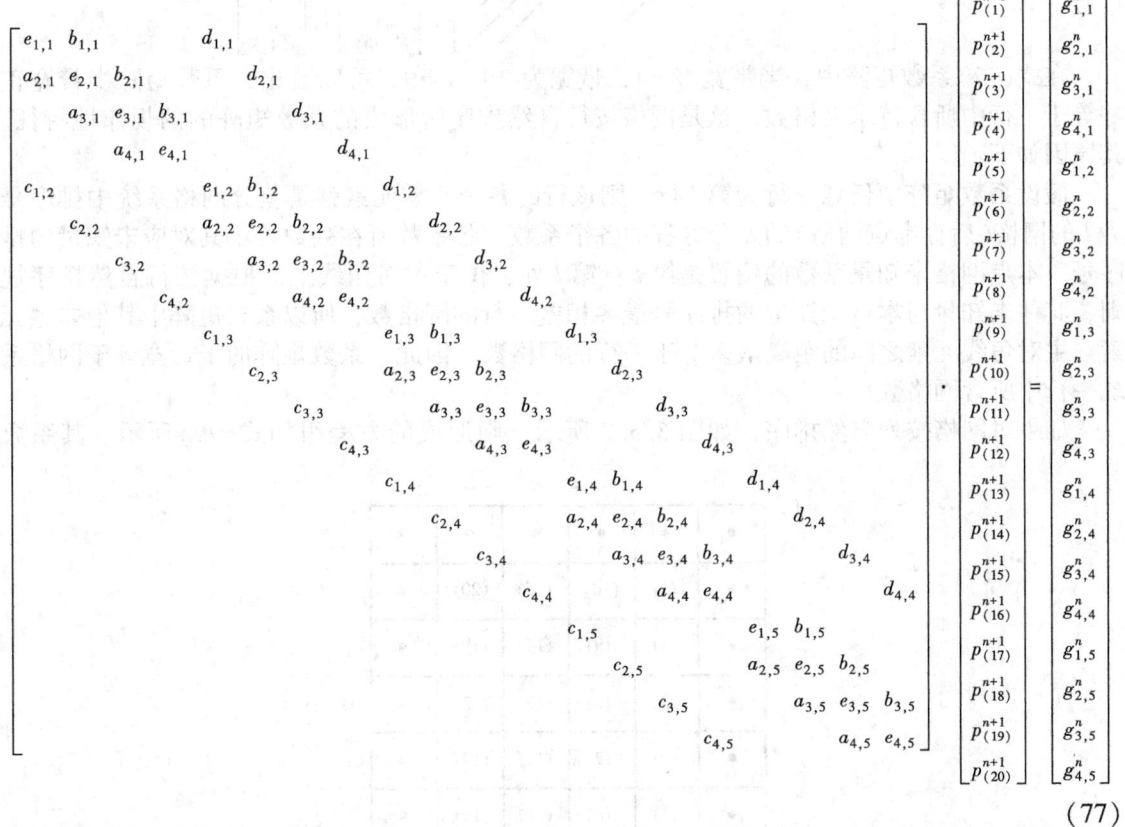

(77)

解方程组(77)，得到所有待求网格点第 $n+1$ 时间步压力值 $p_{i,j}^{n+1}$，$i=1,2,3,4$；$j=1,2,3,4,5$。

对于任意时间步，与上述步骤同理求解，直到最后时间步 N_T，则原定解问题得解。

3.5.4 差分方程组系数矩阵特点与网格排序方法

差分方程组系数矩阵的结构(即非零元素的分布)直接影响着方程组求解的计算量。

由 3.5.3 小节中式(77)知,利用按行自然排序法对网格进行排序,隐式差分方程形成的方程组的系数矩阵 A 是一个条带型稀疏矩阵,此方程组也称为条带型方程组。

在条带型矩阵的同一行或同一列中,主对角线元素与两侧最远端对角线元素相隔的元素位置数叫作条带型矩阵的半带宽,一般记作 W。两侧最远端对角线上非零元素连线所经过的元素位置数叫作带宽。显然,带宽等于 $2W+1$,如式(78)所示。

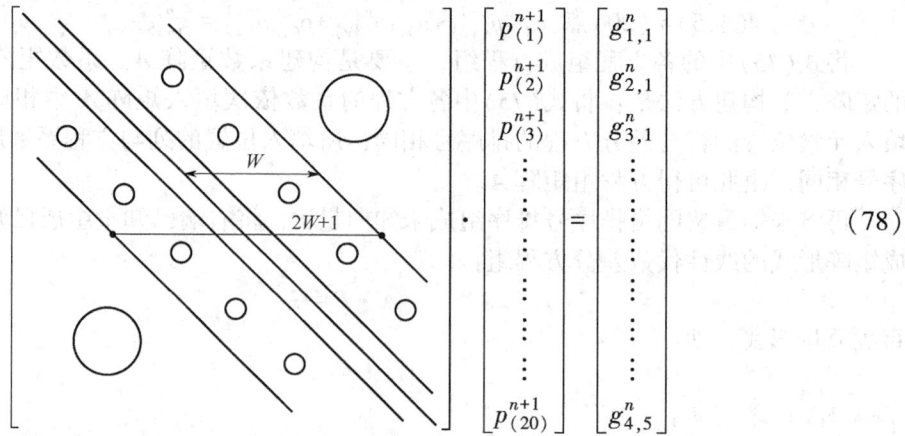

$$(78)$$

在式(77)系数矩阵中,半带宽 $W=4$,带宽为 $2W+1=9$。可以看出,系数矩阵半带宽正好等于一行中所含待求网格数,这是网格按行自然排序所形成的系数矩阵的规律性特征。其原因如下:

假设系数矩阵中任意一行为第 l 行,则该行的各个非零元素就是差分网格系统中排序号为 l 的网格(后称本点网格)的差分方程的各个系数,各系数所在列数等于其对应未知量的排序号。本点网格未知量系数的位置是第 l 行第 l 列,位于主对角线上。根据按行自然排序规则,其他未知量与本点未知量的排序号最多相差一行的网格数,所以系数矩阵中其他非零元素与主对角线元素之间的距离最多等于一行的网格数。因此,系数矩阵的半带宽等于网格系统一行中所含网格数。

如果对网格按列自然排序,如图3.5.7所示,则形成的方程组如式(79)所示。其系数

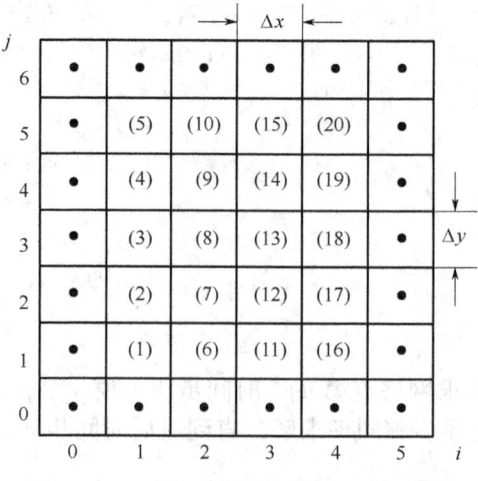

图 3.5.7 二维区域网格按列自然排序图

矩阵 A 为五对角稀疏矩阵，半带宽为 $W=5$，带宽为 $2W+1=11$。系数矩阵半带宽正好等于一列中所含待求网格数。

$$\begin{bmatrix} e_{11} & d_{11} & & & & b_{11} & & & & & & & & & & & & & & \\ c_{12} & e_{12} & d_{12} & & & & b_{12} & & & & & & & & & & & & & \\ & c_{13} & e_{13} & d_{13} & & & & b_{13} & & & & & & & & & & & & \\ & & c_{14} & e_{14} & d_{14} & & & & b_{14} & & & & & & & & & & & \\ & & & c_{15} & e_{15} & & & & & b_{15} & & & & & & & & & & \\ a_{21} & & & & & e_{21} & d_{21} & & & & b_{21} & & & & & & & & & \\ & a_{22} & & & & c_{22} & e_{22} & d_{22} & & & & b_{22} & & & & & & & & \\ & & a_{23} & & & & c_{23} & e_{23} & d_{23} & & & & b_{23} & & & & & & & \\ & & & a_{24} & & & & c_{24} & e_{24} & d_{24} & & & & b_{24} & & & & & & \\ & & & & a_{25} & & & & c_{25} & e_{25} & & & & & b_{25} & & & & & \\ & & & & & a_{31} & & & & & e_{31} & d_{31} & & & & b_{31} & & & & \\ & & & & & & a_{32} & & & & c_{32} & e_{32} & d_{32} & & & & b_{32} & & & \\ & & & & & & & a_{33} & & & & c_{33} & e_{33} & d_{33} & & & & b_{33} & & \\ & & & & & & & & a_{34} & & & & c_{34} & e_{34} & d_{34} & & & & b_{34} & \\ & & & & & & & & & a_{35} & & & & c_{35} & e_{35} & & & & & b_{35} \\ & & & & & & & & & & a_{41} & & & & & e_{41} & d_{41} & & & \\ & & & & & & & & & & & a_{42} & & & & c_{42} & e_{42} & d_{42} & & \\ & & & & & & & & & & & & a_{43} & & & & c_{43} & e_{43} & d_{43} & \\ & & & & & & & & & & & & & a_{44} & & & & c_{44} & e_{44} & d_{44} \\ & & & & & & & & & & & & & & a_{45} & & & & c_{45} & e_{45} \end{bmatrix} \cdot \begin{bmatrix} p^{n+1}_{(1)} \\ p^{n+1}_{(2)} \\ p^{n+1}_{(3)} \\ p^{n+1}_{(4)} \\ p^{n+1}_{(5)} \\ p^{n+1}_{(6)} \\ p^{n+1}_{(7)} \\ p^{n+1}_{(8)} \\ p^{n+1}_{(9)} \\ p^{n+1}_{(10)} \\ p^{n+1}_{(11)} \\ p^{n+1}_{(12)} \\ p^{n+1}_{(13)} \\ p^{n+1}_{(14)} \\ p^{n+1}_{(15)} \\ p^{n+1}_{(16)} \\ p^{n+1}_{(17)} \\ p^{n+1}_{(18)} \\ p^{n+1}_{(19)} \\ p^{n+1}_{(20)} \end{bmatrix} = \begin{bmatrix} g^n_{1,1} \\ g^n_{1,2} \\ g^n_{1,3} \\ g^n_{1,4} \\ g^n_{1,5} \\ g^n_{2,1} \\ g^n_{2,2} \\ g^n_{2,3} \\ g^n_{2,4} \\ g^n_{2,5} \\ g^n_{3,1} \\ g^n_{3,2} \\ g^n_{3,3} \\ g^n_{3,4} \\ g^n_{3,5} \\ g^n_{4,1} \\ g^n_{4,2} \\ g^n_{4,3} \\ g^n_{4,4} \\ g^n_{4,5} \end{bmatrix}$$

(79)

由上述分析可以看出，二维单相渗流差分方程在网格自然排序时形成的线性代数方程组的共同特点是：系数矩阵为五对角条带形稀疏矩阵，当网格按行自然排序时，系数矩阵的半带宽等于行方向的待求解网格数；当网格按列自然排序时，系数矩阵的半带宽等于列方向的待求解网格数。因为系数矩阵带宽越小，方程组求解计算量越小，所以应该按网格数较少的方向对网格进行排序。

进一步分析可知，系数矩阵的结构由如下两方面决定：

(1)系数矩阵非零元素的个数由差分方程决定，如五点差分方程生成五条带矩阵。

(2)矩阵非零元素的位置由网格编号时的排列顺序决定。

利用以上规律，通过巧妙设计网格排序，可以形成特殊结构的差分方程组系数矩阵，使差分方程组求解的计算量明显减小。

3.5.5 二维单相流体油藏中井的差分计算方法

单相微可压流体二维均质油藏局部区域及其块中心网格系统如图 3.5.8 所示。区域内含有生产井和注入井，井的作用体现为渗流控制方程中的注采项。由 2.4 节式(32)可得该油藏的渗流控制方程为：

$$\frac{\partial^2 p}{\partial x^2}+\frac{\partial^2 p}{\partial y^2}+\frac{\mu}{K}q_V=\frac{\phi\mu C}{K}\frac{\partial p}{\partial t} \qquad (80)$$

式中 q_V 为注采项，单位为 m³/s，物理意义是单位时间向单位体积油藏内注入的流体在地层条件下的体积。

要求给出井(注采项)的具体离散与求解方法。

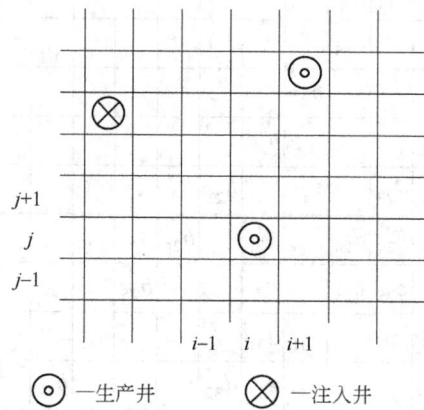

图3.5.8 二维均质油藏局部网格及井位示意图

1. 隐式差分求解方法

首先对渗流微分方程式(80)进行离散化，在任意时空网格点$(i,j,n+1)$建立隐式差分方程通式：

$$\frac{p_{i+1,j}^{n+1}-2p_{i,j}^{n+1}+p_{i-1,j}^{n+1}}{(\Delta x)^2}+\frac{p_{i,j+1}^{n+1}-2p_{i,j}^{n+1}+p_{i,j-1}^{n+1}}{(\Delta y)^2}+\left(\frac{\mu}{K}q_V\right)_{i,j}=\frac{\phi\mu C}{K}\cdot\frac{p_{i,j}^{n+1}-p_{i,j}^n}{\Delta t} \qquad (81)$$

整理可得：

$$c_{i,j}p_{i,j-1}^{n+1}+a_{i,j}p_{i-1,j}^{n+1}+e_{i,j}p_{i,j}^{n+1}+b_{i,j}p_{i+1,j}^{n+1}+d_{i,j}p_{i,j+1}^{n+1}-\frac{\Delta t}{\phi C}q_{Vi,j}^{n+1}=p_{i,j}^n \qquad (82)$$

式中 $q_{Vi,j}^{n+1}$ —— 注采项，m³/s。

下面专门讨论注采项的处理方法。

(1)假设(i,j)网格内无井，则$q_{Vi,j}=0$，式(82)变为：

$$c_{i,j}p_{i,j-1}^{n+1}+a_{i,j}p_{i-1,j}^{n+1}+e_{i,j}p_{i,j}^{n+1}+b_{i,j}p_{i+1,j}^{n+1}+d_{i,j}p_{i,j+1}^{n+1}=p_{i,j}^n \qquad (83)$$

式(83)跟无注采项的渗流隐式差分方程通式(67)相同，其求解方法步骤也相同，组成方程组即可求解。

(2)假设(i,j)网格内含有定液量工作井，产液量为$Q_{Vi,j}(t)$。则根据3.4.2小节注采项处理方法可得：

$$q_{Vi,j}^{n+1}=\frac{-Q_{Vi,j}(t^{n+1})}{V_{i,j}}=\frac{-Q_{Vi,j}^{n+1}}{\Delta x\Delta yh} \qquad (84)$$

其中

$$V_{i,j}=\Delta x\Delta yh$$

式中 V_{ij} —— 网格(i,j)的体积，m³；

H —— 网格(i,j)的厚度，m。

将式(84)代入式(82)并整理得到：

$$c_{i,j}p_{i,j-1}^{n+1}+a_{i,j}p_{i-1,j}^{n+1}+e_{i,j}p_{i,j}^{n+1}+b_{i,j}p_{i+1,j}^{n+1}+d_{i,j}p_{i,j+1}^{n+1}=p_{i,j}^{n}-\frac{Q_{Vi,j}^{n+1}\Delta t}{\phi C\Delta x\Delta yh} \tag{85}$$

式(85)右端均为已知量，且其左端各项形式与无井网格差分方程相同。因此可与其他网格的差分方程联立组成方程组，对原渗流问题进行求解。至此，定产量井的问题(即注采项)处理完毕。

(3) 假设(i,j)网格内含有定流压工作的井，井底流压为$p_{\text{wfi},j}(t)$。据3.4.2小节注采项处理方法可得：

$$q_{Vi,j}^{n+1}=\left(\frac{2\pi K}{\mu\Delta x\Delta y}\right)_{i,j}\frac{p_{\text{wfi},j}-p_{i,j}}{\ln\dfrac{r_e}{r_w}+S} \tag{86}$$

其中，井底流压$p_{\text{wfi},j}$和网格压力$p_{i,j}$应该与空间差分项同步，取第$n+1$时间步的值，以便更好地满足质量守恒定律。因此式(86)可写成：

$$q_{Vi,j}^{n+1}=\left(\frac{2\pi K}{\mu\Delta x\Delta y}\right)_{i,j}\frac{p_{\text{wfi},j}^{n+1}-p_{i,j}^{n+1}}{\ln\dfrac{r_e}{r_w}+S} \tag{87}$$

将式(87)代入式(82)，并定义注采项指数：

$$J=\frac{2\pi K\Delta t}{\phi C\Delta x\Delta y\mu}\Big/\left(\ln\frac{r_e}{r_w}+S\right) \tag{88}$$

可得：

$$c_{i,j}p_{i,j-1}^{n+1}+a_{i,j}p_{i-1,j}^{n+1}+(e_{i,j}+J_{i,j})p_{i,j}^{n+1}+b_{i,j}p_{i+1,j}^{n+1}+d_{i,j}p_{i,j+1}^{n+1}=p_{i,j}^{n}+J_{i,j}\cdot p_{\text{wfi},j}^{n+1} \tag{89}$$

式(89)右端均为已知量，且其左端各项形式与无井网格差分方程相同。因此可与其他网格的差分方程联立组成方程组，对原渗流问题进行求解。至此，定压井的问题(即注采项)隐式处理完毕。

2. 显式差分求解方法

首先对渗流微分方程式(80)进行离散，在任意时空网格点$(i,j,n+1)$建立显式差分方程：

$$\frac{p_{i+1,j}^{n}-2p_{i,j}^{n}+p_{i-1,j}^{n}}{(\Delta x)^2}+\frac{p_{i,j+1}^{n}-2p_{i,j}^{n}+p_{i,j-1}^{n}}{(\Delta y)^2}+\left(\frac{\mu}{K}q_{Vi,j}\right)_{i,j}^{n}=\frac{\phi\mu C}{K}\cdot\frac{p_{i,j}^{n+1}-p_{i,j}^{n}}{\Delta t} \tag{90}$$

整理可得：

$$p_{i,j}^{n+1}=p_{i,j}^{n}+\alpha(p_{i+1,j}^{n}-2p_{i,j}^{n}+p_{i-1,j}^{n})+\beta(p_{i,j+1}^{n}-2p_{i,j}^{n}+p_{i,j-1}^{n})+\frac{\Delta t}{\phi C}q_{Vi,j}^{n} \tag{91}$$

其中$\alpha=E\Delta t/(\Delta x)^2$，$\beta=E\Delta t/(\Delta y)^2$。下面分不同情况讨论注采项$q_{Vi,j}$的处理方法。

(1) (i,j)网格内无井，则$q_{Vi,j}^{n}=0$，代入式(91)，得到：

$$p_{i,j}^{n+1}=p_{i,j}^{n}+\alpha(p_{i+1,j}^{n}-2p_{i,j}^{n}+p_{i-1,j}^{n})+\beta(p_{i,j+1}^{n}-2p_{i,j}^{n}+p_{i,j-1}^{n}) \tag{92}$$

式(92)右端均为已知项，可以直接求解。

(2) (i,j)网格内含有定液量工作的井，产液量为$Q_{Vi,j}(t)$。注采项应与空间渗流项取同一个时间步的值，以便更好地满足质量守恒关系。则根据3.4.2小节注采项处理方法可得：

$$q_{Vi,j}^{n}=\frac{-Q_{Vi,j}(t^n)}{V_{i,j}}=\frac{-Q_{Vi,j}^{n}}{\Delta x\Delta yh} \tag{93}$$

式中 $V_{i,j}$——网格(i,j)的体积，m³；

h——网格(i,j)的厚度,m。

将式(93)代入式(91)并整理得到:

$$p_{i,j}^{n+1}=p_{i,j}^n+\alpha(p_{i+1,j}^n-2p_{i,j}^n+p_{i-1,j}^n)+\beta(p_{i,j+1}^n-2p_{i,j}^n+p_{i,j-1}^n)-\frac{Q_{Vi,j}^n\Delta t}{\phi C\Delta x\Delta yh} \quad (94)$$

式(94)右端均为已知项,可以直接求解。至此,定产量井的问题(即注采项)处理完毕。

(3)(i,j)网格内含有定流压工作的井,井底流压为$p_{\text{wfi},j}(t)$。据3.4.2小节注采项处理方法得:

$$q_{Vi,j}^n=\left(\frac{2\pi K}{\Delta x\Delta y\mu}\right)_{i,j}\frac{p_{\text{wfi},j}^n-p_{i,j}^n}{\ln\frac{r_e}{r_w}+S} \quad (95)$$

为了最大限度符合质量守恒定律,注采项与渗流项的时间步应该相同,所以式(95)中网格(i,j)内井底流压$p_{\text{wfi},j}$和网格压力$p_{i,j}$均取第n时间步的值。

将式(95)代入式(91),并整理得到:

$$p_{i,j}^{n+1}=p_{i,j}^n+\alpha(p_{i+1,j}^n-2p_{i,j}^n+p_{i-1,j}^n)+\beta(p_{i,j+1}^n-2p_{i,j}^n+p_{i,j-1}^n)+J\cdot(p_{\text{wfi},j}^n-p_{i,j}^n) \quad (96)$$

其中,注采项指数J同式(88)。式(96)右端均为已知项,可以直接求解,定压井问题(注采项)处理完毕。

3. 问题讨论:地下体积产量的换算

在3.5.5小节中出现的$Q_{Vi,j}$和$q_{Vi,j}$是以地下流体体积计算的井产量和注采项。如果井产量是以地面标况条件下体积给定的$Q_{V\text{sci},j}$,则在进行前述差分计算时,必须将地面标况下体积换算为油藏条件下体积:$Q_{Vi,j}=Q_{V\text{sci},j}\cdot B$,其中$B$为油藏内流体的体积系数。对于单相微可压流体油藏,体积系数(随压力)的变化一般很小,可以近似作为常数使用。

3.5.6 小结

通过本节例题可以看到,通常解析方法很难求解的渗流问题,利用差分离散解法就可以较容易地解决。其实不仅是渗流问题,其他工程领域难以解析求解的问题也可以利用数值方法求解,这就是数值模拟的作用和优势。

数值模拟离散和求解方法有很多,对于不同的实际情况和定解问题,可以并且应该根据具体问题特点选用不同方法进行求解。

为了叙述方便,本节例题选取的都是较简单的渗流问题,差分网格数量取得较少,实际油藏工程或其他工程问题一般都远比上述例题复杂,网格数和计算量也远远大于上述例题。虽然有此区别,但它们的总体思路是一样的。简单的例题展现的是数值模拟方法的普遍原理。

3.6 差分方程的稳定性

将微分方程离散化、建立差分方程的目的是用差分方程代替微分方程求解实际物理问题。但实际上,并不是任何情况下都可以利用差分方程实现对问题的求解,其关键在于差分方程是否具有收敛性。

3.6.1 差分方程的收敛性与稳定性

差分方程的收敛性判断用到如下概念和定理。

1. 相容性

当差分步长趋向于零时,若差分方程趋向于原来的微分方程,则称此差分方程具有相容性,或称此差分方程与原微分方程是相容的。

差分方程具有相容性意味着当差分步长趋向于零时,差分方程的截断误差趋向于零。

2. 稳定性

当用差分方程进行求解计算时,舍入误差在逐层传播过程中不随时间无限增大,则称该差分方程具有稳定性。

油藏数值模拟中的舍入误差,一方面来自油田资料数据及其处理过程可能存在的误差,另一方面来自计算机存储位数限制引起的误差。

3. 收敛性

当差分步长趋向于零时,差分方程的解趋向于原微分方程的解,则称此差分方程具有收敛性,或称此差分方程的解是收敛的。

只有差分方程具有收敛性,才能利用差分方程对问题进行求解。

4. LAX 定理(收敛条件)

对于一个适定的初值问题,一个与它相容的差分方程具有收敛性的充要条件是这个差分方程具有稳定性。

根据 LAX 定理,要保证差分方程的收敛性,需要差分方程具有相容性和稳定性,而一般的差分方程都具有相容性,所以一般差分方程是否具有收敛性决定于其是否具有稳定性。只有差分方程具有稳定性,才能利用差分方程对问题进行求解。

3.6.2 差分方程稳定性的判别方法

本节主要介绍差分方程稳定性的 Fourier 判别方法,也叫 Ven Neumann 判别法。为叙述方便,以一维情况为例。

1. 方法步骤

(1)设差分解误差为 ε,计算解为 u^*,真实解为 u,则 $u^* = u + \varepsilon$;此处各量的上下标已忽略。

(2)将计算解代入差分方程,得到误差方程。

(3)根据 Fourier 级数原理,将误差项写作简谐波(复数)形式:$\varepsilon_j^n = \bar{\varepsilon} A^n e^{ikx_j}$。

(4)把 Fourier 形式的误差项代入误差方程,求得增长因子 A 满足的关系式。

(5)稳定性判别:$\|A\| > 1$ 不稳定,$\|A\| \leq 1$ 时稳定。

式中 ε_j^n——第 j 个网格点第 n 时间步上的误差项,即误差值;

$\bar{\varepsilon}$——常量,量纲同 ε_j^n,即同未知量 u;

A——增长因子,常数;

i——虚数单位;

k——常数,量纲为 $[1/x_j]$;

x_j——第 j 个网格点的坐标值。

2. 方法应用

下面通过实例说明稳定性判别的具体过程。

例1 一维单相渗流隐式差分方程稳定性判别

隐式差分方程通式为：

$$\frac{E\Delta t}{(\Delta x)^2}(p_{j+1}^{n+1}-2p_j^{n+1}+p_{j-1}^{n+1})=p_j^{n+1}-p_j^n \tag{1}$$

设其计算解为 p^*，准确解为 p，计算误差为 ε，则 $p^*=p+\varepsilon$。将 p^* 代入式(1)得：

$$\frac{E\Delta t}{(\Delta x)^2}(p_{j+1}^{n+1}+\varepsilon_{j+1}^{n+1}-2p_j^{n+1}-2\varepsilon_j^{n+1}+p_{j-1}^{n+1}+\varepsilon_{j-1}^{n+1})=p_j^{n+1}+\varepsilon_j^{n+1}-p_j^n-\varepsilon_j^n \tag{2}$$

式(2)与式(1)相减，得误差方程：

$$\frac{E\Delta t}{(\Delta x)^2}(\varepsilon_{j+1}^{n+1}-2\varepsilon_j^{n+1}+\varepsilon_{j-1}^{n+1})=\varepsilon_j^{n+1}-\varepsilon_j^n \tag{3}$$

令 $\varepsilon_j^n=\bar{\varepsilon}A^n\mathrm{e}^{ikx_j}$，同时

$$\varepsilon_{j+1}^{n+1}=\bar{\varepsilon}A^{n+1}\mathrm{e}^{ikx_{j+1}}=\bar{\varepsilon}A^{n+1}\mathrm{e}^{ik(x_j+\Delta x)}=\bar{\varepsilon}AA^n\mathrm{e}^{ikx_j}\mathrm{e}^{ik\Delta x}=A\mathrm{e}^{ik\Delta x}\varepsilon_j^n$$

式(3)中其他项做类似处理，然后代回式(3)并对两端同除以 ε_j^n，得：

$$\frac{E\Delta t}{(\Delta x)^2}(A\mathrm{e}^{ik\Delta x}-2A+A\mathrm{e}^{-ik\Delta x})=A-1 \tag{4}$$

因为

$$\mathrm{e}^{ik\Delta x}=\cos(k\Delta x)+i\sin(k\Delta x),\ \mathrm{e}^{-ik\Delta x}=\cos(k\Delta x)-i\sin(k\Delta x)$$

代入式(4)，整理可得：

$$-\frac{4AE\Delta t}{(\Delta x)^2}\sin^2\frac{k\Delta x}{2}=A-1 \tag{5}$$

于是得到：

$$A=\frac{1}{1+\dfrac{4E\Delta t}{(\Delta x)^2}\sin^2\dfrac{k\Delta x}{2}} \tag{6}$$

由式(5)可知，$|A|\leq 1$ 恒成立，原差分方程恒稳定（无条件稳定）。这就是说无论油藏物性参数 E 如何变化，网格步长 Δx 和时间步长 Δt 取何值，隐式差分方程都是稳定的。这是一般隐式差分方程的特点。

例2 一维单相渗流显式差分方程稳定性判别

显式差分方程通式为：

$$p_j^{n+1}=p_j^n+\frac{E\Delta t}{(\Delta x)^2}(p_{j+1}^n-2p_j^n+p_{j-1}^n) \tag{7}$$

依例1相同步骤得误差方程：

$$\varepsilon_j^{n+1} = \varepsilon_j^n + \frac{E\Delta t}{(\Delta x)^2}(\varepsilon_{j+1}^n - 2\varepsilon_j^n + \varepsilon_{j-1}^n) \tag{8}$$

将 $\varepsilon_j^n = \bar{\varepsilon}A^n e^{ikx_j}$ 及其他误差项的复数形式代入上式，得：

$$A = 1 - 4\frac{E\Delta t}{(\Delta x)^2}\sin^2\frac{k\Delta x}{2} \tag{9}$$

若要 $|A| \leqslant 1$，则必须

$$-1 \leqslant 1 - 4\frac{E\Delta t}{(\Delta x)^2}\sin^2\frac{k\Delta x}{2} \leqslant 1 \tag{10}$$

由上式可得：

$$\frac{E\Delta t}{(\Delta x)^2} \leqslant \frac{1}{2},\text{即}\ \Delta t \leqslant \frac{\phi\mu C}{2K}(\Delta x)^2 \tag{11}$$

由式(11)可知，显式差分方程是有条件稳定的。也就是说，必须限制时间步长不大于某个上限值，显式差分方程才能稳定，其上限值由油藏物性参数和网格步长决定。

由上述判别结果可知，显式差分方程和隐式差分方程各有优缺点。一方面，显式差分方程求解方法简单，用单一方程即可对问题进行求解，而隐式差分方程必须组成方程组进行求解；另一方面，隐式差分方程的时间步长没有限制，从而可以采用较大的时间步长即较少的时间步对特定时长的油藏渗流与开发过程进行模拟，而显式差分方程只能采用足够小的时间步长即可能很多的时间步才能对给定的油藏渗流与开发过程进行模拟。

下面以3.5.1小节中的一维均质油藏第一类边界单相渗流问题为例，通过具体数据计算，展现差分计算过程和数据结果，反映稳定性对数值求解过程的影响。

例3 显式差分方程计算过程稳定性影响

一维油藏区域及网格系统如图3.5.1所示。
渗流控制微分方程：

$$\frac{\partial p}{\partial t} = E\frac{\partial^2 p}{\partial x^2} \tag{12}$$

其中，$E = \frac{K}{\phi\mu C}$，$p = p(x,t)$，$x \in [0,L]$，$t \in [0,T]$。

边界条件：

$$p(0,t) = 10.0\text{MPa}, p(L,t) = 20.0\text{MPa}, t \in [0,T] \tag{13}$$

初始条件：

$$p(x,t)|_{t=0} = p(x,0) = 20.0\text{MPa}, x \in (0,L) \tag{14}$$

定解问题：求解油藏区域压力 $p(x,t)$ 的分布变化。

(1)差分离散。

将式(12)离散化，得显式差分方程通式：

$$p_i^{n+1} = \delta_1 p_{i-1}^n + \delta_2 p_i^n + \delta_1 p_{i+1}^n \tag{15}$$

其中，$\delta_1 = E\Delta t/(\Delta x)^2$，$\delta_2 = 1 - 2E\Delta t/(\Delta x)^2$。

(2)计算结果与分析。

假设实际油藏物性 E 和网格步长 Δx 已知，取不同时间步长对问题进行求解计算。计算方法步骤与3.5.1小节相同。

① 取 $\Delta t = 0.4(\Delta x)^2/E$，即当 $\delta_1 = 0.4$，$\delta_2 = 0.2$ 时，计算结果如图 3.6.1 所示。

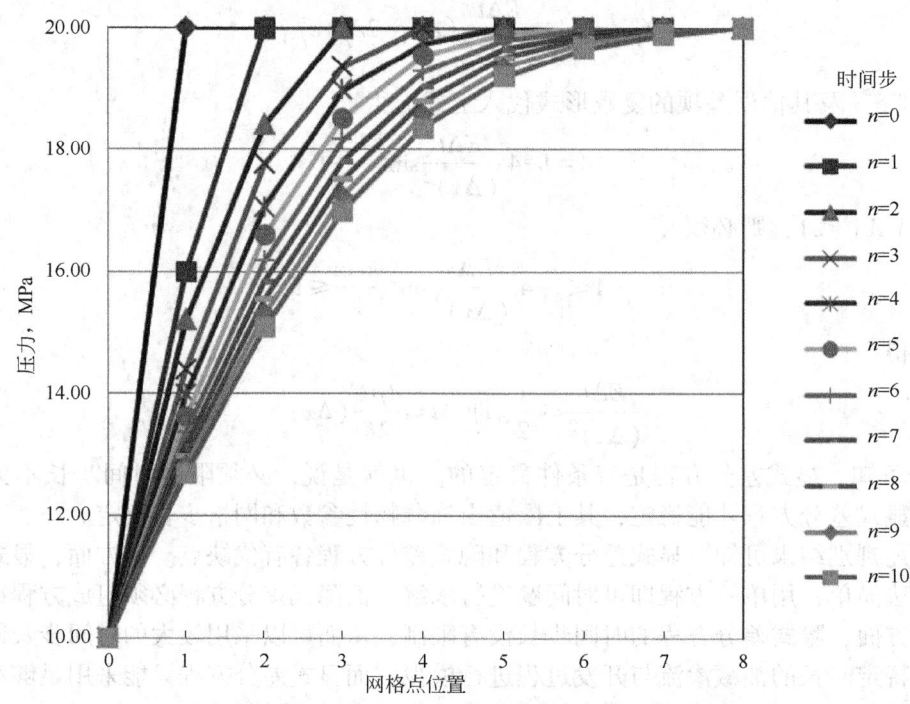

图 3.6.1 在 $\Delta t \cdot E/(\Delta x)^2 = 0.4$ 稳定条件下压力分布计算结果

② 取 $\Delta t = 0.6(\Delta x)^2/E$，即当 $\delta_1 = 0.6$，$\delta_2 = -0.2$ 时，计算结果如图 3.6.2 所示。

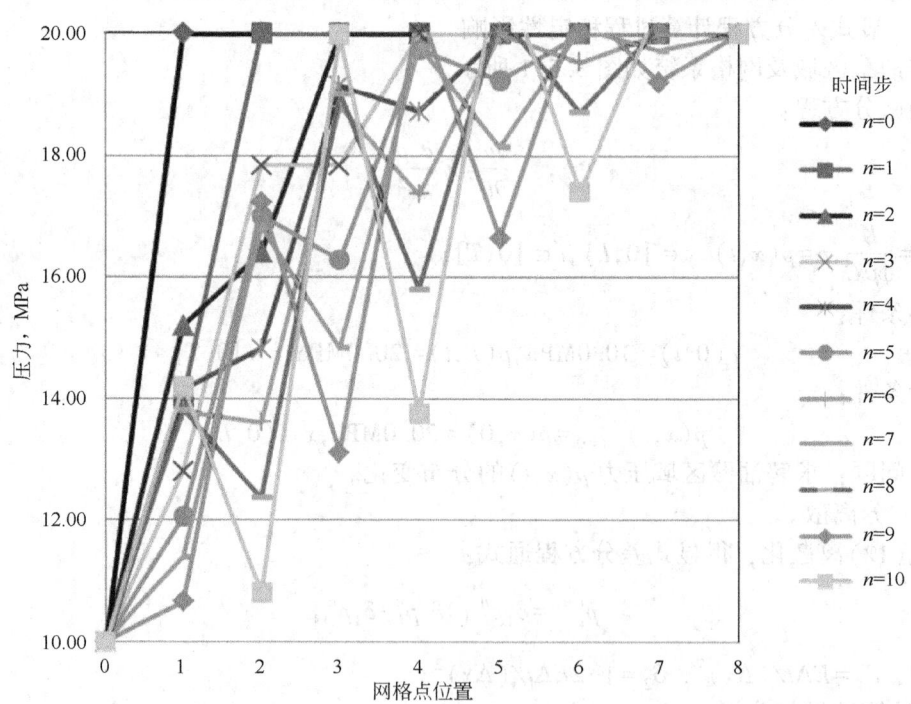

图 3.6.2 在 $\Delta t \cdot E/(\Delta x)^2 = 0.6$ 不稳定条件下压力分布计算结果

③ 取 $\Delta t = 0.9(\Delta x)^2/E$，即当 $\delta_1 = 0.9$，$\delta_2 = -0.8$ 时，计算结果如图 3.6.3 所示。

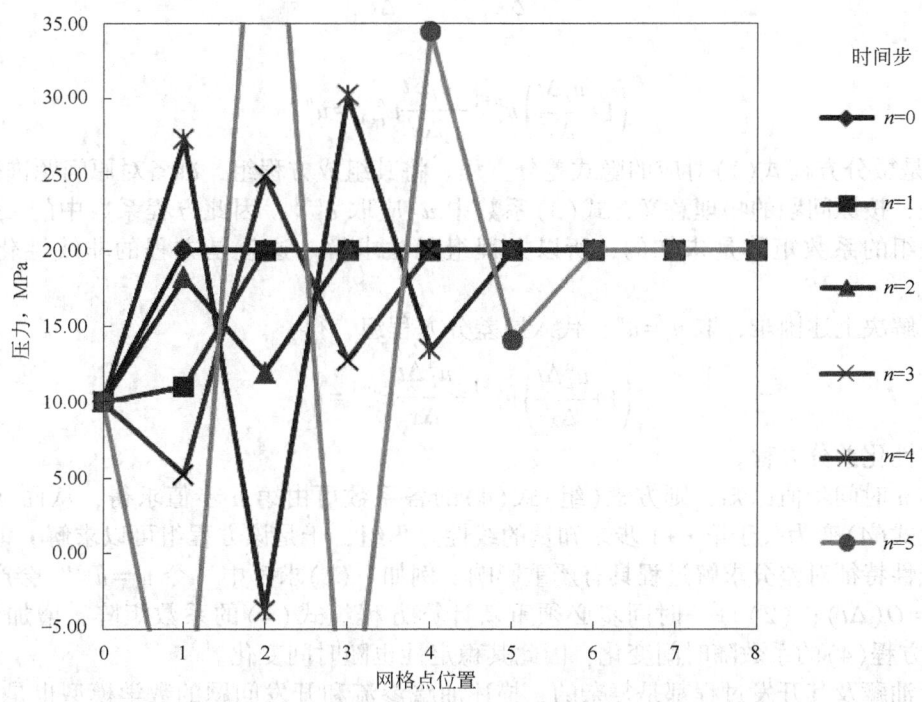

图 3.6.3 在 $\Delta t \cdot E/(\Delta x)^2 = 0.9$ 不稳定条件下压力分布计算结果

从图 3.6.1 可以看到，在 $\Delta t \cdot E/(\Delta x)^2 = 0.4$ 的稳定条件下，利用显式差分计算所得不同时刻压力分布曲线变化平缓、规则，符合渗流规律，数据合理。从图 3.6.2 和图 3.6.3 可以看到，在 $\Delta t \cdot E/(\Delta x)^2 = 0.6$ 和 $\Delta t \cdot E/(\Delta x)^2 = 0.9$ 的不稳定条件下，利用显式差分计算所得不同时刻压力分布曲线呈现不规则的振荡变化形态，明显违背渗流规律，数据结果明显不合理。尤其是 $\Delta t \cdot E/(\Delta x)^2 = 0.9$ 的情况，刚进入第 5 个时间步，计算所得压力值已经远远偏离合理区间。实际计算到第 10 时间步时，压力振荡达到了 2240MPa。

一般地，当差分方程不稳定时，计算中误差会迅速增大，使计算结果失去使用价值。而且计算数据通常会出现振荡并不断加剧，很快使计算机存储溢出，整个数值模拟过程崩溃。这就是差分方程不稳定性的影响。

3.7 差分方程的非线性问题

本章前述例题中数学微分方程都是线性的，因此经过离散后得到的差分方程都是线性代数方程，可以直接利用线性方程组解法进行求解。但在实际问题中遇到的数学微分方程大都是非线性的，这时离散化后得到的差分方程也是非线性的，无法直接求解。必须首先对非线性差分方程进行线性化处理，才能进一步求解。下面利用一个简单例子说明方程非线性的影响。

假设某工程领域中的一维非线性波动问题，关于未知量 $u(x,t)$ 的数学微分方程为：

$$u(x,t)\frac{\partial u(x,t)}{\partial x} = \frac{\partial u(x,t)}{\partial t} \tag{1}$$

欲对问题进行求解，对式(1)进行隐式差分离散：

$$u_i \frac{u_{i+1}^{n+1}-u_i^{n+1}}{\Delta x}=\frac{u_i^{n+1}-u_i^n}{\Delta t} \tag{2}$$

整理得：

$$\left(1+\frac{u_i \Delta t}{\Delta x}\right)u_i^{n+1}-\frac{u_i \Delta t}{\Delta x}u_{i+1}^{n+1}=u_i^n \tag{3}$$

式(3)就是微分方程式(1)对应的隐式差分方程。将其组成方程组，准备对原问题进行求解。

但是，按原问题的物理意义，式(3)系数中 u_i 应取 u_i^{n+1}，因此方程系数中的 u_i 是未知量，方程组的系数矩阵是未知的，所以方程组无法求解。这就是方程的非线性化造成的困难。

为了解决上述困难，取 $u_i=u_i^n$，代入原差分方程组，得：

$$\left(1+\frac{u_i^n \Delta t}{\Delta x}\right)u_i^{n+1}-\frac{u_i^n \Delta t}{\Delta x}u_{i+1}^{n+1}=u_i^n \tag{4}$$

上式为线性化差分方程。

若第 n 时间步值已知，则方程(组)式(4)的各系数可由第 n 步值求得，从而变为已知量，因此式(4)变为关于第 $n+1$ 步未知量的线性方程组，于是该方程组可以求解。但是，方程的非线性特征对差分求解过程具有严重影响，例如：(1)求解中"令 $u_i=u_i^n$"会产生截断误差，$R=O(\Delta t)$；(2)每一时间步必须重新计算方程组式(4)的系数矩阵，增加计算量；(3)差分方程(4)的系数随时间变化，因此其稳定性也随时间变化。

实际油藏及其开发过程都是复杂的，描述油藏渗流和开发问题的数学模型也是复杂的，其表现为方程的系数是未知量的函数，即方程是非线性的。这就是油藏渗流数学方程非线性的根源。

油藏渗流数学方程非线性的影响包括：
(1)使问题求解的难度大大增加，往往需要更加复杂的方法进行求解；
(2)使问题求解的计算量增大；
(3)使差分方程的稳定性具有不确定性。

方程非线性项的处理(即差分方程的线性化)是油藏数值模拟研究中一项非常重要的内容。本书后面的章节中会进行更加全面深入的分析介绍。

习题

1. 写出对应于如下函数 $p(x,y,z,t)$ 的微商的差商，一阶空间差商用向前差商，时间用向后差商，标出所有上下标：$\frac{\partial p}{\partial y}$，$\frac{\partial^2 p}{\partial y^2}$，$\frac{\partial p}{\partial z}$，$\frac{\partial^2 p}{\partial z^2}$，$\frac{\partial p}{\partial t}$。

2. 已知一维抛物型方程：$\frac{\partial^2 p}{\partial x^2}=\frac{\partial p}{\partial t}$

(1)用泰勒级数方法推导出 $p(x,t)$ 在点 (i,n) 的关于 t 的一阶中心差商、关于 x 的二阶差商，并以此代替上述方程中相应的微商，建立任意点 (i,n) 的差分方程；

(2)用 Von Neouman 方法(即 Fourier 级数方法)对上述差分方程进行稳定性分析。

3. 已知双曲型方程：$\frac{\partial u}{\partial t}+c\frac{\partial u}{\partial x}=0$，$u=u(x,t)$

(1) 用 $u(x,t)$ 对 t 的一阶向前差商、对 x 的一阶中心差商代替上述方程中相应的微商，建立任意点 (i,n) 的显式差分方程，并用 Fourier 级数方法对该差分方程进行稳定性分析；

(2) 用对 t 的一阶向后差商、对 x 的一阶中心差商代替上述方程中相应的微商，建立任意点 $(i,n+1)$ 的隐式差分方程，并用 Fourier 级数方法对该差分方程进行稳定性分析。

4. 分别用 (i,n) 和 $(i,n+1)$ 代表任意时空点所建立的隐式差分方程在形式上有何不同？物理意义是否相同？

5. 差分方程组系数矩阵中非零元素的数量和位置由什么决定？

6. 试分析为什么单相二维渗流问题按行(列)自然排序法形成的方程组系数矩阵的半带宽正好等于行(列)方向的未知量网格数。

7. 单相流体二维渗流区域点中心网格如习题图 1 所示，四周为定压边界点，要求其内部网格点压力分布。

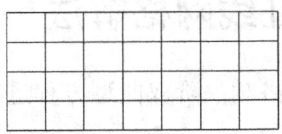

习题图 1　单相流体二维渗流区域点中心网络

(1) 写出其隐式渗流差分方程；

(2) 未知量网格按列排序，试画图标明差分方程组系数矩阵内非零元素的分布。

8. 简述差分方程组系数矩阵非零元素的结构与差分方程及网格排序的关系。

9. 简述方程非线性的根源及其影响。

第4章 几种简单高效的差分离散方法

第3章介绍了方程离散化求解的最普遍、最基本的原理和方法，本章将介绍几种特殊而简单高效的离散方法。这些方法的适用范围包括但不限于油藏数值模拟领域。

4.1 双曲型方程的特征线网格解法

本节介绍用特征线构造差分网格对一阶双曲型方程进行离散求解的方法。

首先给定定解问题：

$$\begin{cases} \dfrac{\partial u}{\partial t} + a\dfrac{\partial u}{\partial x} = 0 & a>0, t\geq 0, x\geq 0 \\ u(x,0) = u_0(x) = \begin{cases} 1, x\leq 0 \\ 0, x>0 \end{cases} & u(0,t) = 1 \end{cases} \tag{1}$$

上述问题可以给出解析形式的精确解。下面先列出其解析解，然后再利用差分离散方法求解，比较两者的结果，验证差分方法的效果。

4.1.1 双曲型方程解析解

定解问题(1)的解析解为：

$$u(x,t) = u_0(x-at) \tag{2}$$

其特征线为：

$$x-at = 0 \tag{3}$$

由定解条件知：

$$u(x-at) = \begin{cases} 0, x>at \\ 1, x\leq at \end{cases} \tag{4}$$

变量 $u(x,t)$ 呈箱型分布由左边界 $x=0$ 以恒速 a 向右延伸，如图4.1.1所示。

4.1.2 双曲型方程差分解

为了简单，采用显式差分方程：

$$u_i^{n+1} = u_i^n - \dfrac{a\Delta t}{\Delta x}(u_i^n - u_{i-1}^n) \tag{5}$$

该差分方程的稳定条件是：$|a\Delta t| \leq \Delta x$ 或 $|a\Delta t/\Delta x| \leq 1$。

下面采用不同网格系统求解上述问题并分析比较其效果。

1. 一般网格求解

一般网格的空间网格步长和时间步长满足 $\Delta x > a\Delta t$，如图4.1.2所示，记 $A=a\Delta t/\Delta x<1$。若取 $A=0.7$，采用显式差分方程(5)求解，可得：

$t=0$ 时，$u_0^0=1$，$u_1^0=u_2^0=\cdots=u_N^0=0$；

$t=\Delta t$ 时，$u_0^1=1$，$u_1^1=A=0.7$，$u_2^1=u_3^1=\cdots=u_N^1=0$；

$t=2\Delta t$ 时，$u_0^2=1$，$u_1^2=A-A(A-1)=A+(1-A)A=0.91$，$u_2^2=A^2=0.49$，$u_3^2=u_4^2=\cdots=u_N^2=0$；

$t=3\Delta t$ 时，$u_0^3=1$，$u_1^3=u_1^2-A(u_1^2-1)=0.97$，$u_2^3=0.78$，$u_3^3=0.34$，$u_4^3=u_5^3=\cdots=u_N^3=0$。

任意时刻，可按以上步骤解得。

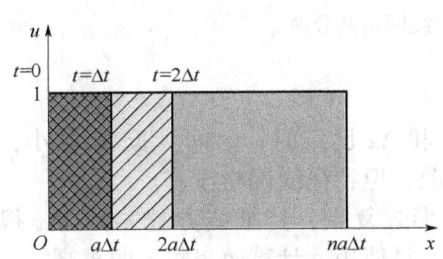

图 4.1.1 双曲型方程定解区域及解析解

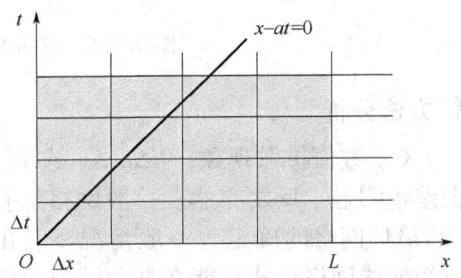

图 4.1.2 双曲型方程求解的一般差分网格

利用一般差分网格计算的结果如图 4.1.3 所示，显然跟精确解不符。在图 4.1.3 中，变量 $u(x,t)$ 的分布向右延伸的同时，其前缘区域出现明显的指状扩散，呈现出类似于正态分布曲线的形状，而不是精确解所显示的箱型分布，这就是一般差分网格计算造成的误差。图中显示的扩散现象，叫作数值扩散，也叫伪扩散。

2. 特征线网格求解

特征线网格如图 4.1.4 所示，此时 $\Delta x=a\Delta t$，即 $A=\dfrac{a\Delta t}{\Delta x}=1$，代入显示差分方程式(5)，得到：

$$u_i^{n+1}=u_{i-1}^n \tag{6}$$

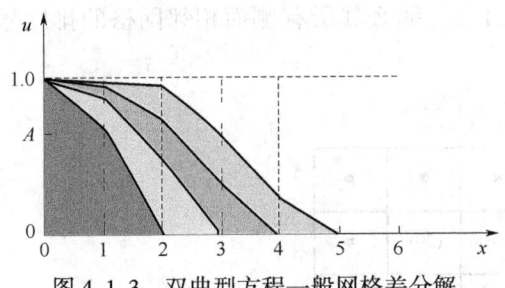

图 4.1.3 双曲型方程一般网格差分解

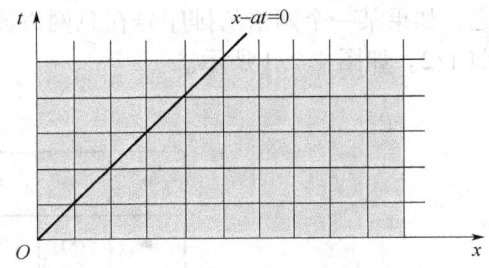

图 4.1.4 双曲型方程求解的特征线网格

采用显式差分方程(6)求解，可得：

$t=0$ 时，$u_0^0=1$，$u_1^0=u_2^0=\cdots=u_N^0=0$；

$t=\Delta t$ 时，$u_0^1=1$，$u_1^1=u_0^0=1$，$u_2^1=u_3^1=\cdots=u_N^1=0$；

$t=2\Delta t$ 时，$u_0^2=u_1^2=u_2^2=1$，$u_3^2=u_4^2=\cdots=u_N^2=0$；

$t=3\Delta t$ 时，$u_0^3=u_1^3=u_2^3=u_3^3=1$，$u_4^3=u_5^3=\cdots\cdots=u_N^3=0$。

任意时刻，可按以上步骤解得。

利用特征线差分网格计算的结果如图 4.1.5 所示，跟精确解一致。显然，特征线网格的差分计算结果精度高于一般网格。

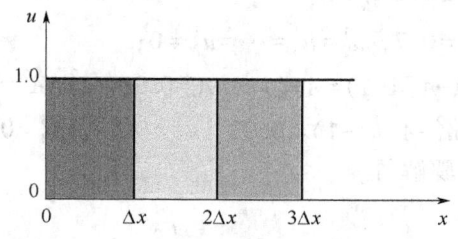

图 4.1.5 双曲型方程特征线网格差分解

3. 方法分析

(1) 关于数值扩散现象。$a\Delta t/\Delta x$ 越小，即当 a 和 Δx 已定时，时间步长 Δt 越小，数值扩散误差越明显，反之亦然。一般网格都有数值扩散，但特征线网格没有。

(2) 最佳网格的确定。一般情况下，由于方程形式复杂，特征线方程 $a\Delta t = \Delta x$ 很难找到，故特征线网格形式只能在某些情况下使用；而一旦使用，计算效率将大幅提高。

4.2 D4 网格排序方法

D4 网格排序方法的思想是，通过巧妙设计网格排序，优化方程组系数矩阵结构，简化方程组求解过程，减少计算量。该方法本身并不是求解方程组的方法，而是网格离散化的一个技巧，是一种通过网格特殊排序降低差分方程组求解计算量的代表性方法。

下面以 3.5.3 小节第 3 部分中定解问题及网格系统为例，介绍 D4 网格排序法求解差分方程的原理和步骤。

(1) 首先用前一半网格数按顺序均匀地分布在全区域上，然后用后一半网格数依次充填其间的空位，使得每一个网格周围的四个编号都在总编号顺序的另一半中。也就是说，如果某一个网格的排序号在总网格数的前 1/2，那么其所有侧面相邻网格的排序号均在后 1/2；反之，如果某一个网格的排序号在总网格数的后 1/2，那么其所有侧面相邻网格的排序号均在前 1/2。如图 4.2.1 所示。

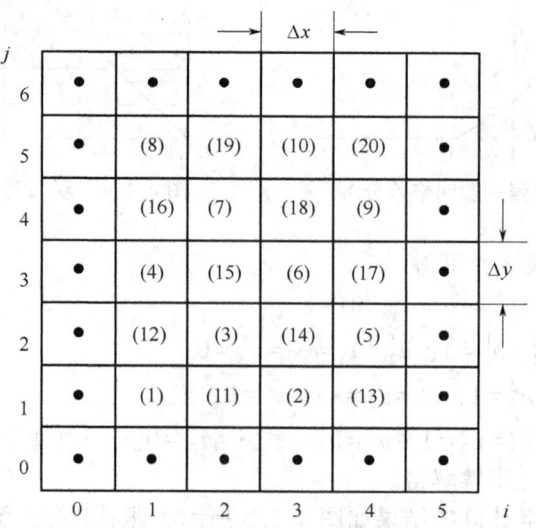

图 4.2.1 二维油藏区域网格 D4 排序分布图

(2) 将所有待求网格的差分方程联合组成方程组，其系数矩阵结构如下：

$$\begin{bmatrix} e_{11} & & & & & & & & & & b_{11} & d_{11} & & & & & & & & \\ & e_{31} & & & & & & & & a_{31} & b_{31} & d_{31} & & & & & & & & \\ & & e_{22} & & & & & & c_{22} & a_{22} & b_{22} & d_{22} & & & & & & & & \\ & & & e_{13} & & & & & c_{13} & & b_{13} & d_{13} & & & & & & & & \\ & & & & e_{42} & & & & c_{42} & a_{42} & & d_{42} & & & & & & & & \\ & & & & & e_{33} & & & c_{33} & a_{33} & b_{33} & d_{33} & & & & & & & & \\ & & & & & & e_{24} & & c_{24} & a_{24} & b_{24} & d_{24} & & & & & & & & \\ & & & & & & & e_{15} & & c_{15} & & b_{15} & & & & & & & & \\ & & & & & & & & e_{44} & & c_{44} & a_{44} & d_{44} & & & & & & \\ & & & & & & & & & e_{35} & c_{35} & a_{35} & b_{35} & & & & & & \\ a_{21} & b_{21} & d_{21} & & & & & & & & e_{21} & & & & & & & & \\ c_{12} & & b_{12} & d_{12} & & & & & & & & e_{12} & & & & & & & \\ & a_{41} & & d_{41} & & & & & & & & & e_{41} & & & & & & \\ & c_{32} & a_{32} & b_{32} & d_{32} & & & & & & & & & e_{32} & & & & & \\ & & c_{23} & a_{23} & b_{23} & d_{23} & & & & & & & & & e_{23} & & & & \\ & & c_{14} & & b_{14} & d_{14} & & & & & & & & & & e_{14} & & & \\ & & & c_{43} & a_{43} & & d_{43} & & & & & & & & & & & & \\ & & & c_{34} & a_{34} & b_{34} & d_{34} & & & & & & & & & e_{34} & & & \\ & & & & c_{25} & a_{25} & b_{25} & & & & & & & & & & e_{25} & & \\ & & & & & c_{45} & a_{45} & & & & & & & & & & & e_{45} \end{bmatrix} \cdot \begin{bmatrix} P^{n+1}_{(1)} \\ P^{n+1}_{(2)} \\ P^{n+1}_{(3)} \\ P^{n+1}_{(4)} \\ P^{n+1}_{(5)} \\ P^{n+1}_{(6)} \\ P^{n+1}_{(7)} \\ P^{n+1}_{(8)} \\ P^{n+1}_{(9)} \\ P^{n+1}_{(10)} \\ P^{n+1}_{(11)} \\ P^{n+1}_{(12)} \\ P^{n+1}_{(13)} \\ P^{n+1}_{(14)} \\ P^{n+1}_{(15)} \\ P^{n+1}_{(16)} \\ P^{n+1}_{(17)} \\ P^{n+1}_{(18)} \\ P^{n+1}_{(19)} \\ P^{n+1}_{(20)} \end{bmatrix} = \begin{bmatrix} g^n_{1,1} \\ g^n_{3,1} \\ g^n_{2,2} \\ g^n_{1,3} \\ g^n_{4,2} \\ g^n_{3,3} \\ g^n_{2,4} \\ g^n_{1,5} \\ g^n_{4,4} \\ g^n_{3,5} \\ g^n_{2,1} \\ g^n_{1,2} \\ g^n_{4,1} \\ g^n_{3,2} \\ g^n_{2,3} \\ g^n_{1,4} \\ g^n_{4,3} \\ g^n_{3,4} \\ g^n_{2,5} \\ g^n_{4,5} \end{bmatrix}$$

(1)

(3) 采用高斯消元法对方程组(1)进行消元，利用主对角线上的前一半非零元素将其同列非零元素消掉，将系数矩阵化为图 4.2.2 所示的形式。此时，后一半方程中只含有后一半未知量，组成一个独立的方程组，其阶数为原方程组的一半。

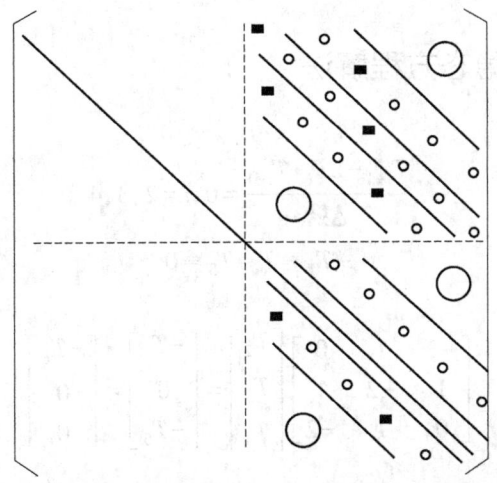

图 4.2.2 D4 网格排序差分方程组消元示意图

(4) 求解上述一半阶数的方程组，得后一半未知量值。其求解过程的计算量远小于直接求解原方程组(1)。此时，前一半的每一个方程中只剩一个未知量。

(5)将后一半未知量值依次代入前一半方程中,即得前一半未知量值。至此原方程得解。

上述 D4 网格排序法排序方程组求解过程的计算量远小于自然排序法差分方程组求解的计算量。这就是网格特殊排序的作用。

4.3 稳态问题的非稳态解法

2.1 节中已经讲过,稳态分布问题的方程是椭圆型的,热传导、压力传导、浓度扩散等过程的方程是抛物型的;但有时候将稳态问题转化为非稳态问题,将椭圆型微分方程变为抛物型方程,再进行求解会更简便。本节介绍用非稳态方程求解稳定问题的方法。

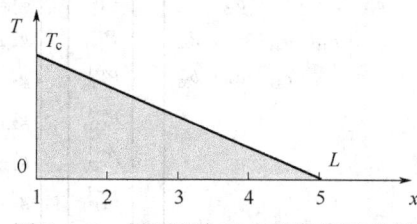

图 4.3.1 椭圆型方程定解问题示意图

假设一维传热问题如图 4.3.1 所示,给定定解问题如下:

$$\begin{cases} \dfrac{\partial^2 T}{\partial x^2}=0, 0 \leqslant x \leqslant L \\ T(0)=T_c, T(L)=0 \end{cases} \tag{1}$$

要求一维区域 $[0,L]$ 内的稳态温度分布 $T=T(x)$。

很容易得到上述问题的解析解:

$$T(x)=\frac{L-x}{L}T_c \tag{2}$$

其形态如图 4.3.1 所示。

一般实际问题远比问题(1)复杂,所以要用数值方法求解。利用数值方法对该类问题求解可以采用两种方式。第一种方式是直接对原问题的稳态方程进行差分求解;第二种方式是先将原稳态方程转化为非稳态方程,再利用差分方法求解。下面将分别用两种方式求解,然后比较两者的效果。

4.3.1 稳态问题的稳态方程解法

将式(1)离散化得:

$$\frac{T_{i+1}-2T_i+T_{i-1}}{\Delta x^2}=0, i=2,3,4$$

$$T_1 \equiv T_c, T_5 \equiv 0 \tag{3}$$

组成方程组得:

$$\begin{bmatrix} -2 & 1 & 0 \\ 1 & -2 & 1 \\ 0 & 1 & -2 \end{bmatrix} \begin{bmatrix} T_2 \\ T_3 \\ T_4 \end{bmatrix} = \begin{bmatrix} -T_1 \\ 0 \\ -T_5 \end{bmatrix} = \begin{bmatrix} -T_c \\ 0 \\ 0 \end{bmatrix} \tag{4}$$

解方程组(4),得:

$$\begin{bmatrix} T_2 \\ T_3 \\ T_4 \end{bmatrix} = \begin{bmatrix} 3/4 \\ 1/2 \\ 1/4 \end{bmatrix} T_c = \begin{bmatrix} 0.75 \\ 0.50 \\ 0.25 \end{bmatrix} T_c \tag{5}$$

其形态同解析解,如图4.3.1所示。

可以看出,稳态方程解法虽然也可以求得原问题的解,但需要求解差分方程组,过程较复杂,占用计算机内存量大,计算量大。

4.3.2 稳态问题的非稳态方程解法

首先将原定解问题(1)变为如下非稳态传热定解问题:

$$\begin{cases} \dfrac{\partial T}{\partial t} = C_T \dfrac{\partial^2 T}{\partial x^2}, 0 \leqslant x \leqslant L, t \geqslant 0 \\ T(0,t) = T_c, T(L,t) = 0; \quad T(x,0) = 0, 0 < x < L \end{cases} \quad (6)$$

其中,$T = T(x,t)$,$C_T > 0$ 为热传导系数。要求一维区域 $[0,L]$ 内温度 T 达到平衡时的分布状态。

定解问题(6)是一个非稳定问题,其未知量 T 从初始状态开始随时间发生变化,并逐渐趋向于一种平衡状态;当时间足够长时,未知量 T 将达到平衡状态而不再变化,该平衡状态就是原稳态问题(1)的解。

下面对问题(6)进行差分求解。为了求解简单,采用显式差分格式:

$$\begin{cases} T_i^{n+1} = T_i^n + \dfrac{C_T \Delta t}{(\Delta x)^2}(T_{i+1}^n - 2T_i^n + T_{i-1}^n) \\ T_1 \equiv T_c, T_5 \equiv 0; T_i^0 = 0, i = 2,3,4 \end{cases} \quad (7)$$

差分方程(7)的稳定条件为:$\dfrac{C_T \Delta t}{(\Delta x)^2} \leqslant \dfrac{1}{2}$。

1. 常规计算方式

下面利用式(7)逐时间步对非稳态问题(6)进行求解。

1)取 $\dfrac{C_T \Delta t}{(\Delta x)^2} = \dfrac{1}{2}$

此时式(7)变为:

$$T_i^{n+1} = \dfrac{1}{2}(T_{i+1}^n + T_{i-1}^n) \quad (8)$$

计算得到:

$$\begin{cases} T_2^1 = \dfrac{1}{2}(T_3^0 + T_1^0) = 0.5T_c \\ T_3^1 = \dfrac{1}{2}(T_4^0 + T_2^0) = 0 \\ T_4^1 = 0 \end{cases}, \begin{cases} T_2^2 = \dfrac{1}{2}(T_3^1 + T_1^1) = \dfrac{1}{2}(0 + T_c) = 0.5T_c \\ T_3^2 = \dfrac{1}{2}(T_4^1 + T_2^1) = 0.25T_c \\ T_4^2 = \dfrac{1}{2}(T_5^1 + T_3^1) = 0 \end{cases},$$

$$\begin{cases} T_2^3 = \dfrac{1}{2}(T_3^2 + T_1^2) = 0.625T_c \\ T_3^3 = \dfrac{1}{2}(T_4^2 + T_2^2) = 0.25T_c \\ T_4^3 = \dfrac{1}{2}(T_5^2 + T_3^2) = 0.125T_c \end{cases}, \begin{cases} T_2^4 = \dfrac{1}{2}(T_3^3 + T_1^3) = 0.625T_c \\ T_3^4 = \dfrac{1}{2}(T_4^3 + T_2^3) = 0.375T_c, \\ T_4^4 = \dfrac{1}{2}(T_5^3 + T_3^3) = 0.125T_c \end{cases}$$

$$\begin{bmatrix} T_2 \\ T_3 \\ T_4 \end{bmatrix}^5 = \begin{bmatrix} 0.687 \\ 0.375 \\ 0.187 \end{bmatrix} T_c, \begin{bmatrix} T_2 \\ T_3 \\ T_4 \end{bmatrix}^{10} = \begin{bmatrix} 0.734 \\ 0.484 \\ 0.234 \end{bmatrix} T_c, \begin{bmatrix} T_2 \\ T_3 \\ T_4 \end{bmatrix}^{20} = \begin{bmatrix} 0.749 \\ 0.499 \\ 0.249 \end{bmatrix} T_c$$

理论上，当 $n \to \infty$ 时，得到：

$$\begin{bmatrix} T_2 \\ T_3 \\ T_4 \end{bmatrix}^n = \begin{bmatrix} 0.75 \\ 0.50 \\ 0.25 \end{bmatrix} T_c \tag{9}$$

式(9)就是原稳态问题的精确解。实际计算时 n 值不用太大，即可得到足够精确的数值解。第 n 时间步数值解与精确解之间的估算误差 $\varepsilon = 1/2^{(n+3)/2}$。

2) 取 $\dfrac{C_T \Delta t}{(\Delta x)^2} = \dfrac{1}{4}$

此时式(7)变为：

$$T_i^{n+1} = \frac{T_i^n}{2} + \frac{1}{4}(T_{i+1}^n + T_{i-1}^n) \tag{10}$$

经计算得：

$$\begin{bmatrix} T_2 \\ T_3 \\ T_4 \end{bmatrix}^1 = \begin{bmatrix} 0.25 \\ 0 \\ 0 \end{bmatrix} T_c, \begin{bmatrix} T_2 \\ T_3 \\ T_4 \end{bmatrix}^2 = \begin{bmatrix} 0.375 \\ 0.063 \\ 0.000 \end{bmatrix} T_c, \begin{bmatrix} T_2 \\ T_3 \\ T_4 \end{bmatrix}^5 = \begin{bmatrix} 0.549 \\ 0.226 \\ 0.064 \end{bmatrix} T_c,$$

$$\begin{bmatrix} T_2 \\ T_3 \\ T_4 \end{bmatrix}^{10} = \begin{bmatrix} 0.662 \\ 0.376 \\ 0.163 \end{bmatrix} T_c, \begin{bmatrix} T_2 \\ T_3 \\ T_4 \end{bmatrix}^{20} = \begin{bmatrix} 0.732 \\ 0.475 \\ 0.232 \end{bmatrix} T_c$$

可以看出，因为参数 $\dfrac{C_T \Delta t}{(\Delta x)^2}$ 的值变小，达到平衡状态的速度变慢，所需时间步数增加。

2. 加速平衡计算方式

对式(7)中差分方程进行改造后再进行计算，可以加快达到平衡状态的速度。具体方法步骤如下。

将式(7)中 T_{i-1}^n 换成 T_{i-1}^{n+1}，得到：

$$T_i^{n+1} = T_i^n + \frac{C_T \Delta t}{(\Delta x)^2}(T_{i+1}^n - 2T_i^n + T_{i-1}^{n+1}) \tag{11}$$

下面利用式(10)对问题(6)进行求解。

1) 取 $\dfrac{C_T \Delta t}{(\Delta x)^2} = \dfrac{1}{2}$

计算得到：

$$\begin{bmatrix} T_2 \\ T_3 \\ T_4 \end{bmatrix}^1 = \begin{bmatrix} 0.500 \\ 0.250 \\ 0.125 \end{bmatrix} T_c, \begin{bmatrix} T_2 \\ T_3 \\ T_4 \end{bmatrix}^2 = \begin{bmatrix} 0.625 \\ 0.375 \\ 0.187 \end{bmatrix} T_c, \begin{bmatrix} T_2 \\ T_3 \\ T_4 \end{bmatrix}^5 = \begin{bmatrix} 0.734 \\ 0.484 \\ 0.242 \end{bmatrix} T_c, \begin{bmatrix} T_2 \\ T_3 \\ T_4 \end{bmatrix}^{10} = \begin{bmatrix} 0.750 \\ 0.500 \\ 0.250 \end{bmatrix} T_c$$

2) 取 $\dfrac{C_T \Delta t}{(\Delta x)^2} = \dfrac{1}{4}$

计算得到：

$$\begin{bmatrix} T_2 \\ T_3 \\ T_4 \end{bmatrix}^1 = \begin{bmatrix} 0.250 \\ 0.063 \\ 0.016 \end{bmatrix} T_c, \begin{bmatrix} T_2 \\ T_3 \\ T_4 \end{bmatrix}^2 = \begin{bmatrix} 0.391 \\ 0.133 \\ 0.041 \end{bmatrix} T_c, \begin{bmatrix} T_2 \\ T_3 \\ T_4 \end{bmatrix}^5 = \begin{bmatrix} 0.582 \\ 0.295 \\ 0.122 \end{bmatrix} T_c,$$

$$\begin{bmatrix} T_2 \\ T_3 \\ T_4 \end{bmatrix}^{10} = \begin{bmatrix} 0.690 \\ 0.424 \\ 0.201 \end{bmatrix} T_c, \begin{bmatrix} T_2 \\ T_3 \\ T_4 \end{bmatrix}^{20} = \begin{bmatrix} 0.742 \\ 0.490 \\ 0.243 \end{bmatrix} T_c$$

可以看出，利用式(10)进行求解，其达到平衡的速度较常规差分方程明显加快。

4.3.3 稳态问题非稳态解法特点

从上述求解过程可以看出，稳态问题非稳态解法具有如下特点：

(1)解法简单。通过将原问题的椭圆型稳态方程转换为抛物型非稳态方程，把原问题隐式差分解法改换为显式差分解法，因此不用求解方程组，节省内存和计算量，算法简单直观。

(2)非稳态方程的初始条件对变量达到平衡时的状态无影响，平衡状态的解由边界条件决定；因此初始条件可以根据方便求解的需要给定。

(3)非稳态方程的系数 C_T 对平衡状态的解无直接影响，可以根据求解过程的需要给定。

(4)在保证差分方程稳定的条件下，$C_T \Delta t/(\Delta x)^2$ 的值越大，达到平衡解的速度越快，所需时间步数越少；反之亦然。

(5)经过改进的加速平衡差分方程可以使平衡速度加快一倍以上。

(6)显式差分方程稳定性问题，限制了 $C_T \Delta t/(\Delta x)^2$ 的取值和达到平衡解的速度，因而一定程度上影响了稳态问题非稳态解法的效率。

本节定解问题中的未知量换作油藏压力或某组分浓度，就可以描述压力分布或组分分布问题，同样可以利用上述非稳态方法求解。

4.4 分步离散方法与交替方向差分格式

通常微分方程式中各算子物理意义及其合适的离散方法各不相同，将它们分别进行离散化处理往往更方便对问题计算求解。有时为了简化线性方程组及其求解过程，也需要把复杂的算子进行分离再离散。因为这些需要，人们研究建立了分步离散方法和交替方向差分格式。

4.4.1 分步方法原理

一般地，设有微分方程

$$\frac{\partial u}{\partial t} = L_1 u + L_2 u + L_3 u \tag{1}$$

式中 u——方程待求解的变量；

L_1、L_2、L_3——不同的算子。

若直接对式(1)进行离散，可得其离散方程：

$$\frac{u^{n+1} - u^n}{\Delta t} = \Lambda_1 u^{n+1} + \Lambda_2 u^{n+1} + \Lambda_3 u^{n+1} \tag{2}$$

式(2)中包括多个离散算子，其计算过程往往比较复杂。因此考虑先将式(1)变换形式再离散求解，以求简化计算过程。其原理叙述如下。

1. 算子分离

微分方程式(1)表示，未知量 u 的变化同时受到三种物理作用的影响，三种物理作用分别用算子表示为 L_1u、L_2u 和 L_3u。设 $(t,t+\tau]$ 为任一微小时间区间，在 $(t,t+\tau]$ 内任意算子 $L_iu(i=1,2,3)$ 单独对 u 的影响可表示为：

$$\frac{\partial u}{\partial t}=L_iu, t\in(t,t+\tau] \tag{3}$$

式(3)表示在区间 $(t,t+\tau]$ 内算子 L_iu 在连续起作用。为了简化问题计算，将 τ 等分为3个小段，并把 L_iu 的作用集中到第 i 个小段中：

$$\frac{\partial u}{\partial t}=3L_iu, t\in\left(t+\frac{i-1}{3}\tau, t+\frac{i}{3}\tau\right], i=1,2,3 \tag{4}$$

式(4)表示将 L_iu 的作用增强为式(3)的3倍，作用时间缩短为式(3)的1/3。站在整个微小区间 $(t,t+\tau]$ 看，式(4)与式(3)是近似等价的。这种近似等价性对于线性方程已经过严格证明；非线性方程虽没有严格证明，但实际应用中尚无发现不成立的情况。

把(4)式分开写可得：

$$\begin{cases}\dfrac{\partial u}{\partial t}=3L_1u, t\in\left(t, t+\dfrac{1}{3}\tau\right]\\ \dfrac{\partial u}{\partial t}=3L_2u, t\in\left(t+\dfrac{1}{3}\tau, t+\dfrac{2}{3}\tau\right]\\ \dfrac{\partial u}{\partial t}=3L_3u, t\in\left(t+\dfrac{2}{3}\tau, t+\tau\right]\end{cases} \tag{5}$$

式(5)中的3个方程联立，即表示任一微小时间区间 $(t,t+\tau]$ 内3个算子的共同作用。因此，在任一微小时间区间内式(5)与式(1)等价。所以，可以用式(5)代替式(1)对原问题进行求解。

2. 离散方程

对式(5)进行离散，得其离散方程形式为：

$$\begin{cases}\dfrac{u^{n+\frac{1}{3}}-u^n}{\Delta t}=\Lambda_1 u^{n+\frac{1}{3}}\\ \dfrac{u^{n+\frac{2}{3}}-u^{n+\frac{1}{3}}}{\Delta t}=\Lambda_2 u^{n+\frac{2}{3}}\\ \dfrac{u^{n+1}-u^{n+\frac{2}{3}}}{\Delta t}=\Lambda_3 u^{n+1}\end{cases} \tag{6}$$

其中 Δt 为时间步长，相当于式(5)中的 τ；Λ_i 为算子 L_i 的离散形式。整理成标准形式，得：

$$\begin{cases}\Theta_1 u^{n+\frac{1}{3}}-u^n=0\\ \Theta_2 u^{n+\frac{2}{3}}-u^{n+\frac{1}{3}}=0\\ \Theta_3 u^{n+1}-u^{n+\frac{2}{3}}=0\end{cases} \tag{7}$$

其中，$\Theta_i = 1 - \Delta t \Lambda_i, i = 1, 2, 3$。

3. 收敛性讨论

为了确证式(7)的收敛性，对其进行合并整理：第三式乘 $\Theta_1\Theta_2$+第二式乘 Θ_1+第一式，由此得到：

$$\Theta_1\Theta_2\Theta_3 u^{n+1} - u^n = 0$$

将上式展开，得：

$$\frac{u^{n+1} - u^n}{\Delta t} = (\Lambda_1 + \Lambda_2 + \Lambda_3) u^{n+1} - \Delta t (\Lambda_1\Lambda_2 + \Lambda_2\Lambda_3 + \Lambda_3\Lambda_1) u^{n+1} + \Delta t^2 \Lambda_1\Lambda_2\Lambda_3 u^{n+1}$$

取一阶精度，得：

$$\frac{u^{n+1} - u^n}{\Delta t} = (\Lambda_1 + \Lambda_2 + \Lambda_3) u^{n+1} \tag{8}$$

式(8)的误差为 $R = O(\Delta t)$，其形式与式(2)完全相同，因此与原微分方程相容。所以，只要原初值问题适定，差分方程(2)稳定，则式(7)具有收敛性。

上述就是分步离散方法的基本原理和特点，下面举例说明几种常用的分步方法。

4.4.2 交替方向隐式差分格式

假设有三维空间的热传导或压力传导问题。建立三维空间直角坐标系 (x_1, x_2, x_3)，则热传导(压力传导)方程为：

$$\frac{\partial u}{\partial t} = C_u \left(\frac{\partial^2 u}{\partial x_1^2} + \frac{\partial^2 u}{\partial x_2^2} + \frac{\partial^2 u}{\partial x_3^2} \right) \tag{9}$$

式中 C_u——未知量 u 的传导系数。

式(9)相应的隐式差分方程为：

$$\frac{u^{n+1} - u^n}{\Delta t} = \Lambda_1 u^{n+1} + \Lambda_2 u^{n+1} + \Lambda_3 u^{n+1} \tag{10}$$

其中

$$\begin{cases} \Lambda_1 u^{n+1} = C_u \dfrac{u_{i+1,j,k}^{n+1} - 2u_{i,j,k}^{n+1} + u_{i-1,j,k}^{n+1}}{\Delta x_1^2} \\[2mm] \Lambda_2 u^{n+1} = C_u \dfrac{u_{i,j+1,k}^{n+1} - 2u_{i,j,k}^{n+1} + u_{i,j-1,k}^{n+1}}{\Delta x_2^2} \\[2mm] \Lambda_3 u^{n+1} = C_u \dfrac{u_{i,j,k+1}^{n+1} - 2u_{i,j,k}^{n+1} + u_{i,j,k-1}^{n+1}}{\Delta x_3^2} \end{cases} \tag{11}$$

针对式(10)可以构造不同形式的分步求解格式。

1. Douglas-Rachford 分步格式(D-R 方程)

$$\begin{cases} \dfrac{u^{n+\frac{1}{3}} - u^n}{\Delta t} = \Lambda_1 u^{n+\frac{1}{3}} + \Lambda_2 u^n + \Lambda_3 u^n \\[2mm] \dfrac{u^{n+\frac{2}{3}} - u^{n+\frac{1}{3}}}{\Delta t} = \Lambda_2 (u^{n+\frac{2}{3}} - u^n) \\[2mm] \dfrac{u^{n+1} - u^{n+\frac{2}{3}}}{\Delta t} = \Lambda_3 (u^{n+1} - u^n) \end{cases} \tag{12}$$

整理得：

$$\Theta_i u^{n+\frac{i}{3}} - u^{n+\frac{i-1}{3}} = \Omega_i u^n \tag{13}$$

其中，$\Theta_i = 1-\Delta t \Lambda_i, i=1,2,3$； $\Omega_1 = \Delta t(\Lambda_2+\Lambda_3), \Omega_2 = -\Delta t \Lambda_2, \Omega_3 = -\Delta t \Lambda_3$。

D-R 方程式(12)或式(13)的稳定性分析如下：

消去 $u^{n+\frac{1}{3}}$ 和 $u^{n+\frac{2}{3}}$ 得到等价差分格式：

$$\Theta_1 \Theta_2 \Theta_3 u^{n+1} - u^n = (\Omega_1 + \Theta_1 \Omega_2 + \Theta_1 \Theta_2 \Omega_3) u^n$$

展开，得：

$$\frac{u^{n+1}-u^n}{\Delta t} = (\Lambda_1+\Lambda_2+\Lambda_3) u^{n+1} - \Delta t(\Lambda_1 \Lambda_2+\Lambda_2 \Lambda_3+\Lambda_3 \Lambda_1)(u^{n+1}-u^n) + \Delta t^2 (\Lambda_1 \Lambda_2 \Lambda_3)(u^{n+1}-u^n) \tag{14}$$

式(14)取一阶时间精度即可变成式(10)，由此可知 D-R 方程式(12)和式(13)具有相容性。

下面利用 Fourier 方法分析式(14)的稳定性。经过推导求得式(12)的增长因子为：

$$A = 1 - \frac{\xi_1+\xi_2+\xi_3}{(1+\xi_1)(1+\xi_2)(1+\xi_3)} \tag{15}$$

其中，$\xi_i = \frac{4C_u \cdot \Delta t}{\Delta x_i^2} \sin^2 \frac{k_i \Delta x_i}{2}, i=1,2,3$。

显然，$|A|$ 恒小于1，所以式(12)具有恒稳定性。

2. 简单分离格式

$$\begin{cases} \dfrac{u^{n+\frac{1}{3}}-u^n}{\Delta t} = \Lambda_1 u^{n+\frac{1}{3}} \\ \dfrac{u^{n+\frac{2}{3}}-u^{n+\frac{1}{3}}}{\Delta t} = \Lambda_2 u^{n+\frac{2}{3}} \\ \dfrac{u^{n+1}-u^{n+\frac{2}{3}}}{\Delta t} = \Lambda_3 u^{n+1} \end{cases} \tag{16}$$

依上例同样步骤，对式(16)整理可得：

$$\frac{u^{n+1}-u^n}{\Delta t} = \Lambda u^{n+1} - \Delta t(\Lambda_1 \Lambda_2+\Lambda_2 \Lambda_3+\Lambda_3 \Lambda_1) u^{n+1} - \Delta t^2 \Lambda_1 \Lambda_2 \Lambda_3 u^{n+1} \tag{17}$$

其中 $\Lambda = \Lambda_1+\Lambda_2+\Lambda_3$。易知此差分方程具有相容性。再由 Fourier 分析，可得误差因子：

$$A = G_1 \cdot G_2 \cdot G_3 = \frac{1}{(1+\xi_1)(1+\xi_2)(1+\xi_3)} \tag{18}$$

其中，$G_i = 1/(1+\xi_i)$，ξ_i 值同前面。

显然，$|A|$ 恒小于等于1，所以式(16)具有恒稳定性，即无条件稳定。

4.4.3 对流扩散方程的分离离散格式

描述同时存在对流和扩散作用的三维流动的微分方程为：

$$\frac{\partial u}{\partial t} + \boldsymbol{c} \cdot \nabla u = C_u \nabla^2 u, b>0, c>0 \tag{19}$$

式(19)可记作：

$$\frac{\partial u}{\partial t} - L_1 u = L_2 u \tag{20}$$

其中 $L_1u=-\boldsymbol{c}\cdot\nabla u$，$L_2u=C_u\nabla^2 u$，$\nabla u=\left(\dfrac{\partial u}{\partial x},\dfrac{\partial u}{\partial y},\dfrac{\partial u}{\partial z}\right)$，$\nabla^2 u=\dfrac{\partial^2 u}{\partial x^2}+\dfrac{\partial^2 u}{\partial y^2}+\dfrac{\partial^2 u}{\partial z^2}$

式中　$\boldsymbol{c}=(c_x,c_y,c_z)$——对流速度；

　　　C_u——扩散系数；

　　　$\nabla^2 u$——散度项。

依据分步离散方法原理步骤，对式(20)进行离散化，得

$$\begin{cases}\dfrac{u_i^{n+\frac{1}{2}}-u_i^n}{\Delta t}=\Lambda_1 u^{n+\frac{1}{2}}\\[2mm]\dfrac{u_i^{n+1}-u_i^{n+\frac{1}{2}}}{\Delta t}=\Lambda_2 u^{n+1}\end{cases} \quad(21)$$

其中，Λ_1 和 Λ_2 分别为算子 L_1 和 L_2 的离散形式。式(20)意即把每一个时间步分成两步，每一步用不同离散格式分别处理计算不同的算子：第一步计算对流项，第二步计算扩散项，两步结合的结果就是式(19)的解。

4.5　小结

本章用最简单的方程和定解问题作为例子，介绍了几种高效离散解法的基本原理。如果将这些方法灵活地用于科研和生产中各种复杂问题的求解，将会大有益处。

习题

1. 试给出图4.2.1中网格的另一种D4网格排序方式。
2. 试论述分步离散方法的原理和优势，以交替方向隐式差分简单分离格式(16)为例，写出其求解的差分方程组的形式，并比较其与直接离散方程式(10)的区别。

第5章 线性代数方程组的解法

数学模型经过离散化和线性化，转化为线性代数方程组，求解这些方程组即可得到原数学模型的解。这些方程组的阶数一般都很高（约等于离散网格数），只能借助于计算机才能求解。因此，用计算机对大型线性代数方程组进行求解是工程实践中普遍存在的问题，研究学习线性代数方程组的数值解法十分必要。

线性代数方程组求解方法分为两类，即直接解法与迭代解法。

利用特定的方法步骤，经过一次计算过程得到线性代数方程组的终解，这类方法叫作线性代数方程组的直接解法。比较典型的直接解法有：三对角方程组的追赶法，一般线性代数方程组的 LU 分解法、Gauss 消元法等。

利用相同的方法步骤进行循环迭代计算，每一次迭代均得到方程组的一个新解，这一系列的解随着迭代过程的进行逐渐收敛于线性代数方程组的终解，这类方法叫作线性代数方程组的迭代解法。比较典型的迭代解法有简单迭代法、Gauss-Seidel 迭代法、超松弛迭代法、强隐式方法、预处理正交极小化解法等。

本章将按照由简单到复杂、由基本到高级的顺序介绍一些典型的线性代数方程组解法。

5.1 三对角方程组的直接解法——追赶法

一维油藏单相渗流问题形成的线性代数方程组便是三对角方程组，其系数矩阵是三对角矩阵。这类方程组在其他工程领域也是很常见的。一般的三对角系数矩阵方程组形式如下：

$$\begin{bmatrix} a_1 & b_1 & & & & \\ c_2 & a_2 & b_2 & & & \\ & \ddots & \ddots & \ddots & & \\ & & & c_{n-1} & a_{n-1} & b_{n-1} \\ & & & & c_n & a_n \end{bmatrix} \cdot \begin{bmatrix} x_1 \\ x_2 \\ \vdots \\ x_{n-1} \\ x_n \end{bmatrix} = \begin{bmatrix} d_1 \\ d_2 \\ \vdots \\ d_{n-1} \\ d_n \end{bmatrix} \qquad (1)$$

式(1)可以简记作 $AX=D$。其中，A 为 $n \times n$ 系数矩阵或称 n 阶系数方阵，X 为 $n \times 1$ 未知量矩阵或称 n 维未知向量，D 为 $n \times 1$ 的右端已知量矩阵或称 n 维已知向量。

5.1.1 追赶法原理

为解方程(1)，先把 A 分解成两个特定形式的两对角矩阵的乘积：$A=LU$，即

$$\begin{bmatrix} a_1 & b_1 & & & & \\ c_2 & a_2 & b_2 & & & \\ & c_3 & a_3 & b_3 & & \\ & & \ddots & \ddots & \ddots & \\ & & & c_{n-1} & a_{n-1} & b_{n-1} \\ & & & & c_n & a_n \end{bmatrix} = \begin{bmatrix} l_1 & & & & & \\ c_2 & l_2 & & & & \\ & c_3 & l_3 & & & \\ & & \ddots & \ddots & & \\ & & & c_{n-1} & l_{n-1} & \\ & & & & c_n & l_n \end{bmatrix} \cdot$$

$$\begin{bmatrix} 1 & u_1 & & & & \\ & 1 & u_2 & & & \\ & & 1 & u_3 & & \\ & & & \ddots & \ddots & \\ & & & & 1 & u_{n-1} \\ & & & & & 1 \end{bmatrix} \tag{2}$$

由式(1)和式(2)得：

$$L \cdot U \cdot X = D \tag{3}$$

令 $U \cdot X = Y$，则组成一个方程组，即：

$$\begin{bmatrix} 1 & u_1 & & & & \\ & 1 & u_2 & & & \\ & & 1 & u_3 & & \\ & & & \ddots & \ddots & \\ & & & & 1 & u_{n-1} \\ & & & & & 1 \end{bmatrix} \cdot \begin{bmatrix} x_1 \\ x_2 \\ x_3 \\ \vdots \\ x_{n-1} \\ x_n \end{bmatrix} = \begin{bmatrix} y_1 \\ y_2 \\ y_3 \\ \vdots \\ y_{n-1} \\ y_n \end{bmatrix} \tag{4}$$

其中 Y 为 $n×1$ 未知矩阵。将式(4)代入式(3)式得另一个方程组：$L \cdot Y = D$，即：

$$\begin{bmatrix} l_1 & & & & & \\ c_2 & l_2 & & & & \\ & c_3 & l_3 & & & \\ & & \ddots & \ddots & & \\ & & & c_{n-1} & l_{n-1} & \\ & & & & c_n & l_n \end{bmatrix} \cdot \begin{bmatrix} y_1 \\ y_2 \\ y_3 \\ \vdots \\ y_{n-1} \\ y_n \end{bmatrix} = \begin{bmatrix} d_1 \\ d_2 \\ d_3 \\ \vdots \\ d_{n-1} \\ d_n \end{bmatrix} \tag{5}$$

利用方程组(5)，由第 1 个方程可以直接得到未知量 y_1，再代入第 2 个方程得到 y_2，同理依次求解，直至第 n 个方程求得 y_n，于是 Y 成为已知矩阵。再利用方程组(4)，由第 n 个方程开始，倒序依次求解直至第 1 个方程，可得 X，这就是原方程组(1)的解。

可以看出，上述求解原理简单直观，通过"一追一赶"即可完成原方程组求解。

5.1.2 求解步骤和计算公式

1. 利用式(2)求得 L 和 U

由(2)式对比分析容易得到 L 和 U 各元素与 A 的各元素的关系，即 L 和 U 的计算公式

$$\begin{cases} l_1 = a_1 \\ u_{i-1} = b_{i-1}/l_{i-1}, i=2,3,\cdots,n \\ l_i = a_i - c_i u_{i-1}, i=2,3,\cdots,n \end{cases} \quad (6)$$

2. 利用式(5)求出 $Y = [y_1, y_2, \cdots, y_n]^T$

根据上述(5)式求解原理可得 Y 的计算公式

$$\begin{cases} y_1 = \dfrac{d_1}{l_1} \\ y_i = \dfrac{d_i - c_i y_{i-1}}{l_i}, i=2,3,\cdots,n \end{cases} \quad (7)$$

3. 利用(4)式求得 $X = [x_1, x_2, \cdots, x_n]^T$

根据上述式(4)求解原理可得 X 的计算公式：

$$\begin{cases} x_n = y_n \\ x_i = y_i - u_i x_{i+1}, i=n-1, n-2, \cdots, 1 \end{cases} \quad (8)$$

5.2 LU 分解法和 GAUSS 消元法

设有 n 阶线性代数方程组

$$\begin{bmatrix} a_{11} & a_{12} & a_{13} & \cdots & a_{1,n-1} & a_{1,n} \\ a_{21} & a_{22} & a_{23} & \cdots & a_{2,n-1} & a_{2,n} \\ a_{31} & a_{32} & a_{33} & \cdots & a_{3,n-1} & a_{3,n} \\ \cdots & \cdots & \cdots & \cdots & \cdots & \cdots \\ a_{n-1,1} & a_{n-1,2} & a_{n-1,3} & \cdots & a_{n-1,n-1} & a_{n-1,n} \\ a_{n,1} & a_{n,2} & a_{n,3} & \cdots & a_{n,n-1} & a_{n,n} \end{bmatrix} \begin{bmatrix} x_1 \\ x_2 \\ x_3 \\ \vdots \\ x_{n-1} \\ x_n \end{bmatrix} = \begin{bmatrix} d_1 \\ d_2 \\ d_3 \\ \vdots \\ d_{n-1} \\ d_n \end{bmatrix} \quad (1)$$

式(1)可以简记作 $AX = D$。

5.2.1 LU 分解法

1. 方法原理

LU 分解法适用于一般形式的线性代数方程组求解，其原理与三对角方程组求解的追赶法相似。主要包括：

（1）根据矩阵 LU 分解定理，将系数矩阵 A 分解为一个下三角矩阵 L 和一个上三角矩阵 U 的乘积：$A = L \cdot U$，即

$$\begin{bmatrix} a_{11} & a_{12} & a_{13} & \cdots & a_{1,n-1} & a_{1,n} \\ a_{21} & a_{22} & a_{23} & \cdots & a_{2,n-1} & a_{2,n} \\ a_{31} & a_{32} & a_{33} & \cdots & a_{3,n-1} & a_{3,n} \\ \cdots & \cdots & \cdots & \cdots & \cdots & \cdots \\ a_{n-1,1} & a_{n-1,2} & a_{n-1,3} & \cdots & a_{n-1,n-1} & a_{n-1,n} \\ a_{n,1} & a_{n,2} & a_{n,3} & \cdots & a_{n,n-1} & a_{n,n} \end{bmatrix} = \begin{bmatrix} 1 & & & & & \\ l_{21} & 1 & & & & \\ l_{31} & l_{32} & 1 & & & \\ \cdots & \cdots & \cdots & & & \\ l_{n-1,1} & l_{n-1,2} & l_{n-1,3} & \cdots & 1 & \\ l_{n,1} & l_{n,2} & l_{n,3} & \cdots & l_{n,n-1} & 1 \end{bmatrix} \cdot$$

$$\begin{bmatrix} u_{11} & u_{12} & \cdots & u_{1,n-1} & u_{1,n} \\ & u_{22} & \cdots & u_{2,n-1} & u_{2,n} \\ & & \cdots & \cdots & \cdots \\ & & & u_{n-1,n-1} & u_{n-1,n} \\ & & & \cdots & u_{n,n} \end{bmatrix} \quad (2)$$

(2) 将式(2)代入式(1)得:

$$L \cdot U \cdot X = D \tag{3}$$

(3) 记 $U \cdot X = Y$, 即:

$$\begin{bmatrix} u_{11} & u_{12} & u_{13} & \cdots & u_{1,n-1} & u_{1,n} \\ & u_{22} & u_{23} & \cdots & u_{2,n-1} & u_{2,n} \\ & & u_{33} & u_{34} & u_{3,n-1} & u_{3,n} \\ & & & \cdots & \cdots & \cdots \\ & & & & \cdots & \cdots \\ & & & & u_{n-1,n-1} & u_{n-1,n} \\ & & & & & u_{nn} \end{bmatrix} \begin{bmatrix} x_1 \\ x_2 \\ x_3 \\ \vdots \\ x_{n-1} \\ x_n \end{bmatrix} = \begin{bmatrix} y_1 \\ y_2 \\ y_3 \\ \vdots \\ y_{n-1} \\ y_n \end{bmatrix} \quad (4)$$

(4) 将式(4)代入式(3), 得 $L \cdot Y = D$, 即:

$$\begin{bmatrix} 1 & & & & & \\ l_{21} & 1 & & & & \\ l_{31} & l_{32} & 1 & & & \\ \cdots & \cdots & \cdots & & & \\ l_{n-1,1} & l_{n-1,2} & l_{n-1,3} & \cdots & 1 & \\ l_{n,1} & l_{n,2} & l_{n,3} & \cdots & l_{n,n-1} & 1 \end{bmatrix} \cdot \begin{bmatrix} y_1 \\ y_2 \\ y_3 \\ \vdots \\ y_{n-1} \\ y_n \end{bmatrix} = \begin{bmatrix} d_1 \\ d_2 \\ d_3 \\ \vdots \\ d_{n-1} \\ d_n \end{bmatrix} \quad (5)$$

(5) 利用方程组(5)由第 1 个方程到第 n 个方程依次求解, 得到 $Y = [y_1, y_2, \cdots, y_n]^T$, 再由方程组(4)从第 n 个方程到第 1 个方程依次求解, 得到 $X = [x_1, x_2, \cdots, x_n]^T$, 则原方程组得解。

2. L 和 U 的计算公式

式(2) $A = L \cdot U$ 中 L 和 U 的具体形式可以有两种不同的选择。

1) L 的对角线元素取为 1

此时 L 和 U 的形式分别为

$$L = \begin{bmatrix} 1 & & & & & \\ l_{21} & 1 & & & & \\ l_{31} & l_{32} & 1 & & & \\ \cdots & \cdots & \cdots & & & \\ l_{n-1,1} & l_{n-1,2} & l_{n-1,3} & \cdots & 1 & \\ l_{n,1} & l_{n,2} & l_{n,3} & \cdots & l_{n,n-1} & 1 \end{bmatrix}, U = \begin{bmatrix} u_{11} & u_{12} & \cdots & u_{1,n-1} & u_{1,n} \\ & u_{22} & \cdots & u_{2,n-1} & u_{2,n} \\ & & \cdots & \cdots & \cdots \\ & & & u_{n-1,n-1} & u_{n-1,n} \\ & & & \cdots & u_{n,n} \end{bmatrix}$$

由 $A = L \cdot U$ 可得 L 和 U 各元素的计算公式：

$$\begin{cases} u_{ij} = a_{ij} - \sum_{k=1}^{i-1} l_{ik} u_{kj}, j = i, i+1, \cdots, n \\ l_{ji} = \left(a_{ji} - \sum_{k=1}^{i-1} l_{jk} u_{ki} \right) / u_{ii}, j = i+1, i+2, \cdots, n \end{cases} \quad i = 1, 2, \cdots, n \quad (6)$$

2) U 的对角线元素取为 1

此时 L 和 U 的形式分别为：

$$L = \begin{bmatrix} l_{11} & & & & & \\ l_{21} & l_{22} & & & & \\ l_{31} & l_{32} & l_{33} & & & \\ \cdots & \cdots & \cdots & & & \\ l_{n-1,1} & l_{n-1,2} & l_{n-1,3} & \cdots & l_{n-1,n-1} & \\ l_{n,1} & l_{n,2} & l_{n,3} & \cdots & l_{n,n-1} & l_{nn} \end{bmatrix}, U = \begin{bmatrix} 1 & u_{12} & u_{13} & \cdots & u_{1,n-1} & u_{1,n} \\ & 1 & u_{23} & \cdots & u_{2,n-1} & u_{2,n} \\ & & \cdots & \cdots & \cdots & \cdots \\ & & & \cdots & \cdots & \cdots \\ & & & & 1 & u_{n-1,n} \\ & & & & & 1 \end{bmatrix}$$

由 $A = L \cdot U$ 可得 L 和 U 各元素的计算公式：

$$\begin{cases} l_{ji} = a_{ji} - \sum_{k=1}^{i-1} l_{jk} u_{ki}, j = i, i+1, \cdots, n \\ u_{ij} = \left(a_{ij} - \sum_{k=1}^{j-1} l_{ik} u_{ki} \right) / l_{ii}, j = i+1, i+2, \cdots, n \end{cases} \quad i = 1, 2, \cdots, n \quad (7)$$

3. 分步求解公式

1) L 对角线元素为 1

对方程组 $L \cdot Y = D$ 的求解公式为：

$$\begin{cases} y_1 = d_1 \\ y_i = d_i - \sum_{j=1}^{i-1} y_j l_{ij} \end{cases}, i = 2, 3, \cdots, n \quad (8)$$

对方程组 $U \cdot X = Y$ 的求解公式为：

$$\begin{cases} x_n = y_n / u_{nn} \\ x_i = \left(y_i - \sum_{k=i+1}^{n} x_k u_{ik} \right) / u_{ii}, i = n-1, n-2, \cdots, 1 \end{cases} \quad (9)$$

2)U 对角线元素为 1

对方程组 $LY=D$ 的求解公式为：

$$\begin{cases} y_1 = d_1/l_{11} \\ y_i = \left(d_i - \sum_{j=1}^{i-1} y_j u_{ij}\right)/l_{ii} \end{cases}, i=2,3,\cdots,n \tag{10}$$

对方程组 $UX=Y$ 的求解公式为：

$$\begin{cases} x_n = y_n \\ x_i = y_i - \sum_{j=i+1}^{n} x_j u_{ij} \end{cases}, i=n-1, n-2, \cdots, 1 \tag{11}$$

5.2.2 GAUSS 消元法

(1) 首先将 A 逐列消元化为上三角矩阵 U，对 D 进行同样的行操作得到新的右端已知量 D。当消去 A 中第 k 列中主对角线元素以下的各元素时，A 中新的元素 $a_{ij}^{(k)}$ 的计算公式为：

$$a_{ij}^{(k)} = a_{ij}^{(k-1)} - a_{kj}^{(k-1)} \frac{a_{ik}^{(k-1)}}{a_{kk}^{(k-1)}}, \begin{array}{l} k=1,2,\cdots,n-1 \\ j=k,k+1,\cdots,n \\ i=k+1,k+2,\cdots,n \end{array} \tag{12}$$

新的 D 中元素值为：

$$d_i^{(k)} = d_i^{(k-1)} - d_k^{(k-1)} \frac{a_{ik}^{(k-1)}}{a_{kk}^{(k-1)}}, i=k+1, k+2, \cdots, n \tag{13}$$

最后得：

$$A^{(n-1)} = U, D^{(n-1)} = Y$$

从而得到新的同解方程组：

$$UX = Y \tag{14}$$

即：

$$\begin{bmatrix} u_{11} & u_{12} & u_{13} & \cdots & u_{1,n-1} & u_{1,n} \\ & u_{22} & u_{23} & \cdots & u_{2,n-1} & u_{2,n} \\ & & u_{33} & \cdots & u_{3,n-1} & u_{3,n} \\ & & & \cdots & \cdots & \\ & & & & u_{n-1,n-1} & u_{n-1,n} \\ & & & & & u_{n,n} \end{bmatrix} \begin{bmatrix} x_1 \\ x_2 \\ x_3 \\ \vdots \\ x_{n-1} \\ x_n \end{bmatrix} = \begin{bmatrix} y_1 \\ y_2 \\ y_3 \\ \vdots \\ y_{n-1} \\ y_n \end{bmatrix} \tag{15}$$

(2) 利用式(15)回代求出 X，计算公式为：

$$x_n = y_n/u_{nn}$$
$$x_i = \left(y_i - \sum_{k=i+1}^{n} x_k u_{ik}\right)/u_{ii}, i=n-1, n-2, \cdots, 1 \tag{16}$$

可以看出消元法和 LU 分解法的主要思路，都是先将原有方程组 $AX=D$ 化成上三角系数矩阵方程组$UX=Y$，再回代求解。Gauss 法的消元过程相当于 LU 分解法求解 $LY=D$ 的过程，只不过没有直接显示出 L。

5.2.3 油藏渗流差分方程组的解法特点

油藏数值模拟中出现的渗流差分方程组多为条带型方程组，因其系数矩阵的条带型特点，差分方程组消元法和分解法的计算量可减少。下面以二维单相渗流为例说明。

二维单相渗流差分方程组的形式如式（17）所示。其系数矩阵 A 是一个五对角矩阵，若 x、y 方向网格数分别为 M 和 N，按自然网格排序后，A 的半带宽为 $W=\min\{M,N\}$，带宽为 $2W+1$。

$$\begin{bmatrix} & & & & & \\ & & & & & \\ & & & & & \\ & & & & & \\ & & & & & \end{bmatrix} \cdot \begin{bmatrix} p_1 \\ p_2 \\ p_3 \\ \vdots \\ p_n \end{bmatrix} = \begin{bmatrix} f_1 \\ f_2 \\ f_3 \\ \vdots \\ f_n \end{bmatrix} \quad (17)$$

式（17）可记作 $AP=D$，其消元法和分解法的具体计算公式如下所示。

1. Gauss 消元法

二维单相渗流差分方程组（17）的消元过程公式为：

$$\begin{cases} a_{ij}^{(k)} = a_{ij}^{(k-1)} - a_{ij}^{(k-1)} \dfrac{a_{ik}^{(k-1)}}{a_{kk}^{(k-1)}} \\ d_i^{(k)} = d_i^{(k-1)} - d_k^{(k-1)} \dfrac{a_{ik}^{(k-1)}}{a_{kk}^{(k-1)}}, i=k+1,\cdots,k+W; j=k,\cdots,k+W \end{cases} \quad (18)$$

回代求解公式为：

$$x_i = \left(y_j - \sum_{k=i+1}^{i+W} x_k u_{ik} \right) / u_{ii}, i = n-1, n-2, \cdots, 1 \quad (19)$$

2. LU 分解法

LU 分解法计算公式的变化主要是系数矩阵的分解过程。以 L 对角线为 1 的情况为例，系数矩阵分解公式为：

$$\begin{cases} u_{ij} = a_{ij} - \sum_{k=m}^{i-1} l_{ik} u_{kj}, j=i, i+1, \cdots, i+W \\ l_{ji} = \left(a_{ji} - \sum_{k=m}^{i-1} l_{jk} u_{ki} \right) / u_{ii}, j=i+1, i+2, \cdots, i+W \end{cases} \quad (20)$$

其中
$$m = \max\{i-W, j-W\}$$

从式(18)至式(20)可以看出，无论是 Gauss 消元法还是 LU 分解法，二维单相渗流条带型差分方程组计算量相对于一般形式方程组的减少主要体现在计算时下标循环范围的减小。

5.2.4 LU 分解法和 Gauss 消元法的比较讨论

由 LU 分解法和 Gauss 消元法的求解步骤可以看出，前者更适合于计算机计算使用，而后者更为直观，便于对过程进行分析。但它们的基本原理是相同的，它们是许多更高级更先进方法的构成基础。

一般数值运算时，尤其是利用直接法求解方程组的时候，应该遵循"悬殊不相加，等量不相减，两极不作乘，大小不作除"的原则，以免计算机内存溢出或丢失重要的小量。

5.3 简单迭代法

前两节介绍了典型的线性代数方程组直接解法，从本节开始介绍迭代解法。一般的迭代解法都包括构造原理、迭代格式(公式)和计算步骤。首先介绍最基本的迭代求解方法——简单迭代法。

5.3.1 简单迭代法的构造原理

设有 n 阶线性代数方程组

$$\begin{cases} a_{11}p_1+a_{12}p_2+a_{13}p_3+\cdots+a_{1,n-1}p_{n-1}+a_{1,n}p_n=b_1 \\ a_{21}p_1+a_{22}p_2+a_{23}p_3+\cdots+a_{2,n-1}p_{n-1}+a_{2,n}p_n=b_2 \\ \cdots\cdots\cdots\cdots\cdots\cdots\cdots\cdots\cdots\cdots\cdots\cdots\cdots\cdots \\ a_{n1}p_1+a_{n2}p_2+a_{n3}p_3+\cdots+a_{n,n-1}p_{n-1}+a_{n,n}p_n=b_n \end{cases} \quad (1)$$

式中 a_{ij}——系数矩阵；
p_i——未知量；
b_i——右端已知项。

现任意给定一组未知量值 $p_1^{(0)},p_2^{(0)},p_3^{(0)},\cdots,p_n^{(0)}$ 并代入式(1)，显然一般情况下式(1)不成立。为了对 $p_1^{(0)},p_2^{(0)},p_3^{(0)},\cdots,p_n^{(0)}$ 进行修正，使其满足式(1)，进行如下处理。

首先将式(1)变形为式(2)：

$$\begin{cases} p_1=\dfrac{1}{a_{11}}[b_1-(a_{12}p_2+a_{13}p_3+\cdots+a_{1,n-1}p_{n-1}+a_{1,n}p_n)] \\ p_2=\dfrac{1}{a_{22}}[b_2-(a_{21}p_1+a_{23}p_3+\cdots+a_{2,n-1}p_{n-1}+a_{2,n}p_n)] \\ \cdots\cdots\cdots\cdots\cdots\cdots\cdots\cdots\cdots\cdots\cdots\cdots\cdots\cdots \\ p_i=\dfrac{1}{a_{ii}}[b_i-(a_{i1}p_1+\cdots+a_{i,i-1}p_{i-1}+a_{i,i+1}p_{i+1}+\cdots+a_{i,n}p_n)] \\ \cdots\cdots\cdots\cdots\cdots\cdots\cdots\cdots\cdots\cdots\cdots\cdots\cdots\cdots \\ p_n=\dfrac{1}{a_{nn}}[b_n-(a_{n1}p_1+a_{n2}p_2+a_{n3}p_3+\cdots+a_{n,n-1}p_{n-1})] \end{cases} \quad (2)$$

然后将 $p_1^{(0)},p_2^{(0)},p_3^{(0)},\cdots,p_n^{(0)}$ 代入式(2)，进行如式(3)的计算：

$$\begin{cases} p_1^{(1)} = \dfrac{1}{a_{11}}[b_1 - (a_{12}p_2^{(0)} + a_{13}p_3^{(0)} + \cdots + a_{1,n-1}p_{n-1}^{(0)} + a_{1,n}p_n^{(0)})] \\ p_2^{(1)} = \dfrac{1}{a_{22}}[b_2 - (a_{21}p_1^{(0)} + a_{23}p_3^{(0)} + \cdots + a_{2,n-1}p_{n-1}^{(0)} + a_{2,n}p_n^{(0)})] \\ \cdots\cdots\cdots\cdots\cdots\cdots\cdots\cdots\cdots\cdots\cdots\cdots\cdots\cdots\cdots\cdots \\ p_i^{(1)} = \dfrac{1}{a_{ii}}[b_i - (a_{i1}p_1^{(0)} + \cdots + a_{i,i-1}p_{i-1}^{(0)} + a_{i,i+1}p_{i+1}^{(0)} + \cdots + a_{i,n}p_n^{(0)})] \\ \cdots\cdots\cdots\cdots\cdots\cdots\cdots\cdots\cdots\cdots\cdots\cdots\cdots\cdots\cdots\cdots \\ p_n^{(1)} = \dfrac{1}{a_{nn}}[b_n - (a_{n1}p_1^{(0)} + a_{n2}p_2^{(0)} + a_{n3}p_3^{(0)} + \cdots + a_{n,n-1}p_{n-1}^{(0)})] \end{cases} \quad (3)$$

式(3)式的含义为：利用原方程组(1)中的第一个方程，由 $p_2^{(0)}, p_3^{(0)}, \cdots, p_n^{(0)}$ 求得 p_1 的一个新值 $p_1^{(1)}$，显然 $p_1^{(1)}, p_2^{(0)}, p_3^{(0)}, \cdots, p_n^{(0)}$ 满足式(1)的第一个方程；同样，利用原方程组(1)中的第二个方程求得 p_2 的一个新值 $p_2^{(1)}$，而 $p_1^{(0)}, p_2^{(1)}, p_3^{(0)}, \cdots, p_n^{(0)}$ 满足式(1)的第二个方程……；利用原方程组(1)中的第 n 个方程求得 p_n 的一个新值 $p_n^{(1)}$，而 $p_1^{(0)}, p_2^{(0)}, \cdots, p_{n-1}^{(0)}, p_n^{(1)}$ 满足(1)式的第 n 个方程。最终得到一组新的未知量值 $p_1^{(1)}, p_2^{(1)}, p_3^{(1)}, \cdots, p_n^{(1)}$，并且期望 $p_1^{(1)}, p_2^{(1)}, p_3^{(1)}, \cdots, p_n^{(1)}$ 比 $p_1^{(0)}, p_2^{(0)}, p_3^{(0)}, \cdots, p_n^{(0)}$ 更接近于方程组(1)的精确解，即代入方程组式(1)后使得所有方程两端的差值变得更小。

利用与式(3)相同的步骤，可以进一步由 $p_1^{(1)}, p_2^{(1)}, p_3^{(1)}, \cdots, p_n^{(1)}$ 求出一组更新的未知量值 $p_1^{(2)}, p_2^{(2)}, p_3^{(2)}, \cdots, p_n^{(2)}$，并期待 $p_1^{(2)}, p_2^{(2)}, p_3^{(2)}, \cdots, p_n^{(2)}$ 接近方程组(1)精确解的程度更强。如此循环迭代下去，未知量的值不断变化，最后收敛到方程组(1)的精确解。

5.3.2 简单迭代法的迭代格式

将上述迭代原理和过程用任意迭代步表示，就得到简单迭代法的迭代格式：

$$\begin{cases} p_1^{(l+1)} = \dfrac{1}{a_{11}}[b_1 - (a_{12}p_2^{(l)} + a_{13}p_3^{(l)} + \cdots + a_{1,n-1}p_{n-1}^{(l)} + a_{1,n}p_n^{(l)})] \\ p_2^{(l+1)} = \dfrac{1}{a_{22}}[b_2 - (a_{21}p_1^{(l)} + a_{23}p_3^{(l)} + \cdots + a_{2,n-1}p_{n-1}^{(l)} + a_{2,n}p_n^{(l)})] \\ \cdots\cdots\cdots\cdots\cdots\cdots\cdots\cdots\cdots\cdots\cdots\cdots\cdots\cdots\cdots\cdots \\ p_i^{(l+1)} = \dfrac{1}{a_{ii}}[b_i - (a_{i1}p_1^{(l)} + \cdots + a_{i,i-1}p_{i-1}^{(l)} + a_{i,i+1}p_{i+1}^{(l)} + \cdots + a_{i,n}p_n^{(l)})] \\ \cdots\cdots\cdots\cdots\cdots\cdots\cdots\cdots\cdots\cdots\cdots\cdots\cdots\cdots\cdots\cdots \\ p_n^{(l+1)} = \dfrac{1}{a_{nn}}[b_n - (a_{n1}p_1^{(l)} + a_{n2}p_2^{(l)} + a_{n3}p_3^{(l)} + \cdots + a_{n,n-1}p_{n-1}^{(l)})] \end{cases} \quad (4)$$

其中，上标 l 表示任意迭代步。

把式(4)写成单一方程形式，得：

$$p_i^{(l+1)} = \dfrac{1}{a_{ii}}[b_i - (\sum_{j=1}^{i-1} a_{ij}p_j^{(l)} + \sum_{j=i+1}^{n} a_{ij}p_j^{(l)})] \quad (5)$$

式(5)称为简单迭代法的方程迭代格式。

5.3.3 简单迭代法的计算步骤

(1) 给定未知量初值 $p_1^{(0)}, p_2^{(0)}, p_3^{(0)}, \cdots, p_n^{(0)}$。

(2) 将 $p_1^{(0)}, p_2^{(0)}, p_3^{(0)}, \cdots, p_n^{(0)}$ 代入式(4)右端，计算得到 $p_1^{(1)}, p_2^{(1)}, p_3^{(1)}, \cdots, p_n^{(1)}$，即第一次迭代值。

(3) 将任一步迭代值 $p_1^{(l)}, p_2^{(l)}, p_3^{(l)}, \cdots, p_n^{(l)}$ 代入式(4)右端，求得第$(l+1)$步迭代值 $p_1^{(l+1)}, p_2^{(l+1)}, p_3^{(l+1)}, \cdots, p_n^{(l+1)}$。

(4) 精度检验。利用式(6)对第$(l+1)$步迭代值进行精度检验，如果满足式(6)，则证明其已达到精度要求，迭代求解过程已收敛，$p_1^{(l+1)}, p_2^{(l+1)}, p_3^{(l+1)}, \cdots, p_n^{(l+1)}$ 就是原方程组的解。否则，说明迭代求解过程尚未收敛，继续利用步骤(3)进行迭代求解，直到满足精度要求：

$$\max_{(i)} \left| \frac{p_i^{(l+1)} - p_i^{(l)}}{p_i^{(l+1)}} \right| \leq \varepsilon \tag{6}$$

式中 ε——指定的相对误差上限值。

理论和实践已证明，简单迭代法的收敛性是有条件的。通常所处理的物理问题(如油藏渗流问题)越简单，其差分方程组简单迭代求解过程收敛越快；反之，则越慢，甚至不收敛。这也是一般的迭代解法共同的特点。

5.4 Seidel 迭代法

5.4.1 逐点 Seidel 迭代法

1. 解法原理及迭代格式

逐点 Seidel 迭代法的构造思路是：改进简单迭代法的迭代格式，加快迭代过程收敛速度，建立新的迭代方法。

逐点 Seidel 迭代法的构造原理是：利用简单迭代法计算第$(l+1)$迭代步第 i 个未知量 $p_i^{(l+1)}$ 时，排序第$(i-1)$及其以前的未知量均已求得第$(l+1)$步的值；因此对简单迭代格式(5)加以改进，即将 5.3 节中式(5)右端排序第$(i-1)$及其以前的未知量均由第 l 步的值换作第$(l+1)$步的值，以此加快迭代过程收敛速度。所得新的迭代格式如下：

$$p_i^{(l+1)} = \frac{1}{a_{ii}} \left[b_i - \left(\sum_{j=1}^{i-1} a_{ij} p_j^{(l+1)} + \sum_{j=i+1}^{n} a_{ij} p_j^{(l)} \right) \right] \tag{1}$$

式(1)就是逐点 Seidel 迭代法的迭代格式。

2. 逐点 Seidel 迭代的物理意义与差分方程形式

以二维油藏问题为例，假设局部网格系统如图 5.4.1 所示。假设网格按行自然排序，任意网格(i,j)的排序号为 k，则在计算网格点 k 时，网格点$(k-1)$及其前面的网格点都已有了新值，即在计算网格(i,j)时，位于其西部和南部的所有网格都已有了新迭代步的值。

对任意点(i,j)，其差分方程为：

$$c_{ij}p_{i,j-1} + a_{ij}p_{i-1,j} + e_{ij}p_{i,j} + b_{ij}p_{i+1,j} + d_{ij}p_{i,j+1} = f_{ij} \tag{2}$$

按行排序计算各点未知量的迭代值。根据迭代公式(1)，差分方程(2)写成逐点 Seidel 迭代形式，得：

$$p_{ij}^{(l+1)} = \bar{c}_{ij}p_{i,j-1}^{(l+1)} + \bar{a}_{ij}p_{i-1,j}^{(l+1)} + \bar{b}_{ij}p_{i+1,j}^{(l)} + \bar{d}_{ij}p_{i,j+1}^{(l)} + \bar{f}_{ij} \tag{3}$$

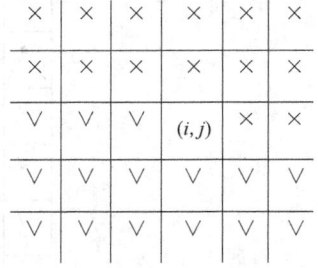

∨—已知；×—未知

图 5.4.1 Seidel 逐点迭代法示意图

式(3)就是差分方程形式的逐点 Seidel 迭代格式。

3. 逐点 Seidel 迭代法的计算步骤

逐点 Seidel 迭代法的计算步骤与简单迭代法相似。利用式(1)或式(3)逐一计算各未知量新迭代步的值,并进行多次迭代,直到任一点(i,j)的迭代值都满足下式:

$$\max_{(i,j)} \left| \frac{p_{ij}^{(l+1)} - p_{ij}^{(l)}}{p_{ij}^{(l+1)}} \right| \leq \varepsilon \tag{4}$$

式中 ε——相对误差上限。

此时认为迭代值已收敛,这个迭代值就是方程组的解。

实践证明,与简单迭代法相比,逐点 Seidel 迭代法收敛速度明显加快。

5.4.2 逐线 Seidel 迭代法

1. 逐线 Seidel 迭代法构造原理

仍以二维油藏问题为例,根据式(2)写出简单迭代法和逐点迭代法的迭代格式:

$$c_{ij}P_{i,j-1}^{(l)} + a_{ij}P_{i-1,j}^{(l)} + e_{ij}P_{ij}^{(l+1)} + b_{ij}P_{i+1,j}^{(l)} + d_{ij}P_{i,j+1}^{(l)} = f_{ij} \tag{5}$$

$$c_{ij}P_{i,j-1}^{(l+1)} + a_{ij}P_{i-1,j}^{(l+1)} + e_{ij}P_{ij}^{(l+1)} + b_{ij}P_{i+1,j}^{(l)} + d_{ij}P_{i,j+1}^{(l)} = f_{ij} \tag{6}$$

从式(5)和式(6)可以看出,逐点 Seidel 迭代法跟简单迭代法的唯一区别是,迭代公式中第$(l+1)$迭代步的未知量数目增加了;因此,这就是逐点 Seidel 迭代法收敛速度加快的原因。

基于上述,为了进一步提高迭代过程的收敛速度,在 Seidel 逐点迭代法的基础上再进行改进,即继续增加迭代公式中第$(l+1)$迭代步的未知量数目,将式(6)改进成为式(7):

$$c_{ij}P_{i,j-1}^{(l+1)} + a_{ij}P_{i-1,j}^{(l+1)} + e_{ij}P_{ij}^{(l+1)} + b_{ij}P_{i+1,j}^{(l+1)} + d_{ij}P_{i,j+1}^{(l)} = f_{ij} \tag{7}$$

式(7)就是逐线 Seidel 迭代法的迭代计算公式。实践证明,逐线 Seidel 迭代法的收敛速度和稳定性都明显高于逐点 Seidel 迭代法。

2. 逐线 Seidel 迭代法计算步骤

逐线 Seidel 迭代公式(7)中包含 4 个新迭代步的未知量,无法像简单迭代法和逐点 Seidel 法那样利用单一方程对单个未知量进行求解,而需要多个方程联立求解,即同时计算一条线上网格的未知量值。其求解过程中前后迭代步网格关系如图 5.4.2 所示。

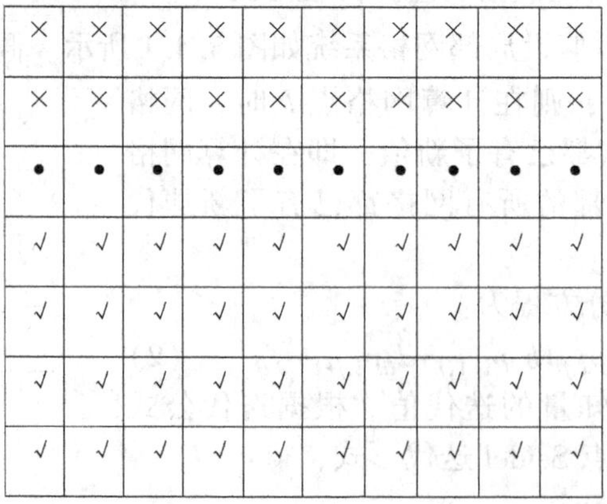

图 5.4.2 逐线 Seidel 迭代过程网格关系示意图

设网格系统按行自然排序，迭代计算从下往上按行进行。当要计算第 j 行的第 $(l+1)$ 步迭代值时，图中的"√"表示已知值，"·"表示待求值，"×"表示未知值。

对应到式(7)中，$p_{i,j-1}^{(l+1)}$ 和 $p_{i,j+1}^{(l)}$ 为已知量，$p_{i-1,j}^{(l+1)}$、$p_{i,j}^{(l+1)}$ 和 $p_{i+1,j}^{(l+1)}$ 是未知量，将已知量移到右端可得：

$$a_{ij}p_{i-1,j}^{(l+1)} + e_{ij}p_{i,j}^{(l+1)} + b_{ij}p_{i+1,j}^{(l+1)} = f_{ij} - c_{ij}p_{i,j-1}^{(l+1)} - d_{ij}p_{i,j+1}^{(l)} = F_{i,j} \tag{8}$$

式(8)是一个三对角方程组，解之可得第 i 行网格未知量新迭代步即第 $(l+1)$ 步的值。逐行计算则得整个区域所有网格新迭代步的值，由此完成一个迭代步的计算。

按上述方法逐步计算，直至满足精度要求，实现收敛。显然，逐线 Seidel 迭代法也可按列进行。

逐线 Seidel 迭代法虽然在总体结构上属迭代类方法，但在每一步计算中用的是三对角方程直接解法。这种组合方式是所有大型方程组高效解法的共同特点。

5.5 松弛迭代法

5.5.1 松弛迭代法的原理

松弛迭代法主要思想是在 Seidel 迭代方法的基础上进一步提高敛速。

假设 Seidel 迭代第 (l) 步和第 $(l+1)$ 步未知量值为 $P_1^{(l)}, \cdots, P_n^{(l)}$ 和 $P_1^{*(l+1)}, \cdots, P_n^{*(l+1)}$，且有 $P_i^{*(l+1)} - P_i^{(l)} = \Delta P_i^{(l+1)}$，$i = 1, 2, \cdots, n$；则有

$$P_i^{*(l+1)} = P_i^{(l)} + \Delta P_i^{(l+1)} \tag{1}$$

由式(1)可看出 Seidel 迭代法的实质是：用 $\Delta P_i^{(l+1)}$ 修正第 (l) 次迭代值 $P_i^{(l)}$，得到更逼近于真解的 $P_i^{*(l+1)}$。由此想到：能否在余项 $\Delta P_i^{(l+1)}$ 上乘一个系数 $\overline{\omega}$，用 $\overline{\omega}\Delta P_i^{(l+1)}$ 来修正 $P_i^{(l)}$，使得到的 $P_i^{(l+1)}$ 逼近真解的程度进一步提高，从而加快迭代敛速。用公式表示为：

$$P_i^{(l+1)} = P_i^{(l)} + \overline{\omega}\Delta P_i^{(l+1)} = P_i^{(l)} + \overline{\omega}(P_i^{*(l+1)} - P_i^{(l)})$$

即

$$P_i^{(l+1)} = P_i^{(l)} + \overline{\omega}(P_i^{*(l+1)} - P_i^{(l)}) \tag{2}$$

式(2)就是松弛迭代法的迭代格式。它既可用于逐点 Seidel 迭代法，也可用于逐线 Seidel 迭代法。$\overline{\omega}$ 称为松弛因子。

在余项上乘一个松弛因子对迭代解进行修正来加快迭代收敛速度的方法，就叫作松弛迭代法。

5.5.2 松弛法的计算步骤

根据上述松弛迭代法的原理，松弛法的计算步骤可归纳如下：

第一步：利用 Seidel 迭代法由松弛法上一迭代步的未知量值 $P_i^{(l)}$ 计算下一迭代步的中间值 $P_i^{*(l+1)}$，即 $P_i^{(l)} \rightarrow P_i^{*(l+1)}$；

第二步：计算修正量，$\Delta P_i^{(l+1)} = P_i^{*(l+1)} - P_i^{(l)}$；

第三步：选取适当的松弛因子 $\overline{\omega}$；

第四步：计算松弛法下一迭代步的未知量值：$P_i^{(l+1)} = P_i^{(l)} + \bar{\omega} \cdot \Delta P_i^{(l+1)}$。

重复上述四个步骤直至迭代解收敛，即完成方程组求解。

5.5.3 最优松弛因子的选择

一般地，松弛因子 $\bar{\omega}$ 的取值范围是 $0<\bar{\omega}<2$。$1<\bar{\omega}<2$ 时叫超松弛或过量松弛，$0<\bar{\omega}<1$ 时叫低松弛或欠量松弛。$\bar{\omega}$ 有一个最优值 $\bar{\omega}^*$，当 $\bar{\omega}=\bar{\omega}^*$ 时迭代收敛最快，松弛法的关键是尽量找到并合理使用 $\bar{\omega}^*$。在实际情况中 $\bar{\omega}^*$ 一般都满足 $1<\bar{\omega}^*<2$，故松弛法一般又叫作超松弛法。

最优松弛因子的选择方法有三种：试算法、经验试算法和过程控制方法。

1. 试算法

试算法即选取一系列不同的 $\bar{\omega}$ 值，试算相同的迭代步数，然后选取余项最小的 $\bar{\omega}$ 作为最优松弛因子，如图 5.5.1 所示；也可以给定余项大小，然后选取达到余项要求时试算迭代步数最少的 $\bar{\omega}$ 作为最优松弛因子，如图 5.5.2 所示。

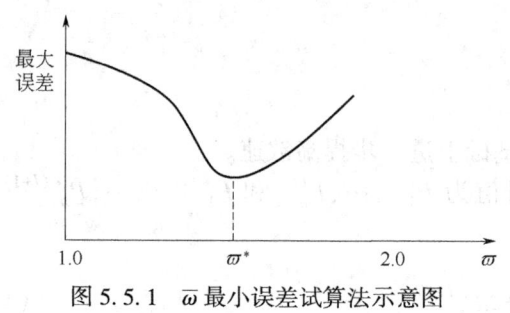

图 5.5.1 $\bar{\omega}$ 最小误差试算法示意图　　图 5.5.2 $\bar{\omega}$ 最少迭代步数试算法示意图

2. 经验试算法

首先根据经验定出 $\bar{\omega}^*$ 的最小存在区间 $[\bar{\omega}_a, \bar{\omega}_b]$，再用试算法求出 $\bar{\omega}^*$。

3. 过程控制方法

在方程求解过程中，根据 $\bar{\omega}^*$ 的性质和迭代过程反映的信息，确定 $\bar{\omega}^*$ 的初值，并随过程变化对 $\bar{\omega}^*$ 值进行调整。这种方法适合于最优松弛因子 $\bar{\omega}^*$ 为变化值的情况。

5.6 强隐式方法

5.6.1 强隐式方法的基本原理

以二维油藏微可压缩单相流体渗流问题为例，设其求解区域如图 5.6.1 所示，区域内待求解网格数为 4×3。其渗流微分方程离散化后所得隐式差分方程为：

$$a_{i,j}p_{i,j-1}^{n+1}+b_{i,j}p_{i-1,j}^{n+1}+c_{i,j}p_{i,j}^{n+1}+d_{i,j}p_{i+1,j}^{n+1}+e_{i,j}p_{i,j+1}^{n+1}=g_{i,j} \quad (1)$$

对网格按行进行自然排序，然后将各网格上的差分方程联合组成方程组。其矩阵形式为：

$$\boldsymbol{Ap} = \boldsymbol{G}$$

1,3	2,3	3,3	4,3
1,2	2,2	3,2	4,2
1,1	2,1	3,1	4,1

图 5.6.1 二维网格分布　　写成分量形式为：

$$\begin{bmatrix}
c_{11} & d_{11} & & & e_{11} & & & & & & & \\
b_{21} & c_{21} & d_{21} & & & e_{21} & & & & & & \\
& b_{31} & c_{31} & d_{31} & & & e_{31} & & & & & \\
& & b_{41} & c_{41} & & & & e_{41} & & & & \\
a_{12} & & & & c_{12} & d_{12} & & & e_{12} & & & \\
& a_{22} & & & b_{22} & c_{22} & d_{22} & & & e_{22} & & \\
& & a_{32} & & & b_{32} & c_{32} & d_{32} & & & e_{32} & \\
& & & a_{42} & & & b_{42} & c_{42} & & & & e_{42} \\
& & & & a_{13} & & & & c_{13} & d_{13} & & \\
& & & & & a_{23} & & & b_{23} & c_{23} & d_{23} & \\
& & & & & & a_{33} & & & b_{33} & c_{33} & d_{33} \\
& & & & & & & a_{43} & & & b_{43} & c_{43}
\end{bmatrix}
\begin{bmatrix} p_{11} \\ p_{21} \\ p_{31} \\ p_{41} \\ p_{12} \\ p_{22} \\ p_{32} \\ p_{42} \\ p_{13} \\ p_{23} \\ p_{33} \\ p_{43} \end{bmatrix}
=
\begin{bmatrix} g_{11} \\ g_{21} \\ g_{31} \\ g_{41} \\ g_{12} \\ g_{22} \\ g_{32} \\ g_{42} \\ g_{13} \\ g_{23} \\ g_{33} \\ g_{43} \end{bmatrix}$$

(2)

为了仿照 LU 分解法求解，需要将 A 分解成 U 和 L 的乘积，但直接由 A 分解得到的 U 和 L 的非零元素较多，计算时浪费内存和时间。为此，在保证差分方程组物理意义不变（同解）的条件下，将矩阵 A 变成 A'，使 A' 进行分解后的乘子矩阵 L' 和 U' 具有这样的性质：每行中最多有三个非零元素，$L'+U'$ 每行最多只有五个元素，且其位置与 A 中元素相同。然后用 $A'=L'U'$ 近似代替 A 进行求解，便可以大幅度减少内存和工作量。这就是强隐式方法的基本原理。

5.6.2 系数矩阵的变形

1. 上、下三角矩阵的乘积及其相互关系

为了寻找上述矩阵 A'，以便分解得到上、下三角矩阵 L' 和 U'，先从反问题看 L' 和 U' 的乘积矩阵 A' 的形式，并分析得到 A' 元素与 L'、U' 的元素之间的互求关系。

任给一个下三对角矩阵 L' 和一个上三对角矩阵 U'，分别如式(3)和式(4)所示。将 L' 和 U' 相乘，其乘积矩阵为一个 7 对角条带型矩阵，记作 A'，如式(5)所示：

$$L' = \begin{bmatrix}
c'_{11} & & & & & & & & & & & \\
b'_{21} & c'_{21} & & & & & & & & & & \\
& b'_{31} & c'_{31} & & & & & & & & & \\
& & b'_{41} & c'_{41} & & & & & & & & \\
a'_{12} & & & & c'_{12} & & & & & & & \\
& a'_{22} & & & b'_{22} & c'_{22} & & & & & & \\
& & a'_{32} & & & b'_{32} & c'_{32} & & & & & \\
& & & a'_{42} & & & b'_{42} & c'_{42} & & & & \\
& & & & a'_{13} & & & & c'_{13} & & & \\
& & & & & a'_{23} & & & b'_{23} & c'_{23} & & \\
& & & & & & a'_{33} & & & b'_{33} & c'_{33} & \\
& & & & & & & a'_{43} & & & b'_{43} & c'_{43}
\end{bmatrix}$$

(3)

$$U' = \begin{bmatrix} 1 & d'_{11} & & & e'_{11} & & & & & & & \\ & 1 & d'_{21} & & & e'_{21} & & & & & & \\ & & 1 & d'_{31} & & & e'_{31} & & & & & \\ & & & 1 & & & & e'_{41} & & & & \\ & & & & 1 & d'_{12} & & & e'_{12} & & & \\ & & & & & 1 & d'_{22} & & & e'_{22} & & \\ & & & & & & 1 & d'_{32} & & & e'_{32} & \\ & & & & & & & 1 & & & & e'_{42} \\ & & & & & & & & 1 & d'_{13} & & \\ & & & & & & & & & 1 & d'_{23} & \\ & & & & & & & & & & 1 & d'_{33} \\ & & & & & & & & & & & 1 \end{bmatrix} \quad (4)$$

$$A' = L'U' = \begin{bmatrix} E'_{11} & F'_{11} & & & H'_{11} & & & & & & & \\ D'_{21} & E'_{21} & F'_{21} & & G'_{21} & H'_{21} & & & & & & \\ & D'_{31} & E'_{31} & F'_{31} & & G'_{31} & H'_{31} & & & & & \\ & & D'_{41} & E'_{41} & & & G'_{41} & H'_{41} & & & & \\ B'_{12} & C'_{12} & & & E'_{21} & F'_{12} & & & H'_{12} & & & \\ & B'_{22} & C'_{22} & & D'_{22} & E'_{22} & F'_{22} & & G'_{22} & H'_{22} & & \\ & & B'_{32} & C'_{32} & & D'_{32} & E'_{32} & F'_{32} & & G'_{32} & H'_{32} & \\ & & & B'_{42} & & & D'_{42} & E'_{42} & & & G'_{42} & H'_{42} \\ & & & & B'_{13} & C'_{13} & & & E'_{13} & F'_{13} & & \\ & & & & & B'_{23} & C'_{23} & & D'_{23} & E'_{23} & F'_{23} & \\ & & & & & & B'_{33} & C'_{33} & & D'_{33} & E'_{33} & F'_{33} \\ & & & & & & & B'_{43} & & & D'_{43} & E'_{43} \end{bmatrix} \quad (5)$$

根据矩阵乘法规则可知,矩阵 A' 的元素与 L'、U' 的元素之间的对应关系为:

$$E'_{11} = c'_{11}$$
$$F'_{11} = c'_{11}d'_{11}$$
$$H'_{11} = c'_{11}e'_{11}$$
$$\cdots\cdots$$

写成通式形式得:

$$\begin{cases} B'_{ij} = a'_{ij} \\ C'_{ij} = a'_{ij} \cdot d'_{i,j-1} \\ D'_{ij} = b'_{ij} \\ E'_{ij} = a'_{ij}e'_{i,j-1} + b'_{ij}d'_{i-1,j} + c'_{ij} \\ F'_{ij} = c'_{ij}d'_{ij} \\ G'_{ij} = b'_{ij}e'_{i-1,j} \\ H'_{ij} = c'_{ij}e'_{ij} \end{cases} \quad (6)$$

式(6)表明，只要给定 L' 和 U'，就可求得 A'，即 $L'U' \Rightarrow A'$。反求式(6)，可得：

$$\begin{cases} a'_{ij} = B'_{ij} \\ b'_{ij} = D'_{ij} \\ c'_{ij} = E'_{ij} - B'_{ij}e'_{i,j-1} - D'_{ij}d'_{i-1,j} \\ d'_{ij} = F'_{ij}/c'_{ij} \\ e'_{ij} = H'_{ij}/c'_{ij} \end{cases} \quad (7)$$

式(7)表明，只要给定任一形式如 A' 的矩阵中的元素 B'_{ij}，D'_{ij}，E'_{ij}，F'_{ij} 和 H'_{ij}，就可以求得 L' 和 U' 中各元素，即 $A' \Rightarrow L'U'$。而作为 L' 和 U' 的乘积 A' 中的 7 条对角线上元素不能随意给出，必须符合如下关系：

$$C'_{ij} = B'_{ij}d'_{i,j-1}, \quad G'_{ij} = D'_{ij}e'_{i-1,j} \quad (8)$$

只有 C'_{ij} 和 G'_{ij} 与其余 5 条对角线上元素满足(8)式，矩阵 A' 才能分解成上、下三对角矩阵 L' 和 U'。

2. 矩阵 A 的变形与分解

将 A 跟 A' 对比可以看出，只要令

$$B'_{i,j} = a_{i,j}, D'_{i,j} = b_{i,j}, E'_{i,j} = c_{i,j}, F'_{i,j} = d_{i,j}, H'_{i,j} = e_{i,j} \quad (9)$$

再在 A 中相应位置加入两条对角线元素：

$$C'_{ij} = a_{i,j}d'_{i,j-1}, \quad G'_{ij} = b_{ij}e'_{i-1,j} \quad (10)$$

便可得到 L' 和 U'：

$$\begin{cases} a'_{ij} = a_{ij} \\ b'_{ij} = b_{ij} \\ c'_{ij} = c_{ij} - a_{ij}e'_{i,j-1} - b_{ij}d'_{i-1,j} \\ d'_{ij} = d_{ij}/c'_{ij} \\ e'_{ij} = e_{ij}/c'_{ij} \end{cases} \quad (11)$$

至此，已完成将 A 变形为 A' 并分解为 L' 和 U' 的过程。

3. 矩阵 A' 的修正

很显然以上得到的 A' 不等于 A。为了说明 A' 的物理意义，用 A' 代替式(2)中的 A，并将方程组写回差分方程形式，可得：

$$a_{i,j}p_{i,j-1} + b_{i,j}p_{i-1,j} + c_{i,j}p_{i,j} + d_{i,j}p_{i+1,j} + e_{i,j}p_{i,j+1} + \\ C'_{i,j}p_{i+1,j-1} + G'_{i,j}p_{i-1,j+1} = g_{i,j} \quad (12)$$

与方程(1)相比，式(12)多出两项：$C'_{i,j}p_{i+1,j-1}$ 和 $G'_{i,j}p_{i-1,j+1}$，与方程(1)不相容，无法利用式(12)求解原渗流问题，因此需要对式(12)进行修正，对应到方程组也就是对 A' 进行修正。

从物理角度看，式(12)中多出了 $(i+1,j-1)$ 和 $(i-1,j+1)$ 这两点上压力值的影响，如图 5.6.2 所示。为了消除误差，需要从式(12)左端减去一个等价于 $C'_{i,j}p_{i+1,j-1} + G'_{i,j}p_{i-1,j+1}$ 的量，且不能改变式(12)中的未知量个数及其构成。为此，作如下处理。

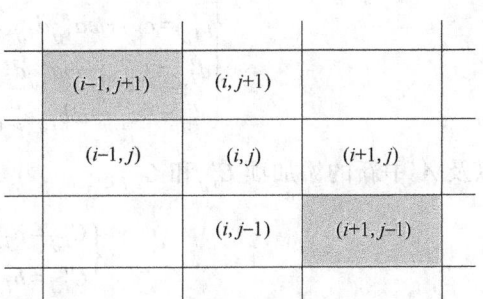

图 5.6.2　系数矩阵变化影响示意图
（阴影部分为增加项）

首先根据网格位置关系，建立相应未知量之间的如下 Taylor 级数展式：

$$\begin{cases} p_{i+1,j-1} = p_{i+1,j} - \Delta y \dfrac{\partial p}{\partial y} + O(\Delta y^2) \\ p_{i-1,j+1} = p_{i,j+1} - \Delta x \dfrac{\partial p}{\partial x} + O(\Delta x^2) \\ p_{i,j} = p_{i,j-1} + \Delta y \dfrac{\partial p}{\partial y} + O(\Delta y^2) \\ p_{i,j} = p_{i-1,j} + \Delta x \dfrac{\partial p}{\partial x} + O(\Delta x^2) \end{cases} \tag{13}$$

再由式(13)得：

$$\begin{cases} p_{i+1,j-1} \approx p_{i+1,j} + p_{i,j-1} - p_{i,j} \\ p_{i-1,j+1} \approx p_{i-1,j} + p_{i,j+1} - p_{i,j} \end{cases} \tag{14}$$

式(14)中两式分别乘以 $C'_{i,j}$ 和 $G'_{i,j}$ 相加，即得 $C'_{i,j}p_{i+1,j-1} + G'_{i,j}p_{i-1,j+1}$ 的等价量：

$$C'_{i,j}p_{i+1,j-1} + G'_{i,j}p_{i-1,j+1} \approx C'_{i,j}(p_{i+1,j} + p_{i,j-1} - p_{i,j}) + G'_{i,j}(p_{i-1,j} + p_{i,j+1} - p_{i,j}) \tag{15}$$

为了使得修正过程更加灵活、便于控制，上式右端乘加速迭代参数 ω，得：

$$C'_{i,j}p_{i+1,j-1} + G'_{i,j}p_{i-1,j+1} = \omega C'_{i,j}(p_{i+1,j} + p_{i,j-1} - p_{i,j}) + \omega G'_{i,j}(p_{i-1,j} + p_{i,j+1} - p_{i,j}) \tag{16}$$

式(12)左端减去式(16)右端，整理得：

$$(a_{i,j} - \omega C'_{i,j})p_{i,j-1} + (b_{i,j} - \omega G'_{i,j})p_{i-1,j} + (c_{i,j} + \omega C'_{i,j} + \omega G'_{i,j})p_{i,j} + (d_{i,j} - \omega C'_{i,j})p_{i+1,j} + \\ (e_{i,j} - \omega G'_{i,j})p_{i,j+1} + C'_{i,j}p_{i+1,j-1} + G'_{i,j}p_{i-1,j+1} = g_{ij} \tag{17}$$

由上述推导过程知，式(17)在物理意义上等价于式(1)，即与式(1)同解。再将式(17)组成方程组，此时系数矩阵 A' 变为：

$$\begin{cases} B'_{i,j} = a_{i,j} - \omega C'_{i,j} \\ D'_{i,j} = b_{i,j} - \omega G'_{i,j} \\ E'_{i,j} = c_{i,j} + \omega C'_{i,j} + \omega G'_{i,j} \\ F'_{i,j} = d_{i,j} - \omega C'_{i,j} \\ H'_{i,j} = e_{i,j} - \omega G'_{i,j} \end{cases} \tag{18}$$

将式(18)代入式(7)和式(8)中，联立求得对应于新的系数矩阵 A' 的 L' 和 U'：

$$\begin{cases} a'_{i,j} = a_{i,j}/(1 + \omega d'_{i,j-1}) \\ b'_{i,j} = b_{i,j}/(1 + \omega e'_{i-1,j}) \\ c'_{i,j} = c_{i,j} + \omega a'_{i,j}d'_{i,j-1} + \omega b'_{i,j}e'_{i-1,j} - a'_{i,j}e'_{i,j} - b'_{i,j}d'_{i-1,j}) \\ d'_{i,j} = (d_{i,j} - \omega a'_{i,j}d'_{i,j-1})/c'_{i,j} \\ e'_{i,j} = (e_{i,j} - \omega b'_{i,j}e'_{i-1,j})/c'_{i,j} \end{cases} \tag{19}$$

以及 A' 中新的添加项 $C'_{i,j}$ 和 $G'_{i,j}$：

$$\begin{cases} C'_{i,j} = a_{i,j}d'_{i,j-1}/(1 + \omega d'_{i,j-1}) \\ G'_{i,j} = b_{i,j}e'_{i-1,j}/(1 + \omega e'_{i-1,j}) \end{cases} \tag{20}$$

利用式(19)得到的 L' 和 U' 满足上、下三对角简单结构，且其乘积矩阵 A' 组成的方程组与原差分方程组同解，即 $L'U' = A'$ 与 A 等价。

5.6.3 强隐式方法的迭代格式与求解步骤

1. 迭代格式的建立

由 $A' \approx A$，可得：

$$\begin{cases} A'p^{(l+1)} \approx G \\ A'p^{(l)} \approx Ap^{(l)} \end{cases} \quad (21)$$

其中(l)表示任意迭代步。式(21)两式相减，得：

$$A'(p^{(l+1)} - p^{(l)}) \approx G - Ap^{(l)} \quad (22)$$

式(22)可记作：

$$A'\delta^{(l+1)} \approx R^{(l)} \quad (23)$$

将 $A' = L'U'$ 代入式(23)，得：

$$L'U'\delta^{(l+1)} = R^{(l)} \quad (24)$$

令 $V^{(l+1)} = U'\delta^{(l+1)}$，代入式(24)可得迭代计算方程组式(25)和式(26)：

$$L'V^{(k+1)} = R^{(k)} \quad (25)$$
$$U'\delta^{(k+1)} = V^{(k+1)} \quad (26)$$

2. 迭代计算步骤

(1) 给定 $p^{(0)}$，并求得 $R^{(0)} = G - Ap^{(0)}$；
(2) 对于任意迭代步($l>1$)，利用式(25)求得 $V^{(l+1)}$；
(3) 利用式(26)求得 $\delta^{(l+1)}$；
(4) 计算：$p^{(l+1)} = p^{(l)} + \delta^{(l+1)}$，$R^{(l+1)} = G - Ap^{(l+1)}$；
(5) 判断是否已收敛，是则结束迭代运算；否则重复步骤(2)至步骤(4)，直到收敛。

以上就是强隐式方法的迭代计算步骤。当迭代收敛时，$p^{(l)} \to p^{(l+1)}$，则有：

$$\delta^{(l+1)} = p^{(l+1)} - p^{(l)} \to 0$$

于是有：

$$A'\delta^{(l+1)} = R^{(l)} = G - Ap^{(l)} = 0$$
$$Ap^{(l)} = G$$

因此，$p^{(l)}$即为原方程组的解。

5.7 预处理正交极小化方法

　　线性代数方程组的预处理正交极小化法是对此前各种方法的全面总结和综合优化，可称是线性方程组解法上的一次飞跃，是目前最先进的求解线性代数方程组的方法。

　　预处理正交极小化法的适应性极强，可用于求解各种复杂的物理问题，包括几乎所有油藏类型及所有开发方式；在数学上，可用于求解非对称矩阵、病态矩阵等复杂形态的线性代数方程组。预处理正交极小化法具有无条件收敛特性，并且不依赖于借助迭代因子加速收敛的方式，具有极快的收敛速度。

　　预处理正交极小化法包括两部分：前面部分是系数矩阵不完全 LU 分解法，也称系数矩阵预处理方法，简称预处理方法，用于方程组系数矩阵优化变形处理；后面部分是正交极小化(ORTHOMIN)加速收敛方法，简称正交极小化方法，通常也称共轭梯度加速迭代方法，用于构建高效迭代修正格式，加快迭代收敛速度。下面进行详细介绍。

5.7.1 系数矩阵预处理方法

1. 迭代方法的一般规律

假设任意线性代数方程组为：

$$AX = b \tag{1}$$

式中　A——系数矩阵；
　　　X——未知量；
　　　b——已知项。

将系数矩阵 A 的非零元素分为三部分，从而将 A 写成三个矩阵的和，如式(2)所示：

$$A = (a_{ij}) = \begin{pmatrix} a_{11}^d & & & \\ & a_{22}^d & a_{ij}^u & \\ & a_{ij}^l & \ddots & \\ & & & a_{nn}^d \end{pmatrix} = \begin{pmatrix} a_{11}^d & & & \\ & a_{22}^d & & \\ & & \ddots & \\ & & & a_{nn}^d \end{pmatrix} + \begin{pmatrix} 0 & & & \\ & 0 & & 0 \\ & a_{ij}^l & \ddots & \\ & & & 0 \end{pmatrix} + \begin{pmatrix} 0 & & & \\ & 0 & a_{ij}^u & \\ & 0 & \ddots & \\ & & & 0 \end{pmatrix} \tag{2}$$

式(2)可简记作：

$$A = A^d + A^l + A^u \tag{3}$$

基于式(3)，将几种典型迭代法的迭代公式表示如下。

1) 简单迭代法

$$A^d X^{k+1} = -(A^u + A^l) X^k + b$$

即：

$$A^d X^{k+1} = (A^d - A) X^k + b \tag{4}$$

2) Gauss-Seidel 迭代法

$$A^d X^{k+1} = -A^u X^k - A^l X^{k+1} + b$$

即：

$$(A^d + A^l) X^{k+1} = (A^d + A^l - A) X^k + b \tag{5}$$

3) 强隐式方法

$$A' X^{k+1} = (A' - A) X^k + b \tag{6}$$

容易看出，上述迭代格式具有相同的结构，因此可以写成通用形式：

$$MX^{k+1} = (M - A) X^k + b \tag{7}$$

对应到式(7)，简单迭代法 $M = A^d$，Seidel 迭代法 $M = A^d + A^l$，强隐式方法 $M = A'$。

由前面几节内容已知，从简单迭代法到 Seidel 迭代法，再到强隐式方法，迭代收敛速度越来越快，即达到收敛所需步数越来越少，而每一个迭代步的计算量逐渐增大；对应到式(7)，它们的迭代格式中的系数矩阵 M 与原方程组系数矩阵 A 的差距逐渐由大变小。因此可以总结得到如下规律：

(1) 迭代格式通式式(7)中系数矩阵 M 不同，就表示不同的迭代方法；反之，不同的迭代方法对应到式(7)中的不同系数矩阵 M。

(2) 迭代方程组系数矩阵 M 越接近原方程组系数矩阵 A，则迭代收敛所需迭代次数越少，但每一迭代步的求解计算量越大；反之亦然。当 $M = A$ 时，迭代格式变为原方程组，则意味着迭代解法变为直接解法。

2. 系数矩阵预处理方法构建思路

系数矩阵预处理方法的思路是：根据迭代方法的一般规律，寻找最佳系数矩阵 M，构造迭代格式，使得其迭代收敛过程的迭代次数和每步计算量综合最优，从而获得最高的计算效率。

系数矩阵预处理方法跟以前的迭代法不同：以前的迭代法都是先建立迭代计算格式，再验证其性能；而预处理方法则是先设计好方法的功能特点，再去构造方法本身，因而目标明确，优势明显。

3. 系数矩阵的不完全 LU 分解法

1) 方法原理

系数矩阵不完全 LU 分解法的基本原理是，借助 LU 分解法的步骤，从原方程组系数矩阵 A 分解出一个下三角矩阵 L' 和一个上三角矩阵 U'，L' 和 U' 可以不同程度地接近矩阵 A 进行常规 LU 分解得到的上、下三角矩阵 L 和 U。这样，就可以得到一个矩阵 $M=L'U'$，它可以不同程度地接近原系数矩阵 $A=LU$，而 M 就是预处理方法的迭代矩阵。预处理的目的就是对矩阵 M 即 L' 和 U' 进行优化，使得 L' 和 U' 所含非零元素个数尽量少，以便减少每一迭代步的计算量；同时使矩阵 M 尽量接近原系数矩阵 A，以便减少收敛过程所需迭代次数。预处理过程是，首先判别常规分解所得 L 和 U 中非零元素的大小，然后根据需要消掉小的、保留大的非零元素，由此得到所需的 L' 和 U'。

L 和 U 中非零元素大小的判别可借助 Gauss 主元素消去法实现。由于 LU 分解法和 Gauss 消元法的过程实质上是一致的，分解法得到的上三角矩阵 U 中的非零元素位置及大小与 Gauss 消元后得到的上三角矩阵是一样的，而分解法得到的下三角矩阵 L 中的非零元素位置及大小与 Gauss 消元过程中系数矩阵对角线以下区域出现的非零元素是一样的。

Gauss 列主元素消元法的特点是：(1)用同一列上的最大元素消去其余小元素，且最大元素所在行总是乘一个小量系数后加到被消元素所在行上；(2)原来是零元素的位置，若经过消元过程得到一个非零元素，则此非零元素相对是一个小量，因为它是由列主元素所在行的非零元素乘一个小量后得到的；(3)由消元过程得到的非零元素，若在后续消元步骤中又产生了新的非零元素，则新的非零元素是更高阶的小量。也就是说，产生的次序越靠后，非零元素的绝对值越小。由此可以对应判别 LU 分解法所得矩阵 L 和 U 中非零元素的大小。

2) 级次定义与计算

为了定量表示矩阵非零元素的大小，采用级次记法，即在系数矩阵每一个元素位置上赋一个级次值(整数)，元素绝对值越大，其位置的级次越小；反之亦然。具体数学描述如下。

(1)初始级次值。对 A 中每一元素位置 $a_{i,j}$ 给定初始级次 $h_{i,j}^{(0)}$：

$$h_{i,j}^{(0)} = \begin{cases} \infty, & \text{当} |a_{i,j}| = |a_{j,i}| = 0 \\ 0, & \text{其他情况} \end{cases} \tag{8}$$

(2)消元过程级次变化值。假设 m 为任意消元步，系数矩阵内任意一个元素位置 (i,j) 的新元素值为：

$$a_{i,j}^{(m)} = a_{i,j}^{(m-1)} - a_{mj}^{(m-1)} \times \frac{a_{im}^{(m-1)}}{a_{mm}^{(m-1)}} \tag{9}$$

根据式(9)建立元素位置 (i,j) 消元后的新级次计算公式：

$$h_{i,j}^{(m)}=\min\{h_{i,j}^{(m-1)},h_{mj}^{(m-1)}+h_{im}^{(m-1)}+1\} \tag{10}$$

式中　N——方程的阶数，$i=m+1,\cdots,N$；$j=m+1,\cdots,N$。

式(10)中考虑了 $a_{mj}^{(m-1)}$ 和 $a_{im}^{(m-1)}$ 不是列主元素，其绝对值是小量，其乘积为更高阶小量，因此乘积的级次值应该更大，故取相乘项级次之和；$a_{mm}^{(m-1)}$ 为列主元素，其绝对值是大量，除以 $a_{mm}^{(m-1)}$ 将使被除数绝对值降低一个量阶，因此其级次应该加 1。

由上述赋初值方法和计算规则可知：(1)$\boldsymbol{L}$ 和 $\boldsymbol{U}$ 中零级次位置恒与 $\boldsymbol{A}$ 中非零元素相同，一旦某个元素位置被赋予 0 级次值，则其级次在消元过程中不再变化；(2)非零元素出现的次序越靠后，其对应位置的级次越高；(3)任一元素位置的级次在消元过程中只会降低，不会升高。

3)不完全 LU 分解的步骤

不完全 LU 分解就是求取 $\boldsymbol{L}'$和 $\boldsymbol{U}'$，包括以下步骤：

(1)对原方程组(1)的系数矩阵 $\boldsymbol{A}$ 进行变换，使其成为主对角线元素占优的矩阵。

(2)计算系数矩阵 $\boldsymbol{A}$ 中级次分布值，并将 $\boldsymbol{A}$ 中级次分布赋给 $\boldsymbol{L}$ 和 $\boldsymbol{U}$ 中元素位置。

(3)按照一般 LU 分解方法对矩阵 $\boldsymbol{A}$ 进行分解。

(4)确定 $\boldsymbol{L}$ 和 $\boldsymbol{U}$ 中需要保留的级次值上限 h_0。

(5)对 $\boldsymbol{L}$ 和 $\boldsymbol{U}$ 中每一个非零元素 $l_{i,j}$ 或 $u_{i,j}$ 判别其对应的级次值 $h_{i,j}^{(m)}$ 是否满足 $h_{i,j}^{(m)}\leqslant h_0$。若 $h_{i,j}^{(m)}\leqslant h_0$，则在 $\boldsymbol{L}$ 或 $\boldsymbol{U}$ 中保留非零元素 $l_{i,j}$ 或 $u_{i,j}$，否则消除非零元素 $l_{i,j}$ 或 $u_{i,j}$(置零)。

(6)第(5)步结束时 $\boldsymbol{L}$ 和 $\boldsymbol{U}$ 分别变为 $\boldsymbol{L}'$和 $\boldsymbol{U}'$。不完全 LU 分解过程结束。

从上述过程可知，保留级次 h_0 越高，$\boldsymbol{L}'$和 $\boldsymbol{U}'$的乘积矩阵 $\boldsymbol{M}$ 越接近原系数矩阵 $\boldsymbol{A}$；反之亦然。

下面利用实例进一步展示说明矩阵不完全 LU 分解的具体过程。

例 1　一个 $N\times N$ 阶矩阵 $\boldsymbol{A}$ 的初始级次分布如图 5.7.1 所示($N=25$)。图中“0”级次位

0	0	0	∞	∞	0	∞																		
0	0	∞	0	0	∞	0	∞																	
0	∞	0	∞	0	0	∞	∞	∞																
∞	0	∞	0	∞	∞	0	0	0	∞															
∞	0	0	∞	0	∞	∞	0	∞	0	∞														
0	∞	0	∞	∞	0	∞	∞	0	0	∞	∞													
∞	0	∞	0	∞	∞	0	∞	∞	∞	0	0	∞												
	∞	∞	0	0	∞	∞	0	∞	∞	∞	0	0	∞											
		∞	0	∞	0	∞	∞	0	∞	∞	∞	0	0	∞										
			∞	0	0	∞	∞	∞	0	∞	∞	∞	0	0	∞									
				∞	∞	0	∞	∞	∞	0	∞	∞	∞	∞	0	∞								
					∞	0	0	∞	∞	∞	0	∞	∞	∞	0	0	∞							
						∞	0	0	∞	∞	∞	0	∞	∞	∞	0	0	∞						
							∞	0	0	∞	∞	∞	0	∞	∞	∞	0	0	∞					
								∞	0	∞	∞	∞	∞	0	∞	∞	∞	0	∞	∞				
									∞	0	0	∞	∞	∞	0	∞	∞	∞	0	0	∞			
										∞	0	0	∞	∞	∞	0	∞	∞	∞	∞	0	∞		
											∞	0	0	∞	∞	∞	0	∞	∞	0	0	∞	∞	
												∞	0	0	∞	∞	∞	0	∞	∞	0	∞	0	∞
													∞	∞	0	∞	∞	∞	0	∞	∞	0	∞	0
														∞	0	∞	0	∞	∞	0	∞	0	0	∞
															∞	0	0	0	∞	∞	0	∞	0	∞
																∞	∞	∞	0	0	∞	0	∞	0
																	∞	0	∞	0	0	∞	0	0
																		∞	0	∞	∞	0	0	0

图 5.7.1　矩阵 $\boldsymbol{A}$ 内的初始级次分布

置对应的都是非零元素，“∞”级次位置对应的都是零元素，空白位置是省略了“∞”级次标注的零元素。

第 1 步消元的级次分布。根据式(10)，本步消元的级次计算公式为：

$$h_{i,j}^{(1)}=\min\{h_{i,j}^{(0)},h_{1j}^{(0)}+h_{i1}^{(0)}+1\},2\leqslant i,j\leqslant N \tag{11}$$

利用式(11)对图 5.7.1 中级次分布进行第一步消元的更新计算，结果如图 5.7.2 所示。

0	0	0	∞	∞	0	∞																		
0	0	1	0	0	1	0	∞																	
0	1	0	∞	0	0	∞	∞	∞																
∞	0	∞	0	∞	∞	0	0	0	∞															
∞	0	0	∞	0	∞	∞	0	∞	0	∞														
0	1	0	∞	∞	0	∞	∞	0	0	∞	∞													
∞	0	∞	0	∞	∞	0	∞	∞	∞	0	0	∞												
	∞	∞	0	0	∞	∞	0	∞	∞	∞	0	0	∞											
		∞	0	∞	0	∞	∞	0	∞	∞	∞	0	0	∞										
			∞	0	0	∞	∞	∞	0	∞	∞	∞	0	0	∞									
				∞	∞	0	∞	∞	∞	0	∞	∞	∞	∞	0	∞								
					∞	0	0	∞	∞	∞	0	∞	∞	∞	0	0	∞							
						∞	0	0	∞	∞	∞	0	∞	∞	∞	0	0	∞						
							∞	0	0	∞	∞	∞	0	∞	∞	∞	0	0	∞					
								∞	0	∞	∞	∞	∞	0	∞	∞	∞	0	∞	∞				
									∞	0	0	∞	∞	∞	0	∞	∞	∞	0	0	∞			
										∞	0	0	∞	∞	∞	0	∞	∞	∞	∞	0	∞		
											∞	0	0	∞	∞	∞	0	∞	∞	0	0	∞	∞	
												∞	0	0	∞	∞	∞	0	∞	∞	0	∞	0	∞
													∞	∞	0	∞	∞	∞	0	∞	∞	0	∞	0
														∞	0	∞	0	∞	∞	0	∞	0	0	∞
															∞	0	0	0	∞	∞	0	∞	0	∞
																∞	∞	∞	0	0	∞	0	∞	0
																	∞	0	∞	0	0	∞	0	0
																		∞	0	∞	∞	0	0	0

图 5.7.2　第 1 步消元后矩阵 **A** 内的级次分布

第 2 步消元的级次分布。根据式(10)，本步消元的级次计算公式为：

$$h_{i,j}^{(2)}=\min\{h_{i,j}^{(1)},h_{2j}^{(1)}+h_{i2}^{(1)}+1\},3\leqslant i,j\leqslant N \tag{12}$$

利用式(12)对图 5.7.1 中级次分布进行第 2 步消元的更新计算，结果如图 5.7.3 所示。

依照上述方法逐步进行消元后的新级次分布计算，直到第 $N-1$ 步(第 24 步)消元。根据式(10)，第 $N-1$ 步(第 24 步)消元的级次计算公式为：

$$h_{N,N}^{(N-1)}=\min\{h_{N,N}^{(N-2)},h_{N-1,N}^{(N-2)}+h_{N,N-1}^{(N-2)}+1\} \tag{13}$$

利用式(13)进行级次更新计算，得到最终的级次分布，如图 5.7.4 所示。

现对图 5.7.4 中的级次进行筛选，即矩阵 $\boldsymbol{L}$ 和 $\boldsymbol{U}$ 中非零元素决定取舍。如果只保留 0 和 1 级次的非零元素，则所得不完全分解矩阵 $\boldsymbol{L}'$ 和 $\boldsymbol{U}'$ 中非零元素的分布如图 5.7.5 所示。

如果保留 2 及其以下级次的非零元素，则所得不完全分解矩阵 $\boldsymbol{L}'$ 和 $\boldsymbol{U}'$ 中非零元素的分布如图 5.7.6 所示。

例 2　考虑 3.5.3 小节二维均质油藏单相渗流问题隐式差分方程组式(77)，其系数矩阵为：

图 5.7.3 第 2 步消元后矩阵 A 内的级次分布

图 5.7.4 最终消元后矩阵 A 内的级次分布

图 5.7.5 保留 0~1 级次时的非零元素位置和级次分布

图 5.7.6 保留 0~2 级次时的非零元素位置和级次分布

$$
\boldsymbol{A}=\left[\begin{array}{cccccccccccccccccccc}
e_{1,1} & b_{1,1} & & & d_{1,1} & & & & & & & & & & & & & & & \\
a_{2,1} & e_{2,1} & b_{2,1} & & & d_{2,1} & & & & & & & & & & & & & & \\
 & a_{3,1} & e_{3,1} & b_{3,1} & & & d_{3,1} & & & & & & & & & & & & & \\
 & & a_{4,1} & e_{4,1} & & & & d_{4,1} & & & & & & & & & & & & \\
c_{1,2} & & & & e_{1,2} & b_{1,2} & & & d_{1,2} & & & & & & & & & & & \\
 & c_{2,2} & & & a_{2,2} & e_{2,2} & b_{2,2} & & & d_{2,2} & & & & & & & & & & \\
 & & c_{3,2} & & & a_{3,2} & e_{3,2} & b_{3,2} & & & d_{3,2} & & & & & & & & & \\
 & & & c_{4,2} & & & a_{4,2} & e_{4,2} & & & & d_{42} & & & & & & & & \\
 & & & & c_{1,3} & & & & e_{1,3} & b_{1,3} & & & d_{1,3} & & & & & & & \\
 & & & & & c_{2,3} & & & a_{2,3} & e_{2,3} & b_{2,3} & & & d_{2,3} & & & & & & \\
 & & & & & & c_{3,3} & & & a_{3,3} & e_{3,3} & b_{3,3} & & & d_{3,3} & & & & & \\
 & & & & & & & c_{4,3} & & & a_{4,3} & e_{4,3} & & & & d_{4,3} & & & & \\
 & & & & & & & & c_{1,4} & & & & e_{1,4} & b_{1,4} & & & d_{1,4} & & & \\
 & & & & & & & & & c_{2,4} & & & a_{2,4} & e_{2,4} & b_{2,4} & & & d_{2,4} & & \\
 & & & & & & & & & & c_{3,4} & & & a_{3,4} & e_{3,4} & b_{3,4} & & & d_{3,4} & \\
 & & & & & & & & & & & c_{4,4} & & & a_{4,4} & e_{4,4} & & & & d_{4,4} \\
 & & & & & & & & & & & & c_{1,5} & & & & e_{1,5} & b_{1,5} & & \\
 & & & & & & & & & & & & & c_{2,5} & & & a_{2,5} & e_{2,5} & b_{2,5} & \\
 & & & & & & & & & & & & & & c_{3,5} & & & a_{3,5} & e_{3,5} & b_{3,5} \\
 & & & & & & & & & & & & & & & c_{4,5} & & & a_{4,5} & e_{4,5}
\end{array}\right]
$$

3.5 节式(77)系数矩阵 $\boldsymbol{A}$ 的初始级次分布如图 5.7.7 所示，最终消元后的级次分布如图 5.7.8 所示。

0	0	∞	∞	0															
0	0	0	∞	∞	0														
∞	0	0	0	∞	∞	0													
∞	∞	0	0	∞	∞	∞	0												
0	∞	∞	∞	0	0	∞	∞	0											
	0	∞	∞	0	0	0	∞	∞	0										
		0	∞	∞	0	0	0	∞	∞	0									
			0	∞	∞	0	0	∞	∞	∞	0								
				0	∞	∞	∞	0	0	∞	∞	0							
					0	∞	∞	0	0	0	∞	∞	0						
						0	∞	∞	0	0	0	∞	∞	0					
							0	∞	∞	0	0	∞	∞	∞	0				
								0	∞	∞	∞	0	0	∞	∞	0			
									0	∞	∞	0	0	0	∞	∞	0		
										0	∞	∞	0	0	0	∞	∞	0	
											0	∞	∞	0	0	∞	∞	∞	0
												0	∞	∞	∞	0	0	∞	∞
													0	∞	∞	0	0	0	∞
														0	∞	∞	0	0	0
															0	∞	∞	0	0

图 5.7.7　3.5 节式(77)差分方程组系数矩阵初始级次分布

0	0	∞	∞	0															
0	0	0	∞	1	0														
∞	0	0	0	2	1	0													
∞	∞	0	0	3	2	1	0												
0	1	2	3	0	0	3	4	0											
	0	1	2	0	0	0	3	1	0										
		0	1	3	0	0	0	2	1	0									
			0	4	3	0	0	3	2	1	0								
				0	1	2	3	0	0	3	4	0							
					0	1	2	0	0	0	3	1	0						
						0	1	3	0	0	0	2	1	0					
							0	4	3	0	0	3	2	1	0				
								0	1	2	3	0	0	3	4	0			
									0	1	2	0	0	0	3	1	0		
										0	1	3	0	0	0	2	1	0	
											0	4	3	0	0	3	2	1	0
												0	1	2	3	0	0	3	4
													0	1	2	0	0	0	3
														0	1	3	0	0	0
															0	4	3	0	0

图 5.7.8　3.5 节式(77)系数矩阵 A 最终消元后的级次分布

如果只保留 0 和 1 级次的非零元素，则所得不完全分解矩阵 $\boldsymbol{L}'$ 和 $\boldsymbol{U}'$ 中非零元素的分布如图 5.7.9 所示。保留 0~2 级次的非零元素时，不完全分解矩阵 $\boldsymbol{L}'$ 和 $\boldsymbol{U}'$ 中非零元素的分布如图 5.7.10 所示。

0	0			0															
0	0	0		1	0														
	0	0	0		1	0													
		0	0			1	0												
0	1			0	0			0											
	0	1		0	0	0		1	0										
		0	1		0	0	0		1	0									
			0			0	0			1	0								
				0	1			0	0			0							
					0	1		0	0	0		1	0						
						0	1		0	0	0		1	0					
							0			0	0			1	0				
								0	1			0	0			0			
									0	1		0	0	0		1	0		
										0	1		0	0	0		1	0	
											0			0	0			1	0
												0	1			0	0		
													0	1		0	0	0	
														0	1		0	0	0
															0			0	0

图 5.7.9　3.5 节式(7)系数矩阵保留 0~1 级次的非零元素位置和级次分布

0	0		0																
0	0	0		1	0														
	0	0	0	2	1	0													
		0	0	2	1	0													
0	1	2		0	0		0												
	0	1	2	0	0	0		1	0										
		0	1		0	0	0	2	1	0									
			0			0	0	2	1	0									
				0	1	2		0	0		0								
					0	1	2	0	0	0		1	0						
						0	1	0	0	0	0	2	1	0					
							0			0	0	2	1	0					
								0	1	2		0	0		0				
									0	1	2	0	0	0		1	0		
										0	1	0	0	0	0	2	1	0	
											0			0	0	2	1	0	
												0	1	2	0	0			
													0	1	2	0	0	0	
														0	1		0	0	0
															0			0	0

图 5.7.10 3.5 节式(77)系数矩阵保留 0~2 级次的非零元素位置和级次分布

例 3 考虑 5.6 节中油藏渗流问题方程组式(2)的系数矩阵 A，对矩阵 A 进行消元和级次计算，得到最终的级次分布如图 5.7.11 所示。矩阵 A 只保留 0 级次时的非零元素分布如图 5.7.12 所示。

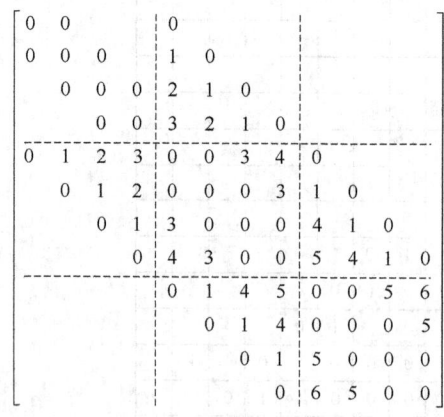

图 5.7.11 5.6 节中式(2)系数
矩阵 A 消元后的级次分布图

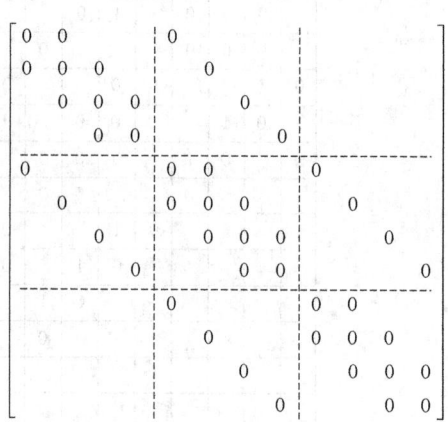

图 5.7.12 5.6 节中式(2)系数
矩阵 A 只保留 0 级次时的非零元素分布

容易看出，不完全 LU 分解只保留 0 级次元素的情况与 5.6 节中强隐式方法相同；因此，强隐式方法只是不完全 LU 分解法的多种可选情况之一。由此可见不完全 LU 分解法(系数矩阵预处理方法)的强大优势。

5.7.2 正交极小化（ORTHOMIN）加速收敛方法

本小节先给出常规的迭代格式和迭代步骤，再给出正交极小化迭代格式并说明其原理。

1. 常规迭代方式

首先由系数矩阵预处理得到迭代矩阵 $M=L'U'$。因为 $M \approx A$，并考虑到式(1)，可得：

$$\begin{cases} MX^{(k)} \approx AX^{(k)} \\ MX^{(k+1)} \approx b \end{cases} \quad (14)$$

式(14)中的两式相减，得：

$$MX^{k+1} - MX^k = b - AX^k \quad (15)$$

再记：$R^k = b - AX^k$，$\Delta X^{k+1} = X^{k+1} - X^k$，代入式(15)，得：

$$M\Delta X^{k+1} = R^k$$

即：

$$L'U'\Delta X^{k+1} = R^k \quad (16)$$

由式(16)分解为如下迭代方程组：

$$L'Y = R^k \quad (17)$$

$$U'\Delta X^{k+1} = Y \quad (18)$$

利用式(17)和式(18)即可对原方程组进行迭代求解。

对任意一个迭代步，常规迭代求解步骤如下所述。

（1）求解式(17)，得到 Y；

（2）求解式(18)，得到 ΔX^{k+1}；

（3）利用 ΔX^{k+1} 对上一步迭代值 X^k 进行修正，得到新时间步未知量值 X^{k+1}：

$$X^{k+1} = X^k + \Delta X^{k+1} \quad (19)$$

（4）判别是否已达收敛。若是，则结束迭代运算；若否，则计算 $R^{k+1} = b - AX^{k+1}$，并用 R^{k+1} 代替式(17)的 R^k，继续循环迭代求解。

2. 正交极小化迭代方式

正交极小化迭代方式相对于常规迭代方式的主要不同，在于对上一步迭代值 X^k 修正方式的不同，主要体现在对式(19)的改进。

对任意一个迭代步，正交极小化迭代求解步骤如下所述。

（1）求解式(17)，得到 Y；

（2）求解式(18)，得到 ΔX^{k+1}；

（3）利用 ΔX^{k+1} 进行如下运算，求得另一组向量 q^{k+1}：

$$q^{k+1} = \Delta X^{k+1} - \sum_{i=1}^{k} \alpha_i^{k+1} q^i \quad (20)$$

其中

$$\alpha_i = \frac{(Mq^i, M\Delta X^{k+1})}{(Mq^i, Mq^i)}$$

（4）利用 q^{k+1} 对上一步迭代值 X^k 进行修正，得到新时间步未知量值 X^{k+1}：

$$X^{k+1} = X^k + \omega^{k+1} q^{k+1} \quad (21)$$

其中 $\omega^{k+1} = \dfrac{(M\Delta X^{k+1}, Mq^{k+1})}{(Mq^{k+1}, Mq^{k+1})}$，$(M\Delta X^{k+1}, Mq^{k+1})$ 是 $M\Delta X^{k+1}$ 和 Mq^{k+1} 两个向量的内积。

（5）判别 X^{k+1} 是否已达收敛。若是，则结束迭代运算；若否，则计算 $R^{k+1} = b - AX^{k+1}$，并用 R^{k+1} 代替式(17)的 R^k，继续上述步骤(1)至步骤(5)的循环迭代求解。

上述计算过程展开后可以简略表示如下：

第1迭代步：$\begin{cases} 给定 X^{(0)}, X^{(0)} \to R^{(0)}, Y = L'^{-1} R^{(0)}, \Delta X^{(1)} = U'^{-1} Y \\ q^{(1)} = \Delta X^{(1)} - 0 = \Delta X^{(1)} \\ X^{(1)} = X^{(0)} + \omega^{(1)} q^{(1)} \end{cases}$

第2迭代步：$\begin{cases} X^{(1)} \to R^{(1)}, Y = L'^{-1} R^{(1)}, \Delta X^{(2)} = U'^{-1} Y \\ q^{(2)} = \Delta X^{(2)} - \alpha_1^{(2)} q^{(1)} \\ X^{(2)} = X^{(1)} + \omega^{(2)} q^{(2)} \end{cases}$

第3迭代步：$\begin{cases} X^{(2)} \to R^{(2)}, Y = L'^{-1} R^{(2)}, \Delta X^{(3)} = U'^{-1} Y \\ q^{(3)} = \Delta X^{(3)} - \alpha_2^{(3)} q^{(2)} - \alpha_1^{(3)} q^{(1)} \\ X^{(3)} = X^{(2)} + \omega^{(3)} q^{(3)} \end{cases}$

第4迭代步：$\begin{cases} X^{(3)} \to R^{(3)}, Y = L'^{-1} R^{(3)}, \Delta X^{(4)} = U'^{-1} Y \\ q^{(4)} = \Delta X^{(4)} - \alpha_3^{(4)} q^{(3)} - \alpha_2^{(4)} q^{(2)} - \alpha_1^{(4)} q^{(1)} \\ X^{(4)} = X^{(3)} + \omega^{(4)} q^{(4)} \end{cases}$

后续迭代步可同理进行。

3. 正交极小化加速收敛格式的原理

式(20)两端同乘以矩阵 M 可得：

$$Mq^{k+1} = M\Delta X^{k+1} - \sum_{i=1}^{k} \frac{(Mq^i, M\Delta X^{k+1})}{(Mq^i, Mq^i)} Mq^i \tag{22}$$

从数学形式很容易看出式(22)的含义：由 N 维向量空间的一组向量 $M\Delta X^{k+1}$ 构建一组相互正交的向量 Mq^{k+1}；这意味着向量组 $Mq^{k+1}(k=0,1,\cdots)$ 相互正交，即 $q^{k+1}(k=0,1,\cdots)$ 是一组通过变换 M(矩阵 M)相互正交的向量。这些也是正交极小化迭代格式中式(20)的含义。

式(21)两端同乘以矩阵 M 可得：

$$MX^{k+1} = MX^k + \frac{(M\Delta X^{k+1}, Mq^{k+1})}{(Mq^{k+1}, Mq^{k+1})} Mq^{k+1} \tag{23}$$

假设 e 是 Mq^{k+1} 方向的单位向量，β 是 $M\Delta X^{k+1}$ 和 Mq^{k+1} 的夹角，则式(23)可以写成

$$MX^{k+1} = MX^k + \frac{|M\Delta X^{k+1}| \cdot |Mq^{k+1}| \cos\beta}{|Mq^{k+1}|^2} \cdot |Mq^{k+1}| \cdot e$$

化简可得：

$$MX^{k+1} = MX^k + |M\Delta X^{k+1}| \cos\beta \cdot e \tag{24}$$

容易看出式(24)即式(21)的含义是：把 $M\Delta X^{k+1}$ 在 Mq^{k+1} 方向上的分量作为对 Mx^k 的修正量。

综上可知正交极小化的解法原理：正交极小化方法由两个功能模块组成，即正交化和极小化。正交化的思想是：ΔX^{k+1} 是 N 维空间中的一个向量，一般迭代方法都是沿 ΔX^{k+1} 方向对 X^k 进行修正。但正交极小化方法不用 ΔX^{k+1} 的方向作为修正方向，而是用 ΔX^{k+1} 和前面各次迭代的修正向量 q^k 一起构造一个新的向量 q^{k+1}，使得 Mq^{k+1} 与以前各次迭代产生的 Mq^i 正交，然后以 q^{k+1} 方向作为本次迭代对 X^k 的修正方向。极小化的含义是：确定了 q^{k+1} 的方向作为修正方向后，用 q^{k+1} 对 X^k 修正时要再给 q^{k+1} 乘上一个 ω^{k+1}，即用 $\omega^{k+1} q^{k+1}$ 作为修正

量。其中 ω^{k+1} 称为极小化因子，它的取值及使用目的是使得修正量能够最佳地弥补误差余量，亦即使修正后的余量为极小值，由此加快迭代收敛速度。

4. 正交极小化格式的收敛性分析

因 ΔX^{k+1} 为 N 维向量，q^i 线性无关，故一定存在唯一的一组 $\alpha_i, i=1,\cdots,k(k \leq N)$，使得

$$\Delta X^{k+1} = \sum_{i=1}^{k} \alpha_i q^i \tag{25}$$

将式(25)代入式(20)，得：

$$q^{k+1} = \Delta X^{k+1} - \sum_{i=1}^{k} \alpha_i^{k+1} q^i = 0 \tag{26}$$

将式(26)代入式(21)，得：

$$X^{k+1} = X^k + \omega^{k+1} \cdot 0 = X^k \tag{27}$$

于是迭代过程收敛。

由上所述可知，正交化迭代过程必定收敛，收敛所需迭代次数 $k \leq N$。实际计算收敛过程要快得多；收敛过程远不用迭代 N 次，就可以使迭代解达到误差要求。

5.7.3 正交极小化方法应用优化

1. LU 级次的选择

不完全 LU 分解中的保留级次 h_0 的取值具有关键作用。h_0 值越大，则所得到的矩阵 L' 和 U' 的乘积越接近于系数矩阵 A，迭代收敛速度越快；但每个迭代步计算量及所用时间越多，且方程组所占的内存也要相应增加。因此 h_0 值不应过大，大多数油藏数值模拟问题的 h_0 值一般不宜大于 2。反之，若 h_0 值太小，则会使得迭代收敛速度变慢。所以，应根据实际情况和试算过程选取最佳保留级次上限值 h_0，使得迭代收敛速度较快，同时每个迭代步计算量较小，从而获得最优的整体计算效率。

2. 正交化次数的选择

从式(20)可以看出，利用正交极小化方法进行加速迭代计算时，迭代次数 k 增大，每次迭代所需计算的求和项就会增多，这不但会显著地增加工作量，而且会增加计算中的舍入误差。因此考虑是否必要对所有的迭代步进行正交化，多少次正交化比较合适。

实际应用表明，正交极小化迭代过程中并不需要 Mq^{k+1} 与所有迭代步的 Mq^i 正交，而只要使其与前面的若干个(记作 NORM 个) Mq^i 正交就可以了。这样式(20)可以写成：

$$q^{k+1} = \Delta X^{k+1} - \sum_{i=k-NORM}^{k} \alpha_i^{k+1} q^i \tag{28}$$

NORM 的最佳取值随问题的求解规模、复杂程度等的不同而变化。一般地黑油模型 NORM 取值以 5~10 为宜，热采问题约为 10~15。

正交化次数的处理还有一种方法，叫作重新启动方式。该方法的主要特点是，在进行了一定次数(假设 NORN 次)的正交化后，将 NORN+1 次当作第 1 迭代步重新开始进行正交化，即重新构建正交向量 $q^i (i=1,2,\cdots,NORN)$。当第二个 NORN 次正交化迭代完成后，再开始第三个；这样一直循环进行，直至收敛。在每个 NORN 次迭代周期中所进行的正交化次数平均只有 NORN/2 次，从而减少了工作量，提高了效率和精度。

实践证明，上述两种正交化次数处理方法在收敛速度上相差不大。目前大多采用后种方

法，即重新启动型正交极小化(ORTHOMIN)方法。

5.8 直接法和迭代法的总结比较

前面几节比较详细地介绍了线性代数方程组的一些代表性的解法，下面对直接法和迭代法这两大类方法的特点做一个简要总结和对比，以便应用选择时参考。

5.8.1 直接法

直接法的优点主要是确定性。直接法的最基本特征是一次性求出方程组的解，只要给定了物理问题的线性代数方程组，直接法就可以通过确定的求解过程给出方程组确定的唯一解。求解过程只与方程组的数学形式及所用数学方法有关，与方程组的物理背景即油藏模拟问题的复杂程度无关。这个特征与迭代解法恰好相反。

直接法的缺点有以下几点：一是存储量大，因为求解过程矩阵非零元素大量生成，造成存储量增加；且随着求解网格数增多，存储量增大的倍数越来越大，使得直接法很难求解大规模的油藏模拟问题。二是舍入误差的影响，计算过程舍入误差由计算机软硬件条件和计算方法决定，很难进行人工控制，难免对计算结果的精度产生一定影响。

5.8.2 迭代法

迭代法的优点有以下几点：一是存储量小，求解过程中不会产生大量的矩阵非零元素，因而存储量小，同样的计算机条件下能求解比直接法规模大得多的问题。二是不受舍入误差影响，这是因为迭代求解过程中有误差判别，方程组的迭代解只有符合人为给定的误差限制才被判定收敛，才作为方程组的终解，因此可以人工控制误差大小，避免或削弱舍入误差影响。

迭代法的缺点主要是求解过程的不确定性。计算过程强烈依赖于实际物理问题的特点，实际油藏性质及其开发过程越复杂，迭代收敛速度越慢，所需迭代步数越多，甚至不收敛。反之亦然。并且，一般的迭代方法都需要选择合适的迭代因子来加速收敛过程，而迭代因子的选择与试算也是一个比较复杂的过程，其难度和计算量一般都比较大。

5.8.3 油藏数值模拟中方程组解法发展趋势

由于遇到的实际油藏问题规模越来越大，特征越来越复杂，且精度要求越来越高，现有大型数模软件在线性代数方程组求解时越来越趋向于使用迭代类方法。随着迭代方法的不断改进和新迭代解法的出现，迭代类解法的不确定性正不断降低，其求解过程的可靠性得到了明显提高。现在大型软件系统均配置预处理正交极小化方法，同时对于较简单的油藏问题可选的还有强隐式方法和线松驰方法；而对于日常科研中特殊的小规模问题的求解计算，完全可以选择更简单的迭代解法或直接解法。

实际上，现代大型线性代数方程组的解法都是迭代法和直接法的组合，即总体结构是迭代解法，迭代步内求解用直接法。例如：预处理正交极小化方法和强隐式方法总体上都属于迭代法，但其每一迭代步中都要利用直接法求解三角矩阵 L' 和 U' 组成的方程组；逐线 Seidel 迭代法中每一个迭代步都要求解多个三对角方程组，使用的就是三对角矩阵的直接解法——追赶法。

1. 简述 LU 直接分解法的求解步骤。
2. 以二维渗流为例，写出简单迭代法、逐点 Seidel 迭代法、逐线 Seidel 迭代法、松弛法的迭代公式和迭代计算步骤。
3. 比较说明直接法和迭代法的主要优缺点。
4. 强隐式方法系数矩阵分解与一般 LU 分解有何不同？
5. 仿照强隐式方法原理，试将下列七点差分方程变换为等价的五点差分方程：

$$a_{i,j}p_{i,j-1}+b_{i,j}p_{i-1,j}+c_{i,j}p_{i,j}+d_{i,j}p_{i+1,j}+e_{i,j}p_{i,j+1}+f_{i,j}p_{i+1,j-1}+g_{i,j}p_{i-1,j+1}=p_{i,j}^n$$

6. 在 5.7.1 小节图 5.7.3 所示矩阵级次分布的基础上，写出第 3 步和第 4 步消元后的级次分布。
7. 预处理方法系数矩阵分解与一般 LU 分解有何不同？

第6章 单相渗流油藏数值模拟方法

第 3 章和第 4 章介绍了数值模拟的基本方法,这些方法是所有科学和工程领域通用的方法;后面几章将介绍油气田开发工程领域的几种典型油藏模型的数值模拟方法。本章介绍单相渗流油藏数值模拟方法。

如果油藏内初始状态下只有油相流体,并用衰竭方式开采,则在开发前期油藏压力位于泡点压力以上的开发过程都属于单相渗流问题;如果气藏没有地层水,则其开发过程就只有气相流体的流动,因此也属于单相渗流问题。另外,如果两相或多相流体油藏只需研究压力分布及产液或产气能力,不需要求解饱和度等参数的分布变化,则可以忽略流体相间的区别和相互作用,简化为单相渗流问题。因此,单相渗流油藏模拟问题具有代表性。

6.1 非均匀网格及其差商的建立方法

前面章节中所用差分网格都是均匀网格,后面的内容一般将使用非均匀网格,实际油藏数值模拟中也往往使用非均匀网格。非均匀网格的结构相比于均匀网格有诸多不同之处,非均匀网格下差商及差分方程的形式也会更加复杂。因此,本节专门介绍非均匀网格及非均匀网格条件下差商的建立方法。

6.1.1 非均匀网格系统的建立

一套完整的网格系统包括网格点、辅助点、网格步长和辅助步长。下面以一维情况为例,分别介绍点中心网格和块中心网格的建立。

1. 点中心网格

如图 6.1.1 所示,以一维空间方向为 x 轴建立直角坐标系,假设求解区域为 $[0, L]$,即左右两端边界分别为 $x = 0$ 和 $x = L$。

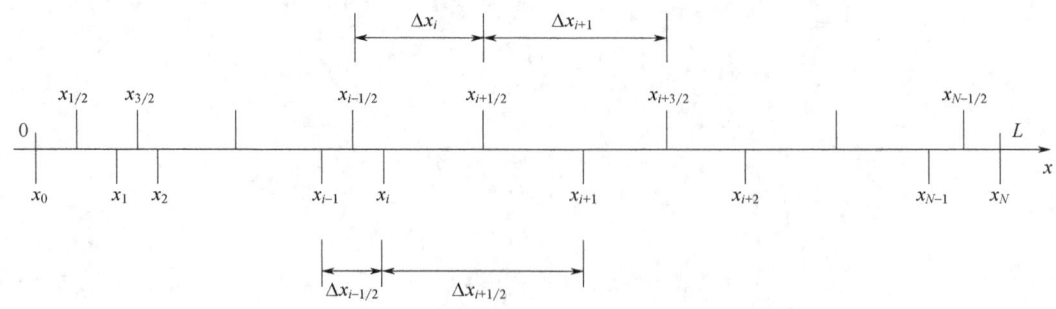

图 6.1.1 一维求解区域及非均匀点中心网格系统

其建立方法步骤如下所述。

(1)划定网格系统的网格线，利用网格线将求解区域划分成 N 个小区间，边界线必须作为网格线。

(2)建立网格点。网格线(与坐标轴)的交点取作网格点，任意一条网格线的坐标 x_i 就是网格点的坐标。

(3)建立辅助点。取所有两个相邻网格点连线的中间点作为辅助点，在任意两个相邻网格点 x_i 和 x_{i+1} 之间建立辅助点：$x_{i+\frac{1}{2}} = \dfrac{x_i + x_{i+1}}{2}$。

(4)网格步长的计算。每一个网格点都代表一个小区间，该小区间的尺度就是网格步长。任意一个网格点 x_i 对应的网格步长 Δx_i 等于与该网格点相邻的两个辅助点之间的距离，即 $\Delta x_i = x_{i+\frac{1}{2}} - x_{i-\frac{1}{2}}$。

(5)辅助步长的计算。任意一个辅助点 $x_{i+\frac{1}{2}}$ 对应的辅助步长 $\Delta x_{i+\frac{1}{2}}$ 等于与该辅助点相邻的两个网格点之间的距离，即 $\Delta x_{i+\frac{1}{2}} = x_{i+1} - x_i$。

至此，已建立完整的点中心网格系统，共包括 $N+1$ 个网格点。点中心网格系统的边界线是网格线，所以边界点是网格点。

2. 块中心网格

以一维空间方向为 x 轴建立直角坐标系，假设一维求解区域为 $[0, L]$，如图 6.1.2 所示。

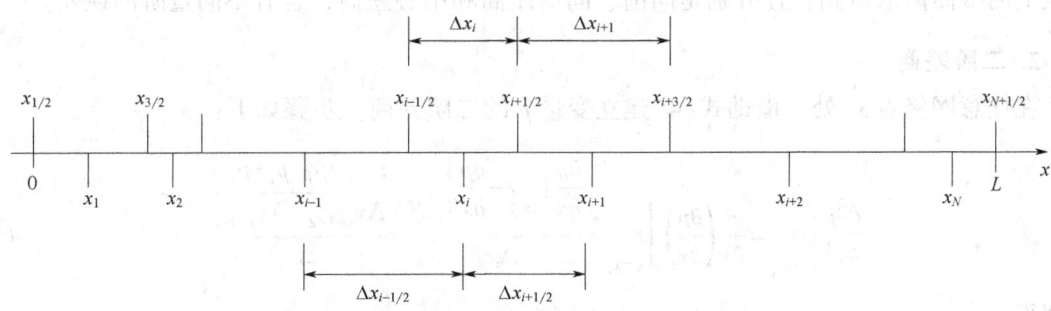

图 6.1.2 一维求解区域及非均匀块中心网格系统

其建立方法步骤如下所述。

(1)划定网格系统的网格线，利用网格线将求解区域划分成 N 个小区间，边界线必须取作网格线。

(2)建立辅助点。网格线(与坐标轴)的交点取作辅助点，任意一条网格线的坐标就是辅助点的坐标，记作 $x_{i+\frac{1}{2}}$，i 为整数。

(3)建立网格点。取所有两个相邻辅助点连线的中间点作为网格点。在任意两个相邻辅助点 $x_{i-\frac{1}{2}}$ 和 $x_{i+\frac{1}{2}}$ 之间建立网格点：$x_i = \left(x_{i-\frac{1}{2}} + x_{i+\frac{1}{2}}\right)/2$。

(4)网格步长的计算。每一个网格点都代表一个小区间，该小区间的尺度就是网格步长。任意一个网格点 x_i 对应的网格步长 Δx_i 等于与该网格点相邻的两个辅助点之间的距离，即 $\Delta x_i = x_{i+\frac{1}{2}} - x_{i-\frac{1}{2}}$。

(5)辅助步长的计算。任意一个辅助点 $x_{i+\frac{1}{2}}$ 对应的辅助步长 $\Delta x_{i+\frac{1}{2}}$ 等于与该辅助点相邻的两个网格点之间的距离，即 $\Delta x_{i+\frac{1}{2}} = x_{i+1} - x_i$。

至此，已建立完整的块中心网格系统，共包括 N 个网格点。块中心网格系统的特点有：(1)网格点不在边界线上；(2)网格点正好处于其所代表区间的中心位置，这与点中心网格系统是不同的。

6.1.2 非均匀网格差商的建立

非均匀网格条件下差商建立的原理与均匀网格相同，所以不必再进行详细的数学推导，可以直接写出差商式子。下面仍以一维情况为例，给出非均匀网格差商的形式。

1. 一阶差商

在任意网格点 x_i 处，变量 p 的一阶向前、向后及中心差商依次如式（1）中所示：

$$\frac{\partial p}{\partial x}\bigg|_{x=x_i} = \frac{p_{i+1}-p_i}{\Delta x_{i+\frac{1}{2}}}, \quad \frac{\partial p}{\partial x}\bigg|_{x=x_i} = \frac{p_i-p_{i-1}}{\Delta x_{i-\frac{1}{2}}}, \quad \frac{\partial p}{\partial x}\bigg|_{x=x_i} = \frac{p_{i+1}-p_{i-1}}{\Delta x_{i+\frac{1}{2}}+\Delta x_{i-\frac{1}{2}}} \tag{1}$$

在油藏数值模拟研究中，经常需要利用辅助点或在辅助点上构造中心差商，辅助点 $i+1/2$、$i-1/2$ 和网格点 i 上的一阶中心差商依次如式（2）中所示：

$$\frac{\partial p}{\partial x}\bigg|_{x=x_{i+\frac{1}{2}}} = \frac{p_{i+1}-p_i}{\Delta x_{i+\frac{1}{2}}}, \quad \frac{\partial p}{\partial x}\bigg|_{x=x_{i-\frac{1}{2}}} = \frac{p_i-p_{i-1}}{\Delta x_{i-\frac{1}{2}}}, \quad \frac{\partial p}{\partial x}\bigg|_{x=x_i} = \frac{p_{i+1/2}-p_{i-1/2}}{\Delta x_i} \tag{2}$$

注意：式（2）中的前两个差商分别和式（1）中的前两个差商形式相同；但它们由不同点上的微商离散得到，且分别是向前、向后差商和中心差商，含有不同量阶的误差。

2. 二阶差商

在任意网格点 x_i 处，借助式(4)建立变量 p 的二阶差商。步骤如下：

$$\frac{\partial^2 p}{\partial x^2}\bigg|_{x=x_i} = \frac{\partial}{\partial x}\left(\frac{\partial p}{\partial x}\right)\bigg|_{x=x_i} = \frac{\frac{\partial p}{\partial x}\bigg|_{i+\frac{1}{2}} - \frac{\partial p}{\partial x}\bigg|_{i-\frac{1}{2}}}{\Delta x_i} = \frac{\frac{p_{i+1}-p_i}{\Delta x_{i+1/2}} - \frac{p_i-p_{i-1}}{\Delta x_{i-1/2}}}{\Delta x_i} \tag{3}$$

整理得：

$$\frac{\partial^2 p}{\partial x^2}\bigg|_{x=x_i} = \frac{1}{\Delta x_i \Delta x_{i+1/2}}p_{i+1} - \left(\frac{1}{\Delta x_{i+1/2}} + \frac{1}{\Delta x_{i-1/2}}\right)\frac{1}{\Delta x_i}p_i + \frac{1}{\Delta x_i \Delta x_{i-1/2}}p_{i-1} \tag{4}$$

若在网格点 x_i 处对二阶微商项 $\frac{\partial}{\partial x}\left(\frac{K}{\mu}\frac{\partial p}{\partial x}\right)$ 进行差分离散，则有：

$$\frac{\partial}{\partial x}\left(\frac{K}{\mu}\frac{\partial p}{\partial x}\right)\bigg|_{x=x_i} = \frac{\left(\frac{K}{\mu}\frac{\partial p}{\partial x}\right)\bigg|_{i+\frac{1}{2}} - \left(\frac{K}{\mu}\frac{\partial p}{\partial x}\right)\bigg|_{i-\frac{1}{2}}}{\Delta x_i} = \frac{\left(\frac{K}{\mu}\right)_{i+\frac{1}{2}}\frac{p_{i+1}-p_i}{\Delta x_{i+1/2}} - \left(\frac{K}{\mu}\right)_{i-\frac{1}{2}}\frac{p_i-p_{i-1}}{\Delta x_{i-1/2}}}{\Delta x_i} \tag{5}$$

整理成关于网格未知量的线性代数形式，得：

$$\frac{\partial}{\partial x}\left(\frac{K}{\mu}\frac{\partial p}{\partial x}\right)\bigg|_{x=x_i} = \left(\frac{K}{\mu}\right)_{i+\frac{1}{2}}\frac{1}{\Delta x_{i+1/2}}\frac{1}{\Delta x_i}p_{i+1} - \left[\left(\frac{K}{\mu}\right)_{i+\frac{1}{2}}\frac{1}{\Delta x_{i+1/2}} + \left(\frac{K}{\mu}\right)_{i-\frac{1}{2}}\frac{1}{\Delta x_{i-1/2}}\right]\frac{1}{\Delta x_i}p_i + \left(\frac{K}{\mu}\right)_{i-\frac{1}{2}}\frac{1}{\Delta x_{i-1/2}}\frac{1}{\Delta x_i}p_{i-1} \tag{6}$$

可见，高阶微商离散为高阶差商的实质步骤是：(1)借用一阶差商建立方法，将多重微商逐层进行离散；(2)微商内所有的量按差分规则取相应网格点或辅助点上的值。

由于网格的非均匀性，非均匀网格下的差商在形式上(主要是变量系数)明显比均匀网格差商复杂；但两者的本质意义和作用是相同的，即以线性代数形式代替微商形式，以便实现计算机对物理问题的识别、存储和求解计算。

6.2 单井油藏径向渗流数值模拟方法

本节主要研究对象是油藏内一口井附近区域的渗流与开发过程及井的生产动态。因为油藏模型只包含一口井，所以又称单井模拟器。单井模拟器经常用来模拟各种增产措施(如压裂、酸化)条件下单井的产能预测，以及各种流体吞吐开采方式下的生产过程模拟。

6.2.1 数学模型

1. 油藏物理条件和问题

圆形平面油藏中心有一口井，圆周边界条件均匀，如图 6.2.1 所示。假设油藏内流体为单相且微可压，流体及岩石的物性呈均匀分布，岩石的压缩性可忽略；流体渗流遵从达西定律，重力影响可忽略。求油藏开发过程中的压力分布及井的生产指标。

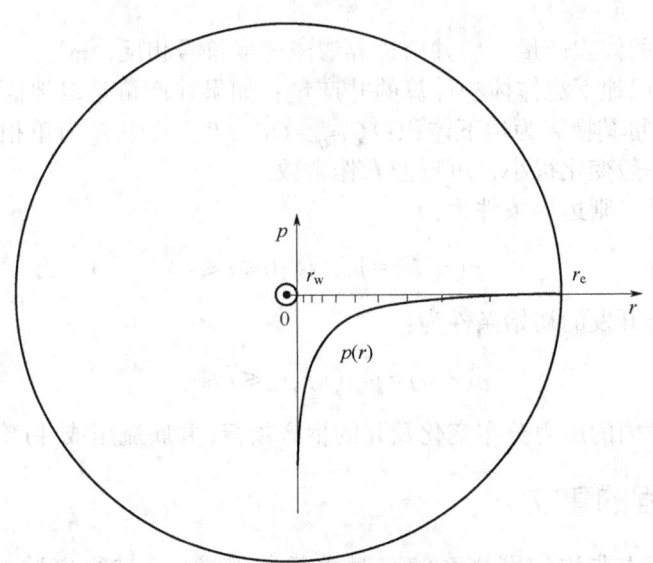

图 6.2.1　中心含一口井的圆形油藏区域及求解区间示意图

2. 油藏数学模型

以井筒中心线为 z 轴，建立柱坐标系，如图 6.2.1 所示。

因为油藏物性分布及边界条件分布都是均匀的，圆形外边界和井筒均以油藏中心点呈轴对称，所以油藏内流动也是以油藏中心及井筒中心呈轴对称的，且只有沿径向坐标的流动，轴向和切向没有流动，油藏内从井筒到外边界所有方向的径向流动都是等价的；因此，只要求得油藏任一条半径线上的压力分布，就可以知道整个油藏区域的压力分布，并求出井的生产指标，则原问题得解。由此，原二维流动问题简化为一维流动问题。

任取油藏的一条半径，并沿该方向设立径向坐标轴。假设油藏井筒和外边界与径向坐标轴的交点分别是 $r=r_w$ 和 $r=r_e$，则 $[r_w, r_e]$ 就是本问题的一维求解区域。

根据油藏物理条件，由 2.4 节式(34)可得上述油藏的渗流控制方程

$$\frac{1}{r}\frac{\partial}{\partial r}\left(r\frac{\partial p}{\partial r}\right)=\frac{\phi\mu C_L}{K}\frac{\partial p}{\partial t} \tag{1}$$

其中 $p=p(r,t)$，$r_w \leq r \leq r_e$，$0 \leq t \leq T$，T 为油藏渗流与开发过程最大时间。

式(1)的辅助方程(辅助条件)为：K、ϕ、μ、C_L 均为常数；因为求解区域为井筒和油藏外边界之间的区域，井筒作为边界处理，且区域内无其他井，所以式(1)中无注采项。

上述油藏的外边界若是封闭边界，则边界条件为：

$$\left.\frac{\partial p}{\partial r}\right|_{r=r_e}=0, 0 \leq t \leq T \tag{2}$$

若是定压外边界，则边界条件为：

$$p(r_e,t)=p_e(t), 0 \leq t \leq T \tag{3}$$

上述油藏内的井若是定液生产，则边界条件为：

$$2\pi r_w h \cdot \left.\left(\frac{K}{\mu}\frac{\partial p}{\partial r}\right)\right|_{r=r_w}=Q_V(t), 0 \leq t \leq T \tag{4}$$

式中 $Q_V(t)$——井的体积产量，与井筒边界渗流速度符号相反，m^3。

注意：$Q_V(t)$ 是以地下流体体积计算的井产量；如果井产量是以地面标况下流体体积给定的 $Q_{Vsci,j}$，则必须将其换算为地下体积：$Q_{Vi,j}=Q_{Vsci,j}B$。其中 B 为单相渗流油藏内微可压流体的体积系数，一般变化很小，可近似看作常数。

若是定压生产井，则边界条件为：

$$p(r_w,t)=p_{wf}(t), 0 \leq t \leq T \tag{5}$$

上述油藏渗流与开发的初始条件为：

$$p(r,0)=p_{ini}(r), r_w \leq r \leq r_e \tag{6}$$

求解问题：油藏内的压力分布变化及井的生产指标(井底流压或井产量)。

6.2.2 差分方程的建立

在柱坐标系中建立非均匀网格系统，对微分方程式(1)进行离散。在任意时空点 $(i, n+1)$ 上式(1)左端离散形式为：

$$\left.\frac{1}{r}\frac{\partial}{\partial r}\left(r\frac{\partial p}{\partial r}\right)\right|_{r=r_i}=\frac{1}{r_i}\frac{\left.r\frac{\partial p}{\partial r}\right|_{r_{i+1/2}}-\left.r\frac{\partial p}{\partial r}\right|_{r_{i-1/2}}}{\Delta r_i}=\frac{1}{r_i}\frac{r_{i+1/2}\frac{p_{i+1}-p_i}{\Delta r_{i+1/2}}-r_{i-1/2}\frac{p_i-p_{i-1}}{\Delta r_{i-1/2}}}{\Delta r_i}$$

$$=\frac{r_{i+1/2}}{r_i}\frac{p_{i+1}}{\Delta r_i \Delta r_{i+1/2}}-\left(\frac{r_{i+1/2}}{\Delta r_{i+1/2}}+\frac{r_{i-1/2}}{\Delta r_{i-1/2}}\right)\frac{p_i}{r_i \Delta r_i}+\frac{r_{i-1/2}}{r_i}\frac{p_{i-1}}{\Delta r_i \Delta r_{i-1/2}} \tag{7}$$

将右端项采用一阶向后差商离散,与式(7)联立得到完整的差分方程:

$$\frac{r_{i+1/2}}{r_i}\frac{p_{i+1}^{n+1}}{\Delta r_i \Delta r_{i+1/2}} - \left(\frac{r_{i+1/2}}{\Delta r_{i+1/2}} + \frac{r_{i-1/2}}{\Delta r_{i-1/2}}\right)\frac{p_i^{n+1}}{r_i \Delta r_i} + \frac{r_{i-1/2}}{r_i}\frac{p_{i-1}^{n+1}}{\Delta r_i \Delta r_{i-1/2}} = \frac{\phi\mu C_L}{K}\frac{p_i^{n+1} - p_i^n}{\Delta t} \tag{8}$$

差分方程式(8)在系数中用 r_i 做除数,当 $r_i \ll r_e$ 时,系数值会随 r_i 的变化而发生剧烈变化,方程稳定性较差。

为保证差分方程的稳定性,采用坐标变换的方法,改变原微分方程的形式,从而改变差分方程的形式。具体过程如下所述。

首先建立坐标变换:

$$r = r_w e^x \tag{9}$$

将式(9)代入式(1),得:

$$\frac{\partial^2 p}{\partial x^2} = e^{2x} r_w^2 \frac{\phi\mu C_L}{K}\frac{\partial p}{\partial t} \tag{10}$$

在坐标系 x 中建立网格系统,在任意时空网格点 (x_i, t^{n+1}) 上对式(10)进行隐式差分离散,得:

$$\frac{p_{i+1}^{n+1}}{\Delta x_i \Delta x_{i+1/2}} - \left(\frac{1}{\Delta x_{i+1/2}} + \frac{1}{\Delta x_{i-1/2}}\right)\frac{p_i^{n+1}}{\Delta x_i} + \frac{p_{i-1}^{n+1}}{\Delta x_i \Delta x_{i-1/2}} = e^{2x_i} r_w^2 \frac{\phi\mu C_L}{K}\frac{p_i^{n+1} - p_i^n}{\Delta t} \tag{11}$$

若取等距网格,并设网格步长为 Δx,则有:

$$\frac{p_{i+1}^{n+1} - 2p_i^{n+1} + p_{i-1}^{n+1}}{(\Delta x)^2} = e^{2i\Delta x} r_w^2 \frac{\phi\mu C_L}{K}\frac{p_i^{n+1} - p_i^n}{\Delta t} \tag{12}$$

记 $M_i = e^{2i\Delta x} r_w^2 \dfrac{\phi\mu C_L}{K} \dfrac{\Delta x^2}{\Delta t}$,式(12)变为:

$$p_{i+1}^{n+1} - (2 + M_i) p_i^{n+1} + p_{i-1}^{n+1} = -M_i p_i^n \tag{13}$$

再令 $\lambda_i = 2 + M_i$,$d_i = -M_i p_i^n$,$i = 1, 2, \cdots, n-1$,则有:

$$p_{i-1}^{n+1} - \lambda_i p_i^{n+1} + p_{i+1}^{n+1} = d_i \tag{14}$$

式(14)是标准形式的线性差分方程,其稳定性好于式(8)。

6.2.3 非均匀网格系统的建立

原油藏渗流规律如图 6.2.1 所示,离井筒越近,压力分布变化越剧烈;远离井点时,压力变化趋缓。为了准确模拟压力分布特征,同时尽量减小计算量,应该采用非均匀网格。离井筒越近,网格应越小;离井筒越远,网格越大。

利用坐标变换式(9)的特点,若对 x 取均匀网格 $x_i = i\Delta x$,正好可以得到所需柱坐标系中的非均匀网格 r_i,如图 6.2.2 所示。本节采用点中心网格。

非均匀网格 r_i 与均匀网格 x_i 的对应关系如下:

$$r_i = r_w e^{x_i} = r_w e^{i\Delta x}, \quad r_{i+1}/r_i = e^{\Delta x} \tag{15}$$

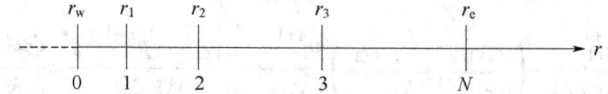

图 6.2.2　柱坐标系中径向非均匀网格示意图

即：

$$\begin{cases} x_0 = 0: r_0 = r_w e^{x_0} = r_w \\ x_1 = \Delta x: r_1 = r_w e^{x_1} = r_w e^{\Delta x} \\ x_2 = 2\Delta x: r_2 = r_w e^{x_2} = r_w e^{2\Delta x} \\ x_3 = 3\Delta x: r_3 = r_w e^{x_3} = r_w e^{3\Delta x} \\ \cdots \cdots \\ x_N = N\Delta x: r_N = r_w e^{x_N} = r_w e^{N\Delta x} = r_e \end{cases} \quad (16)$$

6.2.4　不同边界条件下问题的求解

利用差分方程式(14)结合不同边界条件对原问题进行求解。

1. 外边界定压、内边界定产问题

该油藏条件下需要求解的是 N 个网格点 $x_0, x_1, x_2, \cdots, x_{N-1}$ 上的压力值 $p_0^{n+1}, p_1^{n+1}, p_2^{n+1}, \cdots, p_{N-1}^{n+1}$。

对外边界，由式(3)及式(16)得：

$$p_N^{n+1} = p(r_e, t^{n+1}) = p_e(t^{n+1}) = p_e^{n+1} \quad (17)$$

式(17)中 p_e^{n+1} 是给定的边界压力值，因此 p_N^{n+1} 为已知值。

对于边界邻点 $i = N-1$，由式(14)得差分方程：

$$p_{N-2}^{n+1} - \lambda_{N-1} p_{N-1}^{n+1} + p_N^{n+1} = d_{N-1}$$

将式(17)代入上式，得标准形式线性代数差分方程：

$$p_{N-2}^{n+1} - \lambda_{N-1} p_{N-1}^{n+1} = d_{N-1} - p_e^{n+1} \quad (18)$$

对内边界，由式(4)和式(9)得：

$$\frac{2\pi K h}{\mu}\left(\frac{\partial p}{\partial x}\right)_{x=0} = Q_V(t) \quad (19)$$

对式(19)离散化，可得：

$$\frac{p_1^{n+1} - p_0^{n+1}}{\Delta x} = \frac{\mu Q_V^{n+1}}{2\pi K h} \quad (20)$$

其中 $Q_V^{n+1} = Q_V(t^{n+1})$ 为已知值。注意到 $p_0^{n+1} = p_{wf}^{n+1}$，再记

$$d_0^{n+1} = \frac{\mu \Delta x}{2\pi K h} Q_V^{n+1} \quad (21)$$

代入式(20)得：

$$-p_{wf}^{n+1} + p_1^{n+1} = d_0^{n+1} \quad (22)$$

对于网格点 $i = 1, 2, 3, \cdots, N-2$，将下标代入式(14)可得其差分方程，再与式(18)及式(22)联立，可得：

$$\begin{matrix} i=0: \\ i=1: \\ i=2: \\ \vdots \\ i=n-1: \end{matrix} \begin{bmatrix} -1 & 1 & & & \\ 1 & -\lambda_1 & 1 & & \\ & 1 & -\lambda_2 & 1 & \\ & & \vdots & \vdots & \vdots & \vdots \\ & & & 1 & -\lambda_{N-1} \end{bmatrix} \begin{bmatrix} p_{wf} \\ p_1 \\ p_2 \\ \vdots \\ p_{N-1} \end{bmatrix} = \begin{bmatrix} d_0 \\ d_1 \\ d_2 \\ \vdots \\ d_{N-1}-p_e \end{bmatrix} \quad (23)$$

式(23)是一个三对角系数矩阵方程组，其中省略了上标。解此线性代数方程组即可得原问题的解。

2. 外边界封闭、内边界定压问题

该油藏条件下需要求解的是 N 个网格点 $x_1, x_2, \cdots, x_{N-1}, x_N$ 上的压力值 $p_1^{n+1}, p_2^{n+1}, \cdots, p_{N-1}^{n+1}, p_N^{n+1}$。

对外边界，设立虚拟网格点 x_{N+1}，外边界条件式(2)离散化，得：

$$\frac{p_{N+1}^{n+1}-p_{N-1}^{n+1}}{2\Delta x}=0, \text{即 } p_{N+1}^{n+1}=p_{N-1}^{n+1} \quad (24)$$

利用差分方程通式(14)得边界点 $i=N$ 的差分方程：

$$p_{N-1}^{n+1}-\lambda_N p_N^{n+1}+p_{N+1}^{n+1}=d_N \quad (25)$$

将式(24)和式(25)两式联立得：

$$2p_{N-1}^{n+1}-\lambda_N p_N^{n+1}=d_N \quad (26)$$

对于内边界点(井筒边界)，由式(5)离散可得：

$$p_0^{n+1}=p(r_w, t^{n+1})=p_{wf}^{n+1} \quad (27)$$

对于内边界的邻点 $i=1$ 点，利用差分通式(14)及式(27)得：

$$-\lambda_1 p_1^{n+1}+p_2^{n+1}=d_1-p_{wf}^{n+1} \quad (28)$$

对于网格点 $i=2,3,\cdots,N-1$，将下标代入式(14)可得其差分方程，再与式(26)及式(28)联立，可得：

$$\begin{matrix} i=1: \\ i=2: \\ i=3: \\ \vdots \\ i=N-1: \\ i=N: \end{matrix} \begin{bmatrix} -\lambda_1 & 1 & & & & \\ 1 & -\lambda_2 & 1 & & & \\ & 1 & -\lambda_3 & 1 & & \\ & & \vdots & \vdots & \vdots & \vdots & \vdots \\ & & & & 1 & -\lambda_{N-1} & 1 \\ & & & & & 2 & -\lambda_N \end{bmatrix} \begin{bmatrix} p_1^{n+1} \\ p_2^{n+1} \\ p_3^{n+1} \\ \vdots \\ p_{N-1}^{n+1} \\ p_N^{n+1} \end{bmatrix} = \begin{bmatrix} d_1-p_{wf}^{n+1} \\ d_2 \\ d_3 \\ \vdots \\ d_{N-1} \\ d_N \end{bmatrix}$$

求解上述方程组即可得到 $p_1^{n+1}, p_2^{n+1}, p_3^{n+1}, \cdots, p_{N-1}^{n+1}, p_N^{n+1}$，则原问题得解。

求得油藏压力分布以后，还应该求出定压生产井的产量。由式(21)和式(22)联立，得：

$$Q_V^{n+1}=\frac{2\pi Kh}{\mu}\frac{p_1^{n+1}-p_{wf}^{n+1}}{\Delta x} \quad (29)$$

因为式(29)中 p_{wf}^{n+1} 和 p_1^{n+1} 已知，所以由式(29)可得井的产量 Q_V^{n+1}。

6.2.5 程序框图

将以上方法步骤编成计算机程序，即可对问题进行求解计算。程序执行框图如图6.2.3所示。

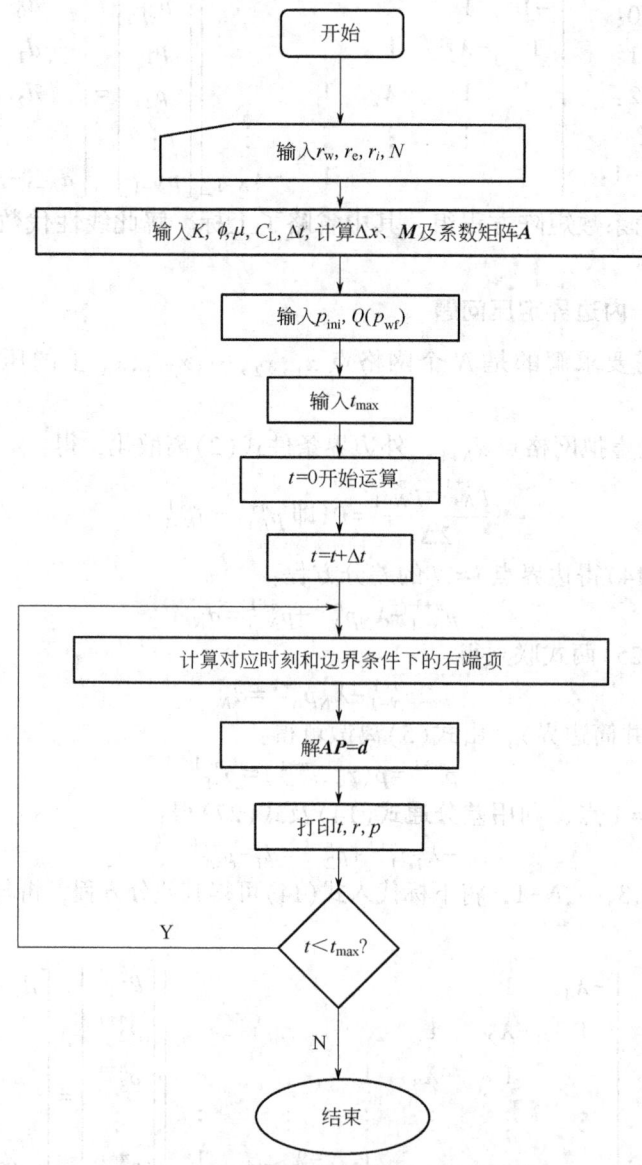

图 6.2.3 圆形油藏单井模拟程序流程框图

6.3 平面油藏数值模拟方法

6.3.1 油藏数学模型

1. 油藏物理条件和问题

假设目标油藏为矩形平面等厚油藏，长度为 L_x，宽度为 L_y；油藏内流体为单相且微可压；岩石的压缩性可忽略，渗透率和孔隙度呈非均匀分布；渗流遵从达西定律，重力影响可忽略。油藏内分布若干口注采井。求油藏开发过程中的压力分布及井的生产指标。

2. 数学模型

分别以油藏的长度和宽度方向为 x 和 y 轴建立直角坐标系 (O,x,y)，并构建油藏数学模型。

根据油藏物理条件，参考 2.4 节式(30)可得上述油藏的渗流控制方程：

$$\frac{\partial}{\partial x}\left(K\frac{\partial p}{\partial x}\right)+\frac{\partial}{\partial y}\left(K\frac{\partial p}{\partial y}\right)+\mu q_V=\phi\mu C_L\frac{\partial p}{\partial t} \tag{1}$$

其中，$p=p(x,y,t)$，$0\leq x\leq L_x$，$0\leq y\leq L_y$；$0\leq t\leq T$，T 为油藏渗流与开发过程最大时间。

方程(1)的辅助方程(辅助条件)为：

$$\begin{cases} K=K(x,y) \\ \phi=\phi(x,y) \\ \mu=\text{常数} \\ C_L=\text{常数} \\ q_V=q_V(x,y,t) \end{cases} \tag{2}$$

式(2)中的注采项 $q_V(x,y,t)$ 决定于各井的产液量 $Q_V(t)$ 或井底流压 $p_{wf}(t)$。$Q_V(t)$ 和 $p_{wf}(t)$ 是给定的量。

如果油藏边界是封闭的，则边界条件为：

$$\left(\frac{\partial p}{\partial x}\right)_{x=0}=\left(\frac{\partial p}{\partial x}\right)_{x=L_x}=\left(\frac{\partial p}{\partial y}\right)_{y=0}=\left(\frac{\partial p}{\partial y}\right)_{y=L_y}=0 \tag{3}$$

如果油藏边界是均匀定压的，则边界条件为：

$$p(0,y,t)=p(L_x,y,t)=p(x,0,t)=p(x,L_y,t)=p_e(t) \tag{4}$$

油藏的初始条件为：

$$p(x,y,0)=p_{ini}(x,y) \tag{5}$$

求解问题：油藏内的压力分布变化和井的生产指标(井底流压或井产量)，即模拟预测该油藏渗流与开发过程。

6.3.2 差分方程的建立

1. 渗流控制方程的离散

在上述直角坐标系中建立非均匀网格系统，在任意时空点 $(i,j,n+1)$ 上对微分方程式(1)进行离散。式(1)左端项离散形式为：

$$\frac{\partial}{\partial x}\left(K\frac{\partial p}{\partial x}\right)\Big|_{(i,j)}^{n+1}=\frac{\left(K\frac{\partial p}{\partial x}\right)_{i+1/2,j}^{n+1}-\left(K\frac{\partial p}{\partial x}\right)_{i-1/2,j}^{n+1}}{\Delta x_i}=\frac{K_{i+1/2,j}\frac{p_{i+1,j}^{n+1}-p_{i,j}^{n+1}}{\Delta x_{i+1/2}}-K_{i-1/2,j}\frac{p_{i,j}^{n+1}-p_{i-1,j}^{n+1}}{\Delta x_{i-1/2}}}{\Delta x_i} \tag{6}$$

$$\frac{\partial}{\partial y}\left(K\frac{\partial p}{\partial y}\right)\Big|_{(i,j)}^{n+1}=\frac{K_{i,j+1/2}\frac{p_{i,j+1}^{n+1}-p_{i,j}^{n+1}}{\Delta y_{j+1/2}}-K_{i,j-1/2}\frac{p_{i,j}^{n+1}-p_{i,j-1}^{n+1}}{\Delta y_{j-1/2}}}{\Delta y_j} \tag{7}$$

$$\mu q_V(x,y,t)=\mu q_{Vi,j}^{n+1} \tag{8}$$

右端项采用向后差分格式：

$$\phi\mu C_L\frac{\partial p}{\partial t}\Big|_{(i,j)}^{n+1}=\phi_{i,j}\mu C_L\frac{p_{i,j}^{n+1}-p_{i,j}^n}{\Delta t} \tag{9}$$

式(6)至式(9)代入式(1)，得：

$$\frac{K_{i+1/2,j}\frac{p_{i+1,j}^{n+1}-p_{i,j}^{n+1}}{\Delta x_{i+1/2}}-K_{i-1/2,j}\frac{p_{i,j}^{n+1}-p_{i-1,j}^{n+1}}{\Delta x_{i-1/2}}}{\Delta x_i}+\frac{K_{i,j+1/2}\frac{p_{i,j+1}^{n+1}-p_{i,j}^{n+1}}{\Delta y_{j+1/2}}-K_{i,j-1/2}\frac{p_{i,j}^{n+1}-p_{i,j-1}^{n+1}}{\Delta y_{j-1/2}}}{\Delta y_j}+\mu q_{Vi,j}^{n+1}=\phi_{i,j}\mu C_L\frac{p_{i,j}^{n+1}-p_{i,j}^n}{\Delta t} \quad (10)$$

式(10)两端同乘以 $V_{i,j}=\Delta x_i \Delta y_j h$，$h$ 为油层厚度，并引入传导系数：

$$T_{x,i\pm1/2}=\frac{K_{i\pm1/2,j}\Delta y_j h}{\mu \Delta x_{i\pm1/2}},\; T_{y,j\pm1/2}=\frac{K_{i,j\pm1/2}\Delta x_i h}{\mu \Delta y_{j\pm1/2}} \quad (11)$$

则式(10)可得如下形式：

$$T_{x,i+1/2}(p_{i+1,j}^{n+1}-p_{i,j}^{n+1})-T_{x,i-1/2}(p_{i,j}^{n+1}-p_{i-1,j}^{n+1})+T_{y,j+1/2}(p_{i,j+1}^{n+1}-p_{i,j}^{n+1})-T_{y,j-1/2}(p_{i,j}^{n+1}-p_{i,j-1}^{n+1})-Q_{Vi,j}^{n+1}$$
$$=\frac{V_{pi,j}C_L}{\Delta t}(p_{i,j}^{n+1}-p_{i,j}^n) \quad (12)$$

其中 $V_{pi,j}=\phi_{i,j}\Delta x_i \Delta y_j h \quad Q_{Vi,j}^{n+1}=-q_{Vi,j}^{n+1}\Delta x_i \Delta y_j h$

式中 $V_{pi,j}$——本点网格(i,j)的孔隙体积，m³；

$Q_{Vi,j}^{n+1}$——本点网格(i,j)内井的产量，m³。

结合式(11)和式(12)式可以看出，式(12)左端第1~4项分别是本点网格(i,j)与其东、西、北、南4个相邻网格之间的单位时间流体体积流量，而这4项的系数表示的是本点网格(i,j)与相邻网格在单位压差下的流体传导速度，即本点网格(i,j)与相邻网格之间的流体传导能力，因此称其为传导系数。

对式(12)进行整理可得：

$$c_{ij}p_{i,j-1}^{n+1}+a_{ij}p_{i-1,j}^{n+1}+e_{ij}p_{i,j}^{n+1}+b_{ij}p_{i+1,j}^{n+1}+d_{ij}p_{i,j+1}^{n+1}=f_{ij} \quad (13)$$

其中 $c_{ij}=T_{y,j-1/2}$，$a_{ij}=T_{x,i-1/2}$，$e_{ij}=-T_{x,i+1/2}-T_{x,i-1/2}-T_{y,j+1/2}-T_{y,j-1/2}-\frac{V_{pi,j}C_L}{\Delta t}$，$b_{ij}=T_{x,i+1/2}$，$d_{ij}=T_{y,j+1/2}$，$f_{ij}=Q_{Vi,j}^{n+1}-\frac{V_{pi,j}C_L}{\Delta t}p_{i,j}^n$。

式(13)就是原问题渗流差分方程通式，其中井产量 $Q_{Vi,j}^{n+1}$ 的具体形式由井边界条件决定。

2. 传导系数的处理

差分方程通式(13)在进行求解前需要计算其中各个传导系数的值。在传导系数定义式(11)中，Δx_i、Δy_j 和 h 均为已知值，$\Delta x_{i\pm1/2}$ 和 $\Delta y_{j\pm1/2}$ 可由6.1.1小节中的分析得到：

$$\Delta x_{i+\frac{1}{2}}=x_{i+1}-x_i,\Delta x_{i-\frac{1}{2}}=x_i-x_{i-1},\Delta y_{j+\frac{1}{2}}=y_{j+1}-y_j,\Delta y_{j-\frac{1}{2}}=y_j-y_{j-1} \quad (14)$$

如果是块中心网格，$\Delta x_{i\pm1/2}$ 和 $\Delta y_{j\pm1/2}$ 还可以利用下式计算：

$$\Delta x_{i\pm\frac{1}{2}}=(\Delta x_i+\Delta x_{i\pm1})/2,\Delta y_{j\pm\frac{1}{2}}=(\Delta y_j+y_{j\pm1})/2 \quad (15)$$

需要注意，式(15)并不是普适公式，对于点中心网格不适用。

根据以上所述，传导系数的计算主要是其所含的辅助点渗透率 $K_{i\pm1/2,j}$ 和 $K_{i,j\pm1/2}$ 的处理。因数值模拟中辅助点上物理量一般不直接赋值，所以需要由相邻网格点值求平均得到，如图6.3.1所示。

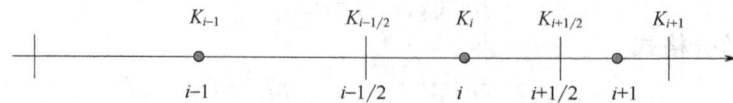

图6.3.1 辅助点与网格点渗透率分布关系示意图

辅助点渗透率计算方法需要慎重选择，否则会显著影响计算效果。例如下列常见方法：

算术平均方法：$K_{i\pm1/2,j}=\dfrac{K_{i,j}+K_{i\pm1,j}}{2}$，$K_{i,j\pm1/2}=\dfrac{K_{i,j}+K_{i,j\pm1}}{2}$

几何平均：$K_{i\pm1/2,j}=\sqrt{K_{i,j}K_{i\pm1,j}}$，$K_{i,j\pm1/2}=\sqrt{K_{i,j}+K_{i,j\pm1}}$

调和平均：$K_{i\pm1/2,j}=\dfrac{2K_{i,j}K_{i\pm1,j}}{K_{i,j}+K_{i\pm1,j}}$，$K_{i,j\pm1/2}=\dfrac{2K_{i,j}K_{i,j\pm1}}{K_{i,j}+K_{i,j\pm1}}$

上述3种方法中，只有调和平均方法效果较好，因为只有调和平均方法满足"一方为零则为零，一方很大不会很大"的渗流原理，其物理含义是：当两个相邻网格之一的渗透率为零，网格之间不会有流体流动，因而表示两个网格间流体传导能力的辅助点渗透率应该为零；当两个相邻网格之一的渗透率很大，另一个为正常值时，网格之间流体传导能力不会很大，因而表示两个网格间流体传导能力的辅助点渗透率值不应该很大。

至此，传导系数的处理完毕，方程组系数均为已知，方程组可解。

6.3.3 不同边界条件下油藏渗流问题的求解

1. 外边界定压、注采井定液问题

采用点中心网格将求解区域离散化，并假设 x 和 y 方向网格数分别是 N_x 和 N_y，具体取值 $N_x=5$，$N_y=6$，如图6.3.2所示。因边界点压力已知，故只需求解内部网格(i,j)($i=2,\cdots,N_x-1,j=2,\cdots,N_y-1$)的压力，共$(N_x-2)(N_y-2)$个未知量。网格按行自然排序。

1) 外边界的处理

对外边界，由式(4)离散可得：

$$p_{1,j}^{n+1}=p_{N_x,j}^{n+1}=p_{i,1}^{n+1}=p_{i,N_y}^{n+1}=p_{\mathrm{e}}^{n+1},i=1,2,\cdots,N_x,j=1,2,\cdots,N_y$$
(16)

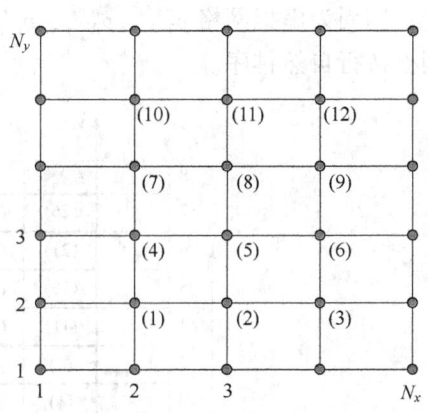

图6.3.2 矩形平面油藏点中心网格系统示意图

利用式(13)列出每个待求网格的差分方程，并将式(16)代入其中。未知网格共$(N_x-2)(N_y-2)$个，本问题具体为12个，对应12个差分方程。例如第(1)个网格：

$$e_{2,2}p_{(1)}+b_{2,2}p_{(2)}+d_{2,2}p_{(4)}=f_{2,2}-c_{2,2}p_{2,1}-a_{2,2}p_{1,2}$$
(17)

其中，左端项压力值皆为未知量，右端项皆为已知量。

再如第(7)个网格：

$$c_{2,4}p_{(4)}+e_{2,4}p_{(7)}+b_{2,4}p_{(8)}+d_{2,4}p_{(10)}=f_{2,4}-a_{2,4}p_{1,4}$$
(18)

2) 定液井的处理

主要是差分方程右端项 $f_{i,j}$ 的计算。如果某个网格(i,j)含有定液量 $Q_{Vi,j}^{n+1}$ 的井，则：

$$f_{i,j}=Q_{Vi,j}^{n+1}-\dfrac{V_{p_{i,j}}C_{\mathrm{L}}}{\Delta t}p_{i,j}^{n}$$
(19)

如果该网格内不含井，即 $Q_{Vi,j}^{n+1}=0$，则有：

$$f_{i,j}=-\dfrac{V_{p_{i,j}}C_{\mathrm{L}}}{\Delta t}p_{i,j}^{n}$$
(20)

注意：$Q_{Vi,j}^{n+1}$ 是以地下流体体积计的井产量。如果实际油藏给定的井产量是地面标况下

的体积产量 $Q_{Vsci,j}$，则必须将其换算为地下体积：$Q_{Vi,j}=Q_{Vsci,j}B$。其中 B 为单相渗流油藏内微可压流体的体积系数，一般变化很小，可近似看作常数。

3) 线性代数方程组的建立与求解

将上述所有待求网格的差分方程联立，组成方程组

$$AP=g \tag{21}$$

其中，$\boldsymbol{P}=(p_{(1)},p_{(2)},p_{(3)},p_{(4)},p_{(5)},p_{(6)},p_{(7)},p_{(8)},p_{(9)},p_{(10)},p_{(11)},p_{(12)})^{\mathrm{T}}$。上述各式中网格压力值省略了上标 $n+1$。

式(21)是一个五对角线性代数方程组，解之即得油藏内新时间步的压力分布。

2. 外边界封闭、井定压问题

采用块中心网格离散求解区域，并按照镜像法规则建立虚拟网格，如图6.3.3所示。假设 x 和 y 方向网格总数分别是 N_x 和 N_y，具体取值 $N_x=7$，$N_y=8$，则求解目标是油藏区域网格 $(i,j)(i=2,3,\cdots,N_x-1;j=2,\cdots,N_y-1)$ 的压力，共 $(N_x-2)(N_y-2)=5\times6=30$ 个未知量。油藏区域的边界网格为 $p_{2,j}^{n+1}$，$p_{N_x-1,j}^{n+1}$，$p_{i,2}^{n+1}$，$p_{i,N_y-1}^{n+1}(i=2,3,\cdots,N_x-1;j=2,3,\cdots,N_y-1)$，共 18 个；四周为虚拟网格 $p_{1,j}^{n+1}$，$p_{N_x,j}^{n+1}$，$p_{i,1}^{n+1}$，$p_{i,N_y}^{n+1}(i=2,3,\cdots,N_x-1;j=2,3,\cdots,N_y-1)$，共 22 个。网格按行自然排序。

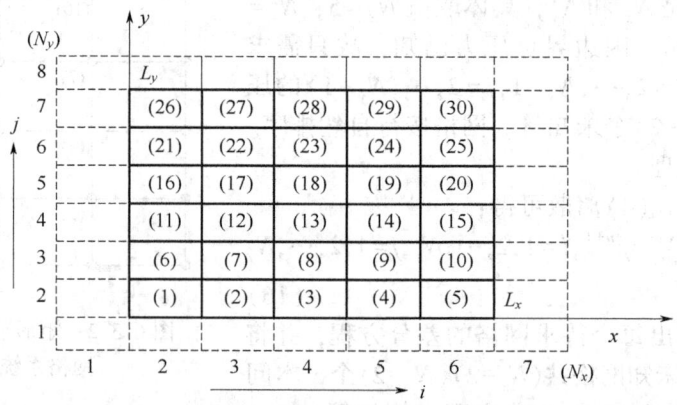

图 6.3.3 矩形平面油藏块中心网格系统示意图

1) 外边界的处理

下面利用图6.3.3所示网格系统将油藏四周封闭边界条件式(3)离散化。

首先考虑西边界。西边界线的位置与辅助点 $p_{1+\frac{1}{2},j}^{n+1}(j=2,3,\cdots,N_y-1)$ 重合，因此西边界条件式(2)可以写成：

$$\left(\frac{\partial p}{\partial x}\right)_{1+\frac{1}{2},j}^{n+1}=0, j=2,3,\cdots,7 \tag{22}$$

利用镜像网格点 $p_{1,j}^{n+1}$ 和边界网格点 $p_{2,j}^{n+1}$ 在辅助点 $p_{1+\frac{1}{2},j}^{n+1}$ 上构造一阶中心差商，将式(22)离散化，可得：

$$\frac{p_{2,j}-p_{1,j}}{\Delta x_{1+\frac{1}{2}}}=0, 即 p_{1,j}=p_{2,j}, j=2,3,\cdots,N_y-1$$

其他方向边界同样处理，汇总可得四周边界条件的离散形式：

$$\begin{cases} p_{i,1}^{n+1}=p_{i,2}^{n+1} \\ p_{i,N_y}^{n+1}=p_{i,N_y-1}^{n+1} \\ p_{1,j}^{n+1}=p_{2,j}^{n+1} \\ p_{N_x,j}^{n+1}=p_{N_x-1,j}^{n+1} \end{cases}, i=2,3,\cdots,N_x-1;j=2,3,\cdots,N_y-1 \quad (23)$$

其中，$N_x=7$，$N_y=8$。式(13)和式(23)组成方程组即可对原问题进行求解，其方程个数为 N_xN_y；也可以用如下方法简化方程组后求解。

对于任一边界点，用式(23)代入式(13)，得其简化差分方程。例如：网格点$(i,j)=(2,7)$，由式(13)可得：

$$c_{2,7}p_{2,6}^{n+1}+a_{2,7}p_{1,7}^{n+1}+e_{2,7}^{n+1}p_{2,7}^{n+1}+b_{2,7}^{n+1}p_{3,7}^{n+1}+d_{2,7}^{n+1}p_{2,8}^{n+1}=f_{2,7} \quad (24)$$

将式(23)中的 $p_{1,7}^{n+1}=p_{2,7}^{n+1}$ 和 $p_{2,8}^{n+1}=p_{2,7}^{n+1}$ 代入式(24)，得：

$$c_{2,7}p_{2,6}^{n+1}+(a_{2,7}+e_{2,7}^{n+1}+d_{2,7})p_{2,7}^{n+1}+b_{3,7}p_{3,7}^{n+1}=f_{2,7} \quad (25)$$

对$(i,j)=(2,3)$点有：

$$c_{2,3}p_{2,2}^{n+1}+(a_{2,3}+e_{2,3})p_{2,3}^{n+1}+b_{2,3}p_{3,3}^{n+1}+d_{2,3}p_{2,4}^{n+1}=f_{2,3} \quad (26)$$

经过以上处理，所有油藏区域内网格的差分方程都不再含有镜像网格值，方程个数减少为$(N_x-2)(N_y-2)$个，简化了方程组及其计算过程。

2)定压井的处理

主要是差分方程式(13)右端产量项 $Q_{Vi,j}^{n+1}$ 的处理。根据3.4.2小节中式(9)和式(10)，可得：

$$Q_{Vi,j}^{n+1}=\frac{2\pi hK_{i,j}}{\mu}\cdot\frac{p_{i,j}^{n+1}-p_{\text{wfi},j}^{n+1}}{\ln\frac{r_e}{r_w}+S} \quad (27)$$

定义井产液指数：$J=\frac{2\pi hK}{\mu}\bigg/\left(\ln\frac{r_e}{r_w}+S\right)$，则得：

$$Q_{Vi,j}^{n+1}=J_{i,j}(p_{i,j}^{n+1}-p_{\text{wfi},j}^{n+1}) \quad (28)$$

将式(28)代入任意点(i,j)的差分方程式(13)，即得：

$$c_{ij}p_{i,j-1}^{n+1}+a_{ij}p_{i-1,j}^{n+1}+(e_{ij}-J_{i,j})p_{i,j}^{n+1}+b_{ij}p_{i+1,j}^{n+1}+d_{ij}p_{i,j+1}^{n+1}=-J_{i,j}p_{\text{wfi},j}^{n+1}-\frac{V_{p_{i,j}}C_L}{\Delta t}p_{i,j}^n \quad (29)$$

式(29)就是含有定压生产井的网格满足的差分方程。

3)线性代数方程组的建立与求解

通过上述步骤，已经得到所有待求未知量网格点的$(N_x-2)(N_y-2)$个线性代数差分方程，将其组成方程组，得：

$$\boldsymbol{A}\cdot\boldsymbol{P}=\boldsymbol{g} \quad (30)$$

其中，$\boldsymbol{P}=[p_{(1)}^{n+1},p_{(2)}^{n+1},p_{(3)}^{n+1},\cdots,p_{(30)}^{n+1}]^T$，$\boldsymbol{g}=[g_{(1)},g_{(2)},g_{(3)},\cdots,g_{(30)}]$。式(30)是一个五对角线性代数方程组，解得油藏内新时间步的压力分布。

3. 井的生产指标计算

一般地，在求得油藏内压力分布以后，还要计算定液井的井底流压及定压井的产液量。对于定压井，$p_{\text{wfi},j}^{n+1}$ 和 $p_{i,j}^{n+1}$ 是已知量，代入式(28)即可得其产量 $Q_{Vi,j}^{n+1}$。

对于定液井，由式(28)得：

$$p_{wf_{i,j}}^{n+1} = p_{i,j}^{n+1} - Q_{Vi,j}^{n+1}/J_{i,j} \tag{31}$$

因 $p_{i,j}^{n+1}$ 和 $Q_{Vi,j}^{n+1}$ 是已知量，代入式(31)即可得井底流压 $p_{wf_{i,j}}^{n+1}$。

6.3.4 问题讨论：封闭边界的不同表示形式

封闭边界是实际油藏常见的边界类型，其边界条件可以有两种表达形式。以本节油藏问题为例，其封闭边界条件可以写成式(3)的形式，也可以写成式(32)的形式：

$$K(x,y)|_{x=0} = K(x,y)|_{x=L_x} = K(x,y)|_{y=0} = K(x,y)|_{y=L_y} = 0 \tag{32}$$

下面来说明：式(3)和式(32)的作用是相同的。为此在图 6.3.3 中任选一个边界网格 (6,5) 作为例子。将差分方程通式(12)用在网格(6,5)上，得：

$$T_{x,6+1/2}(p_{7,5}^{n+1}-p_{6,5}^{n+1}) - T_{x,6-1/2}(p_{6,5}^{n+1}-p_{5,5}^{n+1}) + T_{y,5+1/2}(p_{6,6}^{n+1}-p_{6,5}^{n+1}) - T_{y,5-1/2}(p_{6,5}^{n+1}-p_{6,4}^{n+1}) - Q_{V6,5}^{n+1} = \frac{V_{p_{6,5}} C_L}{\Delta t}(p_{6,5}^{n+1}-p_{6,5}^{n}) \tag{33}$$

网格块(6,5)的东侧边是油藏东部封闭边界 $x=L_x$ 的一部分，且以辅助点 $\left(6+\frac{1}{2},5\right)$ 为中点，因此将式(32)中东部封闭边界条件 $K(x,y)|_{x=L_x}=0$ 在辅助点 $\left(6+\frac{1}{2},5\right)$ 上离散化，得到：

$$K(x,y)|_{x=L_x,y=y_5} = K_{6+\frac{1}{2},5} = 0 \tag{34}$$

由此可得：

$$T_{x,6+1/2} = \frac{K_{6+\frac{1}{2},5} \Delta y_5 \cdot h}{\mu \Delta x_{6+\frac{1}{2}}} = \frac{0 \cdot \Delta y_5 \cdot h}{\mu \Delta x_{6+\frac{1}{2}}} = 0 \tag{35}$$

将式(35)代入式(33)，得到考虑封闭边界作用的网格(6,5)的差分方程为：

$$-T_{x,6-1/2}(p_{6,5}^{n+1}-p_{5,5}^{n+1}) + T_{y,5+1/2}(p_{6,6}^{n+1}-p_{6,5}^{n+1}) - T_{y,5-1/2}(p_{6,5}^{n+1}-p_{6,4}^{n+1}) - Q_{V6,5}^{n+1} = \frac{V_{p_{6,5}} C_L}{\Delta t}(p_{6,5}^{n+1}-p_{6,5}^{n}) \tag{36}$$

与式(33)相比，式(36)缺少左端第一项，即该网格内流体在朝向封闭边界一侧没有流动。

再看式(3)形式的边界条件，由式(23)中的 $p_{N_x,j}^{n+1}=p_{N_x-1,j}^{n+1}$，可得网格(6,5)相邻边界条件的离散形式为：

$$p_{7,5}^{n+1} = p_{6,5}^{n+1} \tag{37}$$

将式(37)代入式(33)，同样得到式(36)，这说明封闭边界条件不同形式的式(3)和式(32)是等价的。

6.3.5 程序框图

将以上方法步骤编成计算机程序，即可对问题进行求解计算。程序执行框图如图 6.3.4 所示。

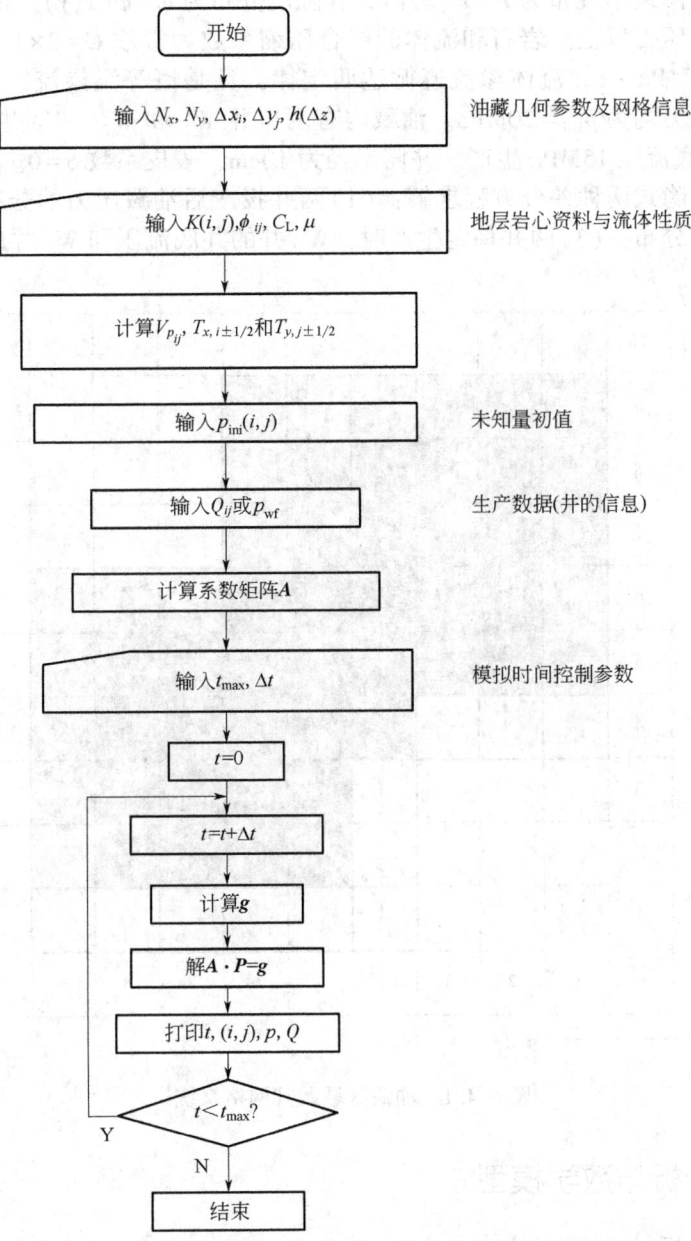

图 6.3.4 非均质平面油藏单向渗流数值模拟程序框图

6.4 薄层单相渗流油藏数值模拟方法

本节将介绍更加符合实际情况的单相流体油藏的数值模拟方法。

6.4.1 问题的提出

图 6.4.1 所示是一个非均质水平薄层油藏。油藏东西方向和南北方向尺度相等，均为 1800m，南部边界具有活跃边水(压力均匀且恒为 p_e)，其他边界为封闭边界。其油层厚度分

布为 $H=H(x,y)$，渗透率分布为 $K=K(x,y)$，孔隙度分布为 $\phi=\phi(x,y)$。油藏开发过程中压力始终保持在泡点压力以上。岩石和流体的综合压缩系数为常数 $C=2\times10^{-4}\text{MPa}^{-1}$，油相黏度为常数 $\mu=5\times10^{-3}\text{Pa}\cdot\text{s}$。流体渗流遵循达西定律，且是恒等温渗流，重力影响可忽略。油藏各区域初始压力均为 $p_{\text{ini}}=20\text{MPa}$。油藏内有两口井 W_1 和 W_2，W_1 井定产液量 $30\text{m}^3/\text{d}$ 生产，W_2 井定井底流压 15MPa 生产。井筒半径为 10cm，表皮系数 $S=0$。两井同时投产。

试利用显式和隐式两种差分方程求解：(1) 两井投产后油藏压力的分布变化；(2) 油藏生产稳定后的压力分布；(3) 两井稳定生产时，W_1 井的井底流压和 W_2 井的产量。

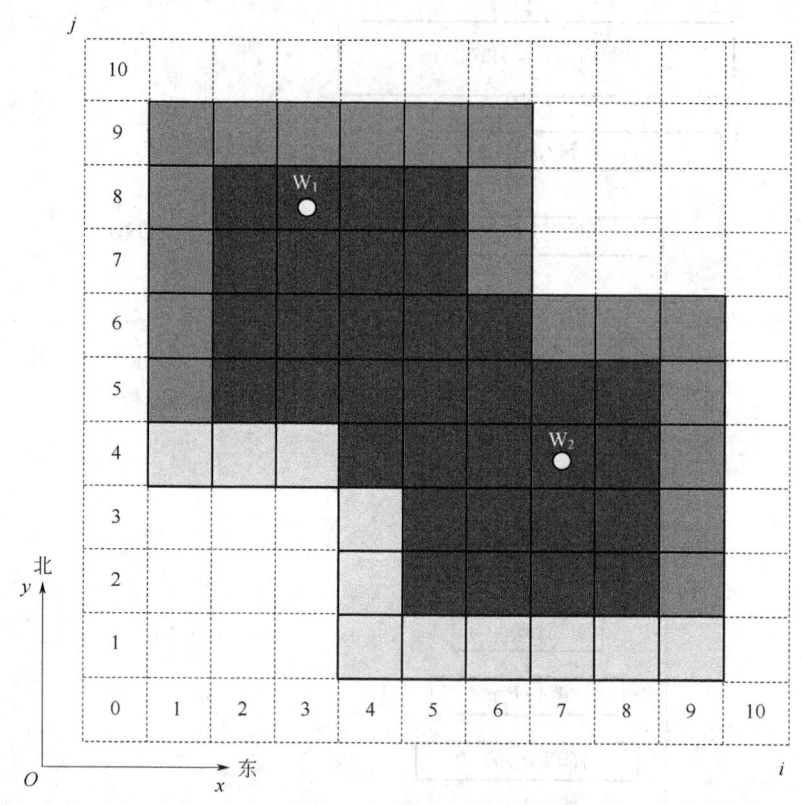

图 6.4.1 油藏区域及其网格系统

6.4.2 问题分析与数学模型

1. 物理问题分析

上述油藏具有如下物理特征：

(1) 构造：二维平面薄层油藏，厚度分布为 $H(x,y)$；
(2) 流体：单相、微可压缩流体，黏度、压缩系数为常数；
(3) 岩石：微可压，非均质，渗透率分布为 $K(x,y)$，孔隙度分布为 $\phi(x,y)$；
(4) 渗流：服从达西定律，流场恒等温，重力影响可忽略；
(5) 边界：南部边界为定压边界，其他边界为封闭边界。

2. 数学模型

首先取地层平面为二维坐标平面，以正东和正北方向分别作为 x 轴和 y 轴，建立平面直角坐标系。

1)渗流控制方程组

参考2.4.2小节式(31)可得,单相微可压流体渗流微分方程为:

$$\nabla \cdot \left[\frac{\alpha K}{\mu}(\nabla p - \rho_0 g \nabla D)\right] + \alpha q_V = \alpha \phi C \frac{\partial p}{\partial t}$$

忽略重力影响,并考虑维数因子为$\alpha = H(x,y)$,且μ为常数,代入上式得:

$$\frac{1}{\mu}\nabla(HK\nabla p) + Hq_V = H\phi C \frac{\partial p}{\partial t}$$

写成直角坐标形式,得:

$$\frac{1}{\mu}\frac{\partial}{\partial x}\left(HK\frac{\partial p}{\partial x}\right) + \frac{1}{\mu}\frac{\partial}{\partial y}\left(HK\frac{\partial p}{\partial y}\right) + Hq_V = H\phi C \frac{\partial p}{\partial t} \tag{1}$$

式(1)即为原油藏问题的渗流控制方程,主要求解未知量为压力$p = p(x,y,t)$。

式(1)的辅助方程(辅助条件)为:

$$\begin{cases} H = H(x,y) \\ K = K(x,y) \\ \phi = \phi(x,y) \\ q_V = q_V(x,y,t) \\ \mu = 常数 \\ C = 常数 \end{cases} \tag{2}$$

式(2)与式(1)一起组成完整的渗流方程组。其中,$\mu = 5 \times 10^{-3} \text{Pa} \cdot \text{s}$,$C = 2 \times 10^{-4} \text{MPa}^{-1}$;注采项$q_V(x,y,t)$决定于各井的生产条件即产液量$Q_V(t)$或井底流压$p_{wf}(t)$。对$W_1$井有$Q_1 = 30 \text{m}^3/\text{d}$;对$W_2$井有$p_{wf2} = 15 \text{MPa}$。

2)初始条件

$$p(x,y,0) = p_{\text{ini}} \tag{3}$$

3)边界条件

$$\begin{cases} p = p_{\text{ini}}, & 南部定压边界 \\ \frac{\partial p}{\partial n} = 0, & 其他部位封闭边界 \end{cases} \tag{4}$$

式中 n——边界法线方向。

6.4.3 网格系统的建立

(1)用均匀块中心网格对渗流区域进行离散化,如图6.4.1所示,$\Delta x = \Delta y = 200\text{m}$。

(2)总网格数为$9 \times 9 = 81$个,有效网格63个。定压边界网格11个,封闭边界网格19个,内部网格33个。需要求解压力值的网格(即封闭边界+内部网格)共52个。

(3)W_1井的网格位置$(i,j) = (3,8)$,W_2井的网格位置为$(i,j) = (7,4)$。

6.4.4 显式差分求解方法

1. 显式差分方程的建立

在任一时空网格点(i,j,n)上建立显式差分方程。首先考虑方程式(1)的左端项:

$$\frac{1}{\mu}\frac{\partial}{\partial x}\left(HK\frac{\partial p}{\partial x}\right)\bigg|_{(i,j,n)} = \frac{1}{\mu}\frac{\left(HK\frac{\partial p}{\partial x}\right)^n_{i+\frac{1}{2},j} - \left(HK\frac{\partial p}{\partial x}\right)^n_{i-\frac{1}{2},j}}{\Delta x}$$

$$= \frac{1}{\mu}\frac{(HK)_{i+\frac{1}{2},j}\frac{p^n_{i+1,j}-p^n_{i,j}}{\Delta x} - (HK)_{i-\frac{1}{2},j}\frac{p^n_{i,j}-p^n_{i-1,j}}{\Delta x}}{\Delta x} \tag{5}$$

$$\frac{1}{\mu}\frac{\partial}{\partial y}\left(HK\frac{\partial p}{\partial y}\right)\bigg|_{(i,j,n)} = \frac{1}{\mu}\frac{\left(HK\frac{\partial p}{\partial y}\right)^n_{i,j+\frac{1}{2}} - \left(HK\frac{\partial p}{\partial y}\right)^n_{i,j-\frac{1}{2}}}{\Delta y}$$

$$= \frac{1}{\mu}\frac{(HK)_{i,j+\frac{1}{2}}\frac{p^n_{i,j+1}-p^n_{i,j}}{\Delta y} - (HK)_{i,j-\frac{1}{2}}\frac{p^n_{i,j}-p^n_{i,j-1}}{\Delta y}}{\Delta y} \tag{6}$$

$$(Hq_V)\big|_{(i,j,n)} = H_{ij}(q_V)^n_{ij} \tag{7}$$

再考虑方程式(1)的右端项：

$$H\phi C\frac{\partial p}{\partial t}\bigg|_{(i,j,n)} = C(H\phi)_{ij}\frac{p^{n+1}_{i,j}-p^n_{i,j}}{\Delta t} \tag{8}$$

将式(5)至式(8)代入式(1)，得：

$$\frac{1}{\mu}(HK)_{i+\frac{1}{2},j}\frac{p^n_{i+1,j}-p^n_{i,j}}{(\Delta x)^2} - \frac{1}{\mu}(HK)_{i-\frac{1}{2},j}\frac{p^n_{i,j}-p^n_{i-1,j}}{(\Delta x)^2} + \frac{1}{\mu}(HK)_{i,j+\frac{1}{2}}\frac{p^n_{i,j+1}-p^n_{i,j}}{(\Delta y)^2} -$$

$$\frac{1}{\mu}(HK)_{i,j-\frac{1}{2}}\frac{p^n_{i,j}-p^n_{i,j-1}}{(\Delta y)^2} + H_{ij}(q_V)^n_{ij} = C(H\phi)_{ij}\frac{p^{n+1}_{i,j}-p^n_{i,j}}{\Delta t} \tag{9}$$

对式(9)进行整理，得：

$$p^{n+1}_{i,j} = p^n_{i,j} + \frac{\Delta t(HK)_{i+\frac{1}{2},j}}{\mu C(H\phi)_{ij}(\Delta x)^2}(p^n_{i+1,j}-p^n_{i,j}) - \frac{\Delta t(HK)_{i-\frac{1}{2},j}}{\mu C(H\phi)_{ij}(\Delta x)^2}(p^n_{i,j}-p^n_{i-1,j}) +$$

$$\frac{\Delta t(HK)_{i,j+\frac{1}{2}}}{\mu C(H\phi)_{ij}(\Delta y)^2}(p^n_{i,j+1}-p^n_{i,j}) - \frac{\Delta t(HK)_{i,j-\frac{1}{2}}}{\mu C(H\phi)_{ij}(\Delta y)^2}(p^n_{i,j}-p^n_{i,j-1}) + \frac{\Delta t}{C\phi_{ij}}(q_V)^n_{ij} \tag{10}$$

式(10)就是原渗流模型的差分方程通式。其中辅助点物理量须由网格点上的值计算，采用调和平均算法：

$$(HK)_{i\pm\frac{1}{2},j} = \frac{2(HK)_{i\pm1,j}\cdot(HK)_{i,j}}{(HK)_{i\pm1,j}+(HK)_{i,j}}, \quad (HK)_{i,j\pm\frac{1}{2}} = \frac{2(HK)_{i,j\pm1}\cdot(HK)_{i,j}}{(HK)_{i,j\pm1}+(HK)_{i,j}} \tag{11}$$

把式(10)做合并同类项处理，然后记作：

$$p^{n+1}_{i,j} = c_{ij}p^n_{i,j-1} + a_{ij}p^n_{i-1,j} + e_{ij}p^n_{i,j} + b_{ij}p^n_{i+1,j} + d_{ij}p^n_{i,j+1} + \frac{\Delta t}{C\phi_{ij}}(q_V)^n_{ij} \tag{12}$$

差分方程式(12)适用于油藏区域所有内部网格点的显式求解。

式(12)中各系数定义如下：

$$c_{ij} = \frac{\Delta t(HK)_{i,j-1/2}}{\mu CH_{ij}\phi_{ij}(\Delta y)^2}, \quad a_{ij} = \frac{\Delta t(HK)_{i-1/2,j}}{\mu CH_{ij}\phi_{ij}(\Delta x)^2}, \quad e_{ij} = 1 - a_{ij} - b_{ij} - c_{ij} - d_{ij},$$

$$b_{ij} = \frac{\Delta t(HK)_{i+1/2,j}}{\mu CH_{ij}\phi_{ij}(\Delta x)^2}, \quad d_{ij} = \frac{\Delta t(HK)_{i,j+1/2}}{\mu CH_{ij}\phi_{ij}(\Delta y)^2}$$

式(12)中注采项的处理如下：

当(i,j)网格点无井时：$(q_V)_{i,j}^n=0$。

当(i,j)网格块内有井且定产量$Q_{Vi,j}$生产时，令注采项与空间渗流项同步，则有：

$$(q_V)_{i,j}^n=\frac{-Q_{Vi,j}^n}{H_{i,j}\cdot\Delta x\cdot\Delta y}$$

当(i,j)网格块内有井且定流压$p_{\text{wf}i,j}$生产时，令注采项与渗流项时间步相同，则有：

$$Q_{Vi,j}^n=\frac{2\pi(KH)_{i,j}(p_{i,j}^n-p_{\text{wf}i,j}^n)}{\mu\ln\dfrac{r_e}{r_w}}$$

因此，式(12)中注采项可以写成如下形式：

$$\frac{\Delta t}{C\phi_{i,j}}(q_V)_{i,j}^n=\frac{-\Delta t\cdot 2\pi K_{i,j}}{C\phi_{i,j}\Delta x\cdot\Delta y\cdot\mu\ln\dfrac{r_e}{r_w}}(p_{i,j}^n-p_{\text{wf}i,j}^n)=J_{1i,j}(p_{\text{wf}j,j}^n-p_{i,j}^n)$$

其中

$$J_1=\frac{\Delta t\cdot 2\pi K}{C\phi\Delta x\cdot\Delta y\cdot\mu\ln(r_e/r_w)}$$

式中 J_1——注采项指数。

注意：本节中的$Q_{Vi,j}^n$是以油藏条件下流体体积计算的井产量。如果实际油藏给定的井产量是地面标况条件下的体积产量$Q_{V\text{sc}i,j}$，则须将地面标况体积换算为油藏条件体积：$Q_{Vi,j}=Q_{V\text{sc}i,j}\cdot B$。其中$B$为体积系数，在单相微可压流体油藏中一般变化很小，可近似作为常数使用。

2. 定解条件的处理及边界网格的计算

1) 初始条件

$$p_{i,j}^0=p_{\text{ini}}=20\text{MPa},i=1,2,\cdots,9;j=1,2,\cdots,9 \tag{13}$$

2) 定压边界

(1) 边界网格$(1,4)\sim(3,4)$：

$$p_{1,4}^{n+1}=p_{\text{ini}},p_{2,4}^{n+1}=p_{\text{ini}},p_{3,4}^{n+1}=p_{\text{ini}}$$

即：

$$p_{i,4}^{n+1}=p_{\text{ini}},i=1,2,3 \tag{14}$$

(2) 边界网格$(4,3)\sim(4,1)$：

$$p_{4,j}^{n+1}=p_{\text{ini}},j=1,2,3 \tag{15}$$

(3) 边界网格$(5,1)\sim(9,1)$：

$$p_{i,1}^{n+1}=p_{\text{ini}},i=5,6,\cdots,9 \tag{16}$$

3) 封闭边界

(1) 边界网格$(1,5)\sim(1,8)$：设立虚拟点$(0,j)(j=5,6,7,8)$，然后把边界条件离散化，得：

$$\frac{p_{1,j}^n-p_{0,j}^n}{\Delta x}=0$$

即：

$$p_{1,j}^n=p_{0,j}^n,j=5,6,7,8 \tag{17}$$

写出$(1,5)\sim(1,8)$点满足的差分方程：

$$p_{1,j}^{n+1}=c_{1,j}p_{1,j-1}^n+a_{1,j}p_{0,j}^n+e_{1,j}p_{1,j}^n+b_{1,j}p_{2,j}^n+d_{1,j}p_{1,j+1}^n \tag{18}$$

将式(17)代入式(18)，得：

$$p_{1,j}^{n+1}=c_{1,j}p_{1,j-1}^n+(a_{1,j}+e_{1,j})p_{1,j}^n+b_{1,j}p_{2,j}^n+d_{1,j}p_{1,j+1}^n, j=5,6,7,8 \tag{19}$$

(2)边界网格(1,9)：设立虚拟网格点(0,9)和(1,10)，则据封闭边界条件可得：

$$p_{1,9}^n=p_{0,9}^n, \quad p_{1,10}^n=p_{1,9}^n \tag{20}$$

(1,9)点满足以下差分方程：

$$p_{1,9}^{n+1}=c_{1,9}p_{1,8}^n+a_{1,9}p_{0,9}^n+e_{1,9}p_{1,9}^n+b_{1,9}p_{2,9}^n+d_{1,9}p_{1,10}^n \tag{21}$$

把式(20)代入式(21)得：

$$p_{1,9}^{n+1}=c_{1,9}p_{1,8}^n+(a_{1,9}+e_{1,9}+d_{1,9})p_{1,9}^n+b_{1,9}p_{2,9}^n \tag{22}$$

(3)边界网格(2,9)~(5,9)：即$(i,9)$，$i=2,3,4,5$，设立虚拟网格$(i,10)$，$i=2,3,4,5$。利用边界条件，可得：

$$p_{i,9}^{n+1}=c_{i,9}p_{i,8}^n+a_{i,9}p_{i-1,9}^n+(e_{i,9}+d_{i,9})p_{i,9}^n+b_{i,9}p_{i+1,9}^n, i=2,3,4,5 \tag{23}$$

(4)边界点(6,9)的计算公式：

$$p_{6,9}^{n+1}=c_{6,9}p_{6,8}^n+a_{6,9}p_{5,9}^n+(e_{6,9}+b_{6,9}+d_{6,9})p_{6,9}^n \tag{24}$$

(5)边界点(6,7)，(6,8)的计算公式：

$$p_{6,j}^{n+1}=c_{6,j}p_{6,j-1}^n+a_{6,j}p_{5,j}^n+(e_{6,j}+b_{6,j})p_{6,j}^n+d_{6,j}p_{6,j+1}^n, j=7,8 \tag{25}$$

(6)边界点(7,6)，(8,6)的计算公式：

$$p_{i,6}^{n+1}=c_{i,6}p_{i,5}^n+a_{i,6}p_{i-1,6}^n+(e_{i,6}+d_{i,6})p_{i,6}^n+b_{i,6}p_{i+1,6}^n, i=7,8 \tag{26}$$

(7)边界点(9,6)的计算公式：

$$p_{9,6}^{n+1}=c_{9,6}p_{9,5}^n+a_{9,6}p_{8,6}^n+(e_{9,6}+b_{9,6}+d_{9,6})p_{9,6}^n \tag{27}$$

(8)边界点(9,2)~(9,5)的计算公式：

$$p_{9,j}^{n+1}=c_{9,j}p_{9,j-1}^n+a_{9,j}p_{8,j}^n+(e_{9,j}+b_{9,j})p_{9,j}^n+d_{9,j}p_{9,j+1}^n, j=2,3,4,5 \tag{28}$$

3. 计算步骤

(1)利用式(13)给所有网格赋初值，即$p_{i,j}^0=p_{ini}=20\text{MPa}$；选取合适的$\Delta t$(考虑计算的稳定、精度和效率)，计算差分方程中的各种参数，如$a_{i,j},b_{i,j},c_{i,j},\cdots$。

(2)利用式(12)、式(14)至式(16)、式(19)、式(22)至式(28)分别对各个网格进行计算，从而由第n时间步的压力值$p_{i,j}^n$求得第$n+1$时间步的值$p_{i,j}^{n+1}$。

(3)利用$Q_{Vi,j}^{n+1}=\dfrac{2\pi(KH)_{i,j}(p_{i,j}^{n+1}-p_{\text{wf}i,j}^{n+1})}{\mu\ln\dfrac{r_e}{r_w}}$计算$Q_{Vi,j}^{n+1}$或$P_{\text{wf}i,j}^{n+1}$。

(4)重复步骤(2)和步骤(3)，并记录不同时刻的计算结果，直至压力场达到稳定为止。

4. 程序编制与计算

按照上述方法、公式和计算步骤，编制计算程序，完成原问题的计算求解。

6.4.5 隐式差分求解方法

1. 渗流差分方程的建立

在任意时空点$(i,j,n+1)$上对式(1)进行差分离散，得：

$$\frac{(HK)_{i+\frac{1}{2},j}\frac{p_{i+1,j}^{n+1}-p_{i,j}^{n+1}}{\Delta x}-(HK)_{i-\frac{1}{2},j}\frac{p_{i,j}^{n+1}-p_{i-1,j}^{n+1}}{\Delta x}}{\mu\Delta x}+\frac{(HK)_{i,j+\frac{1}{2}}\frac{p_{i,j+1}^{n+1}-p_{i,j}^{n+1}}{\Delta y}-(HK)_{i,j-\frac{1}{2}}\frac{p_{i,j}^{n+1}-p_{i,j-1}^{n+1}}{\Delta y}}{\mu\Delta y}+H_{ij}(q_V)_{ij}^{n+1}$$

$$=(H\phi)_{ij}C\frac{p_{ij}^{n+1}-p_{ij}^n}{\Delta t} \tag{29}$$

式(29)两端同乘以 $\Delta x\Delta y$，得：

$$\frac{\Delta y(HK)_{i+\frac{1}{2},j}}{\mu\Delta x}(p_{j+1,j}^{n+1}-p_{i,j}^{n+1})-\frac{\Delta y(HK)_{i-\frac{1}{2},j}}{\mu\Delta x}(p_{i,j}^{n+1}-p_{i-1,j}^{n+1})+\frac{\Delta x(HK)_{i,j+\frac{1}{2}}}{\mu\Delta y}(p_{i,j+1}^{n+1}-p_{i,j}^{n+1})-$$

$$\frac{\Delta x(HK)_{i,j-\frac{1}{2}}}{\mu\Delta y}(p_{i,j}^{n+1}-p_{i,j-1}^{n+1})+H_{ij}\Delta x\Delta y q_{Vij}^{n+1}$$

$$=\frac{H_{ij}\Delta x\Delta y\phi_{ij}C}{\Delta t}(p_{ij}^{n+1}-p_{ij}^n) \tag{30}$$

对式(30)进行整理，并忽略上标 $n+1$，可得：

$$c_{ij}p_{i,j-1}+a_{ij}p_{i-1,j}+e_{ij}p_{i,j}+b_{ij}p_{i+1,j}+d_{ij}p_{i,j+1}-Q_{Vij}=-g_{ij}p_{ij}^n \tag{31}$$

式(31)就是原问题的隐式差分方程通式。其中各系数定义如下：

$$c_{ij}=\frac{\Delta x(HK)_{i,j-1/2}}{\mu\Delta y},a_{ij}=\frac{\Delta y(HK)_{i-1/2,j}}{\mu\Delta x},b_{ij}=\frac{\Delta y(HK)_{i+1/2,j}}{\mu\Delta x},d_{ij}=\frac{\Delta x(HK)_{i,j+1/2}}{\mu\Delta y},$$

$$g_{ij}=\frac{H_{ij}\Delta x\Delta y\phi_{ij}C}{\Delta t},e_{ij}=-a_{ij}-b_{ij}-c_{ij}-d_{ij}-g_{ij},Q_{Vij}=-H_{ij}\Delta x\Delta y q_{Vij}^{n+1}$$

辅助点上的参数值利用调和平均算法由相邻网格点上的值求得，方法与上一节相同。

式(31)中注采项的计算方法如下：

若 (i,j) 网格中没有井，则 $Q_{Vij}=0$，代入式(31)整理，得：

$$c_{ij}p_{i,j-1}+a_{ij}p_{i-1,j}+e_{ij}p_{i,j}+b_{ij}p_{i+1,j}+d_{ij}p_{i,j+1}=-g_{ij}p_{ij}^n \tag{32}$$

若 (i,j) 网格中有井且定液量 Q_{Vij} 生产，即 Q_{Vij}^{n+1} 为已知值，则对式(31)整理，得：

$$c_{ij}p_{i,j-1}+a_{ij}p_{i-1,j}+e_{ij}p_{i,j}+b_{ij}p_{i+1,j}+d_{ij}p_{i,j+1}=-g_{ij}p_{ij}^n+Q_{Vij}^{n+1} \tag{33}$$

若 (i,j) 网格中有井且定压 p_{wf} 生产，则有：

$$Q_{Vij}^{n+1}=\frac{2\pi(HK)_{ij}(p_{ij}^{n+1}-p_{wf}^{n+1})}{\mu\ln\frac{r_e}{r_w}}=J_{2ij}(p_{ij}^{n+1}-p_{wf}^{n+1})$$

代入式(31)整理，得：

$$c_{ij}p_{i,j-1}+a_{ij}p_{i-1,j}+(e_{ij}-J_{2ij})p_{i,j}+b_{ij}p_{i+1,j}+d_{ij}p_{i,j+1}=-J_{2j}p_{wf}-g_{ij}p_{ij}^n \tag{34}$$

其中

$$J_2=\frac{2\pi HK}{\mu\ln(r_e/r_w)}$$

式中 J_2——井产液指数，t/(d·MPa)。

差分方程式(32)至式(34)可以覆盖油藏区域所有内部网格。

2. 定解条件的处理

1) 初始条件

$$p_{i,j}^0=p_{ini}=20\text{MPa},i=1,2,\cdots,9;j=1,2,\cdots,9 \tag{35}$$

2)定压边界

同显式差分求解步骤。

(1)边界网格(1,4)~(3,4)：
$$p_{i,4}^{n+1}=p_{\text{ini}}, i=1,2,3 \tag{36}$$

(2)边界网格(4,3)~(4,1)：
$$p_{4,j}^{n+1}=p_{\text{ini}}, j=1,2,3 \tag{37}$$

(3)边界网格(5,1)~(9,1)：
$$p_{i,1}^{n+1}=p_{\text{ini}}, i=5,6,\cdots,9 \tag{38}$$

3)封闭边界

(1)网格(1,5)~(1,8)：设立虚拟网格(0,5)~(0,8)，则有 $p_{1,j}^{n+1}=p_{0,j}^{n+1}$，$j=5,6,7,8$。代入网格(1,5)~(1,8)(边界网格内一般没有井)对应的差分方程通式(32)，得：
$$c_{1,j}p_{1,j-1}+(a_{1,j}+e_{1,j})p_{1,j}+b_{1,j}p_{2,j}+d_{1,j}p_{1,j+1}=-g_{1,j}p_{1,j}^{n}, j=5,6,7,8 \tag{39}$$

(2)网格(1,9)：利用虚拟网格和边界条件，由式(32)得：
$$c_{1,9}p_{1,8}+(a_{1,9}+e_{1,9}+d_{1,9})p_{1,9}+b_{1,9}p_{2,9}=-g_{1,9}p_{1,9}^{n} \tag{40}$$

(3)网格(2,9)~(5,9)：依上述类似方法，可得：
$$c_{i,9}p_{i,8}+a_{i,9}p_{i-1,9}+(e_{i,9}+d_{i,9})p_{i,9}+b_{i+1,9}p_{i+1,9}=-g_{i,9}p_{i,9}^{n}, i=2,3,4,5 \tag{41}$$

(4)网格(6,9)：
$$c_{6,9}p_{6,8}+a_{6,9}p_{5,9}+(e_{6,9}+b_{6,9}+d_{6,9})p_{6,9}=-g_{6,9}p_{6,9}^{n} \tag{42}$$

(5)网格(6,8)~(6,7)：
$$c_{6,j}p_{6,j-1}+a_{6,j}p_{5,j}+(e_{6,j}+b_{6,j})p_{6,j}+d_{6,j}p_{6,j+1}=-g_{6,j}p_{6,j}^{n}, j=7,8 \tag{43}$$

(6)网格(7,6)~(8,6)：
$$c_{i,6}p_{i,5}+a_{i,6}p_{i-1,6}+(e_{i,6}+d_{i,6})p_{i,6}+b_{i,6}p_{i+1,6}=-g_{i,6}p_{i,6}^{n}, i=7,8 \tag{44}$$

(7)网格(9,6)：
$$c_{9,6}p_{9,5}+a_{9,6}p_{8,6}+(e_{9,6}+b_{9,6}+d_{9,6})p_{9,6}=-g_{9,6}p_{9,6}^{n} \tag{45}$$

(8)网格(9,2)~(9,5)
$$c_{9,j}p_{9,j-1}+a_{9,j}p_{8,j}+(e_{9,j}+b_{9,j})p_{9,j}+d_{9,j}p_{9,j+1}=-g_{9,j}p_{9,j}^{n}, j=2,3,4,5 \tag{46}$$

3. 矩阵形式方程组的建立

(1)将待求解的网格按行自然排序，如图6.4.2所示。

(2)利用式(32)至式(34)和式(39)至式(46)写出所有52个待求网格对应的差分方程，并用网格排序号代替其中的位置标号。

(3)按网格的排序把各网格的差分方程组合在一起，形成线性代数方程组：
$$\boldsymbol{A}\cdot\boldsymbol{p}=\boldsymbol{G}$$

其中系数矩阵 $\boldsymbol{A}$ 为五对角稀疏矩阵，阶数为52，半带宽为9。未知量和右端项分别为：
$$\boldsymbol{p}=[p_{(1)}^{n+1},p_{(2)}^{n+1},p_{(3)}^{n+1},\cdots,p_{(52)}^{n+1}]^{\text{T}}, \boldsymbol{G}=[f_{(1)},f_{(2)},f_{(3)},\cdots,f_{(52)}]$$

4. 求解计算步骤

1)计算条件和参数准备

(1)初始条件：$p_{ij}^{0}=p_{\text{ini}}=20\text{MPa}$，$i,j=1,2,\cdots,9$。

(2)定压条件：$p_{ij}^{n+1}\equiv p_{\text{ini}}$，$(i,j)\in$ 定压边界，$n=0,1,2,\cdots,N$，N 为最大时间步。

(3)计算各种参数 a_{ij}、b_{ij}、c_{ij}、d_{ij}、e_{ij}、g_{ij}、J_2 等，选取合适的时间步长 Δt，计算确定方程组系数矩阵。

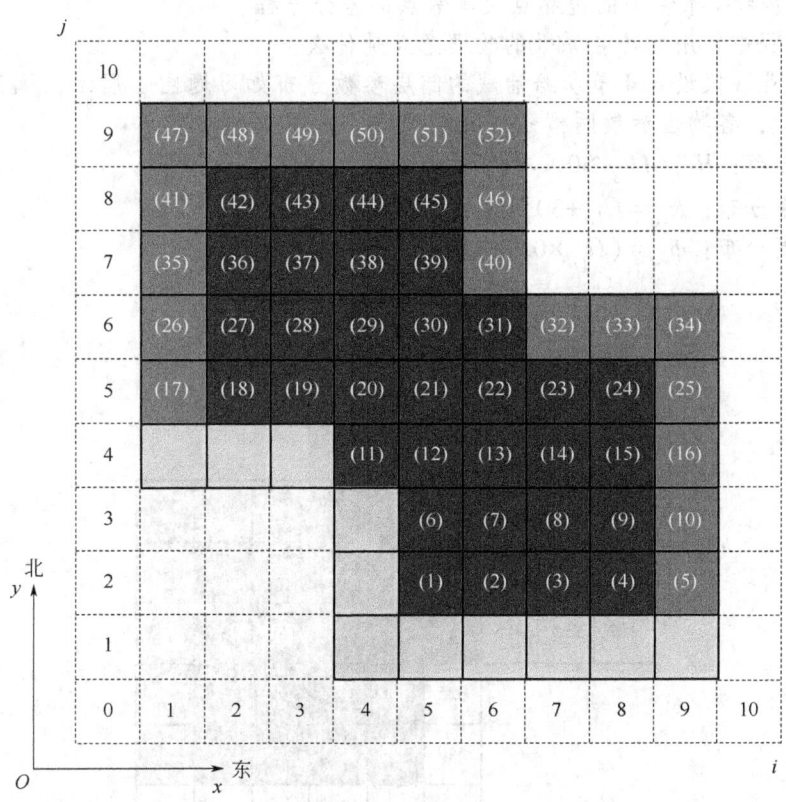

图 6.4.2 求解区域网格的按行自然排序

2) 循时间步求解计算
(1) 计算方程右端项；
(2) 解方程组求得 p_{ij}^{n+1}；
(3) 利用 $Q_{Vij}^{n+1}=J_{2ij}(p_{ij}^{n+1}-p_{wfij})$ 计算 Q_{Vij}^{n+1} 或 p_{wfij}^{n+1}；
(4) 计算结果的储存与输出；
(5) 重复步骤(1)至步骤(4)，直至流场稳定。

5. 程序编制与计算

按照上述方法、公式和计算步骤，编制隐式差分程序软件，完成原问题的计算求解。

1. 什么是点中心和块中心网格？它们各有哪些特点？用一维情况画图说明。
2. 给出下列微分方程在非均匀网格上的隐式差分方程：

$$\frac{\partial}{\partial x}\left(\frac{K}{\mu}\frac{\partial p}{\partial x}\right)=\Lambda\frac{\partial p}{\partial t}$$

其中 Λ 为常数，$\dfrac{K}{\mu}$ 是 x 的函数。

3. 设二维求解区域 x 和 y 方向网格数分别为 M 和 N，试写出单相渗流压力 p 在东边界上定压、西边界封闭条件下的边界点及其邻点的差分方程。

4. 差分方程中常用的传导系数的物理意义是什么？

5. 上机作业。假设6.4节所给油藏的储层参数分布如习题图1所示，记任一网格(i,j)中的数值为$\Omega_{i,j}$，各物性参数网格分布值如下：

(1) 厚度分布：$H_{i,j}=\Omega_{i,j}/50$，单位：m

(2) 渗透率分布：$K_{i,j}=\Omega_{i,j}+30$，单位：$10^{-3}\mu m^2$

(3) 孔隙度分布：$\phi_{i,j}=(\Omega_{i,j}\times 0.2+15)/100$。

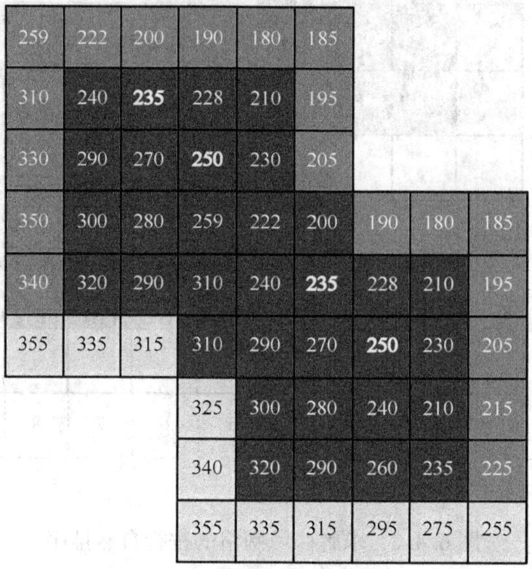

259	222	200	190	180	185			
310	240	235	228	210	195			
330	290	270	250	230	205			
350	300	280	259	222	200	190	180	185
340	320	290	310	240	235	228	210	195
355	335	315	310	290	270	250	230	205
			325	300	280	240	210	215
			340	320	290	260	235	225
			355	335	315	295	275	255

习题图1 油藏的储层参数分布

要求编制计算机程序完成该油藏渗流问题的模拟求解。具体要求：

(1) 使用显式和隐式两种方法。

(2) 输出油藏投产后如下时刻的压力分布、W_1井底流压和W_2井产油量：初始时刻、10天、1个月、2个月、1个季度、半年、1年、2年、5年；给出压力刚好达到稳定的时刻及其压力分布、W_1井底流压和W_2井产油量。

(3) 对照要求(2)中内容，比较分析显式和隐式两种方法的计算过程及结果有何不同。

(4) 建议计算过程采用国际单位制，输出的结果中压力用MPa，产量用m^3/d。

(5) 作业形式。要求递交三个电子文档：计算结果综合报告(word文档)、显式差分解法源程序代码及隐式差分解法源程序代码。

第 7 章 两相渗流油藏数值模拟方法

油藏利用天然水体或人工注水方式进行水驱开发,且开发过程中油藏压力位于泡点压力以上,则油藏内将含有油、水两相流体,油藏内渗流属于油水两相渗流。这种情况比较普遍地存在于世界范围内,因而油水两相渗流油藏模拟问题具有较强的代表性。

通过两相渗流油藏问题,本章将介绍非线性渗流方程的一种数值解法——隐式压力显式饱和度方法。

7.1 两相渗流油藏数学模型

7.1.1 油藏物理条件和问题

首先根据油水两相油藏的实际特点,给定油水两相流体渗流的物理条件:
(1)目标油藏为一个平面薄层等厚油藏。
(2)油藏具有非均质性及各向异性特征,岩石孔隙度和渗透率都是空间变量,且渗透率具有方向性,但渗透率的主方向不变。
(3)油藏岩石具有可压缩性,孔隙度随油藏流体压力变化而变化,但渗透率变化可忽略不计。
(4)渗流区域内流体成分只有油、水两种组分,流体相态只有油、水两相。
(5)油组分存在于油相中,水组分存在于水相中,两相流体中的组分互不交换。
(6)流体具有微可压缩性。
(7)渗流服从达西定律。
(8)油水两相间存在毛管力。
(9)重力作用可忽略。
(10)渗流区域是恒等温的。

问题:在上述条件下求解油藏内油水饱和度、压力的分布变化及井的生产指标。

7.1.2 油藏数学模型

1. 控制方程

由上述几何特征可知,目标油藏可作为一个二维油藏处理,因此选取各向异性渗透率的最大和最小主值方向分别为 x 和 y 轴建立平面直角坐标系。参考 2.5 节内容,可以得到上述油藏问题的渗流控制方程:

$$\frac{\partial}{\partial x}\left(\frac{\rho_o K_{ro}}{\mu_o} K_x \frac{\partial p_o}{\partial x}\right) + \frac{\partial}{\partial y}\left(\frac{\rho_o K_{ro}}{\mu_o} K_y \frac{\partial p_o}{\partial y}\right) + q_o = \frac{\partial (\phi \rho_o S_o)}{\partial t} \tag{1}$$

$$\frac{\partial}{\partial x}\left(\frac{\rho_w K_{rw}}{\mu_w}K_x\frac{\partial p_w}{\partial x}\right)+\frac{\partial}{\partial y}\left(\frac{\rho_w K_{rw}}{\mu_w}K_y\frac{\partial p_w}{\partial y}\right)+q_w=\frac{\partial(\phi\rho_w S_w)}{\partial t} \tag{2}$$

式中 K_x、K_y——各向异性渗透率的最大和最小主值，m^2。

因为油藏均厚，即 $H(x,y)\equiv h$，h 为常数，因此式（1）和式（2）两端消掉了维数因子 $H(x,y)$。方程主要求解的未知量是 p_o、p_w 和 S_o、S_w。

与第 6 章油藏模型不同，方程（1）和方程（2）的系数都是未知量的函数，因此都是非线性方程。

要求解该控制方程组，还需要方程中各参数变化的关系式，即辅助方程。

2. 辅助方程

（1）饱和度方程：
$$S_o+S_w=1 \tag{3}$$

（2）毛管力方程：
$$p_c(x,y,S_w)=p_o-p_w \tag{4}$$

（3）流体密度方程：
$$\begin{cases}\rho_o=\rho_o(p_o)\\ \rho_w=\rho_w(p_w)\end{cases},\text{或}\begin{cases}C_o=\dfrac{1}{\rho_o}\dfrac{\partial\rho_o}{\partial p_o}\\ C_w=\dfrac{1}{\rho_w}\dfrac{\partial\rho_w}{\partial p_w}\end{cases} \tag{5}$$

式中 C_o、C_w——油相、水相的压缩系数，皆为小量常数，Pa^{-1}。

（4）流体黏度方程：
$$\begin{cases}\mu_o=\mu_o(p_o)\\ \mu_w=\mu_w(p_w)\end{cases} \tag{6}$$

（5）相对渗透率方程：
$$\begin{cases}K_{ro}=K_{ro}(x,y,S_w)\\ K_{rw}=K_{rw}(x,y,S_w)\end{cases} \tag{7}$$

（6）岩石孔隙度分布及变化方程：
$$\phi=\phi(x,y,p_o),\ C_f=\frac{1}{\phi}\frac{\partial\phi}{\partial p_o} \tag{8}$$

式中 C_f——岩石的压缩系数，为小量常数，Pa^{-1}；
 ϕ——孔隙度，空间位置和油相压力的函数。

（7）岩石渗透率分布方程：
$$\begin{cases}K_x=K_x(x,y)\\ K_y=K_y(x,y)\end{cases} \tag{9}$$

（8）各组分的注采项方程：

若定井的注采量，则有：
$$\begin{cases}q_o=q_o(x,y,t)=-Q_o(x,y,t)/V_M\\ q_w=q_w(x,y,t)=-Q_w(x,y,t)/V_M\end{cases} \tag{10}$$

式中 $Q_o(x,y,t)$——井的油产量(质量)，kg/s；
$Q_w(x,y,t)$——井的水产量(质量)，kg/s；
V_M——注采井所在油藏微元的体积，在油藏数值模拟中常取作注采井网格的体积，m³。

一般定产条件是给定井的产液量 $Q_L(x,y,t)=Q_o(x,y,t)+Q_w(x,y,t)$ 或给定井的产油量 $Q_o(x,y,t)$。

若定井底流压，则有：

$$q_o = \frac{2\pi\rho_o hKK_{ro}}{V_M\mu_o \ln\frac{r_e}{r_w}}(p_{wf}-p_o) \tag{11}$$

$$q_w = \frac{2\pi\rho_w hKK_{rw}}{V_M\mu_w \ln\frac{r_e}{r_w}}(p_{wf}-p_w) \tag{12}$$

其中，$p_{wf}=p_{wf}(x,y,t)$ 为给定的已知函数，$K=\sqrt{K_x K_y}$。

3. 初始条件

$$\begin{cases} p_o|_{t=0} = p_{oini}(x,y,z) \\ S_w|_{t=0} = S_{wini}(x,y,z) \end{cases} \tag{13}$$

4. 边界条件

(1) 定压外边界。设边界为 Γ_1，则边界条件为：

$$p|_{\Gamma_1} = p_e \tag{14}$$

(2) 封闭外边界。设边界为 Γ_2，n 为边界法向，则边界条件为：

$$\frac{\partial p}{\partial n}\bigg|_{\Gamma_2} = 0 \tag{15}$$

7.2 二维两相渗流差分方程的建立

首先将待求解的时空区域离散化，即建立差分网格系统。然后在任一时空网格点 $(i,j,n+1)$ 上建立隐式差分方程。

7.2.1 方程右端项的差分离散

式(1)、式(2)右端项是组合函数对时间的偏微商，需要先进行变量分离，变成对于主要未知量的微商的形式。

由式(1)和式(2)右端项变形得：

$$\frac{\partial(\phi\rho_o S_o)}{\partial t} = \rho_o S_o\frac{\partial\phi}{\partial t}+\phi S_o\frac{\partial\rho_o}{\partial t}+\phi\rho_o\frac{\partial S_o}{\partial t} = \rho_o S_o\frac{\partial\phi}{\partial p_o}\frac{\partial p_o}{\partial t}+\phi S_o\frac{\partial\rho_o}{\partial p_o}\frac{\partial p_o}{\partial t}+\phi\rho_o\frac{\partial S_o}{\partial t} \tag{16}$$

$$\frac{\partial(\phi\rho_w S_w)}{\partial t} = \rho_w S_w\frac{\partial\phi}{\partial t}+\phi S_w\frac{\partial\rho_w}{\partial t}+\phi\rho_w\frac{\partial S_w}{\partial t} = \rho_w S_w\frac{\partial\phi}{\partial p_w}\frac{\partial p_w}{\partial t}+\phi S_w\frac{\partial\rho_w}{\partial p_w}\frac{\partial p_w}{\partial t}+\phi\rho_w\frac{\partial S_w}{\partial t} \tag{17}$$

为了对式(16)、式(17)两式进一步推导变形，做如下准备工作：将毛管力曲线显式处理，使其在每一个时间步内保持不变，但每一个时间步的取值随饱和度变化(随时间变化)，如

图 7.2.1 所示。这样,原来连续光滑的毛管力曲线变为间断的台阶状曲线,在每一个时间步内其斜率为零,即有:

$$\frac{\partial p_c}{\partial t}=0, \frac{\partial p_c(x,y,S_w)}{\partial S_w}=0, t^n \leq t < t^{n+1}, S_w^n \leq S_w < S_w^{n+1} \tag{18}$$

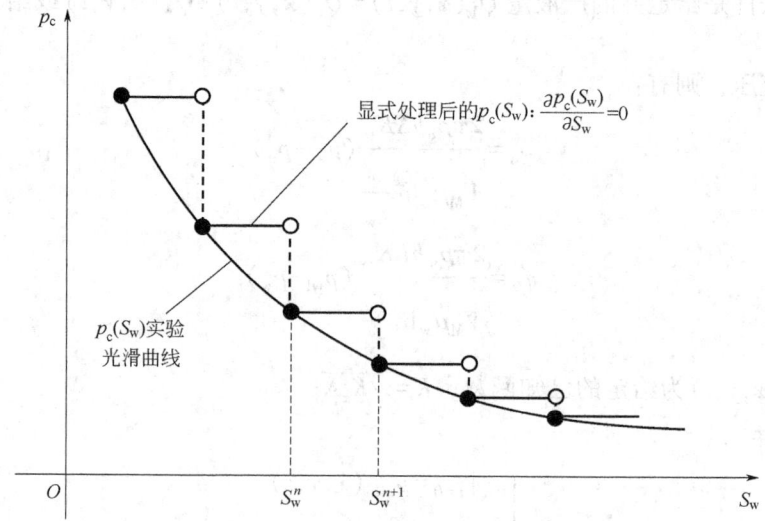

图 7.2.1 毛管力曲线显式处理示意图

对辅助方程式(4)求导,并与式(18)联立,得:

$$\frac{\partial p_c}{\partial t}=\frac{\partial p_o}{\partial t}-\frac{\partial p_w}{\partial t}=0 \tag{19}$$

由式(19)得:

$$\frac{\partial p_o}{\partial t}=\frac{\partial p_w}{\partial t}, \frac{\partial p_w}{\partial p_o}=1, \frac{\partial p_o}{\partial p_w}=1 \tag{20}$$

由式(20)可得:

$$\frac{\partial \phi}{\partial p_o}=\frac{\partial \phi}{\partial p_o}\frac{\partial p_o}{\partial p_w}=\frac{\partial \phi}{\partial p_w} \tag{21}$$

将式(21)代入式(17)得:

$$\frac{\partial(\phi\rho_w S_w)}{\partial t}=\rho_w S_w \frac{\partial \phi}{\partial t}+\phi S_w \frac{\partial \rho_w}{\partial t}+\phi\rho_w \frac{\partial S_w}{\partial t}=\rho_w S_w \frac{\partial \phi}{\partial p_o}\frac{\partial p_o}{\partial t}+\phi S_w \frac{\partial \rho_w}{\partial p_w}\frac{\partial p_w}{\partial t}+\phi\rho_w \frac{\partial S_w}{\partial t} \tag{22}$$

将辅助方程式(5)和式(8)代入式(16)和式(22),可得:

$$\frac{\partial(\phi\rho_o S_o)}{\partial t}=\rho_o S_o \phi C_f \frac{\partial p_o}{\partial t}+\phi S_o \rho_o C_o \frac{\partial p_o}{\partial t}+\phi\rho_o \frac{\partial S_o}{\partial t}=\rho_o \phi S_o(C_f+C_o)\frac{\partial p_o}{\partial t}+\phi\rho_o \frac{\partial S_o}{\partial t} \tag{23}$$

$$\frac{\partial(\phi\rho_w S_w)}{\partial t}=\rho_w S_w \phi C_f \frac{\partial p_w}{\partial t}+\phi S_w \rho_w C_w \frac{\partial p_w}{\partial t}+\phi\rho_w \frac{\partial S_w}{\partial t}=\rho_w \phi S_w(C_f+C_w)\frac{\partial p_w}{\partial t}+\phi\rho_w \frac{\partial S_w}{\partial t} \tag{24}$$

记 $\beta_o=\rho_o\phi S_o(C_f+C_o)$,$\beta_w=\rho_w\phi S_w(C_f+C_w)$,则得:

$$\frac{\partial(\phi\rho_o S_o)}{\partial t}=\beta_o \frac{\partial p_o}{\partial t}+\phi\rho_o \frac{\partial S_o}{\partial t} \tag{25}$$

$$\frac{\partial(\phi\rho_w S_w)}{\partial t}=\beta_w \frac{\partial p_w}{\partial t}+\phi\rho_w \frac{\partial S_w}{\partial t} \tag{26}$$

在任一时空网格点$(i,j,n+1)$上对式(25)、式(26)两式进行差分离散，得到：

$$\frac{\partial(\phi\rho_o S_o)}{\partial t}\bigg|_{i,j}^{n+1}=\beta_{oi,j}\frac{p_{oi,j}^{n+1}-p_{oi,j}^n}{\Delta t^n}+(\phi\rho_o)_{i,j}\frac{S_{oi,j}^{n+1}-S_{oi,j}^n}{\Delta t^n} \tag{27}$$

$$\frac{\partial(\phi\rho_w S_w)}{\partial t}\bigg|_{i,j}^{n+1}=\beta_{wi,j}\frac{p_{wi,j}^{n+1}-p_{wi,j}^n}{\Delta t^n}+(\phi\rho_w)_{i,j}\frac{S_{wi,j}^{n+1}-S_{wi,j}^n}{\Delta t^n} \tag{28}$$

7.2.2 左端项离散及差分方程的建立

首先定义式(29)所示的记号(可称作质量流度或质量流度系数)：

$$\lambda_{ox}=\frac{\rho_o K_x K_{ro}}{\mu_o},\ \lambda_{wx}=\frac{\rho_w K_x K_{rw}}{\mu_w},\ \lambda_{oy}=\frac{\rho_o K_y K_{ro}}{\mu_o},\ \lambda_{wy}=\frac{\rho_w K_y K_{rw}}{\mu_w} \tag{29}$$

将式(29)代入式(1)和式(2)，得到：

$$\frac{\partial}{\partial x}\left(\lambda_{ox}\frac{\partial p_o}{\partial x}\right)+\frac{\partial}{\partial y}\left(\lambda_{oy}\frac{\partial p_o}{\partial y}\right)+q_o=\frac{\partial(\phi\rho_o S_o)}{\partial t} \tag{30}$$

$$\frac{\partial}{\partial x}\left(\lambda_{wx}\frac{\partial p_w}{\partial x}\right)+\frac{\partial}{\partial y}\left(\lambda_{wy}\frac{\partial p_w}{\partial y}\right)+q_w=\frac{\partial(\phi\rho_w S_w)}{\partial t} \tag{31}$$

以油组分方程式(30)为例，在时空点$(i,j,n+1)$上对左端微商项离散化：

$$\frac{\partial}{\partial x}\left(\lambda_{ox}\frac{\partial p_o}{\partial x}\right)\bigg|_{i,j}^{n+1}+\frac{\partial}{\partial y}\left(\lambda_{oy}\frac{\partial p_o}{\partial y}\right)\bigg|_{i,j}^{n+1}$$

$$=\frac{1}{\Delta x_i}\left[\left(\lambda_{ox}\frac{\partial p_o}{\partial x}\right)_{i+1/2,j}^{n+1}-\left(\lambda_{ox}\frac{\partial p_o}{\partial x}\right)_{i-1/2,j}^{n+1}\right]+\frac{1}{\Delta y_j}\left[\left(\lambda_{oy}\frac{\partial p_o}{\partial y}\right)_{i,j+1/2}^{n+1}-\left(\lambda_{oy}\frac{\partial p_o}{\partial y}\right)_{i,j-1/2}^{n+1}\right]$$

$$=\frac{\lambda_{oxi+1/2,j}^{n+1}}{\Delta x_i\Delta x_{i+1/2}}(p_{oi+1,j}^{n+1}-p_{oi,j}^{n+1})+\frac{\lambda_{oxi-1/2,j}^{n+1}}{\Delta x_i\Delta x_{i-1/2}}(p_{oi-1,j}^{n+1}-p_{oi,j}^{n+1})+\frac{\lambda_{oyi,j+1/2}^{n+1}}{\Delta y_j\Delta y_{j+1/2}}(p_{oi,j+1}^{n+1}-p_{oi,j}^{n+1})+$$

$$\frac{\lambda_{oyi,j-1/2}^{n+1}}{\Delta y_j\Delta y_{j-1/2}}(p_{oi,j-1}^{n+1}-p_{oi,j}^{n+1}) \tag{32}$$

把式(27)、式(32)代入式(30)，同时将注采项离散化，得：

$$\frac{\lambda_{oxi+1/2,j}^{n+1}}{\Delta x_i\Delta x_{i+1/2}}(p_{oi+1,j}^{n+1}-p_{oi,j}^{n+1})+\frac{\lambda_{oxi-1/2,j}^{n+1}}{\Delta x_i\Delta x_{i-1/2}}(p_{oi-1,j}^{n+1}-p_{oi,j}^{n+1})+\frac{\lambda_{oyi,j+1/2}^{n+1}}{\Delta y_j\Delta y_{j+1/2}}(p_{oi,j+1}^{n+1}-p_{oi,j}^{n+1})+$$

$$\frac{\lambda_{oyi,j-1/2}^{n+1}}{\Delta y_j\Delta y_{j-1/2}}(p_{oi,j-1}^{n+1}-p_{oi,j}^{n+1})+q_{oi,j}^{n+1} \tag{33}$$

$$=\beta_{oi,j}^{n+1}\frac{p_{oi,j}^{n+1}-p_{oi,j}^n}{\Delta t^n}+(\phi\rho_o)_{i,j}^{n+1}\frac{S_{oi,j}^{n+1}-S_{oi,j}^n}{\Delta t^n}$$

式(33)两端同乘以$V_{ij}=\Delta x_i\Delta y_j h$，同时，注意到$Q_{oi,j}=-V_{i,j}q_{oi,j}$，可得：

$$\frac{\Delta y_j h\lambda_{oxi+1/2,j}^{n+1}}{\Delta x_{i+1/2}}(p_{oi+1,j}^{n+1}-p_{oi,j}^{n+1})+\frac{\Delta y_j h\lambda_{oxi-1/2,j}^{n+1}}{\Delta x_{i-1/2}}(p_{oi-1,j}^{n+1}-p_{oi,j}^{n+1})+\frac{\Delta x_i h\lambda_{oyi,j+1/2}^{n+1}}{\Delta y_{j+1/2}}(p_{oi,j+1}^{n+1}-p_{oi,j}^{n+1})+$$

$$\frac{\Delta x_i h\lambda_{oyi,j-1/2}^{n+1}}{\Delta y_{j-1/2}}(p_{oi,j-1}^{n+1}-p_{oi,j}^{n+1})-Q_{oi,j}^{n+1}=V_{ij}\beta_{oi,j}^{n+1}\frac{p_{oi,j}^{n+1}-p_{oi,j}^n}{\Delta t^n}+V_{ij}(\phi\rho_o)_{i,j}^{n+1}\frac{S_{oi,j}^{n+1}-S_{oi,j}^n}{\Delta t^n}$$

$$\tag{34}$$

再定义传导系数：

$$T_{ox,i+1/2}^{n+1} = \frac{\Delta y_j h \lambda_{oxi+1/2,j}^{n+1}}{\Delta x_{i+1/2}}, T_{ox,i-1/2}^{n+1} = \frac{\Delta y_j h \lambda_{oxi-1/2,j}^{n+1}}{\Delta x_{i-1/2}}$$

$$T_{oy,j+1/2}^{n+1} = \frac{\Delta x_i h \lambda_{oyi,j+1/2}^{n+1}}{\Delta y_{j+1/2}}, T_{oy,j-1/2}^{n+1} = \frac{\Delta x_i h \lambda_{oyi,j-1/2}^{n+1}}{\Delta y_{j-1/2}} \quad (35)$$

将式(35)代入式(34)，则得到：

$$T_{oy,j-1/2}^{n+1} p_{oi,j-1}^{n+1} + T_{ox,i-1/2}^{n+1} p_{oi-1,j}^{n+1} - \left(T_{oy,j-1/2}^{n+1} + T_{ox,i-1/2}^{n+1} + T_{ox,i+1/2}^{n+1} + T_{oy,j+1/2}^{n+1} + \frac{V_{ij}\beta_{oi,j}^{n+1}}{\Delta t^n} \right) p_{oi,j}^{n+1} + T_{ox,i+1/2}^{n+1} p_{oi+1,j}^{n+1} +$$

$$T_{oy,j+1/2}^{n+1} p_{oi,j+1}^{n+1} = V_{ij}(\phi\rho_o)_{i,j}^{n+1} \frac{S_{oi,j}^{n+1} - S_{oi,j}^n}{\Delta t^n} + Q_{oij}^{n+1} - \frac{V_{ij}\beta_{oi,j}^{n+1}}{\Delta t^n} p_{oi,j}^n \quad (36)$$

式(36)就是油组分渗流控制方程式(1)的差分方程。同理可得水组分渗流差分方程式：

$$T_{wy,j-1/2}^{n+1} p_{wi,j-1}^{n+1} + T_{wx,i-1/2}^{n+1} p_{wi-1,j}^{n+1} - \left(T_{wy,j-1/2}^{n+1} + T_{wx,i-1/2}^{n+1} + T_{wx,i+1/2}^{n+1} + T_{wy,j+1/2}^{n+1} + \frac{V_{ij}\beta_{wi,j}^{n+1}}{\Delta t^n} \right) p_{wi,j}^{n+1} +$$

$$T_{wx,i+1/2}^{n+1} p_{wi+1,j}^{n+1} + T_{wy,j+1/2}^{n+1} p_{wi,j+1}^{n+1} = V_{ij}(\phi\rho_w)_{i,j}^{n+1} \frac{S_{wi,j}^{n+1} - S_{wi,j}^n}{\Delta t^n} + Q_{wi,j}^{n+1} - \frac{V_{ij}\beta_{wi,j}^{n+1}}{\Delta t^n} p_{wi,j}^n \quad (37)$$

定义如下系数：

$$c_{oi,j}^{n+1} = T_{oy,j-1/2}^{n+1}, a_{oi,j}^{n+1} = T_{ox,i-1/2}^{n+1}, e'^{n+1}_{oi,j} = -\left(T_{oy,j-1/2}^{n+1} + T_{ox,i-1/2}^{n+1} + T_{ox,i+1/2}^{n+1} + T_{oy,j+1/2}^{n+1} + \frac{V_{ij}\beta_{oi,j}^{n+1}}{\Delta t^n} \right),$$

$$b_{oi,j}^{n+1} = T_{ox,i+1/2}^{n+1}, d_{oi,j}^{n+1} = T_{oy,j+1/2}^{n+1}, f_{oi,j}^{n+1} = Q_{oi,j}^{n+1} - \frac{V_{ij}\beta_{oi,j}^{n+1}}{\Delta t^n} p_{oi,j}^n ;$$

$$c_{wi,j}^{n+1} = T_{wy,j-1/2}^{n+1}, a_{wi,j}^{n+1} = T_{wx,i-1/2}^{n+1}, e'^{n+1}_{wi,j} = -\left(T_{wy,j-1/2}^{n+1} + T_{wx,i-1/2}^{n+1} + T_{wx,i+1/2}^{n+1} + T_{wy,j+1/2}^{n+1} + \frac{V_{ij}\beta_{wi,j}^{n+1}}{\Delta t^n} \right),$$

$$b_{wi,j}^{n+1} = T_{wx,i+1/2}^{n+1}, d_{wi,j}^{n+1} = T_{wy,j+1/2}^{n+1}, f_{wi,j}^{n+1} = Q_{wi,j}^{n+1} - \frac{V_{ij}\beta_{wi,j}^{n+1}}{\Delta t^n} p_{wi,j}^n ;$$

将上面各系数定义代入式(36)、式(37)，得到：

$$c_{oi,j}^{n+1} p_{oi,j-1}^{n+1} + a_{oi,j}^{n+1} p_{oi-1,j}^{n+1} + e'^{n+1}_{oi,j} p_{oi,j}^{n+1} + b_{oi,j}^{n+1} p_{oi+1,j}^{n+1} + d_{oi,j}^{n+1} p_{oi,j+1}^{n+1} = f_{oi,j}^{n+1} + V_{ij}(\phi\rho_o)_{i,j}^{n+1} \frac{S_{oi,j}^{n+1} - S_{oi,j}^n}{\Delta t^n}$$

(38)

$$c_{wi,j}^{n+1} p_{wi,j-1}^{n+1} + a_{wi,j}^{n+1} p_{wi-1,j}^{n+1} + e'^{n+1}_{wi,j} p_{wi,j}^{n+1} + b_{wi,j}^{n+1} p_{wi+1,j}^{n+1} + d_{wi,j}^{n+1} p_{wi,j+1}^{n+1} = f_{wi,j}^{n+1} + V_{ij}(\phi\rho_w)_{i,j}^{n+1} \frac{S_{wi,j}^{n+1} - S_{wi,j}^n}{\Delta t^n} \quad (39)$$

式(38)和式(39)就是原油藏问题的渗流控制差分方程组。求解该差分方程组即可得到原油藏问题的解。

求解差分方程组的首要问题是非线性问题。式(38)和式(39)中的系数都是未知量 p_o^{n+1}、S_o^{n+1}、p_w^{n+1}、S_w^{n+1} 的函数，因此两个方程均为非线性方程，必须线性化后才能求解。

求解上述方程组的另一个问题是封闭性问题。假设待求网格点共有 M 个，则式(38)和式(39)共有 $2M$ 个方程，$4M$ 个未知量，方程组不封闭，因而无法直接求解；必须消掉多余的未知量，组成封闭的方程组才能求解。

处理上述问题的方法主要有四类，本章介绍较简单的隐式压力显式饱和度方法，其他三种解法将在后续章节的黑油模型数值模拟方法中介绍。

7.3 两相渗流差分方程的 IMPES 解法

IMPES 解法就是隐式压力显式饱和度(IMplicit Pressure Explicit Saturation)解法。

7.3.1 IMPES 方法线性化原理

IMPES 解法对差分方程线性化的原理是：显式处理差分方程式(38)和式(39)中的各项系数，即用上一时间步的压力和饱和度 p_o^n、S_o^n、p_w^n、S_w^n 代入方程的各项系数中，使各系数都取第 n 时间步的值，从而成为已知量，以此实现差分方程的线性化。

在此基础上，需要对差分方程中的传导系数和注采项进行特殊处理。

1. 传导系数的特殊处理

差分方程各项系数的显式处理会带来一定的误差和不稳定性，为了尽量缩小误差和减弱不稳定性，可以采取一些特殊方法，这些特殊方法主要用于传导系数的处理。

传导系数的处理包括：(1)将传导系数在第 $(n+1)$ 时间步的值转化为第 n 时间步的值；(2)将传导系数在辅助点上的取值转化为网格点上的值。为了方便说明，将式(35)写成式(40)：

$$\begin{cases} T_{lx,i\pm1/2,j}^{n+1} = \dfrac{\Delta y_j h \lambda_{lx,i\pm1/2,j}^{n+1}}{\Delta x_{i\pm\frac{1}{2}}} = \dfrac{\Delta y_j h K_{x,i\pm1/2,j} \rho_{l,i\pm1/2,j}^{n+1} K_{rl,i\pm1/2,j}^{n+1}}{\Delta x_{i\pm\frac{1}{2}} \mu_{l,i\pm1/2,j}^{n+1}} \\ T_{ly,i,j\pm1/2}^{n+1} = \dfrac{\Delta x_i h \lambda_{ly,i,j\pm1/2}^{n+1}}{\Delta y_{j\pm\frac{1}{2}}} = \dfrac{\Delta x_i h K_{y,i,j\pm1/2} \rho_{l,i,j\pm1/2}^{n+1} K_{rl,i,j\pm1/2}^{n+1}}{\Delta y_{j\pm\frac{1}{2}} \mu_{l,i,j\pm1/2}^{n+1}} \end{cases}, (l=o,w) \quad (40)$$

以 $T_{lx,i\pm1/2,j}^{n+1}$ 为例说明传导系数的处理方法。观察可知，传导系数 $T_{lx,i\pm1/2,j}^{n+1}$ 由三部分组成：几何参数(网格步长) $\dfrac{\Delta y_j h}{\Delta x_{i\pm1/2}}$、渗透率 $K_{x,i\pm1/2,j}$ 及组合函数 $\dfrac{\rho_{l,i\pm1/2,j}^{n+1} K_{rl,i\pm1/2,j}^{n+1}}{\mu_{l,i\pm1/2,j}^{n+1}}$，下面分别处理。

1) 几何参数 $\Delta y_j h / \Delta x_{i\pm1/2}$

只有辅助步长 $\Delta x_{i\pm1/2}$ 需要转换为网格点值或网格步长值，计算公式如下：

$$\Delta x_{i+1/2} = x_{i+1} - x_i, \Delta x_{i-1/2} = x_i - x_{i-1} \quad (41)$$

对于块中心网格，还可以用如下公式：

$$\Delta x_{i+1/2} = (\Delta x_{i+1} + x_i)/2, \Delta x_{i-1/2} = (\Delta x_i + \Delta x_{i-1})/2 \quad (42)$$

2) 辅助点渗透率 $K_{x,i\pm1/2,j}$

采用改进型调和平均公式计算辅助点渗透率 $K_{x,i\pm1/2,j}$。其主要原理是考虑网格步长大小的影响，计算两个网格点之间辅助点上的渗透率值。为了突出问题，考虑不可压流体一维等截面渗流区域，其局部网格点及辅助点分布如图 7.3.1 所示。

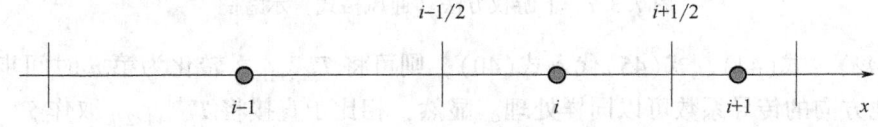

图 7.3.1 一维等截面渗流网格示意图

根据渗流特点和网格间关系有：

$$\begin{cases} v_x = \dfrac{K_{x,i+1/2}}{\mu}\dfrac{\Delta p_{i+1/2}}{\Delta x_{i+1/2}} = \dfrac{K_{x,i+1}}{\mu}\dfrac{\Delta p_{i+1}}{\Delta x_{i+1}} = \dfrac{K_{x,i}}{\mu}\dfrac{\Delta p_i}{\Delta x_i} \\ \Delta p_{i+\frac{1}{2}} = \dfrac{1}{2}(\Delta p_{i+1}+\Delta p_i),\ \Delta x_{i+\frac{1}{2}} = \dfrac{1}{2}(\Delta x_{i+1}+\Delta x_i) \end{cases} \quad (43)$$

由式(43)中各式联立，可得：

$$K_{x,i+\frac{1}{2}} = \dfrac{\Delta x_{i+1}+\Delta x_i}{\dfrac{\Delta x_{i+1}}{K_{x,i+1}}+\dfrac{\Delta x_i}{K_{x,i}}}$$

将其用于上述二维情况 $K_{x,i\pm1/2,j}$ 仍然成立：

$$K_{x,i\pm\frac{1}{2},j} = \dfrac{\Delta x_{i\pm1}+\Delta x_i}{\dfrac{\Delta x_{i\pm1}}{K_{x,i\pm1,j}}+\dfrac{\Delta x_i}{K_{x,i,j}}} \quad (44)$$

3）组合函数 $\dfrac{\rho^{n+1}_{l,i\pm1/2,j}K^{n+1}_{rl,i\pm1/2,j}}{\mu^{n+1}_{l,i\pm1/2,j}}$

$\dfrac{\rho^{n+1}_{l,i\pm1/2,j}K^{n+1}_{rl,i\pm1/2,j}}{\mu^{n+1}_{l,i\pm1/2,j}}$ 是时间和空间的函数，记 $\dfrac{\rho_l K_{rl}}{\mu_l}=F_l$，则 $\dfrac{\rho^{n+1}_{l,i\pm1/2,j}K^{n+1}_{rl,i\pm1/2,j}}{\mu^{n+1}_{l,i\pm1/2,j}}=F^{n+1}_{l,i\pm1/2,j}$。下面以 $F^{n+1}_{l,i+1/2,j}$ 为例，介绍用于组合函数 F_l 处理计算的上游权方法或称迎风格式。

组成 F_l 的各项参数均属于流体的相，因此 F_l 也属于流体的相，流体流到哪里就把 F_l 带到哪里。例如油水驱替前缘运动到哪里，就把前缘饱和度带到哪里，也把油水前缘相对渗透率带到哪里，从而也把油水前缘的 F_l 带到哪里。

油藏局部区域及其时空网格如图 7.3.2 所示。假设流体顺着 x 轴正向流动，速度为 v。第 n 时间步位于 x_i 点的流体微团的 F_l 值为 $F^n_{l,i,j}$。当时间进入第 $(n+1)$ 步时，该流体微团将流动到 x_i 点和 x_{i+1} 点之间，即 $x_{i+1/2}$ 点附近。这样，第 $(n+1)$ 时间步辅助点 $x_{i+1/2}$ 处的 F_l 值（$F^{n+1}_{l,i+1/2,j}$）应该近似等于第 n 时间步网格点 x_i 的 F_l 值，即 $F^{n+1}_{l,i+1/2,j} \approx F^n_{l,i,j}$；相反，如果渗流方向为 x 轴负向，则有 $F^{n+1}_{l,i+1/2,j} \approx F^n_{l,i+1,j}$。用统一公式表示为：

$$\left(\dfrac{\rho_l K_{rl}}{\mu_l}\right)^{n+1}_{i+1/2,j} = \left(\dfrac{\rho_l K_{rl}}{\mu_l}\right)^n_{s,j},\ s=\begin{cases} i, & p_{l,i,j}>p_{l,i+1,j} \\ i+1, & p_{l,i,j}<p_{l,i+1,j} \end{cases} \quad (45)$$

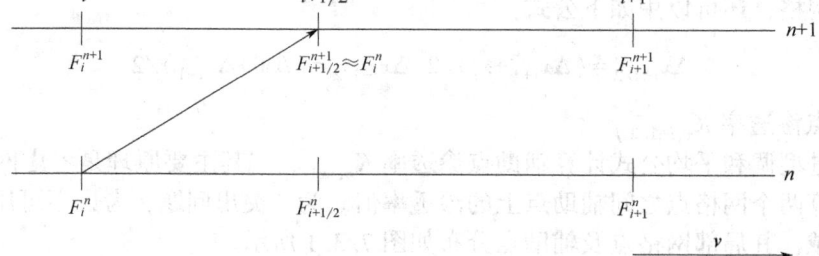

图 7.3.2 上游权方法（迎风格式）示意图

将式(42)、式(44)、式(45)代入式(40)，则可将 $T^{n+1}_{lx,i+1/2,j}$ 转化为第 n 时间步网格点上的值。其他方向的传导系数可以同样处理。显然，相比于直接将 $T^{n+1}_{lx,i+1/2,j}$ 取作 $T^n_{lx,i+1/2,j}$，上游权方法（迎风格式）更符合油藏渗流规律，因而处理结果的误差更小。

2. 注采项的处理

两相流体油藏注采项跟单相流体油藏相比有明显区别。一是产量公式中相对渗透率的出现，使得注采量与生产压差不再近似呈线性关系。二是当井定注采量生产时，单相油藏模型只需给定单相流体的产量，而两相模型需要给定油相和水相两个产量项；但实际油藏生产时往往只给定产液量或只给定产油量，因此需要由产液量计算得到产油量和产水量，或由产油量计算得到产水量。

为了简便，定义产油指数 $J_{oi,j}^n = \dfrac{2\pi h K \rho_{oi,j}^n K_{roi,j}^n}{\mu_{oi,j}^n \ln \dfrac{r_e}{r_w}}$ 和产水指数 $J_{wi,j}^n = \dfrac{2\pi h K \rho_{wi,j}^n K_{rwi,j}^n}{\mu_{wi,j}^n \ln \dfrac{r_e}{r_w}}$，由辅助方程式(10)至式(12)可得式(38)、式(39)中注采项 $Q_{oi,j}^{n+1}$ 和 $Q_{wi,j}^{n+1}$ 的公式：

$$\begin{cases} Q_{oi,j}^{n+1} = \dfrac{2\pi h K \rho_{oi,j}^{n+1} K_{roi,j}^n}{\mu_{oi,j}^{n+1} \ln \dfrac{r_e}{r_w}} (p_{oi,j}^{n+1} - p_{wfi,j}^{n+1}) = J_{oi,j}^{n+1}(p_{oi,j}^{n+1} - p_{wfi,j}^{n+1}) \\ Q_{wi,j}^{n+1} = \dfrac{2\pi h K \rho_{wi,j}^{n+1} K_{rwi,j}^{n+1}}{\mu_{wi,j}^{n+1} \ln \dfrac{r_e}{r_w}} (p_{wi,j}^{n+1} - p_{wfi,j}^{n+1}) = J_{wi,j}^{n+1}(p_{wi,j}^{n+1} - p_{wfi,j}^{n+1}) \end{cases} \tag{46}$$

下面分定井底流压和定注采量两种情况介绍两相流体注采项的线性化处理方法。

1) 定井底流压

将式(46)中的右端项系数做显式处理，即取第 n 时间步的值，则得：

$$\begin{cases} Q_{oi,j}^{n+1} = J_{oij}^n (p_{oi,j}^{n+1} - p_{wfi,j}^{n+1}) \\ Q_{wi,j}^{n+1} = J_{wij}^n (p_{wi,j}^{n+1} - p_{wfi,j}^{n+1}) \end{cases} \tag{47}$$

式(47)中的 J_o^n、J_w^n、p_{wfi}^{n+1} 均为已知量，未知量只有 $p_{oi,j}^{n+1}$ 和 $p_{wi,j}^{n+1}$，因此注采项 $Q_{oi,j}^{n+1}$ 和 $Q_{wi,j}^{n+1}$ 已完成线性化处理。将式(47)代入差分方程式(38)和式(39)即可。

2) 定注采量

实际油藏生产中给定的产液量或产油量通常是地面标准状况下的体积产量 Q_{LVscij}^{n+1} 或 Q_{oVscij}^{n+1}。在此条件下注采项线性化的思路是，先求出油、水、液体积产量的关系，再由体积产量 Q_{LVscij}^{n+1} 或 Q_{oVscij}^{n+1} 计算得到的油水产量 $Q_{oi,j}^{n+1}$ 和 $Q_{wi,j}^{n+1}$。

首先给出第 $(n+1)$ 时间步油、水、液在标况下的体积产量 Q_{oVscij}^{n+1}、Q_{wVscij}^{n+1} 和 Q_{LVscij}^{n+1}。根据 $Q_{Vscij}^{n+1} = Q_{ij}^{n+1}/\rho_{sc}$ 及式(46)，可得：

$$\begin{cases} Q_{oVsci,j}^{n+1} = J_{oij}^{n+1}(p_{oi,j}^{n+1} - p_{wfi,j}^{n+1})/\rho_{osc} \\ Q_{wVsci,j}^{n+1} = J_{wij}^{n+1}(p_{wi,j}^{n+1} - p_{wfi,j}^{n+1})/\rho_{wsc} \end{cases} \tag{48}$$

$$Q_{LVscij}^{n+1} = Q_{oVsci,j}^{n+1} + Q_{wVsci,j}^{n+1} = \dfrac{J_{oij}^{n+1}(p_{oi,j}^{n+1} - p_{wfi,j}^{n+1})}{\rho_{osc}} + \dfrac{J_{wij}^{n+1}(p_{wi,j}^{n+1} - p_{wfi,j}^{n+1})}{\rho_{wsc}} \tag{49}$$

式中 ρ_{osc}——地面标况下油相的密度，kg/m³；

ρ_{wsc}——地面标况下水相的密度，kg/m³。

(1) 定产液量。

此时给定的生产条件是地面标况下第 $(n+1)$ 时间步的产液量 Q_{LVscij}^{n+1}，需要建立 $Q_{oi,j}^{n+1}$ 和 $Q_{wi,j}^{n+1}$ 的线性化公式。

首先由式(48)、式(49)得到油液体积产量关系和水液体积产量关系：

$$\begin{cases} Q_{oVsci,j}^{n+1} = \dfrac{J_{oij}^{n+1}(p_{oi,j}^{n+1}-p_{wfi,j}^{n+1})/\rho_{osc}}{J_{oij}^{n+1}(p_{oi,j}^{n+1}-p_{wfi,j}^{n+1})/\rho_{osc} + J_{wij}^{n+1}(p_{wi,j}^{n+1}-p_{wfi,j}^{n+1})/\rho_{wsc}} \cdot Q_{LVsci,j}^{n+1} \\ Q_{wVsci,j}^{n+1} = \dfrac{J_{wij}^{n+1}(p_{wi,j}^{n+1}-p_{wfi,j}^{n+1})/\rho_{wsc}}{J_{oij}^{n+1}(p_{oi,j}^{n+1}-p_{wfi,j}^{n+1})/\rho_{osc} + J_{wij}^{n+1}(p_{wi,j}^{n+1}-p_{wfi,j}^{n+1})/\rho_{wsc}} \cdot Q_{LVsci,j}^{n+1} \end{cases}$$

根据 $Q_{i,j}^{n+1} = Q_{Vscij}^{n+1} \cdot \rho_{sc}$，结合上式可得：

$$\begin{cases} Q_{oi,j}^{n+1} = \dfrac{J_{oij}^{n+1}(p_{oi,j}^{n+1}-p_{wfi,j}^{n+1})/\rho_{osc}}{J_{oij}^{n+1}(p_{oi,j}^{n+1}-p_{wfi,j}^{n+1})/\rho_{osc} + J_{wij}^{n+1}(p_{wi,j}^{n+1}-p_{wfi,j}^{n+1})/\rho_{wsc}} \cdot Q_{LVsci,j}^{n+1}\rho_{osc} \\ Q_{wi,j}^{n+1} = \dfrac{J_{wij}^{n+1}(p_{wi,j}^{n+1}-p_{wfi,j}^{n+1})/\rho_{wsc}}{J_{oij}^{n+1}(p_{oi,j}^{n+1}-p_{wfi,j}^{n+1})/\rho_{osc} + J_{wij}^{n+1}(p_{wi,j}^{n+1}-p_{wfi,j}^{n+1})/\rho_{wsc}} \cdot Q_{LVsci,j}^{n+1}\rho_{wsc} \end{cases}$$

对上式右端项系数进行显式处理，即油液体积产量比和水液体积产量比中的所有变量均取第 n 时间步的值，得到：

$$\begin{cases} Q_{oi,j}^{n+1} = \dfrac{J_{oij}^{n}(p_{oi,j}^{n}-p_{wfi,j}^{n})}{J_{oij}^{n}(p_{oi,j}^{n}-p_{wfi,j}^{n})/\rho_{osc} + J_{wij}^{n}(p_{wi,j}^{n}-p_{wfi,j}^{n})/\rho_{wsc}} \cdot Q_{LVsci,j}^{n+1} \\ Q_{wi,j}^{n+1} = \dfrac{J_{wij}^{n}(p_{wi,j}^{n}-p_{wfi,j}^{n})}{J_{oij}^{n}(p_{oi,j}^{n}-p_{wfi,j}^{n})/\rho_{osc} + J_{wij}^{n}(p_{wi,j}^{n}-p_{wfi,j}^{n})/\rho_{wsc}} \cdot Q_{LVsci,j}^{n+1} \end{cases} \quad (50)$$

式(50)右端均为已知量，至此油水产量项 $Q_{oi,j}^{n+1}$ 和 $Q_{wi,j}^{n+1}$ 已完成线性化处理。

(2) 定产油量。

此时给定的生产条件是地面标况下第 $(n+1)$ 时间步的产油量 Q_{oVscij}^{n+1}。利用与定产液量相似的处理步骤，可得 $Q_{oi,j}^{n+1}$ 和 $Q_{wi,j}^{n+1}$ 的线性化形式：

$$\begin{cases} Q_{oi,j}^{n+1} = Q_{oVscij}^{n+1}\rho_{osc} \\ Q_{wi,j}^{n+1} = \dfrac{J_{wij}^{n}(p_{wi,j}^{n}-p_{wfi,j}^{n})}{J_{oij}^{n}(p_{oi,j}^{n}-p_{wfi,j}^{n})} \cdot Q_{oVscij}^{n+1}\rho_{osc} \end{cases} \quad (51)$$

式(51)右端均为已知量，因此 $Q_{oi,j}^{n+1}$ 和 $Q_{wi,j}^{n+1}$ 已完成线性化处理。

3) 注水井的处理

前面介绍的注采项的线性化处理主要是针对生产井的。对于注入井而言，如果是定压注水，则可用式(47)中水方程作为注采项线性化公式，油的注采项为零。如果定注水量，则 $Q_{wi,j}^{n+1}$ 为给定量，$Q_{oi,j}^{n+1}=0$。

根据油藏模型方程及其解法特点，计算井的生产指标时，必须将注入井的注入量和生产井的采出量进行统一处理，即把注入量当作负的采出量。因此，实际应用时要注意区别产量项的正负号。例如：当井的产水量为 $100\mathrm{m^3/d}$ 时，$Q_{wVsc}=100\mathrm{m^3/d}$；当井的注水量为 $100\mathrm{m^3/d}$ 时，则 $Q_{wVsc}=-100\mathrm{m^3/d}$。

3. 线性化差分方程

经过以上步骤，再进行移项及合并同类项，式(38)和式(39)变成如下线性化差分方程：

$$c_{oi,j}^{n}p_{oi,j-1}^{n+1}+a_{oi,j}^{n}p_{oi-1,j}^{n+1}+e_{oi,j}^{n}p_{oi,j}^{n+1}+b_{oi,j}^{n}p_{oi+1,j}^{n+1}+d_{oi,j}^{n}p_{oi,j+1}^{n+1}=f_{oi,j}^{n}+V_{ij}\cdot\phi_{i,j}^{n}\rho_{oi,j}^{n}\dfrac{S_{oi,j}^{n+1}-S_{oi,j}^{n}}{\Delta t^{n}} \quad (52)$$

$$c_{wi,j}^{n}p_{wi,j-1}^{n+1}+a_{wi,j}^{n}p_{wi-1,j}^{n+1}+e_{wi,j}^{n}p_{wi,j}^{n+1}+b_{wi,j}^{n}p_{wi+1,j}^{n+1}+d_{wi,j}^{n}p_{wi,j+1}^{n+1}=f_{wi,j}^{n}+V_{ij}\cdot\phi_{i,j}^{n}\rho_{wi,j}^{n}\dfrac{S_{wi,j}^{n+1}-S_{wi,j}^{n}}{\Delta t^{n}} \quad (53)$$

由于注采项的代入，式(52)和式(53)式的部分系数相对于式(38)和式(39)有所变化：

(1)当给定井底流压时：$e_{oi,j}^n = e'^n_{oi,j} - J_o^n$，$f_{oi,j}^n = -J_o^n p_{wfi,j}^{n+1} - \frac{V_{ij}\beta_{oi,j}^n}{\Delta t^n} p_{oi,j}^n$，$e_{wi,j}^n = e'^n_{wi,j} - J_w^n$，$f_{wi,j}^n = -J_w^n p_{wfi,j}^{n+1} - \frac{V_{ij}\beta_{wi,j}^n}{\Delta t^n} p_{wi,j}^n$。

(2)当给定注采量时：$e_{oi,j}^n = e'^n_{oi,j}$，$f_{oi,j}^n = f'^n_{oi,j} = Q_{oi,j}^{n+1} - \frac{V_{ij}\beta_{oi,j}^n}{\Delta t^n} p_{oi,j}^n$，$e_{wi,j}^n = e'^n_{wi,j}$，$f_{wi,j}^n = f'^n_{wi,j} = Q_{wi,j}^{n+1} - \frac{V_{ij}\beta_{wi,j}^n}{\Delta t^n} p_{wi,j}^n$。其中，$Q_{oi,j}^{n+1}$ 和 $Q_{wi,j}^{n+1}$ 在定产液量时由式(50)给定，定产油量时由式(51)给定。

7.3.2 IMPES 求解原理

1. 方程组的消元

主要利用辅助方程从差分方程中消去多余未知量，形成封闭的差分方程组。

1）利用饱和度辅助方程对 S_o 和 S_w 的消元

将差分方程式(53)乘以系数 $\rho_{oi,j}^n / \rho_{wi,j}^n$ 后与式(52)相加，再利用辅助方程式(3)，可得：

$$\text{方程右端} = V_{i,j}\phi_{i,j}^n \rho_{oi,j}^n \frac{S_{oi,j}^{n+1} - S_{oi,j}^n}{\Delta t^n} + f_{oi,j}^n + \frac{\rho_{oi,j}^n}{\rho_{wi,j}^n} V_{i,j}\phi_{i,j}^n \rho_{wi,j}^n \frac{S_{wi,j}^{n+1} - S_{wi,j}^n}{\Delta t^n} + \frac{\rho_{oi,j}^n}{\rho_{wi,j}^n} f_{wi,j}^n$$

$$= V_{i,j}\phi_{i,j}^n \rho_{oi,j}^n \left(\frac{S_{oi,j}^{n+1} + S_{wi,j}^{n+1}}{\Delta t^n} - \frac{S_{oi,j}^n + S_{wi,j}^n}{\Delta t^n} \right) + f_{oi,j}^n + \frac{\rho_{oi,j}^n}{\rho_{wi,j}^n} f_{wi,j}^n$$

$$= V_{i,j}\phi_{i,j}^n \rho_{oi,j}^n \frac{1-1}{\Delta t^n} + f_{oi,j}^n + \frac{\rho_{oi,j}^n}{\rho_{wi,j}^n} f_{wi,j}^n = f_{oi,j}^n + \frac{\rho_{oi,j}^n}{\rho_{wi,j}^n} f_{wi,j}^n$$

$$\text{方程左端} = c_{oi,j}^n p_{oi,j-1}^{n+1} + \frac{\rho_{oi,j}^n}{\rho_{wi,j}^n} c_{wi,j}^n p_{wi,j-1}^{n+1} + a_{oi,j}^n p_{oi-1,j}^{n+1} + \frac{\rho_{oi,j}^n}{\rho_{wi,j}^n} a_{wi,j}^n p_{wi-1,j}^{n+1} +$$

$$e_{oi,j}^n p_{oi,j}^{n+1} + \frac{\rho_{oi,j}^n}{\rho_{wi,j}^n} e_{wi,j}^n p_{wi,j}^{n+1} + b_{oi,j}^n p_{oi+1,j}^{n+1} + \frac{\rho_{oi,j}^n}{\rho_{wi,j}^n} b_{wi,j}^n p_{wi+1,j}^{n+1} + d_{oi,j}^n p_{oi,j+1}^{n+1} + \frac{\rho_{oi,j}^n}{\rho_{wi,j}^n} d_{wi,j}^n p_{wi,j+1}^{n+1}$$

记 $A = \frac{\rho_{oi,j}^n}{\rho_{wi,j}^n}$，由方程左端=方程右端，得：

$$c_{oi,j}^n p_{oi,j-1}^{n+1} + A c_{wi,j}^n p_{wi,j-1}^{n+1} + a_{oi,j}^n p_{oi-1,j}^{n+1} + A a_{wi,j}^n p_{wi-1,j}^{n+1} + e_{oi,j}^n p_{oi,j}^{n+1} + A e_{wi,j}^n p_{wi,j}^{n+1} + b_{oi,j}^n p_{oi+1,j}^{n+1} + A b_{wi,j}^n p_{wi+1,j}^{n+1} +$$
$$d_{oi,j}^n p_{oi,j+1}^{n+1} + A d_{wi,j}^n p_{wi,j+1}^{n+1} = f_{oi,j}^n + A f_{wi,j}^n \tag{54}$$

若待求网格点有 M 个，则差分方程式(54)的数量为 M，但组成的方程组中含有 $p_{oi,j}^{n+1}$ 和 $p_{wi,j}^{n+1}$ 共 $2M$ 个未知量，仍不封闭。

2）利用毛管力辅助方程对 p_w 的消元

在任一网格点 $(i,j,n+1)$ 将辅助方程式(4)中毛管力做显式处理，即令：

$$p_{wi,j}^{n+1} = p_{oi,j}^{n+1} - p_{ci,j}^n \tag{55}$$

将式(55)代入式(54)得：

$$c_{i,j}^n p_{oi,j-1}^{n+1} + a_{i,j}^n p_{oi-1,j}^{n+1} + e_{i,j}^n p_{oi,j}^{n+1} + b_{i,j}^n p_{oi+1,j}^{n+1} + d_{i,j}^n p_{oi,j+1}^{n+1} = f_{i,j}^n \tag{56}$$

其中

$$c_{i,j}^n = c_{oi,j}^n + Ac_{wi,j}^n, \quad a_{i,j}^n = a_{oi,j}^n + Aa_{wi,j}^n, \quad e_{i,j}^n = e_{oi,j}^n + Ae_{wi,j}^n,$$
$$b_{i,j}^n = b_{oi,j}^n + Ab_{wi,j}^n, \quad d_{i,j}^n = d_{oi,j}^n + Ad_{wi,j}^n,$$
$$f_{i,j}^n = f_{oi,j}^n + Af_{wi,j}^n + A(c_{wi,j}^n p_{ci,j-1}^n + a_{wi,j}^n p_{ci-1,j}^n + e_{wi,j}^n p_{ci,j}^n + b_{wi,j}^n p_{ci+1,j}^n + d_{wi,j}^n p_{ci,j+1}^n)。$$

差分方程式(56)中未知量只有油相压力 p_o^{n+1}。若待求网格点为 M 个，则差分方程组中的方程和未知量个数均为 M，方程组封闭。

2. 压力的求解

式(56)是关于油相压力 p_o^{n+1} 的隐式差分方程，将所有网格点上的差分方程联合，组成线性代数方程组：

$$\mathbf{A} \cdot \mathbf{p}_o = \mathbf{F} \tag{57}$$

求解方程组(57)得到油相压力分布 $p_{oi,j}^{n+1}$，再根据毛管力辅助方程可求得水相压力：

$$p_{wi,j}^{n+1} = p_{oi,j}^{n+1} - p_{ci,j}^n \tag{58}$$

其中，(i,j) 为任意网格点。至此压力未知量求解完毕。

3. 饱和度的求解

将 $p_{wi,j}^{n+1}$（i,j 为任意网格点）代回式(53)，得：

$$S_{wi,j}^{n+1} = S_{wi,j}^n + \frac{\Delta t^n}{V_{ij} \cdot \phi_{i,j}^n \rho_{wi,j}^n} (c_{wi,j}^n p_{wi,j-1}^{n+1} + a_{wi,j}^n p_{wi-1,j}^{n+1} + e_{wi,j}^n p_{wi,j}^{n+1} + b_{wi,j}^n p_{wi+1,j}^{n+1} + d_{wi,j}^n p_{wi,j+1}^{n+1} - f_{wi,j}^n)$$

$$\tag{59}$$

式(59)右端均为已知项，因此这是一个关于水饱和度未知量的显式差分方程，逐网格点依次求解，可得所有网格点上的水相饱和度 $S_{wi,j}^{n+1}$。再利用如下饱和度辅助方程逐一计算得到所有网格点的油相饱和度：

$$S_{oi,j}^{n+1} = 1 - S_{wi,j}^{n+1} \tag{60}$$

至此，主要未知量求解完毕。从中可以看出，压力是利用隐式差分方程求解得到的，而饱和度是利用显式差分方程求解得到的，这也正是"隐式压力显式饱和度"这一名称的由来。

4. 井的生产指标计算

在解得第 $(n+1)$ 时间步的压力和饱和度后，还应该计算井在第 $(n+1)$ 时间步上的生产指标。一方面是为了反映油藏生产情况，另一方面是为了给第 $(n+2)$ 时间步的求解提供数据支持，例如式(50)、式(51)中的井底流压需要早一个时间步的数据。

1) 定压井的油水产量或注水量计算方法

利用式(46)可以计算定压井（$p_{wfi,j}^{n+1}$ 已知）的油水产量或注水量 $Q_{oi,j}^{n+1}$ 和 $Q_{wi,j}^{n+1}$。

2) 定产井的流压计算方法

生产井定液量 Q_{LVsc}^{n+1} 条件下的井底流压可以由式(49)解得：

$$p_{wfi,j}^{n+1} = p_{oi,j}^{n+1} - \left(\frac{Q_{LVsc}^{n+1} + p_{cow}^{n+1} J_w^{n+1} / \rho_{wsc}}{J_o^{n+1} / \rho_{osc} + J_w^{n+1} / \rho_{wsc}} \right)_{i,j} \tag{61}$$

生产井定油量 Q_{oVsc}^{n+1} 条件下的井底流压可以由式(48)中的油方程解得：

$$p_{\text{wfi},j}^{n+1} = p_{\text{oi},j}^{n+1} - \left(\frac{Q_{\text{o}Vsc}^{n+1}}{J_{\text{o}}^{n+1}/\rho_{\text{osc}}}\right)_{i,j} \tag{62}$$

3)定注水量井的流压计算方法

注水井定水量 $Q_{\text{w}Vsc}^{n+1}$ 条件下的井底流压可以由式(48)中的水方程解得：

$$p_{\text{wfi},j}^{n+1} = p_{\text{oi},j}^{n+1} - p_{\text{cow}}^{n+1} - \left(\frac{Q_{\text{w}Vsc}^{n+1}}{J_{\text{w}}^{n+1}/\rho_{\text{wsc}}}\right)_{i,j} \tag{63}$$

油藏开发初始时刻(第 0 时间步)的井底流压和产量也可以利用式(61)至式(63)计算得到。

至此，IMPES 解法主要原理介绍结束。

7.3.3 求解步骤

基于方法原理，可得 IMPES 方法对原问题差分方程求解的步骤。

(1)利用显式处理方法，所有系数和右端项取上一时间步的已知值，将差分方程式(38)和式(39)线性化，得到线性差分方程组(52)和式(53)。

(2)利用饱和度及毛管力辅助方程，消掉多余未知量，得到只含油相压力的隐式差分方程(56)，并组成封闭的线性代数差分方程组(57)。

(3)求解隐式差分方程组(57)，得到油相压力分布 $p_{\text{oi},j}^{n+1}$，再由 $p_{\text{wi},j}^{n+1} = p_{\text{oi},j}^{n+1} - p_{\text{ci},j}^{n}$ 求得水相压力 $p_{\text{wi},j}^{n+1}$。其中 (i,j) 为任意网格点。

(4)将 $p_{\text{wi},j}^{n+1}$ 代回式(53)，显式求解得 $S_{\text{wi},j}^{n+1}$；再由 $S_{\text{oi},j}^{n+1} = 1 - S_{\text{wi},j}^{n+1}$ 求得 $S_{\text{oi},j}^{n+1}$，由 $p_{\text{ci},j}^{n+1} = p_{\text{c}}(S_{\text{wi},j}^{n+1})$ 求得 $p_{\text{ci},j}^{n+1}$。其中 (i,j) 为任意网格点。

(5)利用式(46)计算第$(n+1)$时间步的定压井的产量，利用式(61)至式(63)计算第$(n+1)$时间步定产井的井底流压。

(6)将新时间步所有网格点的压力和饱和度值($p_{\text{oi},j}^{n+1}$、$p_{\text{wi},j}^{n+1}$、$p_{\text{ci},j}^{n+1}$、$S_{\text{wi},j}^{n+1}$、$S_{\text{oi},j}^{n+1}$)代入式(52)、式(53)和式(56)的系数中，得到新时间步的差分方程组。

(7)利用步骤(3)至步骤(6)进行循环求解，直至油藏开发过程结束。

7.3.4 提高 IMPES 精度的方法

IMPES 方法在对差分方程线性化时采用显式方式处理系数和右端项，在求解饱和度时采用显式差分方程，容易出现不稳定问题，易产生较大误差甚至计算过程无法完成。因此，人们研究建立了多种改进 IMPES 稳定性和精度的方法。下面介绍其中使用较多的两种。

1. 联合方程求解饱和度方法

用油组分方程(52)和水组分方程(53)相加，并将 $S_{\text{oi},j}^{n+1} = 1 - S_{\text{wi},j}^{n+1}$ 代入，得：

$$c_{\text{oi},j}^{n} p_{\text{oi},j-1}^{n+1} + c_{\text{wi},j}^{n} p_{\text{wi},j-1}^{n+1} + a_{\text{oi},j}^{n} p_{\text{oi}-1,j}^{n+1} + a_{\text{wi},j}^{n} p_{\text{wi}-1,j}^{n+1} + e_{\text{oi},j}^{n} p_{\text{oi},j}^{n+1} + e_{\text{wi},j}^{n} p_{\text{wi},j}^{n+1} + b_{\text{oi},j}^{n} p_{\text{oi}+1,j}^{n+1} + b_{\text{wi},j}^{n} p_{\text{wi}+1,j}^{n+1} +$$
$$d_{\text{oi},j}^{n} p_{\text{oi},j+1}^{n+1} + d_{\text{wi},j}^{n} p_{\text{wi},j+1}^{n+1} = V_{i,j}\phi_{i,j}(\rho_{\text{wi},j}^{n} - \rho_{\text{oi},j}^{n})\frac{S_{\text{wi},j}^{n+1} - S_{\text{wi},j}^{n}}{\Delta t^{n}} + f_{\text{oi},j}^{n} + f_{\text{wi},j}^{n} \tag{64}$$

当压力未知量解出以后，式(64)的左端项均为已知项，用如下记号表示：

$$h_{i,j} = c_{\text{oi},j}^{n} p_{\text{oi},j-1}^{n+1} + c_{\text{wi},j}^{n} p_{\text{wi},j-1}^{n+1} + a_{\text{oi},j}^{n} p_{\text{oi}-1,j}^{n+1} + a_{\text{wi},j}^{n} p_{\text{wi}-1,j}^{n+1} + e_{\text{oi},j}^{n} p_{\text{oi},j}^{n+1} + e_{\text{wi},j}^{n} p_{\text{wi},j}^{n+1} + b_{\text{oi},j}^{n} p_{\text{oi}+1,j}^{n+1} + b_{\text{wi},j}^{n} p_{\text{wi}+1,j}^{n+1} +$$
$$d_{\text{oi},j}^{n} p_{\text{oi},j+1}^{n+1} + d_{\text{wi},j}^{n} p_{\text{wi},j+1}^{n+1}$$

将上式代入式(64)，则有：

$$S_{wi,j}^{n+1} = S_{wi,j}^{n} + \frac{h_{i,j} - f_{oi,j}^{n} - f_{wi,j}^{n}}{V_{i,j}\phi_{i,j}(\rho_{wi,j}^{n} - \rho_{oi,j}^{n})}\Delta t^{n} \qquad (65)$$

用式(65)即可求得 $S_{wi,j}^{n+1}$。相比于单独用式(53)求解饱和度，式(65)中所含参量更多，能够更加全面且客观地反映实际油藏的内在渗流规律，因而计算过程稳定性更强，精度更高。

2. 一步压力多步饱和度方法

因为 IMPES 方法分别用隐式和显式求解压力和饱和度，在选择时间步长时经常出现矛盾。如果为了加快油藏模拟计算速度选用较大的时间步长，则可能会引起饱和度求解过程的不稳定；如果为了保证饱和度求解过程的稳定选用足够小的时间步长，则可能会大大增加时间步数，且每一个时间步都必须求解关于压力未知量的大型代数方程组，因而大大增加计算量，显著降低计算效率。解决这个问题的一个有效方法是，压力和饱和度的求解采用不同的时间步长，压力求解使用较大的时间步长，饱和度求解采用较小时间步长，这就是一步压力多步饱和度方法。

一步压力多步饱和度方法原理如图 7.3.3 所示。计算时，首先用合适的时间步长 Δt^{n} 从第 n 时间步求得第 $(n+1)$ 时间步的压力值；然后，将时间步长 Δt^{n} 分成若干(m)个小时间段 $\Delta t_{1}^{n}, \Delta t_{2}^{n}, \cdots, \Delta t_{m}^{n}$，再从第 n 时间步开始用小时间段对饱和度值逐段进行求解，直到第 $(n+1)$ 时间步。

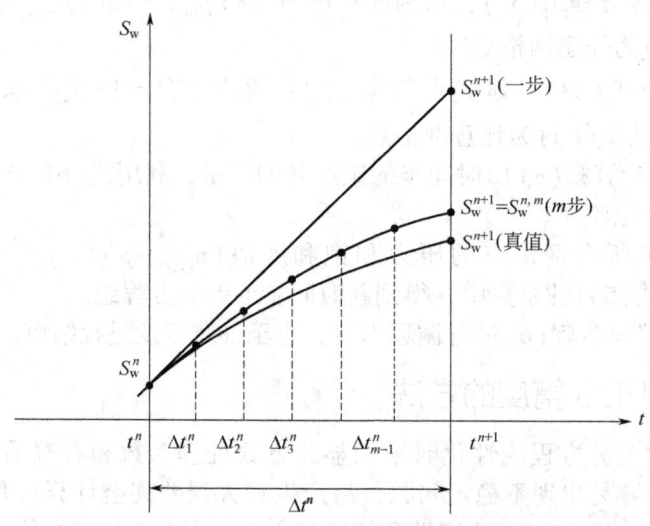

图 7.3.3　一步压力多步饱和度方法示意图

饱和度求解方程参考式(65)，可得：

$$S_{wi,j}^{n,l} = S_{wi,j}^{n,l-1} + \frac{h_{i,j}^{n,l-1} - f_{oi,j}^{n,l-1} - f_{wi,j}^{n,l-1}}{V_{i,j}\phi_{i,j}(\rho_{wi,j}^{n} - \rho_{oi,j}^{n})}\Delta t_{l}^{n}, \quad l = 1, 2, \cdots, m \qquad (66)$$

其中，$h_{i,j}^{n,l-1} = h_{i,j}^{n}(S_{wi,j}^{n,l-1})$，$f_{oi,j}^{n,l-1} = f_{oi,j}^{n}(S_{wi,j}^{n,l-1})$，$f_{wi,j}^{n,l-1} = f_{wi,j}^{n}(S_{wi,j}^{n,l-1})$。它们均随时间段的推进而逐渐变化，因而图 7.3.3 所示饱和度的变化呈折线形式，每一段折线的斜率就是式(66)中 Δt_{l}^{n} 的系数值。

一步压力多步饱和度方法通过采用不同的时间步长，既可以满足饱和度求解稳定性的需要，同时可以减少压力求解的时间步数和总体计算量。另外从图 7.3.3 容易看出，一步压力多步饱和度方法计算得到的饱和度值的精度明显高于一般的 IMPES 解法(一步压力一步饱和度方法)。

7.4 边界的统一化处理方法

前面介绍了各种不同边界的处理方法,这些方法理论性强,精准而全面,适合于理想模型的模拟计算。但实际油藏数值模拟中边界的处理有不同的特点。

实际油藏数值模拟中使用的数值模拟软件必须具有通用性,即用同一款软件可以对同一类型的所有油藏进行模拟。同一类型油藏的流动控制方程是一样的,但其边界形状和边界条件千变万化,数值模拟软件中的边界处理方法应该适用于各种边界情况,即用统一方式处理各种不同边界,同时还要求构造简单、使用方便。

边界处理包括边界形状的处理和边界条件的处理。

7.4.1 边界形状的处理

边界形状的处理就是把实际油藏的自然边界离散化,用差分网格系统定量表征边界的位置和形状。现代油藏模拟软件普遍使用块中心网格。

边界形状处理的主要方法步骤是:对于任意一个油藏,无论其边界形状如何,首先用一个大小合适的长方体或长方形将油藏区域恰好包含在内,尽量使得长方体的体积或长方形的面积最小,再将此长方体或长方形网格化(一般用块中心网格),然后选取与边界距离最小、方向最接近的网格面或网格线代替实际油藏边界,这些网格面或网格线彼此相连组成完整的离散化的油藏边界,其所围网格区域就是离散化的油藏区域,如图7.4.1所示。

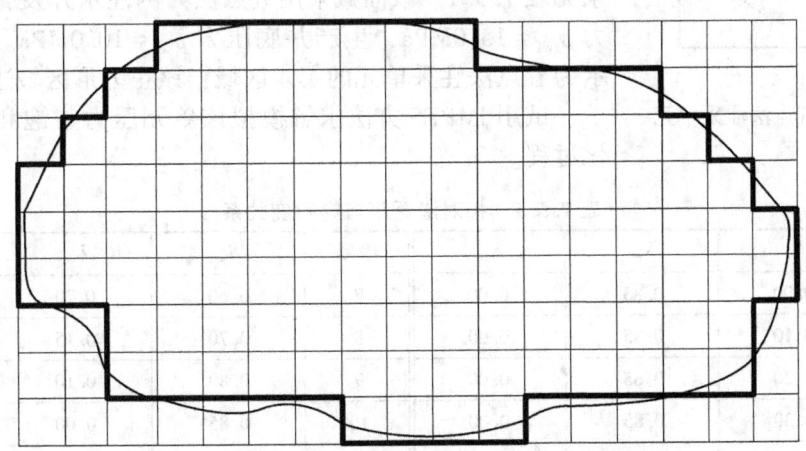

图 7.4.1 实际油藏及边界离散方法示意图

图7.4.1中线条较细且光滑的曲线是油藏的自然边界,线条较粗的折线是离散后的油藏边界。油藏边界内的网格叫作有效网格,边界外的网格叫作无效网格或哑网格。至此,边界的离散化完毕。

实际油藏边界形状一般都很复杂,上述对边界位置和形状的离散化处理是近似的;但误差也是有限的,一般不大于半个网格步长的距离。

7.4.2 边界条件的处理

实际油藏最常见的边界有两种,一是封闭边界,二是边底水边界。

由于实际油藏的边界形状千差万别,边界条件分布多种多样,如果对不同边界分别用不

同的方法进行离散处理,则很难形成通用的程序软件。所以采用如下方法步骤进行处理:

第一步:不加区分,将所有边界作为封闭边界处理。对于实际的封闭边界而言,上述处理过程已经满足边界条件。

第二步:对边底水边界,在封闭边界网格中加入源汇项来表征边底水的影响。源汇流量根据边底水的体积、压力、导流能力及油藏边界网格的压力、饱和度、孔渗等动静态参数计算得到。具体计算方法可以参考有关文献,此处不再详述。

上述方法既可以全面准确地处理实际油藏边界,也适合于编制通用的油藏模拟软件。

7.5 两相渗流数值模拟程序编制

本节基于前面介绍的理论方法,以油水平面二维两相渗流为例,比较完整地介绍油藏数值模拟软件编制的步骤。

7.5.1 油藏问题与要求

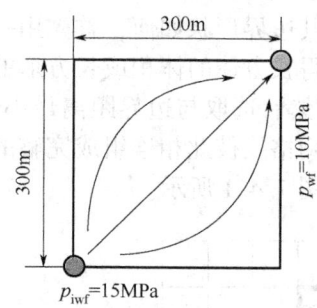

图 7.5.1 五点法注采单元

设某油藏均质等厚,岩石和流体均可压缩,渗流遵从达西定律,毛管力和重力影响可忽略。油藏厚10m,渗透率为$0.3\mu m^2$,孔隙度为0.25,综合压缩系数为$1.0\times10^{-4}MPa^{-1}$,油黏度为$5mPa\cdot s$,水黏度为$1.0mPa\cdot s$,原始地层压力为12.0MPa,原始含油饱和度为0.7,其相对渗透率与饱和度关系见表7.5.1。该油藏采用五点法井网注水开发,注水井底压力$p_{iwf}=15.0MPa$,生产井底压力$p_{wf}=10.0MPa$。图7.5.1所示为五点法注采单元的1/4区域,该正方形区域边长为300m。

试用IMPES方法求解模拟该单元压力与饱和度的分布变化过程。

表 7.5.1 相对渗透率与饱和度关系

序号	S_w	K_{ro}	K_{rw}	序号	S_w	K_{ro}	K_{rw}
1	0.00	0.85	0.00	7	0.60	0.20	0.15
2	0.10	0.85	0.00	8	0.70	0.15	0.23
3	0.20	0.85	0.00	9	0.80	0.10	0.35
4	0.30	0.85	0.00	10	0.85	0.00	0.45
5	0.40	0.55	0.05	11	0.90	0.00	0.45
6	0.50	0.35	0.10	12	1.00	0.00	0.45

7.5.2 数学模型

为方便,公式推导和应用中常忽略油相压力的下标,记$p=p_o$。

1. 渗流控制方程

$$\frac{\partial}{\partial x}\left(\frac{\rho_o KK_{ro}}{\mu_o}\frac{\partial p}{\partial x}\right)+\frac{\partial}{\partial y}\left(\frac{\rho_o KK_{ro}}{\mu_o}\frac{\partial p}{\partial y}\right)+q_o=\frac{\partial(\phi\rho_o S_o)}{\partial t} \tag{67}$$

$$\frac{\partial}{\partial x}\left(\frac{\rho_w KK_{rw}}{\mu_w}\frac{\partial p}{\partial x}\right)+\frac{\partial}{\partial y}\left(\frac{\rho_w KK_{rw}}{\mu_w}\frac{\partial p}{\partial y}\right)+q_w=\frac{\partial(\phi\rho_w S_w)}{\partial t} \tag{68}$$

因为忽略毛管力，所以油相压力和水相压力相等，均为 $p=p(x,y,t)$。

2. 辅助方程

$$S_o+S_w=1 \tag{69}$$
$$C_o+C_f=C_w+C_f=1.0\times10^{-4}\text{MPa}^{-1} \tag{70}$$
$$\mu_o=5\text{mPa}\cdot\text{s},\ \mu_w=1.0\text{mPa}\cdot\text{s} \tag{71}$$
$$K_{ro}=K_{ro}(S_w),\ K_{rw}=K_{rw}(S_w) \tag{72}$$
$$\phi=0.25 \tag{73}$$
$$K=0.3\mu\text{m}^2 \tag{74}$$

$$\begin{cases} q_o=2\pi\left(\dfrac{\rho_o KK_{ro}h}{V\cdot\mu_o}\right)_{i,j}\dfrac{p_{wf}-p_{i,j}}{\ln(r_e/r_w)}=J_o(p_{wf}-p_{i,j}) \\ q_w=2\pi\left(\dfrac{\rho_w KK_{rw}h}{V\cdot\mu_w}\right)_{i,j}\dfrac{p_{iwf}-p_{i,j}}{\ln(r_e/r_w)}=J_w(p_{iwf}-p_{i,j}) \end{cases} \tag{75}$$

其中，$p_{iwf}=15.0\text{MPa}$，$p_{wf}=10.0\text{MPa}$，$r_e=0.208\Delta x$，$V_{i,j}$ 为网格 (i,j) 的体积。

3. 初始条件

$$p(x,y,0)=p_i=12.0\text{MPa},\ S_w(x,y,0)=S_i=0.3$$

4. 边界条件

$$\left.\dfrac{\partial p}{\partial n}\right|_\Gamma=0\ (\Gamma\text{ 为外封闭边界})$$

7.5.3 网格系统和差分方程

1. 网格

建立均匀网格系统，如图 7.5.2 所示。取 x、y 方向网格步长分别为 Δx 和 Δy，待求解网格数为 $(N_x-2)(N_y-2)$ 个。

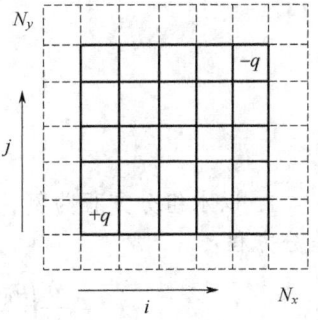

图 7.5.2 单元网格划分

2. 差分方程

依照 7.2 节中步骤并省略上标可得渗流控制方程式(67)和式(68)的差分方程：

油相：$c_{oi,j}p_{i,j-1}+a_{oi,j}p_{i-1,j}+e_{oi,j}p_{i,j}+b_{oi,j}p_{i+1,j}+d_{oi,j}p_{i,j+1}=\phi\rho_o\dfrac{S_{oi,j}^{n+1}-S_{oi,j}^n}{\Delta t}-\dfrac{\beta_o}{\Delta t}p_{i,j}^n-J_o^n p_{wfi,j}^{n+1}$ (76)

水相：$c_{wi,j}p_{i,j-1}+a_{wi,j}p_{i-1,j}+e_{wi,j}p_{i,j}+b_{wi,j}p_{i+1,j}+d_{wi,j}p_{i,j+1}=\phi\rho_w\dfrac{S_{wi,j}^{n+1}-S_{wi,j}^n}{\Delta t}-\dfrac{\beta_w}{\Delta t}p_{i,j}^n-J_w^n p_{iwfi,j}^{n+1}$

(77)

其中，$c_{li,j}=\lambda_{lj-1/2}/\Delta y^2$，$a_{li,j}=\lambda_{li-1/2}/\Delta x^2$，$b_{li,j}=\lambda_{li+1/2}/\Delta x^2$，$d_{li,j}=\lambda_{lj+1/2}/\Delta y^2$，$e_{li,j}=-(a_{li,j}+b_{li,j}+c_{li,j}+d_{li,j}+\beta_l/\Delta t+J_l)$，$\lambda_l=\rho_l KK_{rl}/\mu_l$，$l=o,w$。

3. IMPES 解法公式

同 7.3 节中步骤可得差分方程的 IMPES 方法求解公式：

压力方程：

$$c_{i,j}p_{i,j-1}+a_{i,j}p_{i-1,j}+e_{i,j}p_{i,j}+b_{i,j}p_{i+1,j}+d_{i,j}p_{i,j+1}=f_{i,j} \tag{78}$$

饱和度方程：

$$S_{wi,j}^{n+1}=S_{wi,j}^n+\frac{\Delta t}{\phi\rho_w}\left(\frac{\beta_w}{\Delta t}p_{i,j}^n+q_w+c_{wi,j}p_{i,j-1}^{n+1}+a_{wi,j}p_{i-1,j}^{n+1}+e_{wi,j}p_{i,j}^{n+1}+b_{wi,j}p_{i+1,j}^{n+1}+d_{wi,j}p_{i,j+1}^{n+1}\right) \quad (79)$$

其中，$a_{i,j}=a_{oi,j}+\dfrac{\rho_o}{\rho_w}a_{wi,j}$，$b_{i,j}=b_{oi,j}+\dfrac{\rho_o}{\rho_w}b_{wi,j}$，$c_{i,j}=c_{oi,j}+\dfrac{\rho_o}{\rho_w}c_{wi,j}$，$d_{i,j}=d_{oi,j}+\dfrac{\rho_o}{\rho_w}d_{wi,j}$，$e_{i,j}=e_{oi,j}+\dfrac{\rho_o}{\rho_w}e_{wi,j}$，$f_{i,j}=-\dfrac{1}{\Delta t}\left(\beta_{oi,j}+\dfrac{\rho_o}{\rho_w}\beta_{wi,j}\right)p_{i,j}^n-\left(J_o^n p_{wfi,j}^{n+1}+\dfrac{\rho_o}{\rho_w}J_w^n p_{iwfi,j}^{n+1}\right)$。

7.5.4 边条件与参数处理

（1）封闭边条件。采用镜像法，利用虚拟网格对边界条件进行离散处理，如图7.5.2所示。

（2）注采项的处理。将辅助方程式(75)代入式(79)即可。

（3）传导系数中渗透率取调和平均，流体物性和相渗取上游值。

（4）网格点任意时间步的相渗值根据饱和度值用插值法由相渗数据表求得。

（5）方程组解法。两种建议：一是选择D4网格排序结合LU分解直接解法；二是选择Seidel或强隐式等迭代解法。

7.5.5 程序设计与程序编制

根据以上方法和技术路线设计编制IMPES方法求解二维渗流问题的计算机程序。

习 题

1. 以水组分方程为例，采用非均匀网格系统，推导建立如下油水两相渗流控制方程的差分方程：

$$\frac{\partial}{\partial x}\left(\frac{\rho_o K_{ro}}{\mu_o}K_x\frac{\partial p_o}{\partial x}\right)+\frac{\partial}{\partial y}\left(\frac{\rho_o K_{ro}}{\mu_o}K_y\frac{\partial p_o}{\partial y}\right)+q_o=\frac{\partial(\phi\rho_o S_o)}{\partial t}$$

$$\frac{\partial}{\partial x}\left(\frac{\rho_w K_{rw}}{\mu_w}K_x\frac{\partial p_w}{\partial x}\right)+\frac{\partial}{\partial y}\left(\frac{\rho_w K_{rw}}{\mu_w}K_y\frac{\partial p_w}{\partial y}\right)+q_w=\frac{\partial(\phi\rho_w S_w)}{\partial t}$$

并将差分方程写成简化形式。

2. 解释"隐式压力显式饱和度方法"名称的由来。

3. 叙述隐式压力显式饱和度(IMPES)方法的原理及求解步骤。

4. 在7.5节例题中，取网格数为30×30个，$\Delta x=\Delta y=10\text{m}$，模拟时间为1800d，每180d输出一次结果，编制程序对原问题进行模拟计算。

第8章 黑油模型数值模拟方法

黑油模型就是油气水三相三组分流体油藏模型。它是世界上发展最早、应用最普遍的油藏数值模拟模型,其数值解法包括了现代油藏数值模拟所有主要的技术结构和方法特征,具有很强的代表性。

第2章已经介绍了黑油模型的概念,本章将主要介绍黑油模型的数值解法,包括油藏数值模拟求解非线性问题的四种主要方法:IMPES 方法、半隐式方法、IMPIMS 方法、全隐式方法。

8.1 黑油油藏数学模型

本节将利用与第2章不同的方式推导得到黑油模型的渗流控制方程组,其所得方程的形式也有不同。

8.1.1 渗流方程

1. 运动方程

分别列出油、气、水三相的运动方程,分别如式(1)至式(3)所示:

$$v_o = -\frac{KK_{ro}}{\mu_o}[\nabla p_o - \rho_o g \nabla D] \tag{1}$$

$$v_g = -\frac{KK_{rg}}{\mu_g}[\nabla p_g - \rho_g g \nabla D] \tag{2}$$

$$v_w = -\frac{KK_{rw}}{\mu_w}[\nabla p_w - \rho_w g \nabla D] \tag{3}$$

式中 v_o、v_g、v_w——油、气、水三相的渗流速度;

K_r——相对渗透率,m^2;

μ——流体的黏度,$Pa \cdot s$;

p——压力,Pa;

ρ——密度,kg/m^3。

以上都是油藏条件下的物理量;小写英文字母 o、g、w 做下标时分别表示油相、气相和水相,大写英文字母 O、G、W 做下标时分别表示油组分、气组分和水组分,下标 Gd 表示溶解在油相中的气组分。根据黑油模型流体相和组分间关系知:$\rho_o = \rho_O + \rho_{Gd}$,$\rho_w = \rho_W$。

2. 连续性方程(质量守恒方程)

分别列出油、气、水三个组分的质量守恒方程,如式(4)至式(6)所示:

$$-\nabla \cdot (\rho_O \cdot v_o) + q_O = \frac{\partial(\phi \rho_O S_o)}{\partial t} \tag{4}$$

$$-\nabla \cdot (\rho_{Gd} \mathbf{v}_o + \rho_g \mathbf{v}_g) + q_G = \frac{\partial [\phi(\rho_{Gd} S_o + \rho_g S_g)]}{\partial t} \tag{5}$$

$$-\nabla \cdot (\rho_W \cdot \mathbf{v}_w) + q_W = \frac{\partial (\phi \rho_W S_w)}{\partial t} \tag{6}$$

式中 q——单位时间向单位体积油藏内注入的组分质量，$kg/(m^3 \cdot s)$；
S——流体饱和度；
ϕ——岩石孔隙度。

将式(1)至式(3)分别代入式(4)至式(6)，得到：

$$\nabla \cdot \left[\frac{KK_{ro}\rho_O}{\mu_o}(\nabla p_o - \rho_o g \nabla D) \right] + q_O = \frac{\partial(\phi \rho_O S_o)}{\partial t} \tag{7}$$

$$\nabla \cdot \left[\frac{KK_{ro}\rho_{Gd}}{\mu_o}(\nabla p_o - \rho_o g \nabla D) + \frac{KK_{rg}\rho_g}{\mu_g}(\nabla p_g - \rho_g g \nabla D) \right] + q_G = \frac{\partial(\phi \rho_{Gd} S_o + \phi \rho_g S_g)}{\partial t} \tag{8}$$

$$\nabla \cdot \left[\frac{KK_{rw}\rho_W}{\mu_w}(\nabla p_w - \rho_w g \nabla D) \right] + q_W = \frac{\partial(\phi \rho_W S_w)}{\partial t} \tag{9}$$

式(7)至式(9)就是以质量计的黑油模型渗流控制方程。

8.1.2 辅助方程

式(7)至式(9)共有三个方程，其中的变量有21个：$p_o, p_g, p_w, S_o, S_g, S_w, \rho_O, \rho_W,$ $\rho_{Gd}, \rho_g, \mu_o, \mu_g, \mu_w, K_{ro}, K_{rg}, K_{rw}, \phi, K, q_O, q_G, q_W$；要建立封闭的方程组，还需要18个辅助方程。

如果是两相情况，则变量有17个：$p_o, p_w, p_b, S_o, S_w, \rho_O, \rho_W, \rho_{Gd}, \mu_o, \mu_w, K_{ro}, K_{rw}, \phi, K,$ q_O, q_G, q_W；要建立封闭的方程组，需要14个辅助方程。

这些辅助方程如式(10)至式(17)所示。

(1)相间饱和度满足的方程(1个)：

$$\text{三相}: S_o + S_g + S_w = 1; \quad \text{两相}: S_o + S_w = 1 \tag{10}$$

(2)相间毛管力方程：

$$\text{三相}(2个): \begin{cases} p_g - p_o = p_{cgo}(S_g) = p_{cog}(S_g) \\ p_o - p_w = p_{cwo}(S_w) = p_{cow}(S_w) \end{cases}; \quad \text{两相}(1个): p_o - p_w = p_{cwo}(S_w) = p_{cow}(S_w) \tag{11}$$

(3)流体密度变化方程：

$$\text{三相}(4个): \begin{cases} \rho_O = \rho_O(p_o) \\ \rho_g = \rho_g(p_g) \\ \rho_W = \rho_W(p_w) \\ \rho_{Gd} = \rho_{Gd}(p_o) \end{cases}; \quad \text{两相}(3个): \begin{cases} \rho_O = \rho_O(p_o, p_b) \\ \rho_W = \rho_W(p_w) \\ \rho_{Gd} = \rho_{Gd}(p_o, p_b) \end{cases} \tag{12}$$

式中 p_b——泡点压力(即饱和压力)，Pa。

(4)各相流体黏度方程：

$$\text{三相}(3个): \begin{cases} \mu_o = \mu_o(p_o) \\ \mu_g = \mu_g(p_g) \\ \mu_w = \mu_w(p_w) \end{cases}; \quad \text{两相}(2个): \begin{cases} \mu_o = \mu_o(p_o, p_b) \\ \mu_w = \mu_w(p_w) \end{cases} \tag{13}$$

(5)相对渗透率方程：

$$\text{三相}(3\text{个}):\begin{cases} K_{ro}=K_{ro}(S_g,S_w) \\ K_{rg}=K_{rg}(S_g) \\ K_{rw}=K_{rw}(S_w) \end{cases}; \quad \text{两相}(2\text{个}):\begin{cases} K_{ro}=K_{ro}(S_w) \\ K_{rw}=K_{rw}(S_w) \end{cases} \tag{14}$$

(6)岩石孔隙度分布及变化方程(1个):

$$\phi=\phi(x,y,z,p_o) \text{ 或 } C_f=\frac{1}{\phi}\frac{\partial \phi}{\partial p_o} \tag{15}$$

式中 C_f——岩石的压缩系数,Pa^{-1};
ϕ——孔隙度,空间位置和油相压力的函数。

(7)岩石渗透率分布方程(1个):

$$K=K(x,y,z) \tag{16}$$

(8)各组分的注采项方程(3个):

① 若定井的产量,则有:

$$\begin{cases} q_O=-Q_O(x,y,z,t)/V_M \\ q_G=-Q_G(x,y,z,t)/V_M \\ q_W=-Q_W(x,y,z,t)/V_M \end{cases} \tag{17}$$

式中 $Q_O(x,y,z,t)$、$Q_G(x,y,z,t)$ 和 $Q_W(x,y,z,t)$——油、气、水组分的井产量(质量),kg/s;

V_M——注采井所在油藏微元的体积,在油藏数值模拟中常取作井所在网格的体积,m^3。

一般定产条件是给定井的产液量 $Q_L(x,y,z,t)=Q_O(x,y,z,t)+Q_W(x,y,z,t)$ 或给定井的产油量 $Q_O(x,y,z,t)$。

② 若定井底流压,则有:

$$\begin{cases} q_O=\dfrac{2\pi\rho_O hKK_{ro}}{V_M\mu_o\ln\dfrac{r_e}{r_w}}(p_{wf}-p_o) \\ q_G=\dfrac{2\pi\rho_{Gd} hKK_{ro}}{V_M\mu_o\ln\dfrac{r_e}{r_w}}(p_{wf}-p_o)+\dfrac{2\pi\rho_g hKK_{rg}}{V_M\mu_g\ln\dfrac{r_e}{r_w}}(p_{wf}-p_g) \\ q_W=\dfrac{2\pi\rho_w hKK_{rw}}{V_M\mu_w\ln\dfrac{r_e}{r_w}}(p_{wf}-p_w) \end{cases} \tag{18}$$

式中,$p_{wf}=p_{wf}(x,y,z,t)$,为给定的已知函数。两相情况时,q_G 方程右端第二项为零。

8.1.3 定解条件

1. 边界条件

边界条件的给定和处理方法参考7.4节。黑油模型油藏边界条件一般如下所述。
(1)封闭油藏边界:边界上的法向压力梯度为零。
(2)边底水边界:给出边底水与油藏的接触位置及边底水体积、压力、渗透率等动静态参数。

2. 初始条件

包括压力和饱和度初始分布，如式(19)所示。

$$\begin{cases} p_o(x,y,z,0) = p_{\text{ini}}(x,y,z) \\ S_w(x,y,z,0) = S_{w,\text{ini}}(x,y,z) \\ S_g(x,y,z,0) = S_{g,\text{ini}}(x,y,z), \text{三相情况} \\ p_b(x,y,z,0) = p_{b,\text{ini}}(x,y,z), \text{两相情况} \end{cases} \quad (19)$$

8.2 黑油模型的差分方程

定义质量流度系数：$\lambda_o = \dfrac{\rho_O K K_{ro}}{\mu_o}$，$\lambda_g = \dfrac{\rho_g K K_{rg}}{\mu_g}$，$\lambda_w = \dfrac{\rho_W K K_{rw}}{\mu_w}$，$\lambda_{gd} = \dfrac{\rho_{Gd} K K_{ro}}{\mu_o}$，将8.1节中的式(7)至式(9)写成如下形式：

$$\nabla \cdot [\lambda_o(\nabla p_o - \rho_o g \nabla D)] + q_O = \frac{\partial(\phi \rho_o S_o)}{\partial t} \quad (1)$$

$$\nabla \cdot [\lambda_{gd}(\nabla p_o - \rho_o g \nabla D)] + \nabla \cdot [\lambda_g(\nabla p_g - \rho_g g \nabla D)] + q_G = \frac{\partial(\rho_{Gd} S_o + \rho_g S_g)\phi}{\partial t} \quad (2)$$

$$\nabla \cdot [\lambda_w(\nabla p_w - \rho_w g \nabla D)] + q_W = \frac{\partial(\phi \rho_w S_w)}{\partial t} \quad (3)$$

下面对式(1)至式(3)进行差分离散。以油组分方程式(1)为例，先将其展开成直角坐标分量形式：

$$\frac{\partial}{\partial x}\left[\lambda_o\left(\frac{\partial p_o}{\partial x} - \rho_o g \frac{\partial D}{\partial x}\right)\right] + \frac{\partial}{\partial y}\left[\lambda_o\left(\frac{\partial p_o}{\partial y} - \rho_o g \frac{\partial D}{\partial y}\right)\right] + \frac{\partial}{\partial z}\left[\lambda_o\left(\frac{\partial p_o}{\partial z} - \rho_o g \frac{\partial D}{\partial z}\right)\right] + q_O = \frac{\partial(\phi \rho_o S_o)}{\partial t} \quad (4)$$

模型离散采用非均匀块中心网格系统，在任意网格点$(i, j, k, n+1)$上对式(4)进行差分离散，方程左端空间微商项的离散参照6.1节高阶差分离散方法，得到：

$$\frac{1}{\Delta x_i}\left[\lambda_{oi+\frac{1}{2}}\left(\frac{p_{i+1}^{n+1}-p_i^{n+1}}{\Delta x_{i+\frac{1}{2}}} - \rho_{oi+\frac{1}{2}} g \frac{D_{i+1}-D_i}{\Delta x_{i+\frac{1}{2}}}\right) + \lambda_{oi-\frac{1}{2}}\left(\frac{p_{i-1}^{n+1}-p_i^{n+1}}{\Delta x_{i-\frac{1}{2}}} - \rho_{oi-\frac{1}{2}} g \frac{D_{i-1}-D_i}{\Delta x_{i-\frac{1}{2}}}\right)\right] +$$

$$\frac{1}{\Delta y_j}\left[\lambda_{oj+\frac{1}{2}}\left(\frac{p_{j+1}^{n+1}-p_j^{n+1}}{\Delta y_{j+\frac{1}{2}}} - \rho_{oj+\frac{1}{2}} g \frac{D_{j+1}-D_j}{\Delta y_{j+\frac{1}{2}}}\right) + \lambda_{oj-\frac{1}{2}}\left(\frac{p_{j-1}^{n+1}-p_j^{n+1}}{\Delta y_{j-\frac{1}{2}}} - \rho_{oj-\frac{1}{2}} g \frac{D_{j-1}-D_j}{\Delta y_{j-\frac{1}{2}}}\right)\right] +$$

$$\frac{1}{\Delta z_k}\left[\lambda_{ok+\frac{1}{2}}\left(\frac{p_{k+1}^{n+1}-p_k^{n+1}}{\Delta z_{k+\frac{1}{2}}} - \rho_{ok+\frac{1}{2}} g \frac{D_{k+1}-D_k}{\Delta z_{k+\frac{1}{2}}}\right) + \lambda_{ok-\frac{1}{2}}\left(\frac{p_{k-1}^{n+1}-p_k^{n+1}}{\Delta z_{k-\frac{1}{2}}} - \rho_{ok-\frac{1}{2}} g \frac{D_{k-1}-D_k}{\Delta z_{k-\frac{1}{2}}}\right)\right] +$$

$$q_{Oijk} = \frac{1}{\Delta t}[(\phi \rho_o S_o)^{n+1} - (\phi \rho_o S_o)^n] \quad (5)$$

注意上式中的上下标进行了简略，例如：$\lambda_{oi+\frac{1}{2}} = \lambda_{oi+\frac{1}{2},j,k}^{n+1}$，$p_{j+1}^{n+1} = p_{oi,j+1,k}^{n+1}$，$p_j^{n+1} = p_{oi,j,k}^{n+1}$。为了简洁明了，后续内容的油藏压力会经常省略下标o，即令$p = p_o$。

为了研究方便，必须对式(5)进行简化。为此，将式(5)两边同乘以$V_{ijk} = \Delta x_i \Delta y_j \Delta z_k$，得：

$$\Delta y_j \Delta z_k \lambda_{oi+\frac{1}{2}} \frac{p_{i+1}^{n+1}-p_i^{n+1}}{\Delta x_{i+\frac{1}{2}}} + \Delta y_j \Delta z_k \lambda_{oi-\frac{1}{2}} \frac{p_{i-1}^{n+1}-p_i^{n+1}}{\Delta x_{i-\frac{1}{2}}} + \Delta x_i \Delta z_k \lambda_{oj+\frac{1}{2}} \frac{p_{j+1}^{n+1}-p_j^{n+1}}{\Delta y_{j+\frac{1}{2}}} +$$

$$\Delta x_i \Delta z_k \lambda_{oj-\frac{1}{2}} \frac{p_{j-1}^{n+1}-p_j^{n+1}}{\Delta y_{j-\frac{1}{2}}} + \Delta x_i \Delta y_j \lambda_{ok+\frac{1}{2}} \frac{p_{k+1}^{n+1}-p_k^{n+1}}{\Delta z_{k+\frac{1}{2}}} + \Delta x_i \Delta y_j \lambda_{ok-\frac{1}{2}} \frac{p_{k-1}^{n+1}-p_k^{n+1}}{\Delta z_{k-\frac{1}{2}}} -$$

$$\Delta y_j \Delta z_k \lambda_{oi+\frac{1}{2}} \rho_{oi+\frac{1}{2}} g \frac{D_{i+1}-D_i}{\Delta x_{i+\frac{1}{2}}} - \Delta y_j \Delta z_k \lambda_{oi-\frac{1}{2}} \rho_{oi-\frac{1}{2}} g \frac{D_{i-1}-D_i}{\Delta x_{i-\frac{1}{2}}} - \Delta x_i \Delta z_k \lambda_{oj+\frac{1}{2}} \rho_{oj+\frac{1}{2}} g \frac{D_{j+1}-D_j}{\Delta y_{j+\frac{1}{2}}} -$$

$$\Delta x_i \Delta z_k \lambda_{oj-\frac{1}{2}} \rho_{oj-\frac{1}{2}} g \frac{D_{j-1}-D_j}{\Delta y_{j-\frac{1}{2}}} - \Delta x_i \Delta y_j \lambda_{ok+\frac{1}{2}} \rho_{ok+\frac{1}{2}} g \frac{D_{k+1}-D_k}{\Delta z_{k+\frac{1}{2}}} - \Delta x_i \Delta y_j \lambda_{ok-\frac{1}{2}} \rho_{ok-\frac{1}{2}} g \frac{D_{k-1}-D_k}{\Delta z_{k-\frac{1}{2}}} -$$

$$Q_{Oijk} = \frac{V_{ijk}}{\Delta t} [(\phi \rho_O S_o)^{n+1} - (\phi \rho_O S_o)^n] \tag{6}$$

其中 $$Q_{Oijk} = -q_{Oijk} V_{ijk}$$

式中 Q_{Oijk}——网格(i,j,k)内井的油组分的产量,即井在单位时间从该网格内产出的油组分的质量。

定义如下传导系数:

$$\begin{cases} TX_{oi+\frac{1}{2}} = \frac{V_{ijk}}{\Delta x_i} \frac{\lambda_{oi+\frac{1}{2}}}{\Delta x_{i+\frac{1}{2}}} = \frac{\Delta y_j \Delta z_k}{\Delta x_{i+\frac{1}{2}}} \lambda_{oi+\frac{1}{2}}, \quad TX_{oi-\frac{1}{2}} = \frac{V_{ijk}}{\Delta x_i} \frac{\lambda_{oi-\frac{1}{2}}}{\Delta x_{i-\frac{1}{2}}} = \frac{\Delta y_j \Delta z_k}{\Delta x_{i-\frac{1}{2}}} \lambda_{oi-\frac{1}{2}} \\ TY_{oj+\frac{1}{2}} = \frac{V_{ijk}}{\Delta y_j} \frac{\lambda_{oj+\frac{1}{2}}}{\Delta y_{j+\frac{1}{2}}} = \frac{\Delta x_i \Delta z_k}{\Delta y_{j+\frac{1}{2}}} \lambda_{oj+\frac{1}{2}}, \quad TY_{oj-\frac{1}{2}} = \frac{V_{ijk}}{\Delta y_j} \frac{\lambda_{oj-\frac{1}{2}}}{\Delta y_{j-\frac{1}{2}}} = \frac{\Delta x_i \Delta z_k}{\Delta y_{j-\frac{1}{2}}} \lambda_{oj-\frac{1}{2}} \\ TZ_{ok+\frac{1}{2}} = \frac{V_{ijk}}{\Delta z_k} \frac{\lambda_{ok+\frac{1}{2}}}{\Delta z_{k+\frac{1}{2}}} = \frac{\Delta x_i \Delta y_j}{\Delta z_{k+\frac{1}{2}}} \lambda_{ok+\frac{1}{2}}, \quad TZ_{ok-\frac{1}{2}} = \frac{V_{ijk}}{\Delta z_k} \frac{\lambda_{ok-\frac{1}{2}}}{\Delta z_{k-\frac{1}{2}}} = \frac{\Delta x_i \Delta y_j}{\Delta z_{k-\frac{1}{2}}} \lambda_{ok-\frac{1}{2}} \end{cases} \tag{7}$$

将式(7)代入式(6),得:

$$TX_{oi+\frac{1}{2}}(p_{i+1}^{n+1}-p_i^{n+1}) + TX_{oi-\frac{1}{2}}(p_{i-1}^{n+1}-p_i^{n+1}) + TY_{oj+\frac{1}{2}}(p_{j+1}^{n+1}-p_j^{n+1}) + TY_{oj-\frac{1}{2}}(p_{j-1}^{n+1}-p_j^{n+1}) +$$

$$TZ_{ok+\frac{1}{2}}(p_{k+1}^{n+1}-p_k^{n+1}) + TZ_{ok-\frac{1}{2}}(p_{k-1}^{n+1}-p_k^{n+1}) - TX_{oi+\frac{1}{2}} \rho_{oi+\frac{1}{2}} g(D_{i+1}-D_i) -$$

$$TX_{oi-\frac{1}{2}} \rho_{oi-\frac{1}{2}} g(D_{i-1}-D_i) - TY_{oj+\frac{1}{2}} \rho_{oj+\frac{1}{2}} g(D_{j+1}-D_j) - TY_{oj-\frac{1}{2}} \rho_{oj-\frac{1}{2}} g(D_{j-1}-D_j) -$$

$$TZ_{ok+\frac{1}{2}} \rho_{ok+\frac{1}{2}} g(D_{k+1}-D_k) - TZ_{ok-\frac{1}{2}} \rho_{ok-\frac{1}{2}} g(D_{k-1}-D_k) - Q_{Oijk} = \frac{V_{ijk}}{\Delta t}[(\phi \rho_O S_o)^{n+1} - (\phi \rho_O S_o)^n]$$

$$\tag{8}$$

再定义二阶差商算子:

$$\begin{cases} \Delta_x TX_o \Delta_x p = TX_{oi+\frac{1}{2}}(p_{i+1}-p_i) + TX_{oi-\frac{1}{2}}(p_{i-1}-p_i) \\ \Delta_y TY_o \Delta_y p = TY_{oj+\frac{1}{2}}(p_{j+1}-p_j) + TY_{oj-\frac{1}{2}}(p_{j-1}-p_j) \\ \Delta_z TZ_o \Delta_z p = TZ_{ok+\frac{1}{2}}(p_{k+1}-p_k) + TZ_{ok-\frac{1}{2}}(p_{k-1}-p_k) \end{cases} \tag{9}$$

将式(9)代入式(8),则式(8)可简写为:

$$\Delta_x TX_o \Delta_x p^{n+1} + \Delta_y TY_o \Delta_y p^{n+1} + \Delta_z TZ_o \Delta_z p^{n+1} - \Delta_x TX_o \rho_o g \Delta_x D -$$

$$\Delta_y TY_o \rho_o g \Delta_y D - \Delta_z TZ_o \rho_o g \Delta_z D - Q_{Oijk} = \frac{V_{ijk}}{\Delta t}[(\phi \rho_O S_o)^{n+1} - (\phi \rho_O S_o)^n] \tag{10}$$

进一步定义全方向二阶差商算子:

$$\begin{cases} \Delta T_o \Delta p^{n+1} = \Delta_x TX_o \Delta_x p^{n+1} + \Delta_y TY_o \Delta_y p^{n+1} + \Delta_z TZ_o \Delta_z p^{n+1} \\ \Delta T_o \rho_o g \Delta D = \Delta_x TX_o \rho_o g \Delta_x D + \Delta_y TY_o \rho_o g \Delta_y D + \Delta_z TZ_o \rho_o g \Delta_z D \end{cases} \quad (11)$$

把式(11)代入式(10)，得到：

$$\Delta T_o \Delta p^{n+1} - \Delta T_o \rho_o g \Delta D - Q_{Oijk} = \frac{V_{ijk}}{\Delta t} [(\phi \rho_o S_o)^{n+1} - (\phi \rho_o S_o)^n] \quad (12)$$

式(12)是简化形式的油组分差分方程。其中，每一个全方向二阶差商项都含有六个方向的传导系数和七个网格上的目标变量。

同理可以得到气组分和水组分的差分方程，将它们写在一起，并利用辅助方程 $p_w^{n+1} = p_o^{n+1} - p_{cow}^{n+1}$ 和 $p_g^{n+1} = p_o^{n+1} + p_{cog}^{n+1}$ 分别消去 p_w^{n+1} 和 p_g^{n+1}，可得：

$$\begin{cases} \Delta T_o^{n+1} \Delta p^{n+1} - \Delta T_o^{n+1} \rho_o^{n+1} g \Delta D - Q_{Oijk}^{n+1} = \frac{V_{ijk}}{\Delta t} [(\phi \rho_o S_o)^{n+1} - (\phi \rho_o S_o)^n] \\ \Delta T_{gd}^{n+1} \Delta p^{n+1} + \Delta T_g^{n+1} \Delta p^{n+1} + \Delta T_g^{n+1} \Delta p_{cog}^{n+1} - \Delta T_{gd}^{n+1} \rho_o^{n+1} g \Delta D - \Delta T_g^{n+1} \rho_g^{n+1} g \Delta D - Q_{Gijk}^{n+1} \\ \quad = \frac{V_{ijk}}{\Delta t} \{[(\phi \rho_{Gd} S_o)^{n+1} - (\phi \rho_{Gd} S_o)^n] + [(\phi \rho_g S_g)^{n+1} - (\phi \rho_g S_g)^n]\} \\ \Delta T_w^{n+1} \Delta p^{n+1} - \Delta T_w^{n+1} \Delta p_{cow}^{n+1} - \Delta T_w^{n+1} \rho_w^{n+1} g \Delta D - Q_{Wijk}^{n+1} = \frac{V_{ijk}}{\Delta t} [(\phi \rho_W S_w)^{n+1} - (\phi \rho_W S_w)^n] \end{cases} \quad (13)$$

其中 $\quad Q_{Gijk} = -q_{Gijk} V_{ijk} \quad Q_{Wijk} = -q_{Wijk} V_{ijk}$

式中 Q_{Gijk}——网格 (i,j,k) 内井的气组分产量，即井在单位时间从该网格内产出的气组分质量，kg/s；

$\quad\quad Q_{Wijk}$——网格 (i,j,k) 内井的水组分产量，即井在单位时间从该网格内产出的水组分的质量，kg/s。

式(13)就是黑油模型渗流控制差分方程组。其中每一个方程都是七点差分方程，方程的系数均为未知量的函数，因此该方程组具有强非线性特征，这也正是求解该方程组需要解决的首要和关键问题。后面几节将分别介绍几种不同的求解上述非线性差分方程组的方法。

8.3 IMPES方法

7.3节中已经介绍了IMPES(隐式压力显式饱和度)方法的原理，以及油水两相油藏模型IMPES求解的方法步骤；本节介绍三维三相三组分油藏模型(黑油模型)的IMPES方法，主要是利用IMPES方法求解8.2节中建立的黑油模型差分方程式(13)。

8.3.1 左端差分项的线性化

差分方程左端空间差分项的线性化与7.3节油水两相渗流问题相似，主要是令8.2节中差分方程式(13)的各系数(包括毛管力)都取第 n 时间步的值，使其都由第 $(n+1)$ 时间步的未知量变为已知量，如式(1)所示，从而使方程左端差分项得以线性化：

$$T_o^{n+1} = T_o^n, \ T_{gd}^{n+1} = T_{gd}^n, \ T_g^{n+1} = T_g^n, \ T_w^{n+1} = T_w^n,$$
$$p_{cow}^{n+1} = p_{cow}^n, \ p_{cog}^{n+1} = p_{cog}^n, \ \rho_o^{n+1} = \rho_o^n, \ \rho_g^{n+1} = \rho_g^n, \ \rho_w^{n+1} = \rho_w^n \quad (1)$$

上式中传导系数所含各参数的具体处理方法为：

(1) 辅助点上的几何参数值取相邻网格点的算术平均值。例如：块中心网格的辅助步长取相邻网格步长的算术平均值：

$$\Delta x_{i+\frac{1}{2},j,k} = \frac{\Delta x_{i+1,j,k} + \Delta x_{i,j,k}}{2} \tag{2}$$

(2)辅助点上的渗透率值取相邻网格点的调和平均值：

$$K_{x,i\pm\frac{1}{2},j,k} = \frac{K_{x,i\pm 1,j,k} K_{x,i,j,k}(\Delta x_{i\pm 1} + \Delta x_i)}{K_{x,i,j,k}\Delta x_{i\pm 1} + K_{x,i\pm 1,j,k}\Delta x_i} \tag{3}$$

(3)组合物性参数 $K_{ro}\rho_O/\mu_o$ 的取值采用上游权方法(或称迎风格式)：

$$(K_{ro}\rho_O/\mu_o)^{n+1}_{i+1/2,j,k} = \begin{cases} (K_{ro}\rho_O/\mu_o)^n_{i,j,k}, & \text{若流体由 } i \text{ 点流向 } i+1 \text{ 点} \\ (K_{ro}\rho_O/\mu_o)^n_{i+1,j,k}, & \text{若流体由 } i+1 \text{ 点流向 } i \text{ 点} \end{cases} \tag{4}$$

(4) $\rho_o g = \rho_O g + \rho_{Gd} g$，也采用迎风格式：

$$\rho^{n+1}_{oi+\frac{1}{2}} = \begin{cases} \rho^n_{oi}, & \text{若流体由 } i \text{ 点流向 } i+1 \text{ 点} \\ \rho^n_{oi+1}, & \text{若流体由 } i+1 \text{ 点流向 } i \text{ 点} \end{cases} \tag{5}$$

至此，8.2节中式(13)左端差分项已经线性化，黑油模型差分方程变成如下形式：

$$\begin{cases} \Delta T_o^n \Delta p^{n+1} - \Delta T_o^n \rho_o^n g \Delta D - Q_{Oijk}^{n+1} = \dfrac{V_{ijk}}{\Delta t}[(\phi\rho_O S_o)^{n+1} - (\phi\rho_O S_o)^n] \\ \Delta T_{gd}^n \Delta p^{n+1} + \Delta T_g^n \Delta p^{n+1} + \Delta T_g^n \Delta p_{cog}^n - \Delta T_{gd}^n \rho_o^n g \Delta D - \Delta T_g^n \rho_g^n g \Delta D - Q_{Gijk}^{n+1} \\ \quad = \dfrac{V_{ijk}}{\Delta t}\{[(\phi\rho_{Gd} S_o)^{n+1} - (\phi\rho_{Gd} S_o)^n] + [(\phi\rho_g S_g)^{n+1} - (\phi\rho_g S_g)^n]\} \\ \Delta T_w^n \Delta p^{n+1} - \Delta T_w^n \Delta p_{cow}^n - \Delta T_w^n \rho_w^n g \Delta D - Q_{Wijk}^{n+1} = \dfrac{V_{ijk}}{\Delta t}[(\phi\rho_W S_w)^{n+1} - (\phi\rho_W S_w)^n] \end{cases} \tag{6}$$

8.3.2 注采项的线性化

注采项的线性化就是对式(6)中油气水产量 Q_{Oijk}^{n+1}、Q_{Gijk}^{n+1} 和 Q_{Wijk}^{n+1} 进行线性化处理。为了方便，定义如下产量指数：

产油指数：

$$J_O^n = \frac{2\pi h K \rho_O^n K_{ro}^n}{\mu_o^n \ln \dfrac{r_e}{r_w}} \tag{7}$$

产溶解气指数：

$$J_{Gd}^n = \frac{2\pi h K \rho_{Gd}^n K_{ro}^n}{\mu_o^n \ln \dfrac{r_e}{r_w}} \tag{8}$$

产自由气指数：

$$J_g^n = \frac{2\pi h K \rho_g^n K_{rg}^n}{\mu_g^n \ln \dfrac{r_e}{r_w}} \tag{9}$$

产水指数：

$$J_W^n = \frac{2\pi h K \rho_w^n K_{rw}^n}{\mu_w^n \ln \dfrac{r_e}{r_w}} \tag{10}$$

利用式(7)至式(10)，由8.1节辅助方程式(17)、式(18)可得注采项 Q_{Oijk}^{n+1}、Q_{Gijk}^{n+1} 和 Q_{Wijk}^{n+1} 的公式：

$$\begin{cases} Q_{Oijk}^{n+1} = \dfrac{2\pi h K \rho_{OM}^{n+1} K_{roM}^{n+1}}{\mu_{oM}^{n+1} \ln\dfrac{r_e}{r_w}} (p_o^{n+1} - p_{wf}^{n+1})_M = J_{OM}^{n+1}(p_o^{n+1} - p_{wf}^{n+1})_M \\ Q_{Gijk}^{n+1} = \dfrac{2\pi h K \rho_{GdM}^{n+1} K_{roM}^{n+1}}{\mu_{oM}^{n+1} \ln\dfrac{r_e}{r_w}} (p_o^{n+1} - p_{wf}^{n+1})_M + \dfrac{2\pi h K \rho_{gM}^{n+1} K_{rgM}^{n+1}}{\mu_{gM}^{n+1} \ln\dfrac{r_e}{r_w}} (p_g^{n+1} - p_{wf}^{n+1})_M \\ \qquad = J_{GdM}^{n+1}(p_o^{n+1} - p_{wf}^{n+1})_M + J_{gM}^{n+1}(p_g^{n+1} - p_{wf}^{n+1})_M \\ Q_{Wijk}^{n+1} = \dfrac{2\pi \rho_{wM}^{n+1} h K K_{rwM}^{n+1}}{\mu_{wM}^{n+1} \ln\dfrac{r_e}{r_w}} (p_w^{n+1} - p_{wf}^{n+1})_M = J_{wM}^{n+1}(p_w^{n+1} - p_{wf}^{n+1})_M \end{cases} \quad (11)$$

式中 M 表示网格 (i,j,k)，$M = ijk$。

下面分定井底流压和定注采量两种情况介绍注采项的线性化处理方法。

1. 定井底流压

将式(11)中右端项的系数取第 n 时间步的值，则得

$$\begin{cases} Q_{Oijk}^{n+1} = J_{OM}^n (p_o^{n+1} - p_{wf}^{n+1})_M \\ Q_{Gijk}^{n+1} = J_{GdM}^n (p_o^{n+1} - p_{wf}^{n+1})_M + J_{gM}^n (p_g^{n+1} - p_{wf}^{n+1})_M \\ Q_{Wijk}^{n+1} = J_{wM}^n (p_w^{n+1} - p_{wf}^{n+1})_M \end{cases} \quad (12)$$

式(12)右端除了 p_{oM}^{n+1}、p_{gM}^{n+1} 和 p_{wM}^{n+1} 以外的所有物理量均为已知量，因此注采项 Q_{Oijk}^{n+1}、Q_{Gijk}^{n+1} 和 Q_{Wijk}^{n+1} 已完成线性化处理。

2. 定注采量

实际油藏定注采量生产时一般给定地面标准状况下井的体积产液量 $Q_{LVscijk}^{n+1}$ 或产油量 $Q_{oVscijk}^{n+1}$。此条件下注采项线性化的思路是：先求出油、气、水、液体积产量的相互比例，再由体积产量 $Q_{LVscijk}^{n+1}$ 或 $Q_{oVscijk}^{n+1}$ 建立第 $(n+1)$ 时间步油、气、水产量 Q_{Oijk}^{n+1}、Q_{Gijk}^{n+1} 和 Q_{Wijk}^{n+1} 的线性化形式。

首先给出第 $(n+1)$ 时间步油、气、水、液在标况下的体积产量 Q_{OVscM}^{n+1}、Q_{GVscM}^{n+1}、Q_{WVscM}^{n+1} 和 Q_{LVscM}^{n+1}。考虑到 $Q_{VscM}^{n+1} = Q_M^{n+1}/\rho_{sc}$，根据式(11)，可得

$$\begin{cases} Q_{OVscM}^{n+1} = J_{OM}^{n+1}(p_o^{n+1} - p_{wf}^{n+1})_M / \rho_{Osc} \\ Q_{GVscM}^{n+1} = [J_{GdM}^{n+1}(p_o^{n+1} - p_{wf}^{n+1})_M + J_{gM}^{n+1}(p_g^{n+1} - p_{wf}^{n+1})_M]/\rho_{Gsc} \\ Q_{WVscM}^{n+1} = J_{wM}^{n+1}(p_w^{n+1} - p_{wf}^{n+1})_M / \rho_{Wsc} \end{cases} \quad (13)$$

式(13)中产油量和产水量相加，得到产液量 Q_{LVscM}^{n+1}：

$$Q_{LVscM}^{n+1} = J_{OM}^{n+1}(p_o^{n+1} - p_{wf}^{n+1})_M / \rho_{Osc} + J_{wM}^{n+1}(p_w^{n+1} - p_{wf}^{n+1})_M / \rho_{Wsc} \quad (14)$$

式中 ρ_{Osc}、ρ_{Gsc} 和 ρ_{Wsc} ——地面标况下油、气、水相的密度(等于油、气、水组分的密度)，kg/m³。

1) 定产液量

此时给定条件是地面标况下井的产液量 Q_{LVscM}^{n+1}。由式(13)、式(14)可得：

$$\begin{cases} Q_{\text{OV}scM}^{n+1} = \dfrac{J_{\text{O}M}^{n+1}(p_{\text{o}}^{n+1}-p_{\text{wf}}^{n+1})_M/\rho_{\text{Osc}}}{J_{\text{O}M}^{n+1}(p_{\text{o}}^{n+1}-p_{\text{wf}}^{n+1})_M/\rho_{\text{Osc}}+J_{\text{w}M}^{n+1}(p_{\text{w}}^{n+1}-p_{\text{wf}}^{n+1})_M/\rho_{\text{Wsc}}} \cdot Q_{\text{LV}scM}^{n+1} \\ Q_{\text{GV}scM}^{n+1} = \dfrac{[J_{\text{GdM}}^{n+1}(p_{\text{o}}^{n+1}-p_{\text{wf}}^{n+1})_M+J_{\text{gM}}^{n+1}(p_{\text{g}}^{n+1}-p_{\text{wf}}^{n+1})_M]/\rho_{\text{Gsc}}}{J_{\text{O}M}^{n+1}(p_{\text{o}}^{n+1}-p_{\text{wf}}^{n+1})_M/\rho_{\text{Osc}}+J_{\text{w}M}^{n+1}(p_{\text{w}}^{n+1}-p_{\text{wf}}^{n+1})_M/\rho_{\text{Wsc}}} \cdot Q_{\text{LV}scM}^{n+1} \\ Q_{\text{WV}scM}^{n+1} = \dfrac{J_{\text{w}M}^{n+1}(p_{\text{w}}^{n+1}-p_{\text{wf}}^{n+1})_M/\rho_{\text{Wsc}}}{J_{\text{O}M}^{n+1}(p_{\text{o}}^{n+1}-p_{\text{wf}}^{n+1})_M/\rho_{\text{Osc}}+J_{\text{w}M}^{n+1}(p_{\text{w}}^{n+1}-p_{\text{wf}}^{n+1})_M/\rho_{\text{Wsc}}} \cdot Q_{\text{LV}scM}^{n+1} \end{cases} \quad (15)$$

考虑到 $Q_M^{n+1} = Q_{V\text{sc}M}^{n+1} \cdot \rho_{\text{sc}}$,由式(15)可得:

$$\begin{cases} Q_{\text{O}ijk}^{n+1} = \dfrac{J_{\text{O}M}^{n+1}(p_{\text{o}}^{n+1}-p_{\text{wf}}^{n+1})_M/\rho_{\text{Osc}}}{J_{\text{O}M}^{n+1}(p_{\text{o}}^{n+1}-p_{\text{wf}}^{n+1})_M/\rho_{\text{Osc}}+J_{\text{w}M}^{n+1}(p_{\text{w}}^{n+1}-p_{\text{wf}}^{n+1})_M/\rho_{\text{Wsc}}} \cdot Q_{\text{LV}scM}^{n+1} \cdot \rho_{\text{Osc}} \\ Q_{\text{G}ijk}^{n+1} = \dfrac{[J_{\text{GdM}}^{n+1}(p_{\text{o}}^{n+1}-p_{\text{wf}}^{n+1})_M+J_{\text{gM}}^{n+1}(p_{\text{g}}^{n+1}-p_{\text{wf}}^{n+1})_M]/\rho_{\text{Gsc}}}{J_{\text{O}M}^{n+1}(p_{\text{o}}^{n+1}-p_{\text{wf}}^{n+1})_M/\rho_{\text{Osc}}+J_{\text{w}M}^{n+1}(p_{\text{w}}^{n+1}-p_{\text{wf}}^{n+1})_M/\rho_{\text{Wsc}}} \cdot Q_{\text{LV}scM}^{n+1} \cdot \rho_{\text{Gsc}} \\ Q_{\text{W}ijk}^{n+1} = \dfrac{J_{\text{w}M}^{n+1}(p_{\text{w}}^{n+1}-p_{\text{wf}}^{n+1})_M/\rho_{\text{Wsc}}}{J_{\text{O}M}^{n+1}(p_{\text{o}}^{n+1}-p_{\text{wf}}^{n+1})_M/\rho_{\text{Osc}}+J_{\text{w}M}^{n+1}(p_{\text{w}}^{n+1}-p_{\text{wf}}^{n+1})_M/\rho_{\text{Wsc}}} \cdot Q_{\text{LV}scM}^{n+1} \cdot \rho_{\text{Wsc}} \end{cases} \quad (16)$$

对式(16)右端项系数进行显式处理,即系数中所有变量均取第 n 时间步的值,则得:

$$\begin{cases} Q_{\text{O}ijk}^{n+1} = \dfrac{J_{\text{O}M}^{n}(p_{\text{o}}^{n}-p_{\text{wf}}^{n})_M}{J_{\text{O}M}^{n}(p_{\text{o}}^{n}-p_{\text{wf}}^{n})_M/\rho_{\text{Osc}}+J_{\text{w}M}^{n}(p_{\text{w}}^{n}-p_{\text{wf}}^{n})_M/\rho_{\text{Wsc}}} \cdot Q_{\text{LV}scM}^{n+1} \\ Q_{\text{G}ijk}^{n+1} = \dfrac{J_{\text{GdM}}^{n}(p_{\text{o}}^{n}-p_{\text{wf}}^{n})_M+J_{\text{gM}}^{n}(p_{\text{g}}^{n}-p_{\text{wf}}^{n})_M}{J_{\text{O}M}^{n}(p_{\text{o}}^{n}-p_{\text{wf}}^{n})_M/\rho_{\text{Osc}}+J_{\text{w}M}^{n}(p_{\text{w}}^{n}-p_{\text{wf}}^{n})_M/\rho_{\text{Wsc}}} \cdot Q_{\text{LV}scM}^{n+1} \\ Q_{\text{W}ijk}^{n+1} = \dfrac{J_{\text{w}M}^{n}(p_{\text{o}}^{n}-p_{\text{wf}}^{n})_M}{J_{\text{O}M}^{n}(p_{\text{o}}^{n}-p_{\text{wf}}^{n})_M/\rho_{\text{Osc}}+J_{\text{w}M}^{n}(p_{\text{w}}^{n}-p_{\text{wf}}^{n})_M/\rho_{\text{Wsc}}} \cdot Q_{\text{LV}scM}^{n+1} \end{cases} \quad (17)$$

式(17)中的各项均为已知量,因此注采项 $Q_{\text{O}ijk}^{n+1}$、$Q_{\text{G}ijk}^{n+1}$ 和 $Q_{\text{W}ijk}^{n+1}$ 已完成线性化处理。

2)定产油量

此时给定条件是地面标况下井的产油量 $Q_{\text{OV}scM}^{n+1}$。利用与定产液量相似的处理步骤,由式(13)推导可得 $Q_{\text{O}ijk}^{n+1}$、$Q_{\text{G}ijk}^{n+1}$ 和 $Q_{\text{W}ijk}^{n+1}$ 的线性化形式:

$$\begin{cases} Q_{\text{O}ijk}^{n+1} = Q_{\text{OV}scM}^{n+1}\rho_{\text{Osc}} \\ Q_{\text{G}ijk}^{n+1} = \dfrac{J_{\text{GdM}}^{n}(p_{\text{o}}^{n}-p_{\text{wf}}^{n})_M+J_{\text{gM}}^{n}(p_{\text{g}}^{n}-p_{\text{wf}}^{n})_M}{J_{\text{O}M}^{n}(p_{\text{o}}^{n}-p_{\text{wf}}^{n})_M} \cdot Q_{\text{OV}scM}^{n+1}\rho_{\text{Osc}} \\ Q_{\text{W}ijk}^{n+1} = \dfrac{J_{\text{w}M}^{n}(p_{\text{o}}^{n}-p_{\text{wf}}^{n})_M}{J_{\text{O}M}^{n}(p_{\text{o}}^{n}-p_{\text{wf}}^{n})_M} \cdot Q_{\text{OV}scM}^{n+1}\rho_{\text{Osc}} \end{cases} \quad (18)$$

式(18)中的各项均为已知量,因此注采项 $Q_{\text{O}ijk}^{n+1}$、$Q_{\text{G}ijk}^{n+1}$ 和 $Q_{\text{W}ijk}^{n+1}$ 已完成线性化处理。

3. 注入井的处理

前面介绍的注采项的线性化处理主要是以生产井为对象的。对于注入井而言,如果是定压注水或注气,则可用式(12)中水方程或气方程作为注采项线性化公式,油的注采项为零。如果定注水量,则 $Q_{\text{W}ijk}^{n+1}$ 为给定量,$Q_{\text{O}ijk}^{n+1} = Q_{\text{G}ijk}^{n+1} = 0$;如果定注气量,则 $Q_{\text{G}ijk}^{n+1}$ 为给定量,$Q_{\text{O}ijk}^{n+1} = Q_{\text{W}ijk}^{n+1} = 0$。

根据模型方程及其解法特点,计算井的生产指标时,必须将注入井的注入量和生产井的采出量进行统一处理,即把注入量当作负的采出量。实际应用时要注意区别产量项的正负号,例如:井的产水量为 $100\text{m}^3/\text{d}$ 时,$Q_{WVsc} = 100\text{m}^3/\text{d}$;井的注水量为 $100\text{m}^3/\text{d}$ 时,则 $Q_{WVsc} = -100\text{m}^3/\text{d}$。

8.3.3 差分方程右端项的线性化

差分方程右端项的线性化就是对方程右端的组合变量差分项进行线性化处理。因为黑油油藏在开发过程中有可能出现气组分完全溶入油相,从而只存在油水两相流体的情况,所以需要分别考虑三相和两相情况对右端项进行线性化处理。

1. 三相流体情况

在下面的推导中,将 p_o、S_w、S_g 作为独立的变量,其他变量均看作这三个未知量的函数,由辅助方程相关联。为方便,常忽略油相压力的下标,记 $p=p_o$。

以油组分方程为例。首先将原微分方程右端项进行变量分离:

$$\frac{\partial(\phi\rho_o S_o)}{\partial t} = \frac{\partial(\phi\rho_o S_o)}{\partial p}\frac{\partial p}{\partial t} + \frac{\partial(\phi\rho_o S_o)}{\partial S_w}\frac{\partial S_w}{\partial t} + \frac{\partial(\phi\rho_o S_o)}{\partial S_g}\frac{\partial S_g}{\partial t}$$

$$= \left(\rho_o S_o \frac{\partial \phi}{\partial p} + \phi S_o \frac{\partial \rho_o}{\partial p}\right)\frac{\partial p}{\partial t} + \phi\rho_o \frac{\partial S_o}{\partial S_w}\frac{\partial S_w}{\partial t} + \phi\rho_o \frac{\partial S_o}{\partial S_g}\frac{\partial S_g}{\partial t}$$

将 8.1 节中辅助方程式(10)、式(12)和式(15)代入上式,可得:

$$\frac{\partial(\phi\rho_o S_o)}{\partial t} = \left(\rho_o S_o \phi C_f + \phi S_o \frac{\partial \rho_o}{\partial p}\right)\frac{\partial p}{\partial t} - \phi\rho_o \frac{\partial S_w}{\partial t} - \phi\rho_o \frac{\partial S_g}{\partial t}$$

在任意网格点 $(i,j,k,n+1)$ 将上式两端离散化,并同乘以 $V_{ijk} = V_M = \Delta x_i \Delta y_j \Delta z_k$,得到:

$$\frac{V_M}{\Delta t}\left[(\phi\rho_o S_o)^{n+1} - (\phi\rho_o S_o)^n\right] = V_M \left(\rho_o S_o \phi C_f + \phi S_o \frac{\partial \rho_o}{\partial p}\right)\bigg|_M^{n+1} \cdot \frac{p_M^{n+1} - p_M^n}{\Delta t}$$

$$- V_M \phi\rho_o \bigg|_M^{n+1} \cdot \frac{S_{wM}^{n+1} - S_{wM}^n}{\Delta t} - V_M \phi\rho_o \bigg|_M^{n+1} \cdot \frac{S_{gM}^{n+1} - S_{gM}^n}{\Delta t} \quad (19)$$

其中

$$C_f = \frac{1}{\phi}\frac{\partial \phi}{\partial p}$$

将式(19)线性化,即令方程右端各差商前的系数式均取第 n 时间步的值,则得:

$$\frac{V_M}{\Delta t}\left[(\phi\rho_o S_o)^{n+1} - (\phi\rho_o S_o)^n\right] = V_M \left(\rho_o S_o \phi C_f + \phi S_o \frac{\partial \rho_o}{\partial p}\right)\bigg|_M^n \cdot \frac{p_M^{n+1} - p_M^n}{\Delta t} -$$

$$V_M \phi\rho_o \bigg|_M^n \cdot \frac{S_{wM}^{n+1} - S_{wM}^n}{\Delta t} - V_M \phi\rho_o \bigg|_M^n \cdot \frac{S_{gM}^{n+1} - S_{gM}^n}{\Delta t} \quad (20)$$

定义如下系数:

$$C_{o1} = \frac{V_M}{\Delta t}\left(\rho_o S_o \phi C_f + \phi S_o \frac{\partial \rho_o}{\partial p}\right)\bigg|_M^n, \quad C_{o2} = -\frac{V_M}{\Delta t}(\phi\rho_o)\bigg|_M^n, \quad C_{o3} = -\frac{V_M}{\Delta t}(\phi\rho_o)\bigg|_M^n \quad (21)$$

将式(21)代入式(20),得:

$$\frac{V_M}{\Delta t}\left[(\phi\rho_o S_o)^{n+1} - (\phi\rho_o S_o)^n\right] = C_{o1}(p_M^{n+1} - p_M^n) + C_{o2}(S_{wM}^{n+1} - S_{wM}^n) + C_{o3}(S_{gM}^{n+1} - S_{gM}^n) \quad (22)$$

这就是线性化的油组分差分方程的右端项。

对气组分差分方程右端项，则有：

$$\frac{\partial(\phi\rho_{Gd}S_o)}{\partial t}+\frac{\partial(\phi\rho_g S_g)}{\partial t}$$

$$=\left(\rho_{Gd}S_o\frac{\partial\phi}{\partial p}+\phi S_o\frac{\partial\rho_{Gd}}{\partial p}\right)\frac{\partial p}{\partial t}+\phi\rho_{Gd}\frac{\partial(1-S_w-S_g)}{\partial S_w}\frac{\partial S_w}{\partial t}+\phi\rho_{Gd}\frac{\partial(1-S_w-S_g)}{\partial S_g}\frac{\partial S_g}{\partial t}$$

$$+\left(\rho_g S_g\frac{\partial\phi}{\partial p_g}+\phi S_g\frac{\partial\rho_g}{\partial p_g}\right)\frac{\partial p_g}{\partial t}+\left(S_g\frac{\partial(\phi\rho_g)}{\partial p_g}\frac{\partial p_g}{\partial p_{cgo}}\frac{\partial p_{cgo}}{\partial S_g}+\phi\rho_g\frac{\partial S_g}{\partial S_g}\right)\frac{\partial S_g}{\partial t} \tag{23}$$

对 8.1 节辅助方程式(11)中毛管力取显式，与 7.2.1 小节同理，可得：

$$\frac{\partial p_{cgo}}{\partial t}=0,\frac{\partial p_{cgo}(x,y,z,S_g)}{\partial S_g}=0,\frac{\partial p_g}{\partial p}=1,\frac{\partial\phi}{\partial p_g}=\frac{\partial\phi}{\partial p},\frac{\partial p_g}{\partial t}=\frac{\partial p}{\partial t}(t^n\leqslant t<t^{n+1},S_g^n\leqslant S_g<S_g^{n+1}) \tag{24}$$

将式(24)代入式(23)，得到：

$$\frac{\partial(\phi\rho_{Gd}S_o)}{\partial t}+\frac{\partial(\phi\rho_g S_g)}{\partial t}$$

$$=\left(\rho_{Gd}S_o\frac{\partial\phi}{\partial p}+\phi S_o\frac{\partial\rho_{Gd}}{\partial p}\right)\frac{\partial p}{\partial t}-\phi\rho_{Gd}\frac{\partial S_w}{\partial t}-\phi\rho_{Gd}\frac{\partial S_g}{\partial t}+\left(\rho_g S_g\frac{\partial\phi}{\partial p}+\phi S_g\frac{\partial\rho_g}{\partial p_g}\right)\frac{\partial p}{\partial t}+\phi\rho_g\frac{\partial S_g}{\partial t} \tag{25}$$

依照油方程同样步骤，将 8.1 节中辅助方程式(10)、式(12)、式(15)代入式(25)，并将其离散化，可得气组分差分方程右端项的线性化形式：

$$\frac{V_M}{\Delta t}[(\phi\rho_{Gd}S_o)^{n+1}-(\phi\rho_{Gd}S_o)^n]+\frac{V_M}{\Delta t}[(\phi\rho_g S_g)^{n+1}-(\phi\rho_g S_g)^n]$$

$$=C_{g1}(p_M^{n+1}-p_M^n)+C_{g2}(S_{wM}^{n+1}-S_{wM}^n)+C_{g3}(S_{gM}^{n+1}-S_{gM}^n) \tag{26}$$

同理可得水组分差分方程右端项的线性化形式：

$$\frac{V_M}{\Delta t}[(\phi\rho_W S_w)^{n+1}-(\phi\rho_W S_w)^n]=C_{w1}(p_M^{n+1}-p_M^n)+C_{w2}(S_{wM}^{n+1}-S_{wM}^n) \tag{27}$$

式(26)、式(27)两式中的各系数为：

$$\begin{cases}C_{g1}=\dfrac{V_M}{\Delta t}\left(S_o\rho_{Gd}\phi C_f+\phi S_o\dfrac{\partial\rho_{Gd}}{\partial p}+S_g\rho_g\phi C_f+\phi S_g\dfrac{\partial\rho_g}{\partial p_g}\right)\Big|_M^n\\[6pt]C_{g2}=-\dfrac{V_M}{\Delta t}(\rho_{Gd}\phi)\Big|_M^n\\[6pt]C_{g3}=-\dfrac{V_M}{\Delta t}(\phi\rho_g-\phi\rho_{Gd})\Big|_M^n\\[6pt]C_{w1}=\dfrac{V_M}{\Delta t}\left(S_w\rho_W\phi C_f+\phi S_w\dfrac{\partial\rho_W}{\partial p}\right)\Big|_M^n\\[6pt]C_{w2}=\dfrac{V_M}{\Delta t}(\phi\rho_W)\Big|_M^n\end{cases} \tag{28}$$

2. 两相流体情况

两相情况下 $S_g=0$，故选择泡点压力 p_b 代替 S_g 作为独立变量，因泡点压力 p_b 是表征油藏内气组分所占比例且影响油相物性参数的基础参数。这样，两相情况下的 3 个独立变量是 p、S_w 和 p_b。

以油组分方程为例。将原微分方程右端项进行变量分离，并考虑到 8.1 节中辅助方程

式(10)、式(12)和式(15),可得:

$$\frac{\partial(\phi\rho_o S_o)}{\partial t} = \frac{\partial(\phi\rho_o S_o)}{\partial p}\frac{\partial p}{\partial t} + \frac{\partial(\phi\rho_o S_o)}{\partial S_w}\frac{\partial S_w}{\partial t} + \frac{\partial(\phi\rho_o S_o)}{\partial p_b}\frac{\partial p_b}{\partial t}$$

$$= \left(\rho_o S_o \frac{\partial\phi}{\partial p} + \phi S_o \frac{\partial\rho_o}{\partial p}\right)\frac{\partial p}{\partial t} + \phi\rho_o \frac{\partial S_o}{\partial S_w}\frac{\partial S_w}{\partial t} + \phi S_o \frac{\partial\rho_o}{\partial p_b}\frac{\partial p_b}{\partial t}$$

$$= \left(\rho_o S_o \phi C_f + \phi S_o \frac{\partial\rho_o}{\partial p}\right)\frac{\partial p}{\partial t} - \phi\rho_o \frac{\partial S_w}{\partial t} + \phi S_o \frac{\partial\rho_o}{\partial p_b}\frac{\partial p_b}{\partial t} \qquad (29)$$

在任意网格点$(i,j,k,n+1)$上将式(29)两端离散化,并同乘以$V_{ijk}=V_M=\Delta x_i \Delta y_j \Delta z_k$,得到:

$$\frac{V_M}{\Delta t}[(\phi\rho_o S_o)^{n+1} - (\phi\rho_o S_o)^n] = V_M\left(\rho_o S_o\phi C_f + \phi S_o\frac{\partial\rho_o}{\partial p}\right)\bigg|_M^{n+1} \cdot \frac{p_M^{n+1}-p_M^n}{\Delta t}$$

$$-V_M\phi\rho_o|_M^{n+1} \cdot \frac{S_{wM}^{n+1}-S_{wM}^n}{\Delta t} + V_M\left(\phi S_o\frac{\partial\rho_o}{\partial p_b}\right)\bigg|_M^{n+1} \cdot \frac{p_{bM}^{n+1}-p_{bM}^n}{\Delta t} \qquad (30)$$

将式(30)线性化,即令方程右端各差商前的系数式均取第n时间步的值,则得

$$\frac{V_M}{\Delta t}[(\phi\rho_o S_o)^{n+1} - (\phi\rho_o S_o)^n] = V_M\left(\rho_o S_o\phi C_f + \phi S_o\frac{\partial\rho_o}{\partial p}\right)\bigg|_M^n \cdot \frac{p_M^{n+1}-p_M^n}{\Delta t}$$

$$-V_M\phi\rho_o|_M^n \cdot \frac{S_{wM}^{n+1}-S_{wM}^n}{\Delta t} + V_M\left(\phi S_o\frac{\partial\rho_o}{\partial p_b}\right)\bigg|_M^n \cdot \frac{p_{bM}^{n+1}-p_{bM}^n}{\Delta t}$$

$$(31)$$

定义如下系数:

$$C_{o1} = \frac{V_M}{\Delta t}\left(\rho_o S_o\phi C_f + \phi S_o\frac{\partial\rho_o}{\partial p}\right)\bigg|_M^n, \quad C_{o2} = -\frac{V_M}{\Delta t}(\phi\rho_o)|_M^n, \quad C_{o3} = \frac{V_M}{\Delta t}\left(\phi S_o\frac{\partial\rho_o}{\partial p_b}\right)\bigg|_M^n \qquad (32)$$

将式(22)代入式(21),得:

$$\frac{V_M}{\Delta t}[(\phi\rho_o S_o)^{n+1} - (\phi\rho_o S_o)^n] = C_{o1}(p_M^{n+1}-p_M^n) + C_{o2}(S_{wM}^{n+1}-S_{wM}^n) + C_{o3}(p_{bM}^{n+1}-p_{bM}^n) \qquad (33)$$

这就是线性化的油组分差分方程的右端项。

依照油方程同样步骤,注意到$\phi\rho_g S_g = 0$,并利用式(24),可得气方程右端项的线性化形式:

$$\frac{V_M}{\Delta t}[(\phi\rho_{Gd} S_o)^{n+1} - (\phi\rho_{Gd} S_o)^n] + \frac{V_M}{\Delta t}[(\phi\rho_g S_g)^{n+1} - (\phi\rho_g S_g)^n]$$

$$= C_{g1}(p_M^{n+1}-p_M^n) + C_{g2}(S_{wM}^{n+1}-S_{wM}^n) + C_{g3}(p_{bM}^{n+1}-p_{bM}^n) \qquad (34)$$

其中各系数为:

$$\begin{cases} C_{g1} = \frac{V_M}{\Delta t}\left[\phi C_f\rho_{Gd}S_o + \phi S_o\frac{\partial\rho_{Gd}}{\partial p}\right]\bigg|_M^n \\ C_{g2} = -\frac{V_M}{\Delta t}(\phi\rho_{Gd})|_M^n \\ C_{g3} = \frac{V_M}{\Delta t}\left(\phi S_o\frac{\partial\rho_{Gd}}{\partial p_b}\right)\bigg|_M^n \end{cases} \qquad (35)$$

同理可得水组分差分方程右端项的线性化形式:

$$\frac{V_M}{\Delta t}[(\phi\rho_W S_w)^{n+1} - (\phi\rho_W S_w)^n] = C_{w1}(p_M^{n+1}-p_M^n) + C_{w2}(S_{wM}^{n+1}-S_{wM}^n) \qquad (36)$$

其中各系数为：

$$\begin{cases} C_{w1} = \dfrac{V_M}{\Delta t}\left(S_w\rho_W\phi C_f + \phi S_w \dfrac{\partial \rho_W}{\partial p}\right)\Big|_M^n \\ C_{w2} = \dfrac{V_M}{\Delta t}(\phi\rho_W)\big|_M^n \end{cases} \tag{37}$$

3. 统一形式

为了方便，将三相和两相情况写成统一形式。记 $X_g = \begin{cases} S_g, & \text{三相} \\ p_b, & \text{两相} \end{cases}$，则有：

油组分方程右端：

$$\dfrac{V_M}{\Delta t}[(\phi\rho_O S_o)^{n+1} - (\phi\rho_O S_o)^n] = C_{o1}(p_M^{n+1} - p_M^n) + C_{o2}(S_{wM}^{n+1} - S_{wM}^n) + C_{o3}(X_{gM}^{n+1} - X_{gM}^n) \tag{38}$$

气组分方程右端：

$$\dfrac{V_M}{\Delta t}[(\phi\rho_{Gd} S_o)^{n+1} - (\phi\rho_{Gd} S_o)^n] + \dfrac{V_M}{\Delta t}[(\phi\rho_g S_g)^{n+1} - (\phi\rho_g S_g)^n] = C_{g1}(p_M^{n+1} - p_M^n) +$$
$$C_{g2}(S_{wM}^{n+1} - S_{wM}^n) + C_{g3}(X_{gM}^{n+1} - X_{gM}^n) \tag{39}$$

水组分方程右端：

$$\dfrac{V_M}{\Delta t}[(\phi\rho_W S_w)^{n+1} - (\phi\rho_W S_w)^n] = C_{w1}(p_M^{n+1} - p_M^n) + C_{w2}(S_{wM}^{n+1} - S_{wM}^n) \tag{40}$$

三相时按式(21)至式(28)计算，两相时按式(32)至式(37)计算。这意味着，在任一空间点上不同时刻，若流动状态不同，则采用不同的差分方程。式中所有物理量都在本点网格 $M = (i, j, k)$ 上取值。

8.3.4 线性化差分方程组的建立

下面根据网格所含井的不同生产条件，给出不同网格上的线性差分方程组。

1. 定压井所在网格的差分方程组

将 8.3.2 小节中注采项处理结果式(12)和 8.3.3 小节中右端项处理结果式(38)至式(40)代入式(6)，得到各组分的线性化差分方程。

油组分方程：

$$\Delta T_o^n \Delta p^{n+1} - \Delta T_o^n \rho_o^n g \Delta D - J_{OM}^n (p_o^{n+1} - p_{wf}^{n+1})_M = C_{o1}(p_M^{n+1} - p_M^n) + C_{o2}(S_{wM}^{n+1} - S_{wM}^n) + C_{o3}(X_{gM}^{n+1} - X_{gM}^n) \tag{41}$$

气组分方程：

$$\Delta T_{gd}^n \Delta p^{n+1} + \Delta T_g^n \Delta p^{n+1} + \Delta T_g^n \Delta p_{cog}^n - \Delta T_{gd}^n \rho_o^n g \Delta D - \Delta T_g^n \rho_g^n g \Delta D -$$
$$J_{GdM}^n(p_o^{n+1} - p_{wf}^{n+1})_M - J_{gM}^n(p_g^{n+1} - p_{wf}^{n+1})_M$$
$$= C_{g1}(p_M^{n+1} - p_M^n) + C_{g2}(S_{wM}^{n+1} - S_{wM}^n) + C_{g3}(X_{gM}^{n+1} - X_{gM}^n) \tag{42}$$

水组分方程：

$$\Delta T_w^n \Delta p^{n+1} - \Delta T_w^n \Delta p_{cow}^n - \Delta T_w^n \rho_w^n g \Delta D - J_{wM}^n (p_w^{n+1} - p_{wf}^{n+1})_M$$
$$= C_{w1}(p_M^{n+1} - p_M^n) + C_{w2}(S_{wM}^{n+1} - S_{wM}^n) \tag{43}$$

为了求解方便，变换未知量形式，为此引入以下变量：

$$\delta p = p^{n+1} - p^n, \quad \delta S_w = S_w^{n+1} - S_w^n, \quad \delta X_g = X_g^{n+1} - X_g^n \tag{44}$$

同时对毛管力进行显式处理：

$$p_{\text{w}}^{n+1}=p_{\text{o}}^{n+1}-p_{\text{cow}}^{n}=p^{n}+\delta p-p_{\text{cow}}^{n}, \quad p_{\text{g}}^{n+1}=p_{\text{o}}^{n+1}+p_{\text{cog}}^{n}=p^{n}+\delta p+p_{\text{cog}}^{n} \tag{45}$$

将式(44)和式(45)代入式(41)至式(43)，可得：

$$\Delta T_{\text{o}}^{n}\Delta p^{n}+\Delta T_{\text{o}}^{n}\Delta\delta p-\Delta T_{\text{o}}^{n}\rho_{\text{o}}^{n}g\Delta D-J_{\text{OM}}^{n}\delta p_{M}-J_{\text{OM}}^{n}(p_{\text{o}}^{n}-p_{\text{wf}}^{n+1})_{M}=C_{\text{o1}}\delta p_{M}+C_{\text{o2}}\delta S_{\text{wM}}+C_{\text{o3}}\delta X_{\text{gM}} \tag{46}$$

$$\Delta T_{\text{gd}}^{n}\Delta p^{n}+\Delta T_{\text{gd}}^{n}\Delta\delta p+\Delta T_{\text{g}}^{n}\Delta p^{n}+\Delta T_{\text{g}}^{n}\Delta\delta p+\Delta T_{\text{g}}^{n}\Delta p_{\text{cog}}^{n}-\Delta T_{\text{gd}}^{n}\rho_{\text{o}}^{n}g\Delta D-\Delta T_{\text{g}}^{n}\rho_{\text{g}}^{n}g\Delta D- \\ J_{\text{GdM}}^{n}\delta p_{M}-J_{\text{GdM}}^{n}(p^{n}-p_{\text{wf}}^{n+1})_{M}-J_{\text{gM}}^{n}\delta p_{M}-J_{\text{gM}}^{n}(p_{\text{g}}^{n}-p_{\text{wf}}^{n+1})_{M}=C_{\text{g1}}\delta p_{M}+C_{\text{g2}}\delta S_{\text{wM}}+C_{\text{g3}}\delta X_{\text{gM}} \tag{47}$$

$$\Delta T_{\text{w}}^{n}\Delta p^{n}+\Delta T_{\text{w}}^{n}\Delta\delta p-\Delta T_{\text{w}}^{n}\Delta p_{\text{cow}}^{n}-\Delta T_{\text{w}}^{n}\rho_{\text{w}}^{n}g\Delta D-J_{\text{WM}}^{n}\delta p_{M}-J_{\text{WM}}^{n}(p_{\text{w}}^{n}-p_{\text{wf}}^{n+1})_{M}=C_{\text{w1}}\delta p_{M}+C_{\text{w2}}\delta S_{\text{wM}} \tag{48}$$

2. 定产井所在网格的差分方程组

将 8.3.2 小节中产量项处理结果式(17)或式(18)或注入井的注入量，以及 8.3.3 小节中右端项处理结果式(38)至式(40)代入式(6)，得到各组分的线性化差分方程。

油组分方程：

$$\Delta T_{\text{o}}^{n}\Delta p^{n+1}-\Delta T_{\text{o}}^{n}\rho_{\text{o}}^{n}g\Delta D-Q_{\text{O}ijk}^{n+1} \\ =C_{\text{o1}}(p_{M}^{n+1}-p_{M}^{n})+C_{\text{o2}}(S_{\text{wM}}^{n+1}-S_{\text{wM}}^{n})+C_{\text{o3}}(X_{\text{gM}}^{n+1}-X_{\text{gM}}^{n}) \tag{49}$$

气组分方程：

$$\Delta T_{\text{gd}}^{n}\Delta p^{n+1}+\Delta T_{\text{g}}^{n}\Delta p^{n+1}+\Delta T_{\text{g}}^{n}\Delta p_{\text{cog}}^{n}-\Delta T_{\text{gd}}^{n}\rho_{\text{o}}^{n}g\Delta D-\Delta T_{\text{g}}^{n}\rho_{\text{g}}^{n}g\Delta D-Q_{\text{G}ijk}^{n+1} \\ =C_{\text{g1}}(p_{M}^{n+1}-p_{M}^{n})+C_{\text{g2}}(S_{\text{wM}}^{n+1}-S_{\text{wM}}^{n})+C_{\text{g3}}(X_{\text{gM}}^{n+1}-X_{\text{gM}}^{n}) \tag{50}$$

水组分方程：

$$\Delta T_{\text{w}}^{n}\Delta p^{n+1}-\Delta T_{\text{w}}^{n}\Delta p_{\text{cow}}^{n}-\Delta T_{\text{w}}^{n}\rho_{\text{w}}^{n}g\Delta D-Q_{\text{W}ijk}^{n+1} \\ =C_{\text{w1}}(p_{M}^{n+1}-p_{M}^{n})+C_{\text{w2}}(S_{\text{wM}}^{n+1}-S_{\text{wM}}^{n}) \tag{51}$$

为了求解方便，变换未知量形式，将式(44)代入式(49)至式(51)，可得：

$$\Delta T_{\text{o}}^{n}\Delta p^{n}+\Delta T_{\text{o}}^{n}\Delta\delta p-\Delta T_{\text{o}}^{n}\rho_{\text{o}}^{n}g\Delta D-Q_{\text{O}ijk}^{n+1} \\ =C_{\text{o1}}\delta p_{M}+C_{\text{o2}}\delta S_{\text{wM}}+C_{\text{o3}}\delta X_{\text{gM}} \tag{52}$$

$$\Delta T_{\text{gd}}^{n}\Delta p^{n}+\Delta T_{\text{gd}}^{n}\Delta\delta p+\Delta T_{\text{g}}^{n}\Delta p^{n}+\Delta T_{\text{g}}^{n}\Delta\delta p+\Delta T_{\text{g}}^{n}\Delta p_{\text{cog}}^{n}-\Delta T_{\text{gd}}^{n}\rho_{\text{o}}^{n}g\Delta D-\Delta T_{\text{g}}^{n}\rho_{\text{g}}^{n}g\Delta D-Q_{\text{G}ijk}^{n+1} \\ =C_{\text{g1}}\delta p_{M}+C_{\text{g2}}\delta S_{\text{wM}}+C_{\text{g3}}\delta X_{\text{gM}} \tag{53}$$

$$\Delta T_{\text{w}}^{n}\Delta p^{n}+\Delta T_{\text{w}}^{n}\Delta\delta p-\Delta T_{\text{w}}^{n}\Delta p_{\text{cow}}^{n}-\Delta T_{\text{w}}^{n}\rho_{\text{w}}^{n}g\Delta D-Q_{\text{W}ijk}^{n+1}=C_{\text{w1}}\delta p_{M}+C_{\text{w2}}\delta S_{\text{wM}} \tag{54}$$

式(52)至式(54)中的注采项 $Q_{\text{O}ijk}^{n+1}$、$Q_{\text{G}ijk}^{n+1}$ 和 $Q_{\text{W}ijk}^{n+1}$ 均为已知量，定液量生产时由式(17)给定，定油量生产时由式(18)给定，注入井直接根据注入量给定。

3. 统一形式的差分方程组

对式(46)至式(48)和式(52)至式(54)进行移项及合并同类项处理，可得如下统一形式的油、气、水组分的差分方程组：

$$\Delta T_{\text{o}}^{n}\Delta\delta p-\hat{C}_{\text{o1}}\delta p_{M}-C_{\text{o2}}\delta S_{\text{wM}}-C_{\text{o3}}\delta X_{\text{gM}}=R_{\text{O}} \tag{55}$$

$$\Delta T_{\text{Gd}}^{n}\Delta\delta p+\Delta T_{\text{g}}^{n}\Delta\delta p-\hat{C}_{\text{g1}}\delta p_{M}-C_{\text{g2}}\delta S_{\text{wM}}-C_{\text{g3}}\delta X_{\text{gM}}=R_{\text{G}} \tag{56}$$

$$\Delta T_{\text{w}}^{n}\Delta\delta p-\hat{C}_{\text{w1}}\delta p_{M}-C_{\text{w2}}\delta S_{\text{wM}}=R_{\text{W}} \tag{57}$$

式(55)至式(57)的各系数和右端项均为已知量。当网格含定压井时，有：

$$\hat{C}_{\text{o1}}=C_{\text{o1}}+J_{\text{OM}}^{n}, \quad \hat{C}_{\text{g1}}=C_{\text{g1}}+J_{\text{GdM}}^{n}+J_{\text{gM}}^{n}, \quad \hat{C}_{\text{w1}}=C_{\text{w1}}+J_{\text{MM}}^{n} \tag{58}$$

$$\begin{cases} R_\text{O} = \Delta T_\text{o}^n \rho_\text{o}^n g \Delta D - \Delta T_\text{o}^n \Delta p^n + J_{\text{OM}}^n (p_\text{o}^n - p_\text{wf}^{n+1})_M \\ R_\text{G} = \Delta T_{\text{Gd}}^n \rho_\text{o}^n g \Delta D + \Delta T_\text{g}^n \rho_\text{g}^n g \Delta D - \Delta T_{\text{Gd}}^n \Delta p^n - \Delta T_\text{g}^n \Delta p^n - \Delta T_\text{g}^n \Delta p_{\text{cog}}^n + J_{\text{GdM}}^n (p^n - p_\text{wf}^{n+1})_M + J_{\text{gM}}^n (p_\text{g}^n - p_\text{wf}^{n+1})_M \\ R_\text{W} = \Delta T_\text{w}^n \Delta p_{\text{cow}}^n + \Delta T_\text{w}^n \rho_\text{w}^n g \Delta D - \Delta T_\text{w}^n \Delta p^n + J_{\text{WM}}^n (p_\text{w}^n - p_\text{wf}^{n+1})_M \end{cases} \tag{59}$$

当网格含定产井时，有：

$$\hat{C}_{\text{o1}} = C_{\text{o1}}, \hat{C}_{\text{g1}} = C_{\text{g1}}, \hat{C}_{\text{w1}} = C_{\text{w1}} \tag{60}$$

$$\begin{cases} R_\text{O} = \Delta T_\text{o}^n \rho_\text{o}^n g \Delta D - \Delta T_\text{o}^n \Delta p^n + Q_{\text{O}ijk}^{n+1} \\ R_\text{G} = \Delta T_{\text{Gd}}^n \rho_\text{o}^n g \Delta D + \Delta T_\text{g}^n \rho_\text{g}^n g \Delta D - \Delta T_{\text{Gd}}^n \Delta p^n - \Delta T_\text{g}^n \Delta p^n - \Delta T_\text{g}^n \Delta p_{\text{cog}}^n + Q_{\text{G}ijk}^{n+1} \\ R_\text{W} = \Delta T_\text{w}^n \Delta p_{\text{cow}}^n + \Delta T_\text{w}^n \rho_\text{w}^n g \Delta D - \Delta T_\text{w}^n \Delta p^n + Q_{\text{W}ijk}^{n+1} \end{cases} \tag{61}$$

当网格内无井或关井时，式(61)中 $Q_{\text{O}ijk}^{n+1}$、$Q_{\text{G}ijk}^{n+1}$ 和 $Q_{\text{W}ijk}^{n+1}$ 消失，但差分方程式(55)至式(57)形式不变。

设需要求解的网格数为 N，则式(55)至式(57)组成以 δp_M、$\delta S_{\text{w}M}$、$\delta X_{\text{g}M}$ 为未知量的封闭的 $3N$ 阶线性差分方程组。

8.3.5 差分方程组的消元降阶

虽然式(55)至式(57)已经组成封闭的线性方程组，但若对其直接求解，计算量往往偏大。因此先对其消元降阶后再求解。对式(55)至式(57)进行如下运算：

$$式(56) - 式(55) \times \frac{C_{\text{g3}}}{C_{\text{o3}}} - 式(57) \times \frac{C_{\text{g2}} C_{\text{o3}} - C_{\text{g3}} C_{\text{o2}}}{C_{\text{o3}}} / C_{\text{w2}} \tag{62}$$

则可消去 $\delta S_{\text{w}M}$ 和 $\delta X_{\text{g}M}$，得到一个只含有各网格上压力变量 δp 的线性差分方程：

$$e_{i,j,k} \delta p_{i,j,k-1} + c_{i,j,k} \delta p_{i,j-1,k} + a_{i,j,k} \delta p_{i-1,j,k} + g_{i,j,k} \delta p_{i,j,k} + b_{i,j,k} \delta p_{i+1,j,k} + d_{i,j,k} \delta p_{i,j+1,k} + f_{i,j,k} \delta p_{i,j,k+1} = h_{i,j,k} \tag{63}$$

式(63)也称作压力方程，这是一个七点差分格式。所有待求网格点的压力方程联合组成一个封闭的 N 阶线性代数方程组。求解该方程组即可得到新时间步所有待求网格点上油相压力的变化值。其计算量远远小于方程组式(55)至式(57)联立求解的计算量。

8.3.6 求解步骤

基于上述原理分析，可得黑油模型 IMPES 方法的求解步骤。

(1)利用显式处理方法，所有系数和右端项取上一时间步的已知值，将差分方程线性化；同时利用饱和度及毛管力辅助方程对多余未知量进行消元，得到关于主要未知量的封闭的 $3N$ 阶线性差分方程组式(55)至式(57)。

(2)对线性差分方程组式(55)至式(57)的未知量进一步消元，得到只含油相压力的封闭隐式差分方程式(63)。

(3)求解方程式(63)，得到新时间步所有待求网格点上油相压力的变化值 δp。

(4)将 δp 代入水组分差分方程式(57)，得到关于 $\delta S_{\text{w}M}$ 的显式求解方程，利用该方程逐网格求解得所有网格的 δS_w。

(5)将 δp 和 δS_w 代入气组分方程式(56)，得关于 $\delta X_{\text{g}M}$ 的显式方程，利用该方程逐网格求解得所有网格的 δX_g。

(6)利用式(44)及 δp、δS_w 和 δX_g 在新时间步的值，得到所有网格点上的主要未知量值 p^{n+1}、S_w^{n+1}、X_g^{n+1}，并利用 8.1 节中辅助方程式(10)和式(11)计算得到所有网格点上的水相

压力 p_w^{n+1}、气相压力 p_g^{n+1}、油相饱和度 S_o^{n+1}。

(7) 计算 $(n+1)$ 时间步的井产量或井底流压。利用式(13)、式(14)可以计算定压井(已知 p_{wfM}^{n+1}) 的体积产量 Q_{OVscM}^{n+1}、Q_{GVscM}^{n+1}、Q_{WVscM}^{n+1} 和质量产量 Q_{OM}^{n+1}、Q_{GM}^{n+1}、Q_{WM}^{n+1}，也可以计算定产量井(已知 Q_{OM}^{n+1}、Q_{GM}^{n+1}、Q_{WM}^{n+1})及定注水量井和定注气量井的井底流压 $p_{wfi,j,k}^{n+1}$。例如：

由式(14)可以解得给定产液量 Q_{LVsc}^{n+1} 条件下的井底流压：

$$p_{wfM}^{n+1} = p_{oM}^{n+1} - \left(\frac{Q_{LVsc}^{n+1} + p_{cow}^{n+1} J_w^{n+1}/\rho_{Wsc}}{J_O^{n+1}/\rho_{Osc} + J_w^{n+1}/\rho_{Wsc}} \right)_M \tag{64}$$

由式(13)可以解得给定注气量 Q_{GVsc}^{n+1} 条件下的井底流压：

$$p_{wfM}^{n+1} = p_{oM}^{n+1} - \left(\frac{Q_{GVsc}^{n+1} \rho_{Gsc} - p_{cog}^{n+1} J_g^{n+1}}{J_{Gd}^{n+1} + J_g^{n+1}} \right)_M \tag{65}$$

油藏开发初始时刻(第0时间步)的井底流压和产量也可以利用式(13)、式(14)计算得到，只要将式中所有上标 $(n+1)$ 取为"0"即可。

(8) 利用 p^{n+1}、S_w^{n+1}、X_g^{n+1}、p_w^{n+1}、p_g^{n+1}、S_o^{n+1} 计算差分方程组式(55)至式(57)式及式(63)中所有参数(包括所有系数和右端项)在新时间步的值，并代回式(55)至式(57)及式(63)，得新时间步的差分方程组。

(9) 重复步骤(3)至步骤(8)，直至模拟时间结束。

8.3.7 方法特点讨论

(1) IMPES 方法的关键点有两个：一是线性化，对所有系数和右端项进行显式处理，即取上一时间步的已知值，从而将差分方程线性化；二是利用辅助方程消掉多余未知量，只剩油相压力、水相饱和度、气相饱和度(或泡点压力)，得到封闭的线性差分方程组。

(2) IMPES 方法的求解过程：压力用隐式差分方程求出，饱和度用显式求出，因此被称为隐式压力显式饱和度(implicit pressure explicit saturation)方法。因为各未知量是分别独立求解的，所以 IMPES 方法属于独立解法。

(3) 稳定性问题。首先，对饱和度 δS_w 和 δX_g 用显式差分方程求解，容易产生不稳定；其次，对压力 δp 虽然用隐式形式求解，但其系数取显式，相当于对系数中隐含的 δp、δS_w 和 δX_g 取显式，因此同样会产生不稳定问题。它跟线性方程的隐式差分是不同的，因而也不具有线性隐式差分方程无条件稳定的特点。一般来说，欲使差分方程稳定，时间步长必须满足的条件是：一个时间步长内流体渗流的距离不得超过网格块的长度，或者说一个时间步长内通过网格的流体体积不得超过网格块的孔隙体积。

8.4 半隐式方法

上一节介绍的 IMPES 方法在对差分方程线性化时，利用显式方法处理差分方程的系数，并用显式差分方程求解饱和度，容易引起较大误差和不稳定性，对较复杂油藏的数值模拟问题适应性不够。因此，人们在 IMPES 方法的基础上，研究建立了半隐式方法，主要从左端空间差分项系数处理方式和饱和度求解方式两方面进行改进，以期提高黑油模型等油藏非线性渗流问题求解的精度、稳定性和计算效率。

本节将介绍半隐式方法的主要原理及求解步骤。将黑油模型差分方程 8.2 节中式(13)写成如下形式：

油组分方程：

$$\Delta T_o^{n+1} \Delta p^{n+1} - \Delta T_o^{n+1} \rho_o^{n+1} g \Delta D - Q_{Oijk}^{n+1} = \frac{V_M}{\Delta t}[(\phi \rho_O S_o)^{n+1} - (\phi \rho_O S_o)^n] \tag{1}$$

气组分方程：

$$\Delta T_{gd}^{n+1} \Delta p^{n+1} + \Delta T_g^{n+1} \Delta p^{n+1} + \Delta T_g^{n+1} \Delta p_{cog}^{n+1} - \Delta T_{gd}^{n+1} \rho_o^{n+1} g \Delta D - \Delta T_g^{n+1} \rho_g^{n+1} g \Delta D - Q_{Gijk}^{n+1}$$
$$= \frac{V_M}{\Delta t}[(\phi \rho_{Gd} S_o)^{n+1} - (\phi \rho_{Gd} S_o)^n + (\phi \rho_g S_g)^{n+1} - (\phi \rho_g S_g)^n] \tag{2}$$

水组分方程：

$$\Delta T_w^{n+1} \Delta p^{n+1} - \Delta T_w^{n+1} \Delta p_{cow}^{n+1} - \Delta T_w^{n+1} \rho_w^{n+1} g \Delta D - Q_{Wijk}^{n+1} = \frac{V_M}{\Delta t}[(\phi \rho_W S_w)^{n+1} - (\phi \rho_W S_w)^n] \tag{3}$$

8.4.1 半隐式方法原理

半隐式方法的主要原理是：将差分方程式(1)至式(3)中所有第($n+1$)时间步的量用其在第n时间步对主要求解未知量的一阶泰勒级数展式代替，再消掉高阶小量，从而实现差分方程的线性化；然后将线性化的隐式差分方程组成封闭的方程组，对压力和饱和度未知量联立求解。

半隐式方法用T^{n+1}在第n时间步的泰勒级数展式代替T^{n+1}，其截断误差明显小于IMPES方法直接用T^n代替T^{n+1}的误差；注采项的处理同理；压力和饱和度均以隐式形式差分方程求解，不同于IMPES方法用显式方式求解饱和度，所以半隐式方法的精度和稳定性都明显高于IMPES方法。

1. 三相情况下方程左端空间差分项的半隐式处理

三相情况下的主要求解未知量是p、S_w、S_g。下面首先对油组分差分方程左端空间差分项进行半隐式线性化处理。

将T_o^{n+1}在第n时间步展开为一阶泰勒级数形式，考虑到T_o^{n+1}是p、S_w、S_g的函数，可得：

$$T_o^{n+1} = T_o^n + \left(\frac{\partial T_o}{\partial t}\right)^n \Delta t^n + \frac{1}{2!}\left(\frac{\partial^2 T_o}{\partial t^2}\right)^n (\Delta t^n)^2 + \cdots$$
$$\approx T_o^n + \left(\frac{\partial T_o}{\partial t}\right)^n \Delta t^n$$
$$= T_o^n + \left(\frac{\partial T_o}{\partial p}\frac{\partial p}{\partial t} + \frac{\partial T_o}{\partial S_w}\frac{\partial S_w}{\partial t} + \frac{\partial T_o}{\partial S_g}\frac{\partial S_g}{\partial t}\right)^n \Delta t^n$$
$$\approx T_o^n + \left(\frac{\partial T_o}{\partial p}\frac{\delta p}{\Delta t^n} + \frac{\partial T_o}{\partial S_w}\frac{\delta S_w}{\Delta t^n} + \frac{\partial T_o}{\partial S_g}\frac{\delta S_g}{\Delta t^n}\right)^n \Delta t^n$$

即：

$$T_o^{n+1} = T_o^n + \left(\frac{\partial T_o}{\partial p}\right)^n \delta p + \left(\frac{\partial T_o}{\partial S_w}\right)^n \delta S_w + \left(\frac{\partial T_o}{\partial S_g}\right)^n \delta S_g \tag{4}$$

式(4)就是T_o^{n+1}在第n时间步上的一阶泰勒级数展式。其中δp、δS_w、δX_g的含义同8.3节式(44)：$\delta p = p^{n+1} - p^n$，$\delta S_w = S_w^{n+1} - S_w^n$，$\delta X_g = X_g^{n+1} - X_g^n$。

将式(1)重力项中的ρ_o^{n+1}作显式处理，即令

$$\rho_o^{n+1} = \rho_o^n \tag{5}$$

再定义位势函数：
$$\Phi_o = p - \rho_o g \Delta D \tag{6}$$

把式（4）至式（6）代入式（1）油方程左端，可得：

$$\Delta T_o^{n+1} \Delta p^{n+1} - \Delta T_o^{n+1} \rho_o^{n+1} g \Delta D = \Delta T_o^{n+1}(\Delta p^{n+1} - \rho_o^n g \Delta D) = \Delta T_o^{n+1}[\Delta(\delta p + p^n) - \rho_o^n g \Delta D]$$

$$= \Delta T_o^{n+1}(\Delta \delta p + \Delta \Phi_o^n) = \Delta\left[T_o^n + \left(\frac{\partial T_o}{\partial p}\right)^n \delta p + \left(\frac{\partial T_o}{\partial S_w}\right)^n \delta S_w + \left(\frac{\partial T_o}{\partial S_g}\right)^n \delta S_g\right](\Delta \delta p + \Delta \Phi_o^n) \tag{7}$$

注意到 δp、δS_w 和 δS_g 都是小量，把式（7）最右端展开并忽略二阶小量，可得油方程（1）式左端空间差分项的线性化形式：

$$\Delta T_o^{n+1} \Delta p^{n+1} - \Delta T_o^{n+1} \rho_o^{n+1} g \Delta D$$

$$= \Delta T_o^n \Delta \Phi_o^n + \Delta T_o^n \Delta \delta p + \Delta\left(\frac{\partial T_o}{\partial p}\right)^n \delta p \Delta \Phi_o^n + \Delta\left(\frac{\partial T_o}{\partial S_w}\right)^n \delta S_w \Delta \Phi_o^n + \Delta\left(\frac{\partial T_o}{\partial S_g}\right)^n \delta S_g \Delta \Phi_o^n \tag{8}$$

式（8）右端各项的内部结构都与 8.2 节中式（11）定义的全方向二阶差商算子相同。例如：

$$\Delta T_o^n \Delta \delta p = T_{oxi+1/2}^n(\delta p_{i+1} - \delta p_i) - T_{oxi-1/2}^n(\delta p_i - \delta p_{i-1}) + T_{oyj+1/2}^n(\delta p_{j+1} - \delta p_j) - T_{oyj-1/2}^n(\delta p_j - \delta p_{j-1}) + T_{ozk+1/2}^n(\delta p_{k+1} - \delta p_k) - T_{ozk-1/2}^n(\delta p_k - \delta p_{k-1})$$

$$\Delta \frac{\partial T_o}{\partial p} \delta p \Delta \Phi_o^n = \left(\frac{\partial T_{ox}}{\partial p}\right)_{i+1/2,j,k}(\delta p)_{i+1/2,j,k}(\Phi_{oi+1}^n - \Phi_{oi}^n) - \left(\frac{\partial T_{ox}}{\partial p}\right)_{i-1/2,j,k}(\delta p)_{i-1/2,j,k}(\Phi_{oi}^n - \Phi_{oi-1}^n) +$$

$$\left(\frac{\partial T_{oy}}{\partial p}\right)_{i,j+1/2,k}(\delta p)_{i,j+1/2,k}(\Phi_{oj+1}^n - \Phi_{oj}^n) - \left(\frac{\partial T_{oy}}{\partial p}\right)_{i,j-1/2,k}(\delta p)_{i,j-1/2,k}(\Phi_{oj}^n - \Phi_{oj-1}^n) +$$

$$\left(\frac{\partial T_{oz}}{\partial p}\right)_{i,j,k+1/2}(\delta p)_{i,j,k+1/2}(\Phi_{ok+1}^n - \Phi_{ok}^n) - \left(\frac{\partial T_{oz}}{\partial p}\right)_{i,j,k-1/2}(\delta p)_{i,j,k-1/2}(\Phi_{ok}^n - \Phi_{ok-1}^n)$$

对气组分差分方程进行同样处理。令：

$$\rho_g^{n+1} = \rho_g^n, \quad \Phi_g = p_g - \rho_g g D \tag{9}$$

再将油气两相间毛管力 p_{cog}^{n+1} 展开为一阶泰勒级数形式：

$$p_{cog}^{n+1} = p_{cog}^n + \left(\frac{\partial p_{cog}}{\partial S_g}\right)^n \delta S_g \tag{10}$$

把式（9）和式（10）代入气组分方程式（2）左端空间差分项，变形整理如下：

$$\Delta T_{gd}^{n+1} \Delta p^{n+1} + \Delta T_g^{n+1} \Delta p^{n+1} + \Delta T_g^{n+1} \Delta p_{cog}^{n+1} - \Delta T_{gd}^{n+1} \rho_o^{n+1} g \Delta D - \Delta T_g^{n+1} \rho_g^{n+1} g \Delta D$$

$$= \Delta T_{gd}^{n+1}(\Delta p^{n+1} - \rho_o^n g \Delta D) + \Delta T_g^{n+1}[\Delta(p^{n+1} + p_{cog}^{n+1}) - \rho_g^n g \Delta D]$$

$$= \Delta T_{gd}^{n+1}[\Delta(\delta p + p^n) - \rho_o^n g \Delta D] + \Delta T_g^{n+1}\left\{\Delta\left[\delta p + p^n + p_{cog}^n + \left(\frac{\partial p_{cog}}{\partial S_g}\right)^n \delta S_g\right] - \rho_g^n g \Delta D\right\}$$

$$= \Delta T_{gd}^{n+1}[\Delta \delta p + \Delta(p^n - \rho_o^n g \Delta D)] + \Delta T_g^{n+1}\left\{\Delta \delta p + \Delta(p^n + p_{cog}^n - \rho_g^n g D) + \Delta\left[\left(\frac{\partial p_{cog}}{\partial S_g}\right)^n \delta S_g\right]\right\}$$

$$= \Delta T_{gd}^{n+1}(\Delta \delta p + \Delta \Phi_o^n) + \Delta T_g^{n+1}\left[\Delta \delta p + \Delta \Phi_g^n + \left(\frac{\partial p_{cog}}{\partial S_g}\right)^n \delta S_g\right] \tag{11}$$

将式（11）中的 T_{gd}^{n+1} 和 T_g^{n+1} 展开为一阶泰勒级数形式，并注意到 $\frac{\partial T_g}{\partial S_w} = 0$，可得：

$$T_{gd}^{n+1} = T_{gd}^n + \left(\frac{\partial T_{gd}}{\partial p}\right)^n \delta p + \left(\frac{\partial T_{gd}}{\partial S_w}\right)^n \delta S_w + \left(\frac{\partial T_{gd}}{\partial S_g}\right)^n \delta S_g \tag{12}$$

$$T_g^{n+1} = T_g^n + \left(\frac{\partial T_g}{\partial p}\right)^n \delta p + \left(\frac{\partial T_g}{\partial S_g}\right)^n \delta S_g$$

$$= T_g^n + \left(\frac{\partial T_g}{\partial p_g}\right)^n \frac{\partial p_g}{\partial p} \delta p + \left(\frac{\partial T_g}{\partial p_g} \frac{\partial p_g}{\partial p_{cgo}} \frac{\partial p_{cgo}}{\partial S_g} + \frac{\partial T_g}{\partial S_g}\right)^n \delta S_g \quad (13)$$

与 7.2.1 小节和 8.3.3 小节同理，对 8.1 节辅助方程式(11)中毛管力取显式，即 $p_g = p + p_{cgo}^n$，可得：

$$\frac{\partial p_{cgo}}{\partial t} = 0, \quad \frac{\partial p_{cgo}}{\partial S_g} = 0, \quad \frac{\partial p_g}{\partial p} = 1 \quad (t^n \leq t < t^{n+1}) \quad (14)$$

把式(14)代入式(13)，得到以 p 和 S_g 为主要未知量的 T_g^{n+1} 的一阶泰勒级数展式：

$$T_g^{n+1} = T_g^n + \left(\frac{\partial T_g}{\partial p_g}\right)^n \delta p + \left(\frac{\partial T_g}{\partial S_g}\right)^n \delta S_g \quad (15)$$

把式(12)和式(15)代入式(11)右端，并忽略二阶小量，可得气方程式(2)左端空间差分项的线性化形式：

$$\Delta T_{gd}^{n+1} \Delta p^{n+1} + \Delta T_g^{n+1} \Delta p^{n+1} + \Delta T_g^{n+1} \Delta p_{cog}^{n+1} - \Delta T_{gd}^{n+1} \rho_o^{n+1} g \Delta D - \Delta T_g^{n+1} \rho_g^{n+1} g \Delta D$$

$$= \Delta T_{gd}^n \Delta \Phi_o^n + \Delta T_g^n \Delta \Phi_g^n + \Delta (T_{gd}^n + T_g^n) \Delta \delta p + \Delta \delta p \left(\frac{\partial T_{gd}}{\partial p} \Delta \Phi_o^n + \frac{\partial T_g}{\partial p_g} \Delta \Phi_g^n\right) +$$

$$\Delta \frac{\partial T_{gd}}{\partial S_w} \delta S_w \Delta \Phi_o^n + \Delta T_g^n \Delta \frac{\partial p_{cog}}{\partial S_g} \delta S_g + \Delta \delta S_g \left(\frac{\partial T_{gd}}{\partial S_g} \Delta \Phi_o^n + \frac{\partial T_g}{\partial S_g} \Delta \Phi_g^n\right) \quad (16)$$

其中所有的微商项均取第 n 时间步的值。

用上述相同方法处理水组分差分方程。令：

$$p_w = p - p_{cwo}^n \quad (17)$$

可得在时间步 $t^n \leq t < t^{n+1}$ 内，有：

$$\frac{\partial p_{cwo}}{\partial t} = 0 \quad (18)$$

$$\frac{\partial p_{cwo}}{\partial S_w} = 0 \quad (19)$$

$$\frac{\partial p_w}{\partial p} = 1 \quad (20)$$

将传导系数 T_w^{n+1} 和毛管力 p_{cwo}^{n+1} 展为一阶泰勒级数，注意到 $\frac{\partial T_w}{\partial S_g} = 0$ 和式(18)至式(20)，可得：

$$T_w^{n+1} = T_w^n + \left(\frac{\partial T_w}{\partial p_w}\right)^n \delta p + \left(\frac{\partial T_w}{\partial S_w}\right)^n \delta S_w \quad (21)$$

$$p_{cwo}^{n+1} = p_{cwo}^n + \left(\frac{\partial p_{cwo}}{\partial S_w}\right)^n \delta S_w \quad (22)$$

再记：

$$\rho_w^{n+1} g = \rho_w^n g, \quad \Phi_w = p_w - \rho_w g D \quad (23)$$

把式(21)、式(22)、式(23)代入水组分方程式(3)左端空间差分项，并消掉二阶小量，可得：

$$\Delta T_w^{n+1} \Delta p^{n+1} - \Delta T_w^{n+1} \Delta p_{cow}^{n+1} - \Delta T_w^{n+1} \rho_w^{n+1} g \Delta D$$

$$= \Delta T_w^n \Delta \Phi_w^n + \Delta T_w^n \Delta \delta p + \Delta \frac{\partial T_w}{\partial p_w} \delta p \Delta \Phi_w^n - \Delta T_w^n \Delta \frac{\partial p_{\text{cow}}}{\partial S_w} \delta S_w + \Delta \frac{\partial T_w}{\partial S_w} \delta S_w \Delta \Phi_w^n \tag{24}$$

式(8)、式(16)、式(24)就是三相流体情况下,经过半隐式处理的黑油模型差分方程左端空间差分项的线性化形式。其中,所有系数(包括所有的微商项)均取第 n 时间步的值;系数项所包含的各参数的计算公式由 8.1.2 小节中辅助方程提供。

根据辅助方程中各物性参数变化关系,可得式(8)、式(16)、式(24)中各微商项计算公式如下。

设 Ω 为传导系数中只与网格几何尺寸有关的量,可称几何参数。则有:

$$\begin{aligned}
\frac{\partial T_o}{\partial p} &= \frac{\partial}{\partial p}\left(\Omega \frac{\rho_O K K_{ro}}{\mu_o}\right) = \Omega \frac{K K_{ro}}{\mu_o} \frac{\partial \rho_O}{\partial p} - \Omega \frac{\rho_O K K_{ro}}{(\mu_o)^2} \frac{\partial \mu_o}{\partial p} \\
\frac{\partial T_o}{\partial S_w} &= \frac{\partial}{\partial S_w}\left(\Omega \frac{\rho_O K K_{ro}}{\mu_o}\right) = \Omega \frac{\rho_O K}{\mu_o} \frac{\partial K_{ro}}{\partial S_w} \\
\frac{\partial T_o}{\partial S_g} &= \frac{\partial}{\partial S_g}\left(\Omega \frac{\rho_O K K_{ro}}{\mu_o}\right) = \Omega \frac{\rho_O K}{\mu_o} \frac{\partial K_{ro}}{\partial S_g}
\end{aligned} \tag{25}$$

$$\begin{aligned}
\frac{\partial T_{gd}}{\partial p} &= \frac{\partial}{\partial p}\left(\Omega \frac{\rho_{Gd} K K_{ro}}{\mu_o}\right) = \Omega \frac{K K_{ro}}{\mu_o} \frac{\partial \rho_{Gd}}{\partial p} - \Omega \frac{\rho_{Gd} K K_{ro}}{(\mu_o)^2} \frac{\partial \mu_o}{\partial p} \\
\frac{\partial T_{gd}}{\partial S_w} &= \frac{\partial}{\partial S_w}\left(\Omega \frac{\rho_{Gd} K K_{ro}}{\mu_o}\right) = \Omega \frac{\rho_{Gd} K}{\mu_o} \frac{\partial K_{ro}}{\partial S_w} \\
\frac{\partial T_{gd}}{\partial S_g} &= \frac{\partial}{\partial S_g}\left(\Omega \frac{\rho_{Gd} K K_{ro}}{\mu_o}\right) = \Omega \frac{\rho_{Gd} K}{\mu_o} \frac{\partial K_{ro}}{\partial S_g}
\end{aligned} \tag{26}$$

$$\begin{aligned}
\frac{\partial T_g}{\partial p_g} &= \frac{\partial}{\partial p_g}\left(\Omega \frac{\rho_g K K_{rg}}{\mu_g}\right) = \Omega \frac{K K_{rg}}{\mu_g} \frac{\partial \rho_g}{\partial p_g} - \Omega \frac{\rho_g K K_{rg}}{(\mu_g)^2} \frac{\partial \mu_g}{\partial p_g} \\
\frac{\partial T_g}{\partial S_g} &= \frac{\partial}{\partial S_g}\left(\Omega \frac{\rho_g K K_{rg}}{\mu_g}\right) = \Omega \frac{\rho_g K}{\mu_g} \frac{\partial K_{rg}}{\partial S_g}
\end{aligned} \tag{27}$$

$$\begin{aligned}
\frac{\partial T_w}{\partial p_w} &= \frac{\partial}{\partial p_w}\left(\Omega \frac{\rho_w K K_{rw}}{\mu_w}\right) = \Omega \frac{K K_{rw}}{\mu_w} \frac{\partial \rho_w}{\partial p_w} - \Omega \frac{\rho_w K K_{rw}}{(\mu_w)^2} \frac{\partial \mu_w}{\partial p_w} \\
\frac{\partial T_w}{\partial S_w} &= \frac{\partial}{\partial S_w}\left(\Omega \frac{\rho_w K K_{rw}}{\mu_w}\right) = \Omega \frac{\rho_w K}{\mu_w} \frac{\partial K_{rw}}{\partial S_w}
\end{aligned} \tag{28}$$

2. 两相情况下左端空间差分项的半隐式处理

两相情况下的主要求解未知量是 p、S_w、p_b。此时差分方程式(1)至式(3)中各传导系数 T_o^{n+1}、T_{gd}^{n+1}、T_g^{n+1}、T_w^{n+1} 的泰勒展开式分别为:

$$T_o^{n+1} = T_o^n + \left(\frac{\partial T_o}{\partial p}\right)^n \delta p + \left(\frac{\partial T_o}{\partial S_w}\right)^n \delta S_w + \left(\frac{\partial T_o}{\partial p_b}\right)^n \delta p_b \tag{29}$$

$$T_{gd}^{n+1} = T_{gd}^n + \left(\frac{\partial T_{gd}}{\partial p}\right)^n \delta p + \left(\frac{\partial T_{gd}}{\partial S_w}\right)^n \delta S_w + \left(\frac{\partial T_{gd}}{\partial p_b}\right)^n \delta p_b \tag{30}$$

$$T_g^{n+1} = 0 \tag{31}$$

$$T_w^{n+1} = T_w^n + \left(\frac{\partial T_w}{\partial p_w}\right)^n \delta p + \left(\frac{\partial T_w}{\partial S_w}\right)^n \delta S_w \tag{32}$$

采用与三相情况相同的步骤,对油、气、水组分方程左端空间差分项进行线性化处理,分别可得:

油式左端空间差分项:

$$\Delta T_o^{n+1}\Delta p^{n+1}-\Delta T_o^{n+1}\rho_o^{n+1}g\Delta D$$
$$=\Delta T_o^n\Delta\Phi_o^n+\Delta T_o^n\Delta\delta p+\Delta\frac{\partial T_o}{\partial p}\delta p\Delta\Phi_o^n+\Delta\frac{\partial T_o}{\partial S_w}\delta S_w\Delta\Phi_o^n+\Delta\frac{\partial T_o}{\partial p_b}\delta p_b\Delta\Phi_o^n \quad (33)$$

气式左端空间差分项:

$$\Delta T_{gd}^{n+1}\Delta p^{n+1}+\Delta T_g^{n+1}\Delta p^{n+1}+\Delta T_g^{n+1}\Delta p_{cog}^{n+1}-\Delta T_{gd}^{n+1}\rho_o^{n+1}g\Delta D-\Delta T_g^{n+1}\rho_g^{n+1}g\Delta D$$
$$=\Delta T_{gd}^n\Delta\Phi_o^n+\Delta T_{gd}^n\Delta\delta p+\Delta\frac{\partial T_{gd}}{\partial p}\delta p\Delta\Phi_o^n+\Delta\frac{\partial T_{gd}}{\partial S_w}\delta S_w\Delta\Phi_o^n+\Delta\frac{\partial T_{gd}}{\partial p_b}\delta p_b\Delta\Phi_o^n \quad (34)$$

水式左端空间差分项:

$$\Delta T_w^{n+1}\Delta p^{n+1}-\Delta T_w^{n+1}\Delta p_{cow}^{n+1}-\Delta T_w^{n+1}\rho_w^{n+1}g\Delta D$$
$$=\Delta T_w^n\Delta\Phi_w^n+\Delta T_w^n\Delta\delta p+\Delta\frac{\partial T_w}{\partial p_w}\delta p\Delta\Phi_w^n-\Delta T_w^n\Delta\frac{\partial p_{cow}}{\partial S_w}\delta S_w+\Delta\frac{\partial T_w}{\partial S_w}\delta S_w\Delta\Phi_w^n \quad (35)$$

上述式(33)、式(34)、式(35)就是两相流体情况下,经过半隐式处理的黑油模型差分方程左端项的线性化形式。其中,所有系数(包括所有的微商项)均取第 n 时间步的值,利用辅助方程计算得到。其中不同于三相情况的微商项展开后如下所示:

$$\frac{\partial T_o}{\partial p_b}=\frac{\partial}{\partial p_b}\left(\Omega\frac{\rho_O KK_{ro}}{\mu_o}\right)=\Omega\frac{KK_{ro}}{\mu_o}\frac{\partial\rho_O}{\partial p_b}-\Omega\frac{\rho_O KK_{ro}}{(\mu_o)^2}\frac{\partial\mu_o}{\partial p_b} \quad (36)$$

$$\frac{\partial T_{gd}}{\partial p_b}=\frac{\partial}{\partial p_b}\left(\Omega\frac{\rho_{Gd} KK_{ro}}{\mu_o}\right)=\Omega\frac{KK_{ro}}{\mu_o}\frac{\partial\rho_{Gd}}{\partial p_b}-\Omega\frac{\rho_{Gd} KK_{ro}}{(\mu_o)^2}\frac{\partial\mu_o}{\partial p_b} \quad (37)$$

3. 空间差分项半隐式通式

为了方便,将半隐式线性化处理后的黑油模型渗流方程组空间差分项写成统一形式。为此,令 $X_g=\begin{cases}S_g,\text{三相}\\p_b,\text{两相}\end{cases}$,可得:

油式左端空间差分项:

$$\Delta T_o^{n+1}\Delta p^{n+1}-\Delta T_o^{n+1}\rho_o^{n+1}g\Delta D$$
$$=\Delta T_o^n\Delta\Phi_o^n+\Delta\frac{\partial T_o}{\partial p}\delta p\Delta\Phi_o^n+\Delta T_o^n\Delta\delta p+\Delta\frac{\partial T_o}{\partial S_w}\delta S_w\Delta\Phi_o^n+\Delta\frac{\partial T_o}{\partial X_g}\delta X_g\Delta\Phi_o^n \quad (38)$$

气式左端空间差分项:

$$\Delta T_{gd}^{n+1}\Delta p^{n+1}+\Delta T_g^{n+1}\Delta p^{n+1}+\Delta T_g^{n+1}\Delta p_{cog}^{n+1}-\Delta T_{gd}^{n+1}\rho_o^{n+1}g\Delta D-\Delta T_g^{n+1}\rho_g^{n+1}g\Delta D$$
$$=\Delta T_{gd}^n\Delta\Phi_o^n+\Delta T_g^n\Delta\Phi_g^n+\Delta(T_{gd}^n+T_g^n)\delta p+\Delta\frac{\partial T_g}{\partial p_g}\delta p\Delta\Phi_g^n+\Delta\frac{\partial T_{gd}}{\partial p}\delta p\Delta\Phi_o^n+$$
$$\Delta\frac{\partial T_{gd}}{\partial S_w}\delta S_w\Delta\Phi_o^n+\Delta T_g^n\Delta\frac{\partial p_{cog}}{\partial X_g}\delta X_g+\Delta\frac{\partial T_{gd}}{\partial X_g}\delta X_g\Delta\Phi_o^n+\Delta\frac{\partial T_g}{\partial X_g}\delta X_g\Delta\Phi_g^n \quad (39)$$

水式左端空间差分项:

$$\Delta T_w^{n+1}\Delta p^{n+1}-\Delta T_w^{n+1}\Delta p_{cow}^{n+1}-\Delta T_w^{n+1}\rho_w^{n+1}g\Delta D$$
$$=\Delta T_w^n\Delta\Phi_w^n+\Delta T_w^n\Delta\delta p+\frac{\partial T_w}{\partial p_w}\delta p\Delta\Phi_w^n+\Delta\frac{\partial T_w}{\partial S_w}\delta S_w\Delta\Phi_w^n-\Delta T_w^n\Delta\frac{\partial p_{cog}}{\partial S_w}\delta S_w \quad (40)$$

其中,在两相情况下 $T_g=0$,$S_g=0$,气方程中所有含有 T_g 和 S_g 的项都为零。

4. 方程右端项的处理

半隐式方法对方程右端项的线性化处理与 IMPES 方法基本原理相同，但推导过程有所不同。

以油组分方程式(1)为例进行说明。将式(1)右端项中的 $(\phi\rho_o S_o)^{n+1}$ 在第 n 时间步展开为主要未知量 p、S_w、X_g 的一阶泰勒级数，可得：

$$(\phi\rho_o S_o)^{n+1} = (\phi\rho_o S_o)^n + \left.\frac{\partial(\phi\rho_o S_o)}{\partial p}\right|_M^n \delta p + \left.\frac{\partial(\phi\rho_o S_o)}{\partial S_w}\right|_M^n \delta S_w + \left.\frac{\partial(\phi\rho_o S_o)}{\partial X_g}\right|_M^n X_g \tag{41}$$

把式(41)代入式(1)右端：

$$\frac{V_M}{\Delta t}\left[(\phi\rho_o S_o)^{n+1} - (\phi\rho_o S_o)^n\right]$$

$$= \frac{V_M}{\Delta t}\left[(\phi\rho_o S_o)^n + \left.\frac{\partial(\phi\rho_o S_o)}{\partial p}\right|_M^n \delta p + \left.\frac{\partial(\phi\rho_o S_o)}{\partial S_w}\right|_M^n \delta S_w + \left.\frac{\partial(\phi\rho_o S_o)}{\partial X_g}\right|_M^n \delta X_g - (\phi\rho_o S_o)^n\right]$$

$$= \frac{V_M}{\Delta t}\left[\left.\frac{\partial(\phi\rho_o S_o)}{\partial p}\right|_M^n \delta p + \left.\frac{\partial(\phi\rho_o S_o)}{\partial S_w}\right|_M^n \delta S_w + \left.\frac{\partial(\phi\rho_o S_o)}{\partial X_g}\right|_M^n \delta X_g\right] \tag{42}$$

即：

$$\frac{V_M}{\Delta t}\left[(\phi\rho_o S_o)^{n+1} - (\phi\rho_o S_o)^n\right] = C_{o1}\delta p_M + C_{o2}\delta S_{wM} + C_{o3}\delta X_{gM} \tag{43}$$

式(43)就是半隐式处理的油组分方程右端项的线性化形式。同理可得气方程和水方程的右端项半隐式线性化形式：

气组分方程右端：

$$\frac{V_M}{\Delta t}\left[(\phi\rho_{Gd} S_o)^{n+1} - (\phi\rho_{Gd} S_o)^n\right] + \frac{V_M}{\Delta t}\left[(\phi\rho_g S_g)^{n+1} - (\phi\rho_g S_g)^n\right]$$

$$= C_{g1}\delta p_M + C_{g2}\delta S_{wM} + C_{g3}\delta X_{gM} \tag{44}$$

水组分方程右端：

$$\frac{V_M}{\Delta t}\left[(\phi\rho_W S_w)^{n+1} - (\phi\rho_W S_w)^n\right] = C_{w1}\delta p_M + C_{w2}\delta S_{wM} \tag{45}$$

式(43)至式(45)中参数 C_{o1}、C_{o2}、C_{o3}、C_{g1}、C_{g2}、C_{g3}、C_{w1}、C_{w2} 与 8.3.3 小节中 IMPES 方法右端项处理结果完全相同。

5. 注采项的处理

将黑油模型差分方程式(1)至式(3)中的注采项 Q_{Oijk}^{n+1}、Q_{Gijk}^{n+1}、Q_{Wijk}^{n+1} 处理成一阶泰勒级数的线性化形式，得：

$$Q_{Oijk}^{n+1} = Q_{OM}^n + \left(\frac{\partial Q_{OM}}{\partial p}\right)^n \delta p_M + \left(\frac{\partial Q_{OM}}{\partial S_w}\right)^n \delta S_{wM} + \left(\frac{\partial Q_{OM}}{\partial X_g}\right)^n \delta X_{gM} \tag{46}$$

$$Q_{Gijk}^{n+1} = Q_{GM}^n + \left(\frac{\partial Q_{GM}}{\partial p}\right)^n \delta p_M + \left(\frac{\partial Q_{GM}}{\partial S_w}\right)^n \delta S_{wM} + \left(\frac{\partial Q_{GM}}{\partial X_g}\right)^n \delta X_{gM} \tag{47}$$

$$Q_{Wijk}^{n+1} = Q_{WM}^n + \left(\frac{\partial Q_{WM}}{\partial p}\right)^n \delta p_M + \left(\frac{\partial Q_{WM}}{\partial S_w}\right)^n \delta S_{wM} \tag{48}$$

式(46)至式(48)在形式上已经实现油气水注采项的线性化，下面分定井底流压和定井产量两种情况讨论其中的 Q_{OM}^n、Q_{GM}^n、Q_{WM}^n 及各项偏导数的求法。

1) 定井底流压

定义产量项静态参数：$\Psi = \dfrac{2\pi hK}{\ln\dfrac{r_e}{r_w}}$。将 8.1.2 小节中辅助方程式(18)写成如下形式：

$$q_O = \Psi \frac{\rho_O K_{ro}}{V_M \mu_o}(p_{wf} - p_o) \tag{49}$$

$$q_G = \Psi \frac{\rho_{Gd} K_{ro}}{V_M \mu_o}(p_{wf} - p_o) + \Psi \frac{\rho_g K_{rg}}{V_M \mu_g}(p_{wf} - p_g) \tag{50}$$

$$q_W = \Psi \frac{\rho_w K_{rw}}{V_M \mu_w}(p_{wf} - p_w) \tag{51}$$

根据 $Q_{Oijk} = -q_{Oijk} V_{ijk}$，$Q_{Gijk} = -q_{Gijk} V_{ijk}$，$Q_{Wijk} = -q_{Wijk} V_{ijk}$，$M = ijk$；再考虑到 8.1 节中辅助方程式(11)，由式(49)至式(51)式可得：

$$Q_{OM}^n = \Psi \left[\frac{\rho_O K_{ro}}{\mu_o}(p_o - p_{wf})\right]_M^n \tag{52}$$

$$Q_{GM}^n = \Psi \left[\frac{\rho_{Gd} K_{ro}}{\mu_o}(p_o - p_{wf})\right]_M^n + \Psi \left[\frac{\rho_g K_{rg}}{\mu_g}(p_o + p_{cgo} - p_{wf})\right]_M^n \tag{53}$$

$$Q_{WM}^n = \Psi \left[\frac{\rho_w K_{rw}}{\mu_w}(p_o - p_{cwo} - p_{wf})\right]_M^n \tag{54}$$

其中，$p_{wf,M}^n = p_{wf}(x_i, y_j, z_k, t^n)$ 为给定值。

由式(49)至式(51)及相关物性参数的辅助方程，可以推导得出式(46)至式(48)中各项偏导数的计算公式：

$$\frac{\partial Q_{OM}}{\partial p} = \Psi \frac{\partial}{\partial p}\left[\frac{\rho_O K_{ro}}{\mu_o}(p_o - p_{wf})\right] = \Psi \left(\frac{K_{ro}}{\mu_o}\frac{\partial \rho_O}{\partial p} - \frac{\rho_O K_{ro}}{(\mu_o)^2}\frac{\partial \mu_o}{\partial p}\right)(p_o - p_{wf}) + \Psi \frac{\rho_O K_{ro}}{\mu_o} \tag{55}$$

$$\frac{\partial Q_{OM}}{\partial S_w} = \Psi \frac{\partial}{\partial S_w}\left[\frac{\rho_O K_{ro}}{\mu_o}(p_o - p_{wf})\right] = \Psi \frac{\rho_O}{\mu_o}\frac{\partial K_{ro}}{\partial S_w}(p_o - p_{wf}) \tag{56}$$

$$\frac{\partial Q_{OM}}{\partial X_g} = \Psi \frac{\partial}{\partial X_g}\left[\frac{\rho_O K_{ro}}{\mu_o}(p_o - p_{wf})\right] = \begin{cases} \Psi \dfrac{\rho_O}{\mu_o}\dfrac{\partial K_{ro}}{\partial S_g}(p_o - p_{wf}), \text{三相} \\ \Psi \left(\dfrac{K_{ro}}{\mu_o}\dfrac{\partial \rho_O}{\partial p_b} - \dfrac{\rho_O K_{ro}}{(\mu_o)^2}\dfrac{\partial \mu_o}{\partial p_b}\right)(p_o - p_{wf}), \text{两相} \end{cases} \tag{57}$$

$$\begin{aligned}\frac{\partial Q_{GM}}{\partial p} &= \Psi \frac{\partial}{\partial p}\left[\frac{\rho_{Gd} K_{ro}}{\mu_o}(p_o - p_{wf})\right] + \Psi \frac{\partial}{\partial p}\left[\frac{\rho_g K_{rg}}{\mu_g}(p_o + p_{cgo} - p_{wf})\right] \\ &= \Psi \left(\frac{K_{ro}}{\mu_o}\frac{\partial \rho_{Gd}}{\partial p} - \frac{\rho_{Gd} K_{ro}}{(\mu_o)^2}\frac{\partial \mu_o}{\partial p}\right)(p_o - p_{wf}) + \Psi \frac{\rho_{Gd} K_{ro}}{\mu_o} + \\ &\quad \Psi \left(\frac{K_{rg}}{\mu_g}\frac{\partial \rho_g}{\partial p} - \frac{\rho_g K_{rg}}{(\mu_g)^2}\frac{\partial \mu_g}{\partial p}\right)(p_o + p_{cgo} - p_{wf}) + \Psi \frac{\rho_g K_{rg}}{\mu_g} \end{aligned} \tag{58}$$

$$\frac{\partial Q_{GM}}{\partial S_w} = \Psi \frac{\partial}{\partial S_w}\left[\frac{\rho_{Gd} K_{ro}}{\mu_o}(p_o - p_{wf})\right] + \Psi \frac{\partial}{\partial S_w}\left[\frac{\rho_g K_{rg}}{\mu_g}(p_o + p_{cgo} - p_{wf})\right]$$

$$= \Psi \frac{\rho_{Gd}}{\mu_o} \frac{\partial K_{ro}}{\partial S_w}(p_o - p_{wf}) \tag{59}$$

$$\frac{\partial Q_{GM}}{\partial X_g} = \Psi \frac{\partial}{\partial X_g}\left[\frac{\rho_{Gd} K_{ro}}{\mu_o}(p_o - p_{wf})\right] + \Psi \frac{\partial}{\partial X_g}\left[\frac{\rho_g K_{rg}}{\mu_g}(p_o + p_{cgo} - p_{wf})\right]$$

$$= \begin{cases} \Psi \dfrac{\rho_{Gd}}{\mu_o}\dfrac{\partial K_{ro}}{\partial S_g}(p_o - p_{wf}) + \Psi \dfrac{\rho_g}{\mu_g}\dfrac{\partial K_{rg}}{\partial S_g}(p_o + p_{cgo} - p_{wf}) + \Psi \dfrac{\rho_g K_{rg}}{\mu_g}\dfrac{\partial p_{cgo}}{\partial S_g}, & \text{三相} \\ \Psi\left(\dfrac{K_{ro}}{\mu_o}\dfrac{\partial \rho_{Gd}}{\partial p_b} - \dfrac{\rho_{Gd} K_{ro}}{(\mu_o)^2}\dfrac{\partial \mu_o}{\partial p_b}\right)(p_o - p_{wf}), & \text{两相} \end{cases} \tag{60}$$

$$\frac{\partial Q_{WM}}{\partial p} = \Psi \frac{\partial}{\partial p}\left[\frac{\rho_w K_{rw}}{\mu_w}(p_o - p_{cwo} - p_{wf})\right]$$

$$= \Psi\left(\frac{K_{rw}}{\mu_w}\frac{\partial \rho_W}{\partial p} - \frac{\rho_W K_{rw}}{(\mu_w)^2}\frac{\partial \mu_w}{\partial p}\right)(p_o - p_{cwo} - p_{wf}) + \Psi \frac{\rho_W K_{rw}}{\mu_w} \tag{61}$$

$$\frac{\partial Q_{WM}}{\partial S_w} = \Psi \frac{\partial}{\partial S_w}\left[\frac{\rho_w K_{rw}}{\mu_w}(p_o - p_{cwo} - p_{wf})\right]$$

$$= \Psi \frac{\rho_W}{\mu_w}\frac{\partial K_{rw}}{\partial S_w}(p_o - p_{cwo} - p_{wf}) - \Psi \frac{\rho_W K_{rw}}{\mu_w}\frac{\partial p_{cwo}}{\partial S_w} \tag{62}$$

在以上的推导中，对 8.1 节所列辅助方程式(12)和式(13)中的毛管力做了显式处理，即认为在时间步内毛管力保持不变：

$$\frac{\partial p_{cgo}}{\partial S_g} = 0, \quad \frac{\partial p_{cwo}}{\partial S_w} = 0, \quad t^n \leq t < t^{n+1} \tag{63}$$

$$\begin{cases} \mu_g = \mu_g(p_g) = \mu_g(p_o + p_{cgo}^n) \\ \mu_w = \mu_w(p_w) = \mu_w(p_o - p_{cwo}^n) \end{cases}, \quad \begin{cases} \rho_g = \rho_g(p_g) = \rho_g(p_o + p_{cgo}^n) \\ \rho_W = \rho_W(p_w) = \rho_W(p_o - p_{cwo}^n) \end{cases} \tag{64}$$

由式(64)可得：

$$\frac{\partial}{\partial S_g}\left(\frac{\rho_g}{\mu_g}\right) = 0, \quad \frac{\partial}{\partial S_w}\left(\frac{\rho_w}{\mu_w}\right) = 0, \quad t^n \leq t < t^{n+1} \tag{65}$$

在式(58)至式(62)的推导中用到了式(63)和式(65)。

将式(52)至式(62)代入式(46)至式(48)则可完成定压井注采项的线性化处理。

2) 定井产量

实际油藏生产中给定的产液量或产油量通常是地面标准状况下的体积产量 Q_{LVijk}^{n+1} 或 Q_{OVijk}^{n+1}。所以需要在此条件下对注采项进行线性化处理。

首先根据式(49)至式(51)，给出地面标准状况下油、气、水组分的体积产量公式：

$$\begin{cases} Q_{OVscM}^{n+1} = \dfrac{Q_{Oijk}^{n+1}}{\rho_{Osc}} = \dfrac{\Psi}{\rho_{Osc}}\left[\dfrac{\rho_O K_{ro}}{\mu_o}(p_o - p_{wf})\right]_M^{n+1} \\ Q_{GVscM}^{n+1} = \dfrac{Q_{Gijk}^{n+1}}{\rho_{Gsc}} = \dfrac{\Psi}{\rho_{Gsc}}\left[\dfrac{\rho_{Gd} K_{ro}}{\mu_o}(p_o - p_{wf})\right]_M^{n+1} + \dfrac{\Psi}{\rho_{Gsc}}\left[\dfrac{\rho_g K_{rg}}{\mu_g}(p_o + p_{cgo} - p_{wf})\right]_M^{n+1} \\ Q_{WVscM}^{n+1} = \dfrac{Q_{Wijk}^{n+1}}{\rho_{Wsc}} = \dfrac{\Psi}{\rho_{Wsc}}\left[\dfrac{\rho_w K_{rw}}{\mu_w}(p_o - p_{cwo} - p_{wf})\right]_M^{n+1} \end{cases} \tag{66}$$

式中　ρ_{Osc}、ρ_{Gsc}、ρ_{Wsc}——油、气、水在地面标况下的密度(常量)，kg/m³。

(1)定产液量情况。

此时 Q_{LVscM}^{n+1} 为已知量，由 $Q_{LVscM}^{n+1}=Q_{OVscM}^{n+1}+Q_{WVscM}^{n+1}$ 及式(66)可得油液体积产量比 R_{OL}^{n+1}：

$$R_{OL}^{n+1}=\frac{Q_{OVscM}^{n+1}}{Q_{OVscM}^{n+1}+Q_{WVscM}^{n+1}}=\frac{\left[\dfrac{\rho_O K_{ro}}{\rho_{Osc}\mu_o}(p_o-p_{wf})\right]_M^{n+1}}{\left[\dfrac{\rho_O K_{ro}}{\rho_{Osc}\mu_o}(p_o-p_{wf})\right]_M^{n+1}+\left[\dfrac{\rho_w K_{rw}}{\rho_{Wsc}\mu_w}(p_o-p_{cwo}-p_{wf})\right]_M^{n+1}} \tag{67}$$

气液体积产量比 R_{GL}^{n+1}：

$$R_{GL}^{n+1}=\frac{Q_{GVscM}^{n+1}}{Q_{OVscM}^{n+1}+Q_{WVscM}^{n+1}}=\frac{\left[\dfrac{\rho_{Gd} K_{ro}}{\rho_{Gsc}\mu_o}(p_o-p_{wf})\right]_M^{n+1}+\left[\dfrac{\rho_g K_{rg}}{\rho_{Gsc}\mu_g}(p_o+p_{cgo}-p_{wf})\right]_M^{n+1}}{\left[\dfrac{\rho_O K_{ro}}{\rho_{Osc}\mu_o}(p_o-p_{wf})\right]_M^{n+1}+\left[\dfrac{\rho_w K_{rw}}{\rho_{Wsc}\mu_w}(p_o-p_{cwo}-p_{wf})\right]_M^{n+1}} \tag{68}$$

水液体积产量比 R_{WL}^{n+1}：

$$R_{WL}^{n+1}=\frac{Q_{WVscM}^{n+1}}{Q_{OVscM}^{n+1}+Q_{WVscM}^{n+1}}=\frac{\left[\dfrac{\rho_w K_{rw}}{\rho_{Wsc}\mu_w}(p_o-p_{cwo}-p_{wf})\right]_M^{n+1}}{\left[\dfrac{\rho_O K_{ro}}{\rho_{Osc}\mu_o}(p_o-p_{wf})\right]_M^{n+1}+\left[\dfrac{\rho_w K_{rw}}{\rho_{Wsc}\mu_w}(p_o-p_{cwo}-p_{wf})\right]_M^{n+1}} \tag{69}$$

由式(67)至式(69)得油、气、水的体积产量：

$$\begin{cases} Q_{OVscM}^{n+1}=R_{OL}^{n+1}\cdot(Q_{OVscM}^{n+1}+Q_{WVscM}^{n+1})=R_{OL}^{n+1}\cdot Q_{LVscM}^{n+1} \\ Q_{GVscM}^{n+1}=R_{GL}^{n+1}\cdot(Q_{OVscM}^{n+1}+Q_{WVscM}^{n+1})=R_{GL}^{n+1}\cdot Q_{LVscM}^{n+1} \\ Q_{WVscM}^{n+1}=R_{WL}^{n+1}\cdot(Q_{OVscM}^{n+1}+Q_{WVscM}^{n+1})=R_{WL}^{n+1}\cdot Q_{LVscM}^{n+1} \end{cases}$$

又因为 $Q_M^{n+1}=\rho_{sc}\cdot Q_{VscM}^{n+1}$，与上式结合，得油、气、水的产量项：

$$\begin{cases} Q_{OM}^{n+1}=\rho_{Osc}\cdot Q_{OVscM}^{n+1}=\rho_{Osc}\cdot R_{OL}^{n+1}\cdot Q_{LVscM}^{n+1} \\ Q_{GM}^{n+1}=\rho_{Gsc}\cdot Q_{GVscM}^{n+1}=\rho_{Gsc}\cdot R_{GL}^{n+1}\cdot Q_{LVscM}^{n+1} \\ Q_{WM}^{n+1}=\rho_{Wsc}\cdot Q_{WVscM}^{n+1}=\rho_{Wsc}\cdot R_{WL}^{n+1}\cdot Q_{LVscM}^{n+1} \end{cases} \tag{70}$$

其中，Q_{LVscM}^{n+1} 和 ρ_{Lsc} 为常数。因此，由式(70)容易得到式(46)至式(48)中各项的计算公式：

$$\begin{cases} Q_{OM}^n=\rho_{Osc}\cdot Q_{OVscM}^{n+1}=\rho_{Osc}\cdot R_{OL}^n\cdot Q_{LVscM}^{n+1} \\ Q_{GM}^n=\rho_{Gsc}\cdot Q_{GVscM}^{n+1}=\rho_{Gsc}\cdot R_{GL}^n\cdot Q_{LVscM}^{n+1} \\ Q_{WM}^n=\rho_{Wsc}\cdot Q_{WVscM}^{n+1}=\rho_{Wsc}\cdot R_{WL}^n\cdot Q_{LVscM}^{n+1} \end{cases} \tag{71}$$

$$\begin{cases} \left(\dfrac{\partial Q_{OM}}{\partial p}\right)^n=\rho_{Osc}\cdot\left(\dfrac{\partial R_{OL}}{\partial p}\right)^n\cdot Q_{LVscM}^{n+1} \\ \left(\dfrac{\partial Q_{OM}}{\partial S_w}\right)^n=\rho_{Osc}\cdot\left(\dfrac{\partial R_{OL}}{\partial S_w}\right)^n\cdot Q_{LVscM}^{n+1} \\ \left(\dfrac{\partial Q_{OM}}{\partial X_g}\right)^n=\rho_{Osc}\cdot\left(\dfrac{\partial R_{OL}}{\partial X_g}\right)^n\cdot Q_{LVscM}^{n+1} \end{cases} \tag{72}$$

$$\begin{cases} \left(\dfrac{\partial Q_{\mathrm{GM}}}{\partial p}\right)^n = \rho_{\mathrm{Gsc}} \cdot \left(\dfrac{\partial R_{\mathrm{GL}}}{\partial p}\right)^n \cdot Q_{\mathrm{LVscM}}^{n+1} \\ \left(\dfrac{\partial Q_{\mathrm{GM}}^n}{\partial S_{\mathrm{w}}}\right)^n = \rho_{\mathrm{Gsc}} \cdot \left(\dfrac{\partial R_{\mathrm{GL}}}{\partial S_{\mathrm{w}}}\right)^n \cdot Q_{\mathrm{LVscM}}^{n+1} \\ \left(\dfrac{\partial Q_{\mathrm{GM}}^n}{\partial X_{\mathrm{g}}}\right)^n = \rho_{\mathrm{Gsc}} \cdot \left(\dfrac{\partial R_{\mathrm{GL}}}{\partial X_{\mathrm{g}}}\right)^n \cdot Q_{\mathrm{LVscM}}^{n+1} \end{cases} \quad (73)$$

$$\begin{cases} \left(\dfrac{\partial Q_{\mathrm{WM}}}{\partial p}\right)^n = \rho_{\mathrm{Wsc}} \cdot \left(\dfrac{\partial R_{\mathrm{WL}}}{\partial p}\right)^n \cdot Q_{\mathrm{LVscM}}^{n+1} \\ \left(\dfrac{\partial Q_{\mathrm{WM}}^n}{\partial S_{\mathrm{w}}}\right)^n = \rho_{\mathrm{Wsc}} \cdot \left(\dfrac{\partial R_{\mathrm{WL}}}{\partial S_{\mathrm{w}}}\right)^n \cdot Q_{\mathrm{LVscM}}^{n+1} \end{cases} \quad (74)$$

其中，各体积产量比的偏导数可以参考前述定压井情况，利用式(67)至式(69)进一步推导得到计算公式。需要注意的是，推导过程中令 $p_{\mathrm{wf}} = p_{\mathrm{wf}}^n$ 作为当前时间步内的常数。具体推导过程此处不再赘述。

(2)定产油量情况。

此时 Q_{OVscM}^{n+1} 为已知量，依据与定产液量同样的步骤，可得式(46)至式(48)中各项的计算公式：

$$\begin{cases} Q_{\mathrm{OM}}^n = \rho_{\mathrm{Osc}} \cdot Q_{\mathrm{OVscM}}^{n+1} \\ Q_{\mathrm{GM}}^n = \rho_{\mathrm{Gsc}} \cdot R_{\mathrm{GO}}^n \cdot Q_{\mathrm{OVscM}}^{n+1} \\ Q_{\mathrm{WM}}^n = \rho_{\mathrm{Wsc}} \cdot R_{\mathrm{WO}}^n \cdot Q_{\mathrm{OVscM}}^{n+1} \end{cases} \quad (75)$$

$$\begin{cases} \left(\dfrac{\partial Q_{\mathrm{OM}}}{\partial p}\right)^n = 0 \\ \left(\dfrac{\partial Q_{\mathrm{OM}}}{\partial S_{\mathrm{w}}}\right)^n = 0 \\ \left(\dfrac{\partial Q_{\mathrm{OM}}}{\partial X_{\mathrm{g}}}\right)^n = 0 \end{cases} \quad (76)$$

$$\begin{cases} \left(\dfrac{\partial Q_{\mathrm{GM}}}{\partial p}\right)^n = \rho_{\mathrm{Gsc}} \cdot \left(\dfrac{\partial R_{\mathrm{GO}}}{\partial p}\right)^n \cdot Q_{\mathrm{OVscM}}^{n+1} \\ \left(\dfrac{\partial Q_{\mathrm{GM}}^n}{\partial S_{\mathrm{w}}}\right)^n = \rho_{\mathrm{Gsc}} \cdot \left(\dfrac{\partial R_{\mathrm{GO}}}{\partial S_{\mathrm{w}}}\right)^n \cdot Q_{\mathrm{OVscM}}^{n+1} \\ \left(\dfrac{\partial Q_{\mathrm{GM}}^n}{\partial X_{\mathrm{g}}}\right)^n = \rho_{\mathrm{Gsc}} \cdot \left(\dfrac{\partial R_{\mathrm{GO}}}{\partial X_{\mathrm{g}}}\right)^n \cdot Q_{\mathrm{OVscM}}^{n+1} \end{cases} \quad (77)$$

$$\begin{cases} \left(\dfrac{\partial Q_{\mathrm{WM}}}{\partial p}\right)^n = \rho_{\mathrm{Wsc}} \cdot \left(\dfrac{\partial R_{\mathrm{WO}}}{\partial p}\right)^n \cdot Q_{\mathrm{OVscM}}^{n+1} \\ \left(\dfrac{\partial Q_{\mathrm{WM}}^n}{\partial S_{\mathrm{w}}}\right)^n = \rho_{\mathrm{Wsc}} \cdot \left(\dfrac{\partial R_{\mathrm{WO}}}{\partial S_{\mathrm{w}}}\right)^n \cdot Q_{\mathrm{OVscM}}^{n+1} \end{cases} \quad (78)$$

其中，气油体积产量比 R_{GO} 和水油体积产量比 R_{WO} 为：

$$\begin{cases} R_{\mathrm{GO}} = \dfrac{Q_{GVscM}}{Q_{OVscM}} = \dfrac{\left[\dfrac{\rho_{\mathrm{Gd}}K_{\mathrm{ro}}}{\rho_{\mathrm{Gsc}}\mu_{\mathrm{o}}}(p_{\mathrm{o}}-p_{\mathrm{wf}})\right]_M + \left[\dfrac{\rho_{\mathrm{g}}K_{\mathrm{rg}}}{\rho_{\mathrm{Gsc}}\mu_{\mathrm{g}}}(p_{\mathrm{o}}+p_{\mathrm{cgo}}-p_{\mathrm{wf}})\right]_M}{\left[\dfrac{\rho_{\mathrm{O}}K_{\mathrm{ro}}}{\rho_{\mathrm{Osc}}\mu_{\mathrm{o}}}(p_{\mathrm{o}}-p_{\mathrm{wf}})\right]_M} \\[2em] R_{\mathrm{WO}} = \dfrac{Q_{WVscM}}{Q_{OVscM}} = \dfrac{\left[\dfrac{\rho_{\mathrm{w}}K_{\mathrm{rw}}}{\rho_{\mathrm{Wsc}}\mu_{\mathrm{w}}}(p_{\mathrm{o}}-p_{\mathrm{cwo}}-p_{\mathrm{wf}})\right]_M}{\left[\dfrac{\rho_{\mathrm{O}}K_{\mathrm{ro}}}{\rho_{\mathrm{Osc}}\mu_{\mathrm{o}}}(p_{\mathrm{o}}-p_{\mathrm{wf}})\right]_M} \end{cases} \quad (79)$$

3) 注入井的处理

前面介绍的注采项的线性化处理主要是以生产井为对象的。对于注入井而言：

（1）定压注水，采用式(48)、式(54)及式(61)至式(62)处理水的注采项，油、气的注采项为零；

（2）定压注气，采用式(47)、式(53)及式(58)至式(60)处理气的注采项，油、水的注采项为零；

（3）定注水量，则 Q_{Wijk}^{n+1} 为已知量，$Q_{Oijk}^{n+1} = Q_{Gijk}^{n+1} = 0$；

（4）定注气量，则 Q_{Gijk}^{n+1} 为已知量，$Q_{Oijk}^{n+1} = Q_{Wijk}^{n+1} = 0$。

6. 半隐式线性差分方程组

将左端项线性化形式式(38)至式(40)、右端项线性化形式式(43)至式(45)及注采项线性化形式式(46)至式(48)代入式(1)至式(3)，得：

油方程：

$$\Delta T_{\mathrm{o}}^n \Delta \Phi_{\mathrm{o}}^n + \Delta T_{\mathrm{o}}^n \Delta \delta p + \Delta \dfrac{\partial T_{\mathrm{o}}}{\partial p}\delta p \Delta \Phi_{\mathrm{o}}^n + \Delta \dfrac{\partial T_{\mathrm{o}}}{\partial S_{\mathrm{w}}}\delta S_{\mathrm{w}}\Delta \Phi_{\mathrm{o}}^n + \Delta \dfrac{\partial T_{\mathrm{o}}}{\partial X_{\mathrm{g}}}\delta X_{\mathrm{g}}\Delta \Phi_{\mathrm{o}}^n -$$

$$Q_{\mathrm{OM}}^n - \left(\dfrac{\partial Q_{\mathrm{OM}}}{\partial p}\right)^n \delta p_M - \left(\dfrac{\partial Q_{\mathrm{OM}}}{\partial S_{\mathrm{w}}}\right)^n \delta S_{\mathrm{w}M} - \left(\dfrac{\partial Q_{\mathrm{OM}}}{\partial X_{\mathrm{g}}}\right)^n \delta X_{\mathrm{g}M}$$

$$= C_{\mathrm{o}1}\delta p_M + C_{\mathrm{o}2}\delta S_{\mathrm{w}M} + C_{\mathrm{o}3}\delta X_{\mathrm{g}M} \quad (80)$$

气方程：

$$\Delta T_{\mathrm{gd}}^n \Delta \Phi_{\mathrm{o}}^n + \Delta T_{\mathrm{g}}^n \Delta \Phi_{\mathrm{g}}^n + \Delta (T_{\mathrm{gd}}^n + T_{\mathrm{g}}^n)\Delta \delta p + \Delta \dfrac{\partial T_{\mathrm{gd}}}{\partial p}\delta p \Delta \Phi_{\mathrm{o}}^n + \Delta \dfrac{\partial T_{\mathrm{g}}}{\partial p}\delta p \Delta \Phi_{\mathrm{g}}^n +$$

$$\Delta \dfrac{\partial T_{\mathrm{gd}}}{\partial S_{\mathrm{w}}}\delta S_{\mathrm{w}}\Delta \Phi_{\mathrm{o}}^n + \Delta T_{\mathrm{g}}^n \Delta \dfrac{\partial p_{\mathrm{cog}}}{\partial X_{\mathrm{g}}}\delta X_{\mathrm{g}} + \Delta \dfrac{\partial T_{\mathrm{gd}}}{\partial X_{\mathrm{g}}}\delta X_{\mathrm{g}}\Delta \Phi_{\mathrm{o}}^n + \Delta \dfrac{\partial T_{\mathrm{g}}}{\partial X_{\mathrm{g}}}\delta X_{\mathrm{g}}\Delta \Phi_{\mathrm{g}}^n -$$

$$Q_{\mathrm{GM}}^n - \left(\dfrac{\partial Q_{\mathrm{GM}}}{\partial p}\right)^n \delta p_M - \left(\dfrac{\partial Q_{\mathrm{GM}}}{\partial S_{\mathrm{w}}}\right)^n \delta S_{\mathrm{w}M} - \left(\dfrac{\partial Q_{\mathrm{GM}}}{\partial X_{\mathrm{g}}}\right)^n \delta X_{\mathrm{g}M}$$

$$= C_{\mathrm{g}1}\delta p_M + C_{\mathrm{g}2}\delta S_{\mathrm{w}M} + C_{\mathrm{g}3}\delta X_{\mathrm{g}M} \quad (81)$$

水方程：

$$\Delta T_{\mathrm{w}}^n \Delta \Phi_{\mathrm{w}}^n + \Delta T_{\mathrm{w}}^n \Delta \delta p + \Delta \dfrac{\partial T_{\mathrm{w}}}{\partial p}\delta p \Delta \Phi_{\mathrm{w}}^n - \Delta T_{\mathrm{w}}^n \Delta \dfrac{\partial p_{\mathrm{cow}}}{\partial S_{\mathrm{w}}}\delta S_{\mathrm{w}} + \Delta \dfrac{\partial T_{\mathrm{w}}}{\partial S_{\mathrm{w}}}\delta S_{\mathrm{w}}\Delta \Phi_{\mathrm{w}}^n -$$

$$Q_{\mathrm{WM}}^n - \left(\dfrac{\partial Q_{\mathrm{WM}}}{\partial p}\right)^n \delta p_M - \left(\dfrac{\partial Q_{\mathrm{WM}}}{\partial S_{\mathrm{w}}}\right)^n \delta S_{\mathrm{w}M} = C_{\mathrm{w}1}\delta p_M + C_{\mathrm{w}2}\delta S_{\mathrm{w}M} \quad (82)$$

将式(80)至式(82)中未知项和已知项进行移项整理，得：

油方程：

$$\Delta T_o^n \Delta \delta p + \Delta \frac{\partial T_o}{\partial p} \delta p \Delta \Phi_o^n + \Delta \frac{\partial T_o}{\partial S_w} \delta S_w \Delta \Phi_o^n + \Delta \frac{\partial T_o}{\partial X_g} \delta X_g \Delta \Phi_o^n -$$

$$\left(\frac{\partial Q_{OM}}{\partial p}\right)^n \delta p_M - \left(\frac{\partial Q_{OM}}{\partial S_w}\right)^n \delta S_{wM} - \left(\frac{\partial Q_{OM}}{\partial X_g}\right)^n \delta X_{gM} -$$

$$(C_{01}\delta p + C_{02}\delta S_w + C_{03}\delta X_g)_M = -\Delta T_o^n \Delta \Phi_o^n + Q_{OM}^n \tag{83}$$

气方程:

$$\Delta(T_{gd}^n + T_g^n)\Delta \delta p + \Delta \frac{\partial T_{gd}}{\partial p}\delta p \Delta \Phi_o^n + \Delta \frac{\partial T_g}{\partial p}\delta p \Delta \Phi_g^n + \Delta \frac{\partial T_{gd}}{\partial S_w}\delta S_w \Delta \Phi_o^n + \Delta T_g^n \Delta \frac{\partial p_{cog}}{\partial X_g}\delta X_g +$$

$$\Delta \frac{\partial T_{gd}}{\partial X_g}\delta X_g \Delta \Phi_o^n + \Delta \frac{\partial T_g}{\partial X_g}\delta X_g \Delta \Phi_g^n - \left(\frac{\partial Q_{GM}}{\partial p}\right)^n \delta p_M - \left(\frac{\partial Q_{GM}}{\partial S_w}\right)^n \delta S_{wM} - \left(\frac{\partial Q_{GM}}{\partial X_g}\right)^n \delta X_{gM} -$$

$$(C_{g1}\delta p + C_{g2}\delta S_w + C_{g3}\delta X_g)_M = -(\Delta T_g^n \Delta \Phi_g^n + \Delta T_{gd}^n \Delta \Phi_o^n) + Q_{GM}^n \tag{84}$$

水方程:

$$\Delta T_w^n \Delta \delta p + \Delta \frac{\partial T_w}{\partial p}\delta p \Delta \Phi_w^n - \Delta T_w^n \Delta \frac{\partial p_{cow}}{\partial S_w}\delta S_w + \Delta \frac{\partial T_w}{\partial S_w}\delta S_w \Delta \Phi_w^n -$$

$$\left(\frac{\partial Q_{WM}}{\partial p}\right)^n \delta p_M - \left(\frac{\partial Q_{WM}}{\partial S_w}\right)^n \delta S_{wM} - (C_{w1}\delta p + C_{w2}\delta S_w)_M = -\Delta T_w^n \Delta \Phi_w^n + Q_{WM}^n \tag{85}$$

式(83)至式(85)就是黑油模型半隐式解法线性化差分方程组。

式(83)至式(85)中相当多的系数和未知量是以辅助点值的形式出现的,在方程组求解前需要将所有辅助点上的未知量值和系数值都用相邻的节点值表示,计算方法是:未知量用算术平均,传导系数等其他参数(均为 n 时间步值)用调和平均。

7. 半隐式线性方程组的求解方式

半隐式方法对压力和饱和度未知量利用隐式方程联立求解,属于联立解法。

差分方程式(83)至式(85)为 7 点差分格式;任意一个网格(i,j,k)都有 3 个未知量:δp_{ijk}、δS_{wijk}、δX_{gijk},所以每个方程最多可能包含 21 个未知量。

设待求网格总数为 N,则未知量总数为 $3N$ 个;方程总数也是 $3N$ 个,可组成封闭方程组求解。将各网格按自然排序法排序,并将每个网格点上的未知量按($\delta p, \delta S_w, \delta X_g$)顺序排列,则整个求解区域内所有网格的差分方程可形成方程组:

$$\boldsymbol{Au} = \boldsymbol{G} \tag{86}$$

其中

$$\boldsymbol{u} = [\delta p_1, \delta S_{w1}, \delta X_{g1}, \delta p_2, \delta S_{w2}, \delta X_{g2}, \cdots, \delta p_N, \delta S_{wN}, \delta X_{gN}]^T \tag{87}$$

$$\boldsymbol{G} = [R_{O1}, R_{G1}, R_{W1}, R_{O2}, R_{G2}, R_{W2}, \cdots, R_{ON}, R_{GN}, R_{WN}]^T \tag{88}$$

R_O、R_G、R_W 分别为式(83)至式(85)的右端项之和。式(86)系数矩阵 $\boldsymbol{A}$ 为一个块七对角形式的矩阵,每一个块都是一个三阶矩阵。因此该方程组称块七对角方程组。

求解方程组式(86)可以同时得到所有网格所有主要未知量在新时间步上的值,则问题得解。

8.4.2 半隐式方法的求解步骤

(1)差分方程组的半隐式线性化处理。将方程左端系数、未知量和注采项都表示为 n 时间步的一阶泰勒级数,代入方程左端并略去二阶小量,将方程左端各项线性化;再参照 IMPES 处理方法,将右端项表示为主要求解未知量 δp、δX_g、δS_w 的一阶泰勒级数形式，将右端项线性化。由此得到线性化的差分方程式(83)至式(85)，并组成方程组式(86)。

(2)半隐式线性化差分方程组的求解。联立求解 $3N$ 阶的隐式差分方程组式(86)，得到所有网格点上未知量 δp_{ijk}、δS_{wijk} 和 δX_{gijk} 在新时间步的值。N 为待求网格总数。

(3)利用 δp、δS_w 和 δX_g，求取 p^{n+1}、S_w^{n+1}、X_g^{n+1} 及所有参变量在新时间步的值。

(4)单井生产指标的计算。利用式(66)可以计算定压井(已知 p_{wfM}^{n+1})的体积产量 Q_{OVscM}^{n+1}、Q_{GVscM}^{n+1}、Q_{WVscM}^{n+1} 和质量产量 Q_{OM}^{n+1}、Q_{GM}^{n+1}、Q_{WM}^{n+1}，也可以计算定产井(已知 Q_{LVscM}^{n+1}、Q_{OVsc}^{n+1})及定注水量井和定注气量井的井底流压 $p_{wfi,j,k}^{n+1}$，计算方法与 IMPES 方法相同。例如，定产液量 Q_{LVscM}^{n+1} 时的井底流压为：

$$p_{wfM}^{n+1}=p_{oM}^{n+1}-\left(\frac{Q_{LVsc}^{n+1}+p_{cow}^{n+1}J_{Vw}^{n+1}}{J_{VO}^{n+1}+J_{Vw}^{n+1}}\right)_M \tag{89}$$

其中，$J_{VO}^{n+1}=\Psi\dfrac{\rho_O K_{ro}}{\rho_{Osc}\mu_o}$，$J_{Vw}^{n+1}=\Psi\dfrac{\rho_w K_{rw}}{\rho_{Wsc}\mu_w}$，分别为体积产油指数和体积产水指数。

定产油量 Q_{LVscM}^{n+1} 时的井底流压为：

$$p_{wfM}^{n+1}=p_{oM}^{n+1}-\left(\frac{Q_{OVsc}^{n+1}}{J_O^{n+1}/\rho_{Osc}}\right)_M \tag{90}$$

油藏开发初始时刻(第 0 时间步)的井底流压和产量也可以利用式(66)计算得到，只要将式中所有上标 $n+1$ 取为"0"即可。

(5)将所有新的参量值代回差分方程组式(86)，得新时间步的线性差分方程组。

(6)重复步骤(2)至步骤(5)，直至模拟时间结束。

8.5 全隐式方法

研究建立全隐式方法的目的是，在半隐式基础上进一步加强解法的隐式特征，提高非线性油藏渗流问题数值求解的精度和稳定性，为油藏数值模拟提供适应性和实用性都更优的方法。

8.5.1 全隐式方法原理

全隐式方法的主要原理是：利用迭代方式数值求解非线性油藏渗流问题，迭代过程中差分方程(系数)和未知量同时发生变化。当未知量值迭代至严格满足方程时，差分方程同时收敛到新时间步上完全隐式的差分方程，因而此时所得迭代解就是原油藏问题差分方程的完全隐式解。与半隐式方法相比，全隐式解法的稳定性得到本质上的提高，且可以通过迭代过程控制其误差范围，所以可达任意高的精度。具体介绍如下。

将黑油模型差分方程 8.2 节中式(13)写成如下形式：

$$\begin{cases}\Delta T_o^{n+1}\Delta\Phi_o^{n+1}-Q_{OM}^{n+1}=\dfrac{V_M}{\Delta t}\left[(\phi\rho_o S_o)_M^{n+1}-(\phi\rho_o S_o)_M^n\right]\\ \Delta T_{gd}^{n+1}\Delta\Phi_o^{n+1}+\Delta T_g^{n+1}\Delta\Phi_g^{n+1}-Q_{GM}^{n+1}=\dfrac{V_M}{\Delta t}\left\{\left[(\phi\rho_{Gd}S_o)_M^{n+1}-(\phi\rho_{Gd}S_o)_M^n\right]+\left[(\phi\rho_g S_g)_M^{n+1}-(\phi\rho_g S_g)_M^n\right]\right\}\\ \Delta T_w^{n+1}\Delta\Phi_w^{n+1}-Q_{WM}^{n+1}=\dfrac{V_M}{\Delta t}\left[(\phi\rho_W S_w)_M^{n+1}-(\phi\rho_W S_w)_M^n\right]\end{cases}$$

(1)

其中，$\Phi_l = p_l - \gamma_l D$，$(l = o, g, w)$。

以油组分方程为例说明方法原理。

解方程组(1)的目的就是寻求三个主要未知量 p_o、S_w、X_g 的值，代入式(1)后使其成立；则这一组值就是方程组(1)的解 p_o^{n+1}、S_w^{n+1}、X_g^{n+1}。为此采用下述思路。

先任给一组未知量值 $p_o^{(0)}$、$S_w^{(0)}$、$X_g^{(0)}$，代入式(1)，显然一般式(1)不成立，即

$$\Delta T_o^{(0)} \cdot \Delta \Phi_o^{(0)} - Q_{OM}^{(0)} \neq \frac{V_M}{\Delta t} \cdot [(\phi \rho_o S_o)_M^{(0)} - (\phi \rho_o S_o)_M^n] \tag{2}$$

为了使式(2)成为等式，需要改变 $p_o^{(0)}$、$S_w^{(0)}$、$X_g^{(0)}$ 的值，即分别加上增量 $\bar{\delta}p_o$、$\bar{\delta}S_w$、$\bar{\delta}X_g$ 得到一组新的未知量的值：

$$p_o^{(1)} = p_o^{(0)} + \bar{\delta}p_o, \quad S_w^{(1)} = S_w^{(0)} + \bar{\delta}S_w, \quad X_g^{(1)} = X_g^{(0)} + \bar{\delta}X_g \tag{3}$$

假设将式(3)代入式(1)后，式(1)成立，即：

$$\Delta T_o^{(1)} \cdot \Delta \Phi_o^{(1)} - Q_{OM}^{(1)} = \frac{V_M}{\Delta t} \cdot [(\phi \rho_o S_o)^{(1)} - (\phi \rho_o S_o)^n]_M \tag{4}$$

那么 $p_o^{(1)}$、$S_w^{(1)}$、$X_g^{(1)}$ 就是原方程组(1)的解。至此，需要解决的关键问题是求出 $\bar{\delta}p_o$、$\bar{\delta}S_w$、$\bar{\delta}X_g$，从而得到 $p_o^{(1)}$、$S_w^{(1)}$、$X_g^{(1)}$。

下面利用式(4)反求 $\bar{\delta}p_o$、$\bar{\delta}S_w$、$\bar{\delta}X_g$。为此，需要将式(4)变形。

首先，把 $T_o^{(1)}$、$\Phi_o^{(1)}$、$Q_o^{(1)}$ 和 $(\phi \rho_o S_o)^{(1)}$ 都展开为一阶泰勒级数形式，考虑到对重力项取显式：$\rho_o^1 = \rho_o^0$，即 $\rho_o^1 - \rho_o^0 = \delta \rho_o = 0$，可得：

$$T_o^{(1)} = T_o^{(0)} + \left.\frac{\partial T_o}{\partial p}\right|^{(0)} \bar{\delta}p + \left.\frac{\partial T_o}{\partial S_w}\right|^{(0)} \bar{\delta}S_w + \left.\frac{\partial T_o}{\partial X_g}\right|^{(0)} \bar{\delta}X_g \tag{5}$$

$$\Phi_o^{(1)} = \Phi_o^{(0)} + \bar{\delta}\Phi_o = \Phi_o^{(0)} + \bar{\delta}(p_o - \rho_o g D) = \Phi_o^{(0)} + \bar{\delta}p - \bar{\delta}\rho_o g \cdot D = \Phi_o^{(0)} + \bar{\delta}p \tag{6}$$

$$Q_{OM}^{(1)} = Q_{OM}^{(0)} + \left(\frac{\partial Q_{OM}}{\partial p}\right)^{(0)} \delta p_M + \left(\frac{\partial Q_{OM}}{\partial S_w}\right)^{(0)} \delta S_{wM} + \left(\frac{\partial Q_{OM}}{\partial X_g}\right)^{(0)} \delta X_{gM} \tag{7}$$

$$(\phi \rho_o S_o)^{(1)} = (\phi \rho_o S_o)_M^{(0)} + \left.\frac{\partial (\phi \rho_o S_o)}{\partial p}\right|_M^{(0)} \bar{\delta}p + \left.\frac{\partial (\phi \rho_o S_o)}{\partial S_w}\right|_M^{(0)} \bar{\delta}S_w + \left.\frac{\partial (\phi \rho_o S_o)}{\partial X_g}\right|_M^{(0)} \bar{\delta}X_g \tag{8}$$

其中，$p = p_o$ 省略了下标。将式(5)至式(8)代入式(4)，并消掉二阶小量，可得：

$$\Delta T_o^{(0)} \Delta \Phi_o^{(0)} + \Delta T_o^{(0)} \Delta \bar{\delta}p + \Delta\left(\frac{\partial T_o}{\partial p}\right)^{(0)} \bar{\delta}p \Delta \Phi_o^{(0)} + \Delta\left(\frac{\partial T_o}{\partial S_w}\right)^{(0)} \bar{\delta}S_w \Delta \Phi_o^{(0)} + \Delta\left(\frac{\partial T_o}{\partial X_g}\right)^{(0)} \bar{\delta}X_g \Delta \Phi_o^{(0)} +$$

$$Q_{OM}^{(0)} + \left(\frac{\partial Q_{OM}}{\partial p}\right)^{(0)} \delta p_M + \left(\frac{\partial Q_{OM}}{\partial S_w}\right)^{(0)} \delta S_{wM} + \left(\frac{\partial Q_{OM}}{\partial X_g}\right)^{(0)} \delta X_{gM}$$

$$= \frac{V_M}{\Delta t} \cdot \left[(\phi \rho_o S_o)_M^{(0)} + \left.\frac{\partial (\phi \rho_o S_o)}{\partial p}\right|_M^{(0)} \bar{\delta}p + \left.\frac{\partial (\phi \rho_o S_o)}{\partial S_w}\right|_M^{(0)} \bar{\delta}S_w + \left.\frac{\partial (\phi \rho_o S_o)}{\partial X_g}\right|_M^{(0)} \bar{\delta}Xg - (\phi \rho_o S_o)_M^n\right] \tag{9}$$

式(9)是一个关于主要未知量 $\bar{\delta}p_o$、$\bar{\delta}S_w$、$\bar{\delta}X_g$ 的线性代数方程，其结构与半隐式方法线性化方程类似。利用与半隐式方法相似的步骤，由式(9)及气、水组分方程联立可求得 $\bar{\delta}p_o$、$\bar{\delta}S_w$、$\bar{\delta}X_g$，代入式(3)得到 $p_o^{(1)}$、$S_w^{(1)}$、$X_g^{(1)}$。

为了精确满足式(1)，用 $p_o^{(1)}$、$S_w^{(1)}$、$X_g^{(1)}$ 代替 $p_o^{(0)}$、$S_w^{(0)}$、$X_g^{(0)}$ 代入式(9)，得：

$$\Delta T_o^{(1)} \Delta \Phi_o^{(1)} + \Delta T_o^{(1)} \Delta \bar{\delta} p + \Delta \left(\frac{\partial T_o}{\partial p}\right)^{(1)} \bar{\delta} p \Delta \Phi_o^{(1)} + \Delta \left(\frac{\partial T_o}{\partial S_w}\right)^{(1)} \bar{\delta} S_w \Delta \Phi_o^{(1)} + \Delta \left(\frac{\partial T_o}{\partial X_g}\right)^{(1)} \bar{\delta} X_g \Delta \Phi_o^{(1)} +$$

$$Q_{OM}^{(1)} + \left(\frac{\partial Q_{OM}}{\partial p}\right)^{(1)} \delta p_M + \left(\frac{\partial Q_{OM}}{\partial S_w}\right)^{(1)} \delta S_{wM} + \left(\frac{\partial Q_{OM}}{\partial X_g}\right)^{(1)} \delta X_{gM}$$

$$= \frac{V_M}{\Delta t} \cdot \left[(\phi \rho_O S_o)_M^{(1)} + \frac{\partial (\phi \rho_O S_o)}{\partial p}\bigg|_M^{(1)} \bar{\delta} p + \frac{\partial (\phi \rho_O S_o)}{\partial S_w}\bigg|_M^{(1)} \bar{\delta} S_w + \frac{\partial (\phi \rho_O S_o)}{\partial X_g}\bigg|_M^{(1)} \bar{\delta} X_g - (\phi \rho_O S_o)_M^n \right]$$

(10)

再求解方程组(10)，得到新的变量增量 $\bar{\delta} p_o$、$\bar{\delta} S_w$、$\bar{\delta} X_g$，则可得新的主要未知量值：

$$p_o^{(2)} = p_o^{(1)} + \bar{\delta} p_o, \quad S_w^{(2)} = S_w^{(1)} + \bar{\delta} S_w, \quad X_g^{(2)} = X_g^{(1)} + \bar{\delta} X_g \tag{11}$$

依上述步骤进行循环迭代，则可由任一迭代步值 $p_o^{(l)}$、$S_w^{(l)}$、$X_g^{(l)}$ 得到下一步值 $p_o^{(l+1)}$、$S_w^{(l+1)}$、$X_g^{(l+1)}$，迭代方程为：

$$\Delta T_o^{(l)} \Delta \Phi_o^{(l)} + \Delta T_o^{(l)} \Delta \bar{\delta} p + \Delta \left(\frac{\partial T_o}{\partial p}\right)^{(l)} \bar{\delta} p \Delta \Phi_o^{(l)} + \Delta \left(\frac{\partial T_o}{\partial S_w}\right)^{(l)} \bar{\delta} S_w \Delta \Phi_o^{(l)} + \Delta \left(\frac{\partial T_o}{\partial X_g}\right)^{(l)} \bar{\delta} X_g \Delta \Phi_o^{(l)} +$$

$$Q_{OM}^{(l)} + \left(\frac{\partial Q_{OM}}{\partial p}\right)^{(l)} \delta p_M + \left(\frac{\partial Q_{OM}}{\partial S_w}\right)^{(l)} \delta S_{wM} + \left(\frac{\partial Q_{OM}}{\partial X_g}\right)^{l} \delta X_{gM}$$

$$= \frac{V_M}{\Delta t} \cdot \left[(\phi \rho_o S_o)_M^{(l)} + \frac{\partial (\phi \rho_o S_o)}{\partial p}\bigg|_M^{(l)} \bar{\delta} p + \frac{\partial (\phi \rho_o S_o)}{\partial S_w}\bigg|_M^{(l)} \bar{\delta} S_w + \frac{\partial (\phi \rho_o S_o)}{\partial X_g}\bigg|_M^{(l)} \bar{\delta} X_g - (\phi \rho_o S_o)_M^n \right] \tag{12}$$

当迭代收敛时，$p_o^{(l)}$、$S_w^{(l)}$、$X_g^{(l)}$ 收敛于 p_o^{n+1}、S_w^{n+1}、X_g^{n+1}，$\bar{\delta} p_o \to 0$，$\bar{\delta} S_w \to 0$，$\bar{\delta} X_g \to 0$，此时式(12)收敛到：

$$\Delta T_o^{(l)} \Delta \Phi_o^{(l)} = \frac{V_M}{\Delta t} \cdot \left[(\phi \rho_o S_o)_M^{(l)} - (\phi \rho_o S_o)_M^n \right] \tag{13}$$

式(13)与式(1)形式完全相同，两者同解。因此 $p_o^{(l)}$、$S_w^{(l)}$、$X_g^{(l)}$ 满足全隐式方程组(1)，所以它就是原问题差分方程组的全隐式解。

8.5.2 全隐式方法迭代方程

令：

$$C_{o1} = \frac{V_M}{\Delta t} \frac{\partial (\phi \rho_o S_o)}{\partial p}\bigg|_M^{(l)}, \quad C_{o2} = \frac{V_M}{\Delta t} \frac{\partial (\phi \rho_o S_o)}{\partial S_w}\bigg|_M^{(l)}, \quad C_{o3} = \frac{V_M}{\Delta t} \frac{\partial (\phi \rho_o S_o)}{\partial X_g}\bigg|_M^{(l)} \tag{14}$$

把式(14)代入式(12)得：

$$\Delta T_o^{(l)} \Delta \Phi_o^{(l)} + \Delta T_o^{(l)} \Delta \bar{\delta} p + \Delta \left(\frac{\partial T_o}{\partial p}\right)^{(l)} \bar{\delta} p \Delta \Phi_o^{(l)} + \Delta \left(\frac{\partial T_o}{\partial S_w}\right)^{(l)} \bar{\delta} S_w \Delta \Phi_o^{(l)} + \Delta \left(\frac{\partial T_o}{\partial X_g}\right)^{(l)} \bar{\delta} X_g \Delta \Phi_o^{(l)} +$$

$$Q_{OM}^{(l)} + \left(\frac{\partial Q_{OM}}{\partial p}\right)^{(l)} \delta p_M + \left(\frac{\partial Q_{OM}}{\partial S_w}\right)^{(l)} \delta S_{wM} + \left(\frac{\partial Q_{OM}}{\partial X_g}\right)^{l} \delta X_{gM}$$

$$= \frac{V_M}{\Delta t} \cdot \left[(\phi \rho_o S_o)_M^{(l)} - (\phi \rho_o S_o)_M^n \right] + C_{o1} \bar{\delta} p_M + C_{o2} \bar{\delta} S_{wM} + C_{o3} \bar{\delta} X_{gM} \tag{15}$$

式(15)就是用于全隐式解法迭代计算的油组分线性差分方程。

依照上述步骤，对式(1)中的气方程和水方程做相似处理，并注意到：

$$\bar{\delta} \Phi_g = \bar{\delta}(p + p_{cog} - \rho_g g D) = \bar{\delta} p + \frac{\partial p_{cog}}{\partial S_g} \bar{\delta} S_g, \quad \bar{\delta} \Phi_w = \bar{\delta}(p - p_{cow} - \rho_w g D) = \bar{\delta} p - \frac{\partial p_{cow}}{\partial S_w} \bar{\delta} S_w$$

可得用于全隐式解法迭代计算的气组分差分方程:

$$\Delta T_{gd}^{(l)} \Delta \Phi_o^{(l)} + \Delta T_g^{(l)} \Delta \Phi_g^{(l)} + (\Delta T_{gd}^{(l)} + T_g^{(l)}) \Delta \bar{\delta} p + \Delta \left(\frac{\partial T_{gd}}{\partial p}\right)^{(l)} \bar{\delta} p \Delta \Phi_o^{(l)} + \Delta \left(\frac{\partial T_{gd}}{\partial S_w}\right)^{(l)} \bar{\delta} S_w \Delta \Phi_o^{(l)} +$$

$$\Delta \left(\frac{\partial T_{gd}}{\partial X_g}\right)^{(l)} \bar{\delta} X_g \Delta \Phi_o^{(l)} + \Delta \left(\frac{\partial T_g}{\partial p}\right)^{(l)} \bar{\delta} p \Delta \Phi_g^{(l)} + \Delta T_g^l \Delta \left(\frac{\partial p_{cog}}{\partial X_g}\right)^{(l)} \bar{\delta} X_g + \Delta \left(\frac{\partial T_g}{\partial X_g}\right)^{(l)} \bar{\delta} X_g \Delta \Phi_g^{(l)} -$$

$$Q_{GM}^{(l)} - \left(\frac{\partial Q_{GM}}{\partial p}\right)^{(l)} \delta p_M - \left(\frac{\partial Q_{GM}}{\partial S_w}\right)^{(l)} \delta S_{wM} - \left(\frac{\partial Q_{GM}}{\partial X_g}\right)^{(l)} \delta X_{gM}$$

$$= \frac{V_M}{\Delta t} [(\phi \rho_{Gd} S_o)^{(l)} - (\phi \rho_{Gd} S_o)^n] + \frac{V_M}{\Delta t} [(\phi \rho_g S_g)^{(l)} - (\phi \rho_g S_g)^n] + C_{g1} \bar{\delta} p_M + C_{g2} \bar{\delta} S_{wM} + C_{g3} \bar{\delta} X_{gM} \quad (16)$$

水组分差分方程:

$$\Delta T_w^{(l)} \Delta \Phi_w^{(l)} + \Delta T_w^{(l)} \Delta \bar{\delta} p + \Delta \left(\frac{\partial T_w}{\partial p}\right)^{(l)} \bar{\delta} p \Delta \Phi_w^{(l)} + \Delta \left(\frac{\partial T_w}{\partial S_w}\right)^{(l)} \bar{\delta} S_w \Delta \Phi_w^{(l)} - \Delta T_w^{(l)} \Delta \left(\frac{\partial p_{cow}}{\partial S_w}\right)^{(l)} \bar{\delta} S_w -$$

$$Q_{WM}^{(l)} - \left(\frac{\partial Q_{WM}}{\partial p}\right)^{(l)} \delta p_M - \left(\frac{\partial Q_{WM}}{\partial S_w}\right)^{(l)} \delta S_{wM}$$

$$= \frac{V_M}{\Delta t} [(\phi \rho_W S_w)^{(l)} - (\phi \rho_W S_w)^n] + C_{w1} \bar{\delta} p_M + C_{w2} \bar{\delta} S_{wM} \quad (17)$$

式(15)至式(17)与8.4节中半隐式解法线性差分方程组式(80)至式(82)形式相似,两者的参数、系数的取值与计算方法也相同。

利用式(15)至式(17)组成方程组即可对原问题进行迭代求解。若待求解网格数为N,则每一个迭代步都要解一个$3N$阶方程组;经过若干个迭代步达到收敛时,完成一个时间步的求解。方程组形式与半隐式方法中相同。

8.5.3 全隐式方法求解步骤

(1)采用迭代方式求解非线性渗流差分方程组。参照半隐式线性化方法,建立用于全隐式迭代计算的$3N$阶线性差分方程组式(15)至式(17)。N为待求网格数。

(2)对于任一个待求解时间步$(n+1)$,给定未知量的迭代初值,一般可取第n时间步的值。

(3)对方程组式(15)至式(17)进行求解,得到新迭代步的未知量值$p^{(l+1)}$、$S_w^{(l+1)}$、$X_g^{(l+1)}$。

(4)由$p^{(l+1)}$、$S_w^{(l+1)}$、$X_g^{(l+1)}$求取第$(l+1)$迭代步的所有参变量。

(5)将所有新的参量值代回差分方程组式(15)至式(17),得新迭代步计算方程。

(6)重复步骤(3)至步骤(5),直至迭代收敛,得到第$(n+1)$时间步的主要未知量值:$p^{n+1}=p^{(l+1)}$、$S_w^{n+1}=S_w^{(l+1)}$、$X_g^{n+1}=X_g^{(l+1)}$。

(7)利用p^{n+1}、S_w^{n+1}、X_g^{n+1}求取第$(n+1)$时间步的所有参变量。

(8)用第$(n+1)$时间步的参量值代替第n时间步的参量值,代入差分方程组式(15)至式(17),得求解第$(n+2)$时间步的差分方程组。

(9)重复步骤(2)至步骤(8),直至模拟时间结束。

8.6 IMPIMS方法

IMPIMS方法就是隐式压力隐式饱和度(IMplicit Pressure IMplicit Saturation)方法,

IMPIMS 是其英文名称的缩写。

8.6.1　IMPIMS 方法原理

IMPIMS 方法的主要原理是：在每一个时间步中依次分别求解各主要未知量，首先利用 IMPES 方法的压力方程隐式求解压力未知量，然后利用半隐式方法的水组分方程求解水饱和度未知量，最后利用半隐式方法的气组分方程求解气饱和度未知量。这样可以吸收 IMPES 方法计算与存储量小及半隐式方法稳定性好的优点，减小或避免 IMPES 方法稳定性差及半隐式方法计算和存储量大的缺点，从而使总体计算效率得到优化。具体解法如下所述。

首先将黑油模型差分方程写成如下形式：

$$\begin{cases} \Delta T_o^{n+1} \Delta \Phi_o^{n+1} - Q_{Oijk}^{n+1} = \dfrac{V_M}{\Delta t}[(\phi\rho_o S_o)_M^{n+1} - (\phi\rho_o S_o)_M^n] \\ \Delta T_{gd}^{n+1} \Delta \Phi_o^{n+1} + \Delta T_g^{n+1} \Delta \Phi_g^{n+1} - Q_{Gijk}^{n+1} = \dfrac{V_M}{\Delta t}\{[(\phi\rho_{Gd} S_o)_M^{n+1} - (\phi\rho_{Gd} S_o)_M^n] + [(\phi\rho_g S_g)_M^{n+1} - (\phi\rho_g S_g)_M^n]\} \\ \Delta T_w^{n+1} \Delta \Phi_w^{n+1} - Q_{Wijk}^{n+1} = \dfrac{V_M}{\Delta t}[(\phi\rho_W S_w)_M^{n+1} - (\phi\rho_W S_w)_M^n] \end{cases} \quad (1)$$

在任一时间步 $t^n \to t^{n+1}$，对非线性差分方程式(1)中的主要未知量 p_o^{n+1}、S_w^{n+1}、X_g^{n+1} 分别以隐式形式进行求解。

1. 压力 p 的求解

利用式(2) 即 8.3 节 IMPES 方法中压力方程式(63)组成方程组，求出 δp，得到 p^{n+1}：

$$\begin{aligned} & e_{i,j,k}\delta p_{i,j,k-1} + c_{i,j,k}\delta p_{i,j-1,k} + a_{i,j,k}\delta p_{i-1,j,k} + g_{i,j,k}\delta p_{i,j,k} + \\ & b_{i,j,k}\delta p_{i+1,j,k} + d_{i,j,k}\delta p_{i,j+1,k} + f_{i,j,k}\delta p_{i,j,k+1} = h_{i,j,k} \end{aligned} \quad (2)$$

2. 含水饱和度 S_w 的求解

将 δp 代入式(3) 即 8.4 节半隐式方法中的水组分差分方程(82)求出 δS_w，得到 S_w^{n+1}。因为每一个方程既含有本网格点又含有邻网格点的 S_w^{n+1}，只能通过方程组隐式求解 S_w^{n+1}：

$$\Delta T_w^n \Delta \Phi_w^n + \Delta T_w^n \Delta \delta p + \Delta \dfrac{\partial T_w}{\partial p}\delta p\Delta\Phi_w^n - \Delta T_w^n \Delta \dfrac{\partial p_{cow}}{\partial S_w}\delta S_w + \Delta \dfrac{\partial T_w}{\partial S_w}\delta S_w \Delta\Phi_w^n - $$

$$Q_{WM}^n - \left(\dfrac{\partial Q_{WM}}{\partial p}\right)^n \delta p_M - \left(\dfrac{\partial Q_{WM}}{\partial S_w}\right)^n \delta S_{wM} = C_{w1}\delta p_M + C_{w2}\delta S_{wM} \quad (3)$$

3. 气饱和度 S_g 或泡点压力 p_b 的求解

求解思路是：将半隐式方法中的油组分方程和气组分方程合并后将 δp 和 δS_w 代入，求解 δS_g 或 δp_b，得到 S_g^{n+1} 或 p_b^{n+1}。之所以不用气组分方程单独求解 δX_g（即 S_g^{n+1} 或 p_b^{n+1}），是为了较好地保证质量守恒关系和简化计算。

首先对方程进行如下处理：

在空间差分项中，记 $T_o = TV \cdot \rho_O$，则 $T_{gd} = TV \cdot \rho_{Gd}$，密度 ρ_O 和 ρ_{Gd} 在相邻网格范围内作为空间常数处理，所以直接取本点值，即：

$$\Delta T_o \Delta \Phi_o = \rho_{OM}\Delta TV\Delta\Phi_o, \quad \Delta T_{gd}\Delta\Phi_o = \rho_{GdM}\Delta TV\Delta\Phi_o \quad (4)$$

同时，假设 ρ_O/μ_o 受 p 的影响忽略不计，T 只是 S_w 和 X_g 的函数，则有：

$$\frac{\partial T_{\text{o}}}{\partial p}=0, \ \frac{\partial T_{\text{gd}}}{\partial p}=0 \tag{5}$$

把式(4)和式(5)代入 8.4 节半隐式方法油组分方程式(80)和气组分方程式(81)中，得：

油组分方程：

$$\rho_{\text{OM}}^n \Delta TV^n \Delta \Phi_{\text{o}}^n + \rho_{\text{OM}}^n \Delta TV^n \Delta \delta p + \rho_{\text{OM}}^n \Delta \frac{\partial TV}{\partial S_w}\delta S_w \Delta \Phi_{\text{o}}^n + \rho_{\text{OM}}^n \Delta \frac{\partial TV}{\partial X_g}\delta X_g \Delta \Phi_{\text{o}}^n - Q_{\text{OM}}^n - \left(\frac{\partial Q_{\text{OM}}}{\partial p}\right)^n \delta p_M -$$

$$\left(\frac{\partial Q_{\text{OM}}}{\partial S_w}\right)^n \delta S_{wM} - \left(\frac{\partial Q_{\text{OM}}}{\partial X_g}\right)^n \delta X_{gM}$$

$$= C_{o1}\delta p_M + C_{o2}\delta S_{wM} + C_{o3}\delta X_{gM} \tag{6}$$

气组分方程：

$$\rho_{\text{GdM}}^n \Delta TV^n \Delta \Phi_{\text{o}}^n + \Delta T_{\text{g}}^n \Delta \Phi_{\text{g}}^n + \rho_{\text{GdM}}^n \Delta TV^n \Delta \delta p + \Delta T_{\text{g}}^n \Delta \delta p + \Delta \frac{\partial T_g}{\partial p}\delta p \Delta \Phi_{\text{g}}^n + \rho_{\text{GdM}}^n \Delta \frac{\partial TV}{\partial S_w}\delta S_w \Delta \Phi_{\text{o}}^n +$$

$$\Delta T_{\text{g}}^n \Delta \frac{\partial p_{\text{cog}}}{\partial X_g}\delta X_g + \rho_{\text{GdM}}^n \Delta \frac{\partial TV}{\partial X_g}\delta X_g \Delta \Phi_{\text{o}}^n + \Delta \frac{\partial T_g}{\partial X_g}\delta X_g \Delta \Phi_{\text{g}}^n - Q_{\text{GM}}^n - \left(\frac{\partial Q_{\text{GM}}}{\partial p}\right)^n \delta p_M -$$

$$\left(\frac{\partial Q_{\text{GM}}}{\partial S_w}\right)^n \delta S_{wM} - \left(\frac{\partial Q_{\text{GM}}}{\partial X_g}\right)^n \delta X_{gM} = C_{g1}\delta p_M + C_{g2}\delta S_{wM} + C_{g3}\delta X_{gM} \tag{7}$$

式(7)$-\frac{\rho_{\text{GdM}}^n}{\rho_{\text{OM}}^n}\times$式(6)，得到求解气饱和度 S_g 或泡点压力 p_b 的线性化差分方程式(8)：

$$\Delta T_{\text{g}}^n \Delta \Phi_{\text{g}}^n + \Delta T_{\text{g}}^n \Delta \delta p + \Delta \frac{\partial T_g}{\partial p}\delta p \Delta \Phi_{\text{g}}^n + \Delta T_{\text{g}}^n \Delta \frac{\partial p_{\text{cog}}}{\partial X_g}\delta X_g + \Delta \frac{\partial T_g}{\partial X_g}\delta X_g \Delta \Phi_{\text{g}}^n - \left(Q_{\text{GM}}^n - \frac{\rho_{\text{GdM}}^n}{\rho_{\text{OM}}^n}Q_{\text{OM}}^n\right) -$$

$$\left(\frac{\partial Q_{\text{GM}}^n}{\partial p} - \frac{\rho_{\text{GdM}}^n}{\rho_{\text{OM}}^n}\frac{\partial Q_{\text{OM}}^n}{\partial p}\right)\delta p_M - \left(\frac{\partial Q_{\text{GM}}^n}{\partial S_w} - \frac{\rho_{\text{GdM}}^n}{\rho_{\text{OM}}^n}\frac{\partial Q_{\text{OM}}^n}{\partial S_w}\right)\delta S_{wM} - \left(\frac{\partial Q_{\text{GM}}^n}{\partial X_g} - \frac{\rho_{\text{GdM}}^n}{\rho_{\text{OM}}^n}\frac{\partial Q_{\text{OM}}^n}{\partial X_g}\right)\delta X_{gM}$$

$$= \left(C_{g1} - \frac{\rho_{\text{GdM}}^n}{\rho_{\text{OM}}^n}C_{o1}\right)\delta p_M + \left(C_{g2} - \frac{\rho_{\text{GdM}}^n}{\rho_{\text{OM}}^n}C_{o2}\right)\delta S_{wM} + \left(C_{g3} - \frac{\rho_{\text{GdM}}^n}{\rho_{\text{OM}}^n}C_{o3}\right)\delta X_{gM} \tag{8}$$

其中只有 δX_g 为未知量，但必须以方程组形式联立求解，解法与压力和水饱和度相同。

8.6.2 IMPIMS 方法求解步骤

(1)利用隐式压力显式饱和度方法和半隐式方法的迭代公式，组建用于 IMPIMS 方法求解计算的线性差分方程组式(2)、式(3)、式(8)。

(2)对于任一个待求时间步($n+1$)，首先求解方程组式(2)，得到新时间步所有待求网格点上油相压力的变化值 δp。

(3)将 δp 代入半隐式水组分差分方程式(3)，得到关于 δS_w 的隐式差分方程组，利用该方程组求解得所有网格的 δS_w。

(4)将 δp 和 δS_w 代入半隐式油气组合方程式(8)，得关于 δX_g 的隐式差分方程组，利用该方程求解得所有网格的 δX_g。

(5)利用上述 δp、δS_w 和 δX_g 的值，得到所有网格点上的主要未知量值 $p^{n+1}=p^n+\delta p$、$S_w^{n+1}=S_w^n+\delta S_w$、$X_g^{n+1}=X_g^n+\delta X_g$，并计算差分方程组式(2)、式(3)、式(8)中所有参量(包括所有系数和右端项)在新时间步的值，从而得新时间步的差分方程组。

(6)重复步骤(2)至步骤(5),直至模拟时间结束。

8.6.3 IMPIMS方法特点分析

1. 优势

IMPIMS方法的主要优点体现在稳定性和计算量两方面的综合优势。

一方面,稳定性足够好。由于压力和饱和度均采用隐式形式差分方程求解,而且方程系数使用泰勒级数进行半隐式线性化处理,其稳定性较IMPES方法大大提高,虽然比联立法(半隐式和全隐式方法)稳定性较低,但对一般油藏数值模拟问题已经够用,甚至对一些比较复杂的问题也可以使用。

另一方面,计算量足够小。若求解网格数为N,则每一个时间步内,IMPES方法需要解1个N阶方程组;IMPIMS方法需要解3个N阶方程组,计算量是IMPES方法的3倍;半隐式方法需要解1个$3N$阶的方程组,计算量是IMPES方法的27倍。显然,IMPIMS方法的计算量与IMPES方法属于同一量级,比半隐式解法计算量要小得多。

总之,既能保持较小的计算量,又具有较强的适应性。与IMPES和半隐式相比,IMPIMS方法在综合性能上具有一定的优势。

2. 缺点

因为求解不同物理量的方程来自不同解法的方程组,IMPIMS方法的方程组属于嫁接结构,所以不免有时会出现"排异反应",其表现是不能保证每一种组分都严格满足质量守恒条件,从而给计算结果带来一定的误差。但这种误差的影响一般显著小于不稳定性造成的影响。

8.7 小结

前面几节分别介绍了非线性油藏渗流问题四种解法(IMPES、半隐式、全隐式、IMPIMS)的原理、结构和求解步骤,本节从各个方面对这些方法的特点进行汇总和对比分析。

(1)总体求解方式。全隐式为迭代求解方法,其他方法为直接求解方法。因此,全隐式方法在控制和降低求解过程的误差方面有着独特的优势,而IMPES、半隐式和IMPIMS方法因为经一次求解过程直接得到终解,难以判断和控制计算过程产生的误差,所以其结果较容易受到误差的影响。

(2)方程线性化(即系数处理)的方式。IMPES方法求解所有未知量p、S_w、X_g的方程的系数都是显式处理;IMPIMS方法中求解压力p的方程的系数是显式处理,求解S_w、X_g的差分方程的系数为半隐式处理;半隐式方法中求解所有未知量p、S_w、X_g的方程的系数均为半隐式处理;全隐式方法通过迭代方式,使得求解所有未知量p、S_w、X_g的方程的系数均无限趋近到$n+1$时间步的值,实现了完全隐式处理。因此,从方程线性化方式看,IMPES方法的稳定性最弱、精度最低,而全隐式方法具有最强的稳定性和最高的精度。全隐式方法跟其他上述方法的本质区别在于:IMPES、半隐式、IMPIMS方法所求解的是$n+1$时间步差分方程经过改造(系数替换)以后得到的另一组方程,而全隐式方法求解的是$n+1$时间步差分方程本身。因此,前面三者的线性化过程均会产生特定的截断误差,而全隐式方法线性化的截断误差可视为零。

(3)未知量求解形式。IMPES方法用于求解压力未知量p的差分方程为隐式差分方程,用于求解未知量S_w和X_g的为显式差分方程;其余三种方法求解三个未知量p、S_w、X_g的方程均为隐式差分方程。因此，从差分方程形式看，IMPES方法的稳定性是最弱的。

（4）未知量求解次序。IMPES方法和IMPIMS方法为循序求解，即对主要未知量油相压力、水饱和度、气饱和度（或泡点压力）分别用不同方程先后进行求解；半隐式和全隐式方法为联立求解，即对主要未知量油相压力、水饱和度、气饱和度（或泡点压力）用同一个方程组同时进行求解。显然，IMPES方法和IMPIMS方法的循序求解方式，可以大大降低方程组阶数，减少计算量。

总体来看，从IMPES方法、IMPIMS方法、半隐式到全隐式方法，稳定性越来越强，计算精度越来越高；但同时其方法结构越来越复杂，计算量越来越大。掌握了各方法的特点，就可以在应用中根据问题需要进行灵活选择。例如：对于规模大而渗流过程较简单的问题，可以选择IMPES方法；而对于渗流过程复杂、流场参数变化剧烈的油藏问题，应该选择稳定性更强的IMPIMS方法和半隐式方法，乃至全隐式方法。

实际上，随着硬件设备计算速度和容量的迅速提高，以及算法的不断成熟和改进，全隐式方法越来越多地成为现代油藏数值模拟技术的首选。

习题

1. 简述IMPES方法的原理与求解步骤。
2. 简述半隐式方法的原理与求解步骤。
3. 简述全隐式方法的原理与求解步骤。
4. 简述IMPIMS方法的原理与求解步骤。
5. 比较分析四种方法的特点。

第9章 凝析油气藏多组分模型数值模拟方法

第2章中已经介绍了一般多组分模型的概念和数学方程,本章将专门讨论凝析油气藏多组分模型及其解法。凝析油气藏多组分模型主要适用于凝析气藏、挥发性油藏及注气开发油藏的渗流与开发模拟研究。

9.1 凝析油气藏多组分数学模型

9.1.1 油藏物理条件

(1) 油藏流体的相态最多为油、气、水三相。

(2) 油藏内存在 N_c+1 个组分。其中包括 N_c 个烃与非烃组分($C_1, C_2, \cdots, C_m, H_2S, H_2, CO_2$ 等),以及水组分。

(3) 油相和气相组成一个体系,包括除去水组分之外的 N_c 个烃与非烃组分;这 N_c 个组分只存在于油相和气相中,且可以在油相和气相间转换。

(4) 水相中只含有水组分,水组分只存在于水相中;水相跟油相或气相间不发生组分交换。

(5) 组分在相间转移的过程于瞬间完成,即任意组分达到相间平衡的过程持续时间为零,体系始终处于相平衡状态。

(6) 流体是可压缩的。

(7) 油藏具有非均质性,即岩石孔隙度和渗透率都是空间变量。

(8) 油藏岩石具有可压缩性,即孔隙度随油藏流体压力而变化,但渗透率变化可忽略不计。

(9) 渗流服从达西定律。

(10) 渗流场是恒等温的。

(11) 忽略分子扩散作用。

9.1.2 数学模型

设油藏中 N_c 组分体系的液相和气相摩尔分数分别为 L 和 V,任意组分 j 在体系中的摩尔分数为 Z_j,在油相和气相中的摩尔分数分别为 X_j 和 Y_j。油、气、水相的摩尔密度分别为 ρ_o、ρ_g、ρ_w,单位是 mol/m^3。

1. 渗流控制方程

参照 2.7.2 小节一般组分模型的建立方法步骤,根据质量守恒原理建立各组分的连续性方程,再与油、气、水三相的运动方程联立,即可得到各组分的渗流控制方程。

对于 N_c 组分体系中的任意组分 j,首先推导其连续性方程。

在油藏内任选一个单位体积的微元，设微元内油、气、水三相的流速分别为 v_o、v_g 和 v_w，则油、气、水三相的摩尔质量流速分别为：

$$\rho_o v_o, \rho_g v_g, \rho_w v_w$$

以上各量的量纲是 $[M/(L^2T)]$，物理意义是单位时间内穿过单位横截面积的流体的摩尔数。由上式及组分 j 在油相和气相中的摩尔分数，可得组分 j 随油相流体和气相流体流动的摩尔质量流速为：

$$v_{jm} = X_j \rho_o v_o + Y_j \rho_g v_g \tag{1}$$

在三维空间直角坐标系 (x,y,z) 内，把上式写成坐标方向分量的形式，得：

$$\begin{cases} v_{jmx} = X_j \rho_o v_{ox} + Y_j \rho_g v_{gx} \\ v_{jmy} = X_j \rho_o v_{oy} + Y_j \rho_g v_{gy} \\ v_{jmz} = X_j \rho_o v_{oz} + Y_j \rho_g v_{gz} \end{cases}$$

对式(1)求散度并加负号，可得单位时间由于渗流流动进入油藏微元的摩尔数（即摩尔质量）为：

$$-\nabla \cdot (X_j \rho_o v_o + Y_j \rho_g v_g) \tag{2}$$

设油藏微元内组分 j 的摩尔注入速度为：

$$q_j = q_j(x,y,z,t) \tag{3}$$

q_j 的量纲为 $[M/(L^3T)]$，其物理意义是单位时间往单位体积油藏中注入的组分 j 的摩尔数。

组分 j 在单位体积油藏微元中的摩尔质量为：

$$\phi(X_j \rho_o S_o + Y_j \rho_g S_g) \tag{4}$$

则单位时间油藏微元中组分 j 摩尔数的增加量为：

$$\frac{\partial}{\partial t}[\phi(X_j \rho_o S_o + Y_j \rho_g S_g)] \tag{5}$$

根据质量守恒原理，单位时间由于渗流流动进入油藏微元的摩尔质量，加上单位时间人工注入油藏微元的组分 j 的摩尔质量，等于单位时间油藏微元中组分 j 摩尔质量的增量。因此，由式(2)、式(3)和式(5)联立得到：

$$-\nabla \cdot (X_j \rho_o v_o + Y_j \rho_g v_g) + q_j = \frac{\partial}{\partial t}[\phi(X_j \rho_o S_o + Y_j \rho_g S_g)] \tag{6}$$

式(6)就是任意组分 j 满足的连续性方程。

再给出运动方程。因本组分模型渗流服从达西定律，因此油、气两相的渗流运动方程可写成如下形式：

$$\begin{cases} v_o = -\dfrac{KK_{ro}}{\mu_o}(\nabla p_o - \rho_o g \nabla D) \\ v_g = -\dfrac{KK_{rg}}{\mu_g}(\nabla p_g - \rho_g g \nabla D) \end{cases} \tag{7}$$

将式(7)代入式(6)，可得 N_c 组分体系中的任意组分 j 的渗流控制方程式(8)，简称组分 j 方程。因其主框架来自质量守恒原理，因此也叫组分 j 摩尔数守恒方程。

$$\nabla \cdot \left[X_j \left(\frac{KK_{ro}\rho_o}{\mu_o}\right)(\nabla p_o - \rho_o g \nabla D)\right] + \nabla \cdot \left[Y_j \left(\frac{KK_{rg}\rho_g}{\mu_g}\right)(\nabla p_g - \rho_g g \nabla D)\right] + q_j$$

$$= \frac{\partial}{\partial t}[\phi(X_j \rho_o S_o + Y_j \rho_g S_g)], j = 1, 2, \cdots, N_c \tag{8}$$

对于水组分，参照2.5节内容，很容易得到其渗流控制方程(摩尔数守恒方程)：

$$\nabla \cdot \left[\frac{KK_{rw}}{\mu_w} \rho_w (\nabla p_w - \rho_w g \nabla D) \right] + q_w = \frac{\partial}{\partial t}(\phi \rho_w S_w) \tag{9}$$

2. 辅助方程

(1)组分j的摩尔数相平衡方程(N_c个)：

$$f_j^L(p,T,X_1,X_2,\cdots,X_{N_c}) = f_j^V(p,T,Y_1,Y_2,\cdots,Y_{N_c}), j=1,2,\cdots,N_c \tag{10}$$

式中 f_j^L、f_j^V——j组分的液相逸度和气相逸度；

T——油藏温度常量。

平衡方程也可以用下式表示：

$$Y_j/X_j = k_j(p,T,X_1,Y_1,X_2,Y_2,\cdots,X_{N_c},Y_{N_c}), j=1,2,\cdots,N_c \tag{11}$$

式中 k_j——组分j的相平衡常数。

(2)各相及各组分的摩尔分数满足的方程(N_c+4个)：

$$\sum_{j=1}^{N_c} X_j = 1 \tag{12}$$

$$\sum_{j=1}^{N_c} Y_j = 1 \tag{13}$$

$$Z_j = LX_j + VY_j \tag{14}$$

$$L+V=1 \quad \text{或} \quad \sum_{j=1}^{N_c} Z_j = 1 \tag{15}$$

$$V = \frac{S_g \rho_g}{S_o \rho_o + S_g \rho_g} \tag{16}$$

(3)各相饱和度自然满足的方程(1个)：

$$S_o + S_g + S_w = 1 \tag{17}$$

(4)各相间毛管力满足的方程(2个)：

$$\begin{cases} p_o - p_w = p_{cow}(x,y,z,S_w) = p_{cwo}(x,y,z,S_w) \\ p_g - p_o = p_{cog}(x,y,z,S_g) = p_{cgo}(x,y,z,S_g) \end{cases} \tag{18}$$

(5)各相流体的密度方程(3个)：

$$\begin{cases} \rho_o = \rho_o(p_o, X_1, Y_1, \cdots, X_{N_c}, Y_{N_c}) \\ \rho_g = \rho_g(p_o + p_{cog}, X_1, Y_1, \cdots, X_{N_c}, Y_{N_c}) \\ \rho_w = \rho_w(p_o - p_{cow}) \end{cases} \tag{19}$$

(6)各相流体的黏度方程(3个)：

$$\begin{cases} \mu_o = \mu_o(p_o, X_j, Y_j) \\ \mu_g = \mu_g(p_o + p_{cog}, X_j, Y_j) \\ \mu_w = \mu_w(p_o - p_{cow}) \end{cases} \tag{20}$$

(7)各相流体的相对渗透率方程(3个)：

$$\begin{cases} K_{ro} = K_{ro}(x,y,z,S_w,S_g) \\ K_{rw} = K_{rw}(x,y,z,S_w) \\ K_{rg} = K_{rg}(x,y,z,S_g) \end{cases} \tag{21}$$

(8)岩石孔隙度与渗透率分布及变化方程(2个)：

$$\begin{cases} \phi=\phi(x,y,z,p_o) \\ K=K(x,y,z) \end{cases} \quad (22)$$

(9)各组分的注采项方程(N_c+1 个):
当井的注采条件不同时，分别对应如下注采项方程:

$$\begin{cases} 定产井 \begin{cases} q_j=X_jq_O+Y_jq_G, j=1,2,\cdots,N_c \\ 其中, q_O=-Q_{OVsc}(x,y,z,t)\rho_{Osc}/V_M, q_G=-Q_{GVsc}(x,y,z,t)\rho_{Gsc}/V_M \\ q_W=-Q_{WVsc}(x,y,z,t)\rho_{Wsc}/V_M \end{cases} \\ 定压井 \begin{cases} q_w=\dfrac{2\pi\rho_w hKK_{rw}}{V_M\mu_w\left(\ln\dfrac{r_e}{r_w}-S_f\right)}(p_{wf}-p_w) \\ q_j=X_jq_o+Y_jq_g, j=1,2,\cdots,N_c \\ 其中, q_o=\dfrac{2\pi\rho_o hKK_{ro}}{V_M\mu_o\left(\ln\dfrac{r_e}{r_w}-S_f\right)}(p_{wf}-p_o), q_g=\dfrac{2\pi\rho_g hKK_{rg}}{V_M\mu_g\left(\ln\dfrac{r_e}{r_w}-S_f\right)}(p_{wf}-p_g) \end{cases} \end{cases} \quad (23)$$

式中 V_M——井所在油藏微元的体积，在油藏数值模拟中常取作井所在网格的体积，m^3；

h——网格内的射孔井段长度，m；

S_f——井筒表皮系数；

$Q_{OVsc}(x,y,z,t)$、$Q_{GVsc}(x,y,z,t)$、$Q_{WVsc}(x,y,z,t)$——地面标况下油、气、水三相井产量，m^3/s；

ρ_{Osc}、ρ_{Gsc}、ρ_{Wsc}——标况下油、气、水三相的摩尔密度，mol/m^3；

q_O、q_G、q_W——标况下油、气、水三相流体组分的注采项，$mol/(s\cdot m^3)$；

q_o、q_g、q_w——油藏条件下油、气、水三相流体的注采项，$mol/(s\cdot m^3)$。

显然，一般地 $q_O \ne q_o$，$q_G \ne q_g$；但是 $q_O+q_G=q_o+q_g$，$q_W=q_w$。

通常定产条件是给定井的产液量 $Q_{LVsc}(x,y,z,t)=Q_{OVsc}(x,y,z,t)+Q_{WVsc}(x,y,z,t)$ 或产油量 $Q_{OVsc}(x,y,z,t)$，或产气量 $Q_{GVsc}(x,y,z,t)$。定压条件是给定井底流压 $p_{wf}=p_{wf}(x,y,z,t)$ 的值。

式(8)至式(23)中共有 $4N_c+20$ 个参量，与方程数相等，组成封闭的凝析多组分模型方程组。将 ρ、μ、K_r、p_c、ϕ、K、q 共 N_c+14 个参量表达式代入式(8)和式(9)，最后需求解的未知量为：p_o、S_o、S_g、S_w、L、V、Z_j、X_j、Y_j 共 $3N_c+6$ 个。

3. 定解条件

(1)边界条件：边界条件的给定和处理方法参考7.4节。组分模型油藏边界条件一般如下所述：

封闭油藏边界：边界上的法向压力梯度为零。

边底水边界：给出边底水与油藏的接触位置及边底水体积、压力、渗透率等动静态参数。

(2)初始条件：

$$\begin{cases} p_o(x,y,z,0)=p_{o,ini}(x,y,z) \\ S_g(x,y,z,0)=S_{g,ini}(x,y,z) \\ S_w(x,y,z,0)=S_{w,ini}(x,y,z) \\ Z_j(x,y,z,0)=Z_{j,ini}(x,y,z), j=1,2,\cdots,N_c \end{cases} \quad (24)$$

9.1.3 数学方程的变形

为了方便求解上述模型，首先将其形式进行一些变化。将式(14)、式(15)、式(16)三式代入式(8)右端，将式(18)代入式(8)、式(9)两式的左端，并注意到 $q_j=X_jq_o+Y_jq_g$，则式(8)、式(9)两式分别变为式(25)和式(26)。

组分 j 守恒方程(渗流控制方程)：

$$\nabla\cdot\left[X_j\left(\frac{KK_{ro}\rho_o}{\mu_o}\right)(\nabla p_o-\rho_o g\nabla D)\right]+\nabla\cdot\left[Y_j\left(\frac{KK_{rg}\rho_g}{\mu_g}\right)(\nabla p_o+\nabla p_{cog}-\rho_g g\nabla D)\right]+X_jq_o+Y_jq_g$$

$$=\frac{\partial}{\partial t}[\phi Z_j(\rho_o S_o+\rho_g S_g)] \tag{25}$$

水组分守恒方程(渗流控制方程)：

$$\nabla\cdot\left[\frac{KK_{rw}}{\mu_w}\rho_w(\nabla p_o-\nabla p_{cow}-\rho_w g\nabla D)\right]+q_w=\frac{\partial}{\partial t}(\phi\rho_w S_w) \tag{26}$$

由式(25)对 j 从 1 到 N_c 求和，得到 N_c 体系总守恒方程(渗流控制方程)：

$$\nabla\cdot\left[\left(\frac{KK_{ro}\rho_o}{\mu_o}\right)(\nabla p_o-\rho_o g\nabla D)\right]+\nabla\cdot\left[\left(\frac{KK_{rg}\rho_g}{\mu_g}\right)(\nabla p_o+\nabla p_{cog}-\rho_g g\nabla D)\right]+q_o+q_g$$

$$=\frac{\partial}{\partial t}[\phi(\rho_o S_o+\rho_g S_g)] \tag{27}$$

式(25)、式(26)、式(27)三式代替式(8)和式(9)两式组成原油藏问题新的方程组。因式(25)和式(27)线性相关，所以独立的方程的总数没有变化。

9.2 凝析油气藏多组分模型的 IMPES 解法

凝析多组分模型 IMPES 解法的主要原理是：首先采用显式方式对差分方程进行线性化，然后隐式求解压力 p_o，再显式求解 Z_j 和各相饱和度。下面介绍具体求解方法。

9.2.1 差分方程建立及左端项系数线性化

对式(25)、式(26)、式(27)三式进行差分离散，左端各系数取显式，得各组分及 N_c 体系差分方程：

水组分：

$$\Delta T_w^n(\Delta p_o^{n+1}-\Delta p_{cow}^n-\rho_w^n g\Delta D)+V_M q_{wM}^{n+1}=\frac{V_M}{\Delta t}[(\phi\rho_w S_w)^{n+1}-(\phi\rho_w S_w)^n]_M \tag{28}$$

组分 j：

$$\Delta[T_o^n X_j^n(\Delta p_o^{n+1}-\rho_o^n g\Delta D)+T_g^n Y_j^n(\Delta p_o^{n+1}+\Delta p_{cog}^n-\rho_g^n g\Delta D)]+V_M(X_j^{n+1}q_{oM}^{n+1}+Y_j^{n+1}q_{gM}^{n+1})$$

$$=\frac{V_M}{\Delta t}[\phi^{n+1}(\rho_o S_o+\rho_g S_g)^{n+1}Z_j^{n+1}-\phi^n(\rho_o S_o+\rho_g S_g)^n Z_j^n]_M \tag{29}$$

N_c 体系：

$$\Delta[T_o^n(\Delta p_o^{n+1}-\rho_o^n g\Delta D)+T_g^n(\Delta p_o^{n+1}+\Delta p_{cog}^n-\rho_g^n g\Delta D)]+V_M(q_{oM}^{n+1}+q_{gM}^{n+1})$$

$$=\frac{V_M}{\Delta t}[\phi^{n+1}(\rho_o S_o+\rho_g S_g)^{n+1}-\phi^n(\rho_o S_o+\rho_g S_g)^n]_M \tag{30}$$

9.2.2 注采项的线性化

需要根据网格内所含井的不同生产条件，对式(28)至式(30)中的注采项进行线性化处理。为此先定义储层内各相产量指数：

$$\begin{cases} \text{储层油相产量指数}: J_{\text{o}}^{n+1} = \dfrac{2\pi h K \rho_{\text{o}}^{n+1} K_{\text{ro}}^{n+1}}{\mu_{\text{o}}^{n+1}\left(\ln\dfrac{r_{\text{e}}}{r_{\text{w}}}-S_{\text{f}}\right)} \\[2mm] \text{储层气相产量指数}: J_{\text{g}}^{n+1} = \dfrac{2\pi h K \rho_{\text{g}}^{n+1} K_{\text{rg}}^{n+1}}{\mu_{\text{g}}^{n+1}\ln\dfrac{r_{\text{e}}}{r_{\text{w}}}} \\[2mm] \text{储层水相产量指数}: J_{\text{w}}^{n+1} = \dfrac{2\pi h K \rho_{\text{w}}^{n+1} K_{\text{rw}}^{n+1}}{\mu_{\text{w}}^{n+1}\ln\dfrac{r_{\text{e}}}{r_{\text{w}}}} \end{cases} \quad (31)$$

利用式(31)，由辅助方程式(23)可得：

$$q_{\text{o}M}^{n+1} = \frac{1}{V_M} J_{\text{o}M}^{n+1}(p_{\text{wf}}^{n+1}-p_{\text{o}}^{n+1})_M \tag{32}$$

$$q_{\text{g}M}^{n+1} = \frac{1}{V_M} J_{\text{g}M}^{n+1}(p_{\text{wf}}^{n+1}-p_{\text{g}}^{n+1})_M \tag{33}$$

$$q_{\text{w}M}^{n+1} = \frac{1}{V_M} J_{\text{w}M}^{n+1}(p_{\text{wf}}^{n+1}-p_{\text{w}}^{n+1})_M \tag{34}$$

1. 定压井情况

将式(32)至式(34)中的系数取第 n 时间步的值，得：

$$q_{\text{o}M}^{n+1} = \frac{1}{V_M} J_{\text{o}M}^{n}(p_{\text{wf}}^{n+1}-p_{\text{o}}^{n+1})_M \tag{35}$$

$$q_{\text{g}M}^{n+1} = \frac{1}{V_M} J_{\text{g}M}^{n}(p_{\text{wf}}^{n+1}-p_{\text{g}}^{n+1})_M \tag{36}$$

$$q_{\text{w}M}^{n+1} = \frac{1}{V_M} J_{\text{w}M}^{n}(p_{\text{wf}}^{n+1}-p_{\text{w}}^{n+1})_M \tag{37}$$

式(35)至式(37)右端除了 $p_{\text{o}M}^{n+1}$、$p_{\text{g}M}^{n+1}$ 和 $p_{\text{w}M}^{n+1}$ 以外的所有物理量均为已知量，至此式(28)至式(30)中的注采项 $V_M q_{\text{o}M}^{n+1}$、$V_M q_{\text{g}M}^{n+1}$ 和 $V_M q_{\text{w}M}^{n+1}$ 已完成线性化处理。

2. 定产井情况

实际油藏生产中给定的油、气、液产量通常是地面标准状况下的体积产量。所谓产液量，就是所有在地面标准状况下呈现为液相的组分产量之和，产油量就是所有在地面标准状况下溶于油相的组分产量之和，产气量就是所有在地面标准状况下气相中所含组分的产量之和。注采项辅助方程及有关说明见9.1节。

假设在地面标准状况下，油藏产出液中包含水组分及另外 N_k 种组分，$N_k \leqslant N_c$。标况下总液相流体的摩尔注采项记作 q_L，$q_L = q_O + q_W$。油相、气相、水相和液相在标况下的体积注采项分别记作 q_{OVsc}、q_{GVsc}、q_{WVsc}、q_{LVsc}，则有 $q_{LVsc} = q_{OVsc} + q_{WVsc}$。记 N_c 体系中任意组分 i 在地面标准状况下的密度为 ρ_{isc}，$i = 1, 2, \cdots, N_c$。

地面标况下油相、气相和水相的体积注采项与储层中油相、气相和水相注采项的关系：

$$q_{\text{O}V\text{sc}} = \sum_{k=1}^{N_k} \frac{1}{\rho_{k\text{sc}}} (X_k q_\text{o} + Y_k q_\text{g}) \tag{38}$$

$$q_{\text{G}V\text{sc}} = \sum_{k=N_k+1}^{N_c} \frac{1}{\rho_{k\text{sc}}} (X_k q_\text{o} + Y_k q_\text{g}) \tag{39}$$

$$q_{\text{W}V\text{sc}} = \frac{1}{\rho_{\text{Wsc}}} q_\text{w} \tag{40}$$

式中　$1 \sim N_k$——地面标准状况下油相中各组分的序号；

$N_k+1 \sim N_c$——地面标准状况下气相中各组分的序号。

式(38)和式(40)相加，得到地面标准状况下液相体积注采项：

$$q_{\text{L}V\text{sc}} = q_{\text{O}V\text{sc}} + q_{\text{W}V\text{sc}} = \sum_{k=1}^{N_k} \frac{1}{\rho_{k\text{sc}}} (X_k q_\text{o} + Y_k q_\text{g}) + \frac{1}{\rho_{\text{Wsc}}} q_\text{w} \tag{41}$$

地面标准状况下组分 j 的体积注采项为：

$$q_{jV\text{sc}} = \frac{1}{\rho_{j\text{sc}}} (X_j q_\text{o} + Y_j q_\text{g}) \tag{42}$$

1）定液量条件下注采项的线性化

定产液量 $Q_{\text{L}V\text{sc}M}^{n+1}$ 条件下，$q_{\text{L}V\text{sc}M}^{n+1} = Q_{\text{L}V\text{sc}M}^{n+1}/V_M$ 为已知量。此条件下式(28)至式(30)中注采项线性化的思路是，按照油、气、水、液的体积产量比例，由第$(n+1)$时间步的体积产液量 $q_{\text{L}V\text{sc}}^{n+1}$ 确定第$(n+1)$时间步的水、组分 j 和 N_c 体系的产量。

由式(40)和式(41)可得水组分在地面标准状况下的体积产量：

$$q_{\text{W}V\text{sc}}^{n+1} = \frac{q_\text{w}/\rho_{\text{Wsc}}}{\sum_{k=1}^{N_k} (X_k q_\text{o} + Y_k q_\text{g})/\rho_{k\text{sc}} + q_\text{w}/\rho_{\text{Wsc}}} \cdot q_{\text{L}V\text{sc}}^{n+1} \tag{43}$$

另有：

$$q_\text{w}^{n+1} = q_{\text{W}V\text{sc}}^{n+1} \cdot \rho_{\text{Wsc}} \tag{44}$$

将式(32)至式(34)和式(43)代入式(44)，可得：

$$q_{\text{w}M}^{n+1} = \frac{J_{\text{w}M}^{n+1}(p_\text{wf}^{n+1} - p_\text{w}^{n+1})_M \cdot q_{\text{L}V\text{sc}M}^{n+1}}{\sum_{k=1}^{N_k} [X_k^{n+1} J_\text{o}^{n+1}(p_\text{wf}^{n+1} - p_\text{o}^{n+1}) + Y_k^{n+1} J_\text{g}^{n+1}(p_\text{wf}^{n+1} - p_\text{g}^{n+1})]_M/\rho_{k\text{sc}} + J_{\text{w}M}^{n+1}(p_\text{wf}^{n+1} - p_\text{w}^{n+1})_M/\rho_{\text{Wsc}}} \tag{45}$$

显式处理上式右端系数，即系数中所有变量均取第 n 时间步的值，可得：

$$q_{\text{w}M}^{n+1} = \frac{J_{\text{w}M}^n(p_\text{wf}^n - p_\text{w}^n)_M \cdot q_{\text{L}V\text{sc}M}^{n+1}}{\sum_{k=1}^{N_k} [X_k^n J_\text{o}^n(p_\text{wf}^n - p_\text{o}^n) + Y_k^n J_\text{g}^n(p_\text{wf}^n - p_\text{g}^n)]_M/\rho_{k\text{sc}} + J_{\text{w}M}^n(p_\text{wf}^n - p_\text{w}^n)_M/\rho_{\text{Wsc}}} \tag{46}$$

式(46)右端项均为已知量，因此式(28)中水组分注采项 $q_{\text{w}M}^{n+1}$ 已线性化。

由式(41)和式(42)可得组分 j 在地面标准状况下的体积产量：

$$q_{jM}^{n+1} = X_j^{n+1} q_{\text{o}M}^{n+1} + Y_j^{n+1} q_{\text{g}M}^{n+1} = \frac{X_j q_{\text{o}M} + Y_j q_{\text{g}M}}{\sum_{k=1}^{N_k} (X_k q_\text{o} + Y_k q_\text{g})_M/\rho_{k\text{sc}} + q_{\text{w}M}/\rho_{\text{Wsc}}} \cdot q_{\text{L}V\text{sc}M}^{n+1}$$

将式(32)至式(34)代入上式，显式处理右端各项系数，并根据 $q_\text{w}^{n+1} = q_{\text{W}V\text{sc}}^{n+1} \cdot \rho_{\text{Wsc}}$，可得式(29)中组分 j 注采项 q_j^{n+1} 的线性化形式：

$$q_{jM}^{n+1} = (X_j q_o + Y_j q_g)_M^{n+1}$$
$$= \frac{[X_j^n J_o^n(p_{wf}^n - p_o^n) + Y_j^n J_g^n(p_{wf}^n - p_g^n)]_M \cdot q_{LVscM}^{n+1}}{\sum_{k=1}^{N_k}[X_k^n J_o^n(p_{wf}^n - p_o^n) + Y_k^n J_g^n(p_{wf}^n - p_g^n)]_M/\rho_{ksc} + J_{wM}^n(p_{wf}^n - p_w^n)_M/\rho_{Wsc}} \quad (47)$$

其中，$j = 1, 2, \cdots, N_c$。

根据 N_c 体系组分关系和辅助方程式(12)、式(13)，容易得到式(30)中 N_c 体系注采项 $q_{oM}^{n+1} + q_{gM}^{n+1}$ 的线性化形式：

$$q_{oM}^{n+1} + q_{gM}^{n+1} = \sum_{j=1}^{N_c}(X_j q_o + Y_j q_g)_M^{n+1} = \sum_{j=1}^{N_c} q_{jM}^{n+1} \quad (48)$$

其中，$(X_j q_o + Y_j q_g)_M^{n+1}$ 和 q_{jM}^{n+1} 由式(47)给定。

至此，定液量条件下注采项的线性化已完成。

2) 定油量条件下注采项的线性化

在定产油量 Q_{OVscM}^{n+1} 条件下，$q_{OVscM}^{n+1} = Q_{OVscM}^{n+1}/V_M$ 为已知量。按照与定产液量相似的处理步骤，可得水、组分 j 和 N_c 体系注采量的线性化形式：

$$\begin{cases} q_{wM}^{n+1} = \dfrac{J_{wM}^n(p_{wf}^n - p_w^n)_M}{\sum_{k=1}^{N_k}[X_k^n J_o^n(p_{wf}^n - p_o^n) + Y_k^n J_g^n(p_{wf}^n - p_g^n)]_M/\rho_{ksc}} \cdot q_{OVscM}^{n+1} \\ \\ q_{jM}^{n+1} = X_j^{n+1} q_{oM}^{n+1} + Y_j^{n+1} q_{gM}^{n+1} = \dfrac{[X_j^n J_o^n(p_{wf}^n - p_o^n) + Y_j^n J_g^n(p_{wf}^n - p_g^n)]_M}{\sum_{k=1}^{N_k}[X_k^n J_o^n(p_{wf}^n - p_o^n) + Y_k^n J_g^n(p_{wf}^n - p_g^n)]_M/\rho_{ksc}} \cdot q_{OVscM}^{n+1} \\ \\ q_{oM}^{n+1} + q_{gM}^{n+1} = \sum_{j=1}^{N_c}(X_j^{n+1} q_{oM}^{n+1} + Y_j^{n+1} q_{gM}^{n+1}) = \sum_{j=1}^{N_c} q_{jM}^{n+1} \end{cases} \quad (49)$$

式(49)中右端项均为已知量。

3) 定气量条件下注采项的线性化

在定产气量 Q_{GVscM}^{n+1} 条件下，$q_{GVscM}^{n+1} = Q_{GVscM}^{n+1}/V_M$ 为已知量。利用与定油量条件相同的方法，即可给出式(28)至式(30)中水、组分 j 及 N_c 体系的注采项在定气量条件下的线性化形式：

$$\begin{cases} q_{wM}^{n+1} = \dfrac{J_{wM}^n(p_{wf}^n - p_w^n)_M}{\sum_{k=N_k+1}^{N_c}[X_k^n J_o^n(p_{wf}^n - p_o^n) + Y_k^n J_g^n(p_{wf}^n - p_g^n)]_M/\rho_{ksc}} \cdot q_{GVscM}^{n+1} \\ \\ q_{jM}^{n+1} = X_j^{n+1} q_{oM}^{n+1} + Y_j^{n+1} q_{gM}^{n+1} = \dfrac{[X_j^n J_o^n(p_{wf}^n - p_o^n) + Y_j^n J_g^n(p_{wf}^n - p_g^n)]_M}{\sum_{k=N_k+1}^{N_c}[X_k^n J_o^n(p_{wf}^n - p_o^n) + Y_k^n J_g^n(p_{wf}^n - p_g^n)]_M/\rho_{ksc}} \cdot q_{GVscM}^{n+1} \\ \\ q_{oM}^{n+1} + q_{gM}^{n+1} = \sum_{j=1}^{N_c}(X_j^{n+1} q_{oM}^{n+1} + Y_j^{n+1} q_{gM}^{n+1}) = \sum_{j=1}^{N_c} q_{jM}^{n+1} \end{cases}$$

$$(50)$$

式(50)中所有右端项均为已知量。

3. 注入井的处理

前面介绍的注采项的线性化处理主要是以生产井为对象的。对于注入井而言，如果是定压注水，则可用式(37)作为注采项线性化公式，油和气的注采项为零；如果是定压注气，则可用式(36)作为注采项线性化公式，油和水的注采项为零。如果定注水量 Q_{Wijk}^{n+1}，则 $q_{wM}^{n+1} = Q_{Wijk}^{n+1}/V_M$，$q_{oM}^{n+1} = q_{gM}^{n+1} = 0$；如果定注气量 Q_{Gijk}^{n+1}，则 $q_{gM}^{n+1} = Q_{Gijk}^{n+1}/V_M$，且注入气中各组分摩尔分数 Y_{jM}^{n+1} 为给定值，因此可知任一组分注入量 $q_{jM}^{n+1} = Y_{jM}^{n+1} q_{gM}^{n+1}$；同时有 $q_{oM}^{n+1} = q_{wM}^{n+1} = 0$。

根据模型方程及其解法特点，必须将注入量和采出量进行统一处理，即把注入量当作负的采出量。实际应用时要注意区别产量项的正负号，例如：井的产水量为 $100\text{m}^3/\text{d}$ 时，该井的水产量为 $Q_{WVsc} = +100\text{m}^3/\text{d}$；井的注水量为 $100\text{m}^3/\text{d}$ 时，则该井的水产量为 $Q_{WVsc} = -100\text{m}^3/\text{d}$。

至此，各种不同定产条件下注采项的线性化已全部完成。

9.2.3 未知量消元及右端项的线性化

首先定义一个参变量即总烃的摩尔比重 ξ，并认为 ξ 只是压力的函数（实验室可提供数据曲线）：$\xi = \dfrac{\rho_o S_o + \rho_g S_g}{\rho_w (S_o + S_g)} = \xi(p_o)$。再记 $\eta = \dfrac{1}{\xi} = \eta(p_o) = \dfrac{\rho_w(S_o + S_g)}{\rho_o S_o + \rho_g S_g}$，然后进行运算：式(28) + 式(30) $\times \eta^{n+1}$，得到：

$$\Delta[T_w^n(\Delta p_o^{n+1} - \Delta p_{cow}^n - \rho_w^n g\Delta D) + \eta^n T_o^n(\Delta p_o^{n+1} - \rho_o^n g\Delta D) + \eta^n T_g^n(\Delta p_o^{n+1} + \Delta p_{cog}^n - \rho_g^n g\Delta D)] +$$
$$V_M q_{wM}^{n+1} + V_M \eta^{n+1}(q_o + q_g)_M^{n+1} = \dfrac{V_M}{\Delta t}[(\rho_w \phi)^{n+1} - (\phi \rho_w S_w)^n - \eta^{n+1}\phi^n(\rho_o S_o + \rho_g S_g)^n]_M \quad (51)$$

进一步对式(51)进行线性化处理：

$$(\rho_w \phi)^{n+1} = (\rho_w \phi)^n + \left(\phi \dfrac{\partial \rho_w}{\partial p_w}\right)^n \delta p_o + \left(\rho_w \dfrac{\partial \phi}{\partial p_w}\right)^n \delta p_o = (\rho_w \phi)^n + \left(\phi \dfrac{\partial \rho_w}{\partial p_w} + \rho_w \phi C_f\right)^n \cdot \delta p_o \quad (52)$$

$$\eta^{n+1} = \eta^n + \left(\dfrac{\partial \eta}{\partial p_o}\right)^n \cdot \delta p_o \quad (53)$$

与7.2.1小节、8.3.3小节及8.4.1小节同理，在式(52)推导中对9.1节辅助方程式(19)中的毛管力做了显式处理，使得 $\dfrac{\partial p_{cwo}}{\partial S_w} = 0$，$t^n \leq t < t^{n+1}$；因而 $\dfrac{\partial(\rho_w \phi)}{\partial S_w} = \dfrac{\partial(\rho_w \phi)}{\partial p_w} \dfrac{\partial p_w}{\partial p_{cwo}} \dfrac{\partial p_{cwo}}{\partial S_w} = 0$，$t^n \leq t < t^{n+1}$。

将式(52)和式(53)代回式(51)，并注意到 $p_o^{n+1} = p_o^n + \delta p$，可得：

$$\Delta[T_w^n(\Delta p_o^n + \Delta \delta p - \Delta p_{cow}^n - \rho_w^n g\Delta D) + \eta^n T_o^n(\Delta p_o^n + \Delta \delta p - \rho_o^n g\Delta D)] + \Delta[\eta^n T_g^n(\Delta p_o^n + \Delta \delta p + \Delta p_{cog}^n - \rho_g^n g\Delta D)] +$$
$$V_M q_{wM}^{n+1} + V_M \eta^{n+1}(q_o + q_g)_M^{n+1}$$
$$= \dfrac{V_M}{\Delta t}\left[(\rho_w \phi)^n + \left(\phi \dfrac{\partial \rho_w}{\partial p_w} + \rho_w \phi C_f\right)^n \cdot \delta p_o - (\phi \rho_w S_w)^n\right]_M$$
$$- \dfrac{V_M}{\Delta t}\left[\left(\dfrac{\partial \eta}{\partial p_o}\right)^n \phi^n(\rho_o S_o + \rho_g S_g)^n \delta p_o + \eta^n \phi^n(\rho_o S_o + \rho_g S_g)^n\right]_M \quad (54)$$

至此，差分方程的线性化已经完成，方程中未知量只有油相压力。

9.2.4 各未知量的求解

1. p_o^{n+1} 的求解

需要根据网格所含井的不同生产条件，给出网格的差分方程形式。

(1) 定压井所在网格的差分方程：将式(35)至式(37)代入式(54)，令 $p_o^{n+1}=p_o^n+\delta p$，$p_g^{n+1}=p_g^n+\delta p$，$p_w^{n+1}=p_w^n+\delta p$，再进行移项整理，可得：

$$\Delta T_w^n \Delta \delta p + \Delta \eta^n T_o^n \Delta \delta p + \Delta \eta^n T_g^n \Delta \delta p - \frac{V_M}{\Delta t}\left(\phi\frac{\partial \rho_w}{\partial p_w}+\rho_w \phi C_f\right)_M^n \cdot \delta p_M + \frac{V_M}{\Delta t}\left(\frac{\partial \eta}{\partial p_o}\right)_M^n \phi_M^n (\rho_o S_o + \rho_g S_g)_M^n \delta p_M -$$
$$J_{wM}^n \delta p - \eta^n (J_{oM}^n + J_{gM}^n)\delta p$$
$$= \frac{V_M}{\Delta t}\left[(\rho_w \phi)_M^n - (\phi \rho_w S_w)_M^n\right] - \frac{V_M}{\Delta t}\eta_M^n \phi_M^n (\rho_o S_o + \rho_g S_g)_M^n -$$
$$\Delta T_w^n \Delta (p_o^n - p_{cow}^n - \rho_w^n gD) - \Delta \eta^n T_o^n \Delta (p_o^n - \rho_o^n gD) - \Delta \eta^n T_g^n \Delta (p_o^n + p_{cog}^n - \rho_g^n gD) +$$
$$J_{wM}^n (p_w^n - p_{wf}^{n+1})_M + \eta^n J_{oM}^n (p_o^n - p_{wf}^{n+1})_M + \eta^n J_{gM}^n (p_g^n - p_{wf}^{n+1})_M \tag{55}$$

其中所有左端项的系数和右端项均为已知量，未知量只有 δp。

(2) 定产井所在网格的差分方程：若是定产液量，将式(46)至式(48)代入式(54)；若是定产油量，将式(49)代入式(54)；若是定产气量，则将式(50)代入式(54)。再令 $p_o^{n+1}=p_o^n+\delta p$，$p_g^{n+1}=p_g^n+\delta p$，$p_w^{n+1}=p_w^n+\delta p$，代入式(54)，并进行移项整理，可得统一形式的差分方程：

$$\Delta T_w^n \Delta \delta p + \Delta \eta^n T_o^n \Delta \delta p + \Delta \eta^n T_g^n \Delta \delta p -$$
$$\frac{V_M}{\Delta t}\left(\phi\frac{\partial \rho_w}{\partial p_w}+\rho_w \phi C_f\right)_M^n \cdot \delta p_M + \frac{V_M}{\Delta t}\left(\frac{\partial \eta}{\partial p_o}\right)_M^n \phi_M^n (\rho_o S_o + \rho_g S_g)_M^n \delta p_M$$
$$= \frac{V_M}{\Delta t}\left[(\rho_w \phi)_M^n - (\phi \rho_w S_w)_M^n\right] - \frac{V_M}{\Delta t}\eta_M^n \phi_M^n (\rho_o S_o + \rho_g S_g)_M^n -$$
$$\Delta T_w^n \Delta (p_o^n - p_{cow}^n - \rho_w^n gD) - \Delta \eta^n T_o^n \Delta (p_o^n - \rho_o^n gD) - \Delta \eta^n T_g^n \Delta (p_o^n + p_{cog}^n - \rho_g^n gD) - V_M q_{wM}^{n+1} - V_M \eta^n (q_o + q_g)_M^{n+1} \tag{56}$$

其中，所有的左端项系数及右端项包括 q_{wM}^{n+1} 和 $(q_o+q_g)_M^{n+1}$ 均为已知量，未知量只有 δp。

式(55)、式(56)都是关于 δp 的隐式线性差分方程，将所有网格的差分方程组成方程组，解之即得所有网格点上的压力变化量 δp，于是可得 $p_o^{n+1}=p_o^n+\delta p$。

2. S_w^{n+1} 的求解

引入如下拟位势函数：

$$\begin{cases}\Phi_o^{n+1}=p_o^{n+1}-\rho_o^n gD \\ \Phi_g^{n+1}=p_o^{n+1}+p_{cog}^n-\rho_g^n gD \\ \Phi_w^{n+1}=p_o^{n+1}-p_{cow}^n-\rho_w^n gD\end{cases} \tag{57}$$

将 p_o^{n+1} 代入式(57)，则 Φ_o^{n+1}、Φ_g^{n+1}、Φ_w^{n+1} 皆为已知量。再将式(57)中的 Φ_w^{n+1} 代入水组分方程式(28)，得到：

$$\Delta T_w^n \Delta \Phi_w^{n+1} + V_M q_{wM}^{n+1} + \frac{V_M}{\Delta t}(\phi \rho_w S_w)_M^n = \frac{V_M}{\Delta t}(\phi \rho_w)_M^{n+1} \cdot S_{wM}^{n+1} \tag{58}$$

将式(52)和 δp 代入式(58)，得到：

$$\frac{V_M}{\Delta t}\left[(\rho_w\phi)^n+\left(\phi\frac{\partial\rho_w}{\partial p_w}+\rho_w\phi C_f\right)^n\cdot\delta p_o\right]_M S_{wM}^{n+1}=\Delta T_w^n\Delta\Phi_w^{n+1}+V_M q_{wM}^{n+1}+\frac{V_M}{\Delta t}(\phi\rho_w S_w)_M^n \quad (59)$$

其中，左端项系数和所有右端项都是已知项，因此式(59)是关于 S_{wM}^{n+1} 的显式线性差分方程，利用该方程逐网格求解即可得到所有网格的 S_w^{n+1}。

3. Z_j^{n+1} 的求解

将式(57)中的 Φ_o^{n+1} 和 Φ_g^{n+1} 代入 N_c 体系差分方程式(30)，得：

$$\frac{V_M}{\Delta t}\phi_M^{n+1}(\rho_o S_o+\rho_g S_g)_M^{n+1}=\Delta T_o^n\Delta\Phi_o^{n+1}+\Delta T_g^n\Delta\Phi_g^{n+1}+V_M q_{oM}^{n+1}+V_M q_{gM}^{n+1}+\frac{V_M}{\Delta t}\phi_M^n(\rho_o S_o+\rho_g S_g)_M^n=G \quad (60)$$

式(60)为已知量，将其代入组分 j 差分方程式(29)，得：

$$GZ_{jM}^{n+1}=\Delta T_o^n X_j^n\Delta\Phi_o^{n+1}+\Delta T_g^n Y_j^n\Delta\Phi_g^{n+1}+V_M X_j^{n+1}q_{oM}^{n+1}+V_M Y_j^{n+1}q_{gM}^{n+1}-\frac{V_M}{\Delta t}\phi_M^n(\rho_o S_o+\rho_g S_g)_M^n Z_{jM}^n \quad (61)$$

其中，左端项系数和所有右端项都是已知量，因此式(61)是关于 Z_{jM}^{n+1} 的显式线性差分方程，利用该方程逐网格、逐组分求解即可得到所有网格的 $Z_j^{n+1}(j=1,2,\cdots,N_c)$。

在每一个网格上，根据辅助方程式(15)，对上述求出的 Z_j^{n+1} 做归一化处理。首先记：

$$SM=\sum_{j=1}^{N_c}Z_j^{n+1} \quad (62)$$

然后，计算得到归一化的各组分在 N_c 体系中的摩尔分数 Z_j^{n+1}：

$$Z_j^{n+1}=Z_j^{n+1}/SM \quad (63)$$

4. X_j^{n+1}、Y_j^{n+1}、L^{n+1}、V^{n+1} 的求解

对于每一个网格，将 p_o^{n+1}、Z_j^{n+1} 和温度 T 代入辅助方程式(11)至式(14)，并将其联立得到一个 $(2N_c+2)$ 阶的非线性代数方程组，利用该方程组求解得到 X_j^{n+1}、Y_j^{n+1}、L^{n+1}、V^{n+1}，$j=1,2,\cdots,N_c$。

上述求解过程属于闪蒸计算问题。闪蒸计算是指在已知各组分在系统中的总摩尔分数的情况下，求取一定温度、压力下系统达到平衡时气液两相中各组分的摩尔分数。它是气液系统相平衡计算的基本内容之一，具体计算方法可参考有关课程教材或文献资料。

5. S_o^{n+1} 和 S_g^{n+1} 的求解

首先将上述求得的未知量 p_o^{n+1}、S_w^{n+1}、L^{n+1}、V^{n+1}、Z_j^{n+1}、X_j^{n+1}、Y_j^{n+1} 代入辅助方程式(19)，计算得到油气两相的密度参数 ρ_o^{n+1}、ρ_g^{n+1}。

由辅助方程式(17)得 $S_g^{n+1}=1-S_w^{n+1}-S_o^{n+1}$，将此式及 ρ_o^{n+1}、ρ_g^{n+1}、S_w^{n+1}、V^{n+1} 代入辅助方程式(16)，得到：

$$S_o^{n+1}=\frac{(1-S_w^{n+1})(1-V^{n+1})\rho_g^{n+1}}{(1-V^{n+1})\rho_g^{n+1}+V^{n+1}\rho_o^{n+1}} \quad (64)$$

利用上述步骤逐网格计算，即得所有网格的油相饱和度 S_o^{n+1}。

逐网格将已知的 S_w^{n+1} 和 S_o^{n+1} 代入下式可得所有待求网格的气相饱和度：

$$S_g^{n+1}=1-S_w^{n+1}-S_o^{n+1} \quad (65)$$

若是油水两相问题，则可直接得到：

$$V=0, L=1, S_g=0, S_o^{n+1}=1-S_w^{n+1} \quad (66)$$

若是气水两相问题，则可直接得到：

$$L=0, V=1, S_o=0, S_g^{n+1}=1-S_w^{n+1} \tag{67}$$

6. 井的生产指标的计算

1) 定压井的产量计算

首先利用式(32)至式(34)计算储层内油、气、水相的产量：

$$Q_{oM}^{n+1} = V_M q_{oM}^{n+1}, \quad Q_{gM}^{n+1} = V_M q_{gM}^{n+1}, \quad Q_{wM}^{n+1} = V_M q_{wM}^{n+1} \tag{68}$$

再利用式(38)至式(40)计算地面标况下油、气、水相(亦即油、气、水组分)的产量：

$$Q_{OVscM}^{n+1} = V_M q_{OVscM}^{n+1}, \quad Q_{GVscM}^{n+1} = V_M q_{GVscM}^{n+1}, \quad Q_{WVscM}^{n+1} = V_M q_{WVscM}^{n+1} \tag{69}$$

以及产液量：

$$Q_{LVscM}^{n+1} = Q_{OVscM}^{n+1} + Q_{WVscM}^{n+1} \tag{70}$$

然后利用式(42)计算任意组分 j 的产量：

$$Q_{jVscM}^{n+1} = V_M q_{jVscM}^{n+1} \tag{71}$$

2) 定压井的注入量计算

对于注水井，利用式(34)计算水相注入量 $Q_{wM}^{n+1} = V_M q_{wM}^{n+1}$，并由此得到地面标况下水相(即水组分)的体积注入量 $Q_{WVscM}^{n+1} = Q_{WM}^{n+1}/\rho_{Wsc}$。

对于注气井，利用式(33)计算气相注入量 $Q_{gM}^{n+1} = V_M q_{gM}^{n+1}$，并由此得到地面标况下气相(即气组分)的体积注入量 $Q_{GVscM}^{n+1} = Q_{gM}^{n+1}/\rho_{Gsc}$。同时，各组分注入量也可以求得：$q_{jM}^{n+1} = Y_{jM}^{n+1} q_{gM}^{n+1}$，$q_{jVscM}^{n+1} = q_{jM}^{n+1}/\rho_{jsc}$，其中摩尔分数 Y_{jM}^{n+1} 为给定值。

3) 定产量井的流压计算

当给定井的产液量 Q_{LVsc}^{n+1} 时，将式(32)至式(34)代入式(41)，两端统乘以 V_M，整理后可得：

$$Q_{LVsc}^{n+1} = \left[\left(\sum_{k=1}^{N_k} \frac{X_k^{n+1}}{\rho_{ksc}}\right) J_o^{n+1} + \left(\sum_{k=1}^{N_k} \frac{Y_k^{n+1}}{\rho_{ksc}}\right) J_g^{n+1} + \frac{J_w^{n+1}}{\rho_{Wsc}}\right](p_o^{n+1} - p_{wf}^{n+1}) + \left(\sum_{k=1}^{N_k} \frac{Y_k^{n+1}}{\rho_{ksc}}\right) J_g^{n+1} p_{cog}^{n+1} - \frac{1}{\rho_{Wsc}} J_w^{n+1} p_{cow}^{n+1} \tag{72}$$

由式(72)容易得到给定体积产液量 Q_{LVsc}^{n+1} 时的井底流压：

$$p_{wf}^{n+1} = p_o^{n+1} - \frac{Q_{LVsc}^{n+1} - \left(\sum_{k=1}^{N_k} Y_k^{n+1}/\rho_{ksc}\right) J_g^{n+1} p_{cog}^{n+1} + J_w^{n+1} p_{cow}^{n+1}/\rho_{Wsc}}{\left(\sum_{k=1}^{N_k} X_k^{n+1}/\rho_{ksc}\right) J_o^{n+1} + \left(\sum_{k=1}^{N_k} Y_k^{n+1}/\rho_{ksc}\right) J_g^{n+1} + J_w^{n+1}/\rho_{Wsc}} \tag{73}$$

同理，利用式(32)、式(33)、式(38)可以求得给定体积产油量 Q_{OVsc}^{n+1} 条件下的井底流压：

$$p_{wf}^{n+1} = p_o^{n+1} - \frac{Q_{OVsc}^{n+1} - \left(\sum_{k=1}^{N_k} Y_k^{n+1}/\rho_{ksc}\right) J_g^{n+1} p_{cog}^{n+1}}{\left(\sum_{k=1}^{N_k} X_k^{n+1}/\rho_{ksc}\right) J_o^{n+1} + \left(\sum_{k=1}^{N_k} Y_k^{n+1}/\rho_{ksc}\right) J_g^{n+1}} \tag{74}$$

利用式(32)、式(33)、式(39)可以求得给定体积产气量 Q_{GVsc}^{n+1} 条件下的井底流压：

$$p_{\text{wf}}^{n+1} = p_{\text{o}}^{n+1} - \frac{Q_{\text{GVsc}}^{n+1} - \left(\sum_{k=N_k+1}^{N_c} Y_k^{n+1}/\rho_{k\text{sc}}\right) J_{\text{g}}^{n+1} p_{\text{cog}}^{n+1}}{\left(\sum_{k=N_k+1}^{N_c} X_k^{n+1}/\rho_{k\text{sc}}\right) J_{\text{o}}^{n+1} + \left(\sum_{k=N_k+1}^{N_c} Y_k^{n+1}/\rho_{k\text{sc}}\right) J_{\text{g}}^{n+1}} \tag{75}$$

4)定注入量井的流压计算

对于注水井,利用式(34)、式(40)可以求得给定体积注水量 Q_{WVsc}^{n+1} 条件下的井底流压:

$$p_{\text{wf}}^{n+1} = p_{\text{o}}^{n+1} - p_{\text{cow}}^{n+1} - \frac{Q_{\text{WVsc}}^{n+1} \rho_{\text{Wsc}}}{J_{\text{w}}^{n+1}} \tag{76}$$

对于注气井,利用式(33)并考虑到 $q_{\text{g}} = \rho_{\text{Gsc}} q_{\text{GVsc}}$ 和 $Q_{\text{GVsc}}^{n+1} = -V_M q_{\text{GVsc}}^{n+1}$,可以求得给定体积注气量 Q_{GVsc}^{n+1} 条件下的井底流压:

$$p_{\text{wf}}^{n+1} = p_{\text{o}}^{n+1} + p_{\text{cog}}^{n+1} - \frac{Q_{\text{GVsc}}^{n+1} \rho_{\text{Gsc}}}{J_{\text{g}}^{n+1}} \tag{77}$$

油藏开发初始时刻(第0时间步)的井底流压和产量也可以利用上述方法计算得到,只要将式中所有上标"$n+1$"取为"0"即可。

9.2.5 求解步骤

(1)将水组分差分方程和 N_c 体系差分方程的左端各系数及注采项取显式,右端项变换为关于压力变量的一阶泰勒级数形式,从而将差分方程线性化;再利用辅助方程进行未知量消元,得到只含油相压力的隐式差分方程式(55)、式(56)。

(2)利用式(55)、式(56)组成方程组,解之得到各网格点油相压力 p_{o}^{n+1}。

(3)利用变形后的水组分差分方程(59)逐网格点显式求解,得到所有网格上的 S_{w}^{n+1}。

(4)利用变形后的组分 j 差分方程(61)逐网格、逐组分求解,得到所有网格上的 Z_j^{n+1},$j=1,2,\cdots,N_c$。

(5)将 p_{o}^{n+1}、S_{w}^{n+1}、Z_j^{n+1} 代入辅助方程式(11)至式(14),组成一个关于未知量 X_j^{n+1}、Y_j^{n+1}、L^{n+1}、V^{n+1} 的($2N_c+2$)阶非线性代数方程组;求解该方程组得到 X_j^{n+1}、Y_j^{n+1}、L^{n+1}、V^{n+1},$j=1,2,\cdots,N_c$。

(6)将 p_{o}^{n+1}、S_{w}^{n+1}、L^{n+1}、V^{n+1}、Z_j^{n+1}、X_j^{n+1}、Y_j^{n+1} 代入辅助方程式(19),逐点计算得到所有网格点上油、气、水三相的密度 ρ_{o}^{n+1}、ρ_{g}^{n+1}、ρ_{w}^{n+1}。

(7)利用式(64)和式(65)逐点计算所有网格点上的油、气两相的饱和度 S_{o}^{n+1} 和 S_{g}^{n+1}。

(8)将 p_{o}^{n+1}、Z_j^{n+1}、X_j^{n+1}、Y_j^{n+1}、L^{n+1}、V^{n+1}、S_{o}^{n+1}、S_{g}^{n+1}、S_{w}^{n+1} 代入辅助方程式(20)和式(21),逐点计算得到所有网格点上油、气、水三相的黏度 μ_{o}^{n+1}、μ_{g}^{n+1}、μ_{w}^{n+1} 和相对渗透率 $K_{\text{ro}}^{n+1}(S_{\text{w}}, S_{\text{g}})$、$K_{\text{rw}}^{n+1}(S_{\text{w}})$、$K_{\text{rg}}^{n+1}(S_{\text{g}})$。

(9)利用式(68)至式(77)计算定压井的注采量,计算定产井的井底流压。

(10)将所有 t^{n+1} 时刻的变量值代回各差分方程,形成新时间步的差分方程组。

(11)重复步骤(2)至步骤(10),完成整个模拟计算。

9.3 凝析油气藏多组分模型的全隐式解法

9.3.1 数学方程变形

为了方便利用全隐式方法求解凝析多组分模型，首先变换原模型中方程的形式。

1. 一般形式

(1) 相平衡方程：任意组分 j 的摩尔数相平衡方程式(10)可以写成如下形式：

$$X_j \cdot \varphi_j^L(p,T,X_1,X_2,\cdots,X_{N_c}) = Y_j \cdot \varphi_j^V(p,T,Y_1,Y_2,\cdots,Y_{N_c}) \tag{78}$$

式中 φ_j^L 和 φ_j^V——j 的液相逸度系数和气相逸度系数。

记 $R_j = Y_j\varphi_j^V - X_j\varphi_j^L$，则式(78)可写成如下形式：

$$R_j = Y_j\varphi_j^V - X_j\varphi_j^L = 0 \quad j=1,2,\cdots,N_c \tag{79}$$

(2) 饱和度方程：由辅助方程式(15)和式(16)，可得：

$$S_o = (S_o\rho_o + S_g\rho_g)\frac{L}{\rho_o}, \quad S_g = (S_o\rho_o + S_g\rho_g)\frac{V}{\rho_g}$$

将上式代入各相饱和度满足的方程式(17)，并记 $R_{N_c+1} = 1-S_o-S_g-S_w$，可得新形式的饱和度方程：

$$R_{N_c+1} = 1-S_o-S_g-S_w = 1-(S_o\rho_o+S_g\rho_g)\left(\frac{L}{\rho_o}+\frac{V}{\rho_g}\right)-S_w = 0 \tag{80}$$

(3) 组分 j 渗流方程：将组分 j 守恒渗流控制方程式(25)离散化，并引入变量 R_{N_c+j}，可得

$$R_{N_c+j} = \Delta T_o^{n+1} X_j^{n+1}(\Delta p_o^{n+1}-\rho_o^n g\Delta D) + \Delta T_g^{n+1} Y_j^{n+1}(\Delta p_o^{n+1}+\Delta p_{cog}^{n+1}-\rho_g^n g\Delta D) +$$

$$V_M(q_o X_j + q_g Y_j)_M^{n+1} - \frac{V_M}{\Delta t}[\phi^{n+1}(\rho_o S_o + \rho_g S_g)^{n+1} Z_j^{n+1} - \phi^n(\rho_o S_o + \rho_g S_g)^n Z_j^n]_M$$

$$= 0, \quad j=2,3,\cdots,N_c \tag{81}$$

(4) 体系渗流方程：将 N_c 体系守恒渗流控制方程式(27)离散化，并引入变量 R_{2N_c+1}，可得：

$$R_{2N_c+1} = \Delta T_o^{n+1}(\Delta p_o^{n+1}-\rho_o^n g\Delta D) + \Delta T_g^{n+1}(\Delta p_o^{n+1}+\Delta p_{cog}^{n+1}-\rho_g^n g\Delta D) +$$

$$V_M(q_o+q_g)_M^{n+1} - \frac{V_M}{\Delta t}[\phi^{n+1}(\rho_o S_o+\rho_g S_g)^{n+1} - \phi^n(\rho_o S_o+\rho_g S_g)^n]_M = 0 \tag{82}$$

(5) 水组分渗流方程：将水组分守恒渗流控制方程式(26)离散化，并引入变量 R_{2N_c+2}，可得：

$$R_{2N_c+2} = \Delta T_w^{n+1}(\Delta p_o^{n+1}-\Delta p_{cow}^{n+1}-\rho_w^n g\Delta D) + V_M q_{wM}^{n+1} - \frac{V_M}{\Delta t}[(\phi S_w \rho_w)_M^{n+1} - (\phi S_w \rho_w)_M^n] = 0 \tag{83}$$

(6) 引入变量 F：

$$F = \rho_o S_o + \rho_g S_g \tag{84}$$

上述式(79)至式(84)，与式(12)至式(16)、式(18)至式(23)，共含有 $4N_c+21$ 个参量，与方程个数相等，组成封闭的方程组。注意此变形后的方程组比式(9)至式(23)组成的方程组多出一个变量 F。

下面求解的思路是，把式(12)至式(16)、式(18)至式(23)及式(84)（共含 $2N_c+19$ 个方程）代入式(79)至式(83)，得到含 $2N_c+2$ 个独立变量和 $2N_c+2$ 个独立方程的方

程组。

2. L-X 方程组

当油藏系统内液相摩尔分数 $L<0.5$ 时，用 $L-X$ 方程组求解，其含义是：方程组的 $2N_c+2$ 个独立变量选为：$X_1, X_2, \cdots, X_{N_c-1}, L, S_w, Z_1, Z_2, \cdots, Z_{N_c-1}, F, p$，记作：

$$\boldsymbol{u} = [X_1, X_2, \cdots, X_{N_c-1}, L, S_w, Z_1, Z_2, \cdots, Z_{N_c-1}, F, p]^{\mathrm{T}} \tag{85}$$

其他所有的变量均看作是上述变量的函数。先求解式（85）中的 $2N_c+2$ 个变量，再计算其他变量的值。在 $L-X$ 方程组中，将式（84）代入后，式（79）至式（83）变为如下形式：

（1）相平衡方程：

$$R_j = \frac{Z_j - LX_j}{1-L}\phi_j^V - X_j\phi_j^L = 0 \qquad j = 1, 2, \cdots, N_c \tag{86}$$

（2）饱和度方程：

$$R_{N_c+1} = 1 - S_o - S_g - S_w = 1 - F\cdot\left(\frac{L}{\rho_o} + \frac{1-L}{\rho_g}\right) - S_w = 0 \tag{87}$$

（3）组分 j 渗流方程：

$$\begin{aligned}
R_{N_c+j} &= \Delta T_o^{n+1} X_j^{n+1}(\Delta p_o^{n+1} - \rho_o^n g\Delta D) + \Delta T_g^{n+1}\left(\frac{Z_j - LX_j}{1-L}\right)^{n+1}(\Delta p_o^{n+1} + \Delta p_{\mathrm{cog}}^{n+1} - \rho_g^n g\Delta D) \\
&\quad + V_M(q_o X_j + q_g Y_j)_M^{n+1} - \frac{V_M}{\Delta t}[(\phi F Z_j)_M^{n+1} - (\phi F Z_j)_M^n] \\
&= 0, \quad j = 2, 3, \cdots, N_c
\end{aligned} \tag{88}$$

（4）体系渗流方程：

$$\begin{aligned}
R_{2N_c+1} &= \Delta T_o^{n+1}(\Delta p_o^{n+1} - \rho_o^n g\Delta D) + \Delta T_g^{n+1}(\Delta p_o^{n+1} + \Delta p_{\mathrm{cog}}^{n+1} - \rho_g^n g\Delta D) \\
&\quad + V_M(q_o + q_g)_M^{n+1} - \frac{V_M}{\Delta t}[(\phi F)_M^{n+1} - (\phi F)_M^n] = 0
\end{aligned} \tag{89}$$

（5）水组分渗流方程：

$$R_{2N_c+2} = \Delta T_w^{n+1}(\Delta p_o^{n+1} - \Delta p_{\mathrm{cow}}^{n+1} - \rho_w^n g\Delta D) + V_M q_{wM}^{n+1} - \frac{V_M}{\Delta t}[(\phi S_w \rho_w)_M^{n+1} - (\phi S_w \rho_w)_M^n] = 0 \tag{90}$$

其中，水组分渗流方程式（90）跟式（83）相比，形式上无变化。

3. V-Y 方程组

当油藏系统内液相摩尔分数 $L>0.5$ 时，若 $L\approx 1$，则 $1-L\approx 0$，上述方程组易发散，故选用 $V-Y$ 方程组。此时 $2N_c+2$ 个独立变量（即首先求解的未知量）取为：

$$\boldsymbol{u} = [Y_1, Y_2, \cdots, Y_{N_c-1}, V, S_w, Z_1, Z_2, \cdots, Z_{N_c-1}, F, p]^{\mathrm{T}} \tag{91}$$

在 $V-Y$ 方程组中，将式（84）代入后，式（79）至式（83）变为如下形式：

（1）相平衡方程：

$$R_j = \frac{Z_j - VY_j}{1-V}\varphi_j^L - Y_j\varphi_j^V = 0, \quad j = 1, 2, \cdots, N_c \tag{92}$$

（2）饱和度方程：

$$R_{N_c+1} = 1 - S_o - S_g - S_w = 1 - F\cdot\left(\frac{1-V}{\rho_o} + \frac{V}{\rho_g}\right) - S_w = 0 \tag{93}$$

（3）组分 j 渗流方程：

$$R_{N_c+j} = \Delta T_o^{n+1} \left(\frac{Z_j - VY_j}{1-V}\right)^{n+1} (\Delta p_o^{n+1} - \rho_o^n g \Delta D) + \Delta T_g^{n+1} Y_j^{n+1} (\Delta p_o^{n+1} + \Delta p_{cog}^{n+1} - \rho_g^n g \Delta D)$$

$$+ V_M (q_o X_j + q_g Y_j)_M^{n+1} - \frac{V_M}{\Delta t} [(\phi F Z_j)_M^{n+1} - (\phi F Z_j)_M^n]$$

$$= 0, \quad j = 2, 3, \cdots, N_c \tag{94}$$

(4) 体系渗流方程：

$$R_{2N_c+1} = \Delta T_o^{n+1} (\Delta p_o^{n+1} - \rho_o^n g \Delta D) + \Delta T_g^{n+1} (\Delta p_o^{n+1} + \Delta p_{cog}^{n+1} - \rho_g^n g \Delta D) +$$

$$V_M (q_o + q_g)_M^{n+1} - \frac{V_M}{\Delta t} [(\phi F)_M^{n+1} - (\phi F)_M^n]$$

$$= 0 \tag{95}$$

(5) 水组分渗流方程：

$$R_{2N_c+2} = \Delta T_w^{n+1} (\Delta p_o^{n+1} - \Delta p_{cow}^{n+1} - \rho_w^n g \Delta D) + V_M q_{wM}^{n+1} - \frac{V_M}{\Delta t} [(\phi S_w \rho_w)_M^{n+1} - (\phi S_w \rho_w)_M^n] = 0 \tag{96}$$

其中，体系渗流方程式(95)和水组分渗流方程式(96)与 L-X 方程组相比，形式上无变化。

9.3.2 解法原理

以 L-X 方程组为例说明凝析多组分模型全隐式解法原理。

对任一个待求时间步 t^{n+1}，当所有变量都取第 $(n+1)$ 时间步上的精确值时，式(86)至式(90)中任一方程 R_m 严格成立，即

$$R_m(X_j^{n+1}, L^{n+1}, S_w^{n+1}, Z_j^{n+1}, F^{n+1}, p^{n+1}) = 0, \quad m = 1, \cdots, 2N_c + 2; j = 2, 3, \cdots, N_c \tag{97}$$

任给一组 $2N_c+2$ 个独立变量的初值：$X_j^{(0)}$，$L^{(0)}$，$S_w^{(0)}$，$Z_j^{(0)}$，$F^{(0)}$，$p^{(0)}$；将其代入式(97)，显然一般式(97)不成立，即：

$$R_m(X_j^{(0)}, L^{(0)}, S_w^{(0)}, Z_j^{(0)}, F^{(0)}, p^{(0)}) \neq 0 \tag{98}$$

因此，需要对独立变量的初值进行修正。假设经过修正后的独立变量值为：

$$\begin{cases} X_j^{(1)} = X_j^{(0)} + \delta X_j \\ L^{(1)} = L^{(0)} + \delta L \\ S_w^{(1)} = S_w^{(0)} + \delta S_w \\ Z_j^{(1)} = Z_j^{(0)} + \delta Z_j \\ F^{(1)} = F^{(0)} + \delta F \\ p^{(1)} = p^{(0)} + \delta p \end{cases} \tag{99}$$

再假设该组修正后的变量值能够满足式(97)，即：

$$R_m^{(1)} = R_m(X_j^{(1)}, L^{(1)}, S_w^{(1)}, Z_j^{(1)}, F^{(1)}, p^{(1)}) = 0 \tag{100}$$

将式(99)代入式(100)，并将其对独立变量展开为 $R_m^{(0)}$ 上的一阶泰勒级数，可得：

$$R_m^{(1)} = R_m(X_j^{(0)} + \delta X_j, L^{(0)} + \delta L, S_w^{(0)} + \delta S_w, Z_j^{(0)} + \delta Z_j, F^{(0)} + \delta F, p^{(0)} + \delta p)$$

$$= R_m(X_j^{(0)}, L^{(0)}, S_w^{(0)}, Z_j^{(0)}, F^{(0)}, p^{(0)}) + \left(\frac{\partial R_m}{\partial X_j}\right)^{(0)} \cdot \delta X_j + \left(\frac{\partial R_m}{\partial L}\right)^{(0)} \cdot \delta L$$

$$+ \left(\frac{\partial R_m}{\partial S_w}\right)^{(0)} \cdot \delta S_w + \left(\frac{\partial R_m}{\partial Z_j}\right)^{(0)} \cdot \delta Z_j + \left(\frac{\partial R_m}{\partial F}\right)^{(0)} \cdot \delta F + \left(\frac{\partial R_m}{\partial p}\right)^{(0)} \cdot \delta p$$

$$= 0 \tag{101}$$

取式(101)中最后面的等式并移项,得:

$$\left(\frac{\partial R_m}{\partial X_j}\right)^{(0)} \cdot \delta X_j + \left(\frac{\partial R_m}{\partial L}\right)^{(0)} \cdot \delta L + \left(\frac{\partial R_m}{\partial S_w}\right)^{(0)} \cdot \delta S_w + \left(\frac{\partial R_m}{\partial Z_j}\right)^{(0)} \cdot \delta Z_j + \left(\frac{\partial R_m}{\partial F}\right)^{(0)} \cdot \delta F + \left(\frac{\partial R_m}{\partial p}\right)^{(0)} \cdot \delta p$$
$$= -R_m^{(0)}, j=2,3,\cdots,N_c; \ m=1,\cdots,2N_c+2 \tag{102}$$

式(102)各系数及右端项为已知量,因此它是关于修正量 δX_j、δL、δS_w、δZ_j、δF、δp 的线性代数方程。每一个网格点上都有这样一组 $2N_c+2$ 个方程。

假设 N 为待求网格数,将所有待求网格上的式(102)联立,组成一个 $N\times(2N_c+2)$ 阶的线性代数方程组,与未知量个数相同。解此方程组即可得修正量 δX_j、δL、δS_w、δZ_j、δF、δp,再代入式(99),得到每一个网格上 $2N_c+2$ 个新的独立变量值 $X_j^{(1)}$、$L^{(1)}$、$S_w^{(1)}$、$Z_j^{(1)}$、$F^{(1)}$、$p^{(1)}$。

为了提高精度,可以将 $X_j^{(1)}$、$L^{(1)}$、$S_w^{(1)}$、$Z_j^{(1)}$、$F^{(1)}$、$p^{(1)}$ 再代入式(102)的各系数及右端项,得到新的方程组,解之可得新的修正量 δX_j、δL、δS_w、δZ_j、δF、δp,以及二次修正后的独立变量值:

$$\begin{cases} X_j^{(2)} = X_j^{(1)} + \delta X_j \\ L^{(2)} = L^{(1)} + \delta L \\ S_w^{(2)} = S_w^{(1)} + \delta S_w \\ Z_j^{(2)} = Z_j^{(1)} + \delta Z_j \\ F^{(2)} = F^{(1)} + \delta F \\ p^{(2)} = p^{(1)} + \delta p \end{cases} \tag{103}$$

依照上述步骤可以继续迭代下去,以得到更高精度的独立变量值。根据式(102)和式(103),可得从任意迭代步(l)到$(l+1)$迭代步的计算方程:

$$\left(\frac{\partial R_m}{\partial X_j}\right)^{(l)} \cdot \delta X_j + \left(\frac{\partial R_m}{\partial L}\right)^{(l)} \cdot \delta L + \left(\frac{\partial R_m}{\partial S_w}\right)^{(l)} \cdot \delta S_w + \left(\frac{\partial R_m}{\partial Z_j}\right)^{(l)} \cdot \delta Z_j + \left(\frac{\partial R_m}{\partial F}\right)^{(l)} \cdot \delta F + \left(\frac{\partial R_m}{\partial p}\right)^{(l)} \cdot \delta p$$
$$= -R_m^{(l)}, j=2,3,\cdots,N_c; \ m=1,\cdots 2N_c+2 \tag{104}$$

$$\begin{cases} X_j^{(l+1)} = X_j^{(l)} + \delta X_j \\ L^{(l+1)} = L^{(l)} + \delta L \\ S_w^{(l+1)} = S_w^{(l)} + \delta S_w \\ Z_j^{(l+1)} = Z_j^{(l)} + \delta Z_j \\ F^{(l+1)} = F^{(l)} + \delta F \\ p^{(l+1)} = p^{(l)} + \delta p \end{cases} \tag{105}$$

将所有 N 个待求网格上的迭代方程式(104)联立,组成一个 $N\times(2N_c+2)$ 阶的线性代数方程组,解之可得新的修正量 δX_j、δL、δS_w、δZ_j、δF、δp,代入式(105)可得第$(l+1)$步的独立变量值 $X_j^{(l+1)}$、$L^{(l+1)}$、$S_w^{(l+1)}$、$Z_j^{(l+1)}$、$F^{(l+1)}$、$p^{(l+1)}$。

当迭代收敛时,向量$(X_j^{(l)}, L^{(l)}, S_w^{(l)}, Z_j^{(l)}, F^{(l)}, p^{(l)})$趋于$(X_j^{(l+1)}, L^{(l+1)}, S_w^{(l+1)}, Z_j^{(l+1)}, F^{(l+1)}, p^{(l+1)})$,即修正向量$(\delta X_j, \delta L, \delta S_w, \delta Z_j, \delta F, \delta p)$趋于0。代入式(104)得:

$$R_m^{(l)} = R_m(X_j^{(l)}, L^{(l)}, S_w^{(l)}, Z_j^{(l)}, F^{(l)}, p^{(l)}) = 0 \tag{106}$$

式(106)与式(97)完全相同,即此时的独立变量值$(X_j^{(l)}, L^{(l)}, S_w^{(l)}, Z_j^{(l)}, F^{(l)}, p^{(l)})$严格满足原方程式(97),于是原油藏问题得解。这就是凝析多组分模型完全隐式解法原理。

对于 $V<0.5$ 的 $V-Y$ 方程形式，解法原理同上，并与上述同理可建立类似式(104)的全隐式解法迭代计算方程。

9.3.3 迭代方程系数的处理方法

对迭代方程式(104)进行求解之前，需要计算其各项系数值，下面推导建立式(104)各方程系数的计算公式。推导的规则是：(1)符合并利用辅助方程；(2)各独立变量间互不相关，彼此的微商为零；(3)最终表示为物性参量及其对独立自变量的微商和独立自变量的组合表达式。

首先给出各组分在各相中摩尔分数的偏导关系式。由 $L+V=1$ 和 $Z_j=LX_j+(1-L)Y_j$，得：

$$X_j = \frac{Z_j - VY_j}{1-V} \tag{107}$$

$$Y_j = \frac{Z_j - LX_j}{1-L} \tag{108}$$

由式(78)可得在 $L-X$ 方程组形式下，Y_j 对 Z_j、X_j、L 的偏微商公式：

$$\frac{\partial Y_j}{\partial Z_j} = \frac{1}{1-L}, \frac{\partial Y_j}{\partial L} = \frac{X_j - Y_j}{L-1}, \frac{\partial Y_i}{\partial Z_j} = \frac{1}{1-L}\delta_{ij}, \frac{\partial Y_i}{\partial X_j} = \frac{L}{L-1}\delta_{ij} \tag{109}$$

由式(107)可得在 $V-Y$ 方程组形式下，X_j 对 Z_j、Y_j、V 的偏微商公式：

$$\frac{\partial X_j}{\partial Z_j} = \frac{1}{1-V}, \frac{\partial X_j}{\partial L} = \frac{Y_j - X_j}{V-1}, \frac{\partial X_i}{\partial Z_j} = \frac{1}{1-V}\delta_{ij}, \frac{\partial X_i}{\partial Y_j} = \frac{V}{V-1}\delta_{ij} \tag{110}$$

下面以 $L-X$ 方程组为例推导式(104)各方程左端项的具体计算公式。

1. 第 $1 \sim N_c$ 个方程

式(104)中第 $1 \sim N_c$ 个方程可表示为：

$$\left(\frac{\partial R_i}{\partial X_j}\right)^{(l)} \cdot \delta X_j + \left(\frac{\partial R_i}{\partial L}\right)^{(l)} \cdot \delta L + \left(\frac{\partial R_i}{\partial S_w}\right)^{(l)} \cdot \delta S_w + \left(\frac{\partial R_i}{\partial Z_j}\right)^{(l)} \cdot \delta Z_j + \left(\frac{\partial R_i}{\partial F}\right)^{(l)} \cdot \delta F + \left(\frac{\partial R_i}{\partial p}\right)^{(l)} \cdot \delta p = -R_i^{(l)},$$

$$j=2,3,\cdots,N_c; i=1,\cdots,N_c \tag{111}$$

其中，R_i 对应9.3.1小节中 $L-X$ 方程组的相态平衡方程式(79)。对任意组分 i，式(79)可写成：

$$R_i = Y_i\varphi_i^V - X_i\varphi_i^L = 0, \quad i=1,2,\cdots,N_c \tag{112}$$

利用式(109)、式(110)和式(112)，可得迭代方程式(111)中各项计算公式：

$$\frac{\partial R_i}{\partial X_j} = \left(\frac{\partial Y_i}{\partial X_j}\varphi_i^V + Y_i\frac{\partial \varphi_i^V}{\partial X_j}\right) - \left(\frac{\partial X_i}{\partial X_j}\varphi_i^L + X_i\frac{\partial \varphi_i^L}{\partial X_j}\right) = \frac{L}{L-1}\left(\delta_{ij}\varphi_i^V + Y_i\frac{\partial \varphi_i^V}{\partial Y_j}\right) - \left(\delta_{ij}\varphi_i^L + X_i\frac{\partial \varphi_i^L}{\partial X_j}\right), j=1,2,\cdots,N_c;$$

$$i=1,2,\cdots,N_c \tag{113}$$

$$\frac{\partial R_i}{\partial L} = \frac{(X_i - Y_i)\varphi_i^V}{L-1} + \frac{Y_i}{L-1}\sum_{j=1}^{N_c}\frac{\partial \varphi_i^V}{\partial Y_j}(X_j - Y_j); \quad i=1,2,\cdots,N_c \tag{114}$$

$$\frac{\partial R_i}{\partial S_w} = 0; \quad i=1,2,\cdots,N_c \tag{115}$$

$$\frac{\partial R_i}{\partial Z_j} = \frac{1}{1-L}\left[\delta_{ij}\varphi_i^V + Y_i\frac{\partial \varphi_i^V}{\partial Y_j}\right], j=1,2,\cdots,N_c; i=1,2,\cdots,N_c \tag{116}$$

$$\frac{\partial R_i}{\partial F} = 0, i=1,2,\cdots,N_c \tag{117}$$

$$\frac{\partial R_i}{\partial p} = Y_i \frac{\partial \varphi_i^V}{\partial p} - X_i \frac{\partial \varphi_i^L}{\partial p}; \quad i=1,2,\cdots,N_c \tag{118}$$

2. 第 N_c+1 个方程

式(104)中第 N_c+1 个方程可表示为:

$$\left(\frac{\partial R_{N_c+1}}{\partial X_j}\right)^{(l)} \delta X_j + \left(\frac{\partial R_{N_c+1}}{\partial L}\right)^{(l)} \delta L + \left(\frac{\partial R_{N_c+1}}{\partial S_w}\right)^{(l)} \delta S_w + \left(\frac{\partial R_{N_c+1}}{\partial Z_j}\right)^{(l)} \delta Z_j + \left(\frac{\partial R_{N_c+1}}{\partial F}\right)^{(l)} \delta F + \left(\frac{\partial R_{N_c+1}}{\partial p}\right)^{(l)} \delta p$$
$$= -R_{N_c+1}^{(l)}, \quad j=2,3,\cdots,N_c \tag{119}$$

其中, R_{N_c+1} 对应9.3.1小节中 L-X 方程组的饱和度方程式(87):

$$R_{N_c+1} = 1 - F \cdot \left(\frac{L}{\rho_o} + \frac{1-L}{\rho_g}\right) - S_w = 0$$

再假设辅助方程式(19)有具体形式——状态方程:

$$\begin{cases} \rho_o = \dfrac{p}{z_o RT}; & z_o = z_o(p,T,X_1,X_2,\cdots,X_{N_c}) \\ \rho_g = \dfrac{p}{z_g RT}; & z_g = z_g(p,T,Y_1,Y_2,\cdots,Y_{N_c}) \end{cases} \tag{120}$$

利用式(109)、式(110)、式(120)和式(87),可得迭代方程式(119)中各项的计算公式:

$$\frac{\partial R_{N_c+1}}{\partial X_j} = -\frac{FLRT}{p}\left(\frac{\partial z_o}{\partial X_j} - \frac{\partial z_g}{\partial Y_j}\right), \quad j=1,2,\cdots,N_c \tag{121}$$

$$\frac{\partial R_{N_c+1}}{\partial L} = -\frac{FRT}{p}\left[(z_o - z_g) + \sum_{j=1}^{N_c}(Y_j - X_j)\frac{\partial z_g}{\partial Y_j}\right] \tag{122}$$

$$\frac{\partial R_{N_c+1}}{\partial S_w} = -1 \tag{123}$$

$$\frac{\partial R_{N_c+1}}{\partial Z_j} = -\frac{FRT}{p}\frac{\partial z_g}{\partial Y_j}, \quad j=1,2,\cdots,N_c \tag{124}$$

$$\frac{\partial R_{N_c+1}}{\partial F} = -\frac{RT}{p}\left[Lz_o + (1-L)z_g\right] \tag{125}$$

$$\frac{\partial R_{N_c+1}}{\partial p} = -\frac{FRT}{p}\left[\left(\frac{\partial z_o}{\partial p} - \frac{z_o}{p}\right) + (1-L)\frac{\partial z_g}{\partial Y_j} - \frac{z_g}{p}\right] \tag{126}$$

3. 第 $(N_c+2) \sim 2N_c$ 个方程

为了方便,将式(104)中第 $(N_c+2) \sim 2N_c$ 个方程表示为:

$$\left(\frac{\partial R_{N_c+i}}{\partial X_j}\right)^{(l)} \delta X_j + \left(\frac{\partial R_{N_c+i}}{\partial L}\right)^{(l)} \delta L + \left(\frac{\partial R_{N_c+i}}{\partial S_w}\right)^{(l)} \delta S_w + \left(\frac{\partial R_{N_c+i}}{\partial Z_j}\right)^{(l)} \delta Z_j + \left(\frac{\partial R_{N_c+i}}{\partial F}\right)^{(l)} \delta F + \left(\frac{\partial R_{N_c+i}}{\partial p}\right)^{(l)} \delta p$$
$$= -R_i^{(l)}, \quad j=2,3,\cdots,N_c; \quad i=2,\cdots,N_c \tag{127}$$

其中, R_{N_c+i} 对应9.3.1小节中 N_c-1 个组分的守恒渗流方程式(88)。

设 Ω 为传导系数中只与网格几何尺寸有关的量,则油气水三相的传导系数可分别写成:

$$T_o = \Omega \frac{\rho_o K K_{ro}}{\mu_o}, \quad T_g = \Omega \frac{\rho_g K K_{rg}}{\mu_g}, \quad T_w = \Omega \frac{\rho_w K K_{rw}}{\mu_w} \tag{128}$$

将式(128)代入式(88),任意组分 i 的守恒渗流方程变为:

$$R_{N_c+i} = \Delta\Omega \frac{KK_{ro}^{n+1} \rho_o^{n+1}}{\mu_o^{n+1}} X_i^{n+1} (\Delta p_o^{n+1} - \rho_o^n g \Delta D) +$$

$$\Delta\Omega \frac{KK_{rg}^{n+1} \rho_g^{n+1}}{\mu_g^{n+1}} T_g^{n+1} \left(\frac{Z_i - LX_i}{1-L}\right)^{n+1} (\Delta p_o^{n+1} + \Delta p_{cog}^{n+1} - \rho_g^n g \Delta D) +$$

$$V_M (q_o X_i + q_g Y_i)_M^{n+1} - \frac{V_M}{\Delta t} [(\phi F Z_i)_M^{n+1} - (\phi F Z_i)_M^n] = 0, \quad i = 2, 3, \cdots, N_c \tag{129}$$

利用式(129)和相关辅助方程,可得迭代方程式(127)中各项的计算公式。

需要注意的是,与相态平衡方程饱和度方程不同,守恒渗流方程式(129)中含有二阶差商算子,各个变量及其修正量不仅在差分方程的本点网格(M点)上取值,还会在周围网格点和辅助点上取值,在计算时必须明确区分待求修正量(δX_j、δL、δS_w、δZ_j、δF、δp)的取值位置。因此,在下面的推导中,将方程系数和其所带未知量(修正量)作为整体处理。

首先处理 R_{N_c+i} 对 X_j 的微分项: $\left(\frac{\partial R_{N_c+i}}{\partial X_j}\right)^{(l)} \delta X_j$。

$$\frac{\partial R_{N_c+i}}{\partial X_j} \delta X_j = \frac{\partial}{\partial X_j} \left[\Delta\Omega \frac{KK_{ro} \rho_o}{\mu_o} X_i (\Delta p - \rho_o^n g \Delta D) \right] \delta X_j +$$

$$\frac{\partial}{\partial X_j} \left[\Delta\Omega \frac{KK_{rg} \rho_g}{\mu_g} \left(\frac{Z_i - LX_i}{1-L}\right) (\Delta p_o + \Delta p_{cog} - \rho_g^n g \Delta D) \right] \delta X_j +$$

$$\frac{\partial}{\partial X_j} \left[V_M \left(q_o X_i + q_g \frac{Z_i - LX_i}{1-L}\right)_M \right] \delta X_j - \frac{\partial}{\partial X_j} \left\{ \frac{V_M}{\Delta t} [(\phi F Z_i)_M - (\phi F Z_i)_M^n] \right\} \delta X_j$$

$$= \Delta\Omega K K_{ro} \left(\frac{\partial}{\partial X_j} \frac{\rho_o X_i}{\mu_o} \right) \delta X_j \cdot (\Delta p_o - \rho_o^n g \Delta D) +$$

$$\Delta\Omega K K_{rg} \left[\frac{\partial}{\partial X_j} \left(\frac{\rho_g}{\mu_g} \frac{Z_i - LX_i}{1-L} \right) \right] \delta X_j \cdot (\Delta p_o + \Delta p_{cog} - \rho_g^n g \Delta D) +$$

$$V_M \frac{\partial}{\partial X_j} (q_o X_i + q_g Y_i)_M \cdot \delta X_{jM} - \frac{V_M}{\Delta t} \left\{ \frac{\partial}{\partial X_j} [(\phi F Z_i)_M - (\phi F Z_i)_M^n] \right\} \delta X_{jM},$$

$$j = 1, 2, \cdots, N_c; \quad i = 2, 3, \cdots, N_c \tag{130}$$

记 $\Phi_o = p_o - \rho_o^n g D$,$\Phi_g = p_o + p_{cog} - \rho_g^n g D$,考虑相关的辅助方程,将式(130)右端各项展开,并注意到最后一项等于零,可得:

$$\frac{\partial R_{N_c+i}}{\partial X_j} \delta X_j = \Delta\Omega \frac{KK_{ro}}{\mu_o} \left(X_i \frac{\partial \rho_o}{\partial X_j} + \rho_o \delta_{ij} - \frac{\rho_o X_i}{\mu_o} \frac{\partial \mu_o}{\partial X_j} \right) \delta X_j \Delta \Phi_o +$$

$$\Delta\Omega \frac{KK_{rg}}{\mu_g (1-L)} \left[(Z_i - LX_i) \frac{\partial \rho_g}{\partial X_j} - \rho_g L \delta_{ij} - \frac{\rho_g}{\mu_g} (Z_i - LX_i) \frac{\partial \mu_g}{\partial X_j} \right] \delta X_j \Delta \Phi_g +$$

$$V_M \frac{\partial}{\partial X_j} (q_o X_i + q_g Y_i)_M \cdot \delta X_{jM}, \quad j = 2, 3, \cdots, N_c; \quad i = 2, 3, \cdots, N_c \tag{131}$$

同理可得 R_{N_c+i} 对其他独立变量的微分项:

$$\frac{\partial R_{N_c+i}}{\partial L} \delta L = \Delta\Omega \frac{KK_{ro} X_i}{\mu_o} \left[\sum_{k=1}^{N_c} \left(\frac{\partial \rho_o}{\partial Y_k} - \frac{\rho_o}{\mu_o} \frac{\partial \mu_o}{\partial Y_k} \right) \frac{Z_k - X_k}{(1-L)^2} \right] \delta L \cdot \Delta \Phi_o +$$

$$\Delta\Omega \frac{KK_{rg}}{\mu_g(1-L)^2} \left[\sum_{k=1}^{N_c} \left(\frac{\partial \rho_g}{\partial Y_k} - \frac{\rho_g(Z_i - LX_i)}{\mu_g} \frac{\partial \mu_g}{\partial Y_k} \right) \frac{Z_k - X_k}{(1-L)} + \rho_g(Z_i - X_i) \right] \delta L \cdot \Delta \Phi_g +$$

$$V_M \frac{\partial}{\partial L}(q_o X_i + q_g Y_i)_M \cdot \delta L_M, \quad i=2,3,\cdots,N_c \tag{132}$$

$$\frac{\partial R_{N_c+i}}{\partial S_w} \delta S_w = \Delta\Omega \frac{K\rho_o X_i}{\mu_o} \frac{\partial K_{ro}}{\partial S_w} \delta S_w \Delta\Phi_o + V_M \frac{\partial}{\partial S_w}(q_o X_i + q_g Y_i)_M \delta S_{wM}, \quad i=2,3,\cdots,N_c \tag{133}$$

$$\frac{\partial R_{N_c+i}}{\partial Z_j} \delta Z_j = \Delta\Omega \frac{KK_{ro} X_i}{\mu_o(1-L)} \left(\frac{\partial \rho_o}{\partial Y_j} - \frac{\rho_o}{\mu_o} \frac{\partial \mu_o}{\partial Y_j} \right) \delta Z_j \Delta\Phi_o +$$

$$\Delta\Omega \frac{KK_{rg}}{\mu_g(1-L)} \left[\frac{Z_i - LX_i}{1-L} \frac{\partial \rho_g}{\partial Y_j} + \rho_g \delta_{ij} - \frac{\rho_g(Z_i - LX_i)}{\mu_g(1-L)} \frac{\partial \mu_g}{\partial X_j} \right] \delta Z_j \Delta\Phi_g +$$

$$V_M \frac{\partial}{\partial Z_j}(q_o X_i + q_g Y_i)_M \delta Z_{jM} - \frac{V_M}{\Delta t}(\phi F)_M \delta_{ij} \cdot \delta Z_{jM},$$

$$j=2,3,\cdots,N_c; \quad i=2,3,\cdots,N_c \tag{134}$$

$$\frac{\partial R_{N_c+i}}{\partial F} \delta F = -\frac{V_M}{\Delta t}(\phi Z_i)_M \cdot \delta F_M, \quad i=2,3,\cdots,N_c \tag{135}$$

$$\frac{\partial R_{N_c+i}}{\partial p} \delta p = \Delta\Omega \frac{KK_{ro} X_i}{\mu_o} \left(\frac{\partial \rho_o}{\partial p} \delta p \Delta\Phi_o - \frac{\rho_o}{\mu_o} \frac{\partial \mu_o}{\partial p} \delta p \Delta\Phi_o + \rho_o \Delta \delta p \right) +$$

$$\Delta\Omega \frac{KK_{rg}(Z_i - LX_i)}{\mu_g(1-L)} \left(\frac{\partial \rho_g}{\partial p_g} \delta p \Delta\Phi_g - \frac{\rho_g}{\mu_g} \frac{\partial \mu_g}{\partial p_g} \delta p \Delta\Phi_g + \rho_g \Delta \delta p \right) + V_M \frac{\partial}{\partial p}(q_o X_i + q_g Y_i)_M \cdot \delta p_M -$$

$$\frac{V_M}{\Delta t}(FZ_i)_M \frac{\partial \phi}{\partial p} \cdot \delta p_M, \quad i=2,3,\cdots,N_c \tag{136}$$

与7.2.1小节、8.3.3小节、8.4.1小节及9.2.3小节同理，在式（136）推导中对9.1节中辅助方程式（19）中的毛管力做了显式处理，使得$\frac{\partial p_g}{\partial p}=1$，$\delta p_g = \delta p(t^n \leq t < t^{n+1})$。

4. 第$2N_c+1$个方程

式（104）中第$2N_c+1$个方程可表示为：

$$\left(\frac{\partial R_{2N_c+1}}{\partial X_j}\right)^{(l)} \delta X_j + \left(\frac{\partial R_{2N_c+1}}{\partial L}\right)^{(l)} \delta L + \left(\frac{\partial R_{2N_c+1}}{\partial S_w}\right)^{(l)} \delta S_w + \left(\frac{\partial R_{2N_c+1}}{\partial Z_j}\right)^{(l)} \delta Z_j + \left(\frac{\partial R_{2N_c+1}}{\partial F}\right)^{(l)} \delta F + \left(\frac{\partial R_{2N_c+1}}{\partial p}\right)^{(l)} \delta p$$

$$= -R_{2N_c+1}^{(l)}, \quad j=2,3,\cdots,N_c \tag{137}$$

其中，R_{2N_c+1}对应9.3.1小节中L-X方程组的N_c体系守恒渗流方程式（89）。将传导系数变形式（128）代入式（89），省略上标$n+1$，可得：

$$R_{2N_c+1} = \Delta\Omega \frac{\rho_o KK_{ro}}{\mu_o}(\Delta p - \rho_o^n g \Delta D) + \Delta\Omega \frac{\rho_g KK_{rg}}{\mu_g}(\Delta p + \Delta p_{cog} - \rho_g^n g \Delta D) + V_M(q_o + q_g)_M -$$

$$\frac{V_M}{\Delta t}\left[(\phi F)_M - (\phi F)_M^n\right] = 0 \tag{138}$$

由式（138）及相关辅助方程可得迭代方程式（137）中各微分项的计算公式：

$$\frac{\partial R_{2N_c+1}}{\partial X_j}\delta X_j = \Delta\Omega \frac{KK_{ro}}{\mu_o}\left(\frac{\partial \rho_o}{\partial X_j}\delta X_j - \frac{\rho_o}{\mu_o}\frac{\partial \mu_o}{\partial X_j}\delta X_j\right)\Delta\Phi_o + \Delta\Omega \frac{KK_{rg}}{\mu_g}\left(\frac{\partial \rho_g}{\partial X_j}\delta X_j - \frac{\rho_g}{\mu_g}\frac{\partial \mu_g}{\partial X_j}\delta X_j\right)\Delta\Phi_g +$$

$$V_M \frac{\partial}{\partial X_j}(q_o+q_g)_M \cdot \delta X_{jM}, j=2,3,\cdots,N_c \tag{139}$$

$$\frac{\partial R_{2N_c+1}}{\partial L}\delta L = \Delta\Omega \frac{KK_{ro}}{\mu_o(1-L)^2}\left[\sum_{k=1}^{N_c}\left(\frac{\partial\rho_o}{\partial Y_k}-\frac{\rho_o}{\mu_o}\frac{\partial\mu_o}{\partial Y_k}\right)(Z_k-X_k)\right]\delta L \cdot \Delta\Phi_o + $$

$$\Delta\Omega \frac{KK_{rg}}{\mu_g(1-L)^2}\left[\sum_{k=1}^{N_c}\left(\frac{\partial\rho_g}{\partial Y_k}-\frac{\rho_g}{\mu_g}\frac{\partial\mu_g}{\partial Y_k}\right)(Z_k-X_k)\right]\delta L \cdot \Delta\Phi_o + V_M\frac{\partial}{\partial L}(q_o+q_g)_M \cdot \delta L_M \tag{140}$$

$$\frac{\partial R_{2N_c+1}}{\partial S_w}\delta S_w = \Delta\Omega \frac{\rho_o K}{\mu_o}\frac{\partial K_{ro}}{\partial S_w}\delta S_w \Delta\Phi_o + V_M\frac{\partial}{\partial S_w}(q_o+q_g)_M \cdot \delta S_{wM} \tag{141}$$

$$\frac{\partial R_{2N_c+1}}{\partial Z_j}\delta Z_j = \Delta\Omega \frac{KK_{ro}}{\mu_o(1-L)}\left(\frac{\partial\rho_o}{\partial Y_j}-\frac{\rho_o}{\mu_o}\frac{\partial\mu_o}{\partial Y_j}\right)\delta Z_j\Delta\Phi_o +$$

$$\Delta\Omega \frac{KK_{rg}}{\mu_g(1-L)}\left(\frac{\partial\rho_g}{\partial Y_j}-\frac{\rho_g}{\mu_g}\frac{\partial\mu_g}{\partial Y_j}\right)\delta Z_j\Delta\Phi_g + V_M\frac{\partial}{\partial Z_j}(q_o+q_g)_M \cdot \delta Z_{jM}, j=2,3,\cdots,N_c \tag{142}$$

$$\frac{\partial R_{2N_c+1}}{\partial F}\delta F = -\frac{V_M}{\Delta t}\phi_M \cdot \delta F_M \tag{143}$$

$$\frac{\partial R_{2N_c+1}}{\partial p}\delta p = \Delta\Omega \frac{KK_{ro}}{\mu_o}\left(\frac{\partial\rho_o}{\partial p}\delta p\Delta\Phi_o - \frac{\rho_o}{\mu_o}\frac{\partial\mu_o}{\partial p}\delta p\Delta\Phi_o + \rho_o\Delta\delta p\right) +$$

$$\Delta\Omega \frac{KK_{rg}}{\mu_g}\left(\frac{\partial\rho_g}{\partial p_g}\delta p\Delta\Phi_g - \frac{\rho_g}{\mu_g}\frac{\partial\mu_g}{\partial p_g}\delta p\Delta\Phi_g + \rho_g\Delta\delta p\right) + V_M\frac{\partial}{\partial p}(q_o+q_g)_M \cdot \delta p_M - \frac{V_M}{\Delta t}\left(F\frac{\partial\phi}{\partial p}\right)_M \cdot \delta p_M \tag{144}$$

在式(144)推导中对 9.1 节辅助方程式(19)中的毛管力做了显式处理，使得 $\frac{\partial p_g}{\partial p}=1$，$\delta p_g = \delta p(t^n \leq t < t^{n+1})$。

5. 第 $2N_c+2$ 个方程

式(104)中第 $2N_c+2$ 个方程可表示为：

$$\left(\frac{\partial R_{2N_c+2}}{\partial X_j}\right)^{(l)}\delta X_j + \left(\frac{\partial R_{2N_c+2}}{\partial L}\right)^{(l)}\delta L + \left(\frac{\partial R_{2N_c+2}}{\partial S_w}\right)^{(l)}\delta S_w + \left(\frac{\partial R_{2N_c+2}}{\partial Z_j}\right)^{(l)}\delta Z_j + \left(\frac{\partial R_{2N_c+2}}{\partial F}\right)^{(l)}\delta F +$$

$$\left(\frac{\partial R_{2N_c+2}}{\partial p}\right)^{(l)}\delta p = -R_{2N_c+2}^{(l)}, j=2,3,\cdots,N_c \tag{145}$$

其中，R_{2N_c+2} 对应 9.3.1 小节中 L-X 方程组的水组分守恒渗流方程式(90)。将传导系数变形式(128)代入式(90)，省略上标 $n+1$，可得：

$$R_{2N_c+2} = \Delta\Omega \frac{\rho_w KK_{rw}}{\mu_w}(\Delta p - \Delta p_{cow} - \rho_w^n g\Delta D) + V_M q_{wM} - \frac{V_M}{\Delta t}\left[(\phi S_w \rho_w)_M - (\phi S_w \rho_w)_M^n\right] = 0 \tag{146}$$

记 $\Phi_w = p - p_{cow} - \rho_g^n gD$，由式(146)及相关辅助方程可得迭代方程式(145)中各微分项的计算公式：

$$\frac{\partial R_{2N_c+2}}{\partial X_j}\delta X_j = V_M\left(\frac{\partial q_w}{\partial X_j}\right)_M \delta X_{jM}, j=2,3,\cdots,N_c \tag{147}$$

$$\frac{\partial R_{2N_c+2}}{\partial L}\delta L = V_M\left(\frac{\partial q_w}{\partial L}\right)_M \delta L_M \tag{148}$$

$$\frac{\partial R_{2N_c+2}}{\partial S_w}\delta S_w = \Delta\Omega\frac{\rho_w K}{\mu_w}\left(\frac{\partial K_{rw}}{\partial S_w}\delta S_w\Delta\Phi_w - K_{rw}\Delta\frac{\partial p_{cow}}{\partial S_w}\delta S_w\right) + V_M\left(\frac{\partial q_w}{\partial S_w}\right)_M \delta S_{wM} - \frac{V_M}{\Delta t}(\phi\rho_w)_M\cdot\delta S_{wM} \tag{149}$$

在式(149)推导中对9.1节辅助方程式(19)中的毛管力做了显式处理，使得$\frac{\partial p_{cwo}}{\partial S_w}=0$，$t^n\leqslant t<t^{n+1}$；因而$\frac{\partial}{\partial S_w}\left(\frac{\rho_w}{\mu_w}\right) = \frac{\partial}{\partial p_w}\left(\frac{\rho_w}{\mu_w}\right)\cdot\frac{\partial p_w}{\partial p_{cwo}}\frac{\partial p_{cwo}}{\partial S_w}=0$，$t^n\leqslant t<t^{n+1}$。

$$\frac{\partial R_{2N_c+2}}{\partial Z_j}\delta Z_j = V_M\left(\frac{\partial q_w}{\partial Z_j}\right)_M \delta Z_{jM}, \quad j=2,3,\cdots,N_c \tag{150}$$

$$\frac{\partial R_{2N_c+2}}{\partial F}\delta F = V_M\left(\frac{\partial q_w}{\partial F}\right)_M \delta F_M \tag{151}$$

$$\frac{\partial R_{2N_c+2}}{\partial p}\delta p = \Delta\Omega\frac{KK_{rw}}{\mu_w}\left(\frac{\partial \rho_w}{\partial p_w}\delta p\Delta\Phi_w - \frac{\rho_w}{\mu_w}\frac{\partial \mu_w}{\partial p_w}\delta p\Delta\Phi_w + \rho_w\Delta\delta p\right) + V_M\left(\frac{\partial q_w}{\partial p_w}\right)_M\cdot\delta p_M +$$
$$\frac{V_M}{\Delta t}S_{wM}\left(\rho_w\frac{\partial \phi}{\partial p} + \phi\frac{\partial \rho_w}{\partial p}\right)_M\cdot\delta p_M \tag{152}$$

在式(152)推导中对9.1节中辅助方程式(19)中毛管力做了显式处理，使得$\frac{\partial p_w}{\partial p}=1$，$\delta p_w=\delta p(t^n\leqslant t<t^{n+1})$。

6. 注采项的计算公式

在前面的各微分项计算公式中包含注采项对各独立未知量的微商，井的生产条件不同，计算公式也不同，这些微商需要给出更具体的计算公式。

1) 定井底流压情况

根据相同的推导规则，可将前面各注采项对独立未知量的微商写成更容易计算的形式。式(131)中的组分i注采项对X_j的微商：

$$\frac{\partial}{\partial X_j}(q_oX_i+q_gY_i)_M = \left[X_i\frac{\partial q_o}{\partial X_j}+q_o\delta_{ij}+\frac{Z_i-LX_i}{1-L}\frac{\partial q_g}{\partial X_j}-\frac{q_gL}{1-L}\delta_{ij}\right]_M,$$
$$j=2,3,\cdots,N_c;\ i=2,3,\cdots,N_c \tag{153}$$

式(132)中的组分i注采项对L的微商：

$$\frac{\partial}{\partial L}(q_oX_i+q_gY_i)_M = \left(X_i\frac{\partial q_o}{\partial L}+\frac{Z_i-LX_i}{1-L}\frac{\partial q_g}{\partial L}+\frac{q_g(Z_i-X_i)}{(1-L)^2}\right)_M,\ i=2,3,\cdots,N_c \tag{154}$$

式(133)中的组分i注采项对S_w的微商：

$$\frac{\partial}{\partial S_w}(q_oX_i+q_gY_i)_M = \left(X_i\frac{\partial q_o}{\partial S_w}\right)_M,\ i=2,3,\cdots,N_c \tag{155}$$

式(134)中的组分i注采项对Z_j的微商：

$$\frac{\partial}{\partial Z_j}(q_oX_i+q_gY_i)_M = \left(X_i\frac{\partial q_o}{\partial Z_j}+\frac{Z_i-LX_i}{1-L}\frac{\partial q_g}{\partial Z_j}+\frac{q_g}{1-L}\delta_{ij}\right)_M,\ j=2,3,\cdots,N_c;\ i=2,3,\cdots,N_c \tag{156}$$

式(136)中的组分i注采项对p的微商：

$$\frac{\partial}{\partial p}(q_o X_i + q_g Y_i)_M = \left(X_i \frac{\partial q_o}{\partial p} + \frac{Z_i - LX_i}{1-L} \frac{\partial q_g}{\partial p_g}\right)_M, \quad i=2,3,\cdots,N_c \tag{157}$$

至此，包括式(139)至式(144)及式(147)至式(152)在内，所有组分方程中注采项的微商均已转化为油、气、水三相流体注采项 q_o、q_g、q_w 的微商。下面进一步给出这些微商项的计算公式。

根据定压井条件，在辅助方程式(23)中，令 $\Psi = 2\pi h K / \left(\ln\dfrac{r_e}{r_w} - S_f\right)$，并取 $p_{wf} = p_{wf}^{n+1}$，可得：

$$q_o = \Psi \frac{\rho_o K_{ro}}{V_M \mu_o}(p_{wf}^{n+1} - p_o) \tag{158}$$

$$q_g = \Psi \frac{\rho_g K_{rg}}{V_M \mu_g}(p_{wf}^{n+1} - p_g) \tag{159}$$

$$q_w = \Psi \frac{\rho_w K_{rw}}{V_M \mu_w}(p_{wf}^{n+1} - p_w) \tag{160}$$

其中，井底流压 p_{wf}^{n+1} 是给定值，在 t^n 到 t^{n+1} 的时间步长内视作常数；其他所有变量均随着迭代过程变化。所有参数均取井所在网格的值。

油相注采项式(158)关于 $L-X$ 方程组独立变量 X_j、L、S_w、Z_j、F、p 的偏微商如下所示：

$$\frac{\partial q_o}{\partial X_j} = \Psi \frac{K_{ro}}{V_M \mu_o}\left(\frac{\partial \rho_o}{\partial X_j}\delta X_j - \frac{\rho_o}{\mu_o}\frac{\partial \mu_o}{\partial X_j}\delta X_j\right)(p_{wf}^{n+1} - p_o), \quad j=2,3,\cdots,N_c \tag{161}$$

$$\frac{\partial q_o}{\partial L} = \Psi \frac{K_{ro}}{V_M \mu_o (1-L)^2}\left[\sum_{k=1}^{N_c}\left(\frac{\partial \rho_o}{\partial Y_k} - \frac{\rho_o}{\mu_o}\frac{\partial \mu_o}{\partial Y_k}\right)(Z_k - X_k)\right](p_{wf}^{n+1} - p_o) \tag{162}$$

$$\frac{\partial q_o}{\partial S_w} = \Psi \frac{\rho_o}{V_M \mu_o}\frac{\partial K_{ro}}{\partial S_w}(p_{wf}^{n+1} - p_o) \tag{163}$$

$$\frac{\partial q_o}{\partial Z_j} = \Psi \frac{K_{ro}}{V_M \mu_o}\left(\frac{\partial \rho_o}{\partial Y_j} - \frac{\rho_o}{\mu_o}\frac{\partial \mu_o}{\partial Y_j}\right)(p_{wf}^{n+1} - p_o), \quad j=2,3,\cdots,N_c \tag{164}$$

$$\frac{\partial q_o}{\partial F} = 0 \tag{165}$$

$$\frac{\partial q_o}{\partial p} = \Psi \frac{K_{ro}}{V_M \mu_o}\left[\frac{\partial \rho_o}{\partial p}(p_{wf}^{n+1} - p_o) - \frac{\rho_o}{\mu_o}\frac{\partial \mu_o}{\partial p}(p_{wf}^{n+1} - p_o) + \rho_o\right] \tag{166}$$

气相注采项式(159)关于 $L-X$ 方程组独立变量 X_j、L、S_w、Z_j、F、p 的偏微商如下所示：

$$\frac{\partial q_g}{\partial X_j} = \Psi \frac{K_{rg}}{V_M \mu_g}\left(\frac{\partial \rho_g}{\partial X_j}\delta X_j - \frac{\rho_g}{\mu_g}\frac{\partial \mu_g}{\partial X_j}\delta X_j\right)(p_{wf}^{n+1} - p_g), \quad j=2,3,\cdots,N_c \tag{167}$$

$$\frac{\partial q_g}{\partial L} = \Psi \frac{K_{rg}}{V_M \mu_g (1-L)^2}\left[\sum_{k=1}^{N_c}\left(\frac{\partial \rho_g}{\partial Y_k} - \frac{\rho_g}{\mu_g}\frac{\partial \mu_g}{\partial Y_k}\right)(Z_k - X_k)\right](p_{wf}^{n+1} - p_g) \tag{168}$$

$$\frac{\partial q_g}{\partial S_w} = 0 \tag{169}$$

$$\frac{\partial q_g}{\partial Z_j} = \Psi \frac{K_{rg}}{V_M \mu_g (1-L)}\left(\frac{\partial \rho_g}{\partial Y_j} - \frac{\rho_g}{\mu_g}\frac{\partial \mu_g}{\partial Y_j}\right)(p_{wf}^{n+1} - p_g), \quad j=2,3,\cdots,N_c \tag{170}$$

$$\frac{\partial q_\mathrm{g}}{\partial F}=0 \tag{171}$$

$$\frac{\partial q_\mathrm{g}}{\partial p}=\Psi\frac{K_\mathrm{rg}}{V_M\mu_\mathrm{g}}\left[\frac{\partial\rho_\mathrm{g}}{\partial p_\mathrm{g}}(p_\mathrm{wf}^{n+1}-p_\mathrm{g})-\frac{\rho_\mathrm{g}}{\mu_\mathrm{g}}\frac{\partial\mu_\mathrm{g}}{\partial p_\mathrm{g}}(p_\mathrm{wf}^{n+1}-p_\mathrm{g})+\rho_\mathrm{g}\right] \tag{172}$$

在式(172)推导中对9.1节辅助方程式(19)中的毛管力做了显式处理,使得$\frac{\partial p_\mathrm{g}}{\partial p}=1$,$\delta p_\mathrm{g}=\delta p(t^n\leqslant t<t^{n+1})$。

水相注采项式(160)关于$L-X$方程组独立变量X_j、L、S_w、Z_j、F、p的偏导数如下所示:

$$\frac{\partial q_\mathrm{w}}{\partial X_j}=0,\ \frac{\partial q_\mathrm{w}}{\partial L}=0,\ \frac{\partial q_\mathrm{w}}{\partial Z_j}=0,\ \frac{\partial q_\mathrm{w}}{\partial F}=0,\ j=1,2,\cdots,N_\mathrm{c} \tag{173}$$

$$\frac{\partial q_\mathrm{w}}{\partial S_\mathrm{w}}=\Psi\frac{\rho_\mathrm{w}}{V_M\mu_\mathrm{w}}\Psi\left(\frac{\partial K_\mathrm{rw}}{\partial S_\mathrm{w}}(p_\mathrm{wf}^{n+1}-p_\mathrm{w})+K_\mathrm{rw}\frac{\partial p_\mathrm{cow}}{\partial S_\mathrm{w}}\right) \tag{174}$$

在式(174)推导中对9.1节辅助方程式(19)中的毛管力做了显式处理,使得$\frac{\partial p_\mathrm{cwo}}{\partial S_\mathrm{w}}=0$,$t^n\leqslant t<t^{n+1}$;因而

$$\frac{\partial}{\partial S_\mathrm{w}}\left(\frac{\rho_\mathrm{w}}{\mu_\mathrm{w}}\right)=\frac{\partial}{\partial p_\mathrm{w}}\left(\frac{\rho_\mathrm{w}}{\mu_\mathrm{w}}\right)\cdot\frac{\partial p_\mathrm{w}}{\partial p_\mathrm{cwo}}\frac{\partial p_\mathrm{cwo}}{\partial S_\mathrm{w}}=0,\ t^n\leqslant t<t^{n+1}$$

$$\frac{\partial q_\mathrm{w}}{\partial p}=\Psi\frac{K_\mathrm{rw}}{V_M\mu_\mathrm{w}}\left[\frac{\partial\rho_\mathrm{w}}{\partial p_\mathrm{w}}(p_\mathrm{wf}^{n+1}-p_\mathrm{w})-\frac{\rho_\mathrm{w}}{\mu_\mathrm{w}}\frac{\partial\mu_\mathrm{w}}{\partial p_\mathrm{w}}(p_\mathrm{wf}^{n+1}-p_\mathrm{w})+\rho_\mathrm{w}\right] \tag{175}$$

同样,在式(175)推导中对9.1节中辅助方程式(19)中毛管力做了显式处理,使得$\frac{\partial p_\mathrm{w}}{\partial p}=1$,$\delta p_\mathrm{w}=\delta p$,$t^n\leqslant t<t^{n+1}$。

将式(161)至式(172)代入式(153)至式(157)即可求得任意组分i的注采项对各独立变量的偏微商,将式(161)至式(172)代入式(139)至式(144)即可求得N_c体系的注采项对各独立变量的偏微商,将式(173)至式(175)代入式(147)至式(152)即可求得水组分的注采项对各独立变量的偏微商,从而获得式(104)迭代方程组中所有的系数值。

2)定井产量情况

下面以定液量为例,给出注采项的线性化处理过程。与注采项有关的辅助方程、符号说明及假设条件见9.1节式(23)和9.2.2小节。

根据定液量条件,$q_{L\mathrm{Vsc}}$为已知量。下面先推导各组分注采项基于$q_{L\mathrm{Vsc}}$的表达式,再求其对各独立变量的偏微商。

(1)任意组分i注采项的处理。

根据9.2.2小节式(38)至式(40),可得地面标况下油相、气相和水相的体积产量:

$$\begin{cases}q_{O\mathrm{Vsc}}=\sum_{k=1}^{N_k}\frac{1}{\rho_{k\mathrm{sc}}}(X_kq_\mathrm{o}+Y_kq_\mathrm{g})=\Psi\sum_{k=1}^{N_k}\frac{1}{\rho_{k\mathrm{sc}}}\left[X_k\frac{\rho_\mathrm{o}K_\mathrm{ro}}{\mu_\mathrm{o}}(p_\mathrm{wf}-p_\mathrm{o})+Y_k\frac{\rho_\mathrm{g}K_\mathrm{rg}}{\mu_\mathrm{g}}(p_\mathrm{wf}-p_\mathrm{g})\right]\\ q_{G\mathrm{Vsc}}=\sum_{k=N_k+1}^{N_\mathrm{c}}\frac{1}{\rho_{k\mathrm{sc}}}(X_kq_\mathrm{o}+Y_kq_\mathrm{g})=\Psi\sum_{k=N_k+1}^{N_\mathrm{c}}\frac{1}{\rho_{k\mathrm{sc}}}\left[X_k\frac{\rho_\mathrm{o}K_\mathrm{ro}(p_\mathrm{wf}^n-p_\mathrm{o})}{\mu_\mathrm{o}}+Y_k\frac{\rho_\mathrm{g}K_\mathrm{rg}(p_\mathrm{wf}^n-p_\mathrm{g})}{\mu_\mathrm{g}}\right]\\ q_{W\mathrm{Vsc}}=\frac{\Psi}{\rho_{W\mathrm{sc}}}\frac{\rho_\mathrm{w}K_\mathrm{rw}}{\mu_\mathrm{w}}(p_\mathrm{wf}-p_\mathrm{w})\end{cases}$$

$$\tag{176}$$

式中 $1\sim N_k$——地面标准状况下油相中各组分的序号；

$N_k+1\sim N_c$——地面标准状况下气相中各组分的序号。

式(176)中油水两式相加，得到地面标准状况下液相体积产量：

$$q_{LVsc} = q_{WVsc} + q_{OVsc} = \frac{\Psi}{\rho_{Wsc}}\frac{\rho_w K_{rw}}{\mu_w}(p_{wf}-p_w) + \Psi\sum_{k=1}^{N_k}\frac{1}{\rho_{ksc}}\left[X_k\frac{\rho_o K_{ro}}{\mu_o}(p_{wf}-p_o) + Y_k\frac{\rho_g K_{rg}}{\mu_g}(p_{wf}-p_g)\right] \tag{177}$$

地面标准状况下组分 i 的体积产量为：

$$q_{iVsc} = \frac{\Psi}{\rho_{isc}}\left[X_i\frac{\rho_o K_{ro}}{\mu_o}(p_{wf}-p_o) + Y_i\frac{\rho_g K_{rg}}{\mu_g}(p_{wf}-p_g)\right] \tag{178}$$

定义地面标准状况下组分 i 的体积产量与液相体积产量之比 $R_{iL,Vsc}$，则有：

$$R_{iL,Vsc} = \frac{q_{iVsc}}{q_{LVsc}} \tag{179}$$

把式(177)和式(178)代入式(179)，得：

$$R_{iL,Vsc} = \frac{\dfrac{1}{\rho_{isc}}\left[X_i\dfrac{\rho_o K_{ro}}{\mu_o}(p_{wf}-p_o) + Y_i\dfrac{\rho_g K_{rg}}{\mu_g}(p_{wf}-p_g)\right]}{\dfrac{\rho_w K_{rw}}{\rho_{Wsc}\mu_w}(p_{wf}-p_w) + \sum_{k=1}^{N_k}\dfrac{1}{\rho_{ksc}}\left[X_k\dfrac{\rho_o K_{ro}}{\mu_o}(p_{wf}-p_w) + Y_k\dfrac{\rho_g K_{rg}}{\mu_g}(p_{wf}-p_w)\right]} \tag{180}$$

记 q_i 为组分 i 的摩尔(质量)产量，则有：

$$q_i = X_i q_o + Y_i q_g = \rho_{isc} q_{iVsc} \tag{181}$$

将式(179)代入式(181)，得：

$$q_i = X_i q_o + Y_i q_g = \rho_{isc} R_{iL,Vsc} q_{LVsc} \tag{182}$$

记 $U = U_k = (X_j, L, S_w, Z_j, F, p)$，$j=1,2,\cdots,N_c$；$k=1,2,\cdots,2N_c+2$。由式(182)可得任意组分 i 的注采项对所有独立变量 U_k 的偏微商：

$$\frac{\partial q_{iM}}{\partial U_k} = \frac{\partial}{\partial U_k}(q_o X_i + q_g Y_i)_M = \rho_{isc} q_{LVsc}\frac{\partial R_{iL,Vsc}}{\partial U_k}, k=1,2,\cdots,2N_c+2 \tag{183}$$

式(183)右端 $R_{iL,Vsc}$ 的偏微商可以参考式(158)至式(175)推导得到。此处不再赘述。

(2) N_c 体系注采项的处理。

首先，根据前述油相中各组分个数 N_k 的定义，得到地面标准状况下油组分总注采项：

$$q_O = \sum_{i=1}^{N_k} q_i \tag{184}$$

将式(182)代入式(184)，得：

$$q_O = \sum_{i=1}^{N_k} \rho_{isc} R_{iL,Vsc} q_{LVsc} \tag{185}$$

地面标准状况下气组分总注采项为：

$$q_G = \sum_{i=N_k+1}^{N_c} q_i \tag{186}$$

将式(182)代入式(186)，得：

$$q_G = \sum_{i=N_k+1}^{N_c} \rho_{isc} R_{iL,Vsc} q_{LVsc} \tag{187}$$

式(185)与式(187)相加，并将式(180)代入，可得：

$$q_O + q_G = \left(\sum_{i=1}^{N_k} \rho_{isc} R_{iL,Vsc} + \sum_{i=N_k+1}^{N_c} \rho_{isc} R_{iL,Vsc} \right) \cdot q_{LVsc}$$

$$= \frac{\dfrac{\rho_o K_{ro}}{\mu_o}(p_{wf} - p_o) + \dfrac{\rho_g K_{rg}}{\mu_g}(p_{wf} - p_g)}{\dfrac{\rho_w K_{rw}}{\rho_{Wsc}\mu_w}(p_{wf} - p_w) + \sum_{k=1}^{N_k}\dfrac{1}{\rho_{ksc}}\left[X_k \dfrac{\rho_o K_{ro}}{\mu_o}(p_{wf} - p_o) + Y_k \dfrac{\rho_g K_{rg}}{\mu_g}(p_{wf} - p_g) \right]} \cdot q_{LVsc}$$

(188)

式(188)可记作式(189)

$$q_O + q_G = R_{NcL,sc} \cdot q_{LVsc} \tag{189}$$

考虑到油气组分总质量与油气两相总质量相等,可得:

$$q_o + q_g = q_O + q_G \tag{190}$$

式(189)代入式(188),再代入式(190),得到储层内 N_c 体系注采项表达式:

$$q_o + q_g = R_{NcL,sc} \cdot q_{LVsc} \tag{191}$$

由式(191)可得 N_c 体系注采项对各独立变量的偏微商:

$$\frac{\partial}{\partial U_k}(q_o + q_g)_M = q_{LVsc} \cdot \frac{\partial R_{NcL,scM}}{\partial U_k}, k = 1, 2, \cdots, 2N_c + 2 \tag{192}$$

式(192)右端对 $R_{NcL,scM}$ 的偏微商可以参考式(158)至式(175)推导得到。此处不再赘述。

(3)水注采项的处理。

采用与上述类似的方法步骤,可以得到地面标准状况下水组分(亦即水相)注采项的表达式:

$$q_w = R_{WL,sc} \cdot q_{LVsc} \tag{193}$$

$$R_{WL,sc} = \frac{\dfrac{\rho_w K_{rw}}{\mu_w}(p_{wf}^n - p_w)}{\dfrac{\rho_w K_{rw}}{\rho_{Wsc}\mu_w}(p_{wf} - p_w) + \sum_{k=1}^{N_k}\dfrac{1}{\rho_{ksc}}\left[X_k \dfrac{\rho_o K_{ro}}{\mu_o}(p_{wf} - p_o) + Y_k \dfrac{\rho_g K_{rg}}{\mu_g}(p_{wf} - p_g) \right]} \tag{194}$$

由式(193)可得水注采项对各独立变量的偏微商:

$$\left(\frac{\partial q_w}{\partial U_k}\right)_M = q_{LVscM} \cdot \frac{\partial R_{WL,scM}}{\partial U_k}, k = 1, 2, \cdots, 2N_c + 2 \tag{195}$$

式(195)右端对 $R_{WL,Vsc}$ 的偏微商可以参考式(158)至式(175)推导得到。此处不再赘述。

将式(183)代入式(131)至式(136)即可求得 N_c 体系中任意组分 i 的注采项对各独立变量的偏微商,将式(192)代入式(139)至式(144)即可求得 N_c 体系的注采项对各独立变量的偏微商,将式(195)代入式(147)至式(152)即可求得水组分的注采项对各独立变量的偏微商。

9.3.3 小节给出了式(104)中各微分项的计算公式,利用这些公式就可以计算迭代方程组式(104)中的各方程系数,进而利用全隐式迭代方法对油藏问题进行求解。

9.3.4 求解步骤

(1)采用迭代方式求解非线性渗流差分方程组。参照半隐式线性化方法，建立用于全隐式迭代计算的 $N\times(2N_c+2)$ 阶线性差分方程组式(104)，N 为待求网格数。

(2)对于任一个待求解时间步$(n+1)$，给定独立变量的迭代初值，一般可取第 n 时间步的值。

(3)在任意迭代步第(l)步对方程组式(104)进行求解，得到新迭代步第$(l+1)$步的独立变量值 $X_j^{(l+1)}$、$L^{(l+1)}$、$S_w^{(l+1)}$、$Z_j^{(l+1)}$、$F^{(l+1)}$、$p^{(l+1)}$。

(4)由 $X_j^{(l+1)}$、$L^{(l+1)}$、$S_w^{(l+1)}$、$Z_j^{(l+1)}$、$F^{(l+1)}$、$p^{(l+1)}$ 求取第$(l+1)$迭代步的所有参数值。

(5)单井生产指标的计算。计算方法与 9.2 节中 IMPES 方法相同，只要将式(68)至式(77)中所有的上标时间步"$n+1$"换成迭代步"$(l+1)$"即可。

(6)将所有新的参数值代回差分方程组式(104)，得新迭代步计算方程。

(7)重复步骤(3)至步骤(6)，直至迭代收敛，得到第$(n+1)$时间步的独立变量值：X_j^{n+1}、L^{n+1}、S_w^{n+1}、Z_j^{n+1}、F^{n+1}、p^{n+1}。

(8)利用 X_j^{n+1}、L^{n+1}、S_w^{n+1}、Z_j^{n+1}、F^{n+1}、p^{n+1} 求取第$(n+1)$时间步的所有参数值。

(9)用第$(n+1)$时间步的参数值代替式(104)中第 n 时间步的参数值，得到求解第$(n+2)$时间步的全隐式迭代方程组。

(10)重复步骤(2)至步骤(9)，直至模拟时间结束。

9.4 小结

凝析油气藏多组分模型可普遍用于一般油气藏注水、注气开发的数值模拟。从模型的渗流机理上看，凝析油气藏多组分模型涵盖了黑油模型的使用范围；但从模型方程对渗流的表达形式和计算过程的处理方式上看，凝析油气藏多组分模型更适合于凝析气藏、挥发性油藏及注气开发油藏的模拟，而黑油模型主要适用于非挥发性油藏的模拟。

凝析油气藏多组分模型与黑油模型求解方法的主要原理和步骤相似；只是凝析油气藏多组分模型流体组分多，组分和相态间关系更复杂，方程和算法也更复杂，计算量更大。

习题

1. 简述凝析油气藏多组分模型 IMPIMS 解法的原理与求解步骤。
2. 简述凝析油气藏多组分模型全隐式解法的原理与求解步骤。
3. 在凝析油气藏多组分模型的 IMPES 解法中，需要求解由辅助方程式(11)至式(14)组成的关于未知量 X_j^{n+1}、Y_j^{n+1}、L^{n+1}、V^{n+1} 的$(2N_c+2)$阶非线性代数方程组，试给出其求解思路和步骤。
4. 参照 L-X 形式的全隐式解法迭代方程推导方法，推导 V-Y 形式的全隐式解法迭代方程及各方程系数计算公式。
5. 参照定液井条件下迭代方程组系数中注采项偏微商的推导方法，推导全隐式解法迭代方程组系数中注采项偏微商在定油量条件下的计算公式。

第10章 各向异性油藏数值模拟方法

前面两章介绍了黑油模型和凝析油气藏多组分模型及其数值模拟方法,凝析油气藏多组分模型相对于黑油模型,主要是其油藏流体的成分和性质更加复杂。本章将在黑油模型的基础上,介绍各向异性渗透率油藏数值模拟方法,后者相对于一般黑油模型的区别主要是岩石介质的性质更加复杂。

10.1 各向异性油藏的概念及基本性质

10.1.1 各向异性油藏的概念

渗透率具有方向性的油藏叫作各向异性油藏,具有方向性的渗透率叫作各向异性渗透率。因此,各向异性油藏指的就是各向异性渗透率油藏,渗透率无方向性的油藏叫作各向同性油藏。

各向异性渗透率的主要特征为:在地层中同一点上,不同方向的渗透率不同,其中某一个方向的渗透率比其他方向大,而在与该方向垂直的方向上渗透率最小。上述方向称为各向异性渗透率的主方向,它们对应的渗透率值称作各向异性渗透率的主值,如图10.1.1所示。二维空间的各向异性渗透率具有两个渗透率主方向和两个渗透率主值,如图10.1.1(a)所示;图中K_x和K_y分别表示最大渗透率主值和最小渗透率主值。三维各向异性渗透率具有三个渗透率主方向和三个渗透率主值,三个主方向两两相互垂直;若取任意两个主方向所在的平面,则在此平面内渗透率的最大值和最小值分别在该两个主方向上取得,如图10.1.1(b)所

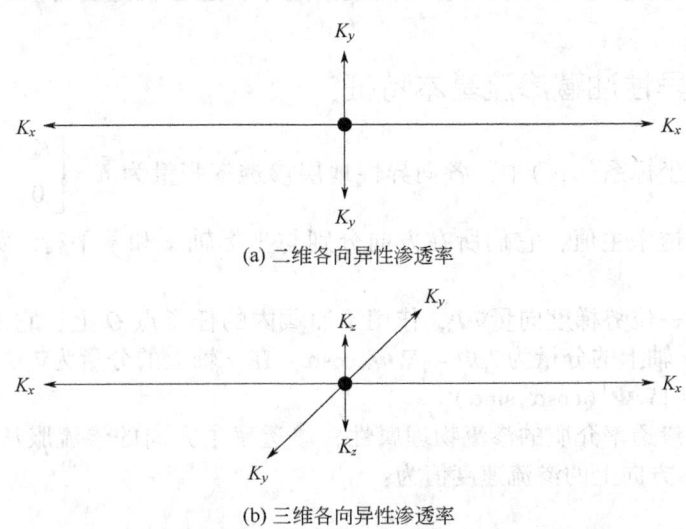

(a) 二维各向异性渗透率

(b) 三维各向异性渗透率

图 10.1.1 各向异性渗透率示意图

示;图中 K_x、K_y、K_z 表示三维各向异性渗透率的三个主值,K_x 和 K_z 分别表示最大和最小渗透率主值。

各向异性渗透率作为客观存在的油藏物理属性,它的基本要素是主方向和主值,只要确定了主方向和主值,就确定了完整的各向异性渗透率。

10.1.2 各向异性渗透率的数学表示

各向异性渗透率是张量。在油藏内建立任意直角坐标系,则各向异性渗透率张量的数学形式为[11]:

$$\overline{K} = \begin{bmatrix} K_{xx} & K_{xy} & K_{xz} \\ K_{yx} & K_{yy} & K_{yz} \\ K_{zx} & K_{zy} & K_{zz} \end{bmatrix} \quad (1)$$

其中,K_{xx}、K_{yy}、K_{zz}、K_{xy}、K_{xz}、K_{yx}、K_{yz}、K_{zx}、K_{zy} 均为渗透率张量 $\overline{K}$ 的分量。

一般情况下,渗透率张量为对称张量,即有 $K_{xy}=K_{yx}$,$K_{yz}=K_{zy}$,$K_{zx}=K_{xz}$;因此渗透率张量有6个独立分量。这意味着要完整描述一点上的各向异性渗透率,需要六个参数。

如果选择渗透率主方向为坐标方向建立直角坐标系(即主轴坐标系),则各向异性渗透率张量可表示为对角线形式:

$$\overline{K}_0 = \begin{bmatrix} K_x & & \\ & K_y & \\ & & K_z \end{bmatrix} \quad (2)$$

其中,K_x、K_y、K_z 分别为 x、y、z 主轴坐标方向的渗透率主值。

如果渗透率主值都彼此相等,即 $K_x=K_y=K_z=K$,则式(2)变为:

$$\overline{K}_0 = K \begin{bmatrix} 1 & & \\ & 1 & \\ & & 1 \end{bmatrix} = K\overline{I} \quad (3)$$

式中 $\overline{I}$ 为单位张量。

式(3)所示各向异性渗透率已退化为各向同性渗透率,各向同性渗透率可视为一个标量 K。这意味着只用一个参数即可表示各向同性渗透率,这也就是通常所见各向同性油藏的情形。

10.1.3 各向异性油藏渗流基本特征

设在平面主轴坐标系 (x,y) 中,各向异性地层渗透率张量为 $\overline{K} = \begin{bmatrix} K_x & 0 \\ 0 & K_y \end{bmatrix}$,$K_x$ 和 K_y 分别为最大和最小渗透率主值,它们所在方向分别与坐标轴 x 和 y 平行。如图10.1.2所示。流体黏度为 μ。

设油藏内存在一位势梯度向量 $\nabla\boldsymbol{\Phi}$,作用于油藏内的任意点 O 上,它的方向与 x 轴夹角为 α。那么 $\nabla\boldsymbol{\Phi}$ 在 x 轴上的分量为 $\nabla_x\boldsymbol{\Phi}=|\nabla\boldsymbol{\Phi}|\cos\alpha$,在 y 轴上的分量为 $\nabla_y\boldsymbol{\Phi}=|\nabla\boldsymbol{\Phi}|\sin\alpha$。即:$\nabla\boldsymbol{\Phi}=(\nabla_x\boldsymbol{\Phi},\nabla_y\boldsymbol{\Phi})=|\nabla\boldsymbol{\Phi}|(\cos\alpha,\sin\alpha)$。

根据各向异性渗透率介质的渗流物理属性,渗透率主方向的渗流服从达西公式。因此,图10.1.2中 x 和 y 方向上的渗流速度值为:

$$v_x = -\frac{K_x}{\mu}|\nabla\boldsymbol{\Phi}|\cos\alpha, \quad v_y = -\frac{K_y}{\mu}|\nabla\boldsymbol{\Phi}|\sin\alpha \quad (4)$$

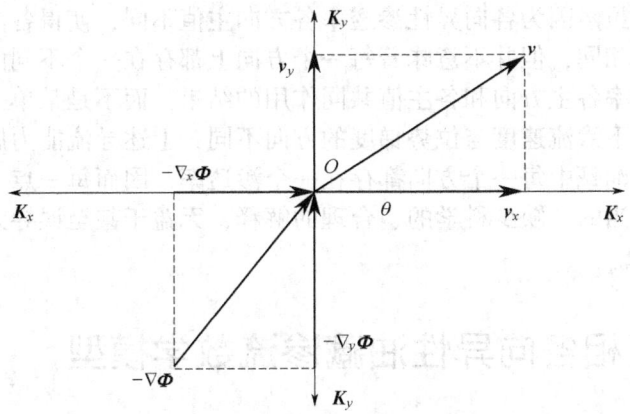

图 10.1.2 各向异性油藏渗流基本特征示意图

式(4)所示恰好是 O 点总体渗流速度在直角坐标 x 和 y 方向的两个分量。因此 O 点总体渗流速度为：

$$v = \begin{pmatrix} v_x \\ v_y \end{pmatrix} = -\frac{1}{\mu} |\nabla \boldsymbol{\Phi}| \begin{pmatrix} K_x \cos\alpha \\ K_y \sin\alpha \end{pmatrix} = -\frac{\overline{K}}{\mu} \cdot \nabla \boldsymbol{\Phi}$$

渗流速度 v 的大小为：

$$|v| = \frac{1}{\mu} |\nabla \boldsymbol{\Phi}| \sqrt{K_x^2 \cos^2\alpha + K_y^2 \sin^2\alpha}$$

渗流速度 v 与 x 轴的夹角为：

$$\theta = \arctan\left(\frac{K_y}{K_x} \tan\alpha\right)$$

由上可以看出，渗流速度 v 与 x 轴的夹角 θ 和位势梯度向量 $\nabla \boldsymbol{\Phi}$ 跟 x 轴的夹角 α 一般不相等，即 v 和 $\nabla \boldsymbol{\Phi}$ 不在一条直线上，只有当 $\alpha=0$ 或 $\alpha=\pi/2$ 时，才有 $\theta=\alpha$，即 v 和 $\nabla \boldsymbol{\Phi}$ 平行(处于同一条直线上)。同时可以看出，渗流速度的大小 $|v|$ 不仅决定于位势梯度的大小 $\nabla \boldsymbol{\Phi}$，还决定于位势梯度的方向 α。

容易推导，若 $K_x = K_y = K$，即渗透率为各向同性时，将有如下形式：

$$\theta = \alpha, \quad |v| = \frac{K}{\mu} |\nabla \boldsymbol{\Phi}|$$

比较各向异性油藏和各向同性油藏的基本渗流特征，可以得到如下规律：

(1)各向同性油藏中，渗流速度大小由位势(压力)梯度大小决定，渗流速度方向由位势梯度方向决定，渗流速度的方向恒与位势梯度平行，渗流速度大小与位势梯度方向无关。

(2)各向异性油藏中，渗流速度方向由位势梯度方向确定，但两者一般不平行；当且仅当位于渗透率主方向上时，渗流速度和位势梯度两者方向平行；渗流速度大小由位势梯度的大小和方向共同决定，即无论位势梯度的大小还是方向发生变化，渗流速度大小都会改变。位势梯度的大小发生变化，只影响渗流速度大小；位势梯度的方向改变，将引起渗流速度的大小和方向同时改变。

上述基本特征意味着，在各向异性油藏中某个方向上注采驱油时，油气水等流体通常并不沿注采方向流动，而是流往别的方向。采用同样大小的压差在不同方向注采时，所得注采液量是不同的，即有的方向注采生产较易实现，有的方向很难进行。

正是由于以上基本渗流特征的复杂性，造成了各向异性油藏相对于一般油藏在渗流和开发问题中一系列的复杂性。

需要说明的是，虽然因为各向异性渗透率各方向主值不同，使得各向异性油藏在不同方向上的导流能力各不相同，但并不意味着每一个方向上都存在一个不同的渗透率值。不同方向的导流能力是渗透率各主方向和各主值共同作用的结果，而不是某单一方向提供的导流能力。又因为一般情况下渗流速度与位势梯度的方向不同，上述导流能力属于哪个方向？难以回答。认为各向异性油藏中每一个方向都存在一个渗透率，因而每一点上都存在无数多个渗透率值的说法是不妥当的，缺少科学的、合理的解释，无益于甚至误导人们对各向异性渗透率的正确理解和使用。

10.2 三维三相各向异性油藏渗流数学模型

本节推导三维三相各向异性油藏渗流数学模型。各向异性油藏与常规（即各向同性）油藏模型的主要区别在于油藏渗透率的不同。在此以常规油藏黑油模型的假设条件为基础，研究各向异性渗透率介质条件下三维三相黑油模型的表现形式。

10.2.1 各向异性油藏物理条件

各向异性油藏的物理条件假设如下：

(1) 油藏具有各向异性和非均质特征，即渗透率具有方向性，岩石渗透率和孔隙度都是空间变量。

(2) 油藏岩石具有可压缩性，即孔隙度随油藏流体压力而变化，但渗透率变化忽略不计。

(3) 油藏内共含有油、气、水三个组分，烃类流体只含油、气两个组分。油组分是指在地面标准状况下经差异分离后残存的液体，气组分是指在地面条件下分离出来的全部烃类气体。

(4) 油藏内流体最多有油、气、水三种相态。

(5) 水组分只存在于水相中，油组分只存在于油相中，气组分可同时存在于气相和油相中，即气组分在油藏中可同时以自由气和溶解气形式存在，气组分在水相中的微量溶解忽略不计。水相中只含有水组分，气相中只含有气组分，油相中可同时含有油组分和气组分。

(6) 水相与油相、水相与气相间不发生任何组分转移，油相与气相间可发生气组分转移。假定组分在相间转移的过程瞬间完成，即任意组分达到相间平衡的过程持续时间为零。

(7) 流体是可压缩的。

(8) 渗流服从达西定律。

(9) 油藏区域是恒等温的。

10.2.2 各向异性油藏渗流微分方程

在直角坐标系(x,y,z)中，各向异性油藏中油、气、水三相渗流的运动方程为：

$$\begin{cases} v_o = -\dfrac{K_{ro}}{\mu_o}\overline{K} \cdot [\nabla p_o - \rho_o g \nabla D] \\ v_g = -\dfrac{K_{rg}}{\mu_g}\overline{K} \cdot [\nabla p_g - \rho_g g \nabla D] \\ v_w = -\dfrac{K_{rw}}{\mu_w}\overline{K} \cdot [\nabla p_w - \rho_w g \nabla D] \end{cases} \quad (5)$$

油、气、水三组分的质量守恒方程（连续性方程）如下：

$$\begin{cases} -\nabla \cdot (\rho_o \boldsymbol{v}_o) + q_O = \dfrac{\partial(\phi \rho_O S_o)}{\partial t} \\ -\nabla \cdot (\rho_{Gd} \boldsymbol{v}_o + \rho_g \boldsymbol{v}_g) + q_G = \dfrac{\partial[\phi(\rho_{Gd} S_o + \rho_g S_g)]}{\partial t} \\ -\nabla \cdot (\rho_W \boldsymbol{v}_w) + q_W = \dfrac{\partial(\phi \rho_W S_w)}{\partial t} \end{cases} \quad (6)$$

式中 $\overline{K}$——各向异性渗透率张量，$\overline{K} = K_{ij}(i,j=x,y,z)$，为对称张量，即 $K_{ij} = K_{ji}$；

∇——哈密顿算子；

v_o、v_g、v_w——油、气、水三相的渗流速度，m/s；

D——垂直向下的深度，一般取 $z=D$，m；

K_r——油藏条件下相对渗透率；

μ——油藏条件下流体的黏度，Pa·s；

p——油藏条件下流体的压力，Pa；

ρ——油藏条件下流体密度，kg/m³；

q——单位时间向单位体积油藏内注入的组分质量，kg/(m³·s)；

S——流体饱和度；

ϕ——岩石孔隙度。

小写英文字母 o、g、w 做下标时分别表示油相、气相和水相，大写英文字母 O、G、W 做下标时分别表示油组分、气组分和水组分，下标 Gd 表示溶解在油相中的气组分。根据黑油模型流体相和组分间关系知：$\rho_o = \rho_O + \rho_{Gd}$，$\rho_w = \rho_W$。

将式(5)的三个方程分别代入式(6)的三个方程，得到下列质量守恒渗流控制方程：

油组分：

$$\nabla \cdot \left[\dfrac{K_{ro} \rho_O}{\mu_o} \overline{K} \cdot (\nabla p_o - \rho_o g \nabla D) \right] + q_O = \dfrac{\partial(\phi \rho_O S_o)}{\partial t} \quad (7)$$

气组分：

$$\nabla \cdot \left[\dfrac{K_{ro} \rho_{Gd}}{\mu_o} \overline{K} \cdot (\nabla p_o - \rho_o g \nabla D) \right] + \nabla \cdot \left[\dfrac{K_{rg} \rho_G}{\mu_g} \overline{K} \cdot (\nabla p_g - \rho_g g \nabla D) \right] + q_G = \dfrac{\partial(\phi \rho_{Gd} S_o)}{\partial t} + \dfrac{\partial(\phi \rho_g S_g)}{\partial t}$$

$$(8)$$

水组分：

$$\nabla \cdot \left[\dfrac{K_{rw} \rho_W}{\mu_w} \overline{K} \cdot (\nabla p_w - \rho_w g \nabla D) \right] + q_W = \dfrac{\partial(\phi \rho_W S_w)}{\partial t} \quad (9)$$

在式(7)、式(8)、式(9)两端分别除以油、气、水在标准状况下的密度 ρ_{osc}、ρ_{gsc}、ρ_{wsc}，将其转换为以地面标况下体积表示的质量守恒渗流控制方程；再记 $x_i = x,y,z$；$x_j = x,y,z$，将渗透率张量写成分量形式，可得：

油组分：

$$\dfrac{\partial}{\partial x_i}\left[\dfrac{K_{ro}}{\mu_o B_o} K_{ij} \cdot \left(\dfrac{\partial p_o}{\partial x_j} - \rho_o g \dfrac{\partial D}{\partial x_j} \right) \right] + \dfrac{q_O}{\rho_{osc}} = \dfrac{\partial}{\partial t} \dfrac{\phi S_o}{B_o} \quad (10)$$

气组分：

$$\dfrac{\partial}{\partial x_i}\left[\dfrac{K_{ro} R_{so}}{\mu_o B_o} K_{ij} \cdot \left(\dfrac{\partial p_o}{\partial x_j} - \rho_o g \dfrac{\partial D}{\partial x_j} \right) \right] + \dfrac{\partial}{\partial x_i}\left[\dfrac{K_{rg}}{\mu_g B_g} K_{ij} \cdot \left(\dfrac{\partial p_g}{\partial x_j} - \rho_g g \dfrac{\partial D}{\partial x_j} \right) \right] + \dfrac{q_G}{\rho_{gsc}} = \dfrac{\partial}{\partial t} \dfrac{\phi R_{so} S_o}{B_o} + \dfrac{\partial}{\partial t} \dfrac{\phi S_g}{B_g}$$

$$(11)$$

水组分：

$$\frac{\partial}{\partial x_i}\left[\frac{K_{rw}}{\mu_w B_w}K_{ij}\cdot\left(\frac{\partial p_w}{\partial x_j}-\rho_w g\frac{\partial D}{\partial x_j}\right)\right]+\frac{q_W}{\rho_{wsc}}=\frac{\partial}{\partial t}\frac{(\phi S_w)}{B_w} \tag{12}$$

其中，R_{so} 为溶解气油比。

将式(10)至式(12)按(x,y,z)坐标展开，则得：

油组分：

$$\frac{\partial}{\partial x}\left\{\frac{K_{ro}}{\mu_o B_o}\left[K_{xx}\left(\frac{\partial p_o}{\partial x}-\rho_o g\frac{\partial D}{\partial x}\right)+K_{xy}\left(\frac{\partial p_o}{\partial y}-\rho_o g\frac{\partial D}{\partial y}\right)+K_{xz}\left(\frac{\partial p_o}{\partial z}-\rho_o g\frac{\partial D}{\partial z}\right)\right]\right\}+$$
$$\frac{\partial}{\partial y}\left\{\frac{K_{ro}}{\mu_o B_o}\left[K_{yx}\left(\frac{\partial p_o}{\partial x}-\rho_o g\frac{\partial D}{\partial x}\right)+K_{yy}\left(\frac{\partial p_o}{\partial y}-\rho_o g\frac{\partial D}{\partial y}\right)+K_{yz}\left(\frac{\partial p_o}{\partial z}-\rho_o g\frac{\partial D}{\partial z}\right)\right]\right\}+$$
$$\frac{\partial}{\partial z}\left\{\frac{K_{ro}}{\mu_o B_o}\left[K_{zx}\left(\frac{\partial p_o}{\partial x}-\rho_o g\frac{\partial D}{\partial x}\right)+K_{zy}\left(\frac{\partial p_o}{\partial y}-\rho_o g\frac{\partial D}{\partial y}\right)+K_{zz}\left(\frac{\partial p_o}{\partial z}-\rho_o g\frac{\partial D}{\partial z}\right)\right]\right\}+$$
$$q_{OVsc}=\frac{\partial}{\partial t}\frac{\phi S_o}{B_o} \tag{13}$$

气组分：

$$\frac{\partial}{\partial x}\left\{\frac{K_{ro}R_{so}}{\mu_o B_o}\left[K_{xx}\left(\frac{\partial p_o}{\partial x}-\rho_o g\frac{\partial D}{\partial x}\right)+K_{xy}\left(\frac{\partial p_o}{\partial y}-\rho_o g\frac{\partial D}{\partial y}\right)+K_{xz}\left(\frac{\partial p_o}{\partial z}-\rho_o g\frac{\partial D}{\partial z}\right)\right]\right\}+$$
$$\frac{\partial}{\partial y}\left\{\frac{K_{ro}R_{so}}{\mu_o B_o}\left[K_{yx}\left(\frac{\partial p_o}{\partial x}-\rho_o g\frac{\partial D}{\partial x}\right)+K_{yy}\left(\frac{\partial p_o}{\partial y}-\rho_o g\frac{\partial D}{\partial y}\right)+K_{yz}\left(\frac{\partial p_o}{\partial z}-\rho_o g\frac{\partial D}{\partial z}\right)\right]\right\}+$$
$$\frac{\partial}{\partial z}\left\{\frac{K_{ro}R_{so}}{\mu_o B_o}\left[K_{zx}\left(\frac{\partial p_o}{\partial x}-\rho_o g\frac{\partial D}{\partial x}\right)+K_{zy}\left(\frac{\partial p_o}{\partial y}-\rho_o g\frac{\partial D}{\partial y}\right)+K_{zz}\left(\frac{\partial p_o}{\partial z}-\rho_o g\frac{\partial D}{\partial z}\right)\right]\right\}+$$
$$\frac{\partial}{\partial x}\left\{\frac{K_{rg}}{\mu_g B_g}\left[K_{xx}\left(\frac{\partial p_g}{\partial x}-\rho_g g\frac{\partial D}{\partial x}\right)+K_{xy}\left(\frac{\partial p_g}{\partial y}-\rho_g g\frac{\partial D}{\partial y}\right)+K_{xz}\left(\frac{\partial p_g}{\partial z}-\rho_g g\frac{\partial D}{\partial z}\right)\right]\right\}+$$
$$\frac{\partial}{\partial y}\left\{\frac{K_{rg}}{\mu_g B_g}\left[K_{yx}\left(\frac{\partial p_g}{\partial x}-\rho_g g\frac{\partial D}{\partial x}\right)+K_{yy}\left(\frac{\partial p_g}{\partial y}-\rho_g g\frac{\partial D}{\partial y}\right)+K_{yz}\left(\frac{\partial p_g}{\partial z}-\rho_g g\frac{\partial D}{\partial z}\right)\right]\right\}+$$
$$\frac{\partial}{\partial z}\left\{\frac{K_{rg}}{\mu_g B_g}\left[K_{zx}\left(\frac{\partial p_g}{\partial x}-\rho_g g\frac{\partial D}{\partial x}\right)+K_{zy}\left(\frac{\partial p_g}{\partial y}-\rho_g g\frac{\partial D}{\partial y}\right)+K_{zz}\left(\frac{\partial p_g}{\partial z}-\rho_g g\frac{\partial D}{\partial z}\right)\right]\right\}+$$
$$q_{GVsc}=\frac{\partial}{\partial t}\frac{\phi R_{so}S_o}{B_o}+\frac{\partial}{\partial t}\frac{\phi S_g}{B_g} \tag{14}$$

水组分：

$$\frac{\partial}{\partial x}\left\{\frac{K_{rw}}{\mu_w B_w}\left[K_{xx}\left(\frac{\partial p_w}{\partial x}-\rho_w g\frac{\partial D}{\partial x}\right)+K_{xy}\left(\frac{\partial p_w}{\partial y}-\rho_w g\frac{\partial D}{\partial y}\right)+K_{xz}\left(\frac{\partial p_w}{\partial z}-\rho_w g\frac{\partial D}{\partial z}\right)\right]\right\}+$$
$$\frac{\partial}{\partial y}\left\{\frac{K_{rw}}{\mu_w B_w}\left[K_{yx}\left(\frac{\partial p_w}{\partial x}-\rho_w g\frac{\partial D}{\partial x}\right)+K_{yy}\left(\frac{\partial p_w}{\partial y}-\rho_w g\frac{\partial D}{\partial y}\right)+K_{yz}\left(\frac{\partial p_w}{\partial z}-\rho_w g\frac{\partial D}{\partial z}\right)\right]\right\}+$$
$$\frac{\partial}{\partial z}\left\{\frac{K_{rw}}{\mu_w B_w}\left[K_{zx}\left(\frac{\partial p_w}{\partial x}-\rho_w g\frac{\partial D}{\partial x}\right)+K_{zy}\left(\frac{\partial p_w}{\partial y}-\rho_w g\frac{\partial D}{\partial y}\right)+K_{zz}\left(\frac{\partial p_w}{\partial z}-\rho_w g\frac{\partial D}{\partial z}\right)\right]\right\}+$$
$$q_{WVsc}=\frac{\partial}{\partial t}\frac{(\phi S_w)}{B_w} \tag{15}$$

式中 q_{OVsc}、q_{GVsc}、q_{WVsc} 分别为单位时间向单位体积油藏内注入的油、气、水组分流体在地面标准状况下的体积，$m^3/(m^3 \cdot s)$，$q_{OVsc}=q_O/\rho_{osc}$，$q_{GVsc}=q_G/\rho_{gsc}$，$q_{WVsc}=q_W/\rho_{wsc}$；$K_{xy}=K_{yx}$，$K_{xz}=K_{zx}$，$K_{yz}=K_{zy}$。

式(13)至式(15)就是三维各向异性油藏黑油模型微分方程组。在该方程组中，渗透率张量含有九个分量，既包括对角分量 K_{xx}、K_{yy}、K_{zz}，也包括非对角分量 K_{xy}、K_{xz}、K_{yx}、K_{yz}、K_{zx}、K_{zy}。正是考虑了这些分量，才使得其能准确地描述各向异性油藏的渗流特征。

10.2.3 辅助方程

式(13)至式(15)共有三个方程，但其中的物理量有21个：p_o，p_g，p_w，S_o，S_g，S_w，B_o，B_g，B_w，μ_o，μ_g，μ_w，K_{ro}，K_{rg}，K_{rw}，ϕ，K，R_{so}，q_{OVsc}，q_{GVsc}，q_{WVsc}；所以，要建立封闭的方程组，还需要18个辅助方程。这些辅助方程如式(16)至式(29)所示。

(1) 三相饱和度之间自然满足的关系式(1个)：

$$S_o+S_g+S_w=1 \tag{16}$$

(2) 两相间毛管力方程(2个)：

$$\begin{cases} p_g-p_o=p_{cgo}(x,y,z,S_g)=p_{cog}(x,y,z,S_g) \\ p_o-p_w=p_{cwo}(x,y,z,S_w)=p_{cow}(x,y,z,S_w) \end{cases} \tag{17}$$

(3) 各相体积系数方程(3个)

$$三相情况\begin{cases} B_o=B_o(p_o) \\ B_g=B_g(p_g) \\ B_w=B_w(p_w) \end{cases}，两相情况\begin{cases} B_o=B_o(p_o,p_b) \\ B_w=B_w(p_w) \end{cases} \tag{18}$$

(4) 各相黏度方程(3个)：

$$三相情况\begin{cases} \mu_o=\mu_o(p_o) \\ \mu_g=\mu_g(p_g) \\ \mu_w=\mu_w(p_w) \end{cases}，两相情况\begin{cases} \mu_o=\mu_o(p_o,p_b) \\ \mu_w=\mu_w(p_w) \end{cases} \tag{19}$$

(5) 溶解气油比方程(1个)：

$$三相情况\ R_{so}=R_{so}(p_o)，两相情况\ R_{so}=R_{so}(p_o,p_b) \tag{20}$$

(6) 各相的相对渗透率方程(3个)：

$$\begin{cases} K_{ro}=K_{ro}(x,y,z,S_g,S_w) \\ K_{rg}=K_{rg}(x,y,z,S_g) \\ K_{rw}=K_{rw}(x,y,z,S_w) \end{cases} \tag{21}$$

(7) 油藏内孔隙度分布及变化方程(1个)：

$$\phi=\phi(x,y,z,p_o)\ 或\ C_R=\frac{1}{\phi}\frac{\partial \phi}{\partial p_o} \tag{22}$$

(8) 油藏内渗透率分布方程(1个)：

$$\overline{\boldsymbol{K}}=K_{ij}(x,y,z) \quad (i,j=x,y,z) \tag{23}$$

(9) 各组分的注采项方程(3个)：

若定井的产量，则有：

$$q_{OVsc}=-Q_{OVsc}(x,y,z,t)/V_M \tag{24}$$

$$q_{GVsc}=-Q_{GVsc}(x,y,z,t)/V_M \tag{25}$$

$$q_{WVsc}=-Q_{WVsc}(x,y,z,t)/V_M \tag{26}$$

式中 $Q_{OVsc}(x,y,z,t)$、$Q_{GVsc}(x,y,z,t)$ 和 $Q_{WVsc}(x,y,z,t)$ 分别表示地面标况下油、气、水三组分

（即三相）以体积记的井产量，单位为 m³/s。一般定产条件是给定产液量 $Q_{OVsc}(x,y,z,t)+Q_{WVsc}(x,y,z,t)$ 或产油量 $Q_{OVsc}(x,y,z,t)$ 的值。

若定井底流压，则有：

$$q_{OVsc}=\frac{2\pi hKK_{ro}}{V_M B_o \mu_o \ln\frac{r_e}{r_w}}(p_{wf}-p_o) \tag{27}$$

$$q_{GVsc}=\frac{2\pi hR_{so}KK_{ro}}{V_M B_o \mu_o \ln\frac{r_e}{r_w}}(p_{wf}-p_o)+\frac{2\pi hKK_{rg}}{V_M B_g \mu_g \ln\frac{r_e}{r_w}}(p_{wf}-p_g) \tag{28}$$

$$q_{WVsc}=\frac{2\pi hKK_{rw}}{V_M B_w \mu_w \ln\frac{r_e}{r_w}}(p_{wf}-p_w) \tag{29}$$

其中

$$K=\sqrt[3]{K_1 K_2 K_3}$$

式中　p_{wf}——给定的已知函数，$p_{wf}=p_{wf}(x,y,z,t)$；

K_1、K_2、K_3——渗透率主值，m²；

r_e——参照使用 3.4.2 小节中各向异性地层计算公式。

10.2.4　定解条件

边界条件的给定和处理方法参考 7.4 节。各向异性油藏边界条件一般如下所述。

1. 边界条件

（1）封闭油藏边界：边界上的法向压力梯度为零，如式（30）所示：

$$\boldsymbol{n}\cdot\overline{\boldsymbol{K}}\cdot\nabla p=0 \quad \text{或} \quad n_i K_{ij}\frac{\partial p}{\partial x_j}=0, \quad i,j=x,y,z \tag{30}$$

式中　$\boldsymbol{n}$——边界的法向单位向量，$\boldsymbol{n}=(n_1,n_2,n_3)$。

（2）边底水边界：给出边底水与油藏的接触位置以及边底水体积、压力、渗透率等动静态参数。参数依具体情况而定。

2. 初始条件

初始条件主要包括压力和饱和度初始分布，如（31）式所示。

$$\begin{cases} p(x,y,z,0)=p_{ini}(x,y,z) \\ S_w(x,y,z,0)=S_{w,ini}(x,y,z) \\ S_g(x,y,z,0)=S_{g,ini}(x,y,z)，三相情况 \\ p_b(x,y,z,0)=p_{b,ini}(x,y,z)，两相情况 \end{cases} \tag{31}$$

其中，$p_{ini}(x,y,z)$、$S_{w,ini}(x,y,z)$、$S_{g,ini}(x,y,z)$ 和 $p_{b,ini}(x,y,z)$ 为已知函数。

10.3　各向异性油藏渗流差分方程

本节采用有限差分法对三维各向异性油藏黑油模型的微分方程进行离散。差分离散的原则是，既要考虑数值模型与数学模型的相容性，又要保证数值模型较快的收敛速度和较强的稳定性。

10.3.1 基本差分格式的选取

模型离散采用非均匀块中心网格系统，在任意网格点$(i,j,k,n+1)$上对式(13)至式(15)进行差分离散。对二阶微商采用逐层离散方式，经第一步差分离散后式(13)至式(15)变成如下形式：

油组分：

$$\frac{1}{\Delta x_i}\left(\frac{K_{ro}}{\mu_o B_o}\right)^{n+1}_{i+\frac{1}{2},j,k}\left[K_{xx}\left(\frac{\partial p_o}{\partial x}-\rho_{og}g\frac{\partial D}{\partial x}\right)^{n+1}_{i+\frac{1}{2},j,k}+K_{xy}\left(\frac{\partial p_o}{\partial y}-\rho_{og}g\frac{\partial D}{\partial y}\right)^{n+1}_{i+\frac{1}{2},j,k}+K_{xz}\left(\frac{\partial p_o}{\partial z}-\rho_{og}g\frac{\partial D}{\partial z}\right)^{n+1}_{i+\frac{1}{2},j,k}\right]-$$

$$\frac{1}{\Delta x_i}\left(\frac{K_{ro}}{\mu_o B_o}\right)^{n+1}_{i-\frac{1}{2},j,k}\left[K_{xx}\left(\frac{\partial p_o}{\partial x}-\rho_{og}g\frac{\partial D}{\partial x}\right)^{n+1}_{i-\frac{1}{2},j,k}+K_{xy}\left(\frac{\partial p_o}{\partial y}-\rho_{og}g\frac{\partial D}{\partial y}\right)^{n+1}_{i-\frac{1}{2},j,k}+K_{xz}\left(\frac{\partial p_o}{\partial z}-\rho_{og}g\frac{\partial D}{\partial z}\right)^{n+1}_{i-\frac{1}{2},j,k}\right]+$$

$$\frac{1}{\Delta y_j}\left(\frac{K_{ro}}{\mu_o B_o}\right)^{n+1}_{i,j+\frac{1}{2},k}\left[K_{yx}\left(\frac{\partial p_o}{\partial x}-\rho_{og}g\frac{\partial D}{\partial x}\right)^{n+1}_{i,j+\frac{1}{2},k}+K_{yy}\left(\frac{\partial p_o}{\partial y}-\rho_{og}g\frac{\partial D}{\partial y}\right)^{n+1}_{i,j+\frac{1}{2},k}+K_{yz}\left(\frac{\partial p_o}{\partial z}-\rho_{og}g\frac{\partial D}{\partial z}\right)^{n+1}_{i,j+\frac{1}{2},k}\right]-$$

$$\frac{1}{\Delta y_j}\left(\frac{K_{ro}}{\mu_o B_o}\right)^{n+1}_{i,j-\frac{1}{2},k}\left[K_{yx}\left(\frac{\partial p_o}{\partial x}-\rho_{og}g\frac{\partial D}{\partial x}\right)^{n+1}_{i,j-\frac{1}{2},k}+K_{yy}\left(\frac{\partial p_o}{\partial y}-\rho_{og}g\frac{\partial D}{\partial y}\right)^{n+1}_{i,j-\frac{1}{2},k}+K_{yz}\left(\frac{\partial p_o}{\partial z}-\rho_{og}g\frac{\partial D}{\partial z}\right)^{n+1}_{i,j-\frac{1}{2},k}\right]+$$

$$\frac{1}{\Delta z_k}\left(\frac{K_{ro}}{\mu_o B_o}\right)^{n+1}_{i,j,k+\frac{1}{2}}\left[K_{zx}\left(\frac{\partial p_o}{\partial x}-\rho_{og}g\frac{\partial D}{\partial x}\right)^{n+1}_{i,j,k+\frac{1}{2}}+K_{zy}\left(\frac{\partial p_o}{\partial y}-\rho_{og}g\frac{\partial D}{\partial y}\right)^{n+1}_{i,j,k+\frac{1}{2}}+K_{zz}\left(\frac{\partial p_o}{\partial z}-\rho_{og}g\frac{\partial D}{\partial z}\right)^{n+1}_{i,j,k+\frac{1}{2}}\right]-$$

$$\frac{1}{\Delta z_k}\left(\frac{K_{ro}}{\mu_o B_o}\right)^{n+1}_{i,j,k-\frac{1}{2}}\left[K_{zx}\left(\frac{\partial p_o}{\partial x}-\rho_{og}g\frac{\partial D}{\partial x}\right)^{n+1}_{i,j,k-\frac{1}{2}}+K_{zy}\left(\frac{\partial p_o}{\partial y}-\rho_{og}g\frac{\partial D}{\partial y}\right)^{n+1}_{i,j,k-\frac{1}{2}}+K_{zz}\left(\frac{\partial p_o}{\partial z}-\rho_{og}g\frac{\partial D}{\partial z}\right)^{n+1}_{i,j,k-\frac{1}{2}}\right]+$$

$$q_{OVscM}=\frac{1}{\Delta t}\left[\left(\frac{\phi S_o}{B_o}\right)^{n+1}_{i,j,k}-\left(\frac{\phi S_o}{B_o}\right)^{n}_{i,j,k}\right] \tag{32}$$

气组分：

$$\frac{1}{\Delta x_i}\left(\frac{K_{ro}R_{so}}{\mu_o B_o}\right)^{n+1}_{i+\frac{1}{2},j,k}\left[K_{xx}\left(\frac{\partial p_o}{\partial x}-\rho_{og}g\frac{\partial D}{\partial x}\right)^{n+1}_{i+\frac{1}{2},j,k}+K_{xy}\left(\frac{\partial p_o}{\partial y}-\rho_{og}g\frac{\partial D}{\partial y}\right)^{n+1}_{i+\frac{1}{2},j,k}+K_{xz}\left(\frac{\partial p_o}{\partial z}-\rho_{og}g\frac{\partial D}{\partial z}\right)^{n+1}_{i+\frac{1}{2},j,k}\right]-$$

$$\frac{1}{\Delta x_i}\left(\frac{K_{ro}R_{so}}{\mu_o B_o}\right)^{n+1}_{i-\frac{1}{2},j,k}\left[K_{xx}\left(\frac{\partial p_o}{\partial x}-\rho_{og}g\frac{\partial D}{\partial x}\right)^{n+1}_{i-\frac{1}{2},j,k}+K_{xy}\left(\frac{\partial p_o}{\partial y}-\rho_{og}g\frac{\partial D}{\partial y}\right)^{n+1}_{i-\frac{1}{2},j,k}+K_{xz}\left(\frac{\partial p_o}{\partial z}-\rho_{og}g\frac{\partial D}{\partial z}\right)^{n+1}_{i-\frac{1}{2},j,k}\right]+$$

$$\frac{1}{\Delta y_j}\left(\frac{K_{ro}R_{so}}{\mu_o B_o}\right)^{n+1}_{i,j+\frac{1}{2},k}\left[K_{yx}\left(\frac{\partial p_o}{\partial x}-\rho_{og}g\frac{\partial D}{\partial x}\right)^{n+1}_{i,j+\frac{1}{2},k}+K_{yy}\left(\frac{\partial p_o}{\partial y}-\rho_{og}g\frac{\partial D}{\partial y}\right)^{n+1}_{i,j+\frac{1}{2},k}+K_{yz}\left(\frac{\partial p_o}{\partial z}-\rho_{og}g\frac{\partial D}{\partial z}\right)^{n+1}_{i,j+\frac{1}{2},k}\right]-$$

$$\frac{1}{\Delta y_j}\left(\frac{K_{ro}R_{so}}{\mu_o B_o}\right)^{n+1}_{i,j-\frac{1}{2},k}\left[K_{yx}\left(\frac{\partial p_o}{\partial x}-\rho_{og}g\frac{\partial D}{\partial x}\right)^{n+1}_{i,j-\frac{1}{2},k}+K_{yy}\left(\frac{\partial p_o}{\partial y}-\rho_{og}g\frac{\partial D}{\partial y}\right)^{n+1}_{i,j-\frac{1}{2},k}+K_{yz}\left(\frac{\partial p_o}{\partial z}-\rho_{og}g\frac{\partial D}{\partial z}\right)^{n+1}_{i,j-\frac{1}{2},k}\right]+$$

$$\frac{1}{\Delta z_k}\left(\frac{K_{ro}R_{so}}{\mu_o B_g}\right)^{n+1}_{i,j,k+\frac{1}{2}}\left[K_{zx}\left(\frac{\partial p_o}{\partial x}-\rho_{og}g\frac{\partial D}{\partial x}\right)^{n+1}_{i,j,k+\frac{1}{2}}+K_{zy}\left(\frac{\partial p_o}{\partial y}-\rho_{og}g\frac{\partial D}{\partial y}\right)^{n+1}_{i,j,k+\frac{1}{2}}+K_{zz}\left(\frac{\partial p_o}{\partial z}-\rho_{og}g\frac{\partial D}{\partial z}\right)^{n+1}_{i,j,k+\frac{1}{2}}\right]-$$

$$\frac{1}{\Delta z_k}\left(\frac{K_{ro}R_{so}}{\mu_o B_g}\right)^{n+1}_{i,j,k-\frac{1}{2}}\left[K_{zx}\left(\frac{\partial p_o}{\partial x}-\rho_{og}g\frac{\partial D}{\partial x}\right)^{n+1}_{i,j,k-\frac{1}{2}}+K_{zy}\left(\frac{\partial p_o}{\partial y}-\rho_{og}g\frac{\partial D}{\partial y}\right)^{n+1}_{i,j,k-\frac{1}{2}}+K_{zz}\left(\frac{\partial p_o}{\partial z}-\rho_{og}g\frac{\partial D}{\partial z}\right)^{n+1}_{i,j,k-\frac{1}{2}}\right]+$$

$$\frac{1}{\Delta x_i}\left(\frac{K_{rg}}{\mu_g B_g}\right)^{n+1}_{i+\frac{1}{2},j,k}\left[K_{xx}\left(\frac{\partial p_g}{\partial x}-\rho_g g\frac{\partial D}{\partial x}\right)^{n+1}_{i+\frac{1}{2},j,k}+K_{xy}\left(\frac{\partial p_g}{\partial y}-\rho_g g\frac{\partial D}{\partial y}\right)^{n+1}_{i+\frac{1}{2},j,k}+K_{xz}\left(\frac{\partial p_g}{\partial z}-\rho_g g\frac{\partial D}{\partial z}\right)^{n+1}_{i+\frac{1}{2},j,k}\right]-$$

$$\frac{1}{\Delta x_i}\left(\frac{K_{rg}}{\mu_g B_g}\right)^{n+1}_{i-\frac{1}{2},j,k}\left[K_{xx}\left(\frac{\partial p_g}{\partial x}-\rho_g g\frac{\partial D}{\partial x}\right)^{n+1}_{i-\frac{1}{2},j,k}+K_{xy}\left(\frac{\partial p_g}{\partial y}-\rho_g g\frac{\partial D}{\partial y}\right)^{n+1}_{i-\frac{1}{2},j,k}+K_{xz}\left(\frac{\partial p_g}{\partial z}-\rho_g g\frac{\partial D}{\partial z}\right)^{n+1}_{i-\frac{1}{2},j,k}\right]+$$

$$\frac{1}{\Delta y_j}\left(\frac{K_{rg}}{\mu_g B_g}\right)^{n+1}_{i,j+\frac{1}{2},k}\left[K_{yx}\left(\frac{\partial p_g}{\partial x}-\rho_g g\frac{\partial D}{\partial x}\right)^{n+1}_{i,j+\frac{1}{2},k}+K_{yy}\left(\frac{\partial p_g}{\partial y}-\rho_g g\frac{\partial D}{\partial y}\right)^{n+1}_{i,j+\frac{1}{2},k}+K_{yz}\left(\frac{\partial p_g}{\partial z}-\rho_g g\frac{\partial D}{\partial z}\right)^{n+1}_{i,j+\frac{1}{2},k}\right]-$$

$$\frac{1}{\Delta y_j}\left(\frac{K_{rg}}{\mu_g B_g}\right)^{n+1}_{i,j-\frac{1}{2},k}\left[K_{yx}\left(\frac{\partial p_g}{\partial x}-\rho_g g\frac{\partial D}{\partial x}\right)^{n+1}_{i,j-\frac{1}{2},k}+K_{yy}\left(\frac{\partial p_g}{\partial y}-\rho_g g\frac{\partial D}{\partial y}\right)^{n+1}_{i,j-\frac{1}{2},k}+K_{yz}\left(\frac{\partial p_g}{\partial z}-\rho_g g\frac{\partial D}{\partial z}\right)^{n+1}_{i,j-\frac{1}{2},k}\right]+$$

$$\frac{1}{\Delta z_k}\left(\frac{K_{rg}}{\mu_g B_g}\right)^{n+1}_{i,j,k+\frac{1}{2}}\left[K_{zx}\left(\frac{\partial p_g}{\partial x}-\rho_g g\frac{\partial D}{\partial x}\right)^{n+1}_{i,j,k+\frac{1}{2}}+K_{zy}\left(\frac{\partial p_g}{\partial y}-\rho_g g\frac{\partial D}{\partial y}\right)^{n+1}_{i,j,k+\frac{1}{2}}+K_{zz}\left(\frac{\partial p_g}{\partial z}-\rho_g g\frac{\partial D}{\partial z}\right)^{n+1}_{i,j,k+\frac{1}{2}}\right]-$$

$$\frac{1}{\Delta z_k}\left(\frac{K_{rg}}{\mu_g B_g}\right)^{n+1}_{i,j,k-\frac{1}{2}}\left[K_{zx}\left(\frac{\partial p_g}{\partial x}-\rho_g g\frac{\partial D}{\partial x}\right)^{n+1}_{i,j,k-\frac{1}{2}}+K_{zy}\left(\frac{\partial p_g}{\partial y}-\rho_g g\frac{\partial D}{\partial y}\right)^{n+1}_{i,j,k-\frac{1}{2}}+K_{zz}\left(\frac{\partial p_g}{\partial z}-\rho_g g\frac{\partial D}{\partial z}\right)^{n+1}_{i,j,k-\frac{1}{2}}\right]+$$

$$q_{GVscM}=\frac{1}{\Delta t}\left[\left(\frac{\phi S_o R_{so}}{B_o}\right)^{n+1}_{i,j,k}+\left(\frac{\phi S_g}{B_g}\right)^{n+1}_{i,j,k}-\left(\frac{\phi S_o R_{so}}{B_o}\right)^{n}_{i,j,k}-\left(\frac{\phi S_g}{B_g}\right)^{n}_{i,j,k}\right] \quad (33)$$

水组分：

$$\frac{1}{\Delta x_i}\left(\frac{K_{rw}}{\mu_w B_w}\right)^{n+1}_{i+\frac{1}{2},j,k}\left[K_{xx}\left(\frac{\partial p_w}{\partial x}-\rho_w g\frac{\partial D}{\partial x}\right)^{n+1}_{i+\frac{1}{2},j,k}+K_{xy}\left(\frac{\partial p_w}{\partial y}-\rho_w g\frac{\partial D}{\partial y}\right)^{n+1}_{i+\frac{1}{2},j,k}+K_{xz}\left(\frac{\partial p_w}{\partial z}-\rho_w g\frac{\partial D}{\partial z}\right)^{n+1}_{i+\frac{1}{2},j,k}\right]-$$

$$\frac{1}{\Delta x_i}\left(\frac{K_{rw}}{\mu_w B_w}\right)^{n+1}_{i-\frac{1}{2},j,k}\left[K_{xx}\left(\frac{\partial p_w}{\partial x}-\rho_w g\frac{\partial D}{\partial x}\right)^{n+1}_{i-\frac{1}{2},j,k}+K_{xy}\left(\frac{\partial p_w}{\partial y}-\rho_w g\frac{\partial D}{\partial y}\right)^{n+1}_{i-\frac{1}{2},j,k}+K_{xz}\left(\frac{\partial p_w}{\partial z}-\rho_w g\frac{\partial D}{\partial z}\right)^{n+1}_{i-\frac{1}{2},j,k}\right]+$$

$$\frac{1}{\Delta y_j}\left(\frac{K_{rw}}{\mu_w B_w}\right)^{n+1}_{i,j+\frac{1}{2},k}\left[K_{yx}\left(\frac{\partial p_w}{\partial x}-\rho_w g\frac{\partial D}{\partial x}\right)^{n+1}_{i,j+\frac{1}{2},k}+K_{yy}\left(\frac{\partial p_w}{\partial y}-\rho_w g\frac{\partial D}{\partial y}\right)^{n+1}_{i,j+\frac{1}{2},k}+K_{yz}\left(\frac{\partial p_w}{\partial z}-\rho_w g\frac{\partial D}{\partial z}\right)^{n+1}_{i,j+\frac{1}{2},k}\right]-$$

$$\frac{1}{\Delta y_j}\left(\frac{K_{rw}}{\mu_w B_w}\right)^{n+1}_{i,j-\frac{1}{2},k}\left[K_{yx}\left(\frac{\partial p_w}{\partial x}-\rho_w g\frac{\partial D}{\partial x}\right)^{n+1}_{i,j-\frac{1}{2},k}+K_{yy}\left(\frac{\partial p_w}{\partial y}-\rho_w g\frac{\partial D}{\partial y}\right)^{n+1}_{i,j-\frac{1}{2},k}+K_{yz}\left(\frac{\partial p_w}{\partial z}-\rho_w g\frac{\partial D}{\partial z}\right)^{n+1}_{i,j-\frac{1}{2},k}\right]+$$

$$\frac{1}{\Delta z_k}\left(\frac{K_{rw}}{\mu_w B_w}\right)^{n+1}_{i,j,k+\frac{1}{2}}\left[K_{zx}\left(\frac{\partial p_w}{\partial x}-\rho_w g\frac{\partial D}{\partial x}\right)^{n+1}_{i,j,k+\frac{1}{2}}+K_{zy}\left(\frac{\partial p_w}{\partial y}-\rho_w g\frac{\partial D}{\partial y}\right)^{n+1}_{i,j,k+\frac{1}{2}}+K_{zz}\left(\frac{\partial p_w}{\partial z}-\rho_w g\frac{\partial D}{\partial z}\right)^{n+1}_{i,j,k+\frac{1}{2}}\right]-$$

$$\frac{1}{\Delta z_k}\left(\frac{K_{rw}}{\mu_w B_w}\right)^{n+1}_{i,j,k-\frac{1}{2}}\left[K_{zx}\left(\frac{\partial p_w}{\partial x}-\rho_w g\frac{\partial D}{\partial x}\right)^{n+1}_{i,j,k-\frac{1}{2}}+K_{zy}\left(\frac{\partial p_w}{\partial y}-\rho_w g\frac{\partial D}{\partial y}\right)^{n+1}_{i,j,k-\frac{1}{2}}+K_{zz}\left(\frac{\partial p_w}{\partial z}-\rho_w g\frac{\partial D}{\partial z}\right)^{n+1}_{i,j,k-\frac{1}{2}}\right]+$$

$$q_{WVscM}=\frac{1}{\Delta t}\left[\left(\frac{\phi S_w}{B_w}\right)^{n+1}_{i,j,k}-\left(\frac{\phi S_w}{B_w}\right)^{n}_{i,j,k}\right] \quad (34)$$

其中，M 表示网格点 (i,j,k)。

接下来需要对式(32)至式(34)中左端的空间微商项继续进行差分离散，但是这里出现了与此前章节所述油藏模型不同的情况。由于各向异性渗透率张量的存在，差分方程式(32)至式(34)式中出现了大量的交叉方向二阶差商(微商)项，如 $\left(\dfrac{\partial p_o}{\partial y}\right)^{n+1}_{i+\frac{1}{2},j,k}$、$\left(\dfrac{\partial p_w}{\partial x}\right)^{n+1}_{i,j,k-\frac{1}{2}}$ 等，它们不同于重叠方向二阶差商(微商)项，如 $\left(\dfrac{\partial p_o}{\partial y}\right)^{n+1}_{i+\frac{1}{2},j,k}$。如果按照此前章节所述方法继续进行差分离散，则重叠方向二阶差商中变量恰好均在网格点取值；但交叉方向差商所含变量都在辅助点取值，无法直接参与计算，因此必须进行处理，将辅助点取值转化为网格点取值。

交叉方向二阶差商项的处理方式可以有多种，处理方式的选择需要考虑以下两方面问题：

(1) 差商所含网格点数。交叉方向二阶差商项的出现会使得差分方程中所含网格点数明显增加，使得模型求解计算量显著增大。交叉方向二阶差商项的处理应该尽量减少使用的网格数。

(2) 差商的截断误差。对交叉方向二阶差商项的处理，要保证截断误差满足精度要求。一般截断误差不能大于网格步长的二阶小量，否则就可能发生差分方程与原方程不相容的现象，导致模拟失败。精度越高，需要使用的网格数越多。

综上所述，各向异性渗流微分方程差分离散的关键在于选择一种合适的交叉方向二阶差商格式，既要保证差分方程与微分方程的相容性和计算精度，又要尽量减少网格点数，减小计算量，提高模拟计算效率。

下面介绍一种二阶精度的交叉方向二阶差商格式，该格式能够较好地满足上述要求。其基本步骤是用相邻的两个网格的算术平均值代替辅助点上的值，并采用中心差分格式。以式(32)油相压力为例，在块中心网格系统中可得如下各式。

x 方向与各方向交叉的二阶差商：

$$\left(\frac{\partial p_o}{\partial x}\right)^{n+1}_{i+\frac{1}{2},j,k} = \frac{p^{n+1}_{i+1,j,k}-p^{n+1}_{i,j,k}}{\Delta x_{i+1/2,j,k}}+O(\Delta x^2) = 2\frac{p^{n+1}_{i+1,j,k}-p^{n+1}_{i,j,k}}{\Delta x_{i,j,k}+\Delta x_{i+1,j,k}}+O(\Delta x)^2 \tag{35}$$

$$\left(\frac{\partial p_o}{\partial y}\right)^{n+1}_{i+\frac{1}{2},j,k} = \frac{1}{2}\left[\frac{\partial p}{\partial y}(i+1,j,k)+\frac{\partial p}{\partial y}(i,j,k)\right]^{n+1}+O(\Delta x)^2$$

$$= \frac{1}{2}\left[\frac{p_{i+1,j+1,k}-p_{i+1,j-1,k}}{\Delta y_{i+1,j+1/2,k}+\Delta y_{i+1,j-1/2,k}}+\frac{p_{i,j+1,k}-p_{i,j-1,k}}{\Delta y_{i,j+1/2,k}+\Delta y_{i,j-1/2,k}}\right]^{n+1}+O(\Delta y)^2+O(\Delta x)^2$$

$$= \left[\frac{p_{i+1,j+1,k}-p_{i+1,j-1,k}}{\Delta y_{i+1,j+1,k}+2\Delta y_{i+1,j,k}+\Delta y_{i+1,j-1,k}}+\frac{p_{i,j+1,k}-p_{i,j-1,k}}{\Delta y_{i,j+1,k}+2\Delta y_{i,j,k}+\Delta y_{i,j-1,k}}\right]^{n+1}+O(\Delta y)^2+O(\Delta x)^2 \tag{36}$$

$$\left(\frac{\partial p_o}{\partial z}\right)^{n+1}_{i+\frac{1}{2},j,k} = \left[\frac{p_{i+1,j,k+1}-p_{i+1,j,k-1}}{\Delta z_{i+1,j,k+1}+2\Delta z_{i+1,j,k}+\Delta z_{i+1,j,k-1}}+\frac{p_{i,j,k+1}-p_{i,j,k-1}}{\Delta z_{i,j,k+1}+2\Delta z_{i,j,k}+\Delta z_{i,j,k-1}}\right]^{n+1}+O(\Delta z)^2+O(\Delta x)^2 \tag{37}$$

$$\left(\frac{\partial p_o}{\partial x}\right)^{n+1}_{i-\frac{1}{2},j,k} = \frac{p^{n+1}_{i,j,k}-p^{n+1}_{i-1,j,k}}{\Delta x_{i-1/2,j,k}}+O(\Delta x^2) = 2\frac{p^{n+1}_{i,j,k}-p^{n+1}_{i-1,j,k}}{\Delta x_{i,j,k}+\Delta x_{i-1,j,k}}+O(\Delta x)^2 \tag{38}$$

$$\left(\frac{\partial p_o}{\partial y}\right)^{n+1}_{i-\frac{1}{2},j,k} = \frac{1}{2}\left[\frac{\partial p}{\partial y}(i,j,k)+\frac{\partial p}{\partial y}(i-1,j,k)\right]^{n+1}+O(\Delta x)^2$$

$$= \frac{1}{2}\left[\frac{p_{i,j+1,k}-p_{i,j-1,k}}{\Delta y_{i,j+1/2,k}+\Delta y_{i,j-1/2,k}}+\frac{p_{i-1,j+1,k}-p_{i-1,j-1,k}}{\Delta y_{i-1,j+1/2,k}+\Delta y_{i-1,j-1/2,k}}\right]^{n+1}+O(\Delta y)^2+O(\Delta x)^2$$

$$= \left[\frac{p_{i,j+1,k}-p_{i,j-1,k}}{\Delta y_{i,j+1,k}+2\Delta y_{i,j,k}+\Delta y_{i,j-1,k}}+\frac{p_{i-1,j+1,k}-p_{i-1,j-1,k}}{\Delta y_{i-1,j+1,k}+2\Delta y_{i-1,j,k}+\Delta y_{i-1,j-1,k}}\right]^{n+1}+O(\Delta y)^2+O(\Delta x)^2 \tag{39}$$

$$\left(\frac{\partial p_o}{\partial z}\right)^{n+1}_{i-\frac{1}{2},j,k} = \left[\frac{p_{i,j,k+1}-p_{i,j,k-1}}{\Delta z_{i,j,k+1}+2\Delta z_{i,j,k}+\Delta z_{i,j,k-1}}+\frac{p_{i-1,j,k+1}-p_{i-1,j,k-1}}{\Delta z_{i-1,j,k+1}+2\Delta z_{i-1,j,k}+\Delta z_{i-1,j,k-1}}\right]^{n+1}+O(\Delta z)^2+O(\Delta x)^2 \tag{40}$$

y 方向与各方向交叉的二阶差商：

$$\left(\frac{\partial p_o}{\partial x}\right)^{n+1}_{i,j+\frac{1}{2},k} = \left[\frac{p_{i+1,j+1,k}-p_{i-1,j+1,k}}{\Delta x_{i+1,j+1,k}+2\Delta x_{i,j+1,k}+\Delta x_{i-1,j+1,k}}+\frac{p_{i+1,j,k}-p_{i-1,j,k}}{\Delta x_{i+1,j,k}+2\Delta x_{i,j,k}+\Delta x_{i-1,j,k}}\right]^{n+1}+O(\Delta x)^2+O(\Delta y)^2 \tag{41}$$

$$\left(\frac{\partial p_o}{\partial y}\right)_{i,j+\frac{1}{2},k}^{n+1} = 2\frac{p_{i,j+1,k}^{n+1}-p_{i,j,k}^{n+1}}{\Delta y_{i,j,k}+\Delta y_{i,j+1,k}}+O(\Delta y^2) \tag{42}$$

$$\left(\frac{\partial p_o}{\partial z}\right)_{i,j+\frac{1}{2},k}^{n+1} = \left[\frac{p_{i,j+1,k+1}-p_{i,j+1,k-1}}{\Delta z_{i,j+1,k+1}+2\Delta z_{i,j+1,k}+\Delta z_{i,j+1,k-1}}+\frac{p_{i,j,k+1}-p_{i,j,k-1}}{\Delta z_{i,j,k+1}+2\Delta z_{i,j,k}+\Delta z_{i,j,k-1}}\right]^{n+1}+O(\Delta z)^2+O(\Delta y)^2 \tag{43}$$

$$\left(\frac{\partial p_o}{\partial x}\right)_{i,j-\frac{1}{2},k}^{n+1} = \left[\frac{p_{i+1,j,k}-p_{i-1,j,k}}{\Delta x_{i+1,j,k}+2\Delta x_{i,j,k}+\Delta x_{i-1,j,k}}+\frac{p_{i+1,j-1,k}-p_{i-1,j-1,k}}{\Delta x_{i+1,j-1,k}+2\Delta x_{i,j-1,k}+\Delta x_{i-1,j-1,k}}\right]^{n+1}+O(\Delta x)^2+O(\Delta y)^2 \tag{44}$$

$$\left(\frac{\partial p_o}{\partial y}\right)_{i,j-\frac{1}{2},k}^{n+1} = 2\frac{p_{i,j,k}^{n+1}-p_{i,j-1,k}^{n+1}}{\Delta y_{i,j,k}+\Delta y_{i,j-1,k}}+O(\Delta y^2) \tag{45}$$

$$\left(\frac{\partial p_o}{\partial z}\right)_{i,j-\frac{1}{2},k}^{n+1} = \left[\frac{p_{i,j,k+1}-p_{i,j,k-1}}{\Delta z_{i,j,k+1}+2\Delta z_{i,j,k}+\Delta z_{i,j,k-1}}+\frac{p_{i,j-1,k+1}-p_{i,j-1,k-1}}{\Delta z_{i,j-1,k+1}+2\Delta z_{i,j-1,k}+\Delta z_{i,j-1,k-1}}\right]^{n+1}+O(\Delta z)^2+O(\Delta y)^2 \tag{46}$$

z 方向与各方向交叉的二阶差商：

$$\left(\frac{\partial p_o}{\partial x}\right)_{i,j,k+\frac{1}{2}}^{n+1} = \left[\frac{p_{i+1,j,k+1}-p_{i-1,j,k+1}}{\Delta x_{i+1,j,k+1}+2\Delta x_{i,j,k+1}+\Delta x_{i-1,j,k+1}}+\frac{p_{i+1,j,k}-p_{i-1,j,k}}{\Delta x_{i+1,j,k}+2\Delta x_{i,j,k}+\Delta x_{i-1,j,k}}\right]^{n+1}+O(\Delta x)^2+O(\Delta z)^2 \tag{47}$$

$$\left(\frac{\partial p_o}{\partial y}\right)_{i,j,k+\frac{1}{2}}^{n+1} = \left[\frac{p_{i,j+1,k+1}-p_{i,j-1,k+1}}{\Delta y_{i,j+1,k+1}+2\Delta y_{i,j,k+1}+\Delta y_{i,j-1,k+1}}+\frac{p_{i,j+1,k}-p_{i,j-1,k}}{\Delta y_{i,j+1,k}+2\Delta y_{i,j,k}+\Delta y_{i,j-1,k}}\right]^{n+1}+O(\Delta y)^2+O(\Delta z)^2 \tag{48}$$

$$\left(\frac{\partial p_o}{\partial z}\right)_{i,j,k+\frac{1}{2}}^{n+1} = 2\frac{p_{i,j,k+1}^{n+1}-p_{i,j,k}^{n+1}}{\Delta z_{i,j,k+1}+\Delta z_{i,j,k}}+O(\Delta z)^2 \tag{49}$$

$$\left(\frac{\partial p_o}{\partial x}\right)_{i,j,k-\frac{1}{2}}^{n+1} = \left[\frac{p_{i+1,j,k}-p_{i-1,j,k}}{\Delta x_{i+1,j,k}+2\Delta x_{i,j,k}+\Delta x_{i-1,j,k}}+\frac{p_{i+1,j,k-1}-p_{i-1,j,k-1}}{\Delta x_{i+1,j,k-1}+2\Delta x_{i,j,k-1}+\Delta x_{i-1,j,k-1}}\right]^{n+1}+O(\Delta x)^2+O(\Delta z)^2 \tag{50}$$

$$\left(\frac{\partial p_o}{\partial y}\right)_{i,j,k-\frac{1}{2}}^{n+1} = \left[\frac{p_{i,j+1,k}-p_{i,j-1,k}}{\Delta y_{i,j+1,k}+2\Delta y_{i,j,k}+\Delta y_{i,j-1,k}}+\frac{p_{i,j+1,k-1}-p_{i,j-1,k-1}}{\Delta y_{i,j+1,k-1}+2\Delta y_{i,j,k-1}+\Delta y_{i,j-1,k-1}}\right]^{n+1}+O(\Delta y)^2+O(\Delta z)^2 \tag{51}$$

$$\left(\frac{\partial p_o}{\partial z}\right)_{i,j,k-\frac{1}{2}}^{n+1} = 2\frac{p_{i,j,k}^{n+1}-p_{i,j,k-1}^{n+1}}{\Delta z_{i,j,k}+\Delta z_{i,j,k-1}}+O(\Delta z)^2 \tag{52}$$

上面各式的右端项中油相压力省略了下标"o"。

分析可知，若一个方程中包含上述各交叉方向差商格式，那么，该方程就包含 19 个网格点的未知量。如果每一点有三个未知量，每个方程就有 57 个未知变量。称此差分格式为十九点差分格式，如图 10.3.1 所示。图中标出了在任意网格点（称作本点）M 上建立的各向异性渗流差分方程中所包含的网格。该差分格式既考虑了计算精度又有相对较小的计算量，适用于三维各向异性油藏黑油模型差分离散。该差分格式包含的 19 个网格点远远多于常规黑油模型的 7 个网格点，正因如此该模型才能更好地描述各个方向渗流的影响，更好地反映各向异性渗流特征。

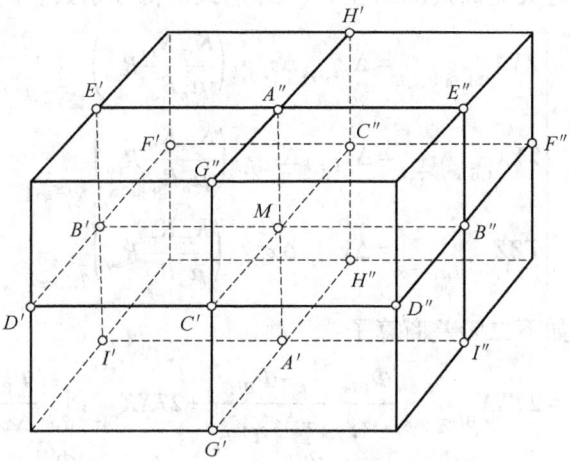

图 10.3.1 十九点差分格式示意图

10.3.2 差分方程的建立

运用上面描述的十九点差分格式对前面获得的三维三相各向异性油藏渗流方程进行差分离散，由于油气水三组分的差分方程离散化过程比较复杂，且各方程的推导过程相类似，在此对油气水组分方程以通式的形式加以推导，溶解气项的推导与之类似只是表达式稍有不同。在推导过程中，为方便表达，定义传导系数如下：

$$\begin{cases} TXX_{\beta i\pm\frac{1}{2},j,k} = \Delta y_{i,j,k}\Delta z_{i,j,k}\left(\dfrac{K_{xx}K_{r\beta}}{\mu_\beta B_\beta}\right)_{i\pm\frac{1}{2},j,k} \\ TXY_{\beta i\pm\frac{1}{2},j,k} = \Delta y_{i,j,k}\Delta z_{i,j,k}\left(\dfrac{K_{xy}K_{r\beta}}{\mu_\beta B_\beta}\right)_{i\pm\frac{1}{2},j,k} \\ TXZ_{\beta i\pm\frac{1}{2},j,k} = \Delta y_{i,j,k}\Delta z_{i,j,k}\left(\dfrac{K_{xz}K_{r\beta}}{\mu_\beta B_\beta}\right)_{i\pm\frac{1}{2},j,k} \end{cases} \tag{53}$$

$$\begin{cases} TYX_{\beta i,j\pm\frac{1}{2},k} = \Delta x_{i,j,k}\Delta z_{i,j,k}\left(\dfrac{K_{yx}K_{r\beta}}{\mu_\beta B_\beta}\right)_{i,j\pm\frac{1}{2},k} \\ TYY_{\beta i,j\pm\frac{1}{2},k} = \Delta x_{i,j,k}\Delta z_{i,j,k}\left(\dfrac{K_{yy}K_{r\beta}}{\mu_\beta B_\beta}\right)_{i,j\pm\frac{1}{2},k} \\ TYZ_{\beta i,j\pm\frac{1}{2},k} = \Delta x_{i,j,k}\Delta z_{i,j,k}\left(\dfrac{K_{yz}K_{r\beta}}{\mu_\beta B_\beta}\right)_{i,j\pm\frac{1}{2},k} \end{cases} \tag{54}$$

$$\begin{cases} TZX_{\beta i,j,k\pm\frac{1}{2}} = \Delta y_{i,j,k}\Delta x_{i,j,k}\left(\dfrac{K_{zx}K_{r\beta}}{\mu_\beta B_\beta}\right)_{i,j,k\pm\frac{1}{2}} \\ TZY_{\beta i,j,k\pm\frac{1}{2}} = \Delta y_{i,j,k}\Delta x_{i,j,k}\left(\dfrac{K_{zy}K_{r\beta}}{\mu_\beta B_\beta}\right)_{i,j,k\pm\frac{1}{2}} \\ TZZ_{\beta i,j,k\pm\frac{1}{2}} = \Delta y_{i,j,k}\Delta x_{i,j,k}\left(\dfrac{K_{zz}K_{r\beta}}{\mu_\beta B_\beta}\right)_{i,j,k\pm\frac{1}{2}} \end{cases} \tag{55}$$

其中，$\beta = o, g, w$，表示油、气、水相。

对于溶解气项,可定义类似式(53)至式(55)形式的传导系数。例如:

$$\begin{cases} TXX_{\text{Gd},i\pm\frac{1}{2},j,k} = \Delta y_{i,j,k}\Delta z_{i,j,k}\left(\frac{K_{xx}K_{\text{ro}}}{\mu_{\text{o}}B_{\text{o}}}R_{\text{so}}\right)_{i\pm\frac{1}{2},j,k} \\ TYX_{\text{Gd},i,j\pm\frac{1}{2},k} = \Delta x_{i,j,k}\Delta z_{i,j,k}\left(\frac{K_{yx}K_{\text{ro}}}{\mu_{\text{o}}B_{\text{o}}}R_{\text{so}}\right)_{i,j\pm\frac{1}{2},k} \\ TZZ_{\text{Gd},i,j,k\pm\frac{1}{2}} = \Delta y_{i,j,k}\Delta x_{i,j,k}\left(\frac{K_{zz}K_{\text{ro}}}{\mu_{\text{o}}B_{\text{o}}}R_{\text{so}}\right)_{i,j,k\pm\frac{1}{2}} \end{cases} \quad (56)$$

为简化方程,引入如下二阶差商算子:

$$\Delta_x TXX_\beta \Delta_x \Phi_\beta = 2TXX_{\beta i+\frac{1}{2},j,k}\frac{\Phi_{\beta i+1,j,k}-\Phi_{\beta i,j,k}}{\Delta x_{i,j,k}+\Delta x_{i+1,j,k}}+2TXX_{\beta i-\frac{1}{2},j,k}\frac{\Phi_{\beta i-1,j,k}-\Phi_{\beta i,j,k}}{\Delta x_{i,j,k}+\Delta x_{i-1,j,k}} \quad (57)$$

$$\Delta_x TXY_\beta \Delta_y \Phi_\beta = TXY_{\beta i+\frac{1}{2},j,k}\left[\frac{\Phi_{\beta i+1,j+1,k}-\Phi_{\beta i+1,j-1,k}}{\Delta y_{i+1,j+1,k}+2\Delta y_{i+1,j,k}+\Delta y_{i+1,j-1,k}}+\frac{\Phi_{\beta i,j+1,k}-\Phi_{\beta i,j-1,k}}{\Delta y_{i,j+1,k}+2\Delta y_{i,j,k}+\Delta y_{i,j-1,k}}\right]+$$
$$TXY_{\beta i-\frac{1}{2},j,k}\left[\frac{\Phi_{\beta i-1,j-1,k}-\Phi_{\beta i-1,j+1,k}}{\Delta y_{i-1,j+1,k}+2\Delta y_{i-1,j,k}+\Delta y_{i-1,j-1,k}}+\frac{\Phi_{\beta i,j-1,k}-\Phi_{\beta i,j+1,k}}{\Delta y_{i,j+1,k}+2\Delta y_{i,j,k}+\Delta y_{i,j-1,k}}\right] \quad (58)$$

$$\Delta_x TXZ_\beta \Delta_z \Phi_\beta = TXZ_{\beta i+\frac{1}{2},j,k}\left[\frac{\Phi_{\beta i+1,j,k+1}-\Phi_{\beta i+1,j,k-1}}{\Delta z_{i+1,j,k+1}+2\Delta z_{i+1,j,k}+\Delta z_{i+1,j,k-1}}+\frac{\Phi_{\beta i,j,k+1}-\Phi_{\beta i,j,k-1}}{\Delta z_{i,j,k+1}+2\Delta z_{i,j,k}+\Delta z_{i,j,k-1}}\right]+$$
$$TXZ_{\beta i-\frac{1}{2},j,k}\left[\frac{\Phi_{\beta i-1,j,k-1}-\Phi_{\beta i-1,j,k+1}}{\Delta z_{i-1,j,k+1}+2\Delta z_{i-1,j,k}+\Delta z_{i-1,j,k-1}}+\frac{\Phi_{\beta i,j,k-1}-\Phi_{\beta i,j,k+1}}{\Delta z_{i,j,k+1}+2\Delta z_{i,j,k}+\Delta z_{i,j,k-1}}\right] \quad (59)$$

$$\Delta_y TYX_\beta \Delta_x \Phi_\beta = TYX_{\beta i,j+\frac{1}{2},k}\left[\frac{\Phi_{\beta i+1,j+1,k}-\Phi_{\beta i-1,j+1,k}}{\Delta x_{i+1,j+1,k}+2\Delta x_{i,j+1,k}+\Delta x_{i-1,j+1,k}}+\frac{\Phi_{\beta i+1,j,k}-\Phi_{\beta i-1,j,k}}{\Delta x_{i+1,j,k}+2\Delta x_{i,j,k}+\Delta x_{i-1,j,k}}\right]+$$
$$TYX_{\beta i,j+\frac{1}{2},k}\left[\frac{\Phi_{\beta i-1,j+1,k}-\Phi_{\beta i+1,j+1,k}}{\Delta x_{i+1,j+1,k}+2\Delta x_{i,j+1,k}+\Delta x_{i-1,j+1,k}}+\frac{\Phi_{\beta i-1,j,k}-\Phi_{\beta i+1,j,k}}{\Delta x_{i+1,j,k}+2\Delta x_{i,j,k}+\Delta x_{i-1,j,k}}\right]$$
$$(60)$$

$$\Delta_y TYY_\beta \Delta_y \Phi_\beta = 2TYY_{\beta i,j+\frac{1}{2},k}\frac{\Phi_{\beta i,j+1,k}-\Phi_{\beta i,j,k}}{\Delta y_{i,j+1,k}+\Delta y_{i,j,k}}+2TYY_{\beta i,j-\frac{1}{2},k}\frac{\Phi_{\beta i,j-1,k}-\Phi_{\beta i,j,k}}{\Delta y_{i,j,k}+\Delta y_{i,j-1,k}} \quad (61)$$

$$\Delta_y TYZ_\beta \Delta_z \Phi_\beta = TYZ_{\beta i,j+\frac{1}{2},k}\left[\frac{\Phi_{\beta i,j+1,k+1}-\Phi_{\beta i,j+1,k-1}}{\Delta z_{i,j+1,k+1}+2\Delta z_{i,j+1,k}+\Delta z_{i,j+1,k-1}}+\frac{\Phi_{\beta i,j,k+1}-\Phi_{\beta i,j,k-1}}{\Delta z_{i,j,k+1}+2\Delta z_{i,j,k}+\Delta z_{i,j,k-1}}\right]+$$
$$TYZ_{\beta i,j-\frac{1}{2},k}\left[\frac{\Phi_{\beta i,j,k-1}-\Phi_{\beta i,j,k+1}}{\Delta z_{i,j,k+1}+2\Delta z_{i,j,k}+\Delta z_{i,j,k-1}}+\frac{\Phi_{\beta i,j-1,k-1}-\Phi_{\beta i,j-1,k+1}}{\Delta z_{i,j-1,k+1}+2\Delta z_{i,j-1,k}+\Delta z_{i,j-1,k-1}}\right] \quad (62)$$

$$\Delta_z TZX_\beta \Delta_x \Phi_\beta = TZX_{\beta i,j,k+\frac{1}{2}}\left[\frac{\Phi_{\beta i+1,j,k+1}-\Phi_{\beta i-1,j,k+1}}{\Delta x_{i+1,j,k+1}+2\Delta x_{i,j,k+1}+\Delta x_{i-1,j,k+1}}+\frac{\Phi_{\beta i+1,j,k}-\Phi_{\beta i-1,j,k}}{\Delta x_{i+1,j,k}+2\Delta x_{i,j,k}+\Delta x_{i-1,j,k}}\right]+$$
$$TZX_{\beta i,j,k-\frac{1}{2}}\left[\frac{\Phi_{\beta i-1,j,k}-\Phi_{\beta i+1,j,k}}{\Delta x_{i-1,j,k}+2\Delta x_{i,j,k}+\Delta x_{i+1,j,k}}+\frac{\Phi_{\beta i-1,j,k-1}-\Phi_{\beta i+1,j,k-1}}{\Delta x_{i-1,j,k-1}+2\Delta x_{i,j,k-1}+\Delta x_{i+1,j,k-1}}\right]$$
$$(63)$$

$$\Delta_z TZY_\beta \Delta_y \Phi_\beta = TZY_{\beta i,j,k+\frac{1}{2}}\left[\frac{\Phi_{\beta i,j+1,k+1}-\Phi_{\beta i,j-1,k+1}}{\Delta y_{i,j+1,k+1}+2\Delta y_{i,j,k+1}+\Delta y_{i,j-1,k+1}}+\frac{\Phi_{\beta i,j+1,k}-\Phi_{\beta i,j-1,k}}{\Delta y_{i,j+1,k}+2\Delta y_{i,j,k}+\Delta y_{i,j-1,k}}\right]+$$

$$TZY_{\beta i,j,k-\frac{1}{2}}\left[\frac{\Phi_{\beta i,j-1,k}-\Phi_{\beta i,j+1,k}}{\Delta y_{i,j-1,k}+2\Delta y_{i,j,k}+\Delta y_{i,j+1,k}}+\frac{\Phi_{\beta i,j-1,k-1}-\Phi_{\beta i,j+1,k-1}}{\Delta y_{i,j-1,k-1}+2\Delta y_{i,j,k-1}+\Delta y_{i,j+1,k-1}}\right]$$
(64)

$$\Delta_z TZZ_\beta \Delta_z \Phi_\beta = 2TZZ_{\beta i,j,k+\frac{1}{2}}\frac{\Phi_{\beta i,j,k+1}-\Phi_{\beta i,j,k}}{\Delta z_{i,j,k+1}+\Delta z_{i,j,k}}+2TZZ_{\beta i,j,k-\frac{1}{2}}\frac{\Phi_{\beta i,j,k-1}-\Phi_{\beta i,j,k}}{\Delta z_{i,j,k-1}+\Delta z_{i,j,k}} \quad (65)$$

式(57)至式(65)中，$\beta=\text{o,g,w,Gd}$；同时采用了如下记号：

$$\Phi_\beta = p_o - \rho_\beta gD + \begin{cases} 0, & \text{对于油相}(\beta=\text{o}) \\ p_{\text{cog}}, & \text{对于气相}(\beta=\text{g}) \\ -p_{\text{cow}}, & \text{对于水相}(\beta=\text{w}) \end{cases} \quad (66)$$

$$\Phi_{\text{Gd}} = \Phi_o = p_o - \rho_o gD \quad (67)$$

式(32)至式(34)两端统一乘以网格体积 $V_M = \Delta x_{i,j,k} \Delta y_{i,j,k} \Delta z_{i,j,k}$，并将式(57)至式(65)代入，可得三维三相各向异性油藏渗流的差分方程组：

$$(\Delta_x TXX_o \Delta_x \Phi_o + \Delta_x TXY_o \Delta_y \Phi_o + \Delta_x TXZ_o \Delta_z \Phi_o + \Delta_y TYX_o \Delta_x \Phi_o + \Delta_y TYY_o \Delta_y \Phi_o + \Delta_y TYZ_o \Delta_z \Phi_o +$$
$$\Delta_z TZX_o \Delta_x \Phi_o + \Delta_z TZY_o \Delta_y \Phi_o + \Delta_z TZZ_o \Delta_z \Phi_o)^{n+1} - Q_{OVscM} = \frac{V_M}{\Delta t}\left[\left(\frac{\phi S_o}{B_o}\right)^{n+1} - \left(\frac{\phi S_o}{B_o}\right)^n\right] \quad (68)$$

$$(\Delta_x TXX_{\text{Gd}} \Delta_x \Phi_o + \Delta_x TXY_{\text{Gd}} \Delta_y \Phi_o + \Delta_x TXZ_{\text{Gd}} \Delta_z \Phi_o + \Delta_y TYX_{\text{Gd}} \Delta_x \Phi_o + \Delta_y TYY_{\text{Gd}} \Delta_y \Phi_o + \Delta_y TYZ_{\text{Gd}} \Delta_z \Phi_o +$$
$$\Delta_z TZX_{\text{Gd}} \Delta_x \Phi_o + \Delta_z TZY_{\text{Gd}} \Delta_y \Phi_o + \Delta_z TZZ_{\text{Gd}} \Delta_z \Phi_o + \Delta_x TXX_g \Delta_x \Phi_g + \Delta_x TXY_g \Delta_y \Phi_g + \Delta_x TXZ_g \Delta_z \Phi_g +$$
$$\Delta_y TYX_g \Delta_x \Phi_g + \Delta_y TYY_g \Delta_y \Phi_g + \Delta_y TYZ_g \Delta_z \Phi_g + \Delta_z TZX_g \Delta_x \Phi_g + \Delta_z TZY_g \Delta_y \Phi_g + \Delta_z TZZ_g \Delta_z \Phi_g)^{n+1} -$$
$$Q_{GVscM} = \frac{V_M}{\Delta t}\left[\left(\frac{\phi S_o}{B_o} R_{so}\right)^{n+1} - \left(\frac{\phi S_o}{B_o} R_{so}\right)^n + \left(\frac{\phi S_o}{B_o}\right)^{n+1} - \left(\frac{\phi S_o}{B_o}\right)^n\right] \quad (69)$$

$$(\Delta_x TXX_w \Delta_x \Phi_w + \Delta_x TXY_w \Delta_y \Phi_w + \Delta_x TXZ_w \Delta_z \Phi_w + \Delta_y TYX_w \Delta_x \Phi_w + \Delta_y TYY_w \Delta_y \Phi_w + \Delta_y TYZ_w \Delta_z \Phi_w +$$
$$\Delta_z TZX_w \Delta_x \Phi_w + \Delta_z TZY_w \Delta_y \Phi_w + \Delta_z TZZ_w \Delta_z \Phi_w)^{n+1} - Q_{WVscM} = \frac{V_M}{\Delta t}\left[\left(\frac{\phi S_w}{B_w}\right)^{n+1} - \left(\frac{\phi S_w}{B_w}\right)^n\right] \quad (70)$$

式中 Q_{OVscM}、Q_{GVscM}、Q_{WVscM} 分别为网格 $M=(i,j,k)$ 中油、气、水组分以地面标准状况下的体积计算的井产量，$Q_{OVscM}=-q_{OVscM} \cdot V_M$，$Q_{GVscM}=-q_{GVscM} \cdot V_M$，$Q_{WVscM}=-q_{WVscM} \cdot V_M$。

式(68)至式(70)中方程的系数均为未知量的函数，因此上述方程组具有强非线性特征。后面将介绍该非线性差分方程组的求解方法。

10.4 各向异性油藏模型的全隐式解法

10.4.1 解法选择

各向异性油藏渗流差分方程的求解过程，除了一般油藏渗流中存在的问题外，还有其自身的特点，主要表现在渗透率交叉项的处理上。渗透率张量的对角分量与非对角分量之间的差别、对角分量自身之间及非对角分量之间的差别，都有可能引起差分方程中流动系数和传导系数的显著差异，从而使得所得的线性方程组表现出不稳定性。同时，由于考虑了渗透率的各向异性，差分方程由一般黑油模型的七点差分格式扩展为十九点差分格式，一个方程中将含有57个变量，计算量更大，计算过程更复杂。因此，为了保证问题求解的效果，在模型的求解时通常选择全隐式解法。

10.4.2 方法原理

全隐式解法求解油藏数学模型的原理已在第八章和第九章介绍过，这里只在形式上进行概述。

全隐式解法在处理差分模型时采用隐式处理传导系数等参数，在一个时间步长内要迭代多次，系数也参与迭代，每迭代一次，解一次方程，然后更新一次系数继续下一次迭代，这样不断地更新系数，使其逐步逼近($n+1$)时间步的值，最后使得隐式差分方程严格地在($n+1$)时间步成立。因此其解法的隐式程度高，稳定性强，在时间步长相当大时仍可以保持稳定。

全隐式解法实质是基于数学上解非线性方程的牛顿迭代法，数学形式上可简略描述如下。

设任意变量 u 在相邻时间步 t^n 和 t^{n+1} 之间的差值为：

$$\delta u = u^{n+1} - u^n \tag{71}$$

t^n 到 t^{n+1} 时间步内两次迭代 l 和 $l+1$ 之间的差值为：

$$\bar{\delta} u = u^{l+1} - u^l \tag{72}$$

即：

$$u^{l+1} = u^l + \bar{\delta} u \tag{73}$$

而且

$$u^0 = u^n (\text{当 } l=0) \tag{74}$$

经过多次迭代后，近似得到：

$$u^l = u^{l+1} = u^{n+1}, \text{当} |X^{l+1} - X^l| < \varepsilon \tag{75}$$

其中 ε 为给定的误差上限。在迭代过程中：

$$\delta u = u^{l+1} - u^n = u^l - u^n + \bar{\delta} u \tag{76}$$

下面将用全隐式解法求解三维三相各向异性油藏渗流差分模型。因为第 8 章和第 9 章已经详细介绍了黑油模型和多组分模型的全隐式解法，而各向异性油藏模型的全隐式解法与黑油模型及多组分模型相似，所以本章主要介绍各向异性油藏模型全隐式解法的主体结构和特有内容，大量的具体推导过程可以参考第 8 章和第 9 章内容，此处不再一一展开。

10.4.3 空间差分项的全隐式处理

根据全隐式解法原理，由差分方程(68)至式(70)可得：

$$(\Delta_x TXX_o \Delta_x \Phi_o + \Delta_x TXY_o \Delta_y \Phi_o + \Delta_x TXZ_o \Delta_z \Phi_o + \Delta_y TYX_o \Delta_x \Phi_o + \Delta_y TYY_o \Delta_y \Phi_o + \Delta_y TYZ_o \Delta_z \Phi_o +$$
$$\Delta_z TZX_o \Delta_x \Phi_o + \Delta_z TZY_o \Delta_y \Phi_o + \Delta_z TZZ_o \Delta_z \Phi_o)^{l+1} - Q_{OVscM}^{l+1} = \frac{V_M}{\Delta t} \left[\left(\frac{\phi S_o}{B_o} \right)^l - \left(\frac{\phi S_o}{B_o} \right)^n + \bar{\delta} \left(\frac{\phi S_o}{B_o} \right) \right] \tag{77}$$

$$(\Delta_x TXX_{Gd} \Delta_x \Phi_o + \Delta_x TXY_{Gd} \Delta_y \Phi_o + \Delta_x TXZ_{Gd} \Delta_z \Phi_o + \Delta_y TYX_{Gd} \Delta_x \Phi_o + \Delta_y TYY_{Gd} \Delta_y \Phi_o + \Delta_y TYZ_{Gd} \Delta_z \Phi_o +$$
$$\Delta_z TZX_{Gd} \Delta_x \Phi_o + \Delta_z TZY_{Gd} \Delta_y \Phi_o + \Delta_z TZZ_{Gd} \Delta_z \Phi_o + \Delta_x TXX_g \Delta_x \Phi_g + \Delta_x TXY_g \Delta_y \Phi_g + \Delta_x TXZ_g \Delta_z \Phi_g +$$
$$\Delta_y TYX_g \Delta_x \Phi_g + \Delta_y TYY_g \Delta_y \Phi_g + \Delta_y TYZ_g \Delta_z \Phi_g + \Delta_z TZX_g \Delta_x \Phi_g + \Delta_z TZY_g \Delta_y \Phi_g + \Delta_z TZZ_g \Delta_z \Phi_g)^{l+1} -$$
$$Q_{GVscM}^{l+1} = \frac{V_M}{\Delta t} \left[\left(\frac{\phi S_o R_{so}}{B_o} \right)^l - \left(\frac{\phi S_o R_{so}}{B_o} \right)^n + \left(\frac{\phi S_g}{B_g} \right)^l - \left(\frac{\phi S_g}{B_g} \right)^n + \bar{\delta} \left(\frac{\phi S_o R_{so}}{B_o} \right) + \bar{\delta} \left(\frac{\phi S_g}{B_g} \right) \right] \tag{78}$$

$$(\Delta_x TXX_w \Delta_x \Phi_w + \Delta_x TXY_w \Delta_y \Phi_w + \Delta_x TXZ_w \Delta_z \Phi_w + \Delta_y TYX_w \Delta_x \Phi_w + \Delta_y TYY_w \Delta_y \Phi_w + \Delta_y TYZ_w \Delta_z \Phi_w +$$
$$\Delta_z TZX_w \Delta_x \Phi_w + \Delta_z TZY_w \Delta_y \Phi_w + \Delta_z TZZ_w \Delta_z \Phi_w)^{l+1} - Q_{WVscM}^{l+1} = \frac{V_M}{\Delta t}\left[\left(\frac{\phi S_w}{B_w}\right)^l - \left(\frac{\phi S_w}{B_w}\right)^n + \bar{\delta}\left(\frac{\phi S_w}{B_w}\right)\right]$$
(79)

式(77)至式(79)是全隐式解法的基本迭代格式,与原差分方程式(68)至式(70)一样是非线性的。下面对其进行线性化处理。

油藏处于三相情况时,油、气、水三相的饱和度都不为零,但是三个饱和度中只有两个是独立的,因此选择 p_o^{n+1}、S_w^{n+1}、S_g^{n+1} 为独立变量。当油藏处于两相情况时气相饱和度为零,原来与压力有关的 B_o 和 R_{so} 等参数在两相情况下变成了压力与泡点压力的函数,三相情况下与 S_w、S_g 有关的 K_{ro} 在两相情况下变成 S_w 的一元函数,因此选择 p_o^{n+1}、S_w^{n+1}、p_b^{n+1} 为独立变量。为方便起见,推导中经常舍去油相压力下标,用 p 代替 p_o。

令 T_β 代表式(77)至式(79)左端项中任意一个传导系数。假设从任意时间步 n 到 $n+1$,T_β^{n+1} 和 Φ_β^{n+1} 变化如下:

$$T_\beta^{n+1} = T_\beta^n + \delta T_\beta,\ \beta = o, g, w, Gd \tag{80}$$

$$\Phi_\beta^{n+1} = \Phi_\beta^n + \delta \Phi_\beta,\ \beta = o, g, w \tag{81}$$

从任意迭代步 l 到 $l+1$,假设 T_β^{l+1} 和 Φ_β^{l+1} 变化如下:

$$T_\beta^{l+1} = T_\beta^l + \bar{\delta} T_\beta,\ \beta = o, g, w, Gd \tag{82}$$

$$\Phi_\beta^{l+1} = \Phi_\beta^l + \bar{\delta} \Phi_\beta,\ \beta = o, g, w \tag{83}$$

式(80)至式(83)中,δT_β 和 $\bar{\delta} T_\beta$ 表示传导系数 T_β 在时间步和迭代步上的全微分,$\delta \Phi_\beta$ 和 $\bar{\delta} \Phi_\beta$ 表示 Φ_β 在时间步和迭代步上的全微分。它们都是小量。

下面以油组分方程($\beta = o$)为例说明线性化过程。

由于 T_o 为 p、S_w、S_g(或 p_b)的函数,记 $X_g = \begin{cases} S_g, & \text{三相情况} \\ p_b, & \text{两相情况} \end{cases}$,则有:

$$\bar{\delta} T_o = \frac{\partial T_o}{\partial p}\bar{\delta}p + \frac{\partial T_o}{\partial S_w}\bar{\delta}S_w + \frac{\partial T_o}{\partial X_g}\bar{\delta}X_g \tag{84}$$

由式(82)至式(84)可得:

$$\Delta T_o^{l+1} \Delta \Phi_o^{l+1} = \Delta(T_o^l + \bar{\delta}T_o)\Delta(\Phi_o^l + \bar{\delta}\Phi_o)$$
$$= \Delta\left(T_o^l + \frac{\partial T_o}{\partial p}\bar{\delta}p + \frac{\partial T_o}{\partial S_w}\bar{\delta}S_w + \frac{\partial T_o}{\partial X_g}\bar{\delta}X_g\right)\Delta(\Phi_o^l + \bar{\delta}\Phi_o) \tag{85}$$

由于密度 ρ_o 在一个步长内的变化不大,可以用上一个迭代步 l 的值,因此有:

$$\bar{\delta}\Phi_o = \bar{\delta}(p^{l+1} - \rho_o^l gD) = \bar{\delta}p \tag{86}$$

将式(86)代入式(85),然后展开,并消去二阶小量,可以得到油组分方程空间项的线性化全隐式迭代格式:

$$\Delta T_o^{l+1}\Delta \Phi_o^{l+1} = \Delta T_o^l \Delta \Phi_o^l + \Delta T_o^l \Delta \bar{\delta}p + \Delta\left(\frac{\partial T_o}{\partial p}\right)^l \bar{\delta}p \Delta \Phi_o^l + \Delta\left(\frac{\partial T_o}{\partial S_w}\right)^l \bar{\delta}S_w \Delta \Phi_o^l + \Delta\left(\frac{\partial T_o}{\partial X_g}\right)^l \bar{\delta}X_g \Delta \Phi_o^l \tag{87}$$

上式为油方程式(77)左端所有空间差分项的通式,式(77)九个空间差分项中的每一项都应写成式(87)的形式,例如:

$$\Delta_x TXX_o^{l+1}\Delta_x \Phi_o^{l+1} = \Delta_x TXX_o^l \Delta_x \Phi_o^l + \Delta_x TXX_o^l \Delta_x \bar{\delta}p + \Delta_x\left(\frac{\partial TXX_o}{\partial p}\right)^l \bar{\delta}p \Delta_x \Phi_o^l + \Delta_x\left(\frac{\partial TXX_o}{\partial S_w}\right)^l \bar{\delta}S_w \Delta_x \Phi_o^l +$$

$$\Delta_x\left(\frac{\partial TXX_o}{\partial X_g}\right)^l \overline{\delta X_g}\Delta_x\Phi_o^l \tag{88}$$

$$\Delta_x TXY_o^{l+1}\Delta_y\Phi_o^{l+1} = \Delta_x TXY_o^l\Delta_y\Phi_o^l + \Delta_x TXY_o^l\Delta_y\overline{\delta p} + \Delta_x\left(\frac{\partial TXY_o}{\partial p}\right)^l\overline{\delta p}\Delta_y\Phi_o^l + \Delta_x\left(\frac{\partial TXY_o}{\partial S_w}\right)^l\overline{\delta S_w}\Delta_y\Phi_o^l +$$

$$\Delta_x\left(\frac{\partial TXY_o}{\partial X_g}\right)^l \overline{\delta X_g}\Delta_y\Phi_o^l \tag{89}$$

式(88)和式(89)右端每一项中各变量的取值点都要与左端一致,即符合 10.3.2 小节中相应的二阶差商算子的定义式。式(88)的各项应与式(57)相符,式(89)的各项应与式(58)相符。式(88)中的各项展开后的形式如下:

$$\Delta_x TXX_o^l\Delta_x\Phi_o^l = 2TXX^l_{oi+\frac{1}{2},j,k}\frac{\Phi^l_{oi+1,j,k}-\Phi^l_{oi,j,k}}{\Delta x_{i,j,k}+\Delta x_{i+1,j,k}} + 2TXX^l_{oi-\frac{1}{2},j,k}\frac{\Phi^l_{oi-1,j,k}-\Phi^l_{oi,j,k}}{\Delta x_{i,j,k}+\Delta x_{i-1,j,k}} \tag{90}$$

$$\Delta_x TXX_o^l\Delta_x\overline{\delta p} = 2TXX^l_{oi+\frac{1}{2},j,k}\frac{\overline{\delta p}_{i+1,j,k}-\overline{\delta p}_{i,j,k}}{\Delta x_{i,j,k}+\Delta x_{i+1,j,k}} + 2TXX^l_{oi-\frac{1}{2},j,k}\frac{\overline{\delta p}_{i-1,j,k}-\overline{\delta p}_{i,j,k}}{\Delta x_{i,j,k}+\Delta x_{i-1,j,k}} \tag{91}$$

$$\Delta_x\left(\frac{\partial TXX_o}{\partial p}\right)^l\overline{\delta p}\Delta_x\Phi_o^l = 2\left(\frac{\partial TXX_o^l}{\partial p}\overline{\delta p}\right)_{i+\frac{1}{2},j,k}\frac{\Phi^l_{oi+1,j,k}-\Phi^l_{oi,j,k}}{\Delta x_{i,j,k}+\Delta x_{i+1,j,k}} + 2\left(\frac{\partial TXX_o^l}{\partial p}\overline{\delta p}\right)_{i-\frac{1}{2},j,k}\frac{\Phi^l_{oi-1,j,k}-\Phi^l_{oi,j,k}}{\Delta x_{i,j,k}+\Delta x_{i-1,j,k}}$$
$$\tag{92}$$

$$\Delta_x\left(\frac{\partial TXX_o}{\partial S_w}\right)^l\overline{\delta S_w}\Delta_x\Phi_o^l = 2\left(\frac{\partial TXX_o^l}{\partial S_w}\overline{\delta S_w}\right)_{i+\frac{1}{2},j,k}\frac{\Phi^l_{oi+1,j,k}-\Phi^l_{oi,j,k}}{\Delta x_{i,j,k}+\Delta x_{i+1,j,k}} + 2\left(\frac{\partial TXX_o^l}{\partial S_w}\overline{\delta S_w}\right)_{i-\frac{1}{2},j,k}\frac{\Phi^l_{oi-1,j,k}-\Phi^l_{oi,j,k}}{\Delta x_{i,j,k}+\Delta x_{i-1,j,k}}$$
$$\tag{93}$$

$$\Delta_x\left(\frac{\partial TXX_o}{\partial S_g}\right)^l\overline{\delta S_g}\Delta_x\Phi_o^l = 2\left(\frac{\partial TXX_o^l}{\partial S_g}\overline{\delta S_g}\right)_{i+\frac{1}{2},j,k}\frac{\Phi^l_{oi+1,j,k}-\Phi^l_{oi,j,k}}{\Delta x_{i,j,k}+\Delta x_{i+1,j,k}} + 2\left(\frac{\partial TXX_o^l}{\partial S_g}\overline{\delta S_g}\right)_{i-\frac{1}{2},j,k}\frac{\Phi^l_{oi-1,j,k}-\Phi^l_{oi,j,k}}{\Delta x_{i,j,k}+\Delta x_{i-1,j,k}}$$
$$\tag{94}$$

$$\Delta_x\left(\frac{\partial TXX_o}{\partial p_b}\right)^l\overline{\delta p_b}\Delta_x\Phi_o^l = 2\left(\frac{\partial TXX_o^l}{\partial p_b}\overline{\delta p_b}\right)_{i+\frac{1}{2},j,k}\frac{\Phi^l_{oi+1,j,k}-\Phi^l_{oi,j,k}}{\Delta x_{i,j,k}+\Delta x_{i+1,j,k}} + 2\left(\frac{\partial TXX_o^l}{\partial p_b}\overline{\delta p_b}\right)_{i-\frac{1}{2},j,k}\frac{\Phi^l_{oi-1,j,k}-\Phi^l_{oi,j,k}}{\Delta x_{i,j,k}+\Delta x_{i-1,j,k}}$$
$$\tag{95}$$

式(89)中的各项展开后的形式如下:

$$\Delta_x TXY_o\Delta_y\Phi_o^l = TXY^l_{oi+\frac{1}{2},j,k}\left[\frac{\Phi^l_{oi+1,j+1,k}-\Phi^l_{oi+1,j-1,k}}{\Delta y_{i+1,j+1,k}+2\Delta y_{i+1,j,k}+\Delta y_{i+1,j-1,k}}+\frac{\Phi^l_{oi,j+1,k}-\Phi^l_{oi,j-1,k}}{\Delta y_{i,j+1,k}+2\Delta y_{i,j,k}+\Delta y_{i,j-1,k}}\right] +$$
$$TXY^l_{oi-\frac{1}{2},j,k}\left[\frac{\Phi^l_{oi-1,j-1,k}-\Phi^l_{oi-1,j+1,k}}{\Delta y_{i-1,j+1,k}+2\Delta y_{i-1,j,k}+\Delta y_{i-1,j-1,k}}+\frac{\Phi^l_{oi,j-1,k}-\Phi^l_{oi,j+1,k}}{\Delta y_{i,j+1,k}+2\Delta y_{i,j,k}+\Delta y_{i,j-1,k}}\right]$$
$$\tag{96}$$

$$\Delta_x TXY_o^l\Delta_y\overline{\delta p} = TXY^l_{oi+\frac{1}{2},j,k}\left[\frac{\overline{\delta p}_{oi+1,j+1,k}-\overline{\delta p}_{oi+1,j-1,k}}{\Delta y_{i+1,j+1,k}+2\Delta y_{i+1,j,k}+\Delta y_{i+1,j-1,k}}+\frac{\overline{\delta p}_{oi,j+1,k}-\overline{\delta p}_{oi,j-1,k}}{\Delta y_{i,j+1,k}+2\Delta y_{i,j,k}+\Delta y_{i,j-1,k}}\right] +$$
$$TXY^l_{oi-\frac{1}{2},j,k}\left[\frac{\overline{\delta p}_{oi-1,j-1,k}-\overline{\delta p}_{oi-1,j+1,k}}{\Delta y_{i-1,j+1,k}+2\Delta y_{i-1,j,k}+\Delta y_{i-1,j-1,k}}+\frac{\overline{\delta p}_{oi,j-1,k}-\overline{\delta p}_{oi,j+1,k}}{\Delta y_{i,j+1,k}+2\Delta y_{i,j,k}+\Delta y_{i,j-1,k}}\right] \tag{97}$$

$$\Delta_x\left(\frac{\partial TXY_o}{\partial p}\right)^l \bar{\delta}p\Delta_y \Phi_o^l = \left(\frac{\partial TXY_o^l}{\partial p}\bar{\delta}p\right)_{i+\frac{1}{2},j,k}\left[\frac{\Phi_{o\,i+1,j+1,k}^l-\Phi_{o\,i+1,j-1,k}^l}{\Delta y_{i+1,j+1,k}+2\Delta y_{i+1,j,k}+\Delta y_{i+1,j-1,k}}+\frac{\Phi_{o\,i,j+1,k}^l-\Phi_{o\,i,j-1,k}^l}{\Delta y_{i,j+1,k}+2\Delta y_{i,j,k}+\Delta y_{i,j-1,k}}\right]+$$
$$\left(\frac{\partial TXY_o^l}{\partial p}\bar{\delta}p\right)_{i-\frac{1}{2},j,k}\left[\frac{\Phi_{o\,i-1,j-1,k}^l-\Phi_{o\,i-1,j+1,k}^l}{\Delta y_{i-1,j+1,k}+2\Delta y_{i-1,j,k}+\Delta y_{i-1,j-1,k}}+\frac{\Phi_{o\,i,j-1,k}^l-\Phi_{o\,i,j+1,k}^l}{\Delta y_{i,j+1,k}+2\Delta y_{i,j,k}+\Delta y_{i,j-1,k}}\right]$$
(98)

$$\Delta_x\left(\frac{\partial TXY_o}{\partial S_w}\right)^l \bar{\delta}S_w\Delta_y \Phi_o^l = \left(\frac{\partial TXY_o^l}{\partial S_w}\bar{\delta}S_w\right)_{i+\frac{1}{2},j,k}\left[\frac{\Phi_{o\,i+1,j+1,k}^l-\Phi_{o\,i+1,j-1,k}^l}{\Delta y_{i+1,j+1,k}+2\Delta y_{i+1,j,k}+\Delta y_{i+1,j-1,k}}+\frac{\Phi_{o\,i,j+1,k}^l-\Phi_{o\,i,j-1,k}^l}{\Delta y_{i,j+1,k}+2\Delta y_{i,j,k}+\Delta y_{i,j-1,k}}\right]+$$
$$\left(\frac{\partial TXY_o^l}{\partial S_w}\bar{\delta}S_w\right)_{i-\frac{1}{2},j,k}\left[\frac{\Phi_{o\,i-1,j-1,k}^l-\Phi_{o\,i-1,j+1,k}^l}{\Delta y_{i-1,j+1,k}+2\Delta y_{i-1,j,k}+\Delta y_{i-1,j-1,k}}+\frac{\Phi_{o\,i,j-1,k}^l-\Phi_{o\,i,j+1,k}^l}{\Delta y_{i,j+1,k}+2\Delta y_{i,j,k}+\Delta y_{i,j-1,k}}\right]$$
(99)

$$\Delta_x\left(\frac{\partial TXY_o}{\partial S_g}\right)^l \bar{\delta}S_g\Delta_y \Phi_o^l = \left(\frac{\partial TXY_o^l}{\partial S_g}\bar{\delta}S_g\right)_{i+\frac{1}{2},j,k}\left[\frac{\Phi_{o\,i+1,j+1,k}^l-\Phi_{o\,i+1,j-1,k}^l}{\Delta y_{i+1,j+1,k}+2\Delta y_{i+1,j,k}+\Delta y_{i+1,j-1,k}}+\frac{\Phi_{o\,i,j+1,k}^l-\Phi_{o\,i,j-1,k}^l}{\Delta y_{i,j+1,k}+2\Delta y_{i,j,k}+\Delta y_{i,j-1,k}}\right]+$$
$$\left(\frac{\partial TXY_o^l}{\partial S_g}\bar{\delta}S_g\right)_{i-\frac{1}{2},j,k}\left[\frac{\Phi_{o\,i-1,j-1,k}^l-\Phi_{o\,i-1,j+1,k}^l}{\Delta y_{i-1,j+1,k}+2\Delta y_{i-1,j,k}+\Delta y_{i-1,j-1,k}}+\frac{\Phi_{o\,i,j-1,k}^l-\Phi_{o\,i,j+1,k}^l}{\Delta y_{i,j+1,k}+2\Delta y_{i,j,k}+\Delta y_{i,j-1,k}}\right]$$
(100)

$$\Delta_x\left(\frac{\partial TXY_o}{\partial p_b}\right)^l \bar{\delta}p_b\Delta_y \Phi_o^l = \left(\frac{\partial TXY_o^l}{\partial p_b}\bar{\delta}p_b\right)_{i+\frac{1}{2},j,k}\left[\frac{\Phi_{o\,i+1,j+1,k}^l-\Phi_{o\,i+1,j-1,k}^l}{\Delta y_{i+1,j+1,k}+2\Delta y_{i+1,j,k}+\Delta y_{i+1,j-1,k}}+\frac{\Phi_{o\,i,j+1,k}^l-\Phi_{o\,i,j-1,k}^l}{\Delta y_{i,j+1,k}+2\Delta y_{i,j,k}+\Delta y_{i,j-1,k}}\right]+$$
$$\left(\frac{\partial TXY_o^l}{\partial p_b}\bar{\delta}p_b\right)_{i-\frac{1}{2},j,k}\left[\frac{\Phi_{o\,i-1,j-1,k}^l-\Phi_{o\,i-1,j+1,k}^l}{\Delta y_{i-1,j+1,k}+2\Delta y_{i-1,j,k}+\Delta y_{i-1,j-1,k}}+\frac{\Phi_{o\,i,j-1,k}^l-\Phi_{o\,i,j+1,k}^l}{\Delta y_{i,j+1,k}+2\Delta y_{i,j,k}+\Delta y_{i,j-1,k}}\right]$$
(101)

式(92)至式(95)及式(98)至式(101)中含有传导系数的微商项,其计算公式可以根据10.3.2小节中传导系数的定义式(53)至式(56)和10.2.3小节中相应的辅助方程推导得出。以传导系数 TXY_o 为例,根据式(53),省略位置下标后可记作:

$$TXY_o = \Omega\frac{K_{xy}\cdot K_{ro}}{\mu_o B_o} \tag{102}$$

其中,Ω 是传导系数中只与网格几何尺寸有关的量。由式(102)及其所含变量的辅助方程,推导可得如下各式:

$$\frac{\partial TXY_o}{\partial p} = \frac{\partial}{\partial p}\left(\Omega\frac{K_{xy}K_{ro}}{\mu_o B_o}\right) = -\Omega\frac{K_{xy}K_{ro}}{\mu_o B_o}\left(\frac{1}{B_o}\frac{\partial B_o}{\partial p}-\frac{1}{\mu_o}\frac{\partial \mu_o}{\partial p}\right) \tag{103}$$

$$\frac{\partial TXY_o}{\partial S_w} = \frac{\partial}{\partial S_w}\left(\Omega\frac{K_{xy}K_{ro}}{\mu_o B_o}\right) = \Omega\frac{K_{xy}}{\mu_o B_o}\frac{\partial K_{ro}}{\partial S_w} \tag{104}$$

$$\frac{\partial TXY_o}{\partial S_g} = \frac{\partial}{\partial S_g}\left(\Omega\frac{K_{xy}K_{ro}}{\mu_o B_o}\right) = \Omega\frac{K_{xy}}{\mu_o B_o}\frac{\partial K_{ro}}{\partial S_g} \tag{105}$$

$$\frac{\partial TXY_o}{\partial p_b} = \frac{\partial}{\partial p_b}\left(\Omega\frac{K_{xy}K_{ro}}{\mu_o B_o}\right) = -\Omega\frac{K_{xy}K_{ro}}{\mu_o B_o}\left(\frac{1}{B_o}\frac{\partial B_o}{\partial p_b}-\frac{1}{\mu_o}\frac{\partial \mu_o}{\partial p_b}\right) \tag{106}$$

以上是油组分迭代方程的线性化原理和算法。

气组分和水组分方程相对于油组分方程的主要区别是毛管压力项。为此令：

$$p_{\text{cog}}^{l+1} = p_{\text{cog}}^l + \left(\frac{\partial p_{\text{cog}}}{\partial S_g}\right)^l \bar{\delta} S_g \tag{107}$$

$$p_{\text{cow}}^{l+1} = p_{\text{cow}}^l - \left(\frac{\partial p_{\text{cow}}}{\partial S_w}\right)^l \bar{\delta} S_w \tag{108}$$

考虑到式(107)，经过与油组分方程相似的处理过程，可得气组分方程左端空间差分项的全隐式线性化通式：

$$\Delta T_{\text{Gd}}^{l+1} \Delta \Phi_o^{l+1} = \Delta T_{\text{Gd}}^l \Delta \Phi_o^l + \Delta T_{\text{Gd}}^l \Delta \bar{\delta} p + \Delta \left(\frac{\partial T_{\text{Gd}}}{\partial p}\right)^l \bar{\delta} p \Delta \Phi_o^l + \Delta \left(\frac{\partial T_{\text{Gd}}}{\partial S_w}\right)^l \bar{\delta} S_w \Delta \Phi_o^l + \Delta \left(\frac{\partial T_{\text{Gd}}}{\partial X_g}\right)^l \bar{\delta} X_g \Delta \Phi_o^l \tag{109}$$

$$\Delta T_g^{l+1} \Delta \Phi_g^{l+1} = \Delta T_g^l \Delta \Phi_g^l + \Delta T_g^l \Delta \bar{\delta} p + \Delta \left(\frac{\partial T_g}{\partial p}\right)^l \bar{\delta} p \Delta \Phi_g^l + \Delta \left(\frac{\partial T_g}{\partial S_g}\right)^l \bar{\delta} S_g \Delta \Phi_g^l + \Delta T_g^l \Delta \left(\frac{\partial p_{\text{cog}}}{\partial S_g}\right)^l \bar{\delta} S_g \tag{110}$$

式(78)左端溶解气的每一个空间差分项都应写成式(109)的形式，自由气的每一个空间差分项都应写成式(110)的形式。在两相流动时，气相不存在，式(110)各项均取为0。

同理，考虑到式(108)，可得水组分方程左端空间差分项的全隐式线性化通式：

$$\Delta T_w^{l+1} \Delta \Phi_w^{l+1} = \Delta T_w^l \Delta \Phi_w^l + \Delta T_w^l \Delta \bar{\delta} p + \Delta \left(\frac{\partial T_w}{\partial p}\right)^l \bar{\delta} p \Delta \Phi_w^l + \Delta \left(\frac{\partial T_w}{\partial S_w}\right)^l \bar{\delta} S_w \Delta \Phi_w^l - \Delta T_w^l \Delta \left(\frac{\partial p_{\text{cow}}}{\partial S_w}\right)^l \bar{\delta} S_w \tag{111}$$

式(79)左端的每一个空间差分项都应该写成式(111)的形式。

10.4.4 右端累积项的处理

对空间差分项进行全隐式处理后，下面对渗流控制方程的右端累积项进行全隐式处理。为简化方程，将三相和两相写在一起，对于一些参数的处理，上面的式子表示三相情况，下面的表示两相情况。

以油组分方程为例，处理步骤如下：

$$\frac{V_M}{\Delta t}\left[\left(\frac{\phi S_o}{B_o}\right)^{n+1} - \left(\frac{\phi S_o}{B_o}\right)^n\right]_M = \frac{V_M}{\Delta t}\left[\left(\frac{\phi S_o}{B_o}\right)^l - \left(\frac{\phi S_o}{B_o}\right)^n + \bar{\delta}\left(\frac{\phi S_o}{B_o}\right)\right]_M \tag{112}$$

把 $\bar{\delta}\left(\dfrac{\phi S_o}{B_o}\right)$ 展开得：

$$\bar{\delta}\left(\frac{\phi S_o}{B_o}\right) = \frac{S_o^l}{B_o^l}\bar{\delta}\phi - \frac{\phi^l S_o^l}{(B_o^l)^2}\bar{\delta}B_o + \frac{\phi^l}{B_o^l}\bar{\delta}S_o \tag{113}$$

由辅助方程式(16)、式(18)和式(22)可得：

$$\bar{\delta}S_o = \begin{cases} -\bar{\delta}S_w - \bar{\delta}S_g \\ -\bar{\delta}S_w \end{cases} \tag{114}$$

$$\bar{\delta}B_o = \begin{cases} \dfrac{\partial B_o}{\partial p}\bar{\delta}p \\ \dfrac{\partial B_o}{\partial p}\bar{\delta}p + \dfrac{\partial B_o}{\partial p_b}\bar{\delta}p_b \end{cases} \tag{115}$$

$$\overline{\delta}\phi = \phi^0 C_R \overline{\delta} p \tag{116}$$

其中，大括号内的上部选项为三相情况，下部选项为两相情况，以下相同。

把式(114)至式(116)代入式(113)，且各系数均取上一个迭代步(第 l 步)的值，得：

$$\overline{\delta}\left(\frac{\phi S_o}{B_o}\right) = \left[\frac{S_o^l \phi^l C_R}{B_o^l} - \frac{\phi^l S_o^l}{(B_o^l)^2}\frac{\partial B_o}{\partial p}\right]\overline{\delta} p - \frac{\phi^l}{B_o^l}\overline{\delta} S_w - \begin{cases}\dfrac{\phi^l}{B_o^l}\overline{\delta} S_g \\ \dfrac{\phi^l S_o^l}{(B_o^l)^2}\dfrac{\partial B_o}{\partial p_b}\overline{\delta} p_b\end{cases} \tag{117}$$

将式(117)代入方程式(112)，得到油组分方程右端项展开式：

$$\frac{V_M}{\Delta t}\left[\left(\frac{\phi S_o}{B_o}\right)^{n+1} - \left(\frac{\phi S_o}{B_o}\right)^n\right]_M = \frac{V_M}{\Delta t}\left[\left(\frac{\phi S_o}{B_o}\right)^l_M - \left(\frac{\phi S_o}{B_o}\right)^n_M\right] - \begin{cases}\dfrac{V_M}{\Delta t}\left(\dfrac{\phi}{B_o}\right)^l_M \overline{\delta} S_g \\ \dfrac{V_M}{\Delta t}\left(\dfrac{\phi S_o}{B_o^2}\dfrac{\partial B_o}{\partial p_b}\right)^l_M \overline{\delta} p_b\end{cases} +$$

$$\frac{V_M}{\Delta t}\left(\frac{S_o \phi C_R}{B_o} - \frac{\phi S_o}{B_o^2}\frac{\partial B_o}{\partial p}\right)^l_M \overline{\delta} p - \frac{V_M}{\Delta t}\left(\frac{\phi}{B_o}\right)^l_M \overline{\delta} S_w \tag{118}$$

同理，可得气组分方程右端项展开式：

$$\frac{V_M}{\Delta t}\left[\left(\frac{\phi R_{so} S_o}{B_o}\right)^{n+1} - \left(\frac{\phi R_{so} S_o}{B_o}\right)^n + \left(\frac{\phi S_g}{B_g}\right)^{n+1} - \left(\frac{\phi S_g}{B_g}\right)^n\right]_M$$

$$= \frac{V_M}{\Delta t}\left[\left(\frac{\phi R_{so} S_o}{B_o}\right)^l - \left(\frac{\phi R_{so} S_o}{B_o}\right)^n + \overline{\delta}\left(\frac{\phi R_{so} S_o}{B_o}\right)\right]_M + \frac{V_M}{\Delta t}\left[\left(\frac{\phi S_g}{B_g}\right)^l - \left(\frac{\phi S_g}{B_g}\right)^n + \overline{\delta}\left(\frac{\phi S_g}{B_g}\right)\right]_M$$

$$= \begin{cases}\dfrac{V_M}{\Delta t}\left[\left(\dfrac{\phi R_{so} S_o}{B_o}\right)^l - \left(\dfrac{\phi R_{so} S_o}{B_o}\right)^n + \left(\dfrac{\phi S_g}{B_g}\right)^l - \left(\dfrac{\phi S_g}{B_g}\right)^n\right]_M + \dfrac{V_M}{\Delta t}\left(\dfrac{\phi}{B_g} - \dfrac{\phi R_{so}}{B_o}\right)^l_M \overline{\delta} S_g \\ \dfrac{V_M}{\Delta t}\left[\left(\dfrac{\phi R_{so} S_o}{B_o}\right)^l - \left(\dfrac{\phi R_{so} S_o}{B_o}\right)^n\right]_M + \dfrac{V_M}{\Delta t}\left(\dfrac{\phi S_o}{B_o}\dfrac{\partial R_{so}}{\partial p_b} - \dfrac{\phi S_o R_{so}}{B_o^2}\dfrac{\partial B_o}{\partial p_b}\right)^l_M \overline{\delta} p_b\end{cases} +$$

$$\begin{cases}\dfrac{V_M}{\Delta t}\left(\dfrac{R_{so} S_o}{B_o}\phi C_R - \dfrac{\phi R_{so} S_o}{B_o^2}\dfrac{\partial B_o}{\partial p} + \dfrac{\phi S_o}{B_o}\dfrac{\partial R_{so}}{\partial p} + \dfrac{S_g}{B_g}\phi C_R - \dfrac{\phi S_g}{B_g^2}\dfrac{\partial B_g}{\partial p}\right)^l_M \overline{\delta} p \\ \dfrac{V_M}{\Delta t}\left(\dfrac{R_{so} S_o}{B_o}\phi C_R - \dfrac{\phi R_{so} S_o}{B_o^2}\dfrac{\partial B_o}{\partial p} + \dfrac{\phi S_o}{B_o}\dfrac{\partial R_{so}}{\partial p}\right)^l_M \overline{\delta} p\end{cases} - \frac{V_M}{\Delta t}\left(\frac{\phi R_{so}}{B_o}\right)^l_M \overline{\delta} S_w \tag{119}$$

水组分方程右端项展开式：

$$\frac{V_M}{\Delta t}\left[\left(\frac{\phi S_w}{B_w}\right)^{n+1} - \left(\frac{\phi S_w}{B_w}\right)^n\right]_M$$

$$= \frac{V_M}{\Delta t}\left[\left(\frac{\phi S_w}{B_w}\right)^l - \left(\frac{\phi S_w}{B_w}\right)^n\right]_M + \frac{V_M}{\Delta t}\left(\frac{S_w \phi C_R}{B_w} - \frac{\phi S_w}{B_w^2}\frac{\partial B_w}{\partial p}\right)^l_M \overline{\delta} p - \frac{V_M}{\Delta t}\left(\frac{\phi}{B_w}\right)^l_M \overline{\delta} S_w \tag{120}$$

10.4.5 注采项的处理

将基本迭代格式式(77)至式(79)中的注采项 Q_{OVscM}^{l+1}、Q_{GVscM}^{l+1}、Q_{WVscM}^{l+1} 处理成一阶泰勒级数的线性化形式，得：

$$Q_{\text{OVsc}M}^{l+1} = Q_{\text{OVsc}M}^{l} + \left(\frac{\partial Q_{\text{OVsc}}}{\partial p}\right)_{M}^{l} \delta p_M + \left(\frac{\partial Q_{\text{OVsc}}}{\partial S_w}\right)_{M}^{l} \delta S_{wM} + \left(\frac{\partial Q_{\text{OVsc}}}{\partial X_g}\right)_{M}^{l} \delta X_{gM} \qquad (121)$$

$$Q_{\text{GVsc}M}^{l+1} = Q_{\text{GVsc}M}^{l} + \left(\frac{\partial Q_{\text{GVsc}}}{\partial p}\right)_{M}^{l} \delta p_M + \left(\frac{\partial Q_{\text{GVsc}}}{\partial S_w}\right)_{M}^{l} \delta S_{wM} + \left(\frac{\partial Q_{\text{GVsc}}}{\partial X_g}\right)_{M}^{l} \delta X_{gM} \qquad (122)$$

$$Q_{\text{WVsc}M}^{l+1} = Q_{\text{WVsc}M}^{l} + \left(\frac{\partial Q_{\text{WVsc}}}{\partial p}\right)_{M}^{l} \delta p_M + \left(\frac{\partial Q_{\text{WVsc}}}{\partial S_w}\right)_{M}^{l} \delta S_{wM} \qquad (123)$$

式(121)至式(123)在形式上已经实现油气水注采项的线性化。下面给出其中的 $Q_{\text{OVsc}M}^{l}$、$Q_{\text{GVsc}M}^{l}$、$Q_{\text{WVsc}M}^{l}$ 及各项偏导数的求法。分定井底流压和定井产量两种情况讨论。

1. 定井底流压

定义产量项静态参数：$\Psi = 2\pi h K / \ln\frac{r_e}{r_w}$，代入辅助方程式(27)至式(29)，然后两端同乘以 V_M，并根据 $Q_{\text{OVsc}M} = -q_{\text{OVsc}M} V_M$，$Q_{\text{GVsc}M} = -q_{\text{GVsc}M} V_M$，$Q_{\text{WVsc}M} = -q_{\text{WVsc}M} V_M$，$M = ijk$，可得：

$$Q_{\text{OVsc}} = \Psi \frac{K_{\text{ro}}}{B_o \mu_o} (p_o - p_{\text{wf}}) \qquad (124)$$

$$Q_{\text{GVsc}} = \Psi \frac{R_{\text{so}} K_{\text{ro}}}{B_o \mu_o} (p_o - p_{\text{wf}}) + \Psi \frac{K_{\text{rg}}}{B_g \mu_g} (p_g - p_{\text{wf}}) \qquad (125)$$

$$Q_{\text{WVsc}} = \Psi \frac{K_{\text{rw}}}{B_w \mu_w} (p_w - p_{\text{wf}}) \qquad (126)$$

对式(124)至式(126)在网格 $M = ijk$ 内取第 l 迭代步的值，得到：

$$Q_{\text{OVsc}M}^{l} = \Psi \left[\frac{K_{\text{ro}}}{B_o \mu_o} (p_o - p_{\text{wf}})\right]_{M}^{l} \qquad (127)$$

$$Q_{\text{GVsc}M}^{l} = \Psi \left[\frac{R_{\text{so}} K_{\text{ro}}}{B_o \mu_o} (p_o - p_{\text{wf}})\right]_{M}^{l} + \Psi \left[\frac{K_{\text{rg}}}{B_g \mu_g} (p_o + p_{\text{cgo}} - p_{\text{wf}})\right]_{M}^{l} \qquad (128)$$

$$Q_{\text{WVsc}M}^{l} = \Psi \left[\frac{K_{\text{rw}}}{B_w \mu_w} (p_o - p_{\text{cwo}} - p_{\text{wf}})\right]_{M}^{l} \qquad (129)$$

其中
$$p_{\text{wf},M}^{l} = p_{\text{wf}}^{n+1}(x_i, y_j, z_k)$$

式中 $p_{\text{wf}}^{n+1}(x_i, y_j, z_k)$ ——网格 (x_i, y_j, z_k) 内第 $n+1$ 时间步的井底流压，是给定值。

由式(124)至式(126)及相关物性参数的辅助方程，可以推导得出式(121)至式(123)中各项偏导数的计算公式：

$$\frac{\partial Q_{\text{OVsc}}}{\partial p} = \Psi \frac{\partial}{\partial p}\left[\frac{K_{\text{ro}}}{B_o \mu_o}(p_o - p_{\text{wf}})\right] = -\Psi \frac{K_{\text{ro}}}{B_o \mu_o}\left(\frac{1}{B_o}\frac{\partial B_o}{\partial p} + \frac{1}{\mu_o}\frac{\partial \mu_o}{\partial p}\right)(p_o - p_{\text{wf}}) + \Psi \frac{K_{\text{ro}}}{B_o \mu_o} \qquad (130)$$

$$\frac{\partial Q_{\text{OVsc}}}{\partial S_w} = \Psi \frac{\partial}{\partial S_w}\left[\frac{K_{\text{ro}}}{B_o \mu_o}(p_o - p_{\text{wf}})\right] = \frac{\Psi}{B_o \mu_o} \frac{\partial K_{\text{ro}}}{\partial S_w}(p_o - p_{\text{wf}}) \qquad (131)$$

$$\frac{\partial Q_{\text{OVsc}}}{\partial X_g} = \Psi \frac{\partial}{\partial X_g}\left[\frac{K_{\text{ro}}}{B_o \mu_o}(p_o - p_{\text{wf}})\right] = \begin{cases} \dfrac{\Psi}{B_o \mu_o} \dfrac{\partial K_{\text{ro}}}{\partial S_g}(p_o - p_{\text{wf}}), & \text{三相} \\ -\Psi \dfrac{K_{\text{ro}}}{B_o \mu_o}\left(\dfrac{1}{B_o}\dfrac{\partial B_o}{\partial p_b} + \dfrac{1}{\mu_o}\dfrac{\partial \mu_o}{\partial p_b}\right)(p_o - p_{\text{wf}}), & \text{两相} \end{cases} \qquad (132)$$

$$\begin{aligned}\frac{\partial Q_{GVsc}}{\partial p}&=\Psi\frac{\partial}{\partial p}\left[\frac{R_{so}K_{ro}}{B_o\mu_o}(p_o-p_{wf})\right]+\Psi\frac{\partial}{\partial p}\left[\frac{K_{rg}}{B_g\mu_g}(p_o+p_{cgo}-p_{wf})\right]\\&=\Psi\frac{R_{so}K_{ro}}{B_o\mu_o}\left(\frac{1}{R_{so}}\frac{\partial R_{so}}{\partial p}-\frac{1}{B_o}\frac{\partial B_o}{\partial p}-\frac{1}{\mu_o}\frac{\partial\mu_o}{\partial p}\right)(p_o-p_{wf})+\Psi\frac{R_{so}K_{ro}}{B_o\mu_o}-\\&\quad\Psi\frac{K_{rg}}{B_g\mu_g}\left(\frac{1}{B_g}\frac{\partial B_g}{\partial p}+\frac{1}{\mu_g}\frac{\partial\mu_g}{\partial p}\right)(p_o+p_{cgo}-p_{wf})+\Psi\frac{K_{rg}}{B_g\mu_g}\end{aligned} \quad (133)$$

$$\begin{aligned}\frac{\partial Q_{GVsc}}{\partial S_w}&=\Psi\frac{\partial}{\partial S_w}\left[\frac{R_{so}K_{ro}}{B_o\mu_o}(p_o-p_{wf})\right]+\Psi\frac{\partial}{\partial S_w}\left[\frac{K_{rg}}{B_g\mu_g}(p_o+p_{cgo}-p_{wf})\right]\\&=\Psi\frac{R_{so}}{B_o\mu_o}\frac{\partial K_{ro}}{\partial S_w}(p_o-p_{wf})\end{aligned} \quad (134)$$

$$\begin{aligned}\frac{\partial Q_{GVsc}}{\partial X_g}&=\Psi\frac{\partial}{\partial X_g}\left[\frac{R_{so}K_{ro}}{B_o\mu_o}(p_o-p_{wf})\right]+\Psi\frac{\partial}{\partial X_g}\left[\frac{K_{rg}}{B_g\mu_g}(p_o+p_{cgo}-p_{wf})\right]\\&=\begin{cases}\dfrac{\Psi R_{so}}{B_o\mu_o}\dfrac{\partial K_{ro}}{\partial S_g}(p_o-p_{wf})+\dfrac{\Psi}{B_g\mu_g}\dfrac{\partial K_{rg}}{\partial S_g}(p_o+p_{cgo}-p_{wf})+\Psi\dfrac{K_{rg}}{B_g\mu_g}\dfrac{\partial p_{cgo}}{\partial S_g},&\text{三相}\\[6pt]\Psi\dfrac{R_{so}K_{ro}}{B_o\mu_o}\left(\dfrac{1}{R_{so}}\dfrac{\partial R_{so}}{\partial p_b}-\dfrac{1}{B_o}\dfrac{\partial B_o}{\partial p_b}-\dfrac{1}{\mu_o}\dfrac{\partial\mu_o}{\partial p_b}\right)(p_o-p_{wf}),&\text{两相}\end{cases}\end{aligned} \quad (135)$$

$$\begin{aligned}\frac{\partial Q_{WVsc}}{\partial p}&=\Psi\frac{\partial}{\partial p}\left[\frac{K_{rw}}{B_w\mu_w}(p_o-p_{cwo}-p_{wf})\right]\\&=-\Psi\frac{K_{rw}}{B_w\mu_w}\left(\frac{1}{B_w}\frac{\partial B_w}{\partial p}+\frac{1}{\mu_w}\frac{\partial\mu_w}{\partial p}\right)(p_o-p_{cwo}-p_{wf})+\Psi\frac{K_{rw}}{B_w\mu_w}\end{aligned} \quad (136)$$

$$\frac{\partial Q_{WVsc}}{\partial S_w}=\Psi\frac{\partial}{\partial S_w}\left[\frac{K_{rw}}{B_w\mu_w}(p_o-p_{cwo}-p_{wf})\right]=\frac{\Psi}{B_w\mu_w}\frac{\partial K_{rw}}{\partial S_w}(p_o-p_{cwo}-p_{wf})-\Psi\frac{K_{rw}}{B_w\mu_w}\frac{\partial p_{cwo}}{\partial S_w} \quad (137)$$

在以上的推导中，对辅助方程式(18)和式(19)中的毛管力做了显式处理，其原理与第八章半隐式方法中注采项处理时定压情况的推导过程相同。

将式(127)至式(137)代入式(121)至式(123)即可完成定压井注采项的线性化处理。

2. 定井产量

实际油藏生产中给定的产液量或产油量通常是地面标准状况下的体积产量 Q_{LVijk}^{n+1} 或 Q_{OVijk}^{n+1}，所以需要在此条件下对注采项进行线性化处理。本章渗流控制方程和辅助方程中流体的流量也是用标况下体积表示的，因此定产量条件下的注采项处理过程比第八章和第九章在形式上会更方便一些。

1) 定产液量情况

此时 Q_{LVscM}^{l+1} 为已知量，由 $Q_{LVscM}^{l+1}=Q_{OVscM}^{l+1}+Q_{WVscM}^{l+1}$ 及式(124)、式(126)，可得产油体积与产液体积产量比 R_{OL}^{l+1}：

$$R_{OL}^{l+1}=\frac{Q_{OVscM}^{l+1}}{Q_{OVscM}^{l+1}+Q_{WVscM}^{l+1}}=\frac{\left[\dfrac{K_{ro}}{B_o\mu_o}(p_o-p_{wf})\right]_M^{l+1}}{\left[\dfrac{K_{ro}}{B_o\mu_o}(p_o-p_{wf})\right]_M^{l+1}+\left[\dfrac{K_{rw}}{B_w\mu_w}(p_o-p_{cwo}-p_{wf})\right]_M^{l+1}} \quad (138)$$

气液体积产量比 R_{GL}^{l+1}：

$$R_{\mathrm{GL}}^{l+1}=\frac{Q_{GVscM}^{l+1}}{Q_{OVscM}^{l+1}+Q_{WVscM}^{l+1}}=\frac{\left[\frac{R_{\mathrm{so}}K_{\mathrm{ro}}}{B_{\mathrm{o}}\mu_{\mathrm{o}}}(p_{\mathrm{o}}-p_{\mathrm{wf}})\right]_{M}^{l+1}+\left[\frac{K_{\mathrm{rg}}}{B_{\mathrm{g}}\mu_{\mathrm{g}}}(p_{\mathrm{g}}-p_{\mathrm{wf}})\right]_{M}^{l+1}}{\left[\frac{K_{\mathrm{ro}}}{B_{\mathrm{o}}\mu_{\mathrm{o}}}(p_{\mathrm{o}}-p_{\mathrm{wf}})\right]_{M}^{l+1}+\left[\frac{K_{\mathrm{rw}}}{B_{\mathrm{w}}\mu_{\mathrm{w}}}(p_{\mathrm{o}}-p_{\mathrm{cwo}}-p_{\mathrm{wf}})\right]_{M}^{l+1}} \quad (139)$$

水液体积产量比 R_{WL}^{l+1}：

$$R_{\mathrm{WL}}^{l+1}=\frac{Q_{WVscM}^{l+1}}{Q_{OVscM}^{l+1}+Q_{WVscM}^{l+1}}=\frac{\left[\frac{K_{\mathrm{rw}}}{B_{\mathrm{w}}\mu_{\mathrm{w}}}(p_{\mathrm{o}}-p_{\mathrm{cwo}}-p_{\mathrm{wf}})\right]_{M}^{l+1}}{\left[\frac{K_{\mathrm{ro}}}{B_{\mathrm{o}}\mu_{\mathrm{o}}}(p_{\mathrm{o}}-p_{\mathrm{wf}})\right]_{M}^{l+1}+\left[\frac{K_{\mathrm{rw}}}{B_{\mathrm{w}}\mu_{\mathrm{w}}}(p_{\mathrm{o}}-p_{\mathrm{cwo}}-p_{\mathrm{wf}})\right]_{M}^{l+1}} \quad (140)$$

由式(138)至式(140)得油、气、水的体积产量：

$$\begin{cases} Q_{OVscM}^{l+1}=R_{\mathrm{OL}}^{l+1} \cdot (Q_{OVscM}^{l+1}+Q_{WVscM}^{l+1})=R_{\mathrm{OL}}^{l+1} \cdot Q_{LVscM}^{l+1} \\ Q_{GVscM}^{l+1}=R_{\mathrm{GL}}^{l+1} \cdot (Q_{OVscM}^{l+1}+Q_{WVscM}^{l+1})=R_{\mathrm{GL}}^{l+1} \cdot Q_{LVscM}^{l+1} \\ Q_{WVscM}^{l+1}=R_{\mathrm{WL}}^{l+1} \cdot (Q_{OVscM}^{l+1}+Q_{WVscM}^{l+1})=R_{\mathrm{WL}}^{l+1} \cdot Q_{LVscM}^{l+1} \end{cases} \quad (141)$$

其中，$Q_{LVscM}^{l+1}=Q_{LVscM}^{n+1}$，在 t^n 到 t^{n+1} 时间步内（即迭代计算过程中）为常数。由式(141)容易得到式(121)至式(123)中各项的计算公式：

$$\begin{cases} Q_{OVscM}^{l}=R_{\mathrm{OL}}^{l} \cdot Q_{LVscM}^{l+1} \\ Q_{GVscM}^{l}=R_{\mathrm{GL}}^{l} \cdot Q_{LVscM}^{l+1} \\ Q_{WVscM}^{l}=R_{\mathrm{WL}}^{l} \cdot Q_{LVscM}^{l+1} \end{cases} \quad (142)$$

$$\begin{cases} \left(\dfrac{\partial Q_{OVsc}}{\partial p}\right)_{M}^{l}=\left(\dfrac{\partial R_{\mathrm{OL}}}{\partial p}\right)_{M}^{l} \cdot Q_{LVscM}^{l+1} \\ \left(\dfrac{\partial Q_{OVsc}}{\partial S_{\mathrm{w}}}\right)_{M}^{l}=\left(\dfrac{\partial R_{\mathrm{OL}}}{\partial S_{\mathrm{w}}}\right)_{M}^{l} \cdot Q_{LVscM}^{l+1} \\ \left(\dfrac{\partial Q_{OVsc}}{\partial X_{\mathrm{g}}}\right)_{M}^{l}=\left(\dfrac{\partial R_{\mathrm{OL}}}{\partial X_{\mathrm{g}}}\right)_{M}^{l} \cdot Q_{LVscM}^{l+1} \end{cases} \quad (143)$$

$$\begin{cases} \left(\dfrac{\partial Q_{GVsc}}{\partial p}\right)_{M}^{l}=\left(\dfrac{\partial R_{\mathrm{GL}}}{\partial p}\right)_{M}^{l} \cdot Q_{LVscM}^{l+1} \\ \left(\dfrac{\partial Q_{GVsc}}{\partial S_{\mathrm{w}}}\right)_{M}^{l}=\left(\dfrac{\partial R_{\mathrm{GL}}}{\partial S_{\mathrm{w}}}\right)_{M}^{l} \cdot Q_{LVscM}^{l+1} \\ \left(\dfrac{\partial Q_{GVsc}}{\partial X_{\mathrm{g}}}\right)_{M}^{l}=\left(\dfrac{\partial R_{\mathrm{GL}}}{\partial X_{\mathrm{g}}}\right)_{M}^{l} \cdot Q_{LVscM}^{l+1} \end{cases} \quad (144)$$

$$\begin{cases} \left(\dfrac{\partial Q_{WVsc}}{\partial p}\right)_{M}^{l}=\left(\dfrac{\partial R_{\mathrm{WL}}}{\partial p}\right)_{M}^{l} \cdot Q_{LVscM}^{l+1} \\ \left(\dfrac{\partial Q_{WVsc}}{\partial S_{\mathrm{w}}}\right)_{M}^{l}=\left(\dfrac{\partial R_{\mathrm{WL}}}{\partial S_{\mathrm{w}}}\right)_{M}^{l} \cdot Q_{LVscM}^{l+1} \end{cases} \quad (145)$$

其中，各体积产量比的偏导数可以参考前述定压井情况，利用式(138)至式(140)进一步推导得到计算公式。注意推导过程中令 $p_{\mathrm{wf}}=p_{\mathrm{wf}}^{l}$ 作为常数处理。具体推导过程此处不再赘述。

2)定产油量情况

此时 $Q_{OVscM}^{l+1} = Q_{OVscM}^{n+1}$ 为已知量，依据与定产液量同样的步骤，可得式(121)至式(123)中各项的计算公式：

$$\begin{cases} Q_{OVscM}^{l} = Q_{OVscM}^{n+1} \\ Q_{GVscM}^{l} = R_{GO}^{l} \cdot Q_{OVscM}^{n+1} \\ Q_{WVscM}^{n} = R_{WO}^{l} \cdot Q_{OVscM}^{n+1} \end{cases} \tag{146}$$

$$\begin{cases} \left(\dfrac{\partial Q_{OVsc}}{\partial p}\right)_{M}^{l} = 0 \\ \left(\dfrac{\partial Q_{OVsc}}{\partial S_w}\right)_{M}^{l} = 0 \\ \left(\dfrac{\partial Q_{OVsc}}{\partial X_g}\right)_{M}^{l} = 0 \end{cases} \tag{147}$$

$$\begin{cases} \left(\dfrac{\partial Q_{GVsc}}{\partial p}\right)_{M}^{l} = \left(\dfrac{\partial R_{GO}}{\partial p}\right)_{M}^{l} \cdot Q_{OVscM}^{l+1} \\ \left(\dfrac{\partial Q_{GVsc}}{\partial S_w}\right)_{M}^{l} = \left(\dfrac{\partial R_{GO}}{\partial S_w}\right)_{M}^{l} \cdot Q_{OVscM}^{l+1} \\ \left(\dfrac{\partial Q_{GVsc}}{\partial X_g}\right)_{M}^{l} = \left(\dfrac{\partial R_{GO}}{\partial X_g}\right)_{M}^{l} \cdot Q_{OVscM}^{l+1} \end{cases} \tag{148}$$

$$\begin{cases} \left(\dfrac{\partial Q_{WVsc}}{\partial p}\right)_{M}^{l} = \left(\dfrac{\partial R_{WO}}{\partial p}\right)_{M}^{l} \cdot Q_{OVscM}^{l+1} \\ \left(\dfrac{\partial Q_{WVsc}}{\partial S_w}\right)_{M}^{l} = \left(\dfrac{\partial R_{WO}}{\partial S_w}\right)_{M}^{l} \cdot Q_{OVscM}^{l+1} \end{cases} \tag{149}$$

其中，气油体积产量比 R_{GO} 和水油体积产量比 R_{WO} 为：

$$\begin{cases} R_{GO} = \dfrac{Q_{GVscM}}{Q_{OVscM}} = \dfrac{\left[\dfrac{R_{so}K_{ro}}{B_o \mu_o}(p_o - p_{wf})\right]_M + \left[\dfrac{K_{rg}}{B_g \mu_g}(p_o + p_{cgo} - p_{wf})\right]_M}{\left[\dfrac{K_{ro}}{B_o \mu_o}(p_o - p_{wf})\right]_M} \\ R_{WO} = \dfrac{Q_{WVscM}}{Q_{OVscM}} = \dfrac{\left[\dfrac{K_{rw}}{B_w \mu_w}(p_o - p_{cwo} - p_{wf})\right]_M}{\left[\dfrac{K_{ro}}{B_o \mu_o}(p_o - p_{wf})\right]_M} \end{cases} \tag{150}$$

3. 注入井的处理

上述注采项的线性化处理是以生产井为对象的。对于注入井，可以采用如下方法：

(1)定压注水，采用式(123)、式(129)及式(136)至式(137)处理水的注采项；油、气的注采项为零。

(2)定压注气，采用式(122)、式(128)及式(133)至式(135)处理气的注采项；油、水的注采项为零。

（3）定注水量，则 $Q_{\text{WV}scM}^{l+1}$ 为已知量；$Q_{\text{OV}scM}^{l+1} = Q_{\text{GV}scM}^{l+1} = 0$；

（4）定注气量，则 $Q_{\text{GV}scM}^{l+1}$ 为已知量；$Q_{\text{OV}scM}^{l+1} = Q_{\text{WV}scM}^{l+1} = 0$。

10.4.6 线性方程组的形成

将线性化的左端项式（87）、式（109）至式（111）和线性化的右端项式（118）至式（120），以及线性化的注采项式（121）至式（123）代入式（77）至式（79），即可得到全隐式迭代线性方程组。

油组分全隐式迭代线性方程：

$$\Delta_x TXX_o^l \Delta_x \Phi_o^l + \Delta_x TXY_o^l \Delta_y \Phi_o^l + \Delta_x TXZ_o^l \Delta_z \Phi_o^l + \Delta_y TYX_o^l \Delta_x \Phi_o^l + \Delta_y TYY_o^l \Delta_y \Phi_o^l + \Delta_y TYZ_o^l \Delta_z \Phi_o^l +$$
$$\Delta_z TZX_o^l \Delta_x \Phi_o^l + \Delta_z TZY_o^l \Delta_y \Phi_o^l + \Delta_z TZZ_o^l \Delta_z \Phi_o^l + \Delta_x TXX_o^l \Delta_x \overline{\delta p} + \Delta_x TXY_o^l \Delta_y \overline{\delta p} + \Delta_x TXZ_o^l \Delta_z \overline{\delta p} +$$
$$\Delta_y TYX_o^l \Delta_x \overline{\delta p} + \Delta_y TYY_o^l \Delta_y \overline{\delta p} + \Delta_y TYZ_o^l \Delta_z \overline{\delta p} + \Delta_z TZX_o^l \Delta_x \overline{\delta p} + \Delta_z TZY_o^l \Delta_y \overline{\delta p} + \Delta_z TZZ_o^l \Delta_z \overline{\delta p} +$$
$$\Delta_x \left(\frac{\partial TXX_o}{\partial p}\right)^l \overline{\delta p} \Delta_x \Phi_o^l + \Delta_x \left(\frac{\partial TXY_o}{\partial p}\right)^l \overline{\delta p} \Delta_y \Phi_o^l + \Delta_x \left(\frac{\partial TXZ_o}{\partial p}\right)^l \overline{\delta p} \Delta_z \Phi_o^l + \Delta_y \left(\frac{\partial TYX_o}{\partial p}\right)^l \overline{\delta p} \Delta_x \Phi_o^l +$$
$$\Delta_y \left(\frac{\partial TYY_o}{\partial p}\right)^l \overline{\delta p} \Delta_y \Phi_o^l + \Delta_y \left(\frac{\partial TYZ_o}{\partial p}\right)^l \overline{\delta p} \Delta_z \Phi_o^l + \Delta_z \left(\frac{\partial TZX_o}{\partial p}\right)^l \overline{\delta p} \Delta_x \Phi_o^l + \Delta_z \left(\frac{\partial TZY_o}{\partial p}\right)^l \overline{\delta p} \Delta_y \Phi_o^l +$$
$$\Delta_z \left(\frac{\partial TZZ_o}{\partial p}\right)^l \overline{\delta p} \Delta_z \Phi_o^l + \Delta_x \left(\frac{\partial TXX_o}{\partial S_w}\right)^l \overline{\delta S_w} \Delta_x \Phi_o^l + \Delta_x \left(\frac{\partial TXY_o}{\partial S_w}\right)^l \overline{\delta S_w} \Delta_y \Phi_o^l + \Delta_x \left(\frac{\partial TXZ_o}{\partial S_w}\right)^l \overline{\delta S_w} \Delta_z \Phi_o^l +$$
$$\Delta_y \left(\frac{\partial TYX_o}{\partial S_w}\right)^l \overline{\delta S_w} \Delta_x \Phi_o^l + \Delta_y \left(\frac{\partial TYY_o}{\partial S_w}\right)^l \overline{\delta S_w} \Delta_y \Phi_o^l + \Delta_y \left(\frac{\partial TYZ_o}{\partial S_w}\right)^l \overline{\delta S_w} \Delta_z \Phi_o^l + \Delta_z \left(\frac{\partial TZX_o}{\partial S_w}\right)^l \overline{\delta S_w} \Delta_x \Phi_o^l +$$
$$\Delta_z \left(\frac{\partial TZY_o}{\partial S_w}\right)^l \overline{\delta S_w} \Delta_y \Phi_o^l + \Delta_z \left(\frac{\partial TZZ_o}{\partial S_w}\right)^l \overline{\delta S_w} \Delta_z \Phi_o^l + \Delta_x \left(\frac{\partial TXX_o}{\partial X_g}\right)^l \overline{\delta X_g} \Delta_x \Phi_o^l + \Delta_x \left(\frac{\partial TXY_o}{\partial X_g}\right)^l \overline{\delta X_g} \Delta_y \Phi_o^l +$$
$$\Delta_x \left(\frac{\partial TXZ_o}{\partial X_g}\right)^l \overline{\delta X_g} \Delta_z \Phi_o^l + \Delta_y \left(\frac{\partial TYX_o}{\partial X_g}\right)^l \overline{\delta X_g} \Delta_x \Phi_o^l + \Delta_y \left(\frac{\partial TYY_o}{\partial X_g}\right)^l \overline{\delta X_g} \Delta_y \Phi_o^l + \Delta_y \left(\frac{\partial TYZ_o}{\partial X_g}\right)^l \overline{\delta X_g} \Delta_z \Phi_o^l +$$
$$\Delta_z \left(\frac{\partial TZX_o}{\partial X_g}\right)^l \overline{\delta X_g} \Delta_x \Phi_o^l + \Delta_z \left(\frac{\partial TZY_o}{\partial X_g}\right)^l \overline{\delta X_g} \Delta_y \Phi_o^l + \Delta_z \left(\frac{\partial TZZ_o}{\partial X_g}\right)^l \overline{\delta X_g} \Delta_z \Phi_o^l - Q_{\text{OV}scM}^l - \left(\frac{\partial Q_{\text{OV}sc}}{\partial p}\right)_M^l \delta p_M -$$
$$\left(\frac{\partial Q_{\text{OV}sc}}{\partial S_w}\right)_M^l \delta S_{wM} - \left(\frac{\partial Q_{\text{OV}sc}}{\partial X_g}\right)_M^l \delta X_{gM} = \frac{V_M}{\Delta t}\left[\left(\frac{\phi S_o}{B_o}\right)_M^l - \left(\frac{\phi S_o}{B_o}\right)_M^n\right] + \frac{V_M}{\Delta t}\left(\frac{S_o \phi C_R}{B_o} - \frac{\phi S_o}{B_o^2}\frac{\partial B_o}{\partial p}\right)_M^l \overline{\delta p} -$$
$$\frac{V_M}{\Delta t}\left(\frac{\phi}{B_o}\right)_M^l \overline{\delta S_w} - \begin{cases} \frac{V_M}{\Delta t}\left(\frac{\phi}{B_o}\right)_M^l \overline{\delta S_g} \\ \frac{V_M}{\Delta t}\left(\frac{\phi S_o}{B_o^2}\frac{\partial B_o}{\partial p_b}\right)_M^l \overline{\delta p_b} \end{cases} \quad (151)$$

气组分全隐式迭代线性方程：

$$\Delta_x TXX_{Gd}^l \Delta_x \Phi_o^l + \Delta_x TXY_{Gd}^l \Delta_y \Phi_o^l + \Delta_x TXZ_{Gd}^l \Delta_z \Phi_o^l + \Delta_y TYX_{Gd}^l \Delta_x \Phi_o^l + \Delta_y TYY_{Gd}^l \Delta_y \Phi_o^l + \Delta_y TYZ_{Gd}^l \Delta_z \Phi_o^l +$$
$$\Delta_z TZX_{Gd}^l \Delta_x \Phi_o^l + \Delta_z TZY_{Gd}^l \Delta_y \Phi_o^l + \Delta_z TZZ_{Gd}^l \Delta_z \Phi_o^l + \Delta_x TXX_{Gd}^l \Delta_x \overline{\delta p} + \Delta_x TXY_{Gd}^l \Delta_y \overline{\delta p} + \Delta_x TXZ_{Gd}^l \Delta_z \overline{\delta p} +$$
$$\Delta_y TYX_{Gd}^l \Delta_x \overline{\delta p} + \Delta_y TYY_{Gd}^l \Delta_y \overline{\delta p} + \Delta_y TYZ_{Gd}^l \Delta_z \overline{\delta p} + \Delta_z TZX_{Gd}^l \Delta_x \overline{\delta p} + \Delta_z TZY_{Gd}^l \Delta_y \overline{\delta p} + \Delta_z TZZ_{Gd}^l \Delta_z \overline{\delta p} +$$
$$\Delta_x \left(\frac{\partial TXX_{Gd}}{\partial p}\right)^l \overline{\delta p} \Delta_x \Phi_o^l + \Delta_x \left(\frac{\partial TXY_{Gd}}{\partial p}\right)^l \overline{\delta p} \Delta_y \Phi_o^l + \Delta_x \left(\frac{\partial TXZ_{Gd}}{\partial p}\right)^l \overline{\delta p} \Delta_z \Phi_o^l + \Delta_y \left(\frac{\partial TYX_{Gd}}{\partial p}\right)^l \overline{\delta p} \Delta_x \Phi_o^l +$$

$$\Delta_y\left(\frac{\partial TYY_{Gd}}{\partial p}\right)^l \overline{\delta p}\Delta_y\Phi_o^l + \Delta_y\left(\frac{\partial TYZ_{Gd}}{\partial p}\right)^l \overline{\delta p}\Delta_z\Phi_o^l + \Delta_z\left(\frac{\partial TZX_{Gd}}{\partial p}\right)^l \overline{\delta p}\Delta_x\Phi_o^l + \Delta_z\left(\frac{\partial TZY_{Gd}}{\partial p}\right)^l \overline{\delta p}\Delta_y\Phi_o^l +$$

$$\Delta_z\left(\frac{\partial TZZ_{Gd}}{\partial p}\right)^l \overline{\delta p}\Delta_z\Phi_o^l + \Delta_x\left(\frac{\partial TXX_{Gd}}{\partial S_w}\right)^l \overline{\delta S_w}\Delta_x\Phi_o^l + \Delta_x\left(\frac{\partial TXY_{Gd}}{\partial S_w}\right)^l \overline{\delta S_w}\Delta_y\Phi_o^l + \Delta_x\left(\frac{\partial TXZ_{Gd}}{\partial S_w}\right)^l \overline{\delta S_w}\Delta_z\Phi_o^l +$$

$$\Delta_y\left(\frac{\partial TYX_{Gd}}{\partial S_w}\right)^l \overline{\delta S_w}\Delta_x\Phi_o^l + \Delta_y\left(\frac{\partial TYY_{Gd}}{\partial S_w}\right)^l \overline{\delta S_w}\Delta_y\Phi_o^l + \Delta_y\left(\frac{\partial TYZ_{Gd}}{\partial S_w}\right)^l \overline{\delta S_w}\Delta_z\Phi_o^l + \Delta_z\left(\frac{\partial TZX_{Gd}}{\partial S_w}\right)^l \overline{\delta S_w}\Delta_x\Phi_o^l +$$

$$\Delta_z\left(\frac{\partial TZY_{Gd}}{\partial S_w}\right)^l \overline{\delta S_w}\Delta_y\Phi_o^l + \Delta_z\left(\frac{\partial TZZ_{Gd}}{\partial S_w}\right)^l \overline{\delta S_w}\Delta_z\Phi_o^l + \Delta_x\left(\frac{\partial TXX_{Gd}}{\partial X_g}\right)^l \overline{\delta X_g}\Delta_x\Phi_o^l + \Delta_x\left(\frac{\partial TXY_{Gd}}{\partial X_g}\right)^l \overline{\delta X_g}\Delta_y\Phi_o^l +$$

$$\Delta_x\left(\frac{\partial TXZ_{Gd}}{\partial X_g}\right)^l \overline{\delta X_g}\Delta_z\Phi_o^l + \Delta_y\left(\frac{\partial TYX_{Gd}}{\partial X_g}\right)^l \overline{\delta X_g}\Delta_x\Phi_o^l + \Delta_y\left(\frac{\partial TYY_{Gd}}{\partial X_g}\right)^l \overline{\delta X_g}\Delta_y\Phi_o^l + \Delta_y\left(\frac{\partial TYZ_{Gd}}{\partial X_g}\right)^l \overline{\delta X_g}\Delta_z\Phi_o^l +$$

$$\Delta_z\left(\frac{\partial TZX_{Gd}}{\partial X_g}\right)^l \overline{\delta X_g}\Delta_x\Phi_o^l + \Delta_z\left(\frac{\partial TZY_{Gd}}{\partial X_g}\right)^l \overline{\delta X_g}\Delta_y\Phi_o^l + \Delta_z\left(\frac{\partial TZZ_{Gd}}{\partial X_g}\right)^l \overline{\delta X_g}\Delta_z\Phi_o^l + \Delta_x TXX_g^l \Delta_x\Phi_g^l +$$

$$\Delta_x TXY_g^l \Delta_y\Phi_g^l + \Delta_x TXZ_g^l \Delta_z\Phi_g^l + \Delta_y TYX_g^l \Delta_x\Phi_g^l + \Delta_y TYY_g^l \Delta_y\Phi_g^l + \Delta_y TYZ_g^l \Delta_z\Phi_g^l + \Delta_z TZX_g^l \Delta_x\Phi_g^l +$$

$$\Delta_z TZY_g^l \Delta_y\Phi_g^l + \Delta_z TZZ_g^l \Delta_z\Phi_g^l + \Delta_x TXX_g^l \Delta_x\overline{\delta p} + \Delta_x TXY_g^l \Delta_y\overline{\delta p} + \Delta_x TXZ_g^l \Delta_z\overline{\delta p} + \Delta_y TYX_g^l \Delta_x\overline{\delta p} +$$

$$\Delta_y TYY_g^l \Delta_y\overline{\delta p} + \Delta_y TYZ_g^l \Delta_z\overline{\delta p} + \Delta_z TZX_g^l \Delta_x\overline{\delta p} + \Delta_z TZY_g^l \Delta_y\overline{\delta p} + \Delta_z TZZ_g^l \Delta_z\overline{\delta p} + \Delta_x\left(\frac{\partial TXX_g}{\partial p}\right)^l \overline{\delta p}\Delta_x\Phi_g^l +$$

$$\Delta_x\left(\frac{\partial TXY_g}{\partial p}\right)^l \overline{\delta p}\Delta_y\Phi_g^l + \Delta_x\left(\frac{\partial TXZ_g}{\partial p}\right)^l \overline{\delta p}\Delta_z\Phi_g^l + \Delta_y\left(\frac{\partial TYX_g}{\partial p}\right)^l \overline{\delta p}\Delta_x\Phi_g^l + \Delta_y\left(\frac{\partial TYY_g}{\partial p}\right)^l \overline{\delta p}\Delta_y\Phi_g^l +$$

$$\Delta_y\left(\frac{\partial TYZ_g}{\partial p}\right)^l \overline{\delta p}\Delta_z\Phi_g^l + \Delta_z\left(\frac{\partial TZX_g}{\partial p}\right)^l \overline{\delta p}\Delta_x\Phi_g^l + \Delta_z\left(\frac{\partial TZY_g}{\partial p}\right)^l \overline{\delta p}\Delta_y\Phi_g^l + \Delta_z\left(\frac{\partial TZZ_g}{\partial p}\right)^l \overline{\delta p}\Delta_z\Phi_g^l +$$

$$\Delta_x\left(\frac{\partial TXX_g}{\partial S_g}\right)^l \overline{\delta S_g}\Delta_x\Phi_g^l + \Delta_x\left(\frac{\partial TXY_g}{\partial S_g}\right)^l \overline{\delta S_g}\Delta_y\Phi_g^l + \Delta_x\left(\frac{\partial TXZ_g}{\partial S_g}\right)^l \overline{\delta S_g}\Delta_z\Phi_g^l + \Delta_y\left(\frac{\partial TYX_g}{\partial S_g}\right)^l \overline{\delta S_g}\Delta_x\Phi_g^l +$$

$$\Delta_y\left(\frac{\partial TYY_g}{\partial S_g}\right)^l \overline{\delta S_g}\Delta_y\Phi_g^l + \Delta_y\left(\frac{\partial TYZ_g}{\partial S_g}\right)^l \overline{\delta S_g}\Delta_z\Phi_g^l + \Delta_z\left(\frac{\partial TZX_g}{\partial S_g}\right)^l \overline{\delta S_g}\Delta_x\Phi_g^l + \Delta_z\left(\frac{\partial TZY_g}{\partial S_g}\right)^l \overline{\delta S_g}\Delta_y\Phi_g^l +$$

$$\Delta_z\left(\frac{\partial TZZ_g}{\partial S_g}\right)^l \overline{\delta S_g}\Delta_z\Phi_g^l + \Delta_x TXX_g^l \Delta_x\left(\frac{\partial p_{\text{cog}}}{\partial S_g}\right)^l \overline{\delta S_g} + \Delta_x TXY_g^l \Delta_y\left(\frac{\partial p_{\text{cog}}}{\partial S_g}\right)^l \overline{\delta S_g} + \Delta_x TXZ_g^l \Delta_z\left(\frac{\partial p_{\text{cog}}}{\partial S_g}\right)^l \overline{\delta S_g} +$$

$$\Delta_y TYX_g^l \Delta_x\left(\frac{\partial p_{\text{cog}}}{\partial S_g}\right)^l \overline{\delta S_g} + \Delta_y TYY_g^l \Delta_y\left(\frac{\partial p_{\text{cog}}}{\partial S_g}\right)^l \overline{\delta S_g} + \Delta_y TYZ_g^l \Delta_z\left(\frac{\partial p_{\text{cog}}}{\partial S_g}\right)^l \overline{\delta S_g} + \Delta_z TZX_g^l \Delta_x\left(\frac{\partial p_{\text{cog}}}{\partial S_g}\right)^l \overline{\delta S_g} +$$

$$\Delta_z TZY_g^l \Delta_y\left(\frac{\partial p_{\text{cog}}}{\partial S_g}\right)^l \overline{\delta S_g} + \Delta_z TZZ_g^l \Delta_z\left(\frac{\partial p_{\text{cog}}}{\partial S_g}\right)^l \overline{\delta S_g} - Q_{GV\text{sc}M}^l - \left(\frac{\partial Q_{GV\text{sc}}}{\partial p}\right)_M^l \delta p_M - \left(\frac{\partial Q_{GV\text{sc}}}{\partial S_w}\right)_M^l \delta S_{wM} -$$

$$\left(\frac{\partial Q_{GV\text{sc}}}{\partial X_g}\right)_M^l \delta X_{gM} = \begin{cases} \dfrac{V_M}{\Delta t}\left[\left(\dfrac{\phi R_{\text{so}} S_\text{o}}{B_\text{o}}\right)^l - \left(\dfrac{\phi R_{\text{so}} S_\text{o}}{B_\text{o}}\right)^n + \left(\dfrac{\phi S_g}{B_g}\right)^l - \left(\dfrac{\phi S_g}{B_g}\right)^n\right]_M + \dfrac{V_M}{\Delta t}\left(\dfrac{\phi}{B_g} - \dfrac{\phi R_{\text{so}}}{B_\text{o}}\right)_M^l \overline{\delta S_g} \\[2mm] \dfrac{V_M}{\Delta t}\left[\left(\dfrac{\phi R_{\text{so}} S_\text{o}}{B_\text{o}}\right)^l - \left(\dfrac{\phi R_{\text{so}} S_\text{o}}{B_\text{o}}\right)^n\right]_M + \dfrac{V_M}{\Delta t}\left(\dfrac{\phi S_\text{o}}{B_\text{o}}\dfrac{\partial R_{\text{so}}}{\partial p_b} - \dfrac{\phi S_\text{o} R_{\text{so}}}{B_\text{o}^2}\dfrac{\partial B_\text{o}}{\partial p_b}\right)_M^l \overline{\delta p_b} \end{cases}$$

$$+ \begin{cases} \dfrac{V_M}{\Delta t}\left(\dfrac{R_{\text{so}} S_\text{o}}{B_\text{o}}\phi C_R - \dfrac{\phi R_{\text{so}} S_\text{o}}{B_\text{o}^2}\dfrac{\partial B_\text{o}}{\partial p} + \dfrac{\phi S_\text{o}}{B_\text{o}}\dfrac{\partial R_{\text{so}}}{\partial p} + \dfrac{S_g}{B_g}\phi C_R - \dfrac{\phi S_g}{B_g^2}\dfrac{\partial B_g}{\partial p}\right)_M^l \overline{\delta p} \\[2mm] \dfrac{V_M}{\Delta t}\left(\dfrac{R_{\text{so}} S_\text{o}}{B_\text{o}}\phi C_R - \dfrac{\phi R_{\text{so}} S_\text{o}}{B_\text{o}^2}\dfrac{\partial B_\text{o}}{\partial p} + \dfrac{\phi S_\text{o}}{B_\text{o}}\dfrac{\partial R_{\text{so}}}{\partial p}\right)_M^l \overline{\delta p} \end{cases} - \dfrac{V_M}{\Delta t}\left(\dfrac{\phi R_{\text{so}}}{B_\text{o}}\right)_M^l \overline{\delta S_w}$$

(152)

水组分全隐式迭代线性方程：

$$\Delta_x TXX_w^l \Delta_x \Phi_w^l + \Delta_x TXY_w^l \Delta_y \Phi_w^l + \Delta_x TXZ_w^l \Delta_z \Phi_w^l + \Delta_y TYX_w^l \Delta_x \Phi_w^l + \Delta_y TYY_w^l \Delta_y \Phi_w^l + \Delta_y TYZ_w^l \Delta_z \Phi_w^l +$$

$$\Delta_z TZX_w^l \Delta_x \Phi_w^l + \Delta_z TZY_w^l \Delta_y \Phi_w^l + \Delta_z TZZ_w^l \Delta_z \Phi_w^l + \Delta_x TXX_w^l \Delta_x \overline{\delta p} + \Delta_x TXY_w^l \Delta_y \overline{\delta p} + \Delta_x TXZ_w^l \Delta_z \overline{\delta p} +$$

$$\Delta_y TYX_w^l \Delta_x \overline{\delta p} + \Delta_y TYY_w^l \Delta_y \overline{\delta p} + \Delta_y TYZ_w^l \Delta_z \overline{\delta p} + \Delta_z TZX_w^l \Delta_x \overline{\delta p} + \Delta_z TZY_w^l \Delta_y \overline{\delta p} + \Delta_z TZZ_w^l \Delta_z \overline{\delta p} +$$

$$\Delta_x \left(\frac{\partial TXX_w}{\partial p}\right)^l \overline{\delta p} \Delta_x \Phi_w^l + \Delta_x \left(\frac{\partial TXY_w}{\partial p}\right)^l \overline{\delta p} \Delta_y \Phi_w^l + \Delta_x \left(\frac{\partial TXZ_w}{\partial p}\right)^l \overline{\delta p} \Delta_z \Phi_w^l + \Delta_y \left(\frac{\partial TYX_w}{\partial p}\right)^l \overline{\delta p} \Delta_x \Phi_w^l +$$

$$\Delta_y \left(\frac{\partial TYY_w}{\partial p}\right)^l \overline{\delta p} \Delta_y \Phi_w^l + \Delta_y \left(\frac{\partial TYZ_w}{\partial p}\right)^l \overline{\delta p} \Delta_z \Phi_w^l + \Delta_z \left(\frac{\partial TZX_w}{\partial p}\right)^l \overline{\delta p} \Delta_x \Phi_w^l + \Delta_z \left(\frac{\partial TZY_w}{\partial p}\right)^l \overline{\delta p} \Delta_y \Phi_w^l +$$

$$\Delta_z \left(\frac{\partial TZZ_w}{\partial p}\right)^l \overline{\delta p} \Delta_z \Phi_w^l + \Delta_x \left(\frac{\partial TXX_w}{\partial S_w}\right)^l \overline{\delta S_w} \Delta_x \Phi_w^l + \Delta_x \left(\frac{\partial TXY_w}{\partial S_w}\right)^l \overline{\delta S_w} \Delta_y \Phi_w^l + \Delta_x \left(\frac{\partial TXZ_w}{\partial S_w}\right)^l \overline{\delta S_w} \Delta_z \Phi_w^l +$$

$$\Delta_y \left(\frac{\partial TYX_w}{\partial S_w}\right)^l \overline{\delta S_w} \Delta_x \Phi_w^l + \Delta_y \left(\frac{\partial TYY_w}{\partial S_w}\right)^l \overline{\delta S_w} \Delta_y \Phi_w^l + \Delta_y \left(\frac{\partial TYZ_w}{\partial S_w}\right)^l \overline{\delta S_w} \Delta_z \Phi_w^l + \Delta_z \left(\frac{\partial TZX_w}{\partial S_w}\right)^l \overline{\delta S_w} \Delta_x \Phi_w^l +$$

$$\Delta_z \left(\frac{\partial TZY_w}{\partial S_w}\right)^l \overline{\delta S_w} \Delta_y \Phi_w^l + \Delta_z \left(\frac{\partial TZZ_w}{\partial S_w}\right)^l \overline{\delta S_w} \Delta_z \Phi_w^l + \Delta_x TXX_w^l \Delta_x \left(\frac{\partial p_{\text{cow}}}{\partial S_w}\right)^l \overline{\delta S_w} + \Delta_x TXY_w^l \Delta_y \left(\frac{\partial p_{\text{cow}}}{\partial S_w}\right)^l \overline{\delta S_w} +$$

$$\Delta_x TXZ_w^l \Delta_z \left(\frac{\partial p_{\text{cow}}}{\partial S_w}\right)^l \overline{\delta S_w} + \Delta_y TYX_w^l \Delta_x \left(\frac{\partial p_{\text{cow}}}{\partial S_w}\right)^l \overline{\delta S_w} + \Delta_y TYY_w^l \Delta_y \left(\frac{\partial p_{\text{cow}}}{\partial S_w}\right)^l \overline{\delta S_w} + \Delta_y TYZ_w^l \Delta_z \left(\frac{\partial p_{\text{cow}}}{\partial S_w}\right)^l \overline{\delta S_w} +$$

$$\Delta_z TZX_w^l \Delta_x \left(\frac{\partial p_{\text{cow}}}{\partial S_w}\right)^l \overline{\delta S_w} + \Delta_z TZY_w^l \Delta_y \left(\frac{\partial p_{\text{cow}}}{\partial S_w}\right)^l \overline{\delta S_w} + \Delta_z TZZ_w^l \Delta_z \left(\frac{\partial p_{\text{cow}}}{\partial S_w}\right)^l \overline{\delta S_w} - Q_{\text{WVsc}M}^l - \left(\frac{\partial Q_{\text{WVsc}}}{\partial p}\right)_M^l \delta p_M -$$

$$\left(\frac{\partial Q_{\text{WVsc}}}{\partial S_w}\right)_M^l \delta S_{wM} = \frac{V_M}{\Delta t} \left[\left(\frac{\phi S_w}{B_w}\right)^l - \left(\frac{\phi S_w}{B_w}\right)^n\right]_M + \frac{V_M}{\Delta t} \left(\frac{S_w \phi C_R}{B_w} - \frac{\phi S_w}{B_w^2} \frac{\partial B_w}{\partial p}\right)_M^l \overline{\delta p} - \frac{V_M}{\Delta t} \left(\frac{\phi}{B_w}\right)_M^l \overline{\delta S_w} \quad (153)$$

式(151)至式(153)即为各向异性油藏模型全隐式迭代求解的线性差分方程。待求解的未知量是 $\overline{\delta p}$、$\overline{\delta S_w}$ 和 $\overline{\delta X_g}$，方程的每一项中最多只含有一个未知量，且除去未知量以外的所有参数均为已知量。两相情况下，在气组分方程中有：$\overline{T_g} = 0$，$S_g = 0$，$p_{\text{cog}} = 0$，因此含有这些量的所有的项也均为零。

方程式(151)至式(153)中大量的系数和未知量是在辅助点取值的，无法直接计算，因此需要将这些辅助点上的未知量值和系数值用相邻的网格点值表示出来。处理方法是：辅助点上的未知量值用相邻网格点上未知量的算术平均值代替，辅助点上的渗透率值用相邻网格点上渗透率的调和平均值代替，流度系数按照迎风格式(上游权)方法取相邻网格点上的值。

依照油藏数值模拟的一般习惯，在图 10.3.1 中建立三维右手直角坐标系 x、y、z，令 z 轴垂直向下，x 轴取 $\overrightarrow{B'B''}$ 方向。假设本点网格 M 的位置标号为 (i,j,k)，记作 $M(i,j,k)$，则容易确定其他网格点的位置，例如 $B'(i-1,j,k)$、$B''(i+1,j,k)$、$H'(i,j-1,k-1)$、$G'(i,j+1,k+1)$ 等。

经过以上处理后，再对式(151)至式(153)中所有的未知量合并同类项，可得标准形式的线性代数方程，如式(154)至式(156)所示。

油组分方程：

$$C_{op01,ijk} \overline{\delta p}_{i,j-1,k-1} + C_{op02,ijk} \overline{\delta p}_{i-1,j,k-1} + C_{op03,ijk} \overline{\delta p}_{i,j,k-1} + C_{op04,ijk} \overline{\delta p}_{i+1,j,k-1} + C_{op05,ijk} \overline{\delta p}_{i,j+1,k-1} +$$

$$C_{op06,ijk} \overline{\delta p}_{i-1,j-1,k} + C_{op07,ijk} \overline{\delta p}_{i,j-1,k} + C_{op08,ijk} \overline{\delta p}_{i+1,j-1,k} + C_{op09,ijk} \overline{\delta p}_{i-1,j,k} + C_{op10,ijk} \overline{\delta p}_{i,j,k} +$$

$$C_{op11,ijk} \overline{\delta p}_{i+1,j,k} + C_{op12,ijk} \overline{\delta p}_{i-1,j+1,k} + C_{op13,ijk} \overline{\delta p}_{i,j+1,k} + C_{op14,ijk} \overline{\delta p}_{i+1,j+1,k} +$$

$C_{op15,ijk}\bar{\delta}p_{i,j-1,k+1}+C_{op16,ijk}\bar{\delta}p_{i-1,j,k+1}+C_{op17,ijk}\bar{\delta}p_{i,j,k+1}+C_{op18,ijk}\bar{\delta}p_{i+1,j,k+1}+C_{op19,ijk}\bar{\delta}p_{i,j+1,k+1}+$

$C_{os01,ijk}\bar{\delta}S_{wi,j-1,k-1}+C_{os02,ijk}\bar{\delta}S_{wi-1,j,k-1}+C_{os03,ijk}\bar{\delta}S_{wi,j,k-1}+C_{os04,ijk}\bar{\delta}S_{wi+1,j,k-1}+C_{os05,ijk}\bar{\delta}S_{wi,j+1,k-1}+$

$C_{os06,ijk}\bar{\delta}S_{wi-1,j-1,k}+C_{os07,ijk}\bar{\delta}S_{wi,j-1,k}+C_{os08,ijk}\bar{\delta}S_{wi+1,j-1,k}+C_{os09,ijk}\bar{\delta}S_{wi-1,j,k}+C_{os10,ijk}\bar{\delta}S_{wi,j,k}+$

$C_{os11,ijk}\bar{\delta}S_{wi+1,j,k}+C_{os12,ijk}\bar{\delta}S_{wi-1,j+1,k}+C_{os13,ijk}\bar{\delta}S_{wi,j+1,k}+C_{os14,ijk}\bar{\delta}S_{wi+1,j+1,k}+$

$C_{os15,ijk}\bar{\delta}S_{wi,j-1,k+1}+C_{os16,ijk}\bar{\delta}S_{wi-1,j,k+1}+C_{os17,ijk}\bar{\delta}S_{wi,j,k+1}+C_{os18,ijk}\bar{\delta}S_{wi+1,j,k+1}+C_{os19,ijk}\bar{\delta}S_{wi,j+1,k+1}+$

$C_{ox01,ijk}\bar{\delta}X_{gi,j-1,k-1}+C_{ox02,ijk}\bar{\delta}X_{gi-1,j,k-1}+C_{ox03,ijk}\bar{\delta}X_{gi,j,k-1}+C_{ox04,ijk}\bar{\delta}X_{gi+1,j,k-1}+C_{ox05,ijk}\bar{\delta}X_{gi,j+1,k-1}+$

$C_{ox06,ijk}\bar{\delta}X_{gi-1,j-1,k}+C_{ox07,ijk}\bar{\delta}X_{gi,j-1,k}+C_{ox08,ijk}\bar{\delta}X_{gi+1,j-1,k}+C_{ox09,ijk}\bar{\delta}X_{gi-1,j,k}+C_{ox10,ijk}\bar{\delta}X_{gi,j,k}+$

$C_{ox11,ijk}\bar{\delta}X_{gi+1,j,k}+C_{ox12,ijk}\bar{\delta}X_{gi-1,j+1,k}+C_{ox13,ijk}\bar{\delta}X_{gi,j+1,k}+C_{ox14,ijk}\bar{\delta}X_{gi+1,j+1,k}+$

$C_{ox15,ijk}\bar{\delta}X_{gi,j-1,k+1}+C_{ox16,ijk}\bar{\delta}X_{gi-1,j,k+1}+C_{ox17,ijk}\bar{\delta}X_{gi,j,k+1}+C_{ox18,ijk}\bar{\delta}X_{gi+1,j,k+1}+C_{ox19,ijk}\bar{\delta}X_{gi,j+1,k+1}$

$=R_o \tag{154}$

气组分方程：

$C_{gp01,ijk}\bar{\delta}p_{i,j-1,k-1}+C_{gp02,ijk}\bar{\delta}p_{i-1,j,k-1}+C_{gp03,ijk}\bar{\delta}p_{i,j,k-1}+C_{gp04,ijk}\bar{\delta}p_{i+1,j,k-1}+C_{gp05,ijk}\bar{\delta}p_{i,j+1,k-1}+$

$C_{gp06,ijk}\bar{\delta}p_{i-1,j-1,k}+C_{gp07,ijk}\bar{\delta}p_{i,j-1,k}+C_{gp08,ijk}\bar{\delta}p_{i+1,j-1,k}+C_{gp09,ijk}\bar{\delta}p_{i-1,j,k}+C_{gp10,ijk}\bar{\delta}p_{i,j,k}+$

$C_{gp11,ijk}\bar{\delta}p_{i+1,j,k}+C_{gp12,ijk}\bar{\delta}p_{i-1,j+1,k}+C_{gp13,ijk}\bar{\delta}p_{i,j+1,k}+C_{gp14,ijk}\bar{\delta}p_{i+1,j+1,k}+$

$C_{gp15,ijk}\bar{\delta}p_{i,j-1,k+1}+C_{gp16,ijk}\bar{\delta}p_{i-1,j,k+1}+C_{gp17,ijk}\bar{\delta}p_{i,j,k+1}+C_{gp18,ijk}\bar{\delta}p_{i+1,j,k+1}+C_{gp19,ijk}\bar{\delta}p_{i,j+1,k+1}+$

$C_{gs01,ijk}\bar{\delta}S_{wi,j-1,k-1}+C_{gs02,ijk}\bar{\delta}S_{wi-1,j,k-1}+C_{gs03,ijk}\bar{\delta}S_{wi,j,k-1}+C_{gs04,ijk}\bar{\delta}S_{wi+1,j,k-1}+C_{gs05,ijk}\bar{\delta}S_{wi,j+1,k-1}+$

$C_{gs06,ijk}\bar{\delta}S_{wi-1,j-1,k}+C_{gs07,ijk}\bar{\delta}S_{wi,j-1,k}+C_{gs08,ijk}\bar{\delta}S_{wi+1,j-1,k}+C_{gs09,ijk}\bar{\delta}S_{wi-1,j,k}+C_{gs10,ijk}\bar{\delta}S_{wi,j,k}+$

$C_{gs11,ijk}\bar{\delta}S_{wi+1,j,k}+C_{gs12,ijk}\bar{\delta}S_{wi-1,j+1,k}+C_{gs13,ijk}\bar{\delta}S_{wi,j+1,k}+C_{gs14,ijk}\bar{\delta}S_{wi+1,j+1,k}+$

$C_{gs15,ijk}\bar{\delta}S_{wi,j-1,k+1}+C_{gs16,ijk}\bar{\delta}S_{wi-1,j,k+1}+C_{gs17,ijk}\bar{\delta}S_{wi,j,k+1}+C_{gs18,ijk}\bar{\delta}S_{wi+1,j,k+1}+C_{gs19,ijk}\bar{\delta}S_{wi,j+1,k+1}+$

$C_{gx01,ijk}\bar{\delta}X_{gi,j-1,k-1}+C_{gx02,ijk}\bar{\delta}X_{gi-1,j,k-1}+C_{gx03,ijk}\bar{\delta}X_{gi,j,k-1}+C_{gx04,ijk}\bar{\delta}X_{gi+1,j,k-1}+C_{gx05,ijk}\bar{\delta}X_{gi,j+1,k-1}+$

$C_{gx06,ijk}\bar{\delta}X_{gi-1,j-1,k}+C_{gx07,ijk}\bar{\delta}X_{gi,j-1,k}+C_{gx08,ijk}\bar{\delta}X_{gi+1,j-1,k}+C_{gx09,ijk}\bar{\delta}X_{gi-1,j,k}+C_{gx10,ijk}\bar{\delta}X_{gi,j,k}+$

$C_{gx11,ijk}\bar{\delta}X_{gi+1,j,k}+C_{gx12,ijk}\bar{\delta}X_{gi-1,j+1,k}+C_{gx13,ijk}\bar{\delta}X_{gi,j+1,k}+C_{gx14,ijk}\bar{\delta}X_{gi+1,j+1,k}+$

$C_{gx15,ijk}\bar{\delta}X_{gi,j-1,k+1}+C_{gx16,ijk}\bar{\delta}X_{gi-1,j,k+1}+C_{gx17,ijk}\bar{\delta}X_{gi,j,k+1}+C_{gx18,ijk}\bar{\delta}X_{gi+1,j,k+1}+C_{gx19,ijk}\bar{\delta}X_{gi,j+1,k+1}$

$=R_g \tag{155}$

水组分方程：

$C_{wp01,ijk}\bar{\delta}p_{i,j-1,k-1}+C_{wp02,ijk}\bar{\delta}p_{i-1,j,k-1}+C_{wp03,ijk}\bar{\delta}p_{i,j,k-1}+C_{wp04,ijk}\bar{\delta}p_{i+1,j,k-1}+C_{wp05,ijk}\bar{\delta}p_{i,j+1,k-1}+$

$C_{wp06,ijk}\bar{\delta}p_{i-1,j-1,k}+C_{wp07,ijk}\bar{\delta}p_{i,j-1,k}+C_{wp08,ijk}\bar{\delta}p_{i+1,j-1,k}+C_{wp09,ijk}\bar{\delta}p_{i-1,j,k}+C_{wp10,ijk}\bar{\delta}p_{i,j,k}+$

$C_{wp11,ijk}\bar{\delta}p_{i+1,j,k}+C_{wp12,ijk}\bar{\delta}p_{i-1,j+1,k}+C_{wp13,ijk}\bar{\delta}p_{i,j+1,k}+C_{wp14,ijk}\bar{\delta}p_{i+1,j+1,k}+$

$C_{wp15,ijk}\bar{\delta}p_{i,j-1,k+1}+C_{wp16,ijk}\bar{\delta}p_{i-1,j,k+1}+C_{wp17,ijk}\bar{\delta}p_{i,j,k+1}+C_{wp18,ijk}\bar{\delta}p_{i+1,j,k+1}+C_{wp19,ijk}\bar{\delta}p_{i,j+1,k+1}+$

$C_{ws01,ijk}\bar{\delta}S_{wi,j-1,k-1}+C_{ws02,ijk}\bar{\delta}S_{wi-1,j,k-1}+C_{ws03,ijk}\bar{\delta}S_{wi,j,k-1}+C_{ws04,ijk}\bar{\delta}S_{wi+1,j,k-1}+C_{ws05,ijk}\bar{\delta}S_{wi,j+1,k-1}+$

$C_{ws06,ijk}\bar{\delta}S_{wi-1,j-1,k}+C_{ws07,ijk}\bar{\delta}S_{wi,j-1,k}+C_{ws08,ijk}\bar{\delta}S_{wi+1,j-1,k}+C_{ws09,ijk}\bar{\delta}S_{wi-1,j,k}+C_{ws10,ijk}\bar{\delta}S_{wi,j,k}+$

$C_{ws11,ijk}\bar{\delta}S_{wi+1,j,k}+C_{ws12,ijk}\bar{\delta}S_{wi-1,j+1,k}+C_{ws13,ijk}\bar{\delta}S_{wi,j+1,k}+C_{ws14,ijk}\bar{\delta}S_{wi+1,j+1,k}+$

$C_{ws15,ijk}\bar{\delta}S_{wi,j-1,k+1}+C_{ws16,ijk}\bar{\delta}S_{wi-1,j,k+1}+C_{ws17,ijk}\bar{\delta}S_{wi,j,k+1}+C_{ws18,ijk}\bar{\delta}S_{wi+1,j,k+1}+C_{ws19,ijk}\bar{\delta}S_{wi,j+1,k+1}$

$=R_w \tag{156}$

式中 $C_{op01,ijk}$——在网格(i,j,k)上建立的油组分(o)的线性差分方程中,网格$(i,j-1,k-1)$上的压力$p_{i,j-1,k-1}$的系数,其中"01"为网格$(i,j-1,k-1)$的编号;

$C_{gx02,ijk}$——在网格(i,j,k)上建立的气组分(g)的线性差分方程中,网格$(i-1,j,k-1)$上气相未知量$X_{gi-1,j,k-1}$的系数,其中"02"为网格$(i-1,j,k-1)$的编号。

$C_{ws03,ijk}$——在网格(i,j,k)上建立的水组分(w)的线性差分方程中,网格$(i,j,k-1)$上水相饱和度$S_{wi,j,k-1}$的系数,其中"03"为网格$(i,j,k-1)$的编号。

假设差分网格系统中待求网格总数为N,各网格按行、列、层自然排序,未知量的排列顺序为:

$$\{\overline{\delta p}_1,\overline{\delta S}_{w1},\overline{\delta X}_{g1},\overline{\delta p}_2,\overline{\delta S}_{w2},\overline{\delta X}_{g2},\cdots,\overline{\delta p}_N,\overline{\delta S}_{wN},\overline{\delta X}_{gN}\}$$

那么所有待求网格上的式(154)至式(156)组成的方程组为一个$3N$阶线性代数方程组,方程组的系数矩阵形式如图10.4.1所示。

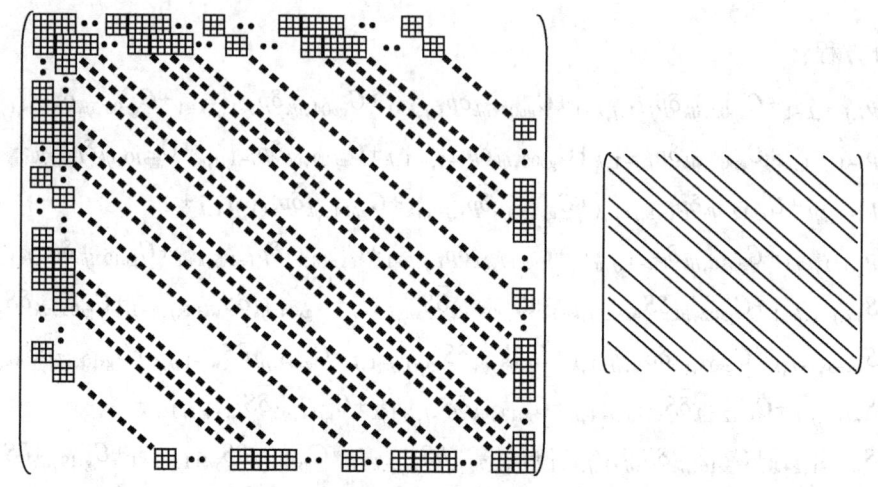

图10.4.1 各向异性油藏全隐式解法迭代方程组系数矩阵示意图

在图10.4.1中可以看到,方程组系数矩阵为块对角线条带型矩阵。每个块是一个3×3的小矩阵,整个系数矩阵共有19个块对角条带,包含57条对角线非零元素。

各向异性油藏模型全隐式求解的线性方程组远比一般黑油模型复杂。而且,由于各向异性渗透率张量的各个分量之间的差别较大,会导致方程组系数间的较大差别,甚至使方程组的系数矩阵表现为病态矩阵。因此,这一方程组的求解难度较大,必须选择强有力的解法,一般采用预处理共轭梯度法。预处理共轭梯度法的求解原理参见第5章。

10.4.7 全隐式方法求解步骤

(1)建立全隐式迭代计算的$3N$阶线性化差分方程组式(154)至式(156),N为待求网格数。

(2)对于任一个待求解时间步$(n+1)$,给定未知量的迭代初值,一般可取第n时间步的值。

(3)对方程组式(154)至式(156)进行求解,得到新迭代步的未知量值:

$$p^{l+1}=p^l+\overline{\delta p},\ S_w^{l+1}=S_w^l+\overline{\delta S}_w,\ X_g^{l+1}=X_g^l+\overline{\delta X}_g$$

(4)由$p^{(l+1)}$、$S_w^{(l+1)}$、$X_g^{(l+1)}$求取第$(l+1)$迭代步的所有参数值;

(5)将所有第$(l+1)$迭代步的参数值代入差分方程组式(154)至式(156),得新迭代步计

算方程;

(6) 重复步骤(3)至步骤(5)，直至迭代收敛。得到第($n+1$)时间步的主要未知量值：
$$p^{n+1}=p^{(l+1)}, S_w^{n+1}=S_w^{(l+1)}, X_g^{n+1}=X_g^{(l+1)}$$

(7) 利用 p^{n+1}、S_w^{n+1}、X_g^{n+1} 求取第($n+1$)时间步的所有参数值。

(8) 用第($n+1$)时间步的参数值代替第 n 时间步的参数值，代入差分方程组式(154)至式(156)，得到求解第($n+2$)时间步的差分方程组。

(9) 重复步骤(2)至步骤(8)，直至模拟时间结束。

10.5 各向异性油藏模型及解法分析

各向异性油藏黑油模型与第 8 章介绍的一般黑油模型的流体性质相同，求解的主要未知量相同，解法原理和总体步骤也相同。同时，各向异性油藏模型及其数值模拟方法的复杂程度显著高于一般黑油模型，主要体现在：

(1) 微分方程复杂。由于油藏各向异性的存在，使得渗透率呈现张量形式，渗流控制方程中出现大量的交叉微商项，微分方程复杂程度大大增加。

(2) 差分离散过程及方程结构复杂。交叉方向二阶差商格式的建立，既要保证差分方程与微分方程的相容性和计算精度，又要尽量减少网格点数，减小计算量，一般黑油模型不存在这样的问题。

(3) 差分方程组求解计算量大。各向异性油藏差分方程中所含未知量个数，即差分方程组系数矩阵中的非零元素个数明显多于一般黑油模型，求解计算量远大于一般黑油模型。

习题

1. 简述各向异性油藏模型及其求解过程与一般黑油模型的主要异同点。

2. 简述各向异性油藏模型全隐式解法的求解步骤。

3. 在各向异性油藏模型全隐式解法中，参照油组分方程式(87)，写出气组分方程中 $\Delta T_{Gd}^{l+1}\Delta\Phi_{Gd}^{l+1}$ 和 $\Delta T_g^{l+1}\Delta\Phi_g^{l+1}$，以及水组分方程中 $\Delta T_w^{l+1}\Delta\Phi_w^{l+1}$ 的线性化全隐式迭代格式。

4. 在各向异性油藏模型全隐式解法中，参照油组分方程式(88)，写出 $\Delta_y TYX_o^{l+1}\Delta_x\Phi_o^{l+1}$ 和 $\Delta_z TZY_o^{l+1}\Delta_y\Phi_o^{l+1}$ 的线性化全隐式迭代格式。

5. 试推导全隐式迭代解法的油组分线性代数方程式(154)中的系数 $C_{op01,ijk}$、$C_{op03,ijk}$ 和 $C_{op10,ijk}$ 的计算公式。

第 11 章 裂缝性油藏双重介质模型

裂缝性油藏是指储集层渗流通道主要为裂缝的油藏，既包括天然裂缝油藏也包括人工裂缝油藏。

一般的裂缝性油藏中，裂缝的总孔隙体积比基质岩块所含的总孔隙体积要小得多，但裂缝对流体的导流能力远远大于基质岩块的导流能力。因此，裂缝性油藏中流体的储存空间主要是基质岩块，流动通道主要是裂缝。

为了客观且方便地描述裂缝性油藏的地质物理属性和开发渗流规律，人们研究建立了双重介质模型[12]。其主要思想是，假设裂缝性油藏中任一点上都有裂缝和基质，即油藏内连续且重合分布着裂缝和基质两种渗流介质。油藏内任一点上既有裂缝的孔隙度和渗透率值，也有基质的孔隙度及渗透率值，这些孔隙度和渗透率值由邻近区域内实际存在的（非连续）裂缝及基质的物性数据进行空间平均得到。相对来说，裂缝介质的孔隙度小，渗透率大；孔隙介质（基质岩块）的孔隙度大，渗透率小。双重介质模型的孔隙度和渗透率分布在宏观上与实际油藏是一致的，其描述的岩石介质储存与导流能力跟实际油藏是等价的，因此双重介质模型也称作双重介质等价模型。

上述模型具有双孔隙度和双渗透率，因此叫作双孔双渗模型，简称双渗模型。

在适当的条件下，为了简化问题，可以忽略基质的导流能力，将基质渗透率取作零，认为基质内不存在流体渗流，基质内流体的压力和饱和度变化取决于基质及裂缝系统在重合点上的流体转移。这样的模型具有双孔隙度和单渗透率，因此叫作双孔单渗模型，简称单渗模型。

本章将从简单到复杂，首先介绍油水两相流动的裂缝性油藏单渗模型，然后介绍油气水三相三组分裂缝性油藏双渗模型。同时，考虑到一般裂缝性油藏都具有较明显的各向异性和应力敏感特征，将在双渗模型中包含这些特征及其变化规律，形成各向异性与应力敏感双孔双渗裂缝性油藏黑油模型，并给出其数值求解思路和方法步骤。

11.1 双孔单渗油水两相裂缝油藏模型及解法

11.1.1 油水二相双孔单渗模型的假设条件

（1）油藏内流体只有油、水两种组分，流体相态只有油、水两相。
（2）油组分存在于油相中，水组分存在于水相中，两相流体中的组分互不交换。
（3）只有裂缝中流体可以流动；基质岩块中没有流体流动。
（4）裂缝系统中毛管力可以忽略。
（5）基质岩块内的压力与裂缝内的压力瞬时达到平衡，即基质压力和裂缝压力始终相等。
（6）流体流动服从达西定律。

(7)基质岩块饱和度由裂缝饱和度和渗吸作用决定。
(8)油藏具有非均质性特征,岩石孔隙度和渗透率都是空间变量。
(9)油藏岩石微可压缩,孔隙度随油藏流体压力变化而变化,但渗透率变化可忽略不计。
(10)流体具有微可压缩性。
(11)油藏渗流区域是恒等温的。

11.1.2 三维两相双孔单渗流动的数学模型

根据11.1.1小节中物理条件,参考第二章中的方法步骤,容易建立三维两相双孔单渗流动的渗流控制方程,并给出相应的辅助方程。

1. 质量守恒渗流控制方程

油方程:

$$\nabla \cdot \left[\frac{KK_{ro}\rho_o}{\mu_o}(\nabla p - \rho_o g \nabla D)\right] + q_o = \frac{\partial}{\partial t}(\phi_f \rho_o S_{of} + \phi_m \rho_o S_{om}) \tag{1}$$

水方程:

$$\nabla \cdot \left[\frac{KK_{rw}\rho_w}{\mu_w}(\nabla p - \rho_w g \nabla D)\right] + q_w = \frac{\partial}{\partial t}(\phi_f \rho_w S_{wf} + \phi_m \rho_w S_{wm}) \tag{2}$$

式中 K——裂缝介质的渗透率,m^2;

K_{ro}、K_{rw}——裂缝介质中油、水两相的相对渗透率;

ρ_o、ρ_w——油、水两相的密度,kg/m^3;

μ_o、μ_w——油、水两相的黏度,$Pa \cdot s$;

p——系统中油、水两相的压力,Pa,因忽略裂缝中的毛管力,所以油相和水相的压力相等;

q_o、q_w——油、水两相(即油、水两组分)的质量注入速度,$kg/(m^3 \cdot s)$;

ϕ——孔隙度;

S——饱和度。

下标 f 和 m 分别表示裂缝和基质,下标 o 和 w 分别表示油相和水相。

2. 辅助方程

(1)饱和度自然满足的方程:

$$S_{of} + S_{wf} = 1 \tag{3}$$

$$S_{wm} + S_{om} = 1 \tag{4}$$

(2)渗吸关系式:

$$S_{wm} = S_{wm}(S_{wf}, t) \tag{5}$$

式(5)一般为实验室根据测试数据给出的经验公式,反映基质岩块通过渗吸作用与周围裂缝进行油水交换的规律和过程,是控制裂缝与基质间油水交换、决定基质内原油可采程度的主要公式。

(3)密度变化方程(实验曲线):

$$\rho_o = \rho_o(p_o) \tag{6}$$

$$\rho_w = \rho_w(p_w) \tag{7}$$

(4)黏度变化方程(实验曲线):

$$\mu_o = \mu_o(p_o) \tag{8}$$

$$\mu_w = \mu_w(p_w) \tag{9}$$

(5) 相对渗透率变化方程（实验曲线）：

$$K_{ro} = K_{ro}(x, S_w) \tag{10}$$

$$K_{rw} = K_{rw}(x, S_w) \tag{11}$$

(6) 孔隙度分布与变化方程（实验曲线）：

$$\phi_f = \phi_f(x, y, z, p) \tag{12}$$

$$\phi_m = \phi_m(x, y, z, p) \tag{13}$$

(7) 渗透率分布（地质数据）：

$$K = K(x, y, z) \tag{14}$$

(8) 油水组分注采项：

定井底流压时：

$$q_o = \frac{2\pi \rho_o h K K_{ro}}{V_M \mu_o \ln \frac{r_e}{r_w}}(p_{wf} - p), \quad q_w = \frac{2\pi \rho_w h K K_{rw}}{V_M \mu_w \ln \frac{r_e}{r_w}}(p_{wf} - p) \tag{15}$$

定井产量时：

$$q_o = \frac{Q_o}{V_M}, \quad q_w = \frac{Q_w}{V_M} \tag{16}$$

式中 V_M——注采井所在油藏微元的体积，在油藏数值模拟中常取作井所在网格的体积，m^3；

H——微元内生产井段长度，m；

Q——微元内的井产量，m^3。

式（1）至式（16）含有 16 个变量：p，S_{of}，S_{om}，S_{wf}，S_{wm}，K_{ro}，K_{rw}，ρ_o，ρ_w，μ_o，μ_w，K，ϕ_f，ϕ_m，q_o，q_w。这 16 个方程组成一个完整的方程组，其主要求解的未知量是 p，S_{of}，S_{om}，S_{wf}，S_{wm}。

下面仅以 IMPES 方法为例，简要介绍双孔单渗模型的求解方法。

11.1.3 双孔单渗模型的 IMPES 解法

1. 渗流控制方程右端项的处理

以裂缝内的水组分项为例：

$$\frac{\partial}{\partial t}(\phi_f \rho_w S_{wf}) = \phi_f \rho_w \frac{\partial S_{wf}}{\partial t} + \rho_w S_{wf} \frac{\partial \phi_f}{\partial t} + \phi_f S_{wf} \frac{\partial \rho_w}{\partial t}$$

$$= \phi_f \rho_w \frac{\partial S_{wf}}{\partial t} + \rho_w S_{wf} \frac{\partial \phi_f}{\partial p} \frac{\partial p}{\partial t} + \phi_f S_{wf} \frac{\partial \rho_w}{\partial p} \frac{\partial p}{\partial t} \tag{17}$$

辅助方程式（6）、式（7）、式（12）、式（13）表示流体和岩石的压缩性，具体形式为：

$$C_o = \frac{1}{\rho_o} \frac{\partial \rho_o}{\partial p} \tag{18}$$

$$C_w = \frac{1}{\rho_w} \frac{\partial \rho_w}{\partial p} \tag{19}$$

$$C_m = \frac{1}{\phi_m} \frac{\partial \phi_m}{\partial p} \tag{20}$$

$$C_f = \frac{1}{\phi_f} \frac{\partial \phi_f}{\partial p} \tag{21}$$

将式(19)和式(21)代入式(17),得:

$$\frac{\partial}{\partial t}(\phi_f \rho_w S_{wf}) = \phi_f \rho_w \frac{\partial S_{wf}}{\partial t} + \phi_f (\rho_w S_{wf} C_f + S_{wf} \rho_w C_w) \frac{\partial p}{\partial t} = \rho_w \phi_f \left[\frac{\partial S_{wf}}{\partial t} + S_{wf} (C_f + C_w) \frac{\partial p}{\partial t} \right] \tag{22}$$

同理可得:

$$\frac{\partial}{\partial t}(\phi_m \rho_w S_{wm}) = \rho_w \phi_m \left[\frac{\partial S_{wm}}{\partial t} + S_{wm}(C_m + C_w) \frac{\partial p}{\partial t} \right] \tag{23}$$

$$\frac{\partial}{\partial t}(\phi_f \rho_o S_{of}) = \rho_o \phi_f \left[\frac{\partial S_{of}}{\partial t} + S_{of}(C_f + C_o) \frac{\partial p}{\partial t} \right] \tag{24}$$

$$\frac{\partial}{\partial t}(\phi_m \rho_o S_{om}) = \rho_o \phi_m \left[\frac{\partial S_{om}}{\partial t} + S_{om}(C_m + C_o) \frac{\partial p}{\partial t} \right] \tag{25}$$

再引入以下记号:

$$\lambda_w = \frac{\rho_w K K_{rw}}{\mu_w}, \quad \lambda_o = \frac{\rho_o K K_{ro}}{\mu_o} \tag{26}$$

$$\begin{cases} \beta_o = S_{of} \phi_f (C_f + C_o) + S_{om} \phi_m (C_m + C_o) \\ \beta_w = S_{wf} \phi_f (C_f + C_w) + S_{wm} \phi_m (C_m + C_w) \end{cases} \tag{27}$$

将式(22)至式(27)代入式(1)和式(2)得:

$$\nabla \cdot [\lambda_o (\nabla p - \rho_o g \nabla D)] + q_o = \phi_f \rho_o \frac{\partial S_{of}}{\partial t} + \phi_m \rho_o \frac{\partial S_{om}}{\partial t} + \rho_o \beta_o \frac{\partial p}{\partial t} \tag{28}$$

$$\nabla \cdot [\lambda_w (\nabla p - \rho_w g \nabla D)] + q_w = \phi_f \rho_w \frac{\partial S_{wf}}{\partial t} + \phi_m \rho_w \frac{\partial S_{wm}}{\partial t} + \rho_w \beta_w \frac{\partial p}{\partial t} \tag{29}$$

式(28)两端同除以 ρ_o,式(29)两端同除以 ρ_w,然后相加,可得:

$$\frac{1}{\rho_w} \nabla \cdot [\lambda_w (\nabla p - \rho_w g \nabla D)] + \frac{1}{\rho_o} \nabla \cdot [\lambda_o (\nabla p - \rho_o g \nabla D)] + q_{VL} = (\beta_o + \beta_w) \frac{\partial p}{\partial t} \tag{30}$$

若采用如下记号:

$$\begin{cases} \beta_f = S_{of} \phi_f (C_f + C_o) + S_{wf} \phi_f (C_f + C_w) \\ \beta_m = S_{om} \phi_m (C_m + C_o) + S_{wm} \phi_m (C_m + C_w) \end{cases} \tag{31}$$

将式(22)至式(26)和式(31)代入式(1)、式(2)得:

$$\frac{1}{\rho_w} \nabla \cdot [\lambda_w (\nabla p - \rho_w g \nabla D)] + \frac{1}{\rho_o} \nabla \cdot [\lambda_o (\nabla p - \rho_o g \nabla D)] + q_{VL} = (\beta_f + \beta_m) \frac{\partial p}{\partial t} \tag{32}$$

其中

$$q_{VL} = q_o / \rho_o + q_w / \rho_w \tag{33}$$

式(30)或式(32)中主要未知量只有压力 p,因此可以独立求解。

2. 渗吸方程的处理

在本模型求解过程中,渗吸方程式(5)的处理和使用具有特殊性。

需要注意,式(29)中基质水饱和度 S_{wm} 的偏微商项 $\dfrac{\partial S_{wm}}{\partial t}$ 应该是对时间 t 的全微商,即有:

$$\frac{\partial S_{wm}}{\partial t} = \frac{\partial S_{wm}(S_{wf},t)}{\partial t} = \frac{\overline{\partial S_{wm}}}{\overline{\partial S_{wf}}} \frac{\partial S_{wf}}{\partial t} + \frac{\overline{\partial S_{wm}}}{\partial t} \tag{34}$$

把式(34)代入式(29)，得到：

$$\nabla \cdot [\lambda_w(\nabla p - \rho_w g \nabla D)] + q_w = \rho_w \left(\phi_f + \phi_m \frac{\overline{\partial S_{wm}}}{\overline{\partial S_{wf}}} \right) \frac{\partial S_{wf}}{\partial t} + \phi_m \rho_w \frac{\overline{\partial S_{wm}}}{\partial t} + \rho_w \beta_w \frac{\partial p}{\partial t} \tag{35}$$

将式(5)代入式(35)，则可消掉 S_{wm}。当压力求出后，则可利用式(35)求解唯一的未知量 S_{wf}。

例如，假设某油藏渗吸方程为：

$$S_{wm} = S_{w0} + (S_{wf} - S_{w0})(1 - e^{-C_a t}) \tag{36}$$

其中，S_{w0} 是基质初始含水饱和度，C_a 是实验常数。由式(35)可得：

$$\frac{\overline{\partial S_{wm}}}{\overline{\partial S_{wf}}} = (1 - e^{-C_a t}) \tag{37}$$

$$\frac{\overline{\partial S_{wm}}}{\partial t} = C_a(S_{wf} - S_{w0}) e^{-C_a t} \tag{38}$$

把式(37)和式(38)代入式(34)得：

$$\frac{\partial S_{wm}}{\partial t} = (1 - e^{-C_a t}) \frac{\partial S_{wf}}{\partial t} + C_a(S_{wf} - S_{w0}) e^{-C_a t} \tag{39}$$

把式(39)代入式(29)得：

$$\nabla \cdot [\lambda_w(\nabla p - \rho_w g \nabla D)] + q_w$$
$$= \rho_w [\phi_f + \phi_m(1 - e^{-C_a t})] \frac{\partial S_{wf}}{\partial t} + \rho_w \phi_m C_a(S_{wf} - S_{w0}) e^{-C_a t} + \rho_w \beta_w \frac{\partial p}{\partial t} \tag{40}$$

式(40)中只含有 p 和 S_{wf} 两个未知量。对式(40)进行差分离散，当压力 p 已知时，该差分方程就是关于 S_{wf} 的显式差分方程，可以对 S_{wf} 逐一网格求解。

3. 求解步骤

双孔单渗模型 IMPES 求解的具体方法步骤可参考第七章油水两相模型，这里仅作简要介绍。

(1) 对式(30)和式(40)进行差分离散，并利用 IMPES 方法将其线性化；
(2) 利用式(30)的线性差分方程求解得到新时间步上各网格压力 p^{n+1}；
(3) 将 p^{n+1} 代回式(40)的线性差分方程，求解得到各网格的裂缝内水相饱和度 S_{wf}^{n+1}；
(4) 将 S_{wf}^{n+1} 代回式(5)，求得各网格的基质内水相饱和度 S_{wm}^{n+1}；
(5) 将 S_{wf}^{n+1}、S_{wm}^{n+1} 分别代入式(3)和式(4)，求得 S_{of}^{n+1} 和 S_{om}^{n+1}。
(6) 利用辅助方程式(15)和式(16)，计算定压井的产油量 q_o 及产水量 q_w，或者定产井的井底流压 p_{wf}。
(7) 将式(30)和式(40)的线性差分方程中所有参数均取为新时间步(第 $n+1$ 步)的值，得到新时间步的线性差分方程。
(8) 重复步骤(2)至步骤(7)直至模拟目标时间结束。

11.1.4 双孔单渗模型特点分析

(1) 优点。双孔单渗模型忽略了基质内的流体流动，简化了裂缝性油藏双重介质模型的构成和求解方法，为油藏模拟应用提供了便利。

(2)缺陷。模型假设基质与裂缝的压力瞬时平衡，就是假设由压差作用引起的裂缝与基质岩块之间的流体转递过程瞬时完成，也就是假设流体从裂缝流入基质岩块内及由岩块内流出到裂缝时受到的阻力为零。显然，这种假设跟实际油藏之间有一定的差距，并且油藏基质岩块的尺度越大、渗透率越低，引起的误差越大。这种误差对相关油藏的产能预测会产生直接的影响。

11.2 裂缝性油藏双孔双渗模型

本节介绍全面考虑裂缝和基质的储存与导流能力的三维裂缝性油藏双孔双渗模型，该模型符合黑油模型的流体条件，并考虑岩石介质的各向异性和应力敏感特征。

11.2.1 物理条件

(1)油气藏区域为三维空间。

(2)油藏内连续分布着裂缝和基质两种介质，即油藏内任意一点上都有裂缝和基质存在。

(3)裂缝和基质都具有对流体的储存和导流能力，因此裂缝和基质都具有孔隙度及渗透率。

(4)渗流区域内共含有油、气、水三个组分，烃类流体只含油、气两个组分。油组分是指在地面标准状况下经差异分离后残存的液体，气组分是指在地面标况下分离出来的全部烃类气体。

(5)渗流区域中流体最多只有油、气、水三种相态。

(6)水组分只存在于水相中，油组分只存在于油相中，气组分可同时存在于气相和油相中，即气组分在油藏中可同时以自由气和溶解气形式存在。水相中只含有水组分，气相中只含有气组分，油相中可同时含有油组分和气组分。气组分在油相和气相间转换的过程于瞬间完成。

(7)裂缝和基质岩块之间有流体转递，流体转递速度决定于基质和裂缝间的压差、基质和流体的物性参数及岩块的几何参数。

(8)基质和裂缝系统中流体渗流均存在毛管力作用。

(9)流体流动服从达西定律。

(10)油藏具有非均质性特征，岩石孔隙度和渗透率都是空间变量。

(11)油藏岩石可压缩且具有应力敏感特征，即孔隙度和渗透率均随油藏内流体压力变化。

(12)油藏裂缝和基质的渗透率都具有各向异性特征。

(13)流体具有可压缩性。

(14)油藏渗流区域是恒等温的。

11.2.2 渗流控制方程

1. 裂缝系统中的渗流控制方程

裂缝中油组分质量守恒渗流方程：

$$\nabla \cdot \left[\frac{K_{ro}}{\mu_o B_o} \overline{K} \cdot (\nabla p_o - \rho_o g \nabla D) \right]_f - \tau_{OVsc} + q_{OVscf} = \frac{\partial}{\partial t} \left(\frac{\phi S_o}{B_o} \right)_f \tag{41}$$

裂缝中气组分质量守恒渗流方程：

$$\nabla \cdot \left[\frac{K_{ro}R_{so}}{\mu_o B_o}\overline{K} \cdot (\nabla p_o - \rho_o g \nabla D)\right]_f + \nabla \cdot \left[\frac{K_{rg}}{\mu_g B_g}\overline{K} \cdot (\nabla p_g - \rho_g g \nabla D)\right]_f - \tau_{GVsc} + q_{GVscf}$$

$$= \frac{\partial}{\partial t}\left(\frac{\phi S_o R_{so}}{B_o}\right)_f + \frac{\partial}{\partial t}\left(\frac{\phi S_g}{B_g}\right)_f \tag{42}$$

裂缝中水组分质量守恒渗流方程：

$$\nabla \cdot \left[\frac{K_{rw}}{\mu_w B_w}\overline{K} \cdot (\nabla p_w - \rho_w g \nabla D)\right]_f - \tau_{WVsc} + q_{WVscf} = \frac{\partial}{\partial t}\left(\frac{\phi S_w}{B_w}\right)_f \tag{43}$$

2. 基质系统中的渗流控制方程

基质中油组分质量守恒渗流方程：

$$\nabla \cdot \left[\frac{K_{ro}}{\mu_o B_o}\overline{K} \cdot (\nabla p_o - \rho_o g \nabla D)\right]_m + \tau_{OVsc} + q_{OVscm} = \frac{\partial}{\partial t}\left(\frac{\phi S_o}{B_o}\right)_m \tag{44}$$

基质中气组分质量守恒渗流方程：

$$\nabla \cdot \left[\frac{K_{ro}R_{so}}{\mu_o B_o}\overline{K} \cdot (\nabla p_o - \rho_o g \nabla D)\right]_m + \nabla \cdot \left[\frac{K_{rg}}{\mu_g B_g}\overline{K} \cdot (\nabla p_g - \rho_g g \nabla D)\right]_m + \tau_{GVsc} + q_{GVscm}$$

$$= \frac{\partial}{\partial t}\left(\frac{\phi S_o R_{so}}{B_o}\right)_m + \frac{\partial}{\partial t}\left(\frac{\phi S_g}{B_g}\right)_m \tag{45}$$

基质中水组分质量守恒渗流方程：

$$\nabla \cdot \left[\frac{K_{rw}}{\mu_w B_w}\overline{K} \cdot (\nabla p_w - \rho_w g \nabla D)\right]_m + \tau_{WVsc} + q_{WVscm} = \frac{\partial}{\partial t}\left(\frac{\phi S_w}{B_w}\right)_m \tag{46}$$

式中 $\tau_{iVsc}(i=O,G,W)$——流体转递项，表示单位时间内单位体积油藏中裂缝系统向基质系统转递的组分 i 流体在标况下的体积，1/s；

$\overline{K}$——各向异性渗透率张量；

∇——哈密顿算子；

D——垂直向下的深度，m，一般取直角坐标 $z=D$；

K_r——相对渗透率；

μ——流体的黏度，Pa·s；

ρ——流体的密度，kg/m^3；

P——流体的压力，Pa；

K——岩石的渗透率，m^2；

S——流体的饱和度；

ϕ——岩石孔隙度；

$q_{iVsc}(i=O,G,W)$——单位时间向单位体积油藏内人工注入的组分 i 流体在标况下的体积(采出时取负值)，1/s。

下标 f、m 分别表示裂缝和基质系统；小写英文字母 o、g、w 作下标时分别表示油相、气相和水相；大写英文字母 O、G、W 作下标时分别表示油组分、气组分和水组分。

式(41)至式(46)就是裂缝性油藏双孔双渗模型的渗流控制方程，其突出特征是：模型包含裂缝系统和基质系统两组油、气、水组分渗流控制方程，每一个渗流控制方程中包含一个流体转递项。

式(41)至式(46)共有 6 个方程，但其中所含变量有 45 个：p_{of}，p_{gf}，p_{wf}，p_{om}，p_{gm}，

p_{wm}, S_{of}, S_{gf}, S_{wf}, S_{om}, S_{gm}, S_{wm}, B_{of}, B_{gf}, B_{wf}, B_{om}, B_{gm}, B_{wm}, μ_{of}, μ_{gf}, μ_{wf}, μ_{om}, μ_{gm}, μ_{wm}, K_{rof}, K_{rgf}, K_{rwf}, K_{rom}, K_{rgm}, K_{rwm}, ϕ_f, $\overline{K}_f$, R_{sof}, ϕ_m, $\overline{K}_m$, R_{som}, q_{OVscf}, q_{GVscf}, q_{WVscf}, q_{OVscm}, q_{GVscm}, q_{WVscm}, τ_{OVsc}, τ_{GVsc}, τ_{WVsc}。所以，要建立封闭的方程组，还需要 39 个辅助方程。

11.2.3 辅助方程

经过系统全面的分析，给出双孔双渗裂缝性油藏模型的辅助方程。

(1) 三相饱和度之间自然满足的关系式(2 个)：

$$S_{o\alpha}+S_{g\alpha}+S_{w\alpha}=1, \quad \alpha=f,m \tag{47}$$

(2) 两相间毛管力方程(4 个)：

$$\begin{cases} p_{g\alpha}-p_{o\alpha}=p_{cgo\alpha}(x,y,z,S_g)=p_{cog\alpha}(x,y,z,S_g) \\ p_{o\alpha}-p_{w\alpha}=p_{cwo\alpha}(x,y,z,S_w)=p_{cow\alpha}(x,y,z,S_w) \end{cases}, \quad \alpha=f,m \tag{48}$$

(3) 各相体积系数方程(6 个)：

$$\text{三相情况}\begin{cases} B_{o\alpha}=B_{o\alpha}(p_o) \\ B_{g\alpha}=B_{g\alpha}(p_g) \\ B_{w\alpha}=B_{w\alpha}(p_w) \end{cases}, \text{两相情况}\begin{cases} B_{o\alpha}=B_{o\alpha}(p_o,p_b) \\ B_{w\alpha}=B_{w\alpha}(p_w) \end{cases}, \quad \alpha=f,m \tag{49}$$

(4) 各相黏度方程(6 个)：

$$\text{三相情况}\begin{cases} \mu_{o\alpha}=\mu_{o\alpha}(p_o) \\ \mu_{g\alpha}=\mu_{g\alpha}(p_g) \\ \mu_{w\alpha}=\mu_{w\alpha}(p_w) \end{cases}, \text{两相情况}\begin{cases} \mu_{o\alpha}=\mu_{o\alpha}(p_o,p_b) \\ \mu_{w\alpha}=\mu_{w\alpha}(p_w) \end{cases}, \quad \alpha=f,m \tag{50}$$

(5) 溶解气油比方程(2 个)：

$$\text{三相情况 } R_{so\alpha}=R_{so\alpha}(p_o), \text{两相情况 } R_{so\alpha}=R_{so\alpha}(p_o,p_b), \quad \alpha=f,m \tag{51}$$

(6) 各相的相对渗透率方程(6 个)：

$$\begin{cases} K_{ro\alpha}=K_{ro\alpha}(x,y,z,S_g,S_w) \\ K_{rg\alpha}=K_{rg\alpha}(x,y,z,S_g) \\ K_{rw\alpha}=K_{rw\alpha}(x,y,z,S_w) \end{cases}, \quad \alpha=f,m \tag{52}$$

(7) 油藏内孔隙度分布及变化方程(2 个)：

$$\phi_\alpha=\phi_\alpha(x,y,z,p_{o\alpha}) \text{ 或 } C_{r\alpha}=\frac{1}{\phi_\alpha}\frac{\partial \phi_\alpha}{\partial p}, \quad \alpha=f,m \tag{53}$$

其中，C_r 是岩石介质的压缩系数。

(8) 油藏内渗透率分布及变化方程(2 个)：

$$\overline{K}_\alpha=\overline{K}_\alpha(x,y,z,p_{o\alpha}), \quad \alpha=f,m \tag{54}$$

式(54)用以提供渗透率的非均匀分布和油藏的应力敏感规律，渗透率随油藏压力变化的具体方程形式由专门的应力敏感研究得到。

(9) 各组分的注采项方程(6 个)：

考虑到地面标况下油、水组分的体积等于油、水相的体积，可得下述注采项方程：

若定井的产量，则有：

$$\begin{aligned} & q_{OVsc\alpha}=-Q_{OVsc\alpha}(x,y,z,t)/V_M, \quad \alpha=f,m \\ & q_{GVsc\alpha}=-Q_{GVsc\alpha}(x,y,z,t)/V_M=q_{oVsc\alpha}R_{so}+q_{gVsc\alpha} \end{aligned} \tag{55}$$

$$= -\frac{Q_{oVsc\alpha}(x,y,z,t)R_{so}+Q_{gVsc\alpha}(x,y,z,t)}{V_M}, \quad \alpha=\text{f},\text{m} \tag{56}$$

$$q_{WVsc\alpha}=-Q_{WVsc\alpha}(x,y,z,t)/V_M, \quad \alpha=\text{f},\text{m} \tag{57}$$

式中 $Q_{OVsc\alpha}(x,y,z,t)$、$Q_{GVsc\alpha}(x,y,z,t)$、$Q_{WVsc\alpha}(x,y,z,t)$——地面标况下油、气、水三组分（即三相）在裂缝和基质系统中以体积记的井产量，m^3；

V_M——注采井所在油藏微元的体积，m^3，在油藏数值模拟中常取作井所在网格的体积。

一般定产条件是给定产液量 $Q_{OVsc\alpha}(x,y,z,t)+Q_{WVsc\alpha}(x,y,z,t)$ 或产油量 $Q_{OVsc\alpha}(x,y,z,t)$ 的值。

若定井底流压，则有：

$$q_{OVsc\alpha}=q_{oVsc\alpha}=\left(\frac{2\pi hKK_{ro}}{V_M B_o \mu_o \ln\frac{r_e}{r_w}}\right)_\alpha (p_{wf}-p_{o\alpha}), \quad \alpha=\text{f},\text{m} \tag{58}$$

$$q_{GVsc\alpha}=q_{oVsc\alpha}R_{so}+q_{gVsc\alpha}=R_{so\alpha}\left(\frac{2\pi hKK_{ro}}{V_M B_o \mu_o \ln\frac{r_e}{r_w}}\right)_\alpha (p_{wf}-p_{o\alpha})+\left(\frac{2\pi hKK_{rg}}{V_M B_g \mu_g \ln\frac{r_e}{r_w}}\right)_\alpha (p_{wf}-p_{g\alpha}), \quad \alpha=\text{f},\text{m} \tag{59}$$

$$q_{WVsc\alpha}=q_{wVsc\alpha}=\left(\frac{2\pi hKK_{rw}}{V_M B_w \mu_w \ln\frac{r_e}{r_w}}\right)_\alpha (p_{wf}-p_{w\alpha}), \quad \alpha=\text{f},\text{m} \tag{60}$$

式中 $p_{wf}=p_{wf}(x,y,z,t)$——给定的已知函数；

$K_{1\alpha}$、$K_{2\alpha}$、$K_{3\alpha}$——渗透率主值，$K_\alpha=\sqrt[3]{K_{1\alpha}K_{2\alpha}K_{3\alpha}}$；

r_e——可参照使用 3.4.2 小节中各向异性地层计算公式。

(10) 各组分的转递项方程(3 个)：

转递项是双重介质模型区别于其他油藏模型的主要特征，也是裂缝性油藏模拟中非常重要的研究内容。其物理意义是压差作用产生的油藏同一微元内裂缝系统和基质系统间的流体传递速度；也就是在压差作用下，流体在同一微元内由裂缝转入基质或从基质转入裂缝的速度。

转递项可以有不同的表达形式，下式属于比较常用的一种，可称为 Kazemi 公式[13-15]：

$$\tau_\beta=\sigma K_m \left(\frac{K_{r\beta}}{B_\beta\mu_\beta}\right)_u (p_{\beta f}-p_{\beta m}), \quad \beta=\text{o},\text{g},\text{w} \tag{61}$$

式中 τ_β——β 相流体的转递项，指单位时间单位体积油藏内裂缝和基质间 β 相流体的转递量（标况下体积），量纲是 [体积/(体积·时间)]＝[1/时间]；

$p_{\beta f}$、$p_{\beta m}$——裂缝和基质系统中 β 相流体的压力，Pa；

K_m——基质系统各向异性渗透率主值的几何平均值，m^2，$K_m=\sqrt[3]{K_{1m}K_{2m}K_{3m}}$。

下标 u 表示上游取值，当裂缝转递流体到基质时，$u=\text{f}$；当基质转递流体到裂缝时，$u=\text{m}$。σ 为形状因子，计算公式为：

$$\sigma=4\left(\frac{1}{L_x^2}+\frac{1}{L_y^2}+\frac{1}{L_z^2}\right) \tag{62}$$

式中 L_x、L_y、L_z——基质岩块的长度、宽度和高度。

式(62)只是一个近似公式，实际油藏应用时可将其计算结果作为初值，然后通过历史拟合进行调整优化。

式(61)中考虑了毛管力引起的压差，因此包含了裂缝和基质间的渗吸作用。

根据式(61)，可得式(41)至式(46)中转递项的具体形式：

$$\tau_{OVsc} = \tau_{oVsc} = \sigma K_m \left(\frac{K_{ro}}{B_o \mu_o}\right)_u (p_{of} - p_{om}) \tag{63}$$

$$\tau_{GVsc} = \tau_{oVsc} R_{so} + \tau_{gVsc} = \sigma K_m \left(\frac{R_{so} K_{ro}}{B_o \mu_o}\right)_u (p_{of} - p_{om}) + \sigma K_m \left(\frac{K_{rg}}{B_g \mu_g}\right)_u (p_{gf} - p_{gm}) \tag{64}$$

$$\tau_{WVsc} = \tau_{wVsc} = \sigma K_m \left(\frac{K_{rw}}{B_w \mu_w}\right)_u (p_{wf} - p_{wm}) \tag{65}$$

11.2.4 定解条件

1. 边界条件

(1)封闭油藏边界：边界上的法向压力梯度为零，如下式所示：

$$\boldsymbol{n} \cdot \overline{K} \cdot \nabla p = 0 \quad \text{或} \quad n_i K_{ij} \frac{\partial p}{\partial x_j} = 0, \quad i,j = x,y,z \tag{66}$$

其中，$\boldsymbol{n} = (n_1, n_2, n_3)$ 为边界的法向单位向量。

(2)边底水边界：给出边底水与油藏的接触位置及边底水体积、压力、渗透率等动静态参数。参数依具体情况而定。

2. 初始条件

初始条件主要包括压力和饱和度初始分布：

$$p(x,y,z,0) = p_{ini}(x,y,z) \tag{67}$$

$$S_w(x,y,z,0) = S_{w,ini}(x,y,z) \tag{68}$$

$$S_g(x,y,z,0) = S_{g,ini}(x,y,z)，三相情况 \tag{69}$$

$$p_b(x,y,z,0) = p_{b,ini}(x,y,z)，两相情况 \tag{70}$$

其中，$p_{ini}(x,y,z)$、$S_{w,ini}(x,y,z)$、$S_{g,ini}(x,y,z)$ 和 $p_{b,ini}(x,y,z)$ 为已知函数。

11.3 双孔双渗模型差分方程

裂缝性油藏双孔双渗模型的渗流控制方程类似于各向异性油藏黑油模型，主要区别是多出了转递项和应力敏感特点。因此，可以参照第十章各向异性油藏模型的离散方法，并考虑转递项和应力敏感的处理，对双孔双渗模型进行差分离散，建立用于数值求解的差分方程。

11.3.1 双孔双渗模型差分方程的建立

采用与第十章各向异性油藏模型相同的十九点差分格式对式(41)至式(46)进行差分离散，并定义相同形式的传导系数和二阶差商算子，可得双孔双渗裂缝油藏模型的差分方程。

1. 裂缝系统中的渗流差分方程

裂缝中油组分差分方程：

$(\Delta_x TXX_{of} \Delta_x \Phi_{of} + \Delta_x TXY_{of} \Delta_y \Phi_{of} + \Delta_x TXZ_{of} \Delta_z \Phi_{of} + \Delta_y TYX_{of} \Delta_x \Phi_{of} + \Delta_y TYY_{of} \Delta_y \Phi_{of} + \Delta_y TYZ_{of} \Delta_z \Phi_{of} +$

$$\Delta_z TZX_{of}\Delta_x\Phi_{of}+\Delta_z TZY_{of}\Delta_y\Phi_{of}+\Delta_z TZZ_{of}\Delta_z\Phi_{of})^{n+1}-\tau_{OVscM}^{n+1}V_M-Q_{OVscMf}^{n+1}=\frac{V_M}{\Delta t}\left[\left(\frac{\phi S_o}{B_o}\right)_{Mf}^{n+1}-\left(\frac{\phi S_o}{B_o}\right)_{Mf}^n\right]$$
(71)

裂缝中气组分差分方程：

$$(\Delta_x TXX_{Gdf}\Delta_x\Phi_{of}+\Delta_x TXY_{Gdf}\Delta_y\Phi_{of}+\Delta_x TXZ_{Gdf}\Delta_z\Phi_{of}+\Delta_y TYX_{Gdf}\Delta_x\Phi_{of}+\Delta_y TYY_{Gdf}\Delta_y\Phi_{of}+\Delta_y TYZ_{Gdf}\Delta_z\Phi_{of}+$$
$$\Delta_z TZX_{Gdf}\Delta_x\Phi_{of}+\Delta_z TZY_{Gdf}\Delta_y\Phi_{of}+\Delta_z TZZ_{Gdf}\Delta_z\Phi_{of}+\Delta_x TXX_{gf}\Delta_x\Phi_{gf}+\Delta_x TXY_{gf}\Delta_y\Phi_{gf}+\Delta_x TXZ_{gf}\Delta_z\Phi_{gf}+$$
$$\Delta_y TYX_{gf}\Delta_x\Phi_{gf}+\Delta_y TYY_{gf}\Delta_y\Phi_{gf}+\Delta_y TYZ_{gf}\Delta_z\Phi_{gf}+\Delta_z TZX_{gf}\Delta_x\Phi_{gf}+\Delta_z TZY_{gf}\Delta_y\Phi_{gf}+$$
$$\Delta_z TZZ_{gf}\Delta_z\Phi_{gf})^{n+1}-\tau_{GVscM}^{n+1}V_M-Q_{GVscMf}^{n+1}=\frac{V_M}{\Delta t}\left[\left(\frac{\phi S_o}{B_o}R_{so}\right)_{Mf}^{n+1}-\left(\frac{\phi S_o}{B_o}R_{so}\right)_{Mf}^n+\left(\frac{\phi S_g}{B_g}\right)_{Mf}^{n+1}-\left(\frac{\phi S_g}{B_g}\right)_{Mf}^n\right]$$
(72)

裂缝中水组分差分方程：

$$(\Delta_x TXX_{wf}\Delta_x\Phi_{wf}+\Delta_x TXY_{wf}\Delta_y\Phi_{wf}+\Delta_x TXZ_{wf}\Delta_z\Phi_{wf}+\Delta_y TYX_{wf}\Delta_x\Phi_{wf}+\Delta_y TYY_{wf}\Delta_y\Phi_{wf}+$$
$$\Delta_y TYZ_{wf}\Delta_z\Phi_{wf}+\Delta_z TZX_{wf}\Delta_x\Phi_{wf}+\Delta_z TZY_{wf}\Delta_y\Phi_{wf}+\Delta_z TZZ_{wf}\Delta_z\Phi_{wf})^{n+1}-$$
$$\tau_{WVscM}^{n+1}V_M-Q_{WVscMf}^{n+1}=\frac{V_M}{\Delta t}\left[\left(\frac{\phi S_w}{B_w}\right)_{Mf}^{n+1}-\left(\frac{\phi S_w}{B_w}\right)_{Mf}^n\right]$$
(73)

2. 基质系统中的渗流差分方程

基质中油组分差分方程：

$$(\Delta_x TXX_{om}\Delta_x\Phi_{om}+\Delta_x TXY_{om}\Delta_y\Phi_{om}+\Delta_x TXZ_{om}\Delta_z\Phi_{om}+\Delta_y TYX_{om}\Delta_x\Phi_{om}+\Delta_y TYY_{om}\Delta_y\Phi_{om}+$$
$$\Delta_y TYZ_{om}\Delta_z\Phi_{om}+\Delta_z TZX_{om}\Delta_x\Phi_{om}+\Delta_z TZY_{om}\Delta_y\Phi_{om}+\Delta_z TZZ_{om}\Delta_z\Phi_{om})^{n+1}+\tau_{OVscM}^{n+1}V_M-$$
$$Q_{OVscMm}^{n+1}=\frac{V_M}{\Delta t}\left[\left(\frac{\phi S_o}{B_o}\right)_{Mm}^{n+1}-\left(\frac{\phi S_o}{B_o}\right)_{Mm}^n\right]$$
(74)

基质中气组分差分方程：

$$(\Delta_x TXX_{Gdm}\Delta_x\Phi_{om}+\Delta_x TXY_{Gdm}\Delta_y\Phi_{om}+\Delta_x TXZ_{Gdm}\Delta_z\Phi_{om}+\Delta_y TYX_{Gdm}\Delta_x\Phi_{om}+\Delta_y TYY_{Gdm}\Delta_y\Phi_{om}+$$
$$\Delta_y TYZ_{Gdm}\Delta_z\Phi_{om}+\Delta_z TZX_{Gdm}\Delta_x\Phi_{om}+\Delta_z TZY_{Gdm}\Delta_y\Phi_{om}+\Delta_z TZZ_{Gdm}\Delta_z\Phi_{om}+\Delta_x TXX_{gm}\Delta_x\Phi_{gm}+$$
$$\Delta_x TXY_{gm}\Delta_y\Phi_{gm}+\Delta_x TXZ_{gm}\Delta_z\Phi_{gm}+\Delta_y TYX_{gm}\Delta_x\Phi_{gm}+\Delta_y TYY_{gm}\Delta_y\Phi_{gm}+\Delta_y TYZ_{gm}\Delta_z\Phi_{gm}+$$
$$\Delta_z TZX_{gm}\Delta_x\Phi_{gm}+\Delta_z TZY_{gm}\Delta_y\Phi_{gm}+\Delta_z TZZ_{gm}\Delta_z\Phi_{gm})^{n+1}+\tau_{GVscMm}^{n+1}V_M-Q_{GVscMm}^{n+1}$$
$$=\frac{V_M}{\Delta t}\left[\left(\frac{\phi S_o}{B_o}R_{so}\right)_{Mm}^{n+1}-\left(\frac{\phi S_o}{B_o}R_{so}\right)_{Mm}^n+\left(\frac{\phi S_o}{B_o}\right)_{Mm}^{n+1}-\left(\frac{\phi S_o}{B_o}\right)_{Mm}^n\right]$$
(75)

基质中水组分差分方程：

$$(\Delta_x TXX_{wm}\Delta_x\Phi_{wm}+\Delta_x TXY_{wm}\Delta_y\Phi_{wm}+\Delta_x TXZ_{wm}\Delta_z\Phi_{wm}+\Delta_y TYX_{wm}\Delta_x\Phi_{wm}+\Delta_y TYY_{wm}\Delta_y\Phi_{wm}+$$
$$\Delta_y TYZ_{wm}\Delta_z\Phi_{wm}+\Delta_z TZX_{wm}\Delta_x\Phi_{wm}+\Delta_z TZY_{wm}\Delta_y\Phi_{wm}+\Delta_z TZZ_{wm}\Delta_z\Phi_{wm})^{n+1}+\tau_{WVscM}^{n+1}V_M-$$
$$Q_{WVscMm}^{n+1}=\frac{V_M}{\Delta t}\left[\left(\frac{\phi S_w}{B_w}\right)_{Mm}^{n+1}-\left(\frac{\phi S_w}{B_w}\right)_{Mm}^n\right]$$
(76)

在式(71)至式(76)中，$V_M=\Delta x_{i,j,k}\Delta y_{i,j,k}\Delta z_{i,j,k}$ 是网格(i,j,k)的体积。$Q_{OVscM\alpha}=-q_{OVscM\alpha}\cdot V_M$，$Q_{GVscM\alpha}=-q_{GVscM\alpha}\cdot V_M$，$Q_{WVscM\alpha}=-q_{WVscM\alpha}\cdot V_M(\alpha=f,m)$；分别是网格$(i,j,k)$中裂缝和基质系统的油、气、水组分的井产量（以地面标准状况下的体积计算）。方程中的位势函数定义如下：

$$\Phi_o=p_o-\rho_o gD \tag{77}$$
$$\Phi_g=p_o+p_{cog}-\rho_g gD \tag{78}$$
$$\Phi_w=p_o-p_{cow}-\rho_w gD \tag{79}$$

11.3.2　双孔双渗模型差分方程的简化形式

为了方便，可以对式(71)至式(76)的形式进行简化。为此定义全方向二阶差分算子：

$$\Delta \overline{T} \cdot \Delta \Phi = \Delta_x TXX\Delta_x \Phi + \Delta_x TXY\Delta_y \Phi + \Delta_x TXZ\Delta_z \Phi + \Delta_y TYX\Delta_x \Phi + \Delta_y TYY\Delta_y \Phi +$$
$$\Delta_y TYZ\Delta_z \Phi + \Delta_z TZX\Delta_x \Phi + \Delta_z TZY\Delta_y \Phi + \Delta_z TZZ\Delta_z \Phi \tag{80}$$

将式(80)代入式(71)至式(76)，并利用辅助方程式(55)至式(60)和式(63)至式(65)，可得如下所列简化形式的差分方程。

1. 裂缝中差分方程

裂缝中油方程：

$$\Delta \overline{T}_{\text{of}}^{n+1} \cdot \Delta \Phi_{\text{of}}^{n+1} - \tau_{\text{o}VscM}^{n+1} V_M - Q_{\text{o}VscMf}^{n+1} = \frac{V_M}{\Delta t}\left[\left(\frac{\phi S_\text{o}}{B_\text{o}}\right)_{Mf}^{n+1} - \left(\frac{\phi S_\text{o}}{B_\text{o}}\right)_{Mf}^{n}\right] \tag{81}$$

裂缝中气方程：

$$\Delta \overline{T}_{\text{Gdf}}^{n+1} \cdot \Delta \Phi_{\text{of}}^{n+1} + \Delta \overline{T}_{\text{gf}}^{n+1} \cdot \Delta \Phi_{\text{gf}}^{n+1} - \tau_{\text{o}VscM}^{n+1} R_{\text{sou}}^{n+1} V_M - \tau_{\text{g}VscM}^{n+1} V_M - Q_{\text{o}Vsc\alpha} R_{\text{so}} - Q_{\text{g}Vsc\alpha}$$
$$= \frac{V_M}{\Delta t}\left[\left(\frac{\phi S_\text{o}}{B_\text{o}} R_{\text{so}}\right)_{Mf}^{n+1} - \left(\frac{\phi S_\text{o}}{B_\text{o}} R_{\text{so}}\right)_{Mf}^{n} + \left(\frac{\phi S_\text{g}}{B_\text{g}}\right)_{Mf}^{n+1} - \left(\frac{\phi S_\text{g}}{B_\text{g}}\right)_{Mf}^{n}\right] \tag{82}$$

裂缝中水方程：

$$\Delta \overline{T}_{\text{wf}}^{n+1} \cdot \Delta \Phi_{\text{wf}}^{n+1} - \tau_{\text{w}VscM}^{n+1} V_M - Q_{\text{w}VscMf}^{n+1} = \frac{V_M}{\Delta t}\left[\left(\frac{\phi S_\text{w}}{B_\text{w}}\right)_{Mf}^{n+1} - \left(\frac{\phi S_\text{w}}{B_\text{w}}\right)_{Mf}^{n}\right] \tag{83}$$

2. 基质中差分方程

基质中油方程：

$$\Delta \overline{T}_{\text{om}}^{n+1} \cdot \Delta \Phi_{\text{om}}^{n+1} + \tau_{\text{o}VscM}^{n+1} V_M - Q_{\text{o}VscMm}^{n+1} = \frac{V_M}{\Delta t}\left[\left(\frac{\phi S_\text{o}}{B_\text{o}}\right)_{Mm}^{n+1} - \left(\frac{\phi S_\text{o}}{B_\text{o}}\right)_{Mm}^{n}\right] \tag{84}$$

基质中气方程：

$$\Delta \overline{T}_{\text{Gdm}}^{n+1} \cdot \Delta \Phi_{\text{om}}^{n+1} + \Delta \overline{T}_{\text{gm}}^{n+1} \cdot \Delta \Phi_{\text{gm}}^{n+1} + \tau_{\text{o}VscM}^{n+1} R_{\text{sou}}^{n+1} V_M + \tau_{\text{g}VscM}^{n+1} V_M - Q_{\text{o}Vscm} R_{\text{som}} - Q_{\text{g}Vscm}$$
$$= \frac{V_M}{\Delta t}\left[\left(\frac{\phi S_\text{o}}{B_\text{o}} R_{\text{so}}\right)_{Mm}^{n+1} - \left(\frac{\phi S_\text{o}}{B_\text{o}} R_{\text{so}}\right)_{Mm}^{n} + \left(\frac{\phi S_\text{g}}{B_\text{g}}\right)_{Mm}^{n+1} - \left(\frac{\phi S_\text{g}}{B_\text{g}}\right)_{Mm}^{n}\right] \tag{85}$$

基质中水方程：

$$\Delta \overline{T}_{\text{wm}}^{n+1} \cdot \Delta \Phi_{\text{wm}}^{n+1} + \tau_{\text{w}VscM}^{n+1} V_M - Q_{\text{w}VscMm}^{n+1} = \frac{V_M}{\Delta t}\left[\left(\frac{\phi S_\text{w}}{B_\text{w}}\right)_{Mm}^{n+1} - \left(\frac{\phi S_\text{w}}{B_\text{w}}\right)_{Mm}^{n}\right] \tag{86}$$

3. 统一形式差分方程

方程式(81)至式(86)还可以进一步简化为统一形式的差分方程。

油、水方程：

$$\Delta \overline{T}_{\beta\alpha}^{n+1} \cdot \Delta \Phi_{\beta\alpha}^{n+1} \pm \tau_{\beta VscM}^{n+1} V_M - Q_{\beta VscM\alpha}^{n+1} = \frac{V_M}{\Delta t}\left[\left(\frac{\phi S_\beta}{B_\beta}\right)_{M\alpha}^{n+1} - \left(\frac{\phi S_\beta}{B_\beta}\right)_{M\alpha}^{n}\right], \beta = \text{o}, \text{g}; \alpha = \text{f}, \text{m} \tag{87}$$

气方程：

$$\Delta \overline{T}_{\text{Gd}\alpha}^{n+1} \cdot \Delta \Phi_{\text{o}\alpha}^{n+1} + \Delta \overline{T}_{\text{g}\alpha}^{n+1} \cdot \Delta \Phi_{\text{g}\alpha}^{n+1} \pm (\tau_{\text{o}Vsc} R_{\text{sou}})_M^{n+1} V_M \pm \tau_{\text{g}VscM}^{n+1} V_M - Q_{\text{o}Vsc\alpha} R_{\text{so}\alpha} - Q_{\text{g}Vsc\alpha}$$
$$= \frac{V_M}{\Delta t}\left[\left(\frac{\phi S_\text{o}}{B_\text{o}} R_{\text{so}}\right)_{M\alpha}^{n+1} - \left(\frac{\phi S_\text{o}}{B_\text{o}} R_{\text{so}}\right)_{M\alpha}^{n} + \left(\frac{\phi S_\text{g}}{B_\text{g}}\right)_{M\alpha}^{n+1} - \left(\frac{\phi S_\text{g}}{B_\text{g}}\right)_{M\alpha}^{n}\right], \alpha = \text{f}, \text{m} \tag{88}$$

其中，转递项 τ 前面的运算符号"$\pm$"在 $\alpha=f$ 时取负号，在 $\alpha=m$ 时取正号。

式(87)至式(88)即为各向异性应力敏感双孔双渗裂缝性油藏模型的差分方程。这些差分方程结构较复杂且具有强非线性特点，比较合适的求解方法是全隐式解法。

11.4 双孔双渗模型的全隐式解法

全隐式解法属于迭代解法，其原理已在第 8 章、第 9 章和第 10 章介绍，本节介绍各向异性与应力敏感双孔双渗模型全隐式求解的方法步骤。

11.4.1 全隐式解法迭代方程的建立

选取 p_{of}、S_{gf}、S_{wf}、p_{om}、S_{gm}、S_{wm} 为独立变量，由差分方程式(87)和式(88)可得任意时间步内从任意迭代步 l 到 $l+1$ 的迭代方程：

油、水方程：

$$\Delta \overline{T}_{\beta\alpha}^{l+1} \cdot \Delta \Phi_{\beta\alpha}^{l+1} \pm \tau_{\beta V scM}^{l+1} V_M - Q_{\beta V scM\alpha}^{l+1} = \frac{V_M}{\Delta t}\left[\left(\frac{\phi S_\beta}{B_\beta}\right)^{l+1} - \left(\frac{\phi S_\beta}{B_\beta}\right)^n\right]_{M\alpha} \tag{89}$$

气方程：

$$\Delta \overline{T}_{Gd\alpha}^{l+1} \cdot \Delta \Phi_{o\alpha}^{l+1} + \Delta \overline{T}_{g\alpha}^{l+1} \cdot \Delta \Phi_{g\alpha}^{l+1} \pm (\tau_{oVsc}R_{sou})_M^{l+1} V_M \pm \tau_{gVscM}^{l+1} V_M - (Q_{oVsc}R_{so})_{M\alpha}^{l+1} - Q_{gVscM\alpha}^{l+1}$$
$$= \frac{V_M}{\Delta t}\left[\left(\frac{\phi S_o R_{so}}{B_o}\right)^{l+1} - \left(\frac{\phi S_o R_{so}}{B_o}\right)^n + \left(\frac{\phi S_g}{B_g}\right)^{l+1} - \left(\frac{\phi S_g}{B_g}\right)^n\right]_{M\alpha} \tag{90}$$

其中，$\beta=o$，w；$\alpha=f$，m。"$\pm$"在 $\alpha=f$ 时取负号，在 $\alpha=m$ 时取正号。

式(89)和式(90)是全隐式解法的基本迭代方程，与原差分方程一样是非线性的。下面对其进行线性化处理[16-18]。

需要注意，转递项是所有六个独立变量 p_{of}、S_{gf}、S_{wf}、p_{om}、S_{gm}、S_{wm} 的函数，其他所有裂缝系统的参数都只是三个独立变量 p_{of}、S_{gf}、S_{wf} 的函数，所有基质系统的参数都只是三个独立变量 p_{om}、S_{gm}、S_{wm} 的函数。将式(89)和式(90)中所有 $(l+1)$ 迭代步上的量用其 l 迭代步上的一阶泰勒级数代替，可得：

泰勒级数形式油方程：

$$\Delta\left(\overline{T}_{o\alpha}^l + \frac{\partial \overline{T}_{o\alpha}^l}{\partial p}\overline{\delta}p + \frac{\partial \overline{T}_{o\alpha}^l}{\partial S_w}\overline{\delta}S_w + \frac{\partial \overline{T}_{o\alpha}^l}{\partial X_g}\overline{\delta}X_g\right)\Delta(\Phi_{o\alpha}^l + \overline{\delta}\Phi_{o\alpha}) \pm$$
$$\left(\tau_{oVsc}^l + \frac{\partial \tau_{oVsc}^l}{\partial p_f}\overline{\delta}p_f + \frac{\partial \tau_{oVsc}^l}{\partial S_{wf}}\overline{\delta}S_{wf} + \frac{\partial \tau_{oVsc}^l}{\partial X_{gf}}\overline{\delta}X_{gf} + \frac{\partial \tau_{oVsc}^l}{\partial p_m}\overline{\delta}p_m + \frac{\partial \tau_{oVsc}^l}{\partial S_{wm}}\overline{\delta}S_{wm} + \frac{\partial \tau_{oVsc}^l}{\partial X_{gm}}\overline{\delta}X_{gm}\right)_M V_M -$$
$$\left(Q_{oVsc}^l + \frac{\partial Q_{oVsc}^l}{\partial p}\overline{\delta}p + \frac{\partial Q_{oVsc}^l}{\partial S_w}\overline{\delta}S_w + \frac{\partial Q_{oVsc}^l}{\partial X_g}\overline{\delta}X_g\right)_{M\alpha}$$
$$= \frac{V_M}{\Delta t}\left[\left(\frac{\phi S_o}{B_o}\right)^l + \left(\frac{\partial}{\partial p}\frac{\phi S_o}{B_o}\right)^l \overline{\delta}p + \left(\frac{\partial}{\partial S_w}\frac{\phi S_o}{B_o}\right)^l \overline{\delta}S_w + \left(\frac{\partial}{\partial X_g}\frac{\phi S_o}{B_o}\right)^l \overline{\delta}X_g - \left(\frac{\phi S_o}{B_o}\right)^n\right]_{M\alpha} \tag{91}$$

泰勒级数形式气方程：

$$\Delta\left(\overline{T}_{Gd\alpha}^l + \frac{\partial \overline{T}_{Gd\alpha}^l}{\partial p}\overline{\delta}p + \frac{\partial \overline{T}_{Gd\alpha}^l}{\partial S_w}\overline{\delta}S_w + \frac{\partial \overline{T}_{Gd\alpha}^l}{\partial X_g}\overline{\delta}X_g\right)\Delta(\Phi_{o\alpha}^l + \overline{\delta}\Phi_{o\alpha}) + \Delta\left(\overline{T}_{g\alpha}^l + \frac{\partial \overline{T}_{g\alpha}^l}{\partial p}\overline{\delta}p + \frac{\partial \overline{T}_{g\alpha}^l}{\partial S_g}\overline{\delta}S_g\right)\Delta(\Phi_{g\alpha}^l + \overline{\delta}\Phi_{g\alpha}) \pm$$
$$\left((\tau_{oVsc}R_{sou})^l + \frac{\partial(\tau_{oVsc}R_{sou})^l}{\partial p_f}\overline{\delta}p_f + \frac{\partial(\tau_{oVsc}R_{sou})^l}{\partial S_{wf}}\overline{\delta}S_{wf} + \frac{\partial(\tau_{oVsc}R_{sou})^l}{\partial X_{gf}}\overline{\delta}X_{gf}\right)_M V_M \pm$$

$$\left(\frac{\partial(\tau_{oVsc}R_{sou})^l}{\partial p_m}\bar{\delta}p_m + \frac{\partial(\tau_{oVsc}R_{sou})^l}{\partial S_{wm}}\bar{\delta}S_{wm} + \frac{\partial(\tau_{oVsc}R_{sou})^l}{\partial X_{gm}}\bar{\delta}X_{gm}\right)_M V_M \pm$$

$$\left(\tau_{gVsc}^l + \frac{\partial \tau_{gVsc}^l}{\partial p_f}\bar{\delta}p_f + \frac{\partial \tau_{gVsc}^l}{\partial S_{gf}}\bar{\delta}S_{gf} + \frac{\partial \tau_{gVsc}^l}{\partial p_m}\bar{\delta}p_m + \frac{\partial \tau_{gVsc}^l}{\partial S_{gm}}\bar{\delta}S_{gm}\right)_M V_M -$$

$$\left((Q_{oVsc}R_{so})^l + \frac{\partial(Q_{oVsc}R_{so})^l}{\partial p}\bar{\delta}p + \frac{\partial(Q_{oVsc}R_{so})^l}{\partial S_w}\bar{\delta}S_w + \frac{\partial(Q_{oVsc}R_{so})^l}{\partial X_g}\bar{\delta}X_g\right)_{M\alpha} - \left(Q_{gVsc}^l + \frac{\partial Q_{gVsc}^l}{\partial p}\bar{\delta}p + \frac{\partial Q_{gVsc}^l}{\partial S_g}\bar{\delta}S_g\right)_{M\alpha}$$

$$= \frac{V_M}{\Delta t}\left[\left(\frac{\phi S_o R_{so}}{B_o}\right)^l + \left(\frac{\partial}{\partial p}\frac{\phi S_o R_{so}}{B_o}\right)^l \bar{\delta}p + \left(\frac{\partial}{\partial S_w}\frac{\phi S_o R_{so}}{B_o}\right)^l \bar{\delta}S_w + \left(\frac{\partial}{\partial X_g}\frac{\phi S_o R_{so}}{B_o}\right)^l \bar{\delta}X_g - \left(\frac{\phi S_o R_{so}}{B_o}\right)^n\right]_{M\alpha} +$$

$$\frac{V_M}{\Delta t}\left[\left(\frac{\phi S_g}{B_g}\right)^l + \left(\frac{\partial}{\partial p}\frac{\phi S_g}{B_g}\right)^l \bar{\delta}p + \left(\frac{\partial}{\partial S_g}\frac{\phi S_g}{B_g}\right)^l \bar{\delta}S_g - \left(\frac{\phi S_g}{B_g}\right)^n\right] \tag{92}$$

其中，在两相情况下 $\bar{T}_g = 0$，$\tau_g = 0$，$Q_g = 0$。

泰勒级数形式水方程：

$$\Delta\left(\bar{T}_{w\alpha}^l + \frac{\partial \bar{T}_{w\alpha}^l}{\partial p}\bar{\delta}p + \frac{\partial \bar{T}_{w\alpha}^l}{\partial S_w}\bar{\delta}S_w\right)\Delta(\Phi_{w\alpha}^l + \bar{\delta}\Phi_{w\alpha}) \pm$$

$$\left(\tau_{wVsc}^l + \frac{\partial \tau_{wVsc}^l}{\partial p_f}\bar{\delta}p_f + \frac{\partial \tau_{wVsc}^l}{\partial S_{wf}}\bar{\delta}S_{wf} + \frac{\partial \tau_{wVsc}^l}{\partial p_m}\bar{\delta}p_m + \frac{\partial \tau_{wVsc}^l}{\partial S_{wm}}\bar{\delta}S_{wm}\right)_M V_M -$$

$$\left(Q_{wVsc}^l + \frac{\partial Q_{wVsc}^l}{\partial p}\bar{\delta}p + \frac{\partial Q_{wVsc}^l}{\partial S_w}\bar{\delta}S_w\right)_{M\alpha}$$

$$= \frac{V_M}{\Delta t}\left[\left(\frac{\phi S_w}{B_w}\right)^l + \left(\frac{\partial}{\partial p}\frac{\phi S_w}{B_w}\right)^l \bar{\delta}p + \left(\frac{\partial}{\partial S_w}\frac{\phi S_w}{B_w}\right)^l \bar{\delta}S_w - \left(\frac{\phi S_w}{B_w}\right)^n\right]_{M\alpha} \tag{93}$$

由于密度 ρ 变化较小，可以近似假设其随迭代步呈台阶状变化，在任意一个迭代步内保持不变，即有 $\bar{\delta}\rho g = 0$。因此有：

$$\bar{\delta}\Phi_o = \bar{\delta}(p_o - \rho_o gD) = \bar{\delta}p - D\bar{\delta}\rho_o g = \bar{\delta}p \tag{94}$$

$$\bar{\delta}\Phi_g = \bar{\delta}(p_o + p_{cog} - \rho_g gD) = \bar{\delta}p + \bar{\delta}p_{cog} + D\bar{\delta}\rho_g g = \bar{\delta}p + \frac{\partial p_{cog}}{\partial S_g}\bar{\delta}S_g \tag{95}$$

$$\bar{\delta}\Phi_w = \bar{\delta}(p_o - p_{cow} - \rho_w gD) = \bar{\delta}p + \bar{\delta}p_{cow} + D\bar{\delta}\rho_w g = \bar{\delta}p + \frac{\partial p_{cow}}{\partial S_w}\bar{\delta}S_w \tag{96}$$

将式(91)至式(93)中各个乘积形式的多项式展开，消掉二阶小量；并将式(94)至式(96)代入，可得油组分线性化迭代方程：

$$\Delta \bar{T}_{o\alpha}^l \Delta \Phi_{o\alpha}^l + \Delta \bar{T}_{o\alpha}^l \Delta \bar{\delta}p_\alpha + \Delta \frac{\partial \bar{T}_{o\alpha}^l}{\partial p}\bar{\delta}p_\alpha \Delta \Phi_{o\alpha}^l + \Delta \frac{\partial \bar{T}_{o\alpha}^l}{\partial S_w}\bar{\delta}S_{w\alpha}\Delta \Phi_{o\alpha}^l + \Delta \frac{\partial \bar{T}_{o\alpha}^l}{\partial X_g}\bar{\delta}X_{g\alpha}\Delta \Phi_{o\alpha}^l \pm$$

$$\left(\tau_{oVsc}^l + \frac{\partial \tau_{oVsc}^l}{\partial p_f}\bar{\delta}p_f + \frac{\partial \tau_{oVsc}^l}{\partial S_{wf}}\bar{\delta}S_{wf} + \frac{\partial \tau_{oVsc}^l}{\partial X_{gf}}\bar{\delta}X_{gf} + \frac{\partial \tau_{oVsc}^l}{\partial p_m}\bar{\delta}p_m + \frac{\partial \tau_{oVsc}^l}{\partial S_{wm}}\bar{\delta}S_{wm} + \frac{\partial \tau_{oVsc}^l}{\partial X_{gm}}\bar{\delta}X_{gm}\right)_M V_M -$$

$$\left(Q_{oVsc}^l + \frac{\partial Q_{oVsc}^l}{\partial p}\bar{\delta}p + \frac{\partial Q_{oVsc}^l}{\partial S_w}\bar{\delta}S_w + \frac{\partial Q_{oVsc}^l}{\partial X_g}\bar{\delta}X_g\right)_{M\alpha}$$

$$= \frac{V_M}{\Delta t}\left[\left(\frac{\phi S_o}{B_o}\right)^l - \left(\frac{\phi S_o}{B_o}\right)^n + \left(\frac{\partial}{\partial p}\frac{\phi S_o}{B_o}\right)^l \bar{\delta}p + \left(\frac{\partial}{\partial S_w}\frac{\phi S_o}{B_o}\right)^l \bar{\delta}S_w + \left(\frac{\partial}{\partial X_g}\frac{\phi S_o}{B_o}\right)^l \bar{\delta}X_g\right]_{M\alpha} \tag{97}$$

气组分线性化迭代方程：

$$\Delta \bar{T}_{Gd\alpha}^l \Delta \Phi_{o\alpha}^l + \Delta \bar{T}_{Gd\alpha}^l \Delta \bar{\delta} p_\alpha + \Delta \left(\frac{\partial \bar{T}_{Gd\alpha}}{\partial p}\right)^l \bar{\delta} p_\alpha \Delta \Phi_{o\alpha}^l + \Delta \left(\frac{\partial \bar{T}_{Gd\alpha}}{\partial S_w}\right)^l \bar{\delta} S_{w\alpha} \Delta \Phi_{o\alpha}^l + \Delta \left(\frac{\partial \bar{T}_{Gd\alpha}}{\partial X_g}\right)^l \bar{\delta} X_{g\alpha} \Delta \Phi_{o\alpha}^l +$$

$$\Delta \bar{T}_{g\alpha}^l \Delta \Phi_{g\alpha}^l + \Delta \bar{T}_{g\alpha}^l \Delta \bar{\delta} p_\alpha + \Delta \frac{\partial \bar{T}_{g\alpha}^l}{\partial p} \bar{\delta} p_\alpha \Delta \Phi_{g\alpha}^l + \Delta \frac{\partial \bar{T}_{g\alpha}^l}{\partial S_g} \bar{\delta} S_{g\alpha} \Delta \Phi_{g\alpha}^l + \Delta \bar{T}_{g\alpha}^l \Delta \frac{\partial p_{cog\alpha}^l}{\partial S_g} \bar{\delta} S_{g\alpha} \pm$$

$$\left((\tau_{oVsc} R_{sou})^l + \frac{\partial (\tau_{oVsc} R_{sou})^l}{\partial p_f} \bar{\delta} p_f + \frac{\partial (\tau_{oVsc} R_{sou})^l}{\partial S_{wf}} \bar{\delta} S_{wf} + \frac{\partial (\tau_{oVsc} R_{sou})^l}{\partial X_{gf}} \bar{\delta} X_{gf}\right)_M V_M \pm$$

$$\left(\frac{\partial (\tau_{oVsc} R_{sou})^l}{\partial p_m} \bar{\delta} p_m + \frac{\partial (\tau_{oVsc} R_{sou})^l}{\partial S_{wm}} \bar{\delta} S_{wm} + \frac{\partial (\tau_{oVsc} R_{sou})^l}{\partial X_{gm}} \bar{\delta} X_{gm}\right)_M V_M \pm$$

$$\left(\tau_{gVsc}^l + \frac{\partial \tau_{gVsc}^l}{\partial p_f} \bar{\delta} p_f + \frac{\partial \tau_{gVsc}^l}{\partial S_{gf}} \bar{\delta} S_{gf} + \frac{\partial \tau_{gVsc}^l}{\partial p_m} \bar{\delta} p_m + \frac{\partial \tau_{gVsc}^l}{\partial S_{gm}} \bar{\delta} S_{gm}\right)_M V_M -$$

$$\left((Q_{oVsc} R_{so})^l + \frac{\partial (Q_{oVsc} R_{so})^l}{\partial p} \bar{\delta} p + \frac{\partial (Q_{oVsc} R_{so})^l}{\partial S_w} \bar{\delta} S_w + \frac{\partial (Q_{oVsc} R_{so})^l}{\partial X_g} \bar{\delta} X_g\right)_{M\alpha} -$$

$$\left(Q_{gVsc}^l + \frac{\partial Q_{gVsc}^l}{\partial p} \bar{\delta} p + \frac{\partial Q_{gVsc}^l}{\partial S_g} \bar{\delta} S_g\right)_{M\alpha}$$

$$= \frac{V_M}{\Delta t} \left[\left(\frac{\phi S_o R_{so}}{B_o}\right)^l - \left(\frac{\phi S_o R_{so}}{B_o}\right)^n + \left(\frac{\partial}{\partial p} \frac{\phi S_o R_{so}}{B_o}\right)^l \bar{\delta} p + \left(\frac{\partial}{\partial S_w} \frac{\phi S_o R_{so}}{B_o}\right)^l \bar{\delta} S_w + \left(\frac{\partial}{\partial X_g} \frac{\phi S_o R_{so}}{B_o}\right)^l \bar{\delta} X_g\right]_{M\alpha} +$$

$$\frac{V_M}{\Delta t} \left[\left(\frac{\phi S_g}{B_g}\right)^l - \left(\frac{\phi S_g}{B_g}\right)^n + \left(\frac{\partial}{\partial p} \frac{\phi S_g}{B_g}\right)^l \bar{\delta} p + \left(\frac{\partial}{\partial S_g} \frac{\phi S_g}{B_g}\right)^l \bar{\delta} S_g\right]_{M\alpha} \tag{98}$$

水组分线性化迭代方程：

$$\Delta \bar{T}_{w\alpha}^l \Delta \Phi_{w\alpha}^l + \Delta \bar{T}_{w\alpha}^l \Delta \bar{\delta} p_\alpha + \Delta \frac{\partial \bar{T}_{w\alpha}^l}{\partial p} \bar{\delta} p_\alpha \Delta \Phi_{w\alpha}^l + \Delta \frac{\partial \bar{T}_{w\alpha}^l}{\partial S_w} \bar{\delta} S_{w\alpha} \Delta \Phi_{w\alpha}^l - \Delta \bar{T}_{w\alpha}^l \Delta \frac{\partial p_{cow\alpha}^l}{\partial S_w} \bar{\delta} S_{w\alpha} \pm$$

$$\left(\tau_{wVsc}^l + \frac{\partial \tau_{wVsc}^l}{\partial p_f} \bar{\delta} p_f + \frac{\partial \tau_{wVsc}^l}{\partial S_{wf}} \bar{\delta} S_{wf} + \frac{\partial \tau_{wVsc}^l}{\partial p_m} \bar{\delta} p_m + \frac{\partial \tau_{wVsc}^l}{\partial S_{wm}} \bar{\delta} S_{wm}\right)_M V_M -$$

$$\left(Q_{wVsc}^l + \frac{\partial Q_{wVsc}^l}{\partial p} \bar{\delta} p + \frac{\partial Q_{wVsc}^l}{\partial S_w} \bar{\delta} S_w\right)_{M\alpha}$$

$$= \frac{V_M}{\Delta t} \left[\left(\frac{\phi S_w}{B_w}\right)^l - \left(\frac{\phi S_w}{B_w}\right)^n + \left(\frac{\partial}{\partial p} \frac{\phi S_w}{B_w}\right)^l \bar{\delta} p + \left(\frac{\partial}{\partial S_w} \frac{\phi S_w}{B_w}\right)^l \bar{\delta} S_w\right]_{M\alpha} \tag{99}$$

其中，$\alpha = f, m$；运算符号"$\pm$"在$\alpha = f$时取负号，在$\alpha = m$时取正号。在两相情况下，$S_g = 0$，$\bar{T}_g = 0$，$p_{cog} = 0$，$\tau_g = 0$，$Q_g = 0$，因此含有这些量的所有的项也均为零。

式（97）至式（99）就是裂缝性油藏双孔双渗模型线性化的全隐式解法迭代方程。其形式与第10章的各向异性油藏模型相近，主要区别在于双孔双渗裂缝油藏模型：(1) 具有应力敏感特征，(2) 具有裂缝与基质间的流体转递作用。这些特征体现在迭代方程各系数及参数项的计算公式中。

11.4.2 空间差分项的计算

迭代方程式（97）至式（99）左端每一个空间差分项都是全方向二阶差分算子，根据式（80）的定义，每一个空间差分项都包含9个分项。下面展开几项作为示例：

在油方程中有：

$$\begin{aligned}\Delta \overline{T}_{o\alpha}^l \Delta \Phi_{o\alpha}^l =& \Delta_x TXX_{o\alpha}^l \Delta_x \Phi_{o\alpha}^l + \Delta_x TXY_{o\alpha}^l \Delta_y \Phi_{o\alpha}^l + \Delta_x TXZ_{o\alpha}^l \Delta_z \Phi_{o\alpha}^l + \\ & \Delta_y TYX_{o\alpha}^l \Delta_x \Phi_{o\alpha}^l + \Delta_y TYY_{o\alpha}^l \Delta_y \Phi_{o\alpha}^l + \Delta_y TYZ_{o\alpha}^l \Delta_z \Phi_{o\alpha}^l + \\ & \Delta_z TZX_{o\alpha}^l \Delta_x \Phi_{o\alpha}^l + \Delta_z TZY_{o\alpha}^l \Delta_y \Phi_{o\alpha}^l + \Delta_z TZZ_{o\alpha}^l \Delta_z \Phi_{o\alpha}^l\end{aligned} \quad (100)$$

$$\begin{aligned}\Delta \overline{T}_{o\alpha}^l \Delta \overline{\delta} p_\alpha =& \Delta_x TXX_{o\alpha}^l \Delta_x \overline{\delta} p_\alpha + \Delta_x TXY_{o\alpha}^l \Delta_y \overline{\delta} p_\alpha + \Delta_x TXZ_{o\alpha}^l \Delta_z \overline{\delta} p_\alpha + \\ & \Delta_y TYX_{o\alpha}^l \Delta_x \overline{\delta} p_\alpha + \Delta_y TYY_{o\alpha}^l \Delta_y \overline{\delta} p_\alpha + \Delta_y TYZ_{o\alpha}^l \Delta_z \overline{\delta} p_\alpha + \\ & \Delta_z TZX_{o\alpha}^l \Delta_x \overline{\delta} p_\alpha + \Delta_z TZY_{o\alpha}^l \Delta_y \overline{\delta} p_\alpha + \Delta_z TZZ_{o\alpha}^l \Delta_z \overline{\delta} p_\alpha\end{aligned} \quad (101)$$

在水方程中有：

$$\begin{aligned}& \Delta \frac{\partial \overline{T}_{w\alpha}^l}{\partial p} \overline{\delta} p_\alpha \Delta \Phi_{w\alpha}^l \\ =& \Delta_x \left(\frac{\partial TXX_{w\alpha}}{\partial p}\right)^l \overline{\delta} p_\alpha \Delta_x \Phi_{w\alpha}^l + \Delta_x \left(\frac{\partial TXY_{w\alpha}}{\partial p}\right)^l \overline{\delta} p_\alpha \Delta_y \Phi_{w\alpha}^l + \Delta_x \left(\frac{\partial TXZ_{w\alpha}}{\partial p}\right)^l \overline{\delta} p_\alpha \Delta_z \Phi_{w\alpha}^l + \\ & \Delta_y \left(\frac{\partial TYX_{w\alpha}}{\partial p}\right)^l \overline{\delta} p_\alpha \Delta_x \Phi_{w\alpha}^l + \Delta_y \left(\frac{\partial TYY_{w\alpha}}{\partial p}\right)^l \overline{\delta} p_\alpha \Delta_y \Phi_{w\alpha}^l + \Delta_y \left(\frac{\partial TYZ_{w\alpha}}{\partial p}\right)^l \overline{\delta} p_\alpha \Delta_z \Phi_{w\alpha}^l + \\ & \Delta_z \left(\frac{\partial TZX_{w\alpha}}{\partial p}\right)^l \overline{\delta} p_\alpha \Delta_x \Phi_{w\alpha}^l + \Delta_z \left(\frac{\partial TZY_{w\alpha}}{\partial p}\right)^l \overline{\delta} p_\alpha \Delta_y \Phi_{w\alpha}^l + \Delta_z \left(\frac{\partial TZZ_{w\alpha}}{\partial p}\right)^l \overline{\delta} p_\alpha \Delta_z \Phi_{w\alpha}^l\end{aligned} \quad (102)$$

在气方程中有：

$$\begin{aligned}& \Delta \left(\frac{\partial \overline{T}_{Gd\alpha}}{\partial X_g}\right)^l \overline{\delta} X_{g\alpha} \Delta \Phi_{o\alpha}^l \\ =& \Delta_x \left(\frac{\partial TXX_{Gd\alpha}}{\partial X_g}\right)^l \overline{\delta} X_{g\alpha} \Delta_x \Phi_{o\alpha}^l + \Delta_x \left(\frac{\partial TXY_{Gd\alpha}}{\partial X_g}\right)^l \overline{\delta} X_{g\alpha} \Delta_y \Phi_{o\alpha}^l + \Delta_x \left(\frac{\partial TXZ_{Gd\alpha}}{\partial X_g}\right)^l \overline{\delta} X_{g\alpha} \Delta_z \Phi_{o\alpha}^l + \\ & \Delta_y \left(\frac{\partial TYX_{Gd\alpha}}{\partial X_g}\right)^l \overline{\delta} X_{g\alpha} \Delta_x \Phi_{o\alpha}^l + \Delta_y \left(\frac{\partial TYY_{Gd\alpha}}{\partial X_g}\right)^l \overline{\delta} X_{g\alpha} \Delta_y \Phi_{o\alpha}^l + \Delta_y \left(\frac{\partial TYZ_{Gd\alpha}}{\partial X_g}\right)^l \overline{\delta} X_{g\alpha} \Delta_z \Phi_{o\alpha}^l + \\ & \Delta_z \left(\frac{\partial TZX_{Gd\alpha}}{\partial X_g}\right)^l \overline{\delta} X_{g\alpha} \Delta_x \Phi_{o\alpha}^l + \Delta_z \left(\frac{\partial TZY_{Gd\alpha}}{\partial X_g}\right)^l \overline{\delta} X_{g\alpha} \Delta_y \Phi_{o\alpha}^l + \Delta_z \left(\frac{\partial TZZ_{Gd\alpha}}{\partial X_g}\right)^l \overline{\delta} X_{g\alpha} \Delta_z \Phi_{o\alpha}^l\end{aligned} \quad (103)$$

$$\begin{aligned}& \Delta \overline{T}_{g\alpha}^l \Delta \frac{\partial p_{cog\alpha}^l}{\partial S_g} \overline{\delta} S_{g\alpha} \\ =& \Delta_x TXX_{g\alpha}^l \Delta_x \left(\frac{\partial p_{cog\alpha}}{\partial S_g}\right)^l \overline{\delta} S_{g\alpha} + \Delta_x TXY_{g\alpha}^l \Delta_y \left(\frac{\partial p_{cog\alpha}}{\partial S_g}\right)^l \overline{\delta} S_{g\alpha} + \Delta_x TXZ_{g\alpha}^l \Delta_z \left(\frac{\partial p_{cog\alpha}}{\partial S_g}\right)^l \overline{\delta} S_{g\alpha} + \\ & \Delta_y TYX_{g\alpha}^l \Delta_x \left(\frac{\partial p_{cog\alpha}}{\partial S_g}\right)^l \overline{\delta} S_{g\alpha} + \Delta_y TYY_{g\alpha}^l \Delta_y \left(\frac{\partial p_{cog\alpha}}{\partial S_g}\right)^l \overline{\delta} S_{g\alpha} + \Delta_y TYZ_{g\alpha}^l \Delta_z \left(\frac{\partial p_{cog\alpha}}{\partial S_g}\right)^l \overline{\delta} S_{g\alpha} + \\ & \Delta_z TZX_{g\alpha}^l \Delta_x \left(\frac{\partial p_{cog\alpha}}{\partial S_g}\right)^l \overline{\delta} S_{g\alpha} + \Delta_z TZY_{g\alpha}^l \Delta_y \left(\frac{\partial p_{cog\alpha}}{\partial S_g}\right)^l \overline{\delta} S_{g\alpha} + \Delta_z TZZ_{g\alpha}^l \Delta_z \left(\frac{\partial p_{cog\alpha}}{\partial S_g}\right)^l \overline{\delta} S_{g\alpha}\end{aligned} \quad (104)$$

式(100)至式(104)中每一项的网格展开形式都要符合10.3.2小节中的各向异性二阶差商算子定义式，具体可参考10.4.3小节。

实际计算时，上述方程中各参数对独立变量的偏微商需要给出具体的计算公式，这些计算公式大部分与第十章的各向异性油藏模型相同，只有对压力的偏微商项不同。因为岩石介质的应力敏感特征，渗透率也是压力的函数，所以各项传导系数对压力的导数将呈现出不同形式。

下面以式(102)中的微商 $\dfrac{\partial TXY_{w\alpha}}{\partial p}$ 为例，给出应力敏感情况下传导系数对压力偏微商的计算公式，说明应力敏感的影响。根据 10.3.2 小节中对传导系数的定义。传导系数 $TXY_{\beta\alpha}$ 可记作：

$$TXY_{\beta\alpha}=\Omega\frac{K_{xy\alpha}K_{r\beta\alpha}}{\mu_{\beta\alpha}B_{\beta\alpha}} \tag{105}$$

其中，Ω 是传导系数中只与网格几何尺寸有关的常数。由式(105)推导可得 $TXY_{\beta\alpha}$ 对压力的偏微商：

$$\begin{aligned}\frac{\partial TXY_o}{\partial p}&=\frac{\partial}{\partial p}\left[\Omega\frac{K_{xy\alpha}(p)\cdot K_{r\beta\alpha}}{\mu_{\beta\alpha}B_{\beta\alpha}}\right]\\ &=\Omega\frac{K_{r\beta\alpha}}{\mu_{\beta\alpha}B_{\beta\alpha}}\frac{\partial K_{xy\alpha}(p)}{\partial p}-\Omega\frac{K_{xy\alpha}(p)\cdot K_{r\beta\alpha}}{\mu_{\beta\alpha}B_{\beta\alpha}}\left(\frac{1}{B_{\beta\alpha}}\frac{\partial B_{\beta\alpha}}{\partial p}-\frac{1}{\mu_{\beta\alpha}}\frac{\partial \mu_{\beta\alpha}}{\partial p}\right)\end{aligned} \tag{106}$$

与无应力敏感情况相比，有应力敏感情况下传导系数对压力偏微商的展开式中多出了一项：$\Omega\dfrac{K_{r\beta\alpha}}{\mu_{\beta\alpha}B_{\beta\alpha}}\dfrac{\partial K_{xy\alpha}}{\partial p}$，且所有的项中的渗透率 $K_{xy\alpha}$ 都随压力变化，这些反映的就是应力敏感的影响。其中渗透率随油藏压力变化的规律 $K_{xy\alpha}=K_{xy\alpha}(p)$ 及 $\dfrac{\partial K_{xy\alpha}}{\partial p}$ 由 11.2.3 小节中辅助方程式(54)提供。

11.4.3 转递项偏导数的计算

裂缝和基质间的流体转递项是双孔双渗模型特有的内容，根据 11.2.3 小节中有关的辅助方程，可以推导得到迭代方程式(97)至式(99)所含转递项偏导数的计算公式。

油组分转递项的偏导数：

$$\begin{aligned}\frac{\partial \tau_{oVsc}}{\partial p_f}&=\frac{\partial}{\partial p_f}\left[\sigma K_m\left(\frac{K_{ro}}{B_o\mu_o}\right)_u(p_{of}-p_{om})\right]\\ &=\begin{cases}-\sigma K_m\left(\dfrac{K_{ro}}{B_o\mu_o}\right)_f\left(\dfrac{1}{B_o}\dfrac{\partial B_o}{\partial p}+\dfrac{1}{\mu_o}\dfrac{\partial \mu_o}{\partial p}\right)_f(p_{of}-p_{om})+\sigma K_m\left(\dfrac{K_{ro}}{B_o\mu_o}\right)_f,&u=f\\ \sigma K_m\left(\dfrac{K_{ro}}{B_o\mu_o}\right)_m,&u=m\end{cases}\end{aligned} \tag{107}$$

$$\begin{aligned}\frac{\partial \tau_{oVsc}}{\partial p_m}&=\frac{\partial}{\partial p_m}\left[\sigma K_m\left(\frac{K_{ro}}{B_o\mu_o}\right)_u(p_{of}-p_{om})\right]\\ &=\begin{cases}\sigma\dfrac{\partial K_m}{\partial p}\left(\dfrac{K_{ro}}{B_o\mu_o}\right)_f(p_{of}-p_{om})-\sigma K_m\left(\dfrac{K_{ro}}{B_o\mu_o}\right)_f,&u=f\\ \sigma\left(\dfrac{K_{ro}}{B_o\mu_o}\right)_m\left(\dfrac{\partial K}{\partial p}-\dfrac{K}{B_o}\dfrac{\partial B_o}{\partial p}-\dfrac{K}{\mu_o}\dfrac{\partial \mu_o}{\partial p}\right)_m(p_{of}-p_{om})-\sigma K_m\left(\dfrac{K_{ro}}{B_o\mu_o}\right)_m,&u=m\end{cases}\end{aligned} \tag{108}$$

$$\frac{\partial \tau_{oVsc}}{\partial S_{wf}}=\frac{\partial}{\partial S_{wf}}\left[\sigma K_m\left(\frac{K_{ro}}{B_o\mu_o}\right)_f(p_{of}-p_{om})\right]=\begin{cases}\sigma\dfrac{K_m}{B_{of}\mu_{of}}\dfrac{\partial K_{rof}}{\partial S_{wf}}(p_{of}-p_{om}),&u=f\\ 0,&u=m\end{cases} \tag{109}$$

$$\frac{\partial \tau_{oVsc}}{\partial S_{wm}} = \frac{\partial}{\partial S_{wm}} \left[\sigma K_m \left(\frac{K_{ro}}{B_o \mu_o} \right)_f (p_{of} - p_{om}) \right] = \begin{cases} 0, & u = f \\ \sigma \dfrac{K_m}{B_{om} \mu_{om}} \dfrac{\partial K_{rom}}{\partial S_{wm}} (p_{of} - p_{om}), & u = m \end{cases} \quad (110)$$

$$\frac{\partial \tau_{oVsc}}{\partial X_{gf}} = \frac{\partial}{\partial X_{gf}} \left[\sigma K_m \left(\frac{K_{ro}}{B_o \mu_o} \right)_u (p_{of} - p_{om}) \right]$$

$$= \begin{cases} \left. \begin{matrix} \sigma \dfrac{K_m}{B_{of} \mu_{of}} \dfrac{\partial K_{rof}}{\partial S_{gf}} (p_{of} - p_{om}), & 三相 \\ -\sigma K_m \left(\dfrac{K_{ro}}{B_o \mu_o} \right)_f \left(\dfrac{1}{B_o} \dfrac{\partial B_o}{\partial p_b} + \dfrac{1}{\mu_o} \dfrac{\partial \mu_o}{\partial p_b} \right)_f (p_{of} - p_{om}), & 两相 \end{matrix} \right\}, & u = f \\ \left. \begin{matrix} 0, & 三相 \\ 0, & 两相 \end{matrix} \right\}, & u = m \end{cases} \quad (111)$$

$$\frac{\partial \tau_{oVsc}}{\partial X_{gm}} = \frac{\partial}{\partial X_{gm}} \left[\sigma K_m \left(\frac{K_{ro}}{B_o \mu_o} \right)_u (p_{of} - p_{om}) \right]$$

$$= \begin{cases} \left. \begin{matrix} 0, & 三相 \\ 0, & 两相 \end{matrix} \right\}, & u = f \\ \left. \begin{matrix} \sigma \dfrac{K_m}{B_{of} \mu_{of}} \dfrac{\partial K_{rof}}{\partial S_{gf}} (p_{of} - p_{om}), & 三相 \\ -\sigma K_m \left(\dfrac{K_{ro}}{B_o \mu_o} \right)_f \left(\dfrac{1}{B_o} \dfrac{\partial B_o}{\partial p_b} + \dfrac{1}{\mu_o} \dfrac{\partial \mu_o}{\partial p_b} \right)_f (p_{of} - p_{om}), & 两相 \end{matrix} \right\}, & u = m \end{cases} \quad (112)$$

溶解气转递项的偏导数：

$$\frac{\partial (\tau_{oVsc} R_{sou})}{\partial p_f} = \frac{\partial}{\partial p_f} \left[\sigma K_m \left(\frac{R_{so} K_{ro}}{B_o \mu_o} \right)_u (p_{of} - p_{om}) \right]$$

$$= \begin{cases} \sigma K_m \left(\dfrac{R_{so} K_{ro}}{B_o \mu_o} \right)_f \left(\dfrac{1}{R_{so}} \dfrac{\partial R_{so}}{\partial p} - \dfrac{1}{B_o} \dfrac{\partial B_o}{\partial p} - \dfrac{1}{\mu_o} \dfrac{\partial \mu_o}{\partial p} \right)_f (p_{of} - p_{om}) + \sigma K_m \left(\dfrac{R_{so} K_{ro}}{B_o \mu_o} \right)_f, & u = f \\ \sigma K_m \left(\dfrac{R_{so} K_{ro}}{B_o \mu_o} \right)_m, & u = m \end{cases}$$

$$(113)$$

$$\frac{\partial (\tau_{oVsc} R_{sou})}{\partial p_m} = \frac{\partial}{\partial p_m} \left[\sigma K_m \left(\frac{R_{so} K_{ro}}{B_o \mu_o} \right)_u (p_{of} - p_{om}) \right]$$

$$= \begin{cases} \sigma \dfrac{\partial K_m}{\partial p} \left(\dfrac{R_{so} K_{ro}}{B_o \mu_o} \right)_f (p_{of} - p_{om}) - \sigma K_m \left(\dfrac{R_{so} K_{ro}}{B_o \mu_o} \right)_f, & u = f \\ \sigma \left(\dfrac{K R_{so} K_{ro}}{B_o \mu_o} \right)_m \left(\dfrac{1}{K} \dfrac{\partial K}{\partial p} + \dfrac{1}{R_{so}} \dfrac{\partial R_{so}}{\partial p} - \dfrac{1}{B_o} \dfrac{\partial B_o}{\partial p} - \dfrac{1}{\mu_o} \dfrac{\partial \mu_o}{\partial p} \right)_m (p_{of} - p_{om}) - \sigma K_m \left(\dfrac{R_{so} K_{ro}}{B_o \mu_o} \right)_m, & u = m \end{cases}$$

$$(114)$$

$$\frac{\partial (\tau_{oVsc} R_{sou})}{\partial S_{wf}} = \frac{\partial}{\partial S_{wf}} \left[\sigma K_m \left(\frac{R_{so} K_{ro}}{B_o \mu_o} \right)_u (p_{of} - p_{om}) \right] = \begin{cases} \sigma \dfrac{K_m R_{sof}}{B_{of} \mu_{of}} \dfrac{\partial K_{rof}}{\partial S_{wf}} (p_{of} - p_{om}), & u = f \\ 0, & u = m \end{cases} \quad (115)$$

$$\frac{\partial(\tau_{oVsc}R_{sou})}{\partial S_{wm}} = \frac{\partial}{\partial S_{wm}}\left[\sigma K_m \left(\frac{R_{so}K_{ro}}{B_o \mu_o}\right)_u (p_{of}-p_{om})\right] = \begin{cases} 0, & u=f \\ \sigma \dfrac{K_m R_{som}}{B_{om}\mu_{om}} \dfrac{\partial K_{rom}}{\partial S_{wm}}(p_{of}-p_{om}), & u=m \end{cases} \quad (116)$$

$$\frac{\partial(\tau_{oVsc}R_{sou})}{\partial X_{gf}} = \frac{\partial}{\partial X_{gf}}\left[\sigma K_m \left(\frac{R_{so}K_{ro}}{B_o \mu_o}\right)_u (p_{of}-p_{om})\right]$$

$$= \begin{cases} \sigma \dfrac{K_m R_{sof}}{B_{of}\mu_{of}} \dfrac{\partial K_{rof}}{\partial S_{gf}}(p_{of}-p_{om}), & 三相 \\ \sigma K_m \left(\dfrac{R_{so}K_{ro}}{B_o \mu_o}\right)_f \left(\dfrac{1}{R_{so}}\dfrac{\partial R_{so}}{\partial p_b}-\dfrac{1}{B_o}\dfrac{\partial B_o}{\partial p_b}-\dfrac{1}{\mu_o}\dfrac{\partial \mu_o}{\partial p_b}\right)_f (p_{of}-p_{om}), & 两相 \\ 0, & 三相 \\ 0, & 两相 \end{cases}, \quad u=f \\ u=m \quad (117)$$

$$\frac{\partial(\tau_{oVsc}R_{sou})}{\partial X_{gm}} = \frac{\partial}{\partial X_{gm}}\left[\sigma K_m \left(\frac{R_{so}K_{ro}}{B_o \mu_o}\right)_u (p_{of}-p_{om})\right]$$

$$= \begin{cases} 0, & 三相 \\ 0, & 两相 \end{cases}, \quad u=f \\ \sigma \dfrac{K_m R_{sof}}{B_{of}\mu_{of}} \dfrac{\partial K_{rof}}{\partial S_{gf}}(p_{of}-p_{om}), & 三相 \\ \sigma K_m \left(\dfrac{R_{so}K_{ro}}{B_o \mu_o}\right)_m \left(\dfrac{1}{R_{so}}\dfrac{\partial R_{so}}{\partial p_b}-\dfrac{1}{B_o}\dfrac{\partial B_o}{\partial p_b}-\dfrac{1}{\mu_o}\dfrac{\partial \mu_o}{\partial p_b}\right)_m (p_{of}-p_{om}), & 两相 \end{cases}, \quad u=m \quad (118)$$

自由气转递项的偏导数(只存在于三相情况,在两项情况下均为零):

$$\frac{\partial \tau_{gVsc}}{\partial p_f} = \frac{\partial}{\partial p_f}\left[\sigma K_m \left(\frac{K_{rg}}{B_g \mu_g}\right)_u (p_{of}+p_{cogf}-p_{om}-p_{cogm})\right]$$

$$= \begin{cases} -\sigma K_m \left(\dfrac{K_{rg}}{B_g \mu_g}\right)_f \left(\dfrac{1}{B_g}\dfrac{\partial B_g}{\partial p}+\dfrac{1}{\mu_g}\dfrac{\partial \mu_g}{\partial p}\right)_f (p_{of}+p_{cogf}-p_{om}-p_{cogm})+\sigma K_m \left(\dfrac{K_{rg}}{B_g \mu_g}\right)_f, & u=f \\ \sigma K_m \left(\dfrac{K_{rg}}{B_g \mu_g}\right)_m, & u=m \end{cases} \quad (119)$$

$$\frac{\partial \tau_{gVsc}}{\partial p_m} = \frac{\partial}{\partial p_m}\left[\sigma K_m \left(\frac{K_{rg}}{B_g \mu_g}\right)_u (p_{of}+p_{cogf}-p_{om}-p_{cogm})\right]$$

$$= \begin{cases} \sigma \dfrac{\partial K_m}{\partial p_m}\left(\dfrac{K_{rg}}{B_g \mu_g}\right)_f (p_{of}+p_{cogf}-p_{om}-p_{cogm})-\sigma K_m \left(\dfrac{K_{rg}}{B_g \mu_g}\right)_f, & u=f \\ \sigma \left(\dfrac{KK_{rg}}{B_g \mu_g}\right)_m \left(\dfrac{1}{K}\dfrac{\partial K}{\partial p}-\dfrac{1}{B_g}\dfrac{\partial B_g}{\partial p}-\dfrac{1}{\mu_g}\dfrac{\partial \mu_g}{\partial p}\right)_m (p_{of}+p_{cogf}-p_{om}-p_{cogm})-\sigma K_m \left(\dfrac{K_{rg}}{B_g \mu_g}\right)_f, & u=m \end{cases} \quad (120)$$

$$\frac{\partial \tau_{gVsc}}{\partial S_{gf}} = \frac{\partial}{\partial S_{gf}}\left[\sigma K_m \left(\frac{K_{rg}}{B_g \mu_g}\right)_u (p_{of}+p_{cogf}-p_{om}-p_{cogm})\right]$$

$$= \begin{cases} \sigma \dfrac{K_m}{B_{gf}\mu_{gf}} \dfrac{\partial K_{rgf}}{\partial S_{gf}}(p_{of}+p_{cogf}-p_{om}-p_{cogm})+\sigma K_m \left(\dfrac{K_{rg}}{B_g \mu_g}\right)_f \dfrac{\partial p_{cogf}}{\partial S_{gf}}, & u=f \\ \sigma K_m \left(\dfrac{K_{rg}}{B_g \mu_g}\right)_m \dfrac{\partial p_{cogf}}{\partial S_{gf}}, & u=m \end{cases} \quad (121)$$

$$\frac{\partial \tau_{gVsc}}{\partial S_{gm}} = \frac{\partial}{\partial S_{gm}} \left[\sigma K_m \left(\frac{K_{rg}}{B_g \mu_g} \right)_u (p_{of} + p_{cogf} - p_{om} - p_{cogm}) \right]$$

$$= \begin{cases} -\sigma K_m \left(\frac{K_{rg}}{B_g \mu_g} \right)_f \frac{\partial p_{cogm}}{\partial S_{gm}}, & u=f \\ \sigma \frac{K_m}{B_{gm} \mu_{gm}} \frac{\partial K_{rgm}}{\partial S_{gm}} (p_{of} + p_{cogf} - p_{om} - p_{cogm}) - \sigma K_m \left(\frac{K_{rg}}{B_g \mu_g} \right)_m \frac{\partial p_{cogm}}{\partial S_{gm}}, & u=m \end{cases} \quad (122)$$

水组分转递项的偏导数:

$$\frac{\partial \tau_{wVsc}}{\partial p_f} = \frac{\partial}{\partial p_f} \left[\sigma K_m \left(\frac{K_{rw}}{B_w \mu_w} \right)_u (p_{of} - p_{cowf} - p_{om} + p_{cowm}) \right]$$

$$= \begin{cases} -\sigma K_m \left(\frac{K_{rw}}{B_w \mu_w} \right)_f \left(\frac{1}{B_w} \frac{\partial B_w}{\partial p} + \frac{1}{\mu_w} \frac{\partial \mu_w}{\partial p} \right)_f (p_{of} - p_{cowf} - p_{om} + p_{cowm}) + \sigma K_m \left(\frac{K_{rw}}{B_w \mu_w} \right)_f, & u=f \\ \sigma K_m \left(\frac{K_{rw}}{B_w \mu_w} \right)_m, & u=m \end{cases} \quad (123)$$

$$\frac{\partial \tau_{wVsc}}{\partial p_m} = \frac{\partial}{\partial p_m} \left[\sigma K_m \left(\frac{K_{rw}}{B_w \mu_w} \right)_u (p_{of} - p_{cowf} - p_{om} + p_{cowm}) \right]$$

$$= \begin{cases} \sigma \frac{\partial K_m}{\partial p_m} \left(\frac{K_{rw}}{B_w \mu_w} \right)_f (p_{of} - p_{cowf} - p_{om} + p_{cowm}) - \sigma K_m \left(\frac{K_{rw}}{B_w \mu_w} \right)_f, & u=f \\ \sigma \left(\frac{KK_{rw}}{B_w \mu_w} \right)_m \left(\frac{1}{K} \frac{\partial K}{\partial p} - \frac{1}{B_w} \frac{\partial B_w}{\partial p} - \frac{1}{\mu_w} \frac{\partial \mu_w}{\partial p} \right)_m (p_{of} - p_{cowf} - p_{om} + p_{cowm}) - \sigma K_m \left(\frac{K_{rw}}{B_w \mu_w} \right)_m, & u=m \end{cases} \quad (124)$$

$$\frac{\partial \tau_{wVsc}}{\partial S_{wf}} = \frac{\partial}{\partial S_{wf}} \left[\sigma K_m \left(\frac{K_{rw}}{B_w \mu_w} \right)_u (p_{of} - p_{cowf} - p_{om} + p_{cowm}) \right]$$

$$= \begin{cases} \sigma \frac{K_m}{B_{wf} \mu_{wf}} \frac{\partial K_{rwf}}{\partial S_{wf}} (p_{of} - p_{cowf} - p_{om} + p_{cowm}) - \sigma K_m \left(\frac{K_{rw}}{B_w \mu_w} \right)_f \frac{\partial p_{cowf}}{\partial S_{wf}}, & u=f \\ -\sigma K_m \left(\frac{K_{rw}}{B_w \mu_w} \right)_m \frac{\partial p_{cowf}}{\partial S_{wf}}, & u=m \end{cases} \quad (125)$$

$$\frac{\partial \tau_{wVsc}}{\partial S_{wm}} = \frac{\partial}{\partial S_{wm}} \left[\sigma K_m \left(\frac{K_{rw}}{B_w \mu_w} \right)_u (p_{of} - p_{cowf} - p_{om} + p_{cowm}) \right]$$

$$= \begin{cases} \sigma K_m \left(\frac{K_{rw}}{B_w \mu_w} \right)_f \frac{\partial p_{cowm}}{\partial S_{wm}}, & u=f \\ \sigma \frac{K_m}{B_{wm} \mu_{wm}} \frac{\partial K_{rwm}}{\partial S_{wm}} (p_{of} - p_{cowf} - p_{om} + p_{cowm}) + \sigma K_m \left(\frac{K_{rw}}{B_w \mu_w} \right)_m \frac{\partial p_{cowm}}{\partial S_{wm}}, & u=m \end{cases} \quad (126)$$

11.4.4 注采项和右端项的处理

1. 注采项的计算

注采项的处理计算可以参考使用第 8 章黑油模型和第 9 章凝析气藏多组分模型注采项的处理方法，也可以采用第 12 章专门介绍的井的处理方法。虽然本章介绍的双孔双渗模型同时考虑了裂缝和基质的注采项，但其计算原理和处理方法与单重介质模型是一样的。

2. 右端项的处理

迭代方程式(97)至式(99)右端累积项可以处理成更利于计算的形式,其处理方式与第10章各向异性油藏模型相同,处理结果如下。

油方程式(97)右端项:

$$\frac{V_M}{\Delta t}\left[\left(\frac{\phi S_o}{B_o}\right)^l - \left(\frac{\phi S_o}{B_o}\right)^n + \left(\frac{\partial}{\partial p}\frac{\phi S_o}{B_o}\right)^l \overline{\delta p} + \left(\frac{\partial}{\partial S_w}\frac{\phi S_o}{B_o}\right)^l \overline{\delta S_w} + \left(\frac{\partial}{\partial X_g}\frac{\phi S_o}{B_o}\right)^l \overline{\delta X_g}\right]_{M\alpha}$$

$$= \frac{V_M}{\Delta t}\left[\left(\frac{\phi S_o}{B_o}\right)^l - \left(\frac{\phi S_o}{B_o}\right)^n\right]_{M\alpha} + \frac{V_M}{\Delta t}\left(\frac{S_o\phi C_R}{B_o} - \frac{\phi S_o}{B_o^2}\frac{\partial B_o}{\partial p}\right)^l_{M\alpha}\overline{\delta p} - \frac{V_M}{\Delta t}\left(\frac{\phi}{B_o}\right)^l_{M\alpha}\overline{\delta S_w} - \begin{cases}\frac{V_M}{\Delta t}\left(\frac{\phi}{B_o}\right)^l_{M\alpha}\overline{\delta S_g} \\ \frac{V_M}{\Delta t}\left(\frac{\phi S_o}{B_o^2}\frac{\partial B_o}{\partial p_b}\right)^l_{M\alpha}\overline{\delta p_b}\end{cases}$$

(127)

气方程式(98)右端项:

$$\frac{V_M}{\Delta t}\left[\left(\frac{\phi S_o R_{so}}{B_o}\right)^l - \left(\frac{\phi S_o R_{so}}{B_o}\right)^n + \left(\frac{\partial}{\partial p}\frac{\phi S_o R_{so}}{B_o}\right)^l \overline{\delta p} + \left(\frac{\partial}{\partial S_w}\frac{\phi S_o R_{so}}{B_o}\right)^l \overline{\delta S_w} + \left(\frac{\partial}{\partial X_g}\frac{\phi S_o R_{so}}{B_o}\right)^l \overline{\delta X_g}\right]_{M\alpha} +$$

$$\frac{V_M}{\Delta t}\left[\left(\frac{\phi S_g}{B_g}\right)^l - \left(\frac{\phi S_g}{B_g}\right)^n + \left(\frac{\partial}{\partial p}\frac{\phi S_g}{B_g}\right)^l \overline{\delta p} + \left(\frac{\partial}{\partial S_w}\frac{\phi S_g}{B_g}\right)^l \overline{\delta S_g}\right]_{M\alpha}$$

$$= \begin{cases}\frac{V_M}{\Delta t}\left[\left(\frac{\phi R_{so} S_o}{B_o}\right)^l - \left(\frac{\phi R_{so} S_o}{B_o}\right)^n + \left(\frac{\phi S_g}{B_g}\right)^l - \left(\frac{\phi S_g}{B_g}\right)^n\right]_{M\alpha} + \frac{V_M}{\Delta t}\left(\frac{\phi}{B_g} - \frac{\phi R_{so}}{B_o}\right)^l_{M\alpha}\overline{\delta S_g} \\ \frac{V_M}{\Delta t}\left[\left(\frac{\phi R_{so} S_o}{B_o}\right)^l - \left(\frac{\phi R_{so} S_o}{B_o}\right)^n\right]_{M\alpha} + \frac{V_M}{\Delta t}\left(\frac{\phi S_o}{B_o}\frac{\partial R_{so}}{\partial p_b} - \frac{\phi S_o R_{so}}{B_o^2}\frac{\partial B_o}{\partial p_b}\right)^l_{M\alpha}\overline{\delta p_b}\end{cases} +$$

$$\begin{cases}\frac{V_M}{\Delta t}\left(\frac{R_{so} S_o}{B_o}\phi C_R - \frac{\phi R_{so} S_o}{B_o^2}\frac{\partial B_o}{\partial p} + \frac{\phi S_o}{B_o}\frac{\partial R_{so}}{\partial p} + \frac{S_g}{B_g}\phi C_R - \frac{\phi S_g}{B_g^2}\frac{\partial B_g}{\partial p}\right)^l_{M\alpha}\overline{\delta p} \\ \frac{V_M}{\Delta t}\left(\frac{R_{so} S_o}{B_o}\phi C_R - \frac{\phi R_{so} S_o}{B_o^2}\frac{\partial B_o}{\partial p} + \frac{\phi S_o}{B_o}\frac{\partial R_{so}}{\partial p}\right)^l_{M\alpha}\overline{\delta p}\end{cases} - \frac{V_M}{\Delta t}\left(\frac{\phi R_{so}}{B_o}\right)^l_{M\alpha}\overline{\delta S_w}$$

(128)

水方程式(99)右端项:

$$\frac{V_M}{\Delta t}\left[\left(\frac{\phi S_w}{B_w}\right)^l - \left(\frac{\phi S_w}{B_w}\right)^n + \left(\frac{\partial}{\partial p}\frac{\phi S_w}{B_w}\right)^l \overline{\delta p} + \left(\frac{\partial}{\partial S_w}\frac{\phi S_w}{B_w}\right)^l \overline{\delta S_w}\right]_{M\alpha}$$

$$= \frac{V_M}{\Delta t}\left[\left(\frac{\phi S_w}{B_w}\right)^l - \left(\frac{\phi S_w}{B_w}\right)^n\right]_{M\alpha} + \frac{V_M}{\Delta t}\left(\frac{S_w\phi C_R}{B_w} - \frac{\phi S_w}{B_w^2}\frac{\partial B_w}{\partial p}\right)^l_{M\alpha}\overline{\delta p} - \frac{V_M}{\Delta t}\left(\frac{\phi}{B_w}\right)^l_{M\alpha}\overline{\delta S_w}$$

(129)

11.4.5 线性方程组的形成

利用11.4.2小节~11.4.4小节各项计算公式,就可以求得迭代方程式(97)至式(99)中除去未知量以外的所有参数。需要注意的是,式(97)至式(99)中大量的系数和未知量是在辅助点取值的,需要将其用相邻的网格点值表示,方法是:辅助点未知量值用相邻网格点未知量的算术平均值代替,辅助点渗透率值用相邻网格点渗透率的调和平均值代替,流度系数按迎风格式(上游权)方法取相邻网格点值。

经过以上处理后,再对方程中所有的未知量合并同类项,可得任意网格点 $M(i,j,k)$ 上标准形式的线性代数方程:

油组分方程：

$C_{\text{op}01,ijk\alpha}\bar{\delta}p_{i,j-1,k-1}+C_{\text{op}02,ijk\alpha}\bar{\delta}p_{i-1,j,k-1}+C_{\text{op}03,ijk\alpha}\bar{\delta}p_{i,j,k-1}+C_{\text{op}04,ijk\alpha}\bar{\delta}p_{i+1,j,k-1}+C_{\text{op}05,ijk\alpha}\bar{\delta}p_{i,j+1,k-1}+$
$C_{\text{op}06,ijk\alpha}\bar{\delta}p_{i-1,j-1,k}+C_{\text{op}07,ijk\alpha}\bar{\delta}p_{i,j-1,k}+C_{\text{op}08,ijk\alpha}\bar{\delta}p_{i+1,j-1,k}+C_{\text{op}09,ijk\alpha}\bar{\delta}p_{i-1,j,k}+C_{\text{op}10,ijk\alpha}\bar{\delta}p_{i,j,k}+$
$C_{\text{op}11,ijk\alpha}\bar{\delta}p_{i+1,j,k}+C_{\text{op}12,ijk\alpha}\bar{\delta}p_{i-1,j+1,k}+C_{\text{op}13,ijk\alpha}\bar{\delta}p_{i,j+1,k}+C_{\text{op}14,ijk\alpha}\bar{\delta}p_{i+1,j+1,k}+$
$C_{\text{op}15,ijk\alpha}\bar{\delta}p_{i,j-1,k+1}+C_{\text{op}16,ijk\alpha}\bar{\delta}p_{i-1,j,k+1}+C_{\text{op}17,ijk\alpha}\bar{\delta}p_{i,j,k+1}+C_{\text{op}18,ijk\alpha}\bar{\delta}p_{i+1,j,k+1}+C_{\text{op}19,ijk\alpha}\bar{\delta}p_{i,j+1,k+1}+$
$C_{\text{os}01,ijk\alpha}\bar{\delta}S_{\text{w}i,j-1,k-1}+C_{\text{os}02,ijk\alpha}\bar{\delta}S_{\text{w}i-1,j,k-1}+C_{\text{os}03,ijk\alpha}\bar{\delta}S_{\text{w}i,j,k-1}+C_{\text{os}04,ijk\alpha}\bar{\delta}S_{\text{w}i+1,j,k-1}+C_{\text{os}05,ijk\alpha}\bar{\delta}S_{\text{w}i,j+1,k-1}+$
$C_{\text{os}06,ijk\alpha}\bar{\delta}S_{\text{w}i-1,j-1,k}+C_{\text{os}07,ijk\alpha}\bar{\delta}S_{\text{w}i,j-1,k}+C_{\text{os}08,ijk\alpha}\bar{\delta}S_{\text{w}i+1,j-1,k}+C_{\text{os}09,ijk\alpha}\bar{\delta}S_{\text{w}i-1,j,k}+C_{\text{os}10,ijk\alpha}\bar{\delta}S_{\text{w}i,j,k}+$
$C_{\text{os}11,ijk\alpha}\bar{\delta}S_{\text{w}i+1,j,k}+C_{\text{os}12,ijk\alpha}\bar{\delta}S_{\text{w}i-1,j+1,k}+C_{\text{os}13,ijk\alpha}\bar{\delta}S_{\text{w}i,j+1,k}+C_{\text{os}14,ijk\alpha}\bar{\delta}S_{\text{w}i+1,j+1,k}+$
$C_{\text{os}15,ijk\alpha}\bar{\delta}S_{\text{w}i,j-1,k+1}+C_{\text{os}16,ijk\alpha}\bar{\delta}S_{\text{w}i-1,j,k+1}+C_{\text{os}17,ijk\alpha}\bar{\delta}S_{\text{w}i,j,k+1}+C_{\text{os}18,ijk\alpha}\bar{\delta}S_{\text{w}i+1,j,k+1}+C_{\text{os}19,ijk\alpha}\bar{\delta}S_{\text{w}i,j+1,k+1}+$
$C_{\text{ox}01,ijk\alpha}\bar{\delta}X_{\text{g}i,j-1,k-1}+C_{\text{ox}02,ijk\alpha}\bar{\delta}X_{\text{g}i-1,j,k-1}+C_{\text{ox}03,ijk\alpha}\bar{\delta}X_{\text{g}i,j,k-1}+C_{\text{ox}04,ijk\alpha}\bar{\delta}X_{\text{g}i+1,j,k-1}+C_{\text{ox}05,ijk\alpha}\bar{\delta}X_{\text{g}i,j+1,k-1}+$
$C_{\text{ox}06,ijk\alpha}\bar{\delta}X_{\text{g}i-1,j-1,k}+C_{\text{ox}07,ijk\alpha}\bar{\delta}X_{\text{g}i,j-1,k}+C_{\text{ox}08,ijk\alpha}\bar{\delta}X_{\text{g}i+1,j-1,k}+C_{\text{ox}09,ijk\alpha}\bar{\delta}X_{\text{g}i-1,j,k}+C_{\text{ox}10,ijk\alpha}\bar{\delta}X_{\text{g}i,j,k}+$
$C_{\text{ox}11,ijk\alpha}\bar{\delta}X_{\text{g}i+1,j,k}+C_{\text{ox}12,ijk\alpha}\bar{\delta}X_{\text{g}i-1,j+1,k}+C_{\text{ox}13,ijk\alpha}\bar{\delta}X_{\text{g}i,j+1,k}+C_{\text{ox}14,ijk\alpha}\bar{\delta}X_{\text{g}i+1,j+1,k}+$
$C_{\text{ox}15,ijk\alpha}\bar{\delta}X_{\text{g}i,j-1,k+1}+C_{\text{ox}16,ijk\alpha}\bar{\delta}X_{\text{g}i-1,j,k+1}+C_{\text{ox}17,ijk\alpha}\bar{\delta}X_{\text{g}i,j,k+1}+C_{\text{ox}18,ijk\alpha}\bar{\delta}X_{\text{g}i+1,j,k+1}+C_{\text{ox}19,ijk\alpha}\bar{\delta}X_{\text{g}i,j+1,k+1}$
$=R_{\text{o}}$ (130)

气组分方程：

$C_{\text{gp}01,ijk\alpha}\bar{\delta}p_{i,j-1,k-1}+C_{\text{gp}02,ijk\alpha}\bar{\delta}p_{i-1,j,k-1}+C_{\text{gp}03,ijk\alpha}\bar{\delta}p_{i,j,k-1}+C_{\text{gp}04,ijk\alpha}\bar{\delta}p_{i+1,j,k-1}+C_{\text{gp}05,ijk\alpha}\bar{\delta}p_{i,j+1,k-1}+$
$C_{\text{gp}06,ijk\alpha}\bar{\delta}p_{i-1,j-1,k}+C_{\text{gp}07,ijk\alpha}\bar{\delta}p_{i,j-1,k}+C_{\text{gp}08,ijk\alpha}\bar{\delta}p_{i+1,j-1,k}+C_{\text{gp}09,ijk\alpha}\bar{\delta}p_{i-1,j,k}+C_{\text{gp}10,ijk\alpha}\bar{\delta}p_{i,j,k}+$
$C_{\text{gp}11,ijk\alpha}\bar{\delta}p_{i+1,j,k}+C_{\text{gp}12,ijk\alpha}\bar{\delta}p_{i-1,j+1,k}+C_{\text{gp}13,ijk\alpha}\bar{\delta}p_{i,j+1,k}+C_{\text{gp}14,ijk\alpha}\bar{\delta}p_{i+1,j+1,k}+$
$C_{\text{gp}15,ijk\alpha}\bar{\delta}p_{i,j-1,k+1}+C_{\text{gp}16,ijk\alpha}\bar{\delta}p_{i-1,j,k+1}+C_{\text{gp}17,ijk\alpha}\bar{\delta}p_{i,j,k+1}+C_{\text{gp}18,ijk\alpha}\bar{\delta}p_{i+1,j,k+1}+C_{\text{gp}19,ijk\alpha}\bar{\delta}p_{i,j+1,k+1}+$
$C_{\text{gs}01,ijk\alpha}\bar{\delta}S_{\text{w}i,j-1,k-1}+C_{\text{gs}02,ijk\alpha}\bar{\delta}S_{\text{w}i-1,j,k-1}+C_{\text{gs}03,ijk\alpha}\bar{\delta}S_{\text{w}i,j,k-1}+C_{\text{gs}04,ijk\alpha}\bar{\delta}S_{\text{w}i+1,j,k-1}+C_{\text{gs}05,ijk\alpha}\bar{\delta}S_{\text{w}i,j+1,k-1}+$
$C_{\text{gs}06,ijk\alpha}\bar{\delta}S_{\text{w}i-1,j-1,k}+C_{\text{gs}07,ijk\alpha}\bar{\delta}S_{\text{w}i,j-1,k}+C_{\text{gs}08,ijk\alpha}\bar{\delta}S_{\text{w}i+1,j-1,k}+C_{\text{gs}09,ijk\alpha}\bar{\delta}S_{\text{w}i-1,j,k}+C_{\text{gs}10,ijk\alpha}\bar{\delta}S_{\text{w}i,j,k}+$
$C_{\text{gs}11,ijk\alpha}\bar{\delta}S_{\text{w}i+1,j,k}+C_{\text{gs}12,ijk\alpha}\bar{\delta}S_{\text{w}i-1,j+1,k}+C_{\text{gs}13,ijk\alpha}\bar{\delta}S_{\text{w}i,j+1,k}+C_{\text{gs}14,ijk\alpha}\bar{\delta}S_{\text{w}i+1,j+1,k}+$
$C_{\text{gs}15,ijk\alpha}\bar{\delta}S_{\text{w}i,j-1,k+1}+C_{\text{gs}16,ijk\alpha}\bar{\delta}S_{\text{w}i-1,j,k+1}+C_{\text{gs}17,ijk\alpha}\bar{\delta}S_{\text{w}i,j,k+1}+C_{\text{gs}18,ijk\alpha}\bar{\delta}S_{\text{w}i+1,j,k+1}+C_{\text{gs}19,ijk\alpha}\bar{\delta}S_{\text{w}i,j+1,k+1}+$
$C_{\text{gx}01,ijk\alpha}\bar{\delta}X_{\text{g}i,j-1,k-1}+C_{\text{gx}02,ijk\alpha}\bar{\delta}X_{\text{g}i-1,j,k-1}+C_{\text{gx}03,ijk\alpha}\bar{\delta}X_{\text{g}i,j,k-1}+C_{\text{gx}04,ijk\alpha}\bar{\delta}X_{\text{g}i+1,j,k-1}+C_{\text{gx}05,ijk\alpha}\bar{\delta}X_{\text{g}i,j+1,k-1}+$
$C_{\text{gx}06,ijk\alpha}\bar{\delta}X_{\text{g}i-1,j-1,k}+C_{\text{gx}07,ijk\alpha}\bar{\delta}X_{\text{g}i,j-1,k}+C_{\text{gx}08,ijk\alpha}\bar{\delta}X_{\text{g}i+1,j-1,k}+C_{\text{gx}09,ijk\alpha}\bar{\delta}X_{\text{g}i-1,j,k}+C_{\text{gx}10,ijk\alpha}\bar{\delta}X_{\text{g}i,j,k}+$
$C_{\text{gx}11,ijk\alpha}\bar{\delta}X_{\text{g}i+1,j,k}+C_{\text{gx}12,ijk\alpha}\bar{\delta}X_{\text{g}i-1,j+1,k}+C_{\text{gx}13,ijk\alpha}\bar{\delta}X_{\text{g}i,j+1,k}+C_{\text{gx}14,ijk\alpha}\bar{\delta}X_{\text{g}i+1,j+1,k}+$
$C_{\text{gx}15,ijk\alpha}\bar{\delta}X_{\text{g}i,j-1,k+1}+C_{\text{gx}16,ijk\alpha}\bar{\delta}X_{\text{g}i-1,j,k+1}+C_{\text{gx}17,ijk\alpha}\bar{\delta}X_{\text{g}i,j,k+1}+C_{\text{gx}18,ijk\alpha}\bar{\delta}X_{\text{g}i+1,j,k+1}+C_{\text{gx}19,ijk\alpha}\bar{\delta}X_{\text{g}i,j+1,k+1}$
$=R_{\text{g}}$ (131)

水组分方程：

$C_{\text{wp}01,ijk\alpha}\bar{\delta}p_{i,j-1,k-1}+C_{\text{wp}02,ijk\alpha}\bar{\delta}p_{i-1,j,k-1}+C_{\text{wp}03,ijk\alpha}\bar{\delta}p_{i,j,k-1}+C_{\text{wp}04,ijk\alpha}\bar{\delta}p_{i+1,j,k-1}+C_{\text{wp}05,ijk\alpha}\bar{\delta}p_{i,j+1,k-1}+$
$C_{\text{wp}06,ijk\alpha}\bar{\delta}p_{i-1,j-1,k}+C_{\text{wp}07,ijk\alpha}\bar{\delta}p_{i,j-1,k}+C_{\text{wp}08,ijk\alpha}\bar{\delta}p_{i+1,j-1,k}+C_{\text{wp}09,ijk\alpha}\bar{\delta}p_{i-1,j,k}+C_{\text{wp}10,ijk\alpha}\bar{\delta}p_{i,j,k}+$
$C_{\text{wp}11,ijk\alpha}\bar{\delta}p_{i+1,j,k}+C_{\text{wp}12,ijk\alpha}\bar{\delta}p_{i-1,j+1,k}+C_{\text{wp}13,ijk\alpha}\bar{\delta}p_{i,j+1,k}+C_{\text{wp}14,ijk\alpha}\bar{\delta}p_{i+1,j+1,k}+$
$C_{\text{wp}15,ijk\alpha}\bar{\delta}p_{i,j-1,k+1}+C_{\text{wp}16,ijk\alpha}\bar{\delta}p_{i-1,j,k+1}+C_{\text{wp}17,ijk\alpha}\bar{\delta}p_{i,j,k+1}+C_{\text{wp}18,ijk\alpha}\bar{\delta}p_{i+1,j,k+1}+C_{\text{wp}19,ijk\alpha}\bar{\delta}p_{i,j+1,k+1}+$
$C_{\text{ws}01,ijk\alpha}\bar{\delta}S_{\text{w}i,j-1,k-1}+C_{\text{ws}02,ijk\alpha}\bar{\delta}S_{\text{w}i-1,j,k-1}+C_{\text{ws}03,ijk\alpha}\bar{\delta}S_{\text{w}i,j,k-1}+C_{\text{ws}04,ijk\alpha}\bar{\delta}S_{\text{w}i+1,j,k-1}+C_{\text{ws}05,ijk\alpha}\bar{\delta}S_{\text{w}i,j+1,k-1}+$

$$C_{ws06,ijk\alpha}\bar{\delta}S_{wi-1,j-1,k} + C_{ws07,ijk\alpha}\bar{\delta}S_{wi,j-1,k} + C_{ws08,ijk\alpha}\bar{\delta}S_{wi+1,j-1,k} + C_{ws09,ijk\alpha}\bar{\delta}S_{wi-1,j,k} + C_{ws10,ijk\alpha}\bar{\delta}S_{wi,j,k} +$$
$$C_{ws11,ijk\alpha}\bar{\delta}S_{wi+1,j,k} + C_{ws12,ijk\alpha}\bar{\delta}S_{wi-1,j+1,k} + C_{ws13,ijk\alpha}\bar{\delta}S_{wi,j+1,k} + C_{ws14,ijk\alpha}\bar{\delta}S_{wi+1,j+1,k} +$$
$$C_{ws15,ijk\alpha}\bar{\delta}S_{wi,j-1,k+1} + C_{ws16,ijk\alpha}\bar{\delta}S_{wi-1,j,k+1} + C_{ws17,ijk\alpha}\bar{\delta}S_{wi,j,k+1} + C_{ws18,ijk\alpha}\bar{\delta}S_{wi+1,j,k+1} + C_{ws19,ijk\alpha}\bar{\delta}S_{wi,j+1,k+1}$$
$$= R_w \tag{132}$$

式（130）至式（132）包括在同一个网格上建立的六个方程，分别是裂缝系统的油、气、水组分方程和基质系统的油、气、水组分方程，每一个油组分方程和气组分方程包含 19 个网格上的 114 个未知量，每一个水组分方程包含 19 个网格上的 76 个未知量。

假设差分网格系统中待求网格总数为 N，各网格按行、列、层自然排序，未知量的排列顺序为：

$$\{\bar{\delta}p_{f1},\bar{\delta}S_{wf1},\bar{\delta}X_{gf1},\bar{\delta}p_{m1},\bar{\delta}S_{wm1},\bar{\delta}X_{gm1},\bar{\delta}p_{f2},\bar{\delta}S_{wf2},\bar{\delta}X_{gf2},\bar{\delta}p_{m2},\bar{\delta}S_{wm2},\bar{\delta}X_{gm2},\cdots\cdots$$
$$\bar{\delta}p_{fN},\bar{\delta}S_{wfN},\bar{\delta}X_{gfN},\bar{\delta}p_{mN},\bar{\delta}S_{wmN},\bar{\delta}X_{gmN}\}$$

则所有待求网格上的方程式（130）至式（132）组成一个 $6N$ 阶的线性代数方程组。方程组系数矩阵为块状对角条带型矩阵。每个块是一个 6×6 的小矩阵，整个系数矩阵共有 19 条块对角线，包含 114 条非零元素对角线。

双孔双渗裂缝性油藏模型全隐式求解的线性方程组比第十章的各向异性油藏黑油模型更加复杂，一般可采用预处理共轭梯度方法求解。

11.4.6　双孔双渗模型全隐式方法求解步骤

（1）建立全隐式迭代计算的 $6N$ 阶线性化差分方程组式（130）至式（132），N 为待求网格数。

（2）对于任一个待求解时间步（$n+1$），给定未知量的迭代初值，一般取第 n 时间步的值。

（3）对方程组式（130）至式（132）进行求解，得到新迭代步的未知量值：
$$p_\alpha^{l+1} = p_\alpha^l + \bar{\delta}p_\alpha, S_{w\alpha}^{l+1} = S_{w\alpha}^l + \bar{\delta}S_{w\alpha}, X_{g\alpha}^{l+1} = X_{g\alpha}^l + \bar{\delta}X_{g\alpha}, \alpha = f, m$$

（4）由 p_α^{l+1}、$S_{w\alpha}^{l+1}$、$X_{g\alpha}^{l+1}$ 求取第（$l+1$）迭代步的所有参数值，以及各井的注采指标。

（5）将所有第（$l+1$）迭代步的参数值代入差分方程组式（130）至式（132），得新迭代步计算方程；

（6）重复步骤（3）至步骤（5），直至迭代收敛，得到第（$n+1$）时间步的主要未知量值：
$$p_\alpha^{n+1} = p_\alpha^{l+1}, S_{w\alpha}^{n+1} = S_{w\alpha}^{l+1}, X_{g\alpha}^{n+1} = X_{g\alpha}^{l+1}, \alpha = f, m$$

（7）利用 p_α^{n+1}、$S_{w\alpha}^{n+1}$、$X_{g\alpha}^{n+1}$ 求取第（$n+1$）时间步的所有参数值。

（8）用第（$n+1$）时间步的参数值代替第 n 时间步的参数值，代入线性方程组式（130）至式（132），得到求解第（$n+2$）时间步的差分方程组。

（9）重复步骤（2）至步骤（8），直至模拟时间结束。

11.5　双孔双渗裂缝性油藏模型及解法分析

本章所介绍的双孔双渗模型比较完善地考虑并包容了裂缝性油藏渗流与开发的规律和特点，裂缝和基质系统都具有流体存储和导流能力，并且都具有各向异性和应力敏感特性，井的注采同时在裂缝和基质系统进行。

（1）相较于单孔单渗和双孔单渗模型，双孔双渗模型更加切合裂缝性油藏的实际情况，对裂缝性油藏渗流与开发过程的模拟更加可靠，结果更加准确。

（2）裂缝和基质两个系统间的流体转递是裂缝性双重介质油藏区别于单重介质油藏的主要特征，是裂缝油藏研究的关键内容；渗流方程中的转递项也是双孔双渗模型区别于单重介质模型的基本属性。

（3）裂缝性油藏一般都具有较明显的各向异性和应力敏感特征，所以本章将各向异性和应力敏感属性加入了双孔双渗模型，用辅助方程进行描述，并在求解过程中给出了具体的处理计算方法。目前，文献中的很多模型并未考虑裂缝油藏的各向异性和应力敏感特征。

（4）裂缝油藏生产显示，基质系统对产量的贡献一般远小于裂缝系统，因此许多研究者为了简单起见，忽略掉模型中基质系统的注采项。本章介绍的双孔双渗模型保留了基质系统的注采项，可以最大程度地符合实际情况。

（5）双孔双渗裂缝性油藏模型跟各向异性油藏模型相比：一方面，求解的主要未知量相同，解法原理和总体步骤也相同；另一方面，因为同时模拟裂缝和基质两个系统，并增加了两个系统间的转递项，因此双孔双渗模型的复杂程度明显高于各向异性模型，方程中所含未知量个数、求解计算量和难度均大于各向异性油藏模型。

习题

1. 简述双孔双渗裂缝性油藏模型及其求解过程与各向异性油藏模型的主要异同点。
2. 简述双孔双渗裂缝性油藏模型及其求解过程与双孔单渗模型的主要异同点。
3. 简述双孔双渗裂缝性油藏模型全隐式解法的求解步骤。

第12章 几个典型问题的数值算法

12.1 多网格注采井的处理方法

前面的章节在处理方程中注采项时隐含着一个条件,即假设每口井只在一个网格生产(采出或注入流体)。实际油藏生产中一口井往往要同时在多个网格中射孔生产,并且生产条件一般都是针对整口井的,即给定单井在所有网格的注采量之和,而方程组中的注采项都是对单一网格而言,这种情况下的注采项(井)的处理不仅要考虑各相间产量的平衡,还要考虑注采量在各个射孔网格间的分配。所以必须进行特别处理。

下面以第8章黑油模型为例,介绍多网格注采井的处理方法。

根据8.2节的推导,黑油模型离散后得到的差分方程组为:

$$\Delta T_o^{n+1} \Delta p^{n+1} - \Delta T_o^{n+1} \rho_o^{n+1} g \Delta D - Q_{Oijk}^{n+1} = \frac{V_{ijk}}{\Delta t}[(\phi \rho_o S_o)^{n+1} - (\phi \rho_o S_o)^n] \tag{1}$$

$$\Delta T_{Gd}^{n+1} \Delta p^{n+1} + \Delta T_g^{n+1} \Delta p^{n+1} + \Delta T_g^{n+1} \Delta p_{cog}^{n+1} - \Delta T_{Gd}^{n+1} \rho_o^{n+1} g \Delta D - \Delta T_g^{n+1} \rho_g^{n+1} g \Delta D - Q_{Gijk}^{n+1}$$

$$= \frac{V_{ijk}}{\Delta t} \{[(\phi \rho_{Gd} S_o)^{n+1} - (\phi \rho_{Gd} S_o)^n] + [(\phi \rho_g S_g)^{n+1} - (\phi \rho_g S_g)^n]\} \tag{2}$$

$$\Delta T_w^{n+1} \Delta p^{n+1} - \Delta T_w^{n+1} \Delta p_{cow}^{n+1} - \Delta T_w^{n+1} \rho_w^{n+1} g \Delta D - Q_{Wijk}^{n+1} = \frac{V_{ijk}}{\Delta t}[(\phi \rho_W S_w)^{n+1} - (\phi \rho_W S_w)^n] \tag{3}$$

式中 Q_{Oijk}、Q_{Gijk} 和 Q_{Wijk} 分别表示单井在任一网格 $M(i,j,k)$ 内油、气、水组分的产量,即单井在单位时间从该网格内产出的油、气、水组分的质量,单位为 kg/s。

假设某单井同时在 N_s 个网格内生产,上述任意网格 (i,j,k) 为其中第 s 个网格(自井口较近端向远端排序),则该井在该网格内的油气水产量可表示为:

$$Q_{Oijk}^{n+1} = Q_{Os}^{n+1} = \Psi_s \lambda_{Os}^{n+1}(p_o^{n+1} - p_{wf}^{n+1})_s \tag{4}$$

$$Q_{Gijk}^{n+1} = Q_{Gs}^{n+1} = \Psi_s \lambda_{Gds}^{n+1}(p_o^{n+1} - p_{wf}^{n+1})_s + \Psi_s \lambda_{gs}^{n+1}(p_o^{n+1} + p_{cgo}^{n+1} - p_{wf}^{n+1})_s \tag{5}$$

$$Q_{Wijk}^{n+1} = Q_{Ws}^{n+1} = \Psi_s \lambda_{ws}^{n+1}(p_o^{n+1} - p_{cwo}^{n+1} - p_{wf}^{n+1}) \tag{6}$$

其中
$$p_{wfs} = p_{wf} + \bar{\rho} g(D_s - D_1) = p_{wf} + \bar{\rho} g \Delta D_s \quad s = 1, 2, \cdots, N_s \tag{7}$$

$$\Delta D_s = D_s - D_1$$

$$\Psi = 2\pi h K / \ln \frac{r_e}{r_w} \tag{8}$$

$$\lambda_O = \frac{\rho_O K_{ro}}{\mu_o}, \lambda_{Gd} = \frac{\rho_{Gd} K_{ro}}{\mu_o}, \lambda_g = \frac{\rho_g K_{rg}}{\mu_g}, \lambda_w = \frac{\rho_w K_{rw}}{\mu_w} \tag{9}$$

式中 p_{wfs}——第 s 个生产网格内的井筒压力,可由第1个网格的井底流压 p_{wf} 折算;

$\bar{\rho}$——井筒流体平均密度;

D_1——第1层网格的中部深度，m；

D_s——第s层网格的中部深度，m；

ΔD_s——第1层和第s层网格的深度差，m。

12.1.1 多网格注采井的显式处理方法

1. 定压井的处理

将式(4)至式(6)的系数和毛管力做显式处理，即均取为第 n 时间步的值，可得：

$$Q_{Oijk}^{n+1} = Q_{Os}^{n+1} = \Psi_s \lambda_{Os}^n (p_o^{n+1} - p_{wf}^{n+1})_s \tag{10}$$

$$Q_{Gijk}^{n+1} = Q_{Gs}^{n+1} = \Psi_s \lambda_{Gds}^n (p_o^{n+1} - p_{wf}^{n+1})_s + \Psi_s \lambda_{gs}^n (p_o^{n+1} + p_{cgo}^n - p_{wf}^{n+1})_s \tag{11}$$

$$Q_{Wijk}^{n+1} = Q_{Ws}^{n+1} = \Psi_s \lambda_{ws}^n (p_o^{n+1} - p_{cwo}^n - p_{wf}^{n+1})_s \tag{12}$$

把式(10)至式(12)分别代入油、气、水差分方程式(1)至式(3)中，则可完成注采项的线性化。

待求解差分方程组得到第(n+1)时间步的网格压力、饱和度等各变量值后，单井第(n+1)时间步的油、气、水产量可分别从以下公式求出：

$$Q_O^{n+1} = \sum_{s=1}^{N_s} Q_{Os}^{n+1} = \sum_{s=1}^{N_s} \Psi_s \lambda_{Os}^{n+1} (p_o^{n+1} - p_{wf}^{n+1})_s \tag{13}$$

$$Q_G^{n+1} = \sum_{s=1}^{N_s} Q_{Gs}^{n+1} = \sum_{s=1}^{N_s} [\Psi_s \lambda_{Gds}^{n+1} (p_o^{n+1} - p_{wf}^{n+1})_s + \Psi_s \lambda_{gs}^{n+1} (p_o^{n+1} + p_{cgo}^{n+1} - p_{wf}^{n+1})_s] \tag{14}$$

$$Q_W^{n+1} = \sum_{s=1}^{N_s} Q_{Ws}^{n+1} = \sum_{s=1}^{N_s} \Psi_s \lambda_{ws}^{n+1} (p_o^{n+1} - p_{cwo}^{n+1} - p_{wf}^{n+1})_s \tag{15}$$

如果是定压注水井，则利用式(15)处理，同时取 $Q_{Oijk}^{n+1} = Q_{Gijk}^{n+1} = 0$，$Q_O^{n+1} = Q_G^{n+1} = 0$。

如果是定压注气井，则利用式(14)处理，同时取 $Q_{Oijk}^{n+1} = Q_{Wijk}^{n+1} = 0$，$Q_O^{n+1} = Q_W^{n+1} = 0$。

2. 定产井的处理

若是生产井，一般是给定地面标况下井的体积产液量 $Q_{LVsc}(x,y,z,t)$ 或体积产油量 $Q_{OVsc}(x,y,z,t)$；若是注入井，一般是给定地面标况下井的体积注水量 $Q_{WVsc}(x,y,z,t)$ 或体积注气量 $Q_{GVsc}(x,y,z,t)$。

假设地面标况下油、气、水的密度分别是 ρ_{Osc}、ρ_{Gsc} 和 ρ_{Wsc}，则有：

$$Q_{Oijk}^{n+1} = Q_{OVscM}^{n+1} \cdot \rho_{Osc}, \quad Q_{Gijk}^{n+1} = Q_{GVscM}^{n+1} \cdot \rho_{Gsc}, \quad Q_{Wijk}^{n+1} = Q_{WVscM}^{n+1} \cdot \rho_{Wsc} \tag{16}$$

1) 定产液量井的处理

由式(4)和式(6)相加并对 s 求和，得到单井的体积产液量：

$$Q_{LVsc}^{n+1} = \sum_{s=1}^{N_s} (Q_{Os}^{n+1}/\rho_{Osc} + Q_{Ws}^{n+1}/\rho_{Wsc})$$

$$= \sum_{s=1}^{N_s} \Psi_s [\lambda_{Os}^{n+1}(p_o^{n+1} - p_{wf}^{n+1})_s/\rho_{Osc} + \lambda_{ws}^{n+1}(p_w^{n+1} - p_{wf}^{n+1})_s/\rho_{Wsc}] \tag{17}$$

由式(4)和式(17)可得第 s 个生产网格体积产油量与单井体积产液量之比：

$$\frac{Q_{OVscM}^{n+1}}{Q_{LVsc}^{n+1}} = \frac{\lambda_{Os}^{n+1}(p_o^{n+1} - p_{wf}^{n+1})_s/\rho_{Osc}}{\sum_{s=1}^{N_s} [\lambda_{Os}^{n+1}(p_o^{n+1} - p_{wf}^{n+1})_s/\rho_{Osc} + \lambda_{ws}^{n+1}(p_w^{n+1} - p_{wf}^{n+1})_s/\rho_{Wsc}]} \tag{18}$$

式(18)和式(16)联立，可得第 s 个生产网格的体积产油量：

$$Q_{Oijk}^{n+1} = \frac{\lambda_{Os}^{n+1}(p_o^{n+1} - p_{wf}^{n+1})_s}{\sum_{s=1}^{N_s} [\lambda_{Os}^{n+1}(p_o^{n+1} - p_{wf}^{n+1})_s/\rho_{Osc} + \lambda_{ws}^{n+1}(p_w^{n+1} - p_{wf}^{n+1})_s/\rho_{Wsc}]} Q_{LVsc}^{n+1} \tag{19}$$

同理，可得第 s 个生产网格的体积产气量：

$$Q_{Gijk}^{n+1} = \frac{\lambda_{Gds}^{n+1}(p_o^{n+1} - p_{wf}^{n+1})_s + \lambda_{gs}^{n+1}(p_g^{n+1} - p_{wf}^{n+1})_s}{\sum_{s=1}^{N_s} [\lambda_{Os}^{n+1}(p_o^{n+1} - p_{wf}^{n+1})_s/\rho_{Osc} + \lambda_{ws}^{n+1}(p_w^{n+1} - p_{wf}^{n+1})_s/\rho_{Wsc}]} Q_{LVsc}^{n+1} \tag{20}$$

第 s 个生产网格的体积产水量：

$$Q_{Oijk}^{n+1} = \frac{\lambda_{ws}^{n+1}(p_w^{n+1} - p_{wf}^{n+1})_s/\rho_{Wsc}}{\sum_{s=1}^{N_s} [\lambda_{Os}^{n+1}(p_o^{n+1} - p_{wf}^{n+1})_s/\rho_{Osc} + \lambda_{ws}^{n+1}(p_w^{n+1} - p_{wf}^{n+1})_s/\rho_{Wsc}]} Q_{LVsc}^{n+1} \tag{21}$$

对式(19)至式(21)右端项系数进行显式处理，即系数中所有变量均取第 n 时间步的值，则得网格产油量 Q_{Oijk}^{n+1} 的线性化形式：

$$Q_{Oijk}^{n+1} = \frac{\lambda_{Os}^{n}(p_o^{n} - p_{wf}^{n})_s}{\sum_{s=1}^{N_s} [\lambda_{Os}^{n}(p_o^{n} - p_{wf}^{n})_s/\rho_{Osc} + \lambda_{ws}^{n}(p_w^{n} - p_{wf}^{n})_s/\rho_{Wsc}]} Q_{LVsc}^{n+1} \tag{22}$$

网格产气量 Q_{Gijk}^{n+1} 的线性化形式：

$$Q_{Gijk}^{n+1} = \frac{\lambda_{Gds}^{n}(p_o^{n} - p_{wf}^{n})_s + \lambda_{gs}^{n}(p_g^{n} - p_{wf}^{n})_s}{\sum_{s=1}^{N_s} [\lambda_{Os}^{n}(p_o^{n} - p_{wf}^{n})_s/\rho_{Osc} + \lambda_{ws}^{n}(p_w^{n} - p_{wf}^{n})_s/\rho_{Wsc}]} Q_{LVsc}^{n+1} \tag{23}$$

网格产水量 Q_{Wijk}^{n+1} 的线性化形式：

$$Q_{Wijk}^{n+1} = \frac{\lambda_{ws}^{n}(p_w^{n} - p_{wf}^{n})_s}{\sum_{s=1}^{N_s} [\lambda_{Os}^{n}(p_o^{n} - p_{wf}^{n})_s/\rho_{Osc} + \lambda_{ws}^{n}(p_w^{n} - p_{wf}^{n})_s/\rho_{Wsc}]} Q_{LVsc}^{n+1} \tag{24}$$

把式(22)至式(24)分别代入油、气、水差分方程式(1)至式(3)中，则可完成注采项的线性化。

待求解差分方程组得到第(n+1)时间步的网格压力、饱和度等各变量值后，需要计算第(n+1)时间步的单井油、气、水产量和井底流压。由式(13)至式(15)可分别得到油、气、水产量；由式(17)结合式(7)，可得井底流压计算公式：

$$p_{wf}^{n+1} = \frac{\sum_{s=1}^{N_s} \Psi_s [\lambda_{Os}^{n+1}(p_{os}^{n+1} - \bar{\rho}g\Delta D_s)/\rho_{Osc} + \lambda_{ws}^{n+1}(p_{ws}^{n+1} - \bar{\rho}g\Delta D_s)/\rho_{Wsc}] - Q_{LVsc}^{n+1}}{\sum_{s=1}^{N_s} \Psi_s (\lambda_{Os}^{n+1}/\rho_{Osc} + \lambda_{ws}^{n+1}/\rho_{Wsc})} \tag{25}$$

2) 定产油量井的处理

与定产液量同理，由式(4)至式(6)推导可得定产油量情况下的网格产油量 Q_{Oijk}^{n+1}、产气量 Q_{Gijk}^{n+1} 和产水量 Q_{Wijk}^{n+1} 的线性化形式：

$$Q_{Oijk}^{n+1} = \frac{\lambda_{Os}^{n}(p_o^{n} - p_{wf}^{n})_s}{\sum_{s=1}^{N_s} \lambda_{Os}^{n}(p_o^{n} - p_{wf}^{n})_s} \rho_{Osc} \cdot Q_{OVsc}^{n+1} \tag{26}$$

$$Q_{Gijk}^{n+1} = \frac{\lambda_{Gds}^n(p_o^n - p_{wf}^n)_s + \lambda_{gs}^n(p_g^n - p_{wf}^n)_s}{\sum_{s=1}^{N_s} \lambda_{Os}^n(p_o^n - p_{wf}^n)_s} \rho_{Osc} \cdot Q_{OVsc}^{n+1} \quad (27)$$

$$Q_{Wijk}^{n+1} = \frac{\lambda_{ws}^n(p_w^n - p_{wf}^n)_s}{\sum_{s=1}^{N_s} \lambda_{Os}^n(p_o^n - p_{wf}^n)_s} \rho_{Osc} \cdot Q_{OVsc}^{n+1} \quad (28)$$

待求解差分方程组得到第$(n+1)$时间步的网格压力、饱和度等各变量值后，需要计算第$(n+1)$时间步的单井气、水产量和井底流压p_{wf}^{n+1}。由式(14)和式(15)可分别得到气、水产量；由式(4)和式(7)联立，可得：

$$p_{wf}^{n+1} = \frac{\sum_{s=1}^{N_s} \Psi_s[\lambda_{Os}^{n+1}(p_{os}^{n+1} - \bar{\rho}g\Delta D_s)/\rho_{Osc}] - Q_{OVsc}^{n+1}}{\sum_{s=1}^{N_s} \Psi_s(\lambda_{Os}^{n+1}/\rho_{Osc})} \quad (29)$$

3) 定注水量井的处理

与定产液量相似，可得定单井注水量Q_{WVsc}^{n+1}情况下网格注入量Q_{Oijk}^{n+1}、Q_{Gijk}^{n+1}和Q_{Wijk}^{n+1}的线性化形式：

$$Q_{Wijk}^{n+1} = \frac{\lambda_{ws}^n(p_w^n - p_{wf}^n)_s}{\sum_{s=1}^{N_s} \lambda_{ws}^n(p_w^n - p_{wf}^n)_s} \rho_{Wsc} \cdot Q_{WVsc}^{n+1} \quad (30)$$

$$Q_{Oijk}^{n+1} = 0, Q_{Gijk}^{n+1} = 0 \quad (31)$$

第$(n+1)$时间步的注水井底流压可由式(6)结合式(7)推导得到：

$$p_{wf}^{n+1} = \frac{\sum_{s=1}^{N_s} \Psi_s[\lambda_{Ws}^{n+1}(p_{ws}^{n+1} - \bar{\rho}g\Delta D_s)/\rho_{Wsc}] - Q_{WVsc}^{n+1}}{\sum_{s=1}^{N_s} \Psi_s(\lambda_{Ws}^{n+1}/\rho_{Wsc})} \quad (32)$$

4) 定注气量井的处理

定单井注气量Q_{GVsc}^{n+1}情况下的网格注入量Q_{Oijk}^{n+1}、Q_{Gijk}^{n+1}和Q_{Wijk}^{n+1}的线性化形式为：

$$Q_{Gijk}^{n+1} = \frac{\lambda_{Gds}^n(p_o^n - p_{wf}^n)_s + \lambda_{gs}^n(p_g^n - p_{wf}^n)_s}{\sum_{s=1}^{N_s} [\lambda_{Gds}^n(p_o^n - p_{wf}^n)_s + \lambda_{gs}^n(p_g^n - p_{wf}^n)_s]} \rho_{Gsc} \cdot Q_{GVsc}^{n+1} \quad (33)$$

$$Q_{Oijk}^{n+1} = 0, Q_{Wijk}^{n+1} = 0 \quad (34)$$

第$(n+1)$时间步的注气井底流压可由式(5)结合式(7)推导得到：

$$p_{wf}^{n+1} = \frac{\sum_{s=1}^{N_s} \Psi_s[\lambda_{Gds}^{n+1}(p_{os}^{n+1} - \bar{\rho}g\Delta D_s) + \lambda_{gs}^{n+1}(p_{gs}^{n+1} - \bar{\rho}g\Delta D_s)] - Q_{GVsc}^{n+1}}{\sum_{s=1}^{N_s} \Psi_s(\lambda_{Gds}^{n+1} + \lambda_{gs}^{n+1})} \quad (35)$$

至此，注采项的显式处理方法介绍完毕。

12.1.2 多网格注采井的半隐式处理方法

显式处理注采项系数时，方法简单，但稳定性差。如果用半隐式或全隐式解法，则可以大大改善注采项处理的效果。

单一网格生产井注采项的半隐式处理方法在前几章已经介绍过，下面介绍多网格生产井的半隐式处理方法，两者的基本原理步骤相似。

将黑油模型差分方程式(1)至式(3)中的注采项 Q_{Oijk}^{n+1}、Q_{Gijk}^{n+1}、Q_{Wijk}^{n+1} 处理成一阶泰勒级数形式，得：

$$Q_{Oijk}^{n+1} = Q_{Os}^{n+1} = Q_{Os}^n + \left(\frac{\partial Q_{Os}}{\partial p}\right)^n \delta p_s + \left(\frac{\partial Q_{Os}}{\partial S_w}\right)^n \delta S_{ws} + \left(\frac{\partial Q_{Os}}{\partial X_g}\right)^n \delta X_{gs} \tag{36}$$

$$Q_{Gijk}^{n+1} = Q_{Gs}^{n+1} = Q_{Gs}^n + \left(\frac{\partial Q_{Gs}}{\partial p}\right)^n \delta p_s + \left(\frac{\partial Q_{Gs}}{\partial S_w}\right)^n \delta S_{ws} + \left(\frac{\partial Q_{Gs}}{\partial X_g}\right)^n \delta X_{gs} \tag{37}$$

$$Q_{Wijk}^{n+1} = Q_{Ws}^{n+1} = Q_{Ws}^n + \left(\frac{\partial Q_{Ws}}{\partial p}\right)^n \delta p_s + \left(\frac{\partial Q_{Ws}}{\partial S_w}\right)^n \delta S_{ws} \tag{38}$$

式(36)至式(38)在形式上已经实现油气水注采项的线性化。下面分定井底流压和定井产量两种情况讨论式(36)至式(38)中的 Q_{Os}^n、Q_{Gs}^n、Q_{Ws}^n 及各项偏导数的求法。

1. 定井底流压

由式(4)至式(6)可得：

$$Q_{Os}^n = \Psi_s \lambda_{Os}^n (p_o^n - p_{wf}^n)_s \tag{39}$$

$$Q_{Gs}^n = \Psi_s \lambda_{Gds}^n (p_o^n - p_{wf}^n)_s + \Psi_s \lambda_{gs}^n (p_g^n - p_{wf}^n)_s \tag{40}$$

$$Q_{Ws}^n = \Psi_s \lambda_{ws}^n (p_w^n - p_{wf}^n)_s \tag{41}$$

对式(4)至式(6)中的毛管力做显式处理，即认为在时间步内毛管力保持不变：

$$\frac{\partial p_{cgo}}{\partial S_g} = 0, \quad \frac{\partial p_{cwo}}{\partial S_w} = 0 \quad (t^n \leq t < t^{n+1})$$

则由式(4)至式(6)推导可得：

$$\frac{\partial Q_O}{\partial p} = \Psi \frac{\partial}{\partial p}[\lambda_O(p_o - p_{wf})] = \Psi\left[\left(\frac{K_{ro}}{\mu_o}\frac{\partial \rho_o}{\partial p} - \frac{\rho_o K_{ro}}{(\mu_o)^2}\frac{\partial \mu_o}{\partial p}\right)(p_o - p_{wf}) + \frac{\rho_o K_{ro}}{\mu_o}\right] \tag{42}$$

$$\frac{\partial Q_O}{\partial S_w} = \Psi \frac{\partial}{\partial S_w}[\lambda_O(p_o - p_{wf})] = \Psi \frac{\rho_o}{\mu_o}\frac{\partial K_{ro}}{\partial S_w}(p_o - p_{wf}) \tag{43}$$

$$\frac{\partial Q_O}{\partial X_g} = \Psi \frac{\partial}{\partial X_g}[\lambda_O(p_o - p_{wf})] = \begin{cases} \Psi \dfrac{\rho_o}{\mu_o}\dfrac{\partial K_{ro}}{\partial S_g}(p_o - p_{wf}), & \text{三相} \\ \Psi \left(\dfrac{K_{ro}}{\mu_o}\dfrac{\partial \rho_o}{\partial p_b} - \dfrac{\rho_o K_{ro}}{(\mu_o)^2}\dfrac{\partial \mu_o}{\partial p_b}\right)(p_o - p_{wf}), & \text{两相} \end{cases} \tag{44}$$

$$\frac{\partial Q_G}{\partial p} = \Psi \frac{\partial}{\partial p}[\lambda_{Gd}(p_o - p_{wf})] + \Psi \frac{\partial}{\partial p}[\lambda_g(p_g - p_{wf})]$$
$$= \Psi\left(\frac{K_{ro}}{\mu_o}\frac{\partial \rho_{Gd}}{\partial p} - \frac{\rho_{Gd} K_{ro}}{(\mu_o)^2}\frac{\partial \mu_o}{\partial p}\right)(p_o - p_{wf}) + \Psi \frac{\rho_{Gd} K_{ro}}{\mu_o} + \Psi\left(\frac{K_{rg}}{\mu_g}\frac{\partial \rho_g}{\partial p} - \frac{\rho_g K_{rg}}{(\mu_g)^2}\frac{\partial \mu_g}{\partial p}\right)(p_g - p_{wf}) + \Psi \frac{\rho_g K_{rg}}{\mu_g} \tag{45}$$

$$\frac{\partial Q_G}{\partial S_w} = \Psi \frac{\partial}{\partial S_w}[\lambda_{Gd}(p_o - p_{wf})] + \Psi \frac{\partial}{\partial S_w}[\lambda_g(p_g - p_{wf})] = \Psi \frac{\rho_{Gd}}{\mu_o}\frac{\partial K_{ro}}{\partial S_w}(p_o - p_{wf}) \tag{46}$$

$$\frac{\partial Q_G}{\partial X_g} = \Psi \frac{\partial}{\partial X_g}[\lambda_{Gd}(p_o - p_{wf})] + \Psi \frac{\partial}{\partial X_g}[\lambda_g(p_g - p_{wf})]$$

$$= \begin{cases} \Psi\dfrac{\rho_{Gd}}{\mu_o}\dfrac{\partial K_{ro}}{\partial S_g}(p_o-p_{wf})+\Psi\dfrac{\rho_g}{\mu_g}\dfrac{\partial K_{rg}}{\partial S_g}(p_g-p_{wf})+\Psi\dfrac{\rho_g K_{rg}}{\mu_g}\dfrac{\partial p_{cgo}}{\partial S_g}, \text{三相} \\ \Psi\left(\dfrac{K_{ro}}{\mu_o}\dfrac{\partial\rho_{Gd}}{\partial p_b}-\dfrac{\rho_{Gd}K_{ro}}{(\mu_o)^2}\dfrac{\partial\mu_o}{\partial p_b}\right)(p_o-p_{wf}), \text{两相} \end{cases} \tag{47}$$

$$\dfrac{\partial Q_W}{\partial p}=\Psi\dfrac{\partial}{\partial p}[\lambda_w(p_w-p_{wf})]$$

$$=\Psi\left(\dfrac{K_{rw}}{\mu_w}\dfrac{\partial\rho_W}{\partial p}-\dfrac{\rho_W K_{rw}}{(\mu_w)^2}\dfrac{\partial\mu_w}{\partial p}\right)(p_w-p_{wf})+\Psi\dfrac{\rho_W K_{rw}}{\mu_w} \tag{48}$$

$$\dfrac{\partial Q_W}{\partial S_w}=\Psi\dfrac{\partial}{\partial S_w}[\lambda_w(p_w-p_{wf})]$$

$$=\Psi\dfrac{\rho_W}{\mu_w}\dfrac{\partial K_{rw}}{\partial S_w}(p_w-p_{wf})-\Psi\dfrac{\rho_W K_{rw}}{\mu_w}\dfrac{\partial p_{cwo}}{\partial S_w} \tag{49}$$

将式(39)至式(49)代入式(36)至式(38)即可完成注采项线性化。需要注意的是，所有的项都在第 n 时间步第 s 个生产网格取值，因此都要加上标"n"和下标"s"。

待求解差分方程组得到第 $(n+1)$ 时间步的网格压力、饱和度等各变量值后，单井第 $(n+1)$ 时间步的油、气、水产量利用式(13)至式(15)计算得到。

2. 定井产量

1) 定产液井的处理

此时 Q_{LVsc}^{n+1} 为已知量。首先引入下面的符号：

第 s 个生产网格的体积产油量与单井体积产液量之比：

$$R_{OLs}^{n+1}=\dfrac{\lambda_{Os}^{n+1}(p_o^{n+1}-p_{wf}^{n+1})_s/\rho_{Osc}}{\sum\limits_{s=1}^{N_s}[\lambda_{Os}^{n+1}(p_o^{n+1}-p_{wf}^{n+1})_s/\rho_{Osc}+\lambda_{ws}^{n+1}(p_w^{n+1}-p_{wf}^{n+1})_s/\rho_{Wsc}]} \tag{50}$$

网格体积产气量与单井体积产液量之比：

$$R_{GLs}^{n+1}=\dfrac{[\lambda_{Gds}^{n+1}(p_o^{n+1}-p_{wf}^{n+1})_s+\lambda_{gs}^{n+1}(p_g^{n+1}-p_{wf}^{n+1})_s]/\rho_{Gsc}}{\sum\limits_{s=1}^{N_s}[\lambda_{Os}^{n+1}(p_o^{n+1}-p_{wf}^{n+1})_s/\rho_{Osc}+\lambda_{ws}^{n+1}(p_w^{n+1}-p_{wf}^{n+1})_s/\rho_{Wsc}]} \tag{51}$$

网格体积产水量与单井体积产液量之比：

$$R_{WLs}^{n+1}=\dfrac{\lambda_{ws}^{n+1}(p_w^{n+1}-p_{wf}^{n+1})_s/\rho_{Wsc}}{\sum\limits_{s=1}^{N_s}[\lambda_{Os}^{n+1}(p_o^{n+1}-p_{wf}^{n+1})_s/\rho_{Osc}+\lambda_{ws}^{n+1}(p_w^{n+1}-p_{wf}^{n+1})_s/\rho_{Wsc}]} \tag{52}$$

将式(50)至式(52)代入式(19)至式(21)，得到：

$$\begin{cases} Q_{Os}^{n+1}=\rho_{Osc}Q_{LVsc}^{n+1}\cdot R_{OLs}^{n+1} \\ Q_{Gs}^{n+1}=\rho_{Gsc}Q_{LVsc}^{n+1}\cdot R_{GLs}^{n+1} \\ Q_{Ws}^{n+1}=\rho_{Wsc}Q_{LVsc}^{n+1}\cdot R_{WLs}^{n+1} \end{cases} \tag{53}$$

将式(53)两端变量取为第 n 时间步的值，可得：

$$\begin{cases} Q_{Os}^n=\rho_{Osc}Q_{LVsc}^{n+1}\cdot R_{OLs}^n \\ Q_{Gs}^n=\rho_{Gsc}Q_{LVsc}^{n+1}\cdot R_{GLs}^n \\ Q_{Ws}^n=\rho_{Wsc}Q_{LVsc}^{n+1}\cdot R_{WLs}^n \end{cases} \tag{54}$$

再对式(54)求偏导数，可得：

$$\begin{cases} \left(\dfrac{\partial Q_{Os}}{\partial p}\right)^n = \rho_{Osc} Q_{LVsc}^{n+1} \cdot \left(\dfrac{\partial R_{OL}}{\partial p}\right)_s^n \\ \left(\dfrac{\partial Q_{Os}}{\partial S_w}\right)^n = \rho_{Osc} Q_{LVsc}^{n+1} \cdot \left(\dfrac{\partial R_{OL}}{\partial S_w}\right)_s^n \\ \left(\dfrac{\partial Q_{Os}}{\partial X_g}\right)^n = \rho_{Osc} Q_{LVsc}^{n+1} \cdot \left(\dfrac{\partial R_{OL}}{\partial X_g}\right)_s^n \end{cases} \quad (55)$$

$$\begin{cases} \left(\dfrac{\partial Q_{Gs}}{\partial p}\right)^n = \rho_{Gsc} Q_{LVsc}^{n+1} \cdot \left(\dfrac{\partial R_{GL}}{\partial p}\right)_s^n \\ \left(\dfrac{\partial Q_{Gs}^n}{\partial S_w}\right)^n = \rho_{Gsc} Q_{LVsc}^{n+1} \cdot \left(\dfrac{\partial R_{GL}}{\partial S_w}\right)_s^n \\ \left(\dfrac{\partial Q_{Gs}^n}{\partial X_g}\right)^n = \rho_{Gsc} Q_{LVsc}^{n+1} \cdot \left(\dfrac{\partial R_{GL}}{\partial X_g}\right)_s^n \end{cases} \quad (56)$$

$$\begin{cases} \left(\dfrac{\partial Q_{Ws}}{\partial p}\right)^n = \rho_{Wsc} Q_{LVsc}^{n+1} \cdot \left(\dfrac{\partial R_{WL}}{\partial p}\right)_s^n \\ \left(\dfrac{\partial Q_{Ws}^n}{\partial S_w}\right)^n = \rho_{Wsc} Q_{LVsc}^{n+1} \cdot \left(\dfrac{\partial R_{WL}}{\partial S_w}\right)_s^n \end{cases} \quad (57)$$

将式(55)至式(57)代入式(36)至式(38)即可完成注采项线性化。其中各偏导数项可由式(50)至式(52)求偏微商得到。例如：

$$\left(\frac{\partial Q_{Os}}{\partial p}\right)^n = \left\{ \frac{\partial}{\partial p} \frac{\lambda_{Os}(p_o - p_{wf})_s/\rho_{Osc}}{\sum\limits_{s=1}^{N_s}\left[\lambda_{Os}(p_o - p_{wf})_s/\rho_{Osc} + \lambda_{ws}(p_w - p_{wf})_s/\rho_{Wsc}\right]} \right\}^n$$

$$= \frac{1}{\rho_{Osc} F_L^n}\left[\frac{\partial \lambda_{Os}^n}{\partial p}(p_o^n - p_{wf}^n)_s + \lambda_{Os}^n\right] - \frac{\lambda_{Os}^n(p_o^n - p_{wf}^n)_s}{\rho_{Osc}(F_L^n)^2}\sum_{s=1}^{N_s}\left\{\frac{1}{\rho_{Osc}}\left[\frac{\partial \lambda_O^n}{\partial p}(p_o^n - p_{wf}^n) + \lambda_O^n\right]_s + \frac{1}{\rho_{Wsc}}\left[\frac{\partial \lambda_W^n}{\partial p}(p_w^n - p_{wf}^n) + \lambda_W^n\right]_s\right\}$$

其中，$F_L^n = \sum\limits_{s=1}^{N_s}\left[\lambda_{Os}^n(p_o^n - p_{wf}^n)_s/\rho_{Osc} + \lambda_{ws}^n(p_w^n - p_{wf}^n)_s/\rho_{Wsc}\right]$。

2) 定产油井的处理

此时单井的体积产油量 Q_{OVsc}^{n+1} 为已知量。引入下面的符号：

网格体积产气量与单井体积产油量之比：

$$R_{GLs}^{n+1} = \frac{[\lambda_{Gds}^{n+1}(p_o^{n+1} - p_{wf}^{n+1})_s + \lambda_{gs}^{n+1}(p_g^{n+1} - p_{wf}^{n+1})_s]/\rho_{Gsc}}{\sum\limits_{s=1}^{N_s}[\lambda_{Os}^{n+1}(p_o^{n+1} - p_{wf}^{n+1})_s/\rho_{Osc}]} \quad (58)$$

网格体积产水量与单井体积产油量之比：

$$R_{WLs}^{n+1} = \frac{\lambda_{ws}^{n+1}(p_w^{n+1} - p_{wf}^{n+1})_s/\rho_{Wsc}}{\sum\limits_{s=1}^{N_s}[\lambda_{Os}^{n+1}(p_o^{n+1} - p_{wf}^{n+1})_s/\rho_{Osc}]} \quad (59)$$

与定产液量同理，可得网格产油量 $Q_{\text{O}s}^{n+1}$、产气量 $Q_{\text{G}s}^{n+1}$ 和产水量 $Q_{\text{W}s}^{n+1}$：

$$\begin{cases} Q_{\text{O}s}^{n+1} = \rho_{\text{Osc}} Q_{\text{OV}sc}^{n+1} \\ Q_{\text{G}s}^{n+1} = \rho_{\text{Gsc}} Q_{\text{OV}sc}^{n+1} \cdot R_{\text{GO}}^{n+1} \\ Q_{\text{W}s}^{n+1} = \rho_{\text{Wsc}} Q_{\text{OV}sc}^{n+1} \cdot R_{\text{WO}}^{n+1} \end{cases} \tag{60}$$

由式(60)可得式(36)至式(38)中 $Q_{\text{O}s}^n$、$Q_{\text{G}s}^n$、$Q_{\text{W}s}^n$ 及各项偏导数的计算公式：

$$\begin{cases} Q_{\text{O}s}^n = \rho_{\text{Osc}} Q_{\text{OV}sc}^{n+1} \\ Q_{\text{G}s}^n = \rho_{\text{Gsc}} Q_{\text{OV}sc}^{n+1} \cdot R_{\text{GO}}^n \\ Q_{\text{W}s}^n = \rho_{\text{Wsc}} Q_{\text{OV}sc}^{n+1} \cdot R_{\text{WO}}^n \end{cases} \tag{61}$$

再对式(60)求偏导数，可得：

$$\left(\frac{\partial Q_{\text{O}s}}{\partial p}\right)^n = 0, \quad \left(\frac{\partial Q_{\text{O}s}}{\partial S_{\text{w}}}\right)^n = 0, \quad \left(\frac{\partial Q_{\text{O}s}}{\partial X_{\text{g}}}\right)^n = 0 \tag{62}$$

$$\begin{cases} \left(\dfrac{\partial Q_{\text{G}s}}{\partial p}\right)^n = \rho_{\text{Gsc}} Q_{\text{OV}sc}^{n+1} \cdot \left(\dfrac{\partial R_{\text{GO}}}{\partial p}\right)_s^n \\ \left(\dfrac{\partial Q_{\text{G}s}}{\partial S_{\text{w}}}\right)^n = \rho_{\text{Gsc}} Q_{\text{OV}sc}^{n+1} \cdot \left(\dfrac{\partial R_{\text{GO}}}{\partial S_{\text{w}}}\right)_s^n \\ \left(\dfrac{\partial Q_{\text{G}s}^n}{\partial X_{\text{g}}}\right)^n = \rho_{\text{Gsc}} Q_{\text{OV}sc}^{n+1} \cdot \left(\dfrac{\partial R_{\text{GO}}}{\partial X_{\text{g}}}\right)_s^n \end{cases} \tag{63}$$

$$\begin{cases} \left(\dfrac{\partial Q_{\text{W}s}}{\partial p}\right)^n = \rho_{\text{Wsc}} Q_{\text{OV}sc}^{n+1} \cdot \left(\dfrac{\partial R_{\text{WO}}}{\partial p}\right)_s^n \\ \left(\dfrac{\partial Q_{\text{W}s}^n}{\partial S_{\text{w}}}\right)^n = \rho_{\text{Wsc}} Q_{\text{OV}sc}^{n+1} \cdot \left(\dfrac{\partial R_{\text{WO}}}{\partial S_{\text{w}}}\right)_s^n \end{cases} \tag{64}$$

将式(61)至式(64)代入式(36)至式(38)即可完成注采项的线性化。

待求解差分方程组得到第$(n+1)$时间步的网格压力、饱和度等各变量值后，第$(n+1)$时间步井的生产指标计算方法是：对定产液井，利用式(25)计算井底流压，利用式(13)至式(15)计算单井的油、气、水产量；对定产油井，利用式(29)计算井底流压，利用式(14)和式(15)计算单井的气、水产量。

3. 注入井的处理

对定压注水或注气井，处理方式与生产井相同，只是注水井的油、气注采项为零，注气井的油、水注采项为零。

对定注水量的井，$Q_{\text{WV}sc}^{n+1}$ 为已知量，$Q_{\text{O}}^{n+1} = 0$，$Q_{\text{G}}^{n+1} = 0$，$Q_{\text{O}s}^{n+1} = 0$，$Q_{\text{G}s}^{n+1} = 0$，$s = 1$，2，$\cdots$，N_s；利用式(32)计算井底流压。

对定注气量的井，$Q_{\text{GV}sc}^{n+1}$ 为已知量，$Q_{\text{O}}^{n+1} = 0$，$Q_{\text{W}}^{n+1} = 0$，$Q_{\text{O}s}^{n+1} = 0$，$Q_{\text{W}s}^{n+1} = 0$，$s = 1$，2，$\cdots$，N_s；利用式(35)计算井底流压。

需要注意的是，模型中将井的注入量和采出量进行统一处理，即把注入量当作负的采出量。因此，在注入井计算时要区别产量项的正负号。

4. 注采项半隐式处理方法适用范围

注采项的半隐式处理方法不仅可以用在以半隐式方法线性化的差分方程中，也可以用在

IMPES 线性化的差分方程中。这是因为产量项的处理并不涉及空间差分，只与本点网格有关，而半隐式方法和 IMPES 方法的主要区别就在于空间差分项的处理，所以两者的不同并不影响注采项半隐式处理方法的通用。当注采项半隐式处理方法用于 IMPES 线性化差分方程时，只要在消去本点网格项上的 δS_w、δX_g 等未知量时，将各个方程所乘的系数稍加改变就可以了。

12.1.3 多网格注采井的全隐式处理方法

注采项的全隐式处理方法与差分方程全隐式处理方法的原理相同，也是一种迭代计算方法。全隐式方法处理注采项的计算公式与半隐式方法处理注采项的计算公式的形式非常相似，只需要将半隐式公式中的时间步变量 $\delta X = X^{n+1} - X^n$ 改成迭代步变量 $\bar{\delta} X = X^{l+1} - X^l$ 即可（X 为任意变量）；并且，各公式中偏导数项的推导步骤和形式也都与前面介绍的半隐式处理方法相同。

无疑，注采项的全隐式处理方法的稳定性比半隐式处理方法更好；但因为全隐式处理是一个迭代过程，且必须与方程求解过程相匹配，所以只能用在以全隐式迭代方法求解的差分方程中。

12.2 隐式井底压力方法

上一节介绍了差分方程中注采项处理的几种不同方法，包括显式方法、半隐式方法和全隐式方法。这些方法对注采项中传导系数的处理具有不同的隐式程度，但在给定井的注采量条件下对井底流压的处理均采用了显式方式：求解第($n+1$)时间步〔或($l+1$)迭代步〕的油藏压力、饱和度时，方程中用的是第 n 时间步(或 l 迭代步)的井底流压；在求得压力、饱和度值后，再单独利用显式方程计算第($n+1$)时间步〔或($l+1$)迭代步〕的井底流压。这种显式处理井底流压的方法比较简便，但有时会带来一些不稳定性，对模型的求解计算产生不利影响。为了消除这些影响，人们研究建立了隐式处理井底压力的方法，简称隐式井底压力方法。

12.2.1 隐式井底压力原理

上一节中所介绍的注采项的各种处理方法可以统称为井的常规处理方法。井的常规处理方法的主要特点是把井底压力和各组分注采量作为压力、饱和度等求解变量的函数，像对待方程中其他参数(如传导系数)一样处理注采量和井底压力。隐式井底压力方法相对于常规方法的主要区别，就是将井底流压作为独立的未知变量进行求解。因此，每一口井会引入一个新的变量 p_{wf}，整个差分方程组的主要求解变量由三个变为四个；同时，每一个组分的方程中的注采项根据所给定注采条件转变为一个独立的方程——注采方程，所以差分方程数也同样变成四个，它们是：

$$油组分方程：R_O[p, S_w, X_g, p_{wf}] = 0$$
$$气组分方程：R_G[p, S_w, X_g, p_{wf}] = 0$$
$$水组分方程：R_W[p, S_w, X_g, p_{wf}] = 0$$
$$井方程(注采方程)：Q_\beta = Q_\beta[p, S_w, X_g, p_{wf}]$$

式中 Q_β——给定的流体注采量，kg/s。

下标 β 表示液、油、气、水不同流体组分中的一种。

上述方程可以组成封闭的方程组。

假设油藏求解区域中有 N 个网格及 M 口井，则此时油、气、水方程各有 N 个，井方程有 M 个，总共有 $3N+M$ 个方程和 $3N+M$ 个未知数，因此该方程组是封闭的。

隐式井底压力方法在对注采项或注采方程的传导系数进行线性化时，可以选择不同隐式程度的处理方法，如显式、半隐式及全隐式等。并且，每一口井都可以给定不同的注采条件如定产油量、产液量或井底压力等，根据这些条件可以确定注采方程或各组分方程中的注采项。

隐式井底压力方法精度高，稳定性好，时间步长可以放得较大。

12.2.2 隐式井底压力方程

下面以一口多网格注采井为例，具体介绍隐式井底压力方程组的建立及解法。

假设井的注采条件为给定单井产油量，并对传导系数作全隐式处理，在任意时间步 $t^n \to t^{n+1}$ 内进行求解计算，设 l 为任意一个迭代步。

采用隐式井底压力且全隐式处理传导系数的产油量公式为：

$$Q_O^{l+1} = \Psi \lambda_O^{l+1}(p^{l+1} - p_{wf}^{l+1}) \tag{1}$$

将 λ_O^{l+1}、p^{l+1} 及 p_{wf}^{l+1} 展开并代入式(1)，得：

$$Q_O^{l+1} = \Psi\left(\lambda_O^l + \frac{\partial \lambda_O^l}{\partial p}\overline{\delta p} + \frac{\partial \lambda_O^l}{\partial S_w}\overline{\delta S_w} + \frac{\partial \lambda_O^l}{\partial X_g}\overline{\delta X_g}\right)(p^l + \overline{\delta p} - p_{wf}^l - \overline{\delta p_{wf}}) \tag{2}$$

略去式(2)中二阶小量并整理成下式形式：

$$Q_O^{l+1} = Q_O^l + \frac{\partial Q_O^l}{\partial p}\overline{\delta p} + \frac{\partial Q_O^l}{\partial S_w}\overline{\delta S_w} + \frac{\partial Q_O^l}{\partial X_g}\overline{\delta X_g} + \frac{\partial Q_O^l}{\partial p_{wf}}\overline{\delta p_{wf}} \tag{3}$$

其中

$$\frac{\partial Q_O^l}{\partial p} = \Psi\left[\lambda_O^l + \frac{\partial \lambda_O^l}{\partial p}(p^l - p_{wf}^l)\right] \tag{4}$$

$$\frac{\partial Q_O^l}{\partial S_w} = \Psi \frac{\partial \lambda_O^l}{\partial S_w}(p^l - p_{wf}^l) \tag{5}$$

$$\frac{\partial Q_O^l}{\partial X_g} = \Psi \frac{\partial \lambda_O^l}{\partial X_g}(p^l - p_{wf}^l) \tag{6}$$

$$\frac{\partial Q_O^l}{\partial p_{wf}} = -\Psi \lambda_O^l \tag{7}$$

当一口井穿过多个网格时，若给定单井产油量，则有：

$$Q_O = \sum_{s=1}^{N_s}\left[\Psi \lambda_O^{l+1}(p^{l+1} - p_{wf}^{l+1})\right]_s$$

$$= \sum_{s=1}^{N_s}\left(Q_O^l + \frac{\partial Q_O^l}{\partial p}\overline{\delta p} + \frac{\partial Q_O^l}{\partial S_w}\overline{\delta S_w} + \frac{\partial Q_O^l}{\partial X_g}\overline{\delta X_g} + \frac{\partial Q_O^l}{\partial p_{wf}}\overline{\delta p_{wf}}\right)_s \tag{8}$$

因 Q_O 为给定的，在一个迭代步内保持不变，所以：

$$Q_O = Q_O^l = \sum_{s=1}^{N_s} Q_{Os}^l \tag{9}$$

将式(9)代入式(8)，可得：

$$\sum_{s=1}^{N_s}\left(\frac{\partial Q_O^l}{\partial p}\overline{\delta p} + \frac{\partial Q_O^l}{\partial S_w}\overline{\delta S_w} + \frac{\partial Q_O^l}{\partial X_g}\overline{\delta X_g} + \frac{\partial Q_O^l}{\partial p_{wf}}\overline{\delta p_{wf}}\right)_s = 0 \tag{10}$$

其中，各项均为任意第 s 个注采网格的数据和变量。$p_{wfs}=p_{wf}+\bar{\rho}g\Delta D_s$。

式(8)或式(10)就是该井在给定单井总产油量时的注采方程。方程中除含有原有的求解变量 $\overline{\delta p}$、$\overline{\delta S_w}$ 及 $\overline{\delta X_g}$ 以外，还含有新的求解变量 $\overline{\delta p_{wf}}$。

对该井所穿过的任意第 s 个生产网格，其油、气、水组分差分方程的注采项可参考式(3)给出：

油方程：

$$Q_{Os}^{l+1} = \left(Q_O^l + \frac{\partial Q_O^l}{\partial p}\overline{\delta p} + \frac{\partial Q_O^l}{\partial S_w}\overline{\delta S_w} + \frac{\partial Q_O^l}{\partial X_g}\overline{\delta X_g} + \frac{\partial Q_O^l}{\partial p_{wf}}\overline{\delta p_{wf}}\right)_s \tag{11}$$

气方程：

$$Q_{Gs}^{l+1} = \left(Q_G^l + \frac{\partial Q_G^l}{\partial p}\overline{\delta p} + \frac{\partial Q_G^l}{\partial S_w}\overline{\delta S_w} + \frac{\partial Q_G^l}{\partial X_g}\overline{\delta X_g} + \frac{\partial Q_G^l}{\partial p_{wf}}\overline{\delta p_{wf}}\right)_s \tag{12}$$

水方程：

$$Q_{Ws}^{l+1} = \left(Q_W^l + \frac{\partial Q_W^l}{\partial p}\overline{\delta p} + \frac{\partial Q_W^l}{\partial S_w}\overline{\delta S_w} + \frac{\partial Q_W^l}{\partial p_{wf}}\overline{\delta p_{wf}}\right)_s \tag{13}$$

其中

$$\left(\frac{\partial Q_G^l}{\partial p_{wf}}\right)_s = \left[\Psi(\lambda_{Gd}^l + \lambda_g^l)\right]_s \tag{14}$$

$$\left(\frac{\partial Q_W}{\partial p_{wf}}\right)_s = (\Psi\lambda_w^l)_s \tag{15}$$

式(11)至式(13)中其余各偏导数均与12.1节式(42)至式(49)中的相应项相同。只需将式(42)至式(49)中所有的变量取为第 s 个生产网格第 l 迭代步的数值即可，即给所有变量加上上标 l 和下标 s。

把 Q_{Os}^{l+1}、Q_{Gs}^{l+1} 和 Q_{Ws}^{l+1} 泰勒级数展式(11)至式(13)分别代入差分方程的油、气、水方程中，合并同类项，即可形成各网格的包含 $\overline{\delta p}$、$\overline{\delta S_w}$、$\overline{\delta X_g}$ 和 $\overline{\delta p_{wf}}$ 四个求解变量的油、气、水组分方程。

如果给定的注采条件不同，则得到的注采方程形式也不同。例如当给定全井产液量时，井的注采方程就是：

$$Q_L = \sum_{s=1}^{N_s} \Psi_s \left[\lambda_O^{l+1}(p^{l+1}-p_{wf}^{l+1}) + \lambda_W^{l+1}(p_w^{l+1}-p_{wf}^{l+1})\right]_s \tag{16}$$

按照上述方法，可将式(16)展开成类似于式(8)或式(10)的形式，但此时各组分的差分方程中的注采项仍为式(11)至式(13)。

当给定井底流压值时，p_{wf} 作为常数处理，即 $\overline{\delta p_{wf}}\equiv 0$，这时方程组只有 $\overline{\delta p}$、$\overline{\delta S_w}$、$\overline{\delta X_g}$ 三个求解变量，隐式井底压力方法变回到常规的注采项处理方法。

对于注入井的处理，其原理及方法和生产井基本相同，但需注意注采量的正负号相反。

上面介绍的是全隐式处理传导系数的方法，若用显式或半隐式方法处理传导系数，显然其形式会更简单。具体可参考常规的注采项处理方法。

12.2.3 隐式井底压力求解

(1)把各网格的油、气、水方程和各井的注采方程联合，组成封闭的全隐式迭代计算的线性差分方程组。假设油藏求解区域中有 N 个网格及 M 口井，则得到一个 $3N+M$ 阶的方程组。

(2)在任意第 n 时间步,将所需变量值代入上述方程组,开始对第 $(n+1)$ 时间步进行求解。

(3)在任意第 l 迭代步对线性差分方程组进行求解,得到该迭代步的 $\overline{\delta p}$、$\overline{\delta S_w}$、$\overline{\delta X_g}$ 和 $\overline{\delta p}_{wf}$。

(4)计算得到 $p^{l+1}=p^l+\overline{\delta p}$,$S_w^{l+1}=S_w^l+\overline{\delta S_w}$,$X_g^{l+1}=X_g^l+\overline{\delta X_g}$ 和 $p_{wf}^{l+1}=p_{wf}^l+\overline{\delta p_{wf}}$ 及各有关变量在第 $(n+1)$ 时间步的值。

(5)把 p^{l+1}、S_w^{l+1}、X_g^{l+1}、p_{wf}^{l+1} 及相关变量代回方程组,得到进行 $(l+2)$ 步迭代求解的方程组。

(6)按照步骤(3)至步骤(5)进行循环迭代计算,直到收敛,得到第 $(n+1)$ 时间步的四个求解变量:$p^{n+1}=p^{l+1}$,$S_w^{n+1}=S_w^{l+1}$,$X_g^{n+1}=X_g^{l+1}$ 和 $p_{wf}^{n+1}=p_{wf}^{l+1}$。并利用式(11)至式(13)计算各网格第 $(n+1)$ 时间步的油、气、水组分产量,利用下式计算单井第 $(n+1)$ 时间步油、气、水组分的产量:

$$Q_O^{n+1}=\sum_{s=1}^{N_s}Q_{Os}^{n+1},\quad Q_G^{n+1}=\sum_{s=1}^{N_s}Q_{Gs}^{n+1},\quad Q_W^{n+1}=\sum_{s=1}^{N_s}Q_{Ws}^{n+1} \tag{17}$$

(7)利用步骤(2)至步骤(6)逐时间步进行循环计算,直至模拟过程结束。

12.3 过泡点问题的处理方法

12.3.1 过泡点问题处理的概念

泡点压力的定义是,当压力降低到原油体系开始逸出自由气时的压力,或者当压力增加到油气体系中所有自由气全部溶入原油时的压力,通常记作 p_b。因此,泡点压力实质上是油气组分质量相对比例的体现。当油组分对气组分的质量比值较大时,油气系统的泡点压力较低;反之亦然。

对于黑油油藏来说,当油藏内压力大于泡点压力,即 $p \geqslant p_b$ 时,油藏内只有油、水两相,$S_g=0$;当油藏内压力小于泡点压力,即 $p \leqslant p_b$ 时,油藏内存在油、气、水三相,$S_g>0$。在这两种状态下,各种流体物性参数随压力变化的规律是不同的。图 12.3.1 为原油密度、原油黏度、溶解气油比、溶解气密度的变化曲线。

实际油藏开发中,难免会发生油藏压力由高到低或由低到高变化而跨过泡点压力的现象。这种情况下对油藏进行模拟,必须综合考虑泡点压力两侧流体物性不同的变化规律,对流体性质变化及油藏渗流与开发过程进行计算。这个油藏数值模拟中的问题叫作过泡点问题。

进一步地,由于油田开发过程中流体的不断采出或注入,油藏内油气组分比例可能会发生变化,油气系统的泡点压力也可能发生变化,如图 12.3.1 中各虚线所示。油藏数值模拟中将原油泡点压力变化的问题称为变泡点问题,相应的模型称为变泡点模型。此时各项高压物性参数对压力及泡点压力的函数可表述如下:

油、气、水三相时:

$$\rho_o=\rho_o(p),\quad \rho_{Gd}=\rho_{Gd}(p),\quad \mu_o=\mu_o(p)$$

油、水两相时:

$$\rho_o=\rho(p,p_b),\quad \rho_{Gd}=\rho_{Gd}(p,p_b),\quad \mu_o=\mu_o(p,p_b)$$

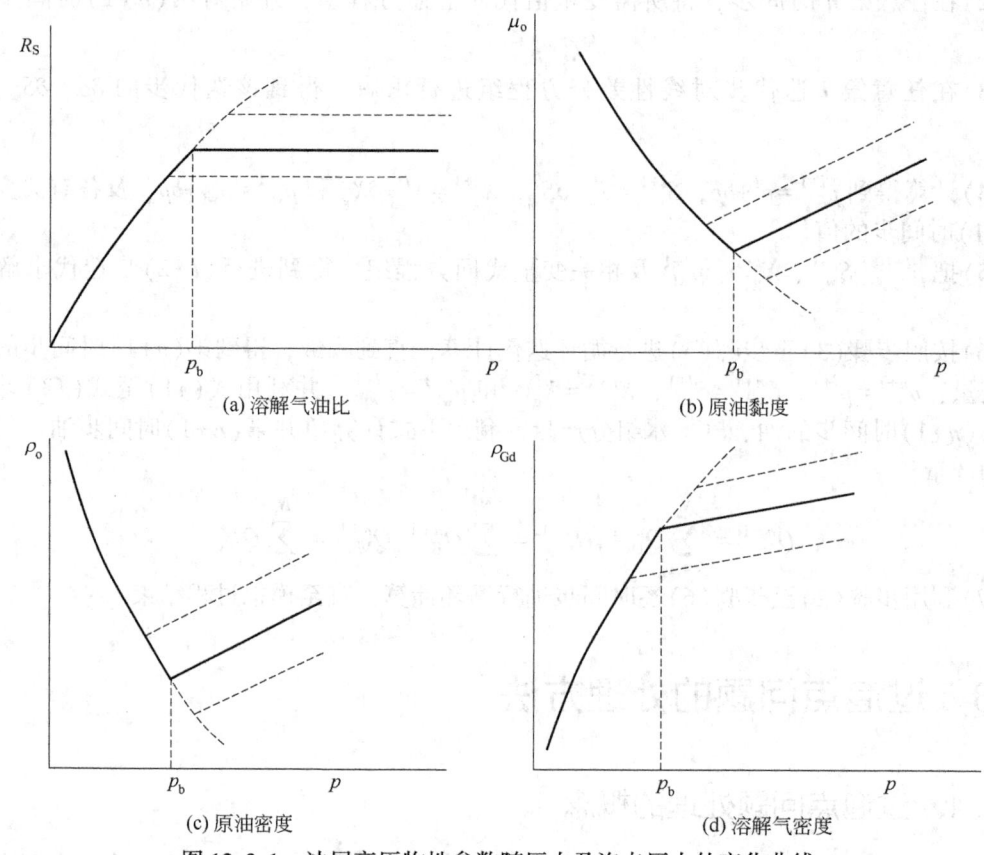

图 12.3.1 油层高压物性参数随压力及泡点压力的变化曲线

过泡点和变泡点的具体过程可以举例说明如下：

首先看过泡点现象。假设某油藏的初始压力高于泡点压力，初始状态下油藏内只有单一的油相。假设开发初期进行衰竭式开采，这种情况下油藏压力会逐渐下降，一旦降到泡点压力，原油中就会有气体析出，油藏内流体由单一油相变为气、液两相，此即发生过泡点现象。油藏衰竭式开采到一定阶段，油藏内压力可能降得太低而使得油藏的供液能力不足，从而影响原油产量和生产效益。此时往往需要向油藏内注水或注气以便补充能量，恢复和保持油藏压力。当向油藏内注水时，随着油藏压力的升高，此前从原油中析出的溶解气又会逐渐溶入油中，于是油藏内烃类流体由油气两相重新变为单一油相，此即第二次发生过泡点现象。

再看变泡点现象。上述油藏开采过程中的状态变化如图 12.3.2 所示。假设 A 点表示初始状态，油藏压力为 p_0，初始泡点压力为 p_{b1}。在衰竭开采阶段，压力由 p_0 下降到 p_1，油藏状态由 A 点经路径 $AA'B$ 变化到 B 点。其中在 A' 点(油藏压力为 p_{b1})发生过泡点现象；并且，在油藏压力小于 p_{b1} 的 $A'B$ 段开采过程中，生产气油比高于原始溶解气油比，即产出的油组分与气组分质量之比小于油藏初始条件下的油气组分比例，这样就会使得油藏内剩余油气组分比例大于初始油气比例，因此就会使得油藏内油气体系的泡点压力发生变化，由 p_{b1} 变成 p_{b2}，此即发生变泡点压力现象。

在补充能量开发阶段，无论注水还是注气，都可能使油藏压力得到恢复，假设由 p_1 上升到 p_0。但是，注入不同的流体，油藏状态变化的路径是不同的。(1)如果一直注水，因为油气体系的泡点压力已不再是初始值 p_{b1}，而是降到了 p_{b2}，所以油气体系将在 C' 处第二次

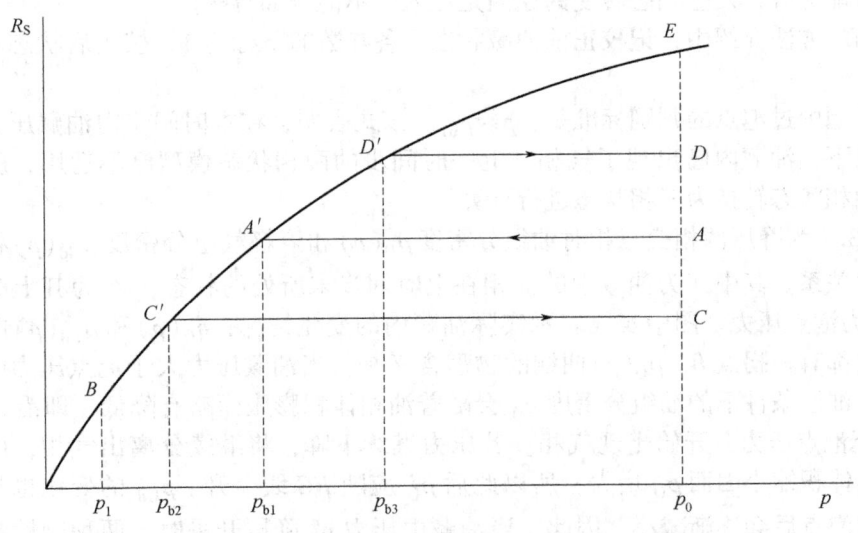

图 12.3.2 油藏内过泡点和变泡点现象示意图

过泡点,由饱和状态变为不饱和状态,油气水三相变为油水两相。整个过程中油藏状态由 B 点经路径 $BC'C$ 变化到 C 点,虽然油藏压力已经恢复到初始油藏压力 p_0,但它的状态是 C 而没有回到初始点 A。(2)如果先注气再注水,并假定注入气量大于产出气量,那么相对于一直注水的情况,油藏内气组分比例就会增大,油气体系的泡点压力会上升,有可能变为 p_{b2} 和 p_0 之间的任何一个值,例如 p_{b3},这样就发生了第二次变泡点现象,油气体系将在 D' 处第二次过泡点,油气水三相变为油水两相。整个过程中油藏状态由 B 点经路径 $BC'A'D'D$ 变化到 D 点。(3)如果注水前的注气量足够大,或者一直注气,那么由于油藏内气组分比例明显增大,油气体系的泡点压力有可能超过油藏初始压力 p_0,这种情况下同样发生了二次变泡点现象,只不过整个过程中没有二次经过泡点,油藏内始终存在油气水三相,原油始终为饱和状态;随着油藏压力由 p_1 上升到 p_0,油藏状态由 B 点经路径 $BC'A'D'E$ 变化到 E 点。

在第 8 章介绍的黑油油藏渗流数值模型中,所有的差分方程及其求解方法都给出了油气水三相和油水两相时的不同形式。问题的关键是如何判断油藏中每一个网格下一时间步的正确相态。一般可以先假设网格内相态保持不变进行下一时间步的求解;如果假设错误,计算结果肯定会显示出明显的不合理(例如三相状态的气相饱和度小于 0,或两相状态下油藏压力小于泡点压力等),这时再换另一种相态进行校正计算。

油藏模型的非迭代型(如 IMPES、半隐式)解法和迭代型(全隐式)解法在处理过泡点问题时一般采用不同的方式。

下面先介绍适用于 IMPES 和半隐式方法的过泡点压力处理方法。其基本假设是:(1)任一网格在任一时间步进行过泡点校正处理,即变换不同相态模型进行校正计算,在本时间步内不影响相邻网格的计算;(2)采用不同相态模型校正计算时,网格内油、气、水各组分的质量均保持不变。

12.3.2 两相变三相过泡点问题的处理方法

两相变三相过泡点现象常发生于两种油藏开发过程:(1)油藏衰竭性开采,如图 12.3.2 中路径 $AA'B$ 所示。(2)油藏注气开发,过程中视注入量与产出量的比例不同,油藏压力可能下降也可能上升，发生相态转变的原因是注入气不能全部溶解。

在下面的方法介绍中，记校正前油藏状态下各参数的下标为1，校正后状态下各参数下标为2。

此类问题中过泡点的判别标准是：$p_1<p_{b1}$。该式表明，在本时间步内油藏压力已变化到泡点压力以下，油藏内已出现了气相，上一时间步的两相状态模型已不适用，所以需要校正，即由两相状态转换为三相状态进行计算。

图12.3.3为降压两相变三相时油组分密度$\rho_O(p)$和溶解气组分密度$\rho_{Gd}(p)$校正前后各参数的变化关系。其中A为油藏中的油相在上时间步末所处的状态，p^n为其上时间步末的压力，p_{b1}为泡点压力。图中实线表示实际油藏内的变化情况，$\rho_O(p)$和$\rho_{Gd}(p)$曲线在对应泡点压力处都有一拐点B。$\rho_O(p)$曲线的物理含义是：当油藏压力大于泡点压力时，随着压力的降低，油层条件下的油组分密度ρ_O会随着油相体积膨胀而略有降低，即沿AB线下降，到B点降至泡点压力，开始出现气相。若压力继续下降，将继续分离出气相，由于油相失去气组分后体积缩小因而ρ_O增大，所以此后ρ_O应随BC线上升。ρ_{Gd}的变化也具有类似特征，只是过泡点后会逐渐减小。因此，当油藏由压力p^n降压开采时，两种物性参数都应按折线ABC变化到C点；如果按原来相态不变的假定进行计算，则不在B点发生转折而沿原来AB线的方向继续下降，经过同样的开采阶段后会到达D点，这显然是不合理的，应该将其校正到符合实际相态变化情况的C点。

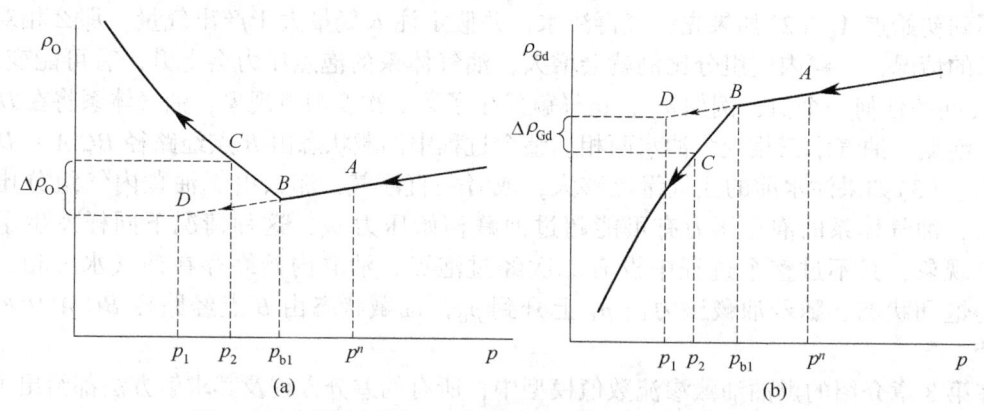

图12.3.3 降压两相变三相时校正前后各参数的变化关系

图12.3.4为升压两相变三相时校正前后各参数的变化关系。在这种情况下，由于油藏压力p^n在上一时间步末尚高于泡点压力p_b，油藏内处于两相状态，不存在自由气相。当注入气体时，注入气不断地溶入油中，使得油藏压力和泡点压力同时升高，但泡点压力升高速度快于油藏压力。同时油组分的密度ρ_O将因气体溶入油相而下降，而ρ_{Gd}相应上升。当压力由p^n升至p_b^{n+1}时，泡点压力也由p_b^n升至p_b^{n+1}，开始出现油藏压力等于或小于泡点压力的情况，油藏中开始出现气相；这时油藏状态及参数也由A点沿路径AB变化到了B点。如果有足够的注入气供应，则随着压力的上升，应在B处发生转折而按ABC线移动，当压力增至p_2时达到C点。如按原来两相状态不变的假定进行计算，则将继续沿AB线方向变化至D点，这是不合理的，所以应将其校正到符合实际的三相状态的C点。

虽然上述两种情况压力变化方向不同，油藏内组分变化趋势也不同，但都是从两相变为三相，过泡点前后物性参数变化关系相同。因此，把这两种情况统一考虑进行校正。

以ΔX表示在校正过程中任一参变量X所发生的变化，$\Delta X=X_2-X_1$。

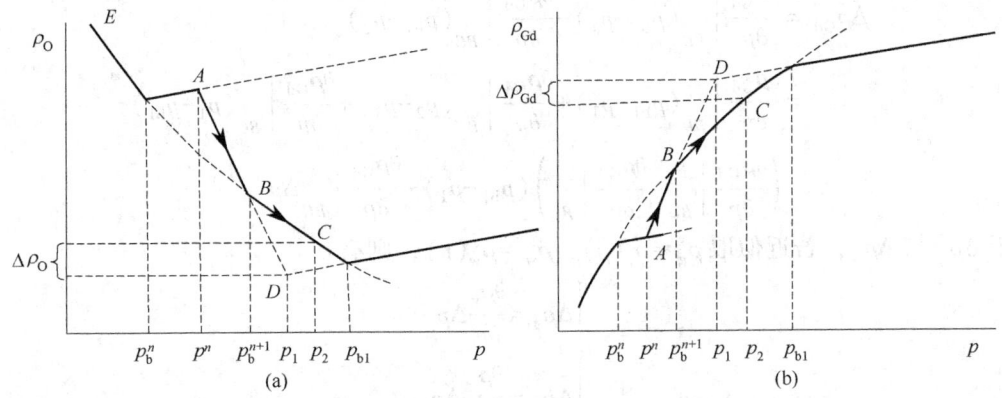

图 12.3.4 升压两相变三相时校正前后各参数的变化关系

考虑到各种物性的变化与相互关系，由图 12.3.3 和图 12.3.4 可知，对于两相状态的 D 点（校正前结果）有：

$$\begin{cases} S_{o1} = 1 - S_{w1} \\ S_{g1} = 0 \end{cases} \tag{1}$$

对于三相状态的 C 点（校正后结果）有：

$$\begin{cases} p_2 = p_1 + \Delta p \\ p_{b2} = p_2 = p_1 + \Delta p \\ S_{o2} = S_{o1} + \Delta S_o \\ S_{w2} = S_{w1} + \Delta S_w \\ S_{g2} = \Delta S_g = -(\Delta S_o + \Delta S_w) \end{cases} \tag{2}$$

即自变量只有 Δp、ΔS_o、ΔS_w 三个，校正后的各参数都可以用校正前的参数（已知）与自变量表示。

根据校正前后网格内油气水质量各自守恒的原则，并略去岩石压缩性所产生的影响，有：

$$\begin{cases} \Delta(S_o \rho_O) = 0 \\ \Delta(S_g \rho_g + S_o \rho_{Gd}) = 0 \\ \Delta(S_w \rho_w) = 0 \end{cases} \tag{3}$$

将式（3）展开，并由 $S_{g1} = 0$，可近似得：

$$\begin{cases} S_{o1} \Delta \rho_O + \rho_{O1} \Delta S_o = 0 \\ \rho_{g1} \Delta S_g + S_{o1} \Delta \rho_{Gd} + \rho_{Gd1} \Delta S_o = 0 \\ S_{w1} \Delta \rho_w + \rho_{w1} \Delta S_w = 0 \end{cases} \tag{4}$$

由图 12.3.3 可以看出

$$\begin{aligned} \Delta \rho_O &= \frac{\partial \rho_o}{\partial p}\bigg|_{BD}(p_{b1} - p_1) - \frac{\partial \rho_o}{\partial p}\bigg|_{BC}(p_{b1} - p_2) \\ &= \frac{\partial \rho_o}{\partial p}\bigg|_{BD}(p_{b1} - p_1) + \frac{\partial \rho_o}{\partial p}\bigg|_{BC}(p_2 - p_1) + \frac{\partial \rho_o}{\partial p}\bigg|_{BC}(p_1 - p_{b1}) \\ &= \left(\frac{\partial \rho_o}{\partial p}\bigg|_{BD} - \frac{\partial \rho_o}{\partial p}\bigg|_{BC}\right)(p_{b1} - p_1) + \frac{\partial \rho_o}{\partial p}\bigg|_{BC} \Delta p \end{aligned} \tag{5}$$

$$\Delta\rho_{Gd} = \frac{\partial\rho_{Gd}}{\partial p}\bigg|_{BD}(p_{b1}-p_1) - \frac{\partial\rho_{Gd}}{\partial p}\bigg|_{BC}(p_{b1}-p_2)$$

$$= \frac{\partial\rho_{Gd}}{\partial p}\bigg|_{BD}(p_{b1}-p_1) + \frac{\partial\rho_{Gd}}{\partial p}\bigg|_{BC}(p_2-p_1) + \frac{\partial\rho_{Gd}}{\partial p}\bigg|_{BC}(p_1-p_{b1})$$

$$= \left(\frac{\partial\rho_{Gd}}{\partial p}\bigg|_{BD} - \frac{\partial\rho_{Gd}}{\partial p}\bigg|_{BC}\right)(p_{b1}-p_1) + \frac{\partial\rho_{Gd}}{\partial p}\bigg|_{BC}\Delta p \tag{6}$$

而对于 $\Delta\rho_g$ 与 $\Delta\rho_w$，若近似取 $\rho_g \approx \rho_g(p)$，$\rho_w \approx \rho_w(p)$，则有：

$$\begin{cases} \Delta\rho_g = \dfrac{\partial\rho_g}{\partial p}\Delta p \\ \Delta\rho_w = \dfrac{\partial\rho_w}{\partial p}\Delta p \end{cases} \tag{7}$$

将式(5)至式(7)代入式(4)并整理，可得：

$$\begin{cases} S_{o1}\dfrac{\partial\rho_o}{\partial p}\bigg|_{BC}\Delta p + \rho_{o1}\Delta S_o = S_{o1}\left(\dfrac{\partial\rho_o}{\partial p}\bigg|_{BC} - \dfrac{\partial\rho_o}{\partial p}\bigg|_{BD}\right)(p_{b1}-p_1) \\ S_{o1}\dfrac{\partial\rho_{Gd}}{\partial p}\bigg|_{BC}\Delta p + (\rho_{Gd1}-\rho_{g1})\Delta S_o - \rho_{g1}\Delta S_w = S_{o1}\left(\dfrac{\partial\rho_{Gd}}{\partial p}\bigg|_{BC} - \dfrac{\partial\rho_{Gd}}{\partial p}\bigg|_{BD}\right)(p_{b1}-p_1) \\ S_{w1}\dfrac{\partial\rho_w}{\partial p}\Delta p + \rho_{w1}\Delta S_w = 0 \end{cases} \tag{8}$$

式中 $\dfrac{\partial\rho_o}{\partial p}\bigg|_{BD}$ ——曲线上 BD 弦的斜率；

$\dfrac{\partial\rho_o}{\partial p}\bigg|_{BC}$ ——曲线上 BC 弦的斜率。

$\dfrac{\partial\rho_{Gd}}{\partial p}\bigg|_{BD}$、$\dfrac{\partial\rho_{Gd}}{\partial p}\bigg|_{BC}$ 的意义同理。同时需要注意斜率的正负号。

解式(8)即可以得到校正值 Δp、ΔS_o、ΔS_w，最后根据式(2)求得校正后各参数的值。

12.3.3 三相变两相过泡点问题的处理方法

三相变两相过泡点问题一般如图 12.3.2 中路径 $BC'C$ 或路径 $BC'A'D'D$ 所示，其校正前后的参数变化关系如图 12.3.5 所示。图中显示，随着油藏压力上升，油藏状态由 A 点沿 AB 路径向 B 点移动，到 B 点后发生过泡点现象，油藏内流体由三相变为两相，此后油藏状态将由 B 点沿 BC 路径移动，在本时间步内到达 C 点。但按原相态不变的假定进行计算，则油藏状态会沿 ABD 路径移动到三相状态的 D 点，这样显然是错误的，所以必须由 D 点校正到两相状态的 C 点。

此类问题中过泡点的判别标准是：$S_{g1} = 1 - S_{o1} - S_{w1} < 0$。这在实际情况中是不可能出现的，只是表明在本时间步内气相饱和度已减小为零，油藏内已由油气水三相状态变为油水两相状态。

考虑到泡点前后各种物性变化与相互关系，再由图 12.3.5 可知，对于三相状态的 D 点（校正前的结果）：

$$p_{b1} = p_1 \tag{9}$$

对于两相状态的 C 点(校正后的结果):

$$\begin{cases} p_2 = p_1 + \Delta p \\ S_{w2} = S_{w1} + \Delta S_w \\ S_{o2} = 1 - S_{w2} = 1 - S_{w1} - \Delta S_w \\ p_{b2} = p_{b1} + \Delta p_b = p_1 + \Delta p_b \\ \Delta S_g = -S_{g1} \\ \Delta S_o = S_{o2} - S_{o1} = 1 - S_{w1} - \Delta S_w - S_{o1} = S_{g1} - \Delta S_w \end{cases} \quad (10)$$

这时的自变量为 Δp、Δp_b、ΔS_w 三个。

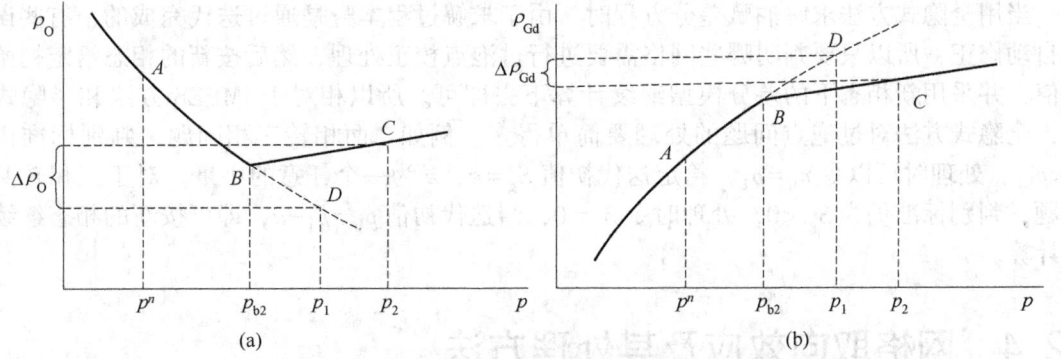

图 12.3.5 升压三相变两相时校正前后各参数的变化关系

根据校正前后油、气、水的质量在网格内各自守恒的原则,式(3)仍然成立。考虑到 $\Delta S_{g1} = -S_{g1}$,且 $\Delta \rho_{g1} \ll \rho_{g1}$,将式(3)展开并整理后,近似得到:

$$\begin{cases} S_{o1} \Delta \rho_O + \rho_{O1} \Delta S_o = 0 \\ -S_{g1} \rho_{g1} + S_{o1} \Delta \rho_{Gd} + \rho_{Gd1} \Delta S_o = 0 \\ S_{w1} \Delta \rho_w + \rho_{w1} \Delta S_w = 0 \end{cases} \quad (11)$$

根据图 12.3.5 可得:

$$\begin{cases} \Delta \rho_O = -\dfrac{\partial \rho_O}{\partial p}\bigg|_{BD}(p_1 - p_{b2}) + \dfrac{\partial \rho_O}{\partial p}\bigg|_{BC}(p_2 - p_{b2}) \\ = \dfrac{\partial \rho_O}{\partial p}\bigg|_{BD}(p_{b2} - p_1) + \dfrac{\partial \rho_O}{\partial p}\bigg|_{BC}(p_2 - p_1) - \dfrac{\partial \rho_O}{\partial p}\bigg|_{BC}(p_{b2} - p_1) \\ = \left(\dfrac{\partial \rho_O}{\partial p}\bigg|_{BD} - \dfrac{\partial \rho_O}{\partial p}\bigg|_{BC}\right)\Delta p_b + \dfrac{\partial \rho_O}{\partial p}\bigg|_{BC}\Delta p \end{cases} \quad (12)$$

$$\begin{cases} \Delta \rho_{Gd} = \dfrac{\partial \rho_{Gd}}{\partial p}\bigg|_{BC}(p_2 - p_{b2}) - \dfrac{\partial \rho_{Gd}}{\partial p}\bigg|_{BD}(p_1 - p_{b2}) \\ = \dfrac{\partial \rho_{Gd}}{\partial p}\bigg|_{BC}(p_2 - p_1) - \dfrac{\partial \rho_{Gd}}{\partial p}\bigg|_{BC}(p_{b2} - p_1) + \dfrac{\partial \rho_{Gd}}{\partial p}\bigg|_{BD}(p_{b2} - p_1) \\ = \left(\dfrac{\partial \rho_{Gd}}{\partial p}\bigg|_{BD} - \dfrac{\partial \rho_{Gd}}{\partial p}\bigg|_{BC}\right)\Delta p_b + \dfrac{\partial \rho_{Gd}}{\partial p}\bigg|_{BC}\Delta p \end{cases} \quad (13)$$

$\Delta \rho_g$ 与 $\Delta \rho_w$ 的展开式与前面两相变三相时相同,不再重述。将式(12)、式(13)及 $\Delta \rho_g$、$\Delta \rho_w$ 的展开式代入式(11),并整理,得:

$$\begin{cases} S_{o1} \dfrac{\partial \rho_O}{\partial p} \bigg|_{BC} \Delta p + S_{o1} \left(\dfrac{\partial \rho_O}{\partial p} \bigg|_{BD} - \dfrac{\partial \rho_O}{\partial p} \bigg|_{BC} \right) \Delta p_b - \rho_{o1} \Delta S_w = -\rho_{o1} S_{g1} \\ S_{o1} \dfrac{\partial \rho_{Gd}}{\partial p} \bigg|_{BC} \Delta p + S_{o1} \left(\dfrac{\partial \rho_{Gd}}{\partial p} \bigg|_{BD} - \dfrac{\partial \rho_{Gd}}{\partial p} \bigg|_{BC} \right) \Delta p_b - \rho_{Gd1} \Delta S_w = S_{g1}(\rho_{g1} - \rho_{Gd1}) \\ S_{w1} \dfrac{\partial \rho_w}{\partial p} \Delta p + \rho_{w1} \Delta S_w = 0 \end{cases} \quad (14)$$

解式（14），得 Δp、Δp_b、ΔS_w，代入式（10），即可得校正后的各参数值。

12.3.4 全隐式解法的过泡点问题处理方法

当用全隐式方法求解油藏差分方程时，由于求解过程本身是通过迭代完成的，有些误差可自动修正，所以只要判明哪些网格需要进行过泡点校正处理，然后按新的相态给定初始迭代值，并采用新相态下的差分模型继续计算下去即可。所以相对于 IMPES 方法和半隐式方法，全隐式方法对过泡点问题的处理要简单得多。例如：两相转三相问题，判别标准仍为 $p_1 < p_{b1}$，处理时可以令 $p_b = p_1$，给定迭代初值 $S_g = \varepsilon$，ε 为一个任意的小量。对于三相转两相问题，判别标准仍为 $S_{g1} < 0$，处理时令 $S_g = 0$，给迭代初值 $p_b = p_1 - \varepsilon$，即可按新的相态继续进行计算。

12.4 网格取向效应及其处理方法

12.4.1 网格取向效应的概念

网格取向效应是指模拟结果随网格系统所取的方向的不同而改变的现象。下面举例说明。

如图 12.4.1 所示的五点注水系统，可以采用两种差分网格：一种如图中虚线所示，注水井和生产井的连线和网格系统中某一簇网格线是平行的，称为平行网格系统；另一种如图

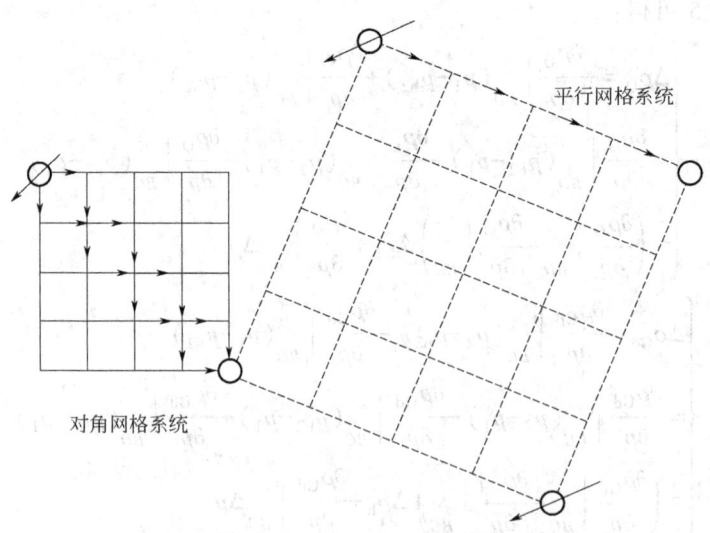

图 12.4.1 五点注水井网的网格系统取向性示意图
⌀ 注水井　○ 生产井

中实线所示，注水井和生产井的连线和网格系统斜交而处于对角线的位置，则称为对角网格系统。当分别用这两种网格系统以五点差分格式进行模拟计算时，会发现在某些情况下两者的模拟结果有明显差异。这就是网格取向效应的影响。

图 12.4.2 是当油水流度比 $M=10$ 的情况下在不同注入水体积时按两种网格系统计算所得的水驱前缘推进情况的对比。由图可知，生产井见水时间在使用平行网格系统时过早，而使用对角网格时又过晚，两者的计算结果都是不正确的。

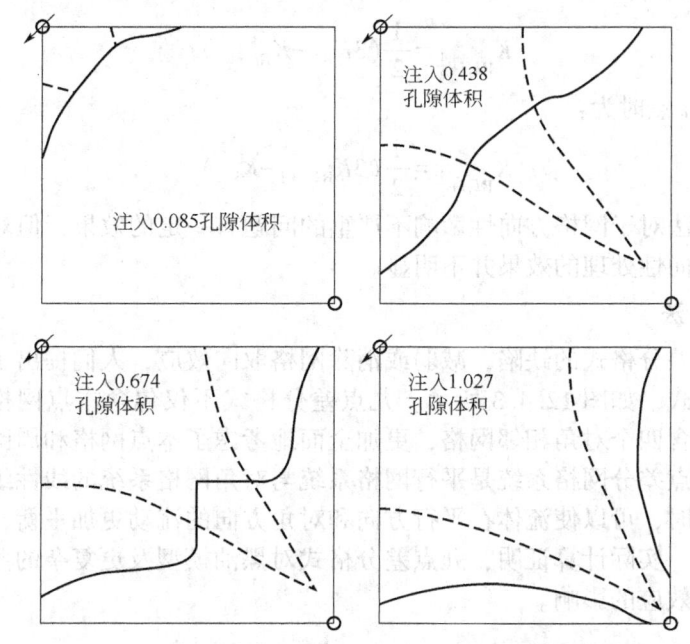

图 12.4.2　五点注水井网模拟中网格取向效应的影响示意图

上述现象可以定性地进行解释：假定注水前油藏含水饱和度为束缚水饱和度，在计算的第一步，只有注水井所在网格内的含水饱和度有所改变。因为在每一个网格的差分方程中，都只含有本点网格及与其边线相邻的四个网格。所以，在后续每一时间步的计算中，当某一个网格的含水饱和度高于临界水饱和度以后，也只能影响到与其边线相邻的网格，不能直接影响到与该网格在对角位置相邻的网格，即注入水由注水井向生产井流动，其流动方向只能是与网格线相平行的方向。在对角网格系统中，注水井与生产井之间的连线不与网格线平行，所以注入水在流向生产井时，必须采取"曲折"的流动路线，图 12.4.1 的箭头标出了两条可能的曲折路线。而在平行的网格系统中，注水井与生产井之间的连线与网格线平行，注入水可以沿直线流入生产井。显然，沿曲线流动要慢于沿直线流动。这种平行方向流动快、对角方向流动慢的方向效应，是五点差分格式的固有特征。

在实际应用中，不同的油藏条件下网格取向的影响程度是不同的。在水驱油藏模拟中，水油流度比越小，网格取向效应越明显；蒸汽驱及火烧油层等热采过程数值模拟中的网格取向效应比黑油模型严重。

12.4.2　网格取向性影响的处理方法

为了减小网格方向性影响，人们根据不同问题的具体特点研究提出了多种不同的处理方法。下面简要介绍其中几种具有代表性的方法。

1. 两点上游权方法

比较早期的研究者认为，五点差分格式的网格取向效应与解算中使用的单点上游权方法有关。因此，M. R. Todd 等人提出采用两点上游权方法来减小网格取向性的影响。两点上游权的计算方法很简单，例如：对 l 相流体相对渗透率 $K_{Rl, i+\frac{1}{2}}$，当流向为由 i 到 $i+1$ 点时，两点上游权的计算公式为：

$$K_{Rl, i+\frac{1}{2}} = \frac{1}{2}(3K_{Rli} - K_{Rl, i+1}) \tag{1}$$

当流向为由 $i+1$ 到 i 点时为：

$$K_{Rl, i+\frac{1}{2}} = \frac{1}{2}(3K_{Rl, i+1} - K_{Rli}) \tag{2}$$

两点上游权方法对于网格方向性影响不严重的问题有一定的效果，但对于一般油藏开发模拟问题中网格取向性处理的效果并不明显。

2. 九点差分方法

为了克服五点差分格式的缺陷，减弱或消除网格取向效应，人们提出了用九点差分格式来代替五点差分格式，如图 12.4.3 所示。九点差分格式不仅包含本点网格 (i, j) 和四个边线相邻网格，还包含四个对角相邻网格，更加全面地考虑了本点网格和周围相邻网格的流动关系；实际上，九点差分网格系统是平行网格系统与对角网格系统的线性组合。因此，九点差分格式模拟计算时，可以使流体在平行方向和对角方向的流动更加平衡，整个流场分布和流动过程更加合理。实际计算证明，九点差分格式对黑油模型及更复杂的蒸汽驱模型都可以明显降低网格取向效应的影响。

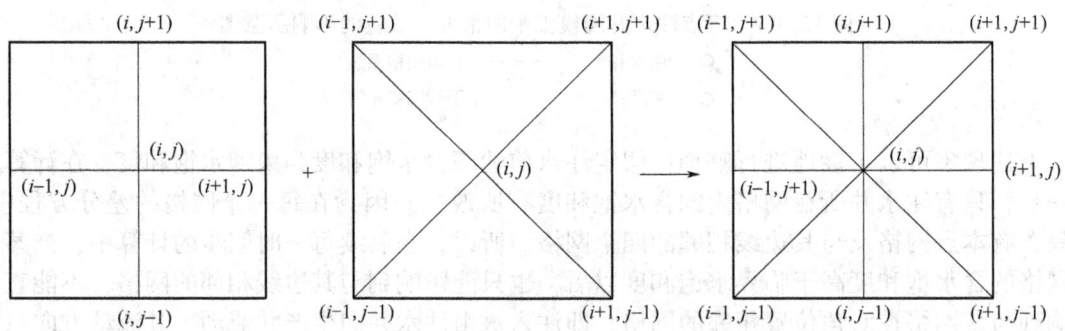

图 12.4.3　九点差分格式流动关系示意图

以二维非均质油藏为例，在二维直角坐标系中，L 相流体的渗流方程为：

$$\frac{\partial}{\partial x}\left(\frac{KHK_{rL}\rho_L}{\mu_L}\frac{\partial p}{\partial x}\right) + \frac{\partial}{\partial y}\left(\frac{KHK_{rL}\rho_L}{\mu_L}\frac{\partial p}{\partial y}\right) = \frac{\partial}{\partial t}(H\phi\rho_L S_L) \tag{3}$$

式 (3) 离散得到的九点差分方程的一般形式为

$$\left(\frac{TK_{rL}\rho_L}{\mu_L}\right)_{i+\frac{1}{2},j}(p_{i+1,j}-p_{i,j}) + \left(\frac{TK_{rL}\rho_L}{\mu_L}\right)_{i-\frac{1}{2},j}(p_{i-1,j}-p_{i,j}) + \left(\frac{TK_{rL}\rho_L}{\mu_L}\right)_{i,j+\frac{1}{2}}(p_{i,j+1}-p_{i,j}) +$$

$$\left(\frac{TK_{rL}\rho_L}{\mu_L}\right)_{i,j-\frac{1}{2}}(p_{i,j-1}-p_{i,j}) + \left(\frac{TK_{rL}\rho_L}{\mu_L}\right)_{i+\frac{1}{2},j-\frac{1}{2}}(p_{i+1,j-1}-p_{i,j}) + \left(\frac{TK_{rL}\rho_L}{\mu_L}\right)_{i-\frac{1}{2},j-\frac{1}{2}}(p_{i-1,j-1}-p_{i,j}) +$$

$$\left(\frac{TK_{rL}\rho_L}{\mu_L}\right)_{i+\frac{1}{2},j+\frac{1}{2}}(p_{i+1,j+1}-p_{i,j})+\left(\frac{TK_{rL}\rho_L}{\mu_L}\right)_{i-\frac{1}{2},j+\frac{1}{2}}(p_{i-1,j+1}-p_{i,j})=V_{ij}\frac{\partial}{\partial t}(\phi\rho_t S_t)_{ij} \tag{4}$$

其中，$T_{i\pm\frac{1}{2},j\pm\frac{1}{2}}$ 为传导系数，且 $T_{i\pm\frac{1}{2},j\pm\frac{1}{2}}=T_{i\pm\frac{1}{2},j\pm\frac{1}{2}}(\Delta x,\Delta y,h,K)$，即 $T_{i\pm\frac{1}{2},j\pm\frac{1}{2}}$ 与所在网格的位置、方向、各方向步长及渗透率有关。

式(4)表示的是网格(i,j)与其周围八个网格之间的流体流动关系，这种关系具体由其中各项的传导系数来描述。因此，各项传导系数的确定是建立九点差分方程的关键。不同的研究者先后从不同的角度给出了不同的传导系数表达式，因此形成了不同的九点差分格式。

J. L. Yanosik 等(1979)首先把九点差分格式应用于油藏数值模拟，他们推导建立了非均质地层正方形等矩网格系统中的九点差分方程，以及均质地层(KH=常数)矩形等距网格系统的九点差分格式[19]。K. H. Coats 等(1983)导出了一种可用于任何非均质及均匀或不均匀网格系统的九点差分格式[20]。Wolcott D. S. 等(1996)在九点差分格式中使用三阶全变差递减即 TVD(Total Variation Diminishing)方法，可以进一步降低网格取向误差，该方法简单易用，并考虑了油藏混相、非混相及各向异性特征[21]。

此后，人们一直在对数值模拟中网格取向效应的影响因素进行研究分析[22]，以期建立更加精确而通用的方法(Hurtado F. S. V. et al., 2007)。近年来，人们在建立和发展新的数值模拟方法时，往往会同时考虑网格取向效应。Eymard R. 等(2013)分析了结构网格耦合有限体积法的网格取向效应，并针对两相不可压流体质量守恒非线性渗流问题，将其看作是压力扩散方程和饱和度对流方程的耦合，提出了一种消除网格取向效应的方法[23]。Karine Laurent 等(2021)认为网格取向效应来源于计算格式的截断误差的各向异性，并以此认识为基础，在耦合有限体积法中给出了两种九点模式以修正网格取向影响[24]。

总体来讲，网格取向效应是油藏模拟中尚未解决的问题之一。虽然在过去的几十年里关于这一问题的文献已经出版了许多，但目前还没有对这个问题的普遍解决方案，减小或消除网格取向影响的方法还处在不断发展过程中。

习题

1. 简述多网格生产井注采项的处理与单网格生产井注采项处理有何异同。

2. 什么是过泡点压力问题？分不同油藏动态简述过泡点后校正与不校正的情况下各变量及物性参数值有何异同。

3. 简述网格取向效应的概念，以及九点差分格式削弱网格取向效应影响的原理。

第13章 油藏数值模拟应用

前面章节介绍的是油藏数值模拟的理论方法，可以理解为如何编制油藏数值模拟软件；本章讲述油藏数值模拟的应用，也就是使用软件对实际油藏进行数值模拟。

油藏数值模拟软件中包含的主要是油藏的渗流控制方程组及其求解方法。渗流控制方程是油藏渗流与开发遵循的普遍规律，要模拟实际油藏的渗流与开发过程，还必须结合油藏的具体特点，这些特点由各种地质、开发研究资料及生产数据提供。油藏数值模拟应用的实质就是将普遍渗流规律与实际油藏条件相结合。

油藏数值模拟应用有三个必备的条件：

(1)功能合适的数模软件及硬件设备。这是进行油藏数值模拟的基本条件，现在软硬件技术的发展，使得这方面条件能够得到越来越好的满足。

(2)全面可靠的油藏资料。油藏资料越齐全、越准确，就越有条件使得数值模拟结果符合油藏实际情况。反之，资料不完善不准确，模拟结果的可靠度就不高；使用错误的数据，会得出错误的模拟结果。

(3)技术全面、经验丰富的研究人员。数值模拟的应用人员需要具备油藏工程、数值模拟和计算机使用等多方面知识和技能。

数值模拟应用人员要善于综合分析各种原始资料，包括地震、钻井、测井、岩心分析、地质分析、试井、试油、试采、产吸剖面及连通性测试、开发生产数据等各方面的资料，判别其合理性和准确度，选取符合油藏实际的数据，并提出必要的资料数据补充的要求。在此基础上，对油藏进行精细描述，透彻了解油藏的动、静态特征，建立符合油藏实际情况的地质模型，输入油藏数值模拟软件进行模拟计算。对数值模拟运算的结果要能够正确分析，判别对错，去粗取精，弃劣选优。在整个研究过程中，能够和地质、地震、测井、采油工程等专业人员协同工作，保证研究工作沿着正确的方向高效开展，最后获得有意义的成果。

油藏数值模拟应用一般包括三大步骤：(1)油藏资料数据的分析处理及地质模型的建立；(2)油藏开发历史拟合及可预测模型的建立；(3)开发/调整方案的设计、预测与优选。

下面分步骤逐一进行介绍。

13.1 油藏资料处理及数值地质模型建立

13.1.1 油藏问题分析及模型软件选择

在对实际油藏进行模拟研究之前，要对油藏特点和要解决的问题进行分析，根据问题特点选择合适的数模软件，然后配置合适的软硬件计算环境进行模拟计算。

1. 实际油藏问题分析

对实际油藏问题进行分析需要考虑的因素包括：（1）油藏的地质与开发特点；（2）油藏的开发阶段，是处在早期开发和产能建设阶段、中期开发稳产阶段，还是后期开发调整及提高采收率阶段；（3）研究的主要问题，是油藏开发可行性研究、开发方案设计研究、调整方案设计研究、提高采收率方案设计研究等决策性研究，还是某些机理研究、敏感性分析或工艺措施评价等。

油气藏类型及开发特点不同，意味着所适用的模型和软件不同，其模拟过程、方法、计算量和模拟结果的内容与形式也都不同，因此需首先对油气藏类型及开发特点进行分析。经常遇到的情况和习惯的做法列举如下。

对于常规原油，即不发生反凝析现象的油藏，可以选用黑油模型。对烃类的反凝析现象比较明显而不能忽略的情况，如凝析气藏和高挥发性的轻质油藏等，一般应使用组分模型。对于裂缝性油藏，如果油层岩石的裂缝主要是微小裂缝，连通性不好，可以用普通单一介质的黑油模型，只需要在单一介质的渗透率和相对渗透率取值时考虑微小裂缝的影响就可以了；但如果是中大型裂缝较发育且连通性较好的裂缝性油藏，则要选用双重介质模型。对于双重介质模型，如果油藏基质的渗透性不好，主要只起储油作用，则可以使用结构较简单、计算量较小的双孔隙度单渗透率模型；如果基质不仅储油，而且渗透性也较好，就应该选用更为复杂的双孔隙度双渗透率模型。如果油藏采用了热力驱、化学驱、混相驱等新的提高采收率方法，则要选用与这些开发方式、特点相适应的数学模型，一般这些模型都是在组分模型的基础上构建的，其方程结构和解法比较复杂，计算量较大。

2. 现代油藏数模软件的特点及可选性

目前世界上油藏数值模拟的主流软件都具有多功能模型集成特点，就是将所有模型集成于一个软件系统，因此使用很方便，只需按照数值模拟问题的需要从中选择合适的模型即可。

一般主流软件系统中包括黑油模型和多组分模型两大类，也可以稍微细分为黑油模型、化学驱模型和热采模型三大类。其中，最简单的模型是三维三相三组分的黑油模型。从数学模型到网格结构再到求解方法，没有专门的两相、单相油气藏模型，也没有专门的二维、一维和零维模型，因为这些模型本来就是实际油藏的简化，所以他们被包含在了更复杂的更符合实际油藏情况的模型之中。只要在软件中对参数进行设计，就可以模拟较简单的油藏问题。例如：只要对网格和流体物性参数进行调整，就可以利用黑油模型模拟一维或二维的单相油藏或气藏，也可以模拟油水两相或气水两相的油气藏。

3. 计算机软硬件环境的建立与完善

随着计算机技术的不断发展，计算机的硬件性能（包括运算速度和内存量）提升很快，软件环境越来越友好，对油藏数值模拟的适应性也越来越强。目前，个人计算机的性能即可满足一般油藏数值模拟的需要。它虽然对一些特大型、超大型油藏数值模拟问题尚难以胜任，但对不少小型油藏数值模拟问题已绰绰有余。

13.1.2 几何参数处理与网格系统的建立

油藏数值地质模型建立的第一步是把目标油藏区域进行网格离散，建立网格系统。建立网格系统需注意的问题是：一方面网格尺度要足够小，数量要足够，以便达到足够高的精度；另一方面要尽量减少网格数量，以便减小计算量，提高数值模拟效率。因此，要求在充分发挥计算机运算能力的前提下，平衡模拟精度和模拟效率两方面因素，设计建立网格系统，使得油藏数值模拟总体效果达到最优。一般必须考虑的因素如下所述。

1. 油藏几何特征

主要是根据油藏区域的大小、形状和方位，确定油藏网格系统的区域、形状、方位及网格尺度。其中，要注意使油藏空间和网格区域尽可能重合，以减少无效网格数，降低油藏数值模型所占的存储量。如图 13.1.1 所示，(a) 为大地坐标系(东、南、下三个方向分别取作直角坐标系的 x、y、z 轴)网格系统，(b) 为油藏长轴平行坐标系的网格系统。油藏区域内的网格为有效网格，油藏区域外的网格为无效网格，又叫哑网格。显然，平行坐标系的无效网格率远小于大地坐标系。

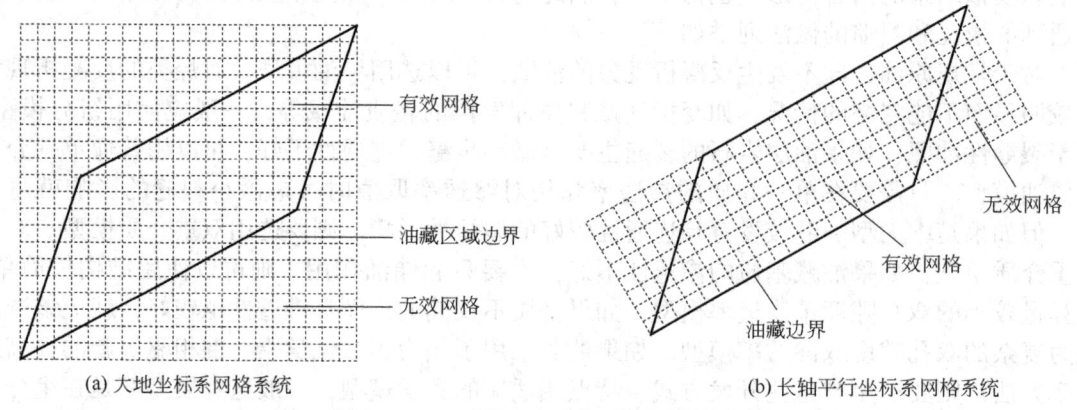

(a) 大地坐标系网格系统　　　　　　　　　(b) 长轴平行坐标系网格系统

图 13.1.1　不同方向坐标系下网格系统

2. 井位、层位和断层

对井位的考虑主要是保证井间区域压力和饱和度等分布变化的模拟精度，为此应该每口井独占一个网格，且任意两井间隔 3 个以上网格。

对层位的考虑主要是保证垂直于地层方向的模拟精度。凡是油藏开发地质研究能够描述清楚的最小地质层位都要用至少 1 个或多个网格层进行模拟。所谓的最小地质层位是指在垂直方向彼此之间不存在流体流动的厚度最小的层位，一般为地质上划分的小层，更细致的可以是单砂层、单砂体等。每一个最小地质层位所占的网格层数，决定了整个数值模型总的网格层数，直接影响着数值模拟运算的规模和速度。

油藏内发育的断层对油藏渗流过程和开发效果往往具有显著影响，因此必须设计合理的网格系统(包括网格大小、走向等)，尽最大可能实现对断层的精确刻画。

3. 油藏各向异性

对于各向异性渗透率油藏，应首先确定各向异性渗透率的主方向，然后尽可能选择网格方向与渗透率主方向平行，以利于提高模拟精度和计算效率。

4. 油藏非均质性

这里所说的非均质性，既包括油藏静态地质参数的非均匀分布，比如渗透率、孔隙度、有效厚度等，也包括渗流动态参数的非均匀分布，如饱和度、压力、流线等。非均质性比较强的油藏可以采用非均匀网格系统。参数变化比较剧烈的区域用较密集的网格，其他区域用较稀疏的网格，同时要注意网格步长剧烈变化可能引起较大的误差和计算过程的不稳定。对于上述情况，局部加密网格比一般的非均匀网格系统效果更好。

5. 超大规模油藏模拟

如果油藏规模过大，在网格数和模拟精度之间就可能很难协调。这时可以先用稀疏的大网格进行全油藏的粗略模拟,再将油藏分成若干区域,用密集的小网格对各区域逐个进行精细模拟。大网格模拟结果作为分区域精细模拟的边界条件,分区域精细模拟结果再反馈到全油藏的大网格模拟进程中去,这样就可以用同样的计算机来解决数倍之大的油藏模拟问题。这个方法可称为疏密网格结合分区算法。

这种疏密网格结合的模拟方法在使用时,还可以只对具有深入和精细研究价值的区域利用密网格系统做精细模拟,更详细地了解该区域的情况,以便提出相应的开发措施。这样比全油藏进行密网格精细模拟的工作量会明显减少。

6. 曲线坐标网格

一般的数模软件最常用的坐标系虽然是直角坐标系,但为了适应实际油藏复杂的储层形态,往往使用曲线坐标系。因此,所建油藏网格系统中的同一层网格并非按平面分布,而是随实际储层的走势呈现台阶状的起伏分布,如图13.1.2所示。

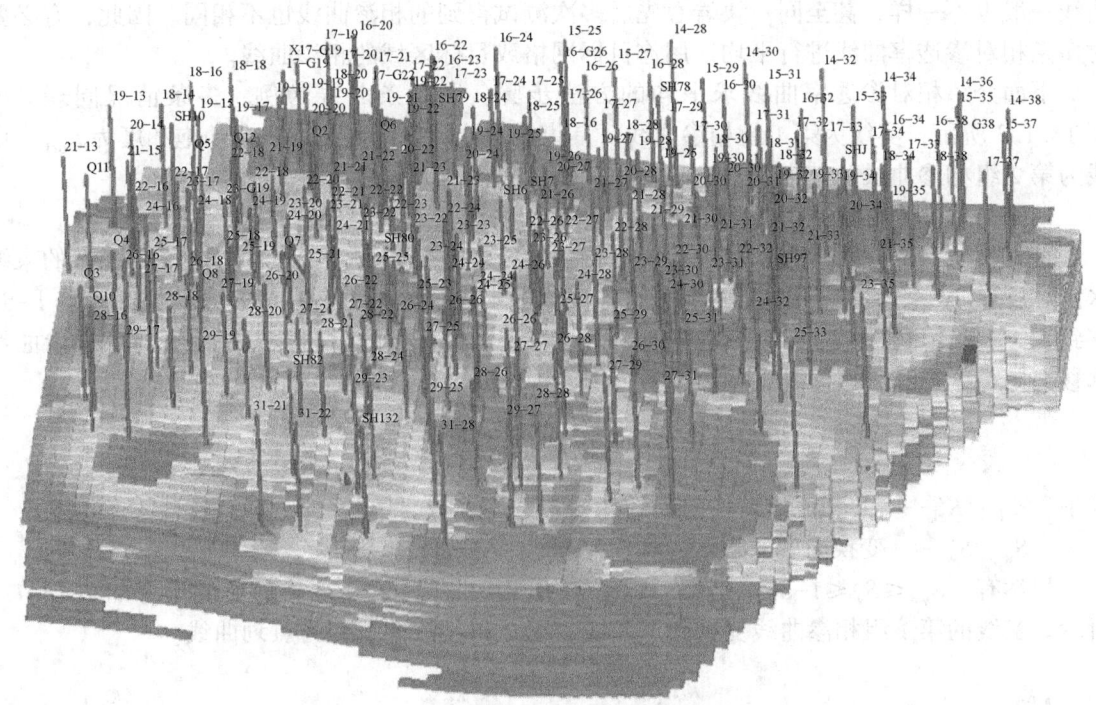

图 13.1.2 实际油藏曲线坐标网格系统示意图

13.1.3 地质参数的处理

建立了油藏的网格系统,就等于建立了油藏构造框架。接下来应该将油藏的各种物理属性离散到油藏的网格系统中,从而建立起油藏的地质模型。为了方便和更具典型性,下面关于资料数据具体处理内容和方法的介绍将以普通黑油模型为例,本章后续内容同此。

1. 基本地质参数

油藏的基本地质参数包括储层埋深(D)、地层厚度(h)、有效厚度(h_o)、孔隙度(ϕ)、渗透率(K)、岩石压缩系数(C_f)等。有时有效厚度用净毛比($NTG=h_o/h$)代替。上述参数都是油藏空间位置的函数:

$$D=D(x,y), h=h(x,y,z), h_o=h_o(x,y,z),$$

$$\phi=\phi(x,y,z), K=K(x,y,z), C_f=\frac{1}{\phi}\frac{\partial\phi}{\partial p}$$

上述资料数据一般利用地震、测井、岩心测试等多种研究方法和途径得到。将这些资料数据进行处理，就可得到上述每一个地质参数在所有网格点上的分布。一般处理方式是，搜集整理所有井点的位置及各种地质参数数据，或油藏的各种地质参数分布图，将它们输入数模软件的前处理系统或其他数据离散软件进行离散，得到网格离散数据。这些数据按照数模软件要求的格式存入数值模拟的油藏数据体，成为油藏数值地质模型的一部分。油藏数据体是一个油藏进行数值模拟时所有输入数据文件的总称。

2. 两相渗流的相对渗透率

由于油藏岩石介质的非均质性和相对渗透率测试实验过程的不稳定性，同一区域不同井位的岩心测试得到的相对渗透率曲线一般都不相同，同一口井的不同岩心测得的相对渗透率曲线一般也不一样，甚至同一块岩心先后多次测试得到的相渗曲线也不相同。因此，有必要对多条相对渗透率曲线进行平均，用作目标网格或目标区域的相渗曲线。

下面介绍相对渗透率曲线求平均的方法步骤，以两条曲线为例。多条情况同理。如图 13.1.3 所示，实线为第 1 组相渗曲线，其束缚水饱和度为 S_{wc1}，残余油饱和度为 S_{or1}；虚线为第 2 组相渗曲线，其束缚水饱和度为 S_{wc2}，残余油饱和度为 S_{or2}。

1）将可流动饱和度区间映射到 [0，1]

首先将所有的相对渗透率实验曲线进行拉伸处理，把它们左端点的横坐标由各自的束缚水饱和度 $S_w=S_{wc}$ 统一移到 $S_w=0$ 点，将各曲线右端点横坐标由各自的残余油饱和度点 $1-S_{or}$ 移到 $S_w=1$ 点，同时保持相对渗透率值的大小不变。这样做的目的，就是使所有的相渗曲线都移至同一个饱和度区间 [0，1] 中。上述变换过程的计算公式为：

$$S'_w=\frac{S_w-S_{wc}}{1-S_{wc}-S_{or}}, K'_{rL}(S'_w)=K_{rL}(S_w)$$

式中　K_{rL}、K'_{rL}——L 相流体变换前后的相对渗透率；
　　　S_w、S'_w——变换前后的含水饱和度。

显然有：$S_{wc}\leq S_w\leq 1-S_{or}$，$0\leq S'_w\leq 1$。两组相渗曲线 1 和 2 变换前后的形态如图 13.1.4 所示。实线的第 1 组相渗曲线变为圆点曲线，第 2 组相渗曲线变为点划曲线。

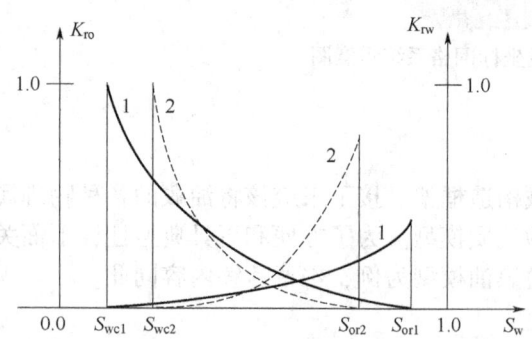

图 13.1.3　实验室提供的两组相渗曲线示意图

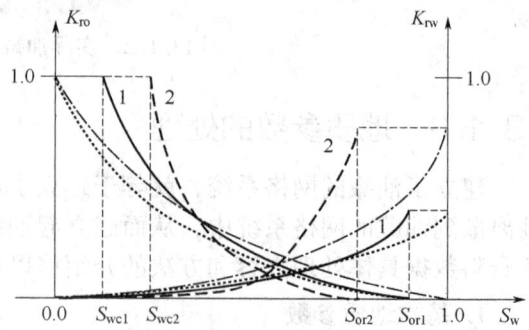

图 13.1.4　拉伸变换前后的相渗曲线示意图

2）对所有 [0，1] 区间上的相渗曲线求平均

对所有拉伸变换以后的相渗曲线取平均，得到一组相渗曲线，如图 13.1.5 中实线所示。相同区间多条相渗曲线的平均计算公式如下：

$$\overline{K}'_{rL}(S'_{w,k}) = \frac{1}{N}\sum_{i=1}^{N} K'_{rL,i}(S'_{w,k}), k=1,2,\cdots,M$$

式中 N——相渗曲线的条数；

M——相渗曲线存储的段数。

3）计算所有相渗曲线束缚水和残余油饱和度的平均值

对所有原始相渗曲线的束缚水和残余油饱和度值求平均，得到一组平均值 $\overline{S}_{wc}$ 和 $\overline{S}_{or}$。如图 13.1.5 所示。计算公式如下：

$$\overline{S}_{wc} = \frac{1}{N}\sum_{i=1}^{N} S_{wc,i}, \overline{S}_{or} = \frac{1}{N}\sum_{i=1}^{N} S_{or,i}$$

4）变换得到平均相渗曲线 $\overline{K}_{rL}(S_w)$

将前面得到的区间 $[0,1]$ 上的平均相渗曲线进行压缩变换处理，将其左端点横坐标移至平均束缚水饱和度值 $\overline{S}_{wc}$，右端点移到平均残余油饱和度点 $\overline{S}_{or}$，从而得到原始相渗曲线的平均相渗曲线 $\overline{K}_{rL}(S_w)$，如图 13.1.6 所示。变换公式如下：

$$S'_w = \frac{S_w - \overline{S}_{wc}}{1 - \overline{S}_{wc} - \overline{S}_{or}}, \overline{K}'_{rL}(S'_w) = \overline{K}_{rL}(S_w)$$

其中，$\overline{S}_{wc} \leq S_w \leq 1 - \overline{S}_{or}$，$0 \leq S'_w \leq 1$

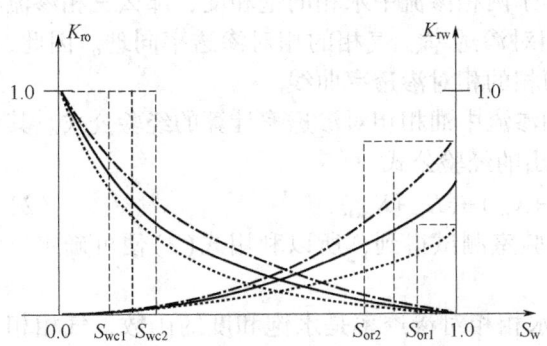

图 13.1.5 相渗与端点坐标平均值示意图

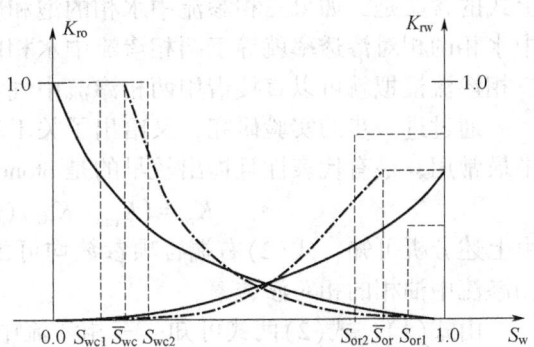

图 13.1.6 变换所得平均相渗曲线示意图

经过以上步骤，多条相渗曲线归为一条平均相渗曲线，因此上述相渗曲线求平均的过程也称为相渗曲线归一化。

将上述平均相渗曲线分段离散，储存于数据体中，供数模过程随时调用。一般大型数模软件可同时存储多条 $K_{rL}(S_w)$-S_w 曲线，根据油藏实际情况和模拟需要，不同网格可以选择不同的相渗曲线。

3. 毛管力

毛管力资料数据处理的内容和方法与相对渗透率相似。首先，需要从大量的实验结果中选择合理的毛管压力测试数据，作为备用资料。一般毛管力曲线形态为 J 形函数曲线，明显偏离毛管力变化规律的数据应该删除。用于数据拟合的毛管力曲线公式为：

$$J(S_w) = \frac{p_c(S_w)}{\sigma_{ow}\cos\theta_{ow}}\left(\frac{K}{\phi}\right)^{1/2}$$

取得基础毛管力资料数据后，需要对其进行归一化（取平均）处理。主要的归一化公式为：

$$p'_c(S'_w) = p_c(S_{wc}), S'_w = \frac{S_w - S_{wc}}{S_{wmax} - S_{wc}}$$

其中，$0 \leq S'_w \leq 1$，$\bar{S}_{wc} \leq S_w \leq \bar{S}_{wmax}$。其他方法和步骤与相对渗透率归一化过程相同。归一化后分段离散存储于计算机模型内即可。

4. 三相渗流相对渗透率

实际油藏经常是油气水三相渗流，因此油藏数值模拟需要三相渗流的相对渗透率曲线数据。油、气、水三相渗透率均为饱和度的函数，其一般形式记为：

$$K_{ro} = K_{ro}(S_w, S_g), K_{rg} = K_{rg}(S_w, S_g), K_{rw} = K_{rw}(S_w, S_g)$$

遇到的问题是，利用现有技术手段，实验室只能提供两相渗流的相对渗透率测试曲线。其中包括油水两相相对渗透率，记为：

$$K_{row} = K_{row}(S_w), K_{rwo} = K_{rwo}(S_w)$$

油气两相相对渗透率记为：

$$K_{rog} = K_{rog}(S_g), K_{rgo} = K_{rgo}(S_g)$$

后来通过实验研究发现，气、水两相的相对渗透率有如下规律：

$$\begin{cases} K_{rw}(S_w, S_g) = K_{rwo}(S_w) \\ K_{rg}(S_w, S_g) = K_{rgo}(S_g) \end{cases} \quad (1)$$

上式的含义是，如果三相渗流中水相的饱和度等于两相渗流中水相的饱和度，那么三相渗流中水相的相对渗透率就等于两相渗流中水相的相对渗透率。气相的相对渗透率同理。因此，三相渗流模拟就可以直接借用两相渗流中气水两相的相对渗透率曲线。

通过进一步的实验研究，又给出了关于三相渗流中油相相对渗透率计算的经验公式。其中最常用、最有代表性且提出较早的是 Stone 给出的经验公式：

$$K_{ro} = (K_{row} + K_{rw})(K_{rog} + K_{rg}) - (K_{rg} + K_{rw}) \quad (2)$$

由上述分析可知，式(2)右端各项参数均可由实验室测试得到，所以利用式(2)便可确定三相渗流中油相的相对渗透率。

由式(1)、式(2)两式可知，三相渗流中，水相相对渗透率是水饱和度的函数，气相相对渗透率是气饱和度的函数，油相相对渗透率是水饱和度和气饱和度的函数。

数值模拟中，只需要输入油水和油气两相相渗曲线，就可以由式(1)、式(2)两式计算得到三相流动中油、气、水相的相对渗透率，此处理过程一般由软件自身在运行中实现。至此，上述三相渗流的相渗曲线难以测试获取的问题已得到解决。

5. 三相渗流的毛管力

一般认为油气藏岩石介质的毛细管中油、气、水只会两两接触，因此三相情况的毛管力可以直接取为两相渗流的毛管压力：

$$p_{cow} = p_{cow}(S_w), p_{cog} = p_{cog}(S_g)$$

两相状态下的毛管力本应是两相饱和度的函数，但因只要确定其中一相饱和度，另外一相的饱和度自然确定，所以两相间毛管力只是某一相流体饱和度的函数。

13.1.4 流体资料的处理

流体资料一般指流体物性参数随油藏压力和温度变化的数据。一般由实验室通过物理实验测试得到。

1. 流体高压物性(PVT)数据

流体物性参数随油藏压力变化的数据叫高压物性数据，主要包括密度、黏度、体积系数、溶解气油比等数据。

在三相状态下，各物性参数随油藏压力的变化关系可用下列各式表示：

$$\begin{cases}\rho_O=\rho_O(p_o)\\ \rho_{Gd}=\rho_{Gd}(p_o)\\ \rho_o=\rho_O+\rho_{Gd}\\ \rho_g=\rho_g(p_g)\\ \rho_w=\rho_w(p_w)\end{cases},\begin{cases}\mu_o=\mu_o(p_o)\\ \mu_g=\mu_g(p_g)\\ \mu_w=\mu_w(p_w)\end{cases},\begin{cases}B_o=B_o(p_o)\\ B_g=B_g(p_g)\\ B_w=B_w(p_w)\end{cases},R_{so}=R_{so}(p_o) \tag{3}$$

其中各符号的物理意义与第8章、第10章的章节相同。部分上述物性参数与压力的关系曲线如图13.1.7所示。

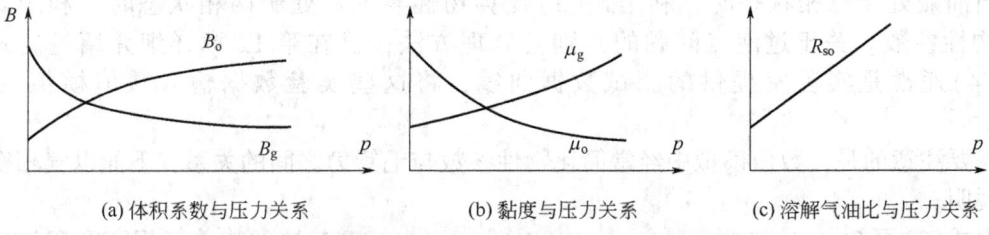

(a) 体积系数与压力关系　　(b) 黏度与压力关系　　(c) 溶解气油比与压力关系

图13.1.7　三相状态下物性参数随压力变化曲线示意图

随油藏压力增加，当油藏内气体全部溶于油中时，油藏内成为两相渗流状态，各物性参数随油藏压力的变化关系将发生改变，如图13.1.8所示。

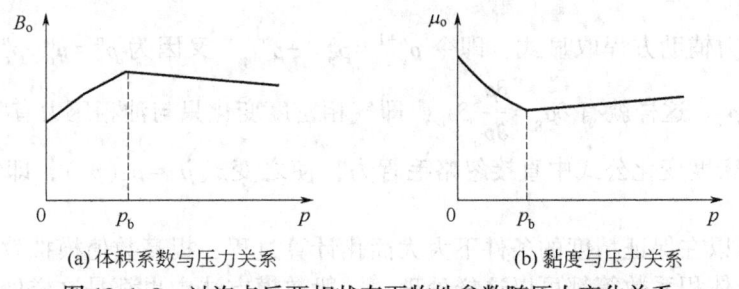

(a) 体积系数与压力关系　　(b) 黏度与压力关系

图13.1.8　过泡点后两相状态下物性参数随压力变化关系

如果油藏内气体的相对量发生变化，如注气或采气引起气成分和气总量发生变化，那么油藏的泡点压力就会随之改变，如图13.1.9所示。实验表明，对应于不同泡点压力，当油藏压力超过泡点压力后物性参数的变化趋势（曲线斜率）基本相同，因此，变泡点的流体物性参数变化关系可用下列各式表示：

$$\begin{cases}\rho_l=\rho_{lb}+\overline{C}_{\rho l}(p-p_b)\\ B_l=B_{lb}+\overline{C}_{Bl}(p-p_b)\\ \mu_l=\mu_{lb}+\overline{C}_{\mu l}(p-p_b)\\ R_{so}=R_{sob}+\overline{C}_{Rso}(p-p_b)\end{cases} \tag{4}$$

式中　l——任意流体相；

$\overline{C}$——过泡点后的斜率,由实验数据统计整理得到;

p_b——泡点压力,为油藏动态数据,作为独立未知量由数模求解得到。

$\rho_{lb}=\rho_l(p_b)$, $B_{lb}=B_l(p_b)$, $\mu_{lb}=\mu_l(p_b)$, $R_{sob}=R_{so}(p_b)$为三相状态的物性变化曲线。

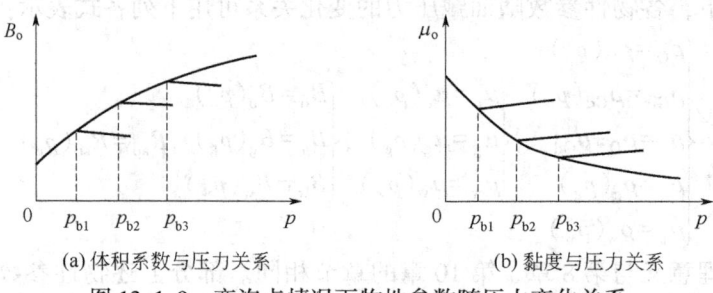

(a) 体积系数与压力关系　　　　　　(b) 黏度与压力关系

图 13.1.9　变泡点情况下物性参数随压力变化关系

当油藏处于三相状态时,利用式(3)计算物性参数;处于两相状态时,利用式(4)计算物性参数。关于过泡点问题的判别与处理方法,已在第 12 章详细介绍过。式(3)和式(4)通常是实验室提供的测试数据曲线,将这些实验数据输入数值模拟数据体即可。

需要注意的是,数值模拟中经常简化物性参数与毛管力之间的关系,下面以气相密度为例来说明。

由式(3)可知,$\rho_g=\rho_g(p_g)=\rho_g[p_o+p_c(S_g)]=\rho_g(p_o,S_g)$,这意味着气相密度变化不仅与压力有关,还与饱和度有关,这种变化关系显得复杂。考虑到相对于油藏压力及其变化值来说,毛管力一般要小得多;且毛管力主要是对不同相流体之间相对流动的作用较明显,对流体密度和黏度的影响很小。因此,数模研究中经常采用下面两种方式简化气相密度的变化方程:

(1) 对毛管力辅助方程取显式,即令 $p_g^{n+1}=p_o^{n+1}+p_{cog}^n$,又因为 $p_g^n=p_o^n+p_{cog}^n$ 自然成立,两者相减得 $\delta p_g=\delta p_o$。这样就有 $\delta\rho_g=\dfrac{\partial\rho_g}{\partial p_o}\delta p_o$,即气相密度变化只与油相压力有关。

(2) 在气相密度变化公式中直接忽略毛管力,使之变成 $\rho_g=\rho_g(p_o)$,即气相密度只是油相压力的函数。

以上处理可以在保证精度的条件下大大简化计算过程,提高数值模拟效率。气、水两相的密度、黏度、体积系数等都可以这样处理,一般数模方法中也都是这样处理的。

2. 温度对流体性质的影响

实际油藏中的温度随深度增加而增加,热采等开发措施会引起温度显著变化,这些温度变化有时会显著改变流体的物理性质,从而影响油藏开发效果。因此,不少油藏开发过程需要考虑温度的影响。一些流体物性参数随温度变化的关系可写成如下形式:

$$\begin{cases} \rho_o=\rho_{ob}\times[1+\rho_o^b(T-T_b)], \rho_g=\rho_{gb}\times[1+\rho_g^b(T-T_b)] \\ B_o=B_{ob}\times[1+B_o^b(T-T_b)], B_g=B_{gb}\times[1+B_g^b(T-T_b)] \\ \mu_o=\mu_{ob}\times[1+\mu_o^b(T-T_b)], R_{so}=R_{sob}\times[1+R_{so}^b(T-T_b)] \end{cases} \quad (5)$$

式中　T_b——参考温度,可取为油藏初始温度,℃;

T——油藏温度,℃。

带有下标 b 的符号表示相应的物性参数在温度 T_b 的测量值,带有上标 b 的符号为相应的物性参数在温度 T_b 的变化斜率。

以上各项参数变化规律都以数据表的方式输入到数据体中,供数模软件调用。

13.1.5 油藏初始资料的处理

油藏初始资料主要是给定饱和度 S_{oi},S_{wi},S_{gi} 和压力 p_{oi},p_{wi},p_{gi}。有两种输入方式:一是直接输入所有网格上的初始压力和初始饱和度值;二是只输入油水、油气界面深度及界面处的压力,由油水平衡关系计算各网格的压力与饱和度值。以油水界面处理为例说明油水两相压力与饱和度的计算方法。油水界面以下可流动的流体只有水相,油水界面以上可流动的油和水共存,并随高度上升(深度减小)可动水饱和度逐渐减少,达一定高度后只剩下油相,如图 13.1.10 所示。

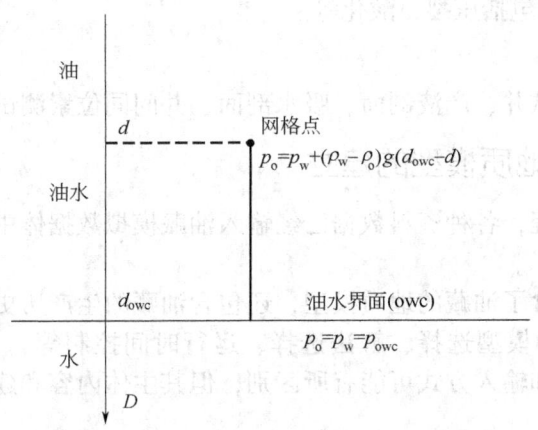

图 13.1.10 油藏初始压力与油水分布平衡关系示意图

计算步骤如下:
(1) 给出油水界面深度 d_{owc} 及油水界面压力 p_{owc};
(2) 对于任意一个网格点,假设其深度为 d,则在该网格点处有:
油相压力: $p_{oi}=p_{owc}-\rho_o g(d_{owc}-d)$
水相压力: $p_{wi}=p_{owc}-\rho_w g(d_{owc}-d)$
(3) 该网格点处的毛管力为 $p_{cow}=p_{oi}-p_{wi}$;
(4) 根据毛管力与饱和度关系曲线 $p_{cow}=p_{cow}(S_w)$,可以反求出网格点水饱和度 S_{wi};
(5) 网格点处的油相饱和度 $S_{oi}=1-S_{wi}$。

至此油水压力和饱和度初值皆已求得。用同样方法步骤可求得油气界面以上区域油气两相的初始压力和饱和度值。

实际模拟时,数据输入只需完成第一步即可。其他计算过程由数模软件完成。

13.1.6 油藏开发动态资料

油藏的开发动态资料数据主要包括以下内容。

1. 生产数据

(1) 油井单井数据:①油、气、水产量;②含水率;③生产油气比;④井底流压或动液面高度;⑤溶剂产量、浓度(强化采油)。
(2) 水井单井数据:①注水或注气量;②井底流压或注入压力;③溶剂注入量。
(3) 总体资料数据:①地层压力;②油、气、水、溶剂总产量;③综合含水率、油气比;④总注水量,总注剂量。

其中所说溶剂指提高采收率措施加入注入水中的聚合物、表面活性剂、碱等的化学添加剂。上述原始数据一般以1天为时间单位，由油田提供。为了减少数值模拟的数据输入频次，节约数据读取时间，经常将原始数据以月、季、半年或年为间隔进行平均处理后存储使用。

2. 井史资料

井史资料指的是钻井、完井、增产措施、开发调整措施等多方面的资料数据，主要包括：

(1) 井眼轨迹(井斜)数据，包括井口坐标，井深，井斜方向等；
(2) 完井(射孔)层位及调整，包括射孔、补孔、封堵、转注、转采等的资料数据；
(3) 单井措施数据，包括压裂，酸化等。

3. 其他测试资料

包括试油、试采、试井、产液剖面、吸水剖面、井间同位素测试等资料数据。

13.1.7 油藏数值地质模型的建立

经过以上的处理过程，各种资料数据已经输入油藏模拟数据体中，至此油藏数值模拟的地质模型也就建立起来了。

油藏数据体不仅包含了油藏的地质模型，还包含油藏的生产历史动态数据，以及控制软件运行的指令数据(例如模型选择、解法选择、运行时间控制等)。对于不同的数模软件，油藏数据体的具体格式和输入方式可能有所区别，但其主体内容和建立步骤都是一致的。

13.2 生产历史拟合及可预测模型建立

13.2.1 历史拟合的概念与作用

利用静态地质资料建立的油藏数值地质模型，只是在静态特征上跟人们对油藏的认识相一致。并且，由于对油藏的研究测试手段和认识水平存在局限性，所用地质建模资料和对油藏地质情况的认识可能会有一些误差，这些都会使得地质模型不一定能完全准确地反映地下油藏的实际情况。因此需要进一步对油藏地质模型进行修正，其中一个主要的修正途径就是油藏开发历史拟合。

所谓历史拟合就是用油田实际生产历史的动态数据资料，通过油藏数值模拟试运算，来检验和修正油藏的地质模型，使计算机模型与实际油藏相符，同时弄清油藏内部各种静动态参数的分布状况与变化趋势。

具体说来，历史拟合就是先用所录取的地层静态参数来计算油藏开发过程中主要动态指标变化的历史，把计算的结果与所观测到的油藏或油井的主要动态指标(例如压力、产量、气油比、含水率等)进行对比，如果发现两者之间有较大差异，说明模拟时所用的静态地质参数不符合油藏的实际情况。这时，就必须根据静态地质参数与压力、产量、气油比、含水率等生产动态指标的相关关系，对所使用的油藏静态地质参数作相应的修改，然后用修改后的油藏模型再次进行计算并进行对比。如果仍有差异，则再次进行修改。这样循环进行下去，直到计算结果与实际生产及动态测试数据达到一致或满足给定的误差要求。这时从工程应用的角度可以认为，油藏模型与实际情况已比较接近，历史拟合即告完成。

历史拟合在整个油藏模拟中的作用非常重要，数值模拟最终结果的优劣往往取决于历史拟合过程，这也是反映数值模拟研究人员水平的地方。只有生产动态历史拟合准确，才能保证数值模拟预测的结果具有实际意义。

由于目前历史拟合还没有一种通用的成熟方法，经常的做法仍是靠人的经验反复修改参数进行计算，因此油藏数值模拟过程中历史拟合所花的时间常常占据相当大的比例。为了减少历史拟合所花费的机器时间，要很好地掌握油藏地质参数的变化和生产动态指标变化的相关关系，并不断积累拟合经验和处理技巧，以尽量减少反复运算的次数和工作量。

13.2.2 历史拟合的一般原则

(1)常规油藏内各井之间往往是连通的，因此各井间尤其是相邻井间的生产指标是互相关联和影响的，修改某一口井周围的地质参数，不仅会改变本井的模拟生产指标，还会影响邻井甚至更多井的模拟结果。在进行油藏历史拟合时必须注意这一问题，并统一协调各井的拟合状态，以尽快使所有井的模拟指标达到拟合要求。

(2)掌握油藏地质参数对所拟合的生产动态指标之间的敏感性，尽可能挑选较为敏感的参数进行修正。有时一种油藏地质参数的调整会造成多种生产动态指标的改变，所以为拟合某一生产动态指标而调整该项参数时，要考虑到对别的生产动态指标所造成的影响。

(3)在数值模拟时造成某个生产动态指标计算值不合理的因素往往不止一个，所以在历史拟合中经常需要同时调整多个地质参数。

(4)要明白各种油藏地质参数的不确定性，首先调整那些不确定性比较大的参数，对于那些比较可靠的参数则尽可能不调或少调。

(5)有些油藏参数不宜轻易改动，需要拟合修正时要慎重处理。例如由于石油的地质储量都是经过反复论证并为国家储量委员会所批准，一般不宜改动；所以为拟合某一生产动态指标而调整油藏地质参数时，对于那些会引起储量数值改变的油藏地质参数，尽可能不调或少调。但是如果经多方拟合而发现确实有些参数必须修改，而且这种修改从地质观点来分析也比较合理时，可以作适当修改。这也是一种根据动态资料对石油地质储量进行核实的方法。

13.2.3 历史拟合的主要内容和方法

下面以水驱油藏为例简要介绍历史拟合的内容和方法。

历史拟合时，一般将实际油藏的单井产液量和注水量作为给定生产条件输入油藏模型进行模拟运算。按一般历史拟合的顺序排列，拟合指标主要包括油藏储量、含水率、气油比、油藏压力和井底流压。之所以按这个顺序进行拟合，其原因是：(1)储量是最基本的油藏指标，是油藏开发的物质基础。所以油藏数值模型建立以后，首先要拟合地质储量，即用数值模型计算的油藏储量与地质勘探研究得到的标定储量做比较，校核数值地质模型。(2)生产动态指标中，含水率是最难以拟合的指标；而且，含水率指标拟合过程往往对其他指标具有非常显著的影响。也就是说，如果先拟合其他生产动态指标，再拟合含水率，那么后续的含水率拟合过程会使得此前其他指标的拟合成果前功尽弃；相反，其他生产指标的拟合过程对含水率指标的影响远没有这么严重。所以将含水率排在气油比和压力之前进行拟合。(3)同样道理，将气油比排在压力之前进行拟合；将井底流压放在最后拟合。虽然中前期拟合过程按上述顺序进行，但到后期微调阶段，所有生产指标的拟合要同步进行，最后共同达到拟合要求。各主要指标的拟合方法如下所述。

1. 储量

根据地质储量和地质参数的相关关系，地质储量拟合时，可以修改的地质参数包括

(1)油层厚度，(2)孔隙度，(3)初始含油饱和度。

考虑到上述地质参数的不确定性程度，一般先修改油层厚度，再修改孔隙度，最后修改初始含油饱和度。上述地质参数的修改都要非常谨慎，一般都应该与地质研究人员共同完成。

2. 含水率

根据含水率和地质参数的相关关系，进行含水率拟合时，可以修改并按先后顺序排列的地质参数包括：(1)油水两相的相对渗透率，(2)束缚水与残余油饱和度，(3)油水界面位置，(4)渗透率，(5)油相黏度，(6)初始含油与含水饱和度等。

上述参数中，相对渗透率的不确定性最强，并且对含水率的影响非常显著，所以一般先修改相对渗透率。束缚水与残余油饱和度及油水界面位置对油井见水时间有显著影响，实际油藏的非均质性使得实验室提供的束缚水与残余油饱和度值很难准确符合实际油藏情况；静态地质研究提供的油水界面位置往往有较大的不确定性。渗透率一般由岩心测试校核后的测井解释数据得到，也具有较大的不确定性。油相黏度确定性一般。而初始含油与含水饱和度与储量相关，需与地质研究人员一起谨慎修改。

3. 气油比

进行气油比拟合时，可以修改并按先后顺序排列的地质参数包括：(1)气液两相的相对渗透率，(2)溶解气油比，(3)油气界面位置，(4)初始含气饱和度等。其道理与含水率拟合相似。

4. 油藏压力

进行油藏压力拟合时，可以修改并按先后顺序排列的地质参数包括：(1)油藏综合压缩系数，(2)油藏周围水体体积，(3)油藏连通状况，(4)注水量分配，(5)渗透率，(6)黏度，(7)孔隙度，(8)厚度，(9)饱和度等。

上述参数中，压缩系数的改变对油层压力值的影响显著，且不确定性较强，对其他指标影响不大，可以先考虑修改。油藏周围水体的大小对油层压力有比较明显的影响。油藏连通状况、注水量分配、渗透率和黏度对油藏内压力的相对分布有较大影响，修改这些参数对消除油藏压力分布不合理的情况往往有明显作用。而孔隙度、厚度、饱和度虽然对压力分布有较大关系，但均与地质储量相关，若确有必要修改，应该与地质研究人员一起谨慎修改。

5. 井底流压

单井的井底压力拟合时，可以修改并按先后顺序排列的参数包括：(1)井筒的表皮系数，(2)井的注采液指数，(3)近井区网格的渗透率。

修改井筒的表皮系数和井的注采液指数所起的作用相同，且只对井底流压有影响，不影响其他生产动态指标。近井区网格的渗透率对井底流压有显著影响，对油藏压力分布和单井含水率、气油比也可能会产生一定影响。

除了上述方法步骤，历史拟合中还应注意一个因素往往同时影响多个指标的变化。例如：

(1)相对渗透率曲线对见水时间、含水率和饱和度分布有直接影响，并因此影响油藏内油水渗流阻力和井的注采液指数，从而影响压力分布和井底流压。

(2)流体(油)的黏度除具有与相对渗透率相似的影响作用，还会直接影响压力场分布，与绝对渗透率作用相似(影响流动阻力)。这是一个影响显著而往往容易忽视的因素。

(3)绝对渗透率直接影响压力场分布及井底流压，生产压差和注水压差随 K 增大而减小；对饱和度分布、水油比、气油比及最终采收率有间接影响。

13.2.4 可预测油藏模型的建立

通过历史拟合，可以取得如下成果：

(1)得到与实际油藏一致的油藏数值地质模型。此后就可以利用该油藏模型代替实际油藏进行各种开发试验研究，模拟预测实际油藏开发效果，因此历史拟合后的油藏模型称作可预测模型。

(2)通过动态资料及数值模拟方法，对原来认识不清或依靠静态研究手段无法认清的地质问题进行进一步研究认识或核实。例如：夹层对垂向流动的遮挡性、断层的封闭性、油水界面位置及边底水体积等。

(3)在仔细剖析、校正油藏内各项地质参数，完成各项生产动态指标拟合的同时，搞清油藏内部的压力分布、剩余油(饱和度)分布，以及井间、层间注采关系和流体的流动状况等，为今后油藏的开发优化调整、改善开发效果提供技术支撑。

13.3 油藏开发方案的设计、预测与优选

油藏数值模拟应用应该融入油气藏开发研究当中。油气藏开发研究的目的就是针对油藏生产中存在的问题，找到合理的解决方案，提高原油产量和采收率。历史拟合完成以后，油藏开发中存在的问题和潜力就都搞清楚了，下一步要进行油藏开发(调整)方案的设计、预测与优选。

13.3.1 油藏开发与调整方案的设计

以水驱油藏为例，常用的油藏开发调整措施，由简单到复杂、由轻到重排列，主要有如下几类：

(1)注采液量调整。改变井组内单井注采液量的相对大小，可以在一定程度上改变井间流场分布，驱动井间渗流的驻点区域(死油区)。采用周期注采方式可以利用压力波动扩大水驱波及体积，提高驱油效率，对强非均质油藏和低渗裂缝性油藏的增油效果尤其明显。高含水油藏开发后期加大注采强度有利于提高原油采收率。

(2)单井增产措施。单井增产措施包括压裂、酸化、堵水、调剖等。归根结底，影响水驱油藏产油量的因素无外乎两个：一是产液能力，二是含水率。压裂、酸化可以提高单井的产液能力，堵水、调剖的作用在于降低油井的含水率。

(3)调整注采层位或井别。该类措施主要的作用是优化井间注采关系，完善注采井网，提高储层动用程度，控制开采剩余油区域。

(4)侧钻井。利用老井井筒进行侧钻井或侧钻水平井，可以扩大单井控制区域，提高产能；能够进一步优化井间注采关系，完善注采井网，提高储层动用程度和剩余油采出程度。相对于前述措施，侧钻措施的工作量和投资更大。

(5)钻新井。油藏开发的基础井网和后期井网加密都需要钻新井。钻新井可以最大限度地提高油藏的井网完善程度和储量控制程度，提高油藏的采收率，同时也是油藏开发中作业量和投资最大的措施。

根据油藏总体情况及各区域和各单井存在的问题，选择合适的开发调整措施，组合在一起形成油藏开发(调整)方案。因为每口井的措施可能有多种选择，所以油藏开发(调整)方案一般也会有很多种可供选择。这些方案称为油藏的初选开发(调整)方案。

方案中除了以上所列措施外，还应该为措施后的注采井制定合理的生产制度，例如一口实施了压裂酸化措施的井或一口新完钻的井，还应该确定用多大的产液量或多大的生产压差进行生产。一般生产制度分以下两种：定注采量和定井底流压。

单井生产制度的确定，一是要考虑生产任务和目标要求。二是要参考试井、试油、试采及生产历史数据，或邻井数据。三是要考虑地层条件，避免出现极端情况，例如生产井底流压不能过低，以防油藏内原油脱气；注水井底流压不能过高以防地层破裂。

13.3.2 油藏开发效果预测与方案优选

1. 开发(调整)方案生产效果预测

油藏开发调整方案初选以后，需要利用油藏数值模拟方法对其开发效果进行定量预测，预测的开发指标及参数包括产油量、产气量、产水量、含水率、气油比、采收率、压力分布、饱和度分布等。

各方案的模拟预测应该以完成历史拟合后的油藏数值地质模型为基础。将方案所包含的各种措施数据加入历史拟合后的数据体中，就可以对各种开发调整方案进行开发过程模拟和效果预测了。一般地，将不采用任何措施的方案即维持原有油藏生产动态的方案作为基础方案，也进行模拟预测，并用于对各调整方案进行对比评价。

2. 开发(调整)方案的经济指标计算

在利用数值模拟预测得到开发(调整)方案各项生产效果指标数据的基础上，还要对各方案进行经济指标的计算。主要是参照钻完井等各项措施的成本、生产成本和原油价格，考虑方案中各项措施的投资、生产费用、税收及销售收入，计算得到方案的经济效益指标，如净现值和利润率等。

3. 开发(调整)方案的优选

根据上述的经济效益指标，并结合生产效果指标，对各方案进行全面的评价，优选得到最佳的开发(调整)方案，为油藏开发提供合理而实用的建议。

13.4 油藏开发研究数值模拟应用实例

前面几节介绍了油藏数值模拟应用的理论、方法、内容和步骤，本节以一个实际油藏的开发研究为例，展现油藏数值模拟应用过程及油藏数值模拟在实际油藏开发中的作用。

该项研究的目的是设计优选开发调整方案，为实现该油藏的高效稳产开发提供技术保证。研究中整理、分析和处理了地震、测井、沉积相、射孔、试采、增产措施、流体性质、岩心实验、产液剖面、吸水剖面、井史、生产历史等20多种资料数据，建立了DGM油藏以小层和单砂体为储层单元的精细数值模拟地质模型；针对断层和岩性变化复杂且存在边水的特点，经过油藏生产历史拟合及油藏工程综合研究，定量描述了各条断层的封闭性，油藏边部水体特征及油水分布和运移规律；搞清了各井各层间的注采关系，明确了剩余油分布；全面考虑构造、岩性、储层非均质性及开发历史等因素，系统筛选钻新井、油井转注、层位调整、注采强度调整等增产措施，研究设计了九大类几十种开发调整方案，用数值模拟方法预测了各方案的开发效果，并进行了经济效益评价和方案优选，最终为DGM油藏提供了合理的稳产技术方案和建议，同时为所有类似油田的开发动态分析和稳产开发提供了参考技术思路。下面介绍具体研究过程。

13.4.1 研究背景

1. DGM 油藏地质概况

如图 13.4.1 所示，DGM 油藏为一断鼻背斜构造，含油目的层为沙一段下部生物灰岩和沙三段 I、II 油组，油层埋深为 2500~2700m，2002 年 12 月上报含油面积 0.6km²，原油地质储量 150×10⁴t。DGM 油藏内主要发育了三纵两横 5 条断层，油藏区域被此 5 条断层相互切割而成为三个断块：QNN9X1 断块、QNN5-16 断块和 QNN9X2 断块。地层总体上为北东倾向。构造低部位为边底水区域，油水界面在 QNN9X2 井点以下，深度约为 2667m，但尚不确定。总体上看，DGM 油藏是典型的强非均质性构造岩性边底水复杂断块油藏。

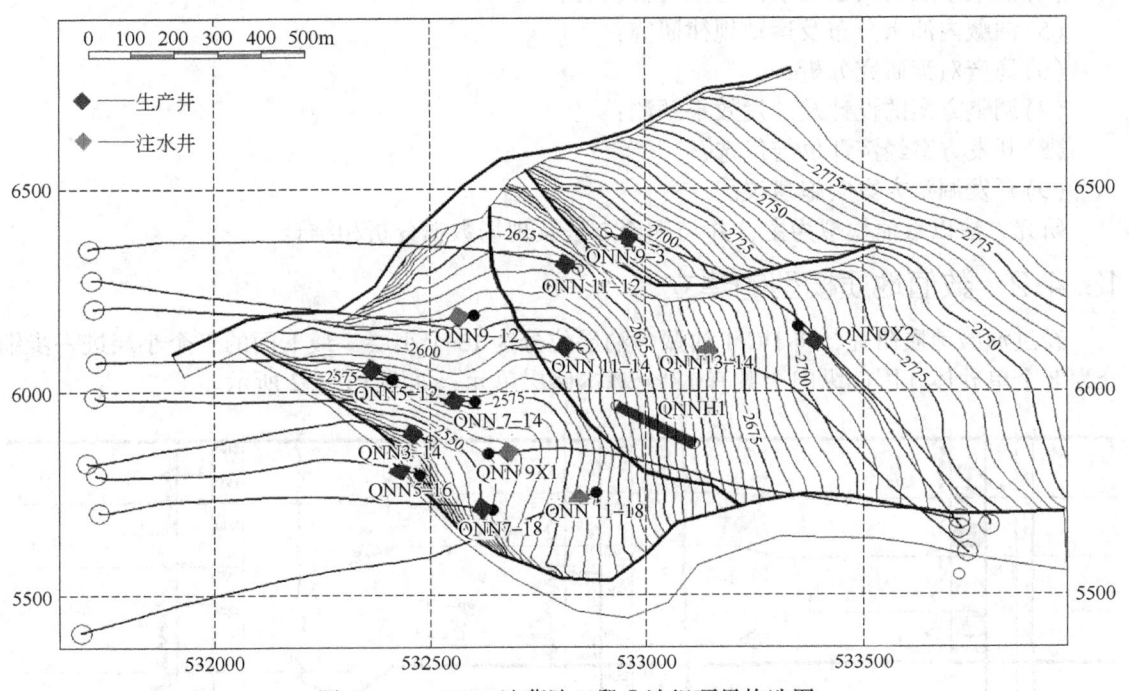

图 13.4.1 DGM 油藏沙三段 I 油组顶界构造图

2. DGM 油藏开发概况

DGM 油藏于 2003 年 8 月正式投入开发，截至 2006 年 8 月该地区共部署井位 14 口。其中采油井 10 口，（转）注水井 4 口。2006 年 8 月日产油 177.05t，采油速度 4.26%，平均单井日产油 17.7t，综合含水 22.42%，累计产油 19.24×10⁴t，采出程度 13.13%。总日注水 261.3m³，平均单井日注 65.3m³，累计注水 22.51×10⁴m³，地下亏空 2.74×10⁴m³。在 10 口采油井中，自喷井 3 口（QNN7-18 井、QNN5-12 井、QNN5-16 井），抽油井 7 口。其中含水采油井 4 口（QNN11-12 井、QNN7-14 井、QNN5-12 井、QNNH1 井），未见水采油井 6 口（QNN3-14 井、QNN5-16 井、QNN7-18 井、QNN11-14 井、QNN9X2 井、QNN9-3 井）。可以看出，DGM 油藏此前几年的采油速度非常高，开发效果很好。

3. 面临的问题和研究计划

随着开发进程的延续，DGM 油藏开发生产中逐渐出现了一些矛盾和问题，主要包括：
(1) 总体含水出现快速上升趋势；
(2) 层内平面矛盾突出，油井受效不均，单井开发生产指标差别明显；

(3)层间、层内垂向矛盾较为严重,各小层动用程度不一、采油速度各异;
(4)有些区域和层位井网欠完善,影响开采效果;
(5)油藏内部油水运动及分布规律不清楚,进行开发调整的依据不足。

面临以上问题,DGM 油藏能否延续前几年比较理想的开发形势,继续保持稳产高产?如何稳产?这些都必须尽快做出回答。为此,对 DGM 油藏进行深入全面的开发动态和开发调整研究。研究主要包括以下内容:

(1)精细地质特征与模型研究;
(2)油藏数值模型建立与生产历史拟合;
(3)生产动态与开发井网适应性分析;
(4)油藏断层封闭性及水体定量特征研究;
(5)油藏内油水分布及运动规律研究;
(6)稳产对策研究分析;
(7)调整方案的设计及开发效果预测;
(8)开发方案经济评价与优选;
(9)开发调整方案实施建议。

研究方法以数值模拟为主,并与理论方法及现场数据分析相结合。

13.4.2 数值地质模型的建立

经过油藏地质研究,将 DGM 油藏含油层位分为 13 个小层,最下面的三个小层进一步细分为 8 个单砂体,因此纵向上共有 18 个基本储层单元,如图 13.4.2 所示。

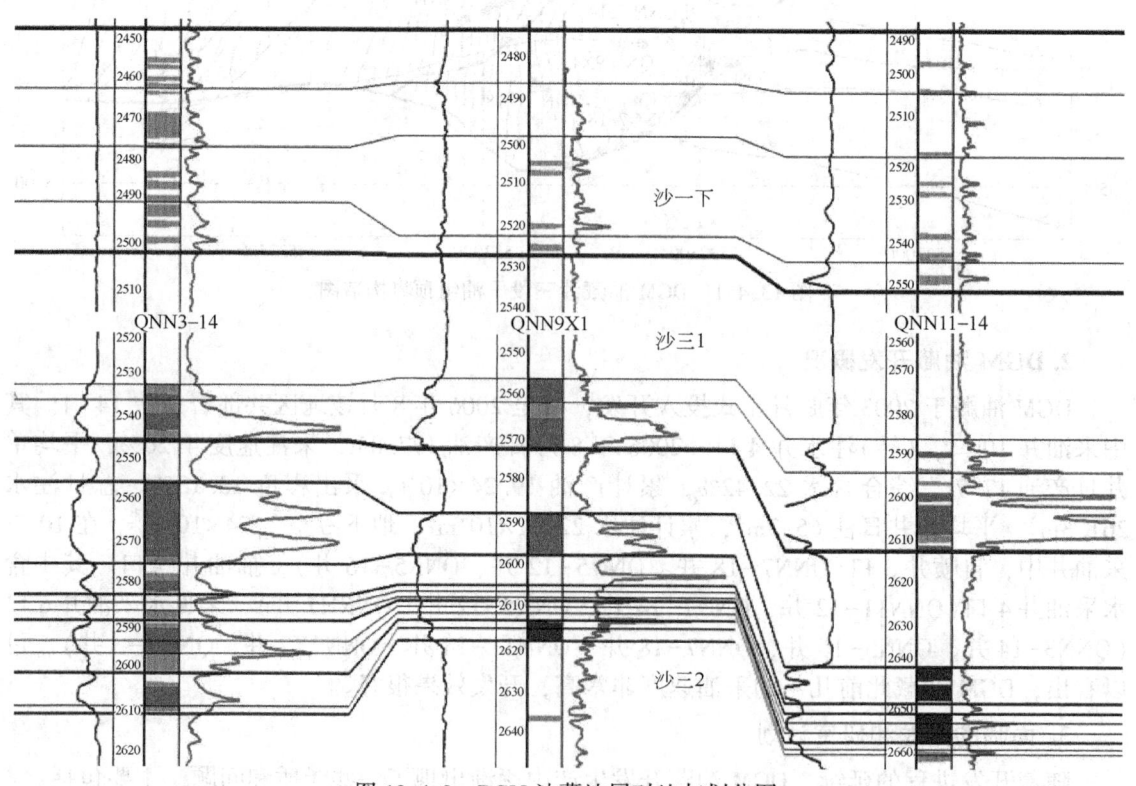

图 13.4.2　DGM 油藏地层对比与划分图

储层的各种地质参数分布如下。

1. 地层深度与地层厚度

典型小层与砂体的顶界深度分布如图13.4.3所示。模型中各层的底界就是其下一层的顶界，各层的地层厚度为该层底界与上一层底界垂深之差。

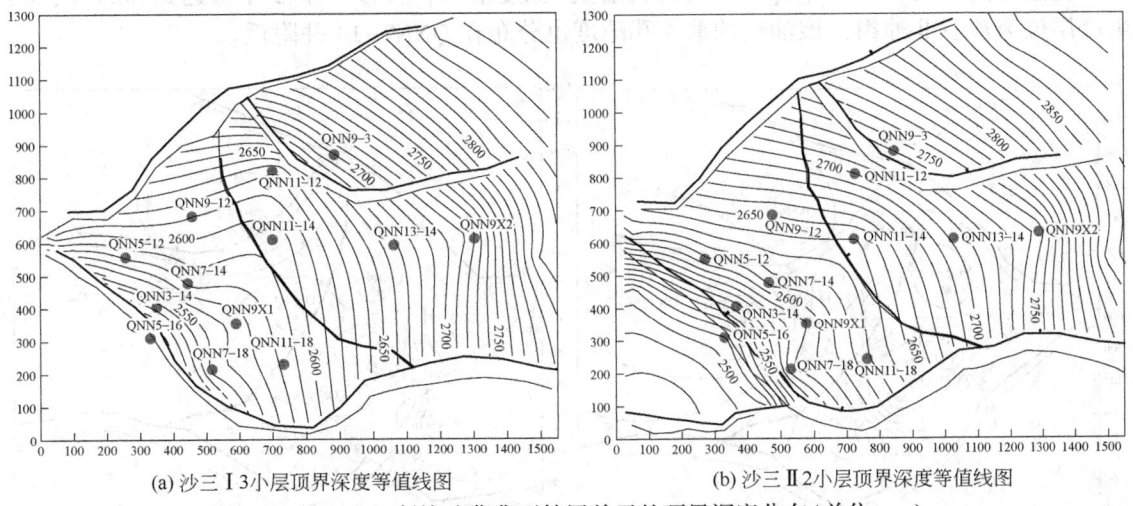

(a) 沙三Ⅰ3小层顶界深度等值线图　　　　(b) 沙三Ⅱ2小层顶界深度等值线图

图13.4.3　DGM断块油藏典型储层单元的顶界深度分布（单位：m）

2. 可渗透砂岩厚度与有效厚度

测井解释成果将所有砂层分为油层、油水同层、水层和干层。可渗透砂岩存在于油层、油水同层、水层之中，干层为不渗透砂岩层。可渗透砂岩对油藏的渗流与开发过程有直接影响，因此，必须把所有的可渗透砂岩包含在模型中，用可渗透砂岩厚度代替有效厚度。油层可渗透砂岩厚度即取该层的有效厚度，油水同层和水层的可渗透砂岩厚度取其砂岩厚度。

DGM油藏典型储层的可渗透砂岩厚度分布如图13.4.4所示。该油藏主力油层为沙三Ⅰ2、3小层和沙三Ⅱ2~6小层，其中以沙三Ⅱ2小层发育最好，可渗透砂岩厚度达17.54m（QNN3-14井），平均可渗透砂岩厚度6.9m。

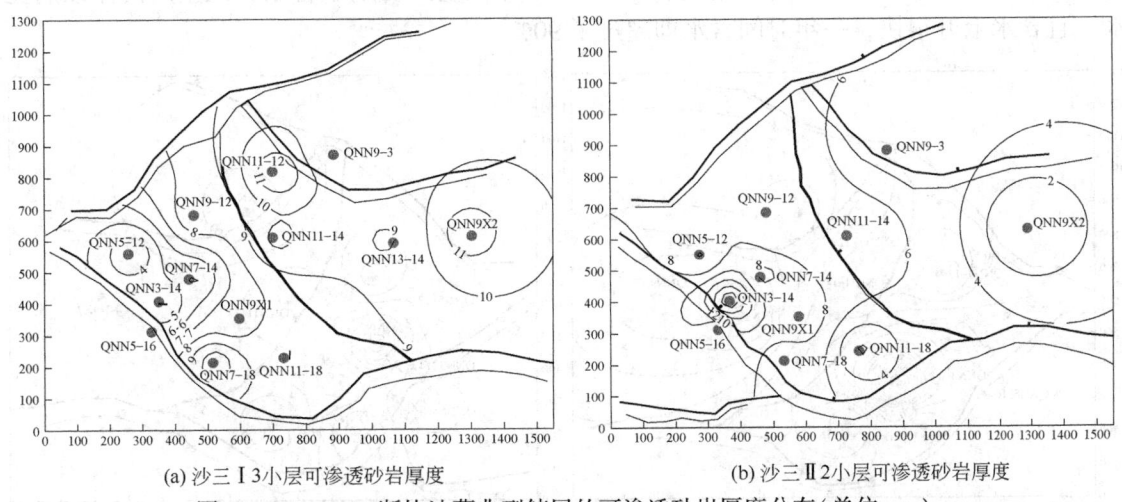

(a) 沙三Ⅰ3小层可渗透砂岩厚度　　　　(b) 沙三Ⅱ2小层可渗透砂岩厚度

图13.4.4　DGM断块油藏典型储层的可渗透砂岩厚度分布（单位：m）

3. 孔隙度

可渗透砂岩孔隙度值取其对应的测井解释砂层的孔隙度值。若小层（砂体）中包含两个以上可渗透层则取可渗透层的厚度加权平均值作为该小层(砂体)可渗透砂岩孔隙度。

典型小层可渗透砂岩的孔隙度分布如图13.4.5所示。DGM 油藏孔隙度大小差异很大，在3.8%~28.8%之间，各层孔隙度平均值为15.6%，主力层(沙三Ⅰ2、3和沙三Ⅱ2~6)的平均孔隙度为15.9%。其中QNN7-14井附近孔隙度最大，在沙一下2小层达到28.8%，其生产层位为沙三Ⅱ油组，该油组的最大孔隙度也分布在QNN7-14井附近。

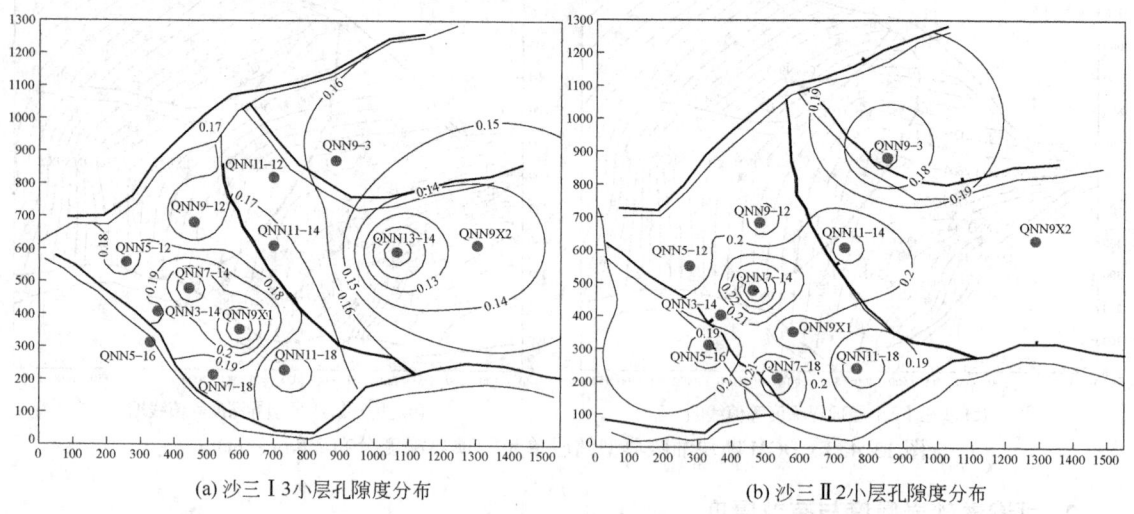

(a) 沙三Ⅰ3小层孔隙度分布　　　　　　　　(b) 沙三Ⅱ2小层孔隙度分布

图13.4.5　DGM 断块油藏典型储层的可渗透砂岩孔隙度分布

4. 渗透率

可渗透砂岩渗透率值取其测井解释砂层的渗透率值。若小层(砂体)中包含两个以上可渗透层则取可渗透层厚度加权平均值作为该小层(砂体)可渗透砂岩的渗透率。

典型小层可渗透砂岩渗透率分布如图13.4.6所示。DGM 油藏渗透率大小分布在$(0.5 \sim 655) \times 10^{-3} \mu m^2$之间，平均为$79.0 \times 10^{-3} \mu m^2$，无论平面上还是纵向上都具有强非均质性。在实际生产过程中也反映了这一情况，QNN7-14井在生产初期不含水，但生产两年以后见水，且含水上升很快，一年时间含水即超过了90%。

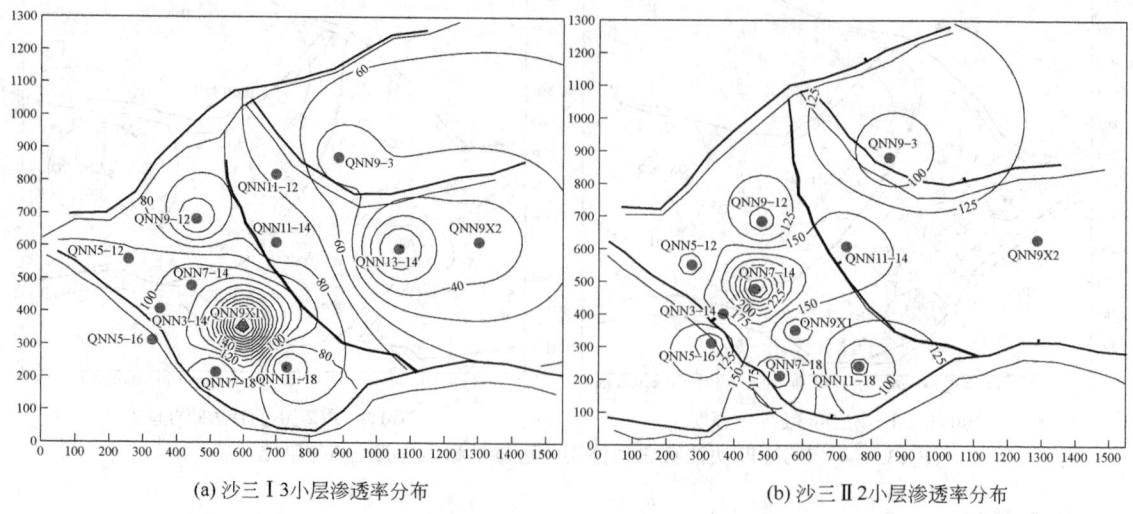

(a) 沙三Ⅰ3小层渗透率分布　　　　　　　　(b) 沙三Ⅱ2小层渗透率分布

图13.4.6　DGM 断块油藏典型储层的可渗透砂岩渗透率分布(单位：$10^{-3} \mu m^2$)

5. 两相渗流相对渗透率曲线与毛管力的处理

油水两相及油气两相渗流的相对渗透率曲线如图13.4.7所示，其中残余油饱和度S_{or} = 0.2646，束缚水饱和度S_{wc} = 0.3339。因为DGM断块油藏没有进行油气相对渗透率曲线的测试，所以其油气相对渗透率曲线是借用相邻相似断块油藏的，这也是油藏开发研究中经常使用的方法。

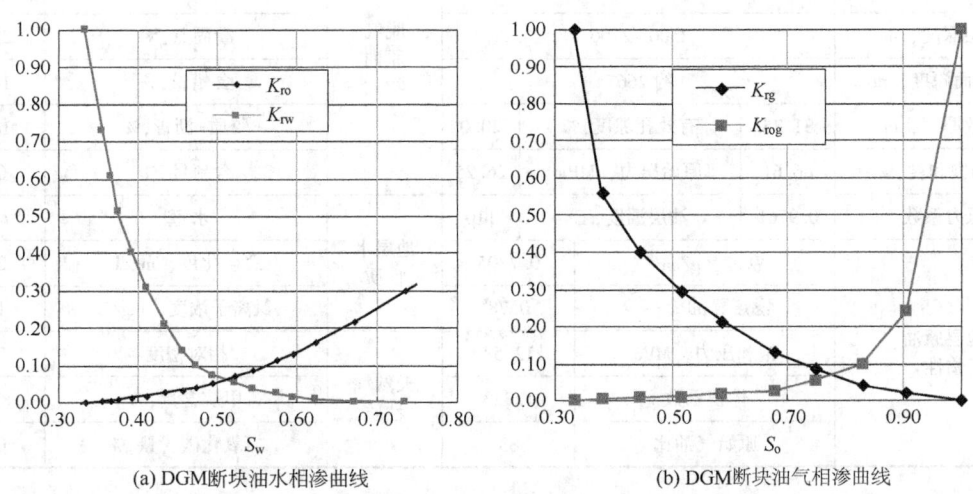

(a) DGM断块油水相渗曲线　　　　　　　(b) DGM断块油气相渗曲线

图13.4.7　DGM断块油藏两相渗流相对渗透率曲线

研究认为DGM断块油藏水驱油过程中毛管力相对很小，因此忽略毛管力的影响。

6. 高压物性数据

DGM油藏高压物性数据见表13.4.1。油藏初始泡点压力为12.6MPa。

表13.4.1　高压物性数据表

气油比	压力，MPa	原油体积系数	原油黏度，mPa·s
0	0.0	1.0932	1.531
36	4.0	1.2173	1.2
47	6.0	1.2401	1.05
59	8.0	1.2703	0.95
70	10.0	1.2953	0.8
83	12.6	1.3234	0.78
	14.0	1.3100	0.8
	18.0	1.3000	0.82
	22.0	1.2950	0.85
	25.8	1.2900	0.86
	30.0	1.2800	0.87
	35.0	1.2700	0.9
	40.0	1.2600	0.92
	50.0	1.2400	1.02

7. 初始状态及其他特征参数

DGM油藏初始状态及其他各种综合物性参数见表13.4.2。

表13.4.2 DGM油藏综合数据

油藏类型	构造岩性油藏				相对密度，g/cm³	0.8434
含油层系	沙一下、沙三Ⅰ、Ⅱ			脱气原油物性	黏度，mPa·s	5.38
油层深度，m	2500~2700				凝固点，℃	23.34
油水面深度，m	约2667				含蜡量，%	14.01
有效厚度，m	31.25	有效孔隙度，%	20.0		胶质+沥青，%	16.46
含油饱和度，%	66.61	原始压力，MPa	26.25		含硫量，%	0.11
压力系数	0.9761	油层温度，℃	110		水 型	NaHCO₃
地层原油物性	密度，g/cm³		0.7205	地层水性质	总矿化度，mg/L	2823
	黏度，mPa·s		0.78		氯离子浓度，mg/L	1276
	饱和压力，MPa		12.58	天然气性质	相对密度	0.64
	体积系数		1.323		甲烷含量，%	87.13
	原始气油比		83		二氧化碳含量，%	0.14

8. 动态资料数据处理

研究分析DGM油藏开发历史及其他动态测试资料，整理完善模拟区所有单井及断块的生产和井史数据。油藏生产数据从2002年6月到2006年8月，共4年零2个月。

由于现场只提供了部分井底流压数据，其他油井将动液面深度折算成井底流压作为拟合指标，注水井井底流压由井口注水压力加上井筒内水柱压力得到。为了达到较高的精度，模拟过程以一个月为一个时间段。

油田整体生产指标数据处理包括：全油田月平均日产油量、全油田月平均日产液量、全油田月平均含水率、全油田月平均气油比、全油田月末平均地层压力。单井生产动态指标数据处理包括：油井的月平均日产油量、油井的月平均日产液量、油井的月平均含水率、油井的月平均气油比、油井的月末井底流压。单井注水动态指标数据处理包括：水井的月平均日注水量、水井的月末井底流压。

9. 数值地质模型的建立

1）网格系统的建立

按照13.1.2小节中的一般原则和油藏的几何构造，建立DGM油藏的网格系统。

纵向结构：油藏中每一个地质小层或单砂体对应一层数模网格，地质层位的顶底深度之差（地层厚度）取作数模网格的垂向尺度，以定义油藏结构；再将相应层位（小层或单砂层）的可渗透砂岩厚度输入数模网格，以定义有效的流体流动空间。

网格方向：DGM油藏地层具有西高东低、南高北低，高薄低厚的特点；沉积相研究显示其物源方向为由南西向北东；动态生产资料数据显示油藏内油水流动大致为东西方向。经综合考虑分析，取正东作为 x 坐标网格方向。

系统参数：网格平面区域由各层段的可渗透砂岩区域叠加确定，网格步长取 25m×25m。每层网格数为 63×53=3339，纵向上共18层，地质层位与数模网格层的对应关系见表13.4.3。总网格数为 63×53×18=60102 个。

表 13.4.3　DGM 油藏模型网格层号与地质小层（砂体）号对应关系

网格层号	1	2	3	4	5	6	7	8	9	10	11	12	13	14	15	16	17	18
地质层位及砂体号	沙一下1	沙一下2	沙一下3	沙一下4	沙三 I 1	沙三 I 2	沙三 I 3	沙三 II 1	沙三 II 2	沙三 II 3	沙三 II 4^1	沙三 II 4^2	沙三 II 4^3	沙三 II 5^1	沙三 II 5^2	沙三 II 5^3	沙三 II 6^1	沙三 II 6^2

2）各种资料数据的输入

按照 13.1 节中所述方法步骤，将各类资料数据进行离散，并按数值模拟软件所需格式输入油藏模拟数据体文件中，建立起完善的 DGM 断块油藏数值地质模型，如图 13.4.8 所示。

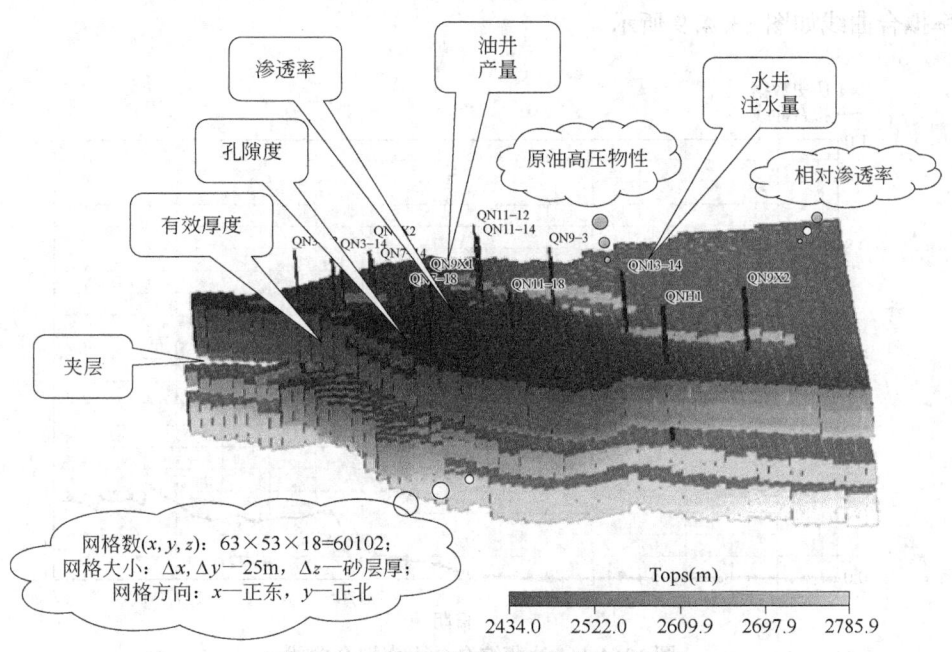

图 13.4.8　DGM 断块油藏数值地质模型

13.4.3　油藏开发历史拟合

历史拟合按照 13.2 节中的原则和方法进行。本次 DGM 油藏历史拟合以实际生产井的产液量和注水井的注水量作为输入数据。拟合指标数据包括三类：（1）油藏地质参数，如地质储量、断层封闭性、水体特征参数；（2）总体动态指标，如油藏压力、综合含水率、气油比；（3）单井生产指标，如含水率、气油比、井底流压等。主要修改的参数有相对渗透率、渗透率、孔隙度、有效厚度、含油面积，其中前两个参数可修改度较大，后三个参数必须反复推敲多方论证才可以改动。

历史拟合按照先整体、后局部的原则进行。首先修改整体影响参数拟合总体指标，如调试断层的开启度和边部水体来拟合地层平均压力，调试全局相对渗透率拟合总含水率指标；然后修改局部相渗及绝对渗透率等参数进行单井历史生产指标拟合。

1. 总体指标拟合

1）地质储量

地质储量是历史拟合的首要参数。地质储量拟合程度直接反映了地质模型是否能够代表实际油藏。影响地质储量拟合的因素有地层有效厚度、含油面积、孔隙度、原始含油饱和度等，经过全面拟合后的 DGM 油藏模型的地质储量为 $146.38 \times 10^4 t$，与《储量报告》中地质储量复算结果 $150 \times 10^4 t$ 符合程度相当高，达 97.6%。并且本项研究利用了更丰富的地质与开发数据，具有更加充分而可靠的依据，同时考虑了油藏的非均质性，因此后面的研究工作以本研究所得地质储量为准。

DGM 油藏的地质储量主要分布在沙一下 4、沙三Ⅰ3 和沙三Ⅱ2~6 这些小层中。只要保证这些油层的开发效果，就能使 DGM 油藏开发获得好的效益。

2) 综合含水率

综合含水率是反映油藏内油水运动规律的主要指标之一，因此，综合含水率拟合是数值模拟历史拟合过程中一项重要内容。本研究结果中综合含水率拟合程度达到 90% 以上，综合含水率拟合曲线如图 13.4.9 所示。

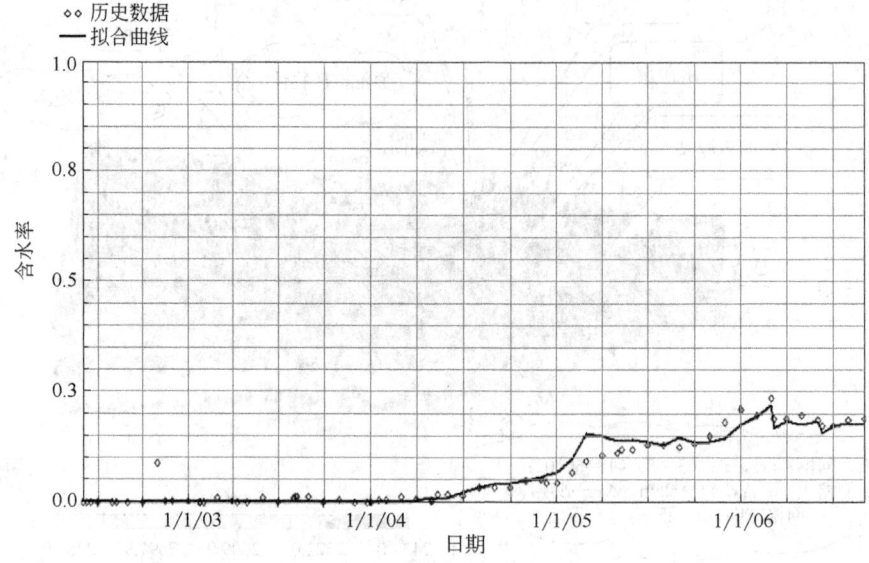

图 13.4.9　油藏综合含水率拟合曲线

拟合过程中发现实验室所给 DGM 油藏流体高压物性参数中的油相黏度与邻近油藏相比差异很大，DGM 油藏溶解气少而原油黏度却明显偏小，致使整体含水率模拟值明显偏低，难以和实际生产相符。因此，对油相黏度变化曲线数据进行了修正。

3) 气油比

DGM 油藏沙三段油组饱和压力较低，只有 12.58MPa，地饱压差较大，为 13.67MPa。又由于存在一定量的边水，有利于维持较高的地层压力。所以 DGM 油藏沙三段油组一直在饱和压力以上开发，生产油气比一直等于溶解油气比。这也应该是 DGM 油藏今后开发历程的一个特点：生产气油比对 DGM 油藏开发过程影响不大。

4) 产液与产油量

本项研究以油藏实际产液量作为历史拟合的输入数据，而产油量由产液量和含水率决定，当含水率拟合完成时，产油量指标便同时完成拟合。DGM 油藏累产液量和累产油量变化曲线如图 13.4.10 和图 13.4.11 所示。

5) 油藏压力

油藏压力是反映油藏注采关系的主要指标之一。需要说明的是，一般油田提供的地层静压现场测试数据较少，而个别井所测的静压往往不能完全代表该时刻的地层平均压力，因此

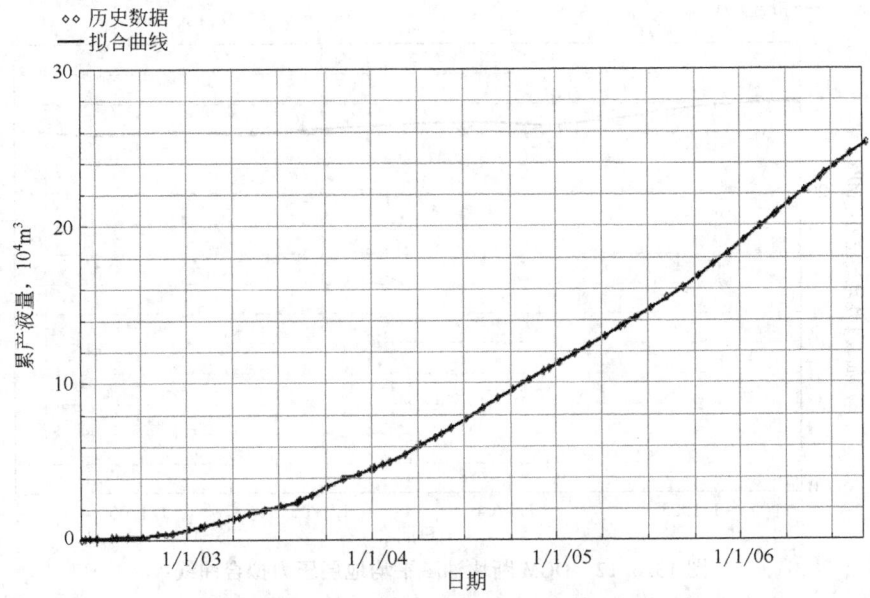

图 13.4.10 DGM 油藏累产液量变化曲线

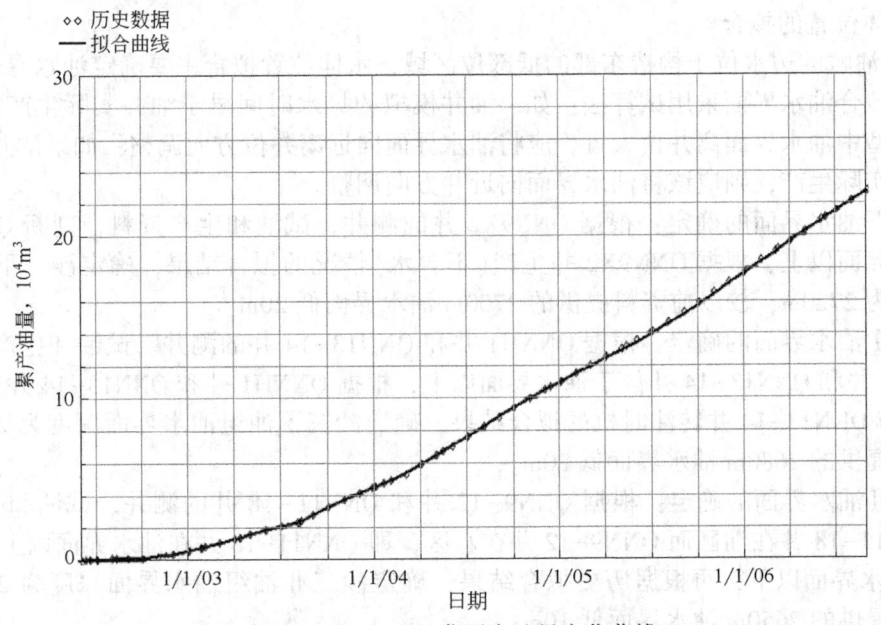

图 13.4.11 DGM 油藏累产油量变化曲线

必须综合所有井压测试、生产数据等多种资料，进行全面系统的分析来完成油藏压力拟合。DGM 油藏合理的平均压力变化曲线如图 13.4.12 所示。

2. 油藏边部水体的拟合

边水的属性一般包括水体位置、水体体积、水体压力等参数。边水属性不但影响油藏在天然能量开采阶段的效果指标，对注水开发过程和开发效果也都具有显著影响。对于后期的注采技术策略的制定具有非常重要的参考价值。

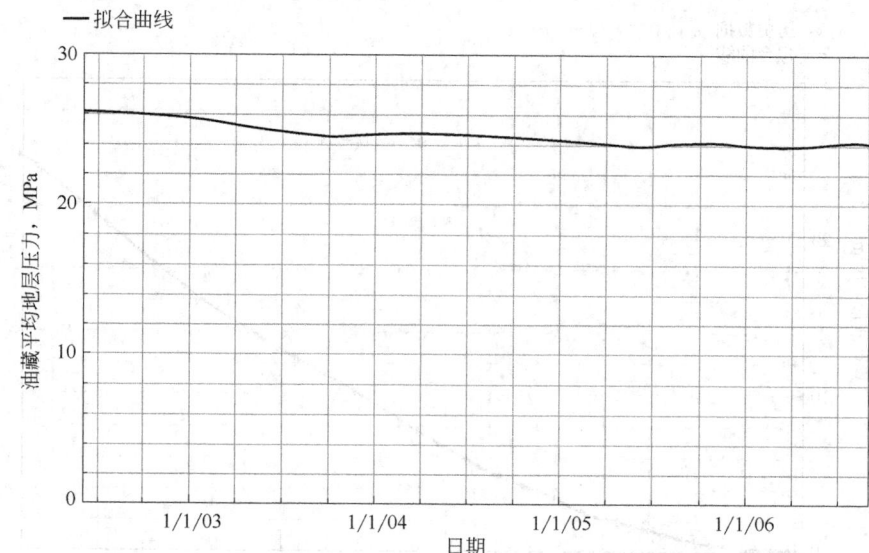

图 13.4.12 DGM 断块油藏平均地层压力拟合曲线

边水水体的属性一般依靠油藏工程和生产动态分析得到,而数值模拟是定量计算水体的主要手段。水体的数值模拟预测应在生产历史拟合阶段完成。

1) 水体位置的拟合

DGM 油藏的边水位于构造东部的低部位区域,水体位置拟合主要确定油水界面的深度。数值模拟拟合油水界面采用试算法:如果油井模拟的见水时间早于油井实际生产见水时间,则说明模型中油水界面离井位太近,应将油水界面向远离井位方向调整;如果油井模拟见水时间晚于实际生产,则应该将油水界面向近井方向调整。

沙一下油水界面的确定:根据 QNN9X2 井的测井、试油和生产资料,判断 QNN9X2 井位于油水界面以上,根据 QNN9X2 井生产(不含水)情况的拟合结果,确定沙一下油组油水界面深度为 2720m,较以前资料提供的 2700m 油水界面低 20m。

沙三 Ⅰ 油水界面的确定:根据 QNNH1 井和 QNN13-14 井的测井、试油和生产资料,判断 QNNH1 井和 QNN13-14 井位于油水界面以上,根据 QNNH1 井和 QNN13-14 井生产(不含水)情况与 QNN13-14 井转注时机的拟合结果,确定沙三 Ⅰ 油组油水界面深度为 2700m,较以前资料提供的 2680m 油水界面低 20m。

沙三 Ⅱ 油水界面的确定:根据 QNN9-12 井和 QNN11-18 井的测井、试油和生产资料,判断 QNN11-18 井在油区而 QNN9-12 井在水区,即 QNN11-18 井在油水界面以上而 QNN9-12 井在油水界面以下,再根据历史拟合结果,确定沙三 Ⅱ 油组油水界面深度为 2660m,较以前资料提供的 2650m 油水界面低 10m。

2) 水体体积的拟合

水体体积直接决定了水体向油藏供液维持油藏压力的能力。试验调整水体的大小,模拟观察各井井底流压曲线变化趋势,使其与实际生产压力数据相符合,即可得到实际油藏的水体体积。

DGM 油藏边水体积为 $1417\times10^4m^3$,其中沙一下段 $452\times10^4m^3$;沙三 Ⅰ 油组 $668\times10^4m^3$;沙三 Ⅱ 油组 $297\times10^4m^3$。油藏内原油体积为 $177\times10^4m^3$,其中沙一下段 $34.5\times10^4m^3$;沙三 Ⅰ 油组 $64.6\times10^4m^3$;沙三 Ⅱ 油组 $77.9\times10^4m^3$。DGM 油藏总的水油体积之比为 8:1。

3) 水体压力的拟合

DGM 油藏的水体压力由其深度和油藏压力平衡决定，沙一下段初始平均压力为 21.6MPa；沙三Ⅰ初始平均压力为 30.5MPa；沙三Ⅱ初始平均压力为 26.8MPa。

从油藏水体拟合结果可以看出，DGM 油藏有一定的水体能量，但依靠边水驱油开发，天然能量仍显不足。为了保持油藏压力水平，尽量延长自喷采油期，应该采用人工注水补充能量开发油藏，尤其是沙三Ⅱ油组，边水体积相对很小，在弹性开发期之后基本上要靠注入水驱油开发。各井各层什么时间开始(转)注水？注水强度控制多大？这些则是 DGM 油藏后序开发必须搞清的问题。

3. 断层封闭性的拟合

油藏数值模拟可以对静态研究很难确定的一些地质情况通过计算给出更为明确的答案。除了边底水参数外，断块内部断层的封闭性也可以通过历史拟合得到定量数据。

通过历史拟合，对东北部 QNN11-12 井右侧、QNN13-14 井上面的 3 号断层的开启程度进行了试验。该断层在沙三Ⅰ位于油水边界和 QNN11-12 井之间，如果该断层是开启的，QNN11-12 井会很快被边水水淹，且含水率会不断上升，与实际情况不符。经综合分析确定此断层是封闭的。

断块中部 QNN9-12 井和 QNN11-18 井右侧的 2 号断层在沙三Ⅱ位于油水边界附近，如果此断层设为完全封闭则各井在沙三Ⅱ的生产明显能量不足，全部打开也不符合实际情况。通过多次试验，确定此断层开启程度为 0.2。模型中令断层法向渗透率与邻近岩石介质渗透率之比为 0.2。

沙三Ⅱ油组 QNN5-16 井右侧的 1 号断层将生产井 QNN5-16 井跟右侧的注水井及边水区域隔开，但实际生产数据显示 QNN5-16 井受效于注入水和边水能量，证明该断层不封闭，经历史拟合试验，确定该断层开启程度为 0.5 最合适符合生产实际。

各断层的封闭性如图 13.4.13 所示。图中各断层编号后面的数字分别表示该断层在沙一下、沙三Ⅰ和沙三Ⅱ储层的封闭性即开启程度，0 表示完全封闭，1 表示完全开启。

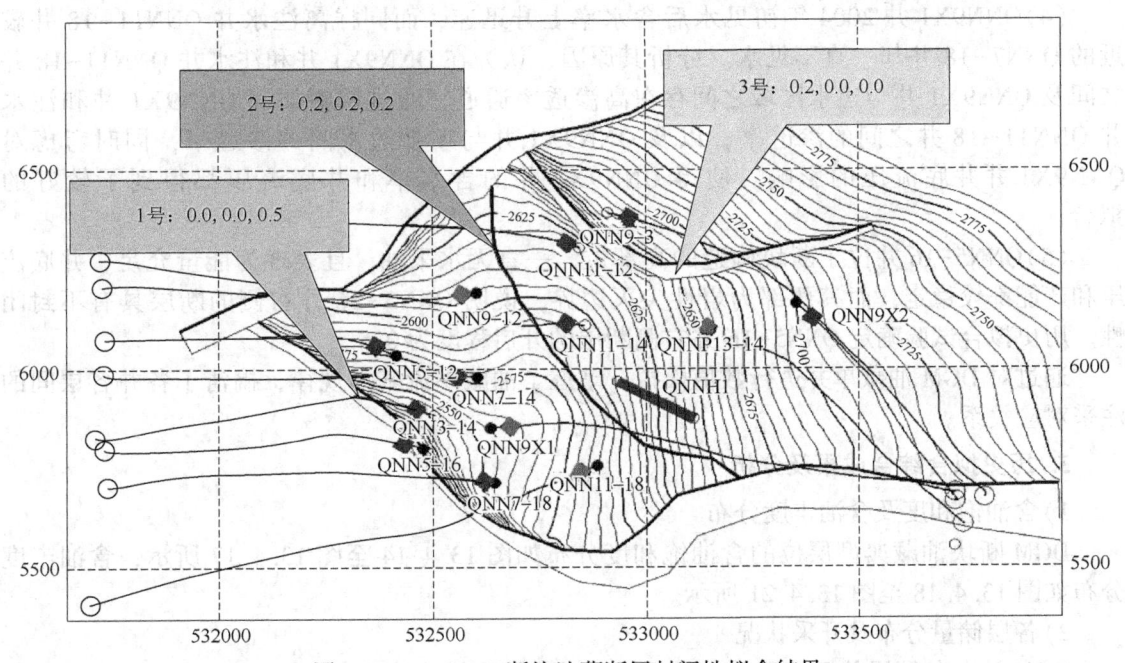

图 13.4.13　DGM 断块油藏断层封闭性拟合结果

4. 单井指标拟合

单井拟合指标主要包括井底流动压力、单井含水率、单井气油比。

本项研究对模拟区内 13 口生产井（其中 3 口井后来转注）、1 口注水井（QNN11-18 井）共 14 口井全部进行了拟合。经过耐心、细致的分析、校对、调整工作，单井拟合率达到令人满意的精度。在累积产油量相对误差不超过 1.0%、累积产水量相对误差不超过 5.0% 的标准下，油水产量指标的单井拟合率达到 90% 以上。在所有时间点含水率误差≤15% 标准下，单井拟合率达到 90% 以上，全面指标的单井拟合率达 90%。

历史拟合中对一些典型问题进行了分析处理。

（1）QNN11-12 井极其特殊，一开始生产即含水，但在生产一年以后含水迅速下降。经过分析知，此井开始所产的水是地层水，在 QNN13-14 井开始注水并加大注水量后，注入水将油推进到 QNN11-12 井，并抑制了地层水向 QNN11-12 井流入，使 QNN11-12 井含水下降。依照以上认识，修正数值模型，QNN11-12 井达到了较好的拟合程度。

（2）在进行井底流压拟合时，QNN11-14 井的井底流压后期的计算值比实际值低 3MPa，QNN11-12 井的井底流压后期计算值比实际值低 4MPa，难以拟合，而对应的 QNN13-14 井在转注后压力过高。通过观察发现，模型中 QNN13-14 井与 QNN11-12 井、QNN11-14 井之间区域的渗透率很低，只有十几个毫达西，不能较好的形成注采通道，影响 3 口井之间的注采关系，使其与生产动态不符，需要修正。因此，加大 QNN13-14 井与 QNN11-12 井和 QNN11-14 井之间连线的渗透率，同时注意 QNN11-12 井和 QNN11-14 井的生产含水率变化及未来趋势。通过多次试验，确定了 3 口井之间的油水通道区域及其渗透率值。QNN13-14 井、QNN11-12 井、QNN11-14 井的井底流压和含水率都与生产实际达到了理想的符合程度。

（3）QNN7-14 井稳产两年后才开始见水，见水后含水急剧上升。通过动静态结合分析原因是 QNN7-14 井附近渗透性相当好，所以投产初期能够高产、稳产，井底流压也比较高，但是在当油水前沿到达 QNN7-14 井时，含水便急剧上升。

（4）QNN9X1 井 2004 年初见水后含水率上升迅速，而同样离注水井 QNN11-18 井较近的 QNN7-18 井却一直不见水。分析其原因，认为在 QNN9X1 井和注水井 QNN11-18 井之间及 QNN9X1 井与边水区域之间存在高渗透率通道。通过调整加大 QNN9X1 井和注水井 QNN11-18 井之间的渗透率，以及 QNN9X1 井与东部边水间的渗透率，同时考虑对 QNN9X1 井井底流压的影响，使得 QNN9X1 井的含水率和井底流压都得到了较好的拟合。

（5）QNN5-16 井位于断块构造的高部位，一直无水采油，且表现为能量充足，井底流压和产能都较稳定，而其西部为岩性尖灭边界，说明 QNN5-16 井右侧的断层具有不封闭性。历史拟合试验确定 QNN5-16 井右侧断层的开启程度为 0.5。

通过对 DGM 油藏单井进行数值模拟，掌握了油藏渗流基本规律，搞清了各井各层间的注采对应关系。

5. 历史拟合综合成果及分析

1）含油饱和度及含油丰度分布

DGM 断块油藏典型层位的含油饱和度分布如图 13.4.14 至图 13.4.17 所示，含油丰度分布如图 13.4.18 至图 13.4.21 所示。

2）各层储量分布及开采状况

DGM 油藏各储层单元储量分布及开采情况数模成果统计见表 13.4.4。

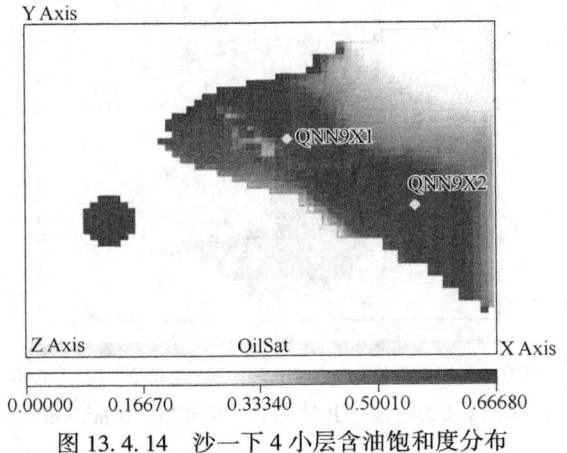
图 13.4.14 沙一下 4 小层含油饱和度分布

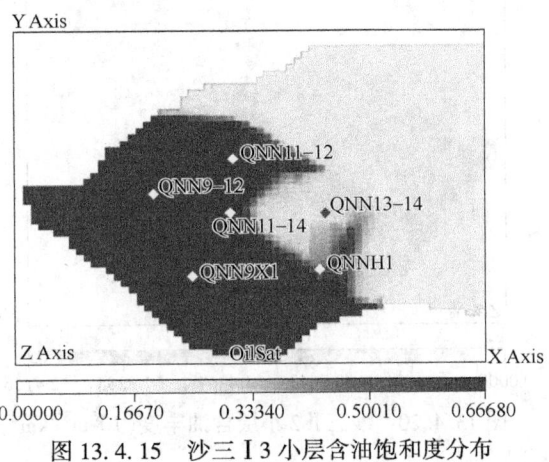
图 13.4.15 沙三Ⅰ3 小层含油饱和度分布

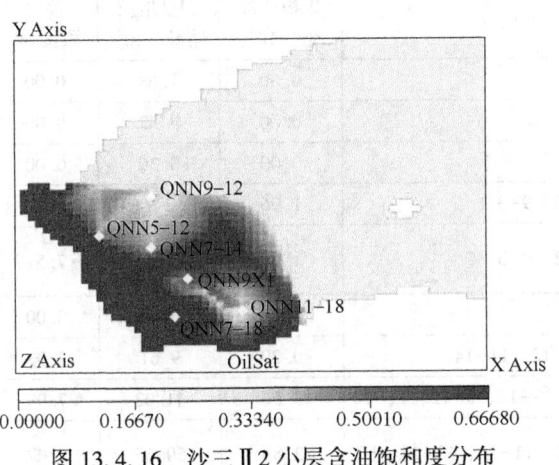
图 13.4.16 沙三Ⅱ2 小层含油饱和度分布

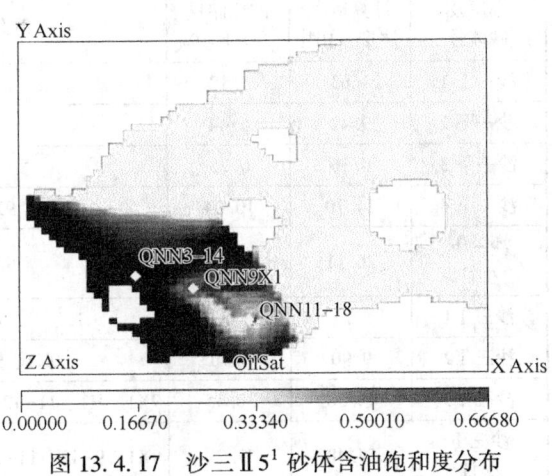
图 13.4.17 沙三Ⅱ5^1 砂体含油饱和度分布

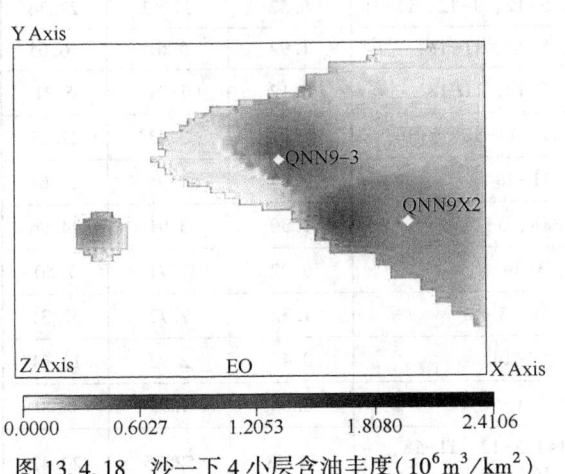
图 13.4.18 沙一下 4 小层含油丰度($10^6 m^3/km^2$)

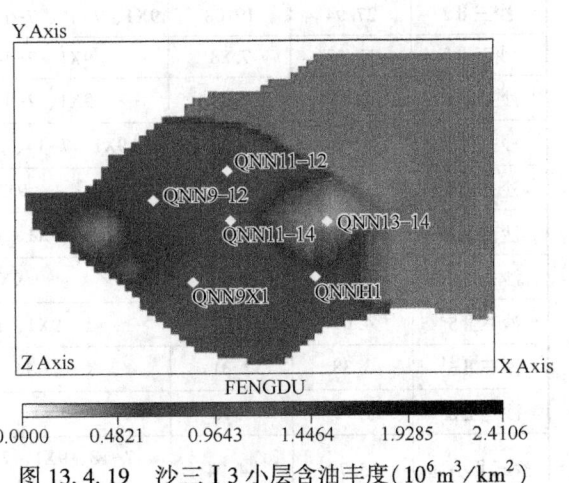
图 13.4.19 沙三Ⅰ3 小层含油丰度($10^6 m^3/km^2$)

· 337 ·

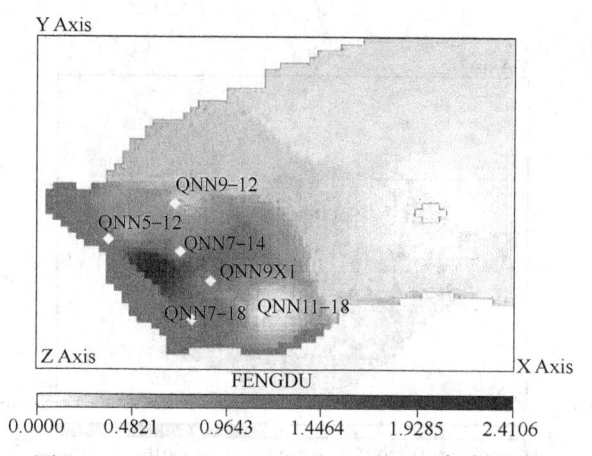

图 13.4.20 沙三Ⅱ2 小层含油丰度($10^6 m^3/km^2$)

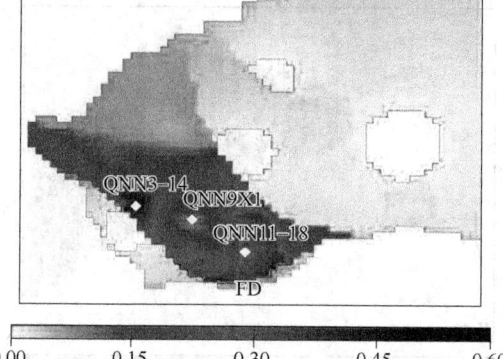

图 13.4.21 沙三Ⅱ5^1 砂体含油丰度($10^6 m^3/km^2$)

表 13.4.4 DGM 油藏各单元储量分布及开采数模结果统计

小层及砂体号	计算地质储量,10^4t	占总储量百分比,%	射孔完井情况	累积产油量,10^4t	剩余地质储量,10^4t	采出程度,%
沙一下 1	1.63	1.12		0.00	1.63	0.00
沙一下 2	9.42	6.44		0.00	9.42	0.00
沙一下 3	0.36	0.25		0.00	0.36	0.00
沙一下 4	14.70	10.04	9X2、9-3	1.96	12.74	13.33
沙一下小计	26.11	17.84	9X2、9-3	1.96	24.15	7.51
沙三Ⅰ1	0	0		0.00	0.00	0.00
沙三Ⅰ2	9.90	6.76	9X1、9-12、11-14	0.29	9.61	2.93
沙三Ⅰ3	44.58	30.45	9X1、H1、11-12、13-14、9-12、11-14	3.56	41.02	7.99
沙三Ⅰ小计	54.48	37.22	9X1、9-12、11-12、11-14、13-14、H1	3.85	50.63	7.07
沙三Ⅱ1	0	0		0.00	0.00	0.00
沙三Ⅱ2	27.94	19.08	9X1、7-18、7-14、5-12、9-12、11-18	6.52	21.42	23.34
沙三Ⅱ3	11.53	7.88	9X1、7-14、5-12、11-18	1.92	9.61	16.65
沙三Ⅱ4^1	2.03	1.39	9X1、7-14、5-12、11-18	0.12	1.91	5.91
沙三Ⅱ4^2	4.43	3.03	9X1、7-14、5-12、11-18、5-16	1.00	3.43	22.57
沙三Ⅱ4^3	2.52	1.72	9X1、11-18	0.57	1.95	22.61
沙三Ⅱ5^1	5.21	3.56	9X1、11-18、3-14	1.30	3.91	24.96
沙三Ⅱ5^2	2.93	2.00	9X1、3-14	0.22	2.71	7.50
沙三Ⅱ5^3	4.09	2.79	9X1、11-18、5-16	1.32	2.77	32.31
沙三Ⅱ6^1	3.38	2.31	11-18、3-14	0.46	2.92	13.61
沙三Ⅱ6^2	1.73	1.18		0.00	1.73	0.00
沙三Ⅱ小计	65.78	44.94	7-18、9X1、7-14、5-12、11-18、9-12、5-16、3-14	13.43	52.35	20.42
合计	146.38	100	14 口井	19.24	127.14	13.13

3)单井各层生产状况

单井各层生产状况数模结果统计见表13.4.5。为简练起见,只选三口井作为例子。

表13.4.5 DGM油藏单井生产数模结果统计(至2006年8月)

井号	生产层号	累产油量 10^4 t	百分比 %	累注水量 $10^4 m^3$	百分比 %	日注水量 m^3/d	百分比 %
QNN5-12	沙三Ⅱ2	1.21	60.94	0	0	0	0
	沙三Ⅱ3	0.85	42.92	0	0	0	0
	沙三Ⅱ4²	-0.08	-3.86	0	0	0	0
	全井	1.99	100	0	0	0	0
	全井	0.99	100	0	0	0	0
QNNH1	沙三Ⅰ3	1.21	100	0	0	0	0
	全井	1.21	100	0	0	0	0
QNN9X1	沙三Ⅰ2	0	0	0	0	0	0
	沙三Ⅰ3	0.01	0.49	0	0	0	0
	沙三Ⅱ2	1.06	51.71	0.18	38.78	12.6	40.65
	沙三Ⅱ3	0.30	14.63	0.12	26.53	8.8	28.39
	沙三Ⅱ4¹	-0.03	-1.46	0.03	6.12	1.8	5.81
	沙三Ⅱ4²	-0.11	-5.37	0.03	6.12	1.7	5.48
	沙三Ⅱ4³	0.38	18.54	0.02	4.08	1.2	3.87
	沙三Ⅱ5¹	0.60	29.27	0.03	6.12	1.7	5.48
	沙三Ⅱ5²	-0.05	-2.44	0.03	6.12	1.5	4.84
	沙三Ⅱ5³	-0.11	-5.37	0.03	6.12	1.7	5.48
	全井	2.05	100.00	0.46	100	31	100

4)油藏数模综合成果分析

(1)DGM油藏在沙三Ⅰ油组各小层剩余油基本连片,有利于油藏后续开发生产。同时,尚有部分井没有在该层位射孔,注采系统不够完善。沙三Ⅰ油组后续调整有较大潜力。

(2)沙一下只采不注,地层能量不足,影响油井产能,且井网不完善,控制区域不够。同时,沙一下4小层有较大面积的剩余油区域,具有一定的调整开发潜力。

(3)主力层位沙三Ⅱ注采井网比较完善,储量控制比较高,从剩余油饱和度分布图上可以看出,该层位水淹比较严重,剩余油分布较少,说明该段水驱程度高,开发效果好。因此,后期开发调整潜力有限,进一步改善开发效果较为困难。

(4)从油水运动趋势来看,沙三Ⅰ、沙三Ⅱ油组油水前缘在不同区域具有不同特点。有的注水井位在水线以下,对油层整体驱油过程有利;有的注水井位在水线以上,容易造成含油区域的分割破碎,对整体开发效果不利,后续开发调整应予以重视。

13.4.4 DGM 油藏开发动态分析

该部分主要是综合地震、测井等地质研究成果和试油、试采、生产动态、常规油藏工程、数值模拟等开发研究成果,对该油藏开发过程中的关键问题进行分析研究,为开发调整方案的设计编制提供依据。内容包括开发阶段划分及开发特点分析、开发层系及开发井网的适应性分析、油井含水情况及含水井分布规律分析、DGM 油藏渗流特征和油水运移规律、可采储量预测、开发效果评价等。这里仅介绍与数值模拟直接相关的部分。

1. 开发层系及开发井网的适应性

1) 开发层系的适应性分析

DGM 油藏到 2006 年 8 月为止分三套层系开发,即沙三Ⅱ油组、沙三Ⅰ油组和沙一下段。其中沙三Ⅱ储量最高($65.8×10^4$t),面积最小($0.3km^2$),含油井段较短(平均垂直长度约为60m),含油区域无论在平面还是垂向上都很集中,因此开发初期将沙三Ⅱ作为主力层进行开发是合理的。该层系共有 8 口油水井,油水分布变化趋势比较合理。沙三Ⅰ油组地质储量为 $54.5×10^4$t,面积 $0.6km^2$,含油丰度为一般水平,原开发方案将该油组作为沙三Ⅱ的接替层,该层系有油水井 4 口。本次精细数值模拟研究表明,沙三Ⅰ油组剩余油基本连片分布,注采井网可以进一步完善,控制区域和控制储量可明显扩大,存在较大的开发潜力,所以沙三Ⅰ油组确实可以作为 9X1 断块稳产的接替层系。沙一下段相对储量较小($26.1×10^4$t),含油面积 $0.9km^2$,是 9X1 断块的辅助开发层系,只有 2 口井采油,剩余油分布和井网情况与沙三Ⅰ油组情况相似,沙一下也具有一定的开发潜力,可以为 9X1 断块稳产起到一定的作用。总之,到 2006 年 8 月为止,DGM 油藏开发层系基本上是合理的。

2) 井网适应性分析

DGM 油藏含油面积小,考虑到构造形态和油层分布特征,使用三角形和 250m 井距井网进行开发。三角形井网能够较好地控制构造的有利部位,针对本地区的构造形态能够灵活调整,也容易形成合理的注水驱油系统。从含油饱和度分布图中可以看出,主力开发层沙三Ⅱ油组的含油区域基本全部被现有井网控制,油水运动及分布形势对油藏开发很有利;沙三Ⅰ油组和沙一下段仍有连片的未动用含油区域,通过对井位进行调整,可以形成较完善的井网,控制并开采未动用储量,从而提供较大的开发潜力。总之,DGM 断块油藏开发井网符合正常开发进程的要求,但今后应随开发进程的延续而进一步调整完善,才能保证高效稳产开发。

2. 油井含水情况及含水井分布规律

剖析每一口油井的见水与含水率变化情况,结合数值模拟得到的油藏内可视化动态过程,确定每一口井在每个层位是否见水;如果见水,要判别水源是边底水、层间水还是注入水;若是注入水,要判别来源于哪一口注水井。从而搞清各井各层间注采关系。

油藏含水井分布规律是:构造高部位的井初期含水低或不含水,而且无水生产期时间长;低部位的井或处于油水界面处的井往往生产初期即有较高含水率,或开始不含水但很快就见水,且含水率上升很快;局部不活跃的地层水会使得邻近油井一投产即高含水,但生产一段时间后,地层水压力降低,向井底流动减弱,油井含水率下降。

3. 渗流特征和油水运移规律

(1) 从相渗曲线分析,随着含水饱和度的增加,油相相对渗透率下降很快,远大于水相相对渗透率的上升幅度,因此实际生产中的油井往往产液量下降快、含水上升快。

（2）断层的影响主要有两种作用：垂直于断层方向的阻挡作用，平行于断层方向的导流作用。DGM油藏所包含的几个主要断层，在不同的层位其封闭性发生一定的变化。QNN9X2北断层在整个区块都是封闭的，对限制边水的快速推进起到了积极的作用；DGM油藏井东断层在沙一底是封闭的，在沙三段是开启的，十分有利于注水井发挥注水效果，对提高整个DGM油藏的油产量起到重要的作用；QNN9X1井南断层由于处在油藏边界的特殊位置，主要起到对本区的构造及油气聚集的控制作用。

（3）压力对渗流的影响：压力相差较大时，压力较小的层出油少或者不出油，使采油强度降低，不利于发挥各类油层潜力。DGM油藏从开发初始至今，一直采用较小的注采比进行生产，生产主力层压力下降较快，使边水推进较快。

4. 可采储量预测

以油藏数值模拟为主，结合多种油藏工程计算方法，预测DGM油藏在现行开采方式下的可采储量为 46.40×10^4 t，最终采收率为34.0%。

5. 注水开发效果评价

DGM油藏2003年开始注水，2004年产量稳中有升，收到了明显的注水效果。油藏采油速度高，采出程度较大。同时，由于层间、层内非均质性较强，局部区域存在高渗透带，注入水单向单层突进，再加上井网不完善性的影响，各层、各单砂体的注入、采出程度不均；见水井的单井含水率上升很快。

13.4.5 开发调整方案设计与生产效果预测

这部分研究主要是结合油藏所有静动态研究成果，设计油田开发调整方案并进行生产指标预测。

1. 开发调整方案设计

1）开发调整原则及方法

DGM油藏的开发调整策略是：（1）边水与适量注水相结合；（2）扫油区域先边部后内部，尽量实现沿等高线由外向内均匀驱替；（3）注意调补现有井的层位，同时利用有利区域布井；（4）适当放大液量开采；（5）适当减小油水边界以内注水井的注水量，增大油水边界以外注水井的注水量。

DGM油藏调整方案设计的方法步骤是：（1）有利调整区域选取：根据构造井位图、储量分层计算数据、现含油饱和度分布图和储量分布图，找出现有井穿过但未射孔及现有井无法控制的层位和区域。（2）分析研究有利区域调整措施：分析现有井网注采关系，确定现井网调补层位和拟钻新井位置。（3）分析油水运移趋势，制定相应的调整措施。（4）考虑边水能量，制定注水技术策略。

2）开发调整方案设计

基于前面对DGM油藏的静动态分析，根据该油藏的静动态特征，针对各区域、各井及各层存在的矛盾和问题，遵循开发调整的原则和方案设计的方法步骤，考虑各种开发调整措施的适用性和可行性，为DGM油藏设计了46种开发调整初选方案。各方案不仅包含详细的调整措施，还包括各项措施的具体实施时间安排。其中两种代表性方案（方案9-9和方案9-10）的措施安排如图13.4.22和图13.4.23所示，详细数据见表13.4.6和表13.4.7。

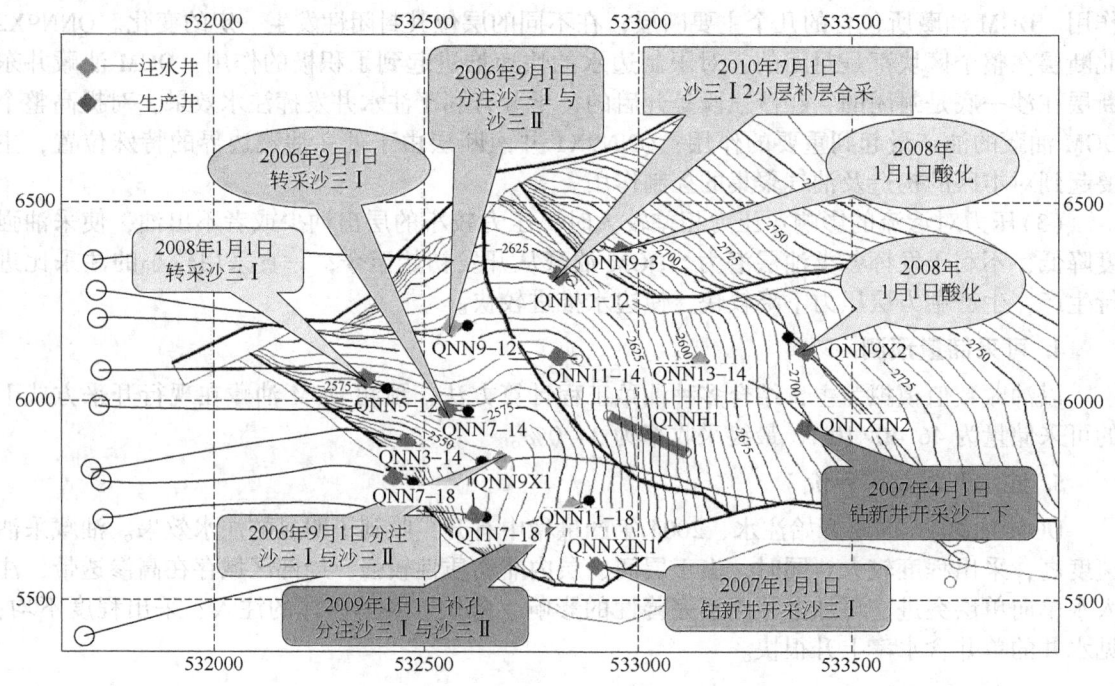

图 13.4.22 调整方案 9-9 的措施安排

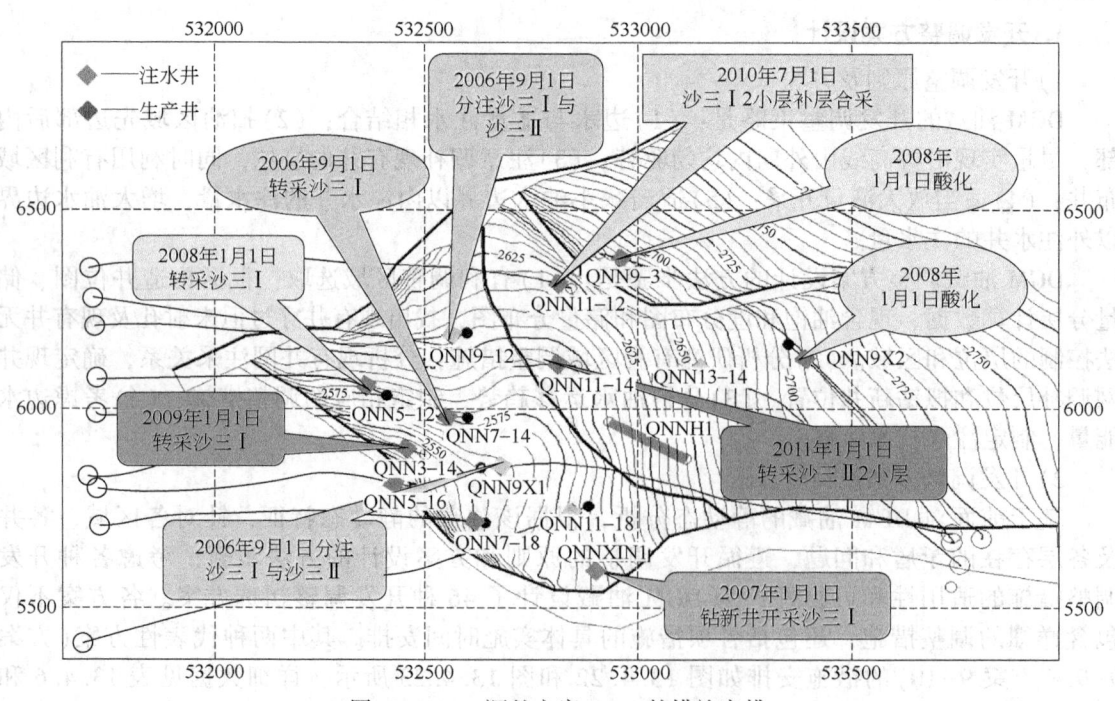

图 13.4.23 调整方案 9-10 的措施安排

表 13.4.6　方案 9-9 措施计划

措施时间	措施描述
2006.9.1	(1) QNN9X1 分注：沙三Ⅰ注水量 50m³/d；沙三Ⅱ注水量 30m³/d。 (2) QNN9-12 酸化分注：沙三Ⅰ注水量 30m³/d；沙三Ⅱ注水量 98m³/d。 (3) QNN7-14 换沙三Ⅰ层位生产，定产液量上限 30m³/d
2007.4.1	在断块东南部，钻新水平井开采沙一下，定产液量上限 45m³/d
2007.6.1	在断块南部，钻新井开采沙三Ⅰ，定产液量上限 30m³/d
2008.1.1	(1) QNN9-3 和 QNN9X2 酸化。 (2) QNN5-12 换层沙三Ⅰ开采，定产液量上限 30m³/d
2009.1.1	QNN11-18 分注：沙三Ⅰ注水量 21m³/d；沙三Ⅱ注水量 41m³/d
2010.7.1	QNN11-12 井在沙三Ⅰ2 补孔合采

表 13.4.7　方案 9-10 措施计划

措施时间	措施描述
2006.9.1	(1) QNN9X1 分注：沙三Ⅰ注水量 50m³/d；沙三Ⅱ注水量 30m³/d。 (2) QNN9-12 酸化分注：沙三Ⅰ注水量 30m³/d；沙三Ⅱ注水量 98m³/d。 (3) QNN13-14 调注水量：由 98m³/d 降为 80m³/d。 (4) QNN7-14 换沙三Ⅰ层位生产
2007.1.1	(1) 在断块南部，构造的高部位钻新井开采沙三Ⅰ，定产液量上限 30m³/d。 (2) 调整 QNN9X1 的注水量：沙三Ⅰ注水量调为 70m³/d；沙三Ⅱ注水量不变 (3) 调整 QNN9-12 的注水量：沙三Ⅰ注水量调为 60m³/d；沙三Ⅱ注水量不变
2008.1.1	(1) QNN9-3 和 QNN9X2 酸化。 (2) QNN3-14、QNN7-14、QNN11-12、QNN11-14、QNNH1 井的产液量上限提高到现行方案的 1.2 倍。 (3) QNN5-12 换层沙三Ⅰ开采，定产液量上限 30m³/d。 (4) 调整 QNN9X1 的注水量：沙三Ⅰ注水量 70m³/d 不变；沙三Ⅱ注水量调为 10m³/d。 (5) 调整 QNN9-12 的注水量：沙三Ⅰ注水量 60m³/d 不变；沙三Ⅱ注水量调为 70m³/d
2009.1.1	(1) QNN7-14、QNN11-12、QNN11-14、QNNH1 井的产液量上限提高为现行方案的 1.5 倍。 (2) QNN3-14 转采沙三Ⅰ，定产液量上限 21m³/d。 (3) QNN13-14 调注水量：由 80m³/d 降为 50m³/d。 (4) 调整 QNN9X1 的注水量：沙三Ⅰ注水量调为 80m³/d；沙三Ⅱ停注。 (5) 调整 QNN9-12 的注水量：沙三Ⅰ注水量调为 70m³/d；沙三Ⅱ注水量调为 60m³/d。 (6) QNN5-12 产液量上限由 30m³/d 提高到 40m³/d
2010.7.1	QNN11-12 井在沙三Ⅰ2 补孔合采
2011.1.1	(1) QNN11-14 转采沙三Ⅱ2 小层，定产液量上限为 40m³/d。 (2) QNN9X1 恢复沙三Ⅱ注水量 20m³/d。 (3) 调整 QNN11-18 的注水量：由 40m³/d 调为 60m³/d
2012.1.1	QNN9X1 和 QNN9-12 井停注沙三Ⅰ2 小层

2. 开发调整方案生产效果预测

对上述各种开发调整方案进行生产指标预测和分析评价，为方案优选提供依据。所有方案预测时间段为 10 年，即从 2006 年 8 月到 2016 年 8 月。考虑到实际采油工艺水平和油藏开发需要，所有生产井的井底流压下限都取 10MPa，注水井底流压上限取 45MPa。本项研究的预测指标主要包括累产油量变化曲线、日产油量变化曲线、综合含水率变化曲线、油藏平均压力变化曲线、含油饱和度(剩余油)分布、压力分布等。

图 13.4.24 是基础方案(方案 0)和调整方案 9-9、调整方案 9-10 的累产油量变化曲线、

日产油量变化曲线及 10 年后的原油采收率，图 13.4.25 是这三种方案的综合含水率和油藏平均压力变化曲线。从图中可以看到，开发调整方案 9-10 的生产效果相比于基础方案大大改善。经过调整，DGM 油藏原油产量得到进一步提高，且可以保持高产稳产三年时间；含水率明显降低，油藏平均压力得到补充；十年后原油采出程度达 36.61%，比基础方案提高 7.5 个百分点；10 年末累产油量达 $53.59×10^4$t，比基础方案增产原油 $11.0×10^4$t。因此，开发调整的生产效果十分显著。

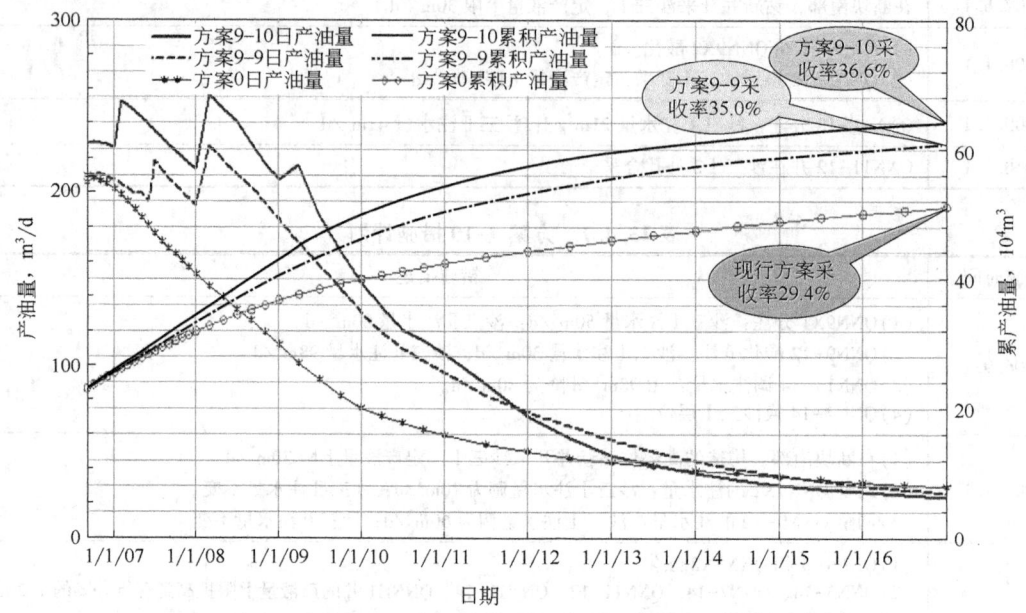

图 13.4.24　三种典型方案的 10 年累产油、日产油变化曲线及采收率

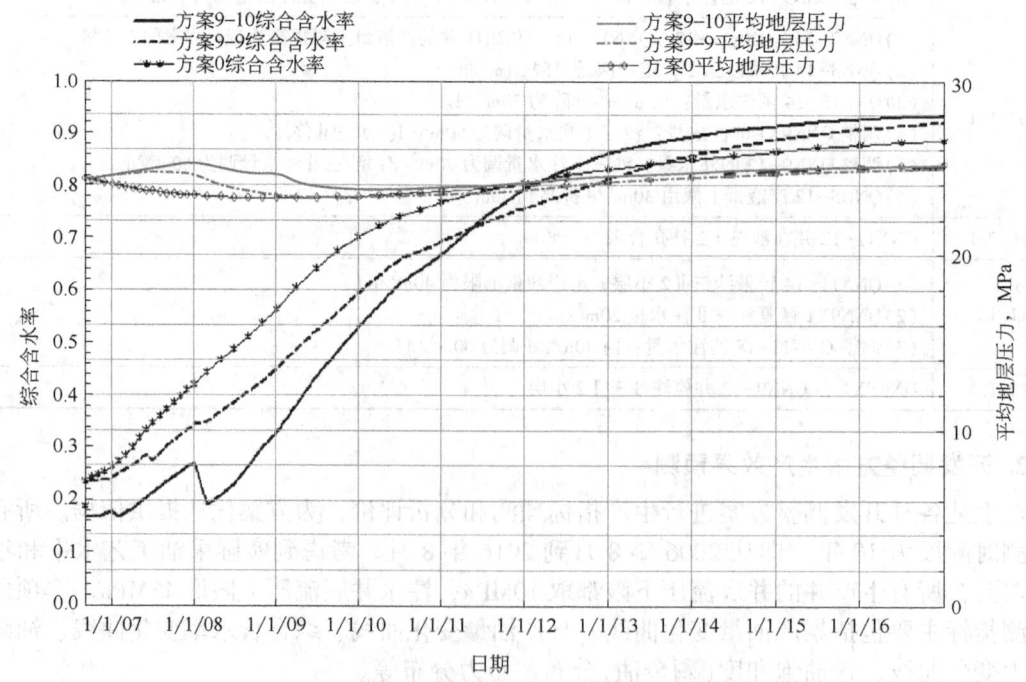

图 13.4.25　三种典型方案的 10 年生产含水率和油藏平均压力变化曲线

图 13.4.26 和图 13.4.27 是典型层位利用基础方案 0 和调整方案 9-10 开采 10 年的含油饱和度（即剩余油）分布情况。从图中可以看到，与基础方案相比，开发调整方案可以大大改善地下油水渗流与分布形态，显著增加开发井网的控制储量和水驱油波及系数。这就是开发调整方案能够大幅度提高地下原油的采出程度、改善油藏开发效果的内在原因。

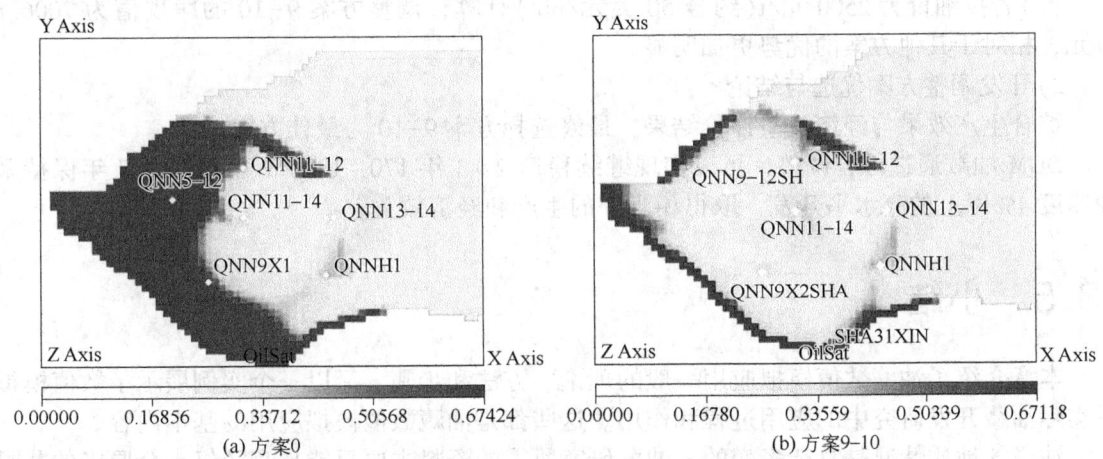

图 13.4.26　不同方案实施后 2016 年 8 月沙三Ⅰ3 小层含油饱和度分布

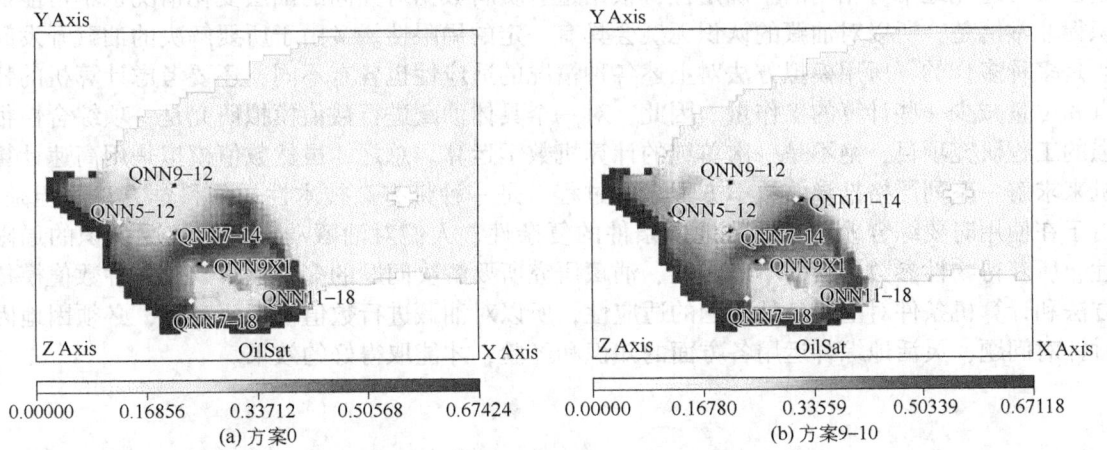

图 13.4.27　不同方案实施后 2016 年 8 月沙三Ⅱ2 小层含油饱和度分布

3. 开发调整方案经济效益评价与优选

1) 经济评价

由于本项研究中各项措施都是在油田原有开发方案之上的调整措施，所以采用相对评价方式。投资类包括由于调整措施而增加的基本建设投资，如钻井、建井费和注水设施建设费等的增加量；原油成本费按产油量计算，不计算单纯维持生产所需费用。收入类只计算相对于原生产方案(方案 0)的增产原油的销售收入。评价指标主要有四个：净现值、内部收益率、投资回收期和投入产出比，其中净现值为主要指标。

具体经济评价参数包括：(1)单井综合钻井费用(元/m)，(2)油井转注费用(万元/井)，(3)补层费用(万元/井)，(4)调剖费用(万元/井)，(5)调层费用(万元/井)，(6)注水费用(元/吨)，(7)原油销售价格(元/t)，(8)贴现率(12%)，(9)原油商品率，(10)流动资金投资，(11)经济评价期限(10 年)。

评价结果如下：

（1）若按油价为 1500 元/t（约合 30 美元/bbl）计算，10 年评价期末所有方案的内部收益率都不小于 25%，投资回收期都小于 1.7 年，投入产出比小于等于 1∶2.3。调整方案 9-10 的净现值最大，为 2465.5 万元。

（2）若按油价为 2500 元/t（约合 50 美元/bbl）计算，调整方案 9-10 的净现值为 7006.8 万元，相对于其他方案的优势更加明显。

2）开发调整方案优选与结论

综合生产效果与经济效益评价结果，最终选择方案 9-10 为最佳方案。

DGM 油藏通过综合调整，可以实现继续稳产 2~3 年 170~180t/d、连续 6~7 年保持采油速度 4% 以上的高水平开发，取得相当好的生产和经济效益。

13.5 小结

本章介绍了油藏数值模拟应用一般的理论、方法和步骤，又以一个实例展示了数值模拟在实际油藏开发研究中的应用过程和作用。这些都是油藏数值模拟应用的基本内容。

油藏的地质情况是复杂多变的，油藏研究所需的资料主要只能从直径仅十余厘米的井眼中取得，而两井间的距离却有好几百米。即使尽最大努力去录取各种资料，所获得的资料数据也不可避免地带有相当的不确定性，根据这些资料数据对井间的油层变化情况也不可能认识得非常清楚，所以对油藏的认识无疑会具有一定的局限性。又由于所要解决的油藏开发问题是多种多样的，所用模拟方法对上述各种情况的适应性也各有不同，还要考虑计算机的特点和尽量减少一些计算的工作量。因此，对一个具体油藏进行数值模拟研究是一项综合性很强的工程研究项目，绝不是一次单纯的计算机数学运算。总之，虽然数值模拟是用高速计算机来求解一系列严格推导的数学方程式的过程，是一种带有高技术性质的科学方法。但是，由于在使用时要综合地考虑油藏地质条件的复杂性、人们对油藏动态实际情况认识的局限性、所获得物性参数资料的不确定性、油藏研究所要解决问题的多样性，以及各种数值模拟方法和计算机条件对上述各种问题的适应性，所以对油藏进行数值模拟研究时，必须因地因时针对问题，灵活地综合运用各方面的知识和经验，才能取得好的效果。

1. 油藏数值模拟应用的条件主要有哪几个？
2. 油藏数值模拟应用的主要步骤有哪几个？
3. 油藏数值模拟资料处理的主要内容有哪几项？
4. 简述历史拟合的概念、拟合修改的参数和步骤。
5. 动态预测的时机和作用是什么？

第14章 黑油模型教学软件及其用法

油藏数值模拟应用需要研究人员熟悉油藏数值模拟软件及其使用方法。但是，大型商业油藏数值模拟软件的使用方法一般要经过专门培训或者比较长期的学习摸索，才能够熟练掌握。为了更快捷地了解和掌握油藏数值模拟软件的基本构成和用法，本章介绍一款黑油模型教学软件 ANS 及其使用方法。

14.1 黑油模型教学软件 ANS 的功能和特点

ANS 软件（视频1）适用于三维三相非均质黑油油藏注水、注气开发过程的模拟，且油藏可以具有简单各向异性特征，即各向异性渗透率的主值可变但主方向不变。

视频1 ANS 软件介绍

黑油模型教学软件 ANS 的数据处理方式和算法比较简单，便于快速学习；同时，ANS 总体结构和功能与现有的大型商业油藏数值模拟软件相似，通过学习 ANS，可以了解把握一般油藏数值模拟软件的基本功能、结构和使用要点，便于以后专门学习和使用大型数模软件。

ANS 的另一特点是，没有大型软件系统那样完善的前后处理界面，不能给使用者提供形象、便利的图形化数据处理工具，使用者需要直接面对和编辑输入输出文件中的大量数据。这样，从使用角度看不够方便；但从学习的角度看，直接面对输入输出文件中的数据，可以让学习者更直观地了解数值模拟软件输入输出数据的内容、结构、形式、相互关系及调用方式，便于更系统地学习了解油藏数值模拟技术原理与应用方法。这也正是教学软件所应该具备的特点。

14.2 ANS 软件的构成及安装运行方法

14.2.1 ANS 软件的构成

ANS 软件用法及实例

ANS 软件系统共分三部分：输入数据文件，模拟运算程序，输出数据文件（ANS 软件用法及实例）。

1. 输入数据文件

输入数据文件的主要作用是为油藏数值模拟计算提供油藏资料数据和模拟运行指令。输入数据文件共包括两个：ANS1.DAT 和 ANS2.DAT，这两个文件总称为油藏数据体，目标油藏的所有静动态资料数据及用于指挥数模软件运行的指令数据都要存储于这两个文件中。其中，油藏初始状态数据存储于 ANS2.DAT，其他所有的数据都存储于 ANS1.DAT。

输入数据文件 ANS1.DAT 和 ANS2.DAT 的名字是固定的，但名字中的字母不区分大小写。例如：ANS1.DAT、Ans1.Dat、ANs1.dat 都是等同可用的。

2. 模拟运算程序文件

模拟运算程序文件（可执行程序文件）是软件系统的主体，程序文件名是：ANS.EXE。

为了使用方便，ANS 软件备有不同计算容量的版本。根据计算容量大小不同，程序文件名有所区别。例如：ANS200-200-50-100.exe，表示该版本的软件可以模拟的 x、y、z 方向网格数最多分别为 200、200 和 50，井数最多为 100 口，这意味着总网格数最多为 200 万个。

油藏数值模拟过程中的数据输入、模拟计算、结果输出等所有操作均由上述程序软件完成。软件运行时，首先寻找标有 ans1.dat 和 ans2.dat 名字的输入数据文件，打开文件读取数据，然后按照其中的数据信息和指令对油藏进行模拟，再创建输出数据文件，并将计算结果存储到输出数据文件中。

3. 输出数据文件

输出数据文件由程序软件在运行过程中自动创建，用来存储油藏模拟运算的所有结果数据。这些文件共有三类，分别是：

（1）综合结果文件：ANS.RES。

综合结果文件 ANS.RES 包含软件模拟运算的所有结果，即油气藏开发过程的所有动态指标数据，适用于对油藏渗流和开发动态进行综合分析。ANS 软件的每次模拟运算都会自动生成此文件。

（2）典型时刻压力饱和度分布及指定生产指标变化数据。此类文件包括：LMPi.RES、TCO.RES、TCG.RES、TCW.RES、AVP.res、WCG.res、WCO.res、WCW.res、WFP.res。

其中，LMPi.RES 是第 i 个指定时刻油藏压力和油气水饱和度分布数据。这类数据文件是程序软件在运行过程中根据数据体中特别给出的指令创建的；如果数据体中没有专门设置相应的指令，那么软件运行过程就不会创建此类输出数据文件。

TCO.RES 是油藏累积产油量变化数据。TCG.RES 是油藏累积产气量变化数据。TCW.RES 是油藏累积产水量变化数据。AVP.res 是油藏平均压力变化数据。WCG.res 是所有单井累积产气量变化数据。WCO.res 是所有单井累积产油量变化数据。WCW.res 是所有单井累积产水量变化数据。WFP.res 是所有单井的井底流压变化数据。这几类数据输出文件是 ANS 数模软件自动创建的，每次软件运行时都会自动产生。

设置上述数据文件的目的是为研究者对油藏渗流和开发过程进行专项分析提供方便。具体使用方法参见 14.3.12 小节油藏开发过程模拟控制参数。

（3）重启连续运行数据文件：ANSTRT.DAT。

如果软件的一次运行没有完成油藏开发全过程的模拟，可以在数据体中设置指令，指挥软件将本次运行模拟任意一个时间步的油藏压力和饱和度分布存储到重启运行数据文件 ANSTRT.DAT 中。下一次软件运行之前将 ANSTRT.DAT 更名为 ans2.dat，就可以将本次模拟的任意时间步的油藏状态作为下次模拟的起始状态，连续进行油藏开发过程的模拟；若有必要，则以此方式重复，直至完成油藏开发全过程的模拟。ANSTRT.DAT 的数据内容和存储格式与 ans2.dat 完全相同。

上述重启数据文件 ANSTRT.DAT 是程序软件在运行过程中根据数据体中特别给出的指令创建的；如果数据体中没有专门设置相应的指令，那么软件运行过程就不会创建此类输出数据文件。具体使用方法参见 14.3.12 小节油藏开发过程模拟控制参数。

14.2.2 ANS软件的安装运行方法

ANS软件可在任意版本的Windows或DOS操作系统环境下使用。

ANS软件系统不需要专门的安装过程，只需要将模拟运算程序文件ANS.EXE和输入数据文件(数据体)ANS1.DAT、ANS2.DAT拷贝到同一个文件夹中即可。

ANS软件启动和运行方式非常简单。准备好油藏数据体文件后，双击模拟运算程序ANS.EXE即可启动运行。软件开始运行后，屏幕上会跳出一个小窗口，表示运行过程正在进行；运行结束，窗口自动消失。

软件运行结束，模拟运算结果会存储于输出数据文件中，输出数据文件在当前文件夹中自动生成。输出数据文件中的各项模拟运算结果数据都有说明或提示，可以较方便地进行查阅。建议使用纯文本编辑软件查阅ANS的输出数据文件。

ANS软件程序及范例数据体见本书富媒体，可通过扫描本章二维码获取。

14.3 ANS软件数据体的编制方法

ANS软件的使用主要在于掌握输入数据文件的编写方法，即按照特定的要求将油藏各种资料数据和软件运行指令写入数据文件，建立目标油藏的数据体。

ANS的数据体文件ANS1.DAT和ANS2.DAT都是纯文本文件，对其进行编辑时必须使用纯文本文件编辑器。数据文件中不能出现各种格式符号和空行，尤其要注意避免夹杂隐形字符。同一行中的数据之间用空格隔开，空格数不限。

数据体中的数据共分13组：网格系统，网格步长修正，网格顶部深度，孔隙度和渗透率分布，孔隙度和渗透率的修正，传导系数修正，相对渗透率和毛管压力数据，流体PVT数据，初始压力和饱和度，运行控制参数，解法控制参数，油藏开发过程模拟控制参数，单井资料。其中，初始压力和饱和度存储于ans2.dat中，其余所有内容按顺序存储于ans1.dat中。

与大型商业软件不同，ANS软件数据体采用固定顺序输入。数据文件中每一个阿拉伯数字序号表示一次写入操作，一次写入操作对应数模软件在数据体中的一次读取。

下面按顺序详细介绍输入数据文件ANS1.DAT和ANS2.DAT中的数据内容和编写格式。

14.3.1 网格系统

1. 标题

文字说明行，只对编辑数据起提示作用，对软件运行计算不提供数据信息。

2. 网格块数(输入3个整数)

程序软件中对应的变量及说明：

$II = x$方向网格块数
$JJ = y$方向网格块数
$KK = z$方向网格块数

3. 标题

文字说明行，只对编辑数据起提示作用，对软件运行计算不提供数据信息。

4. 网格步长输入控制代码(输入 3 个整数)

程序软件中对应的变量及说明:

KDX——x方向网格步长输入控制代码
KDY——y方向网格步长输入控制代码
KDZ——z方向网格步长输入控制代码

控制代码不同取值的含义:

KDX=-1　　所有网格的x方向网格步长都相同(只需输入一个值)。
KDX=0　　x方向网格步长不均匀,但不随y、z方向位置变化(需输入 II 个值)。
KDY=-1　　所有网格的y方向网格步长都相同(只需输入一个值)。
KDY=0　　y方向网格步长不均匀,但不随x、z方向位置变化(需输入 JJ 个值)。
KDZ=-1　　所有网格的z方向网格步长(网格厚度)都相同(只需输入一个值)。
KDZ=0　　同层网格的z方向网格步长相同,不同层的z方向网格步长不同(需输入 KK 个值)。
KDZ=+1　　任意两个网格的z方向步长都可能不同(需输入 II×JJ×KK 个值)。

5. x 方向网格步长(DX)(输入实数,数据较多时可换行输入)

输入说明:

若 KDX=-1,只输入一个数值。
若 KDX=0,输入 II 个值(等于x方向网格数)。

6. y 方向网格步长(DY)(输入实数,数据较多时可换行输入)

输入说明:

若 KDY=-1,只输入一个数值。
若 KDY=0,输入 JJ 个值(等于y方向网格数)。

7. z 方向网格步长(DZ)(输入实数,数据较多时可换行输入)

输入说明:

若 KDZ=-1,只输入一个数值。
若 KDZ=0,输入 KK 个值(等于z方向网格数)。
若 KDZ=+1,输入(II×JJ×KK)个值(每一个网格一个值)。

14.3.2　网格步长修正

1. 标题

文字说明行,只对编辑数据起提示作用,对软件运行计算不提供数据信息。

2. 网格步长修正的网格数及修正信息输出控制代码(输入 4 个整数)

程序软件中对应的变量及说明:

NUMDX = x方向网格步长需要改变的网格数
NUMDY = y方向网格步长需要改变的网格数
NUMDZ = z方向网格步长需要改变的网格数
IDCODE =输出控制代码:
　　IDCODE=0 表示不在输出数据文件中显示网格步长修正信息;
　　IDCODE=1 表示须在输出数据文件中显示网格步长修正信息。

3. x 方向网格步长(DX)修正(每行输入 3 个整数，1 个实数)

程序软件中对应的变量及说明：

I=被修正网格的 x 坐标
J=被修正网格的 y 坐标
k=被修正网格的 z 坐标
DX=网格(I,J,K)在 x 方向的新步长值
若 NUMDX=0，则忽略修正，即不输入网格步长修正数据。

4. y 方向网格步长(DY)修正(每行输入 3 个整数，1 个实数)

程序软件中对应的变量及说明：

I=被修正网格的 x 坐标
J=被修正网格的 y 坐标
k=被修正网格的 z 坐标
DY=网格(I,J,K)在 y 方向的新步长值
若 NUMDY=0，则忽略修正，即不输入网格步长修正数据。

5. z 方向网格步长(DZ)修正(每行输入 3 个整数，1 个实数)

程序软件中对应的变量及说明：

I=被修正网格的 x 坐标
J=被修正网格的 y 坐标
K=被修正网格的 z 坐标
DZ=网格(I,J,K)在 z 方向的新步长值
若 NUMDY=0，则忽略修正，即不输入网格步长修正数据。

注：边界外网格的 z 方向步长(地层厚度)不能赋零，可取平均值的 0.1%；否则影响计算稳定性和收敛速度。

14.3.3 网格顶部深度

1. 标题

文字说明行，只对编辑数据起提示作用，对软件运行计算不提供数据信息。

2. 深度输入控制代码(输入 1 个整数)

程序软件中对应的变量及说明：

KEL=输入控制代码：
  KEL=0，表示顶界网格深度相同，只需输入 1 个值；
  KEL=1，表示顶界网格深度不同，共需输入 II×JJ 个值。

3. 深度(输入实数，数据较多时可换行输入)

程序软件中对应的变量及说明：

ELEV=网格顶部的深度,m
  (KEL=0 时，输入一个值；KEL=1 时，输入 II×JJ 个值)。
第一层以下各层网格顶界深度自动算出，其公式为：

$$TOP(I,J,K+1) = TOP(I,J,K) + DZ(I,J,K)$$

注：(1)网格顶部的深度，在本软件中 z 方向垂直向下，因此参考面下的深度为正值，参考面以上取负值。(2)油藏区域外网格的深度分布趋势须与油藏内部相同。

14.3.4 孔隙度和渗透率分布

1. 标题

文字说明行，只对编辑数据起提示作用，对软件运行计算不提供数据信息。

2. 输入用词的控制代码(输入 4 个整数)

KPH = 孔隙度数据输入控制代码
KKX = x 方向渗透率数据输入控制代码
KKY = y 方向渗透率数据输入控制代码
KKZ = z 方向渗透率数据输入控制代码

控制代码取不同值的含义：

-1   对全部网格输入一常数
0   每 KK 层输入一常数,每个单层其值可以不同 (需输入 KK 个值)
+1   对每一个网格输入一值 (输入 II×JJ×KK 个值)

3. 孔隙度值(输入实数，数据较多时可换行输入)

孔隙度值以小数输入(非百分数)

若 KPH = -1,只输入 1 个值
若 KPH = 0,输入 KK 个值 (每一层网格一个值)
若 KPH = +1,输入 (II×JJ×KK) 个值 (每一个网格一个值)

注：封闭边界外网格孔隙度不能赋零，宜取一个小量，如 0.001；否则影响计算稳定性和收敛速度。

4. x 方向渗透率(KX)(输入实数，数据较多时可换行输入)

渗透率值的单位须为毫达西。

若 KKX = -1,只输入 1 个值
若 KKX = 0,输入 KK 个值 (每一层网格一个值)
若 KKX = +1,输入 (II×JJ×KK) 个值 (每一个网格一个值)

5. y 方向渗透率(KY)(输入实数，数据较多时可换行输入)

渗透率值的单位须为毫达西。

若 KKY = -1,只输入 1 个值
若 KKY = 0,输入 KK 个值 (每一层网格一个值)
若 KKY = +1,输入 (II×JJ×KK) 个值 (每一个网格一个值)

6. z 方向渗透率(KZ)(输入实数，数据较多时可换行输入)

其值以毫达西输入

若 KKZ = -1,只输入 1 个值
若 KKZ = 0,输入 KK 个值 (每一层网格一个值)
若 KKZ = +1,输入 (II×JJ×KK) 个值 (每一个网格一个值)

注：边界外网格的各方向渗透率不能赋零，宜取 0.001mD，否则影响稳定性和收敛速度。

14.3.5 孔隙度和渗透率的修正

1. 标题

文字说明行，只对编辑数据起提示作用，对软件运行计算不提供数据信息。

2. ϕ 和/或 K 变化的网格块数及输出控制代码(输入 5 个整数)

NUMP = ϕ 变化的网格块数
NUMKX = KX 的变化的网格块数
NUMKY = KY 的变化的网格块数
NUMKZ = KZ 的变化的网格块数
IDCODE = 输出控制代码：
    IDCODE = 0 表示不在输出数据文件中显示 ϕ 或 K 修正数据
    IDCODE = 1 表示须在输出数据文件中显示 ϕ 或 K 修正数据

3. ϕ 值修正(每行输入 3 个整数，1 个实数)

若 NUMP = 0，忽略修正
I = 修正网格的 x 坐标
J = 修正网格的 y 坐标
K = 修正网格的 z 坐标
PHI = 网格(I,J,K)新的 ϕ 值(以小数输入)

注：ϕ 值修正数据的行数必须等于 NUMP。

4. KX 值修正(每行输入 3 个整数，1 个实数)

若 NUMKX = 0，忽略修正
I = 修正网格的 x 坐标
J = 修正网格的 y 坐标
K = 修正网格的 z 坐标
KX = 网格(I,J,K)新的 KX 值(毫达西)

注：KX 值修正数据的行数必须等于 NUMKX。

5. KY 值修正(每行输入 3 个整数，1 个实数)

若 NUMKY = 0，忽略修正
I = 修正网格的 x 坐标
J = 修正网格的 y 坐标
K = 修正网格的 z 坐标
KY = 网格(I,J,K)新的 KY 值(毫达西)

注：KY 值修正数据的行数必须等于 NUMKY。

6. KZ 值修正(每行输入 3 个整数，1 个实数)

若 NUMKZ = 0，忽略修正
I = 修正网格的 x 坐标
J = 修正网格的 y 坐标

K=修正网格的z坐标
KZ=网格(I,J,K)新的KZ值(毫达西)

注：KZ值修正数据的行数必须等于NUMKZ。

14.3.6 传导系数修正

传导系数修正功能特别适用于断层的表征，如果两个网格之间存在断层，则调整两个网格之间的法向传导系数即可。传导系数符号及含义：

TX(I,J,K)表示网格(I-1,J,K)和(I,J,K)边界的x方向传导系数；
TY(I,J,K)表示网格(I,J-1,K)和(I,J,K)边界的y方向传导系数；
TZ(I,J,K)表示网格(I,J,K-1)和(I,J,K)边界的z方向传导系数。

1. 标题

文字说明行，只对编辑数据起提示作用，对软件运行计算不提供数据信息。

2. 传导系数需要修正的网格数和输出控制代码(输入4个整数)

NUMTX=x方向传导系数修正的网格块数
NUMTY=y方向传导系数修正的网格块数
NUMTZ=z方向传导系数修正的网格块数
IDCODE=输出控制代码：
    IDCODE=0 表示不输出传导系数修正
    IDCODE=1 表示须输出传导系数修正

3. x 方向传导系数修正(每行输入3个整数，1个实数)

若NUMTX=0,忽略修正
I=进行传导系数修正的网格的x坐标
J=进行传导系数修正的网格的y坐标
K=进行传导系数修正的网格的z坐标
TX=网格(I,J,K)的新的TX值

4. y 方向传导系数修正(每行输入3个整数，1个实数)

若NUMTY=0,忽略修正
I=进行传导系数修正的网格的x坐标
J=进行传导系数修正的网格的y坐标
K=进行传导系数修正的网格的z坐标
TY=网格(I,J,K)新的TY值

5. z 方向传导系数修正(每行输入3个整数，1个实数)

若NUMTZ=0,忽略修正
I=进行传导系数修正的网格的x坐标
J=进行传导系数修正的网格的y坐标
K=进行传导系数修正的网格的z坐标
TZ=网格(I,J,K)新的TZ值

14.3.7 相对渗透率和毛管压力数据

1. 标题

文字说明行，只对编辑数据起提示作用，对软件运行计算不提供数据信息。

2. 输入相对渗透率和毛管压力数据表(每行输入 6 个实数)

```
SAT1   KRO1   KRW1   KRG1   PCOW1   PCGO1
 ⋮      ⋮      ⋮      ⋮       ⋮       ⋮
SATn   KROn   KRWn   KRGn   PCOWn   PCGOn
```

SAT=本相饱和度值。饱和度值以小数输入。该数据表行数不限，SAT1 取-0.10，SATn 取 1.10，作为软件读取数据时判别相对渗透率数据表开始和终止的标志。

KRO=油相的相对渗透率，小数
KRW=水相的相对渗透率，小数
KRG=气相的相对渗透率，小数
PCOW=油水毛管压力，MPa
PCGO=气油毛管压力，MPa

SAT=每一相的饱和度，例如：若对应 SAT=0.20，则 KRO 表示含油饱和度为 20%时的油相的相对渗透率，KRW 表示含水饱和度为 20%时的水相的相对渗透率，KRG 表示含气饱和度为 20%时的气相的相对渗透率，PCOW 表示含水饱和度为 20%时油水毛管压力，PCGO 表示含气饱和度为 20%时气油毛管压力。

14.3.8 流体 PVT 数据

1. 标题

文字说明行，只对编辑数据起提示作用，对软件运行计算不提供数据信息。

2. 泡点压力、未饱和油特性、最大 PVT 压力(输入 5 个实数)

PBO=原始油藏泡点压力，MPa
VSLOPE=不饱和(压力高于泡点压力)状态下，油黏度随压力变化曲线的斜率，其值为 $\Delta\mu_o/\Delta p$，cP/MPa。
BSLOPE=不饱和(压力高于泡点压力)状态下，油的体积系数 B_o 随压力变化曲线的斜率，其值为 $\Delta B_o/\Delta p$，MPa^{-1}。
RSLOPE=不饱和(压力高于泡点压力)状态下，溶解油气比 R_{so} 随压力变化曲线的斜率，其值为 $\Delta R_{so}/\Delta p$，MPa^{-1}(其值通常为 0)。
Pmax=PVT 表中最大实验压力，MPa。

3. 标题

油相 PVT 数据表头。对编辑数据起提示作用，对软件运行不提供数据信息。

4. 油的 PVT 数据表(每行输入 4 个实数)

```
 P1      MUO1       BO1      RSO1
  ⋮       ⋮          ⋮         ⋮
Pmax   MUO.Pmax   BO.Pmax   RSO.Pmax
```

P=压力，MPa。该数据表行数不限，最后一行的压力值必须等于 Pmax，作为该数据表的标志
MUO=饱和油黏度，cP
BO=饱和油体积系数

RSO=饱和油溶解油气比

5. 标题

水相 PVT 数据表头。对编辑数据起提示作用，对软件运行不提供数据信息。

6. 水 PVT 数据表（每行输入 4 个实数）

  P1 MUW1 BW1 RSW1
  ⋮   ⋮   ⋮   ⋮
  Pmax MUW.Pmax BW.Pmax RSW.Pmax

P=压力，MPa。该数据表行数不限，最后一行的压力值必须等于 Pmax，作为该数据表的标志
MUW=水的黏度，cP
BW=水的体积系数
RSW=水的溶解水气比。一般，黑油模型中假定任意压力下 RSW=0

7. 标题

气相 PVT 及岩石物性数据表头。数据编辑提示，对软件运行不提供信息。

8. 气体 PVT 数据表和岩石的压缩系数（每行输入 4 个实数）

  P1 MUG1 BG1 CR1
  ⋮   ⋮   ⋮   ⋮
  Pmax MUG.Pmax BG.Pmax CR.Pmax

P=压力，MPa。该数据表行数不限，最后一行的压力值必须等于 Pmax，作为该数据表的标志
MUG=气的黏度，cP
BG=气体的体积系数
CR=岩石的压缩系数，MPa^{-1}

9. 标题（对编辑数据起提示作用，对软件运行不提供数据信息）。

10. 地面标准状况下流体的密度（输入 3 个实数）

RHO SCO=地面标准状况下油密度，g/cm^3
RHO SCW=地面标准状况下水密度，g/cm^3
RHO SCG=地面标准状况下气密度，g/cm^3

14.3.9 初始压力和饱和度

ANS 的原始压力数据输入有两种方式。(1)原始压力平衡方式，只给定气油接触面和/或油水接触面的深度和压力，由软件自动计算压力分布；(2)原始压力不平衡条件下，原始压力分布需要逐个网格输入。

油、气、水三相初始饱和度 S_{oi}、S_{gi}、S_{wi} 数据输入也有两种方式：(1)若为均匀分布，则可以将 S_{oi}、S_{gi}、S_{wi} 分别作为一个常数输入；(2)若为非均匀分布，则需要将 S_{oi} 和 S_{wi} 逐网格输入，再由软件自动计算 $S_{gi}=1-S_{oi}-S_{wi}$。

注：如果油藏内不存在油水界面或油气界面，那么在压力平衡条件下输入数据时，应该把油水界面深度取为油藏底界以下某个参考深度，把油气界面深度取为油藏顶界以上某个参考深度。所谓参考深度是指具有压力测试数据的某个深度，例如地面深度，其对应的压力是 0.1MPa。

1. 标题

对编辑数据起提示作用，对软件运行不提供数据信息。

2. 初始压力和饱和度控制代码(输入 2 个整数)

KPI=原始压力输入控制代码
KSI=初始饱和度输入控制代码

控制代码取不同值的含义：

KPI=0,采用平衡压力输入方式,要求输入气油、油水接触面压力及深度
KPI=1,采用非平衡压力输入方式,要求输入每一网格压力值
KSI=0,整个网格中原始油、气、水饱和度为常数
KSI=1,输入每一网格油、水饱和度,每一网格的含气饱和度由程序算出(必须输入油、水两相各 II×JJ ×KK 个饱和度值)

3. 初始压力数据(输入实数，数据较多时可换行输入)

若 KPI=0(原始压力平衡),则输入:

PWOC=水油接触面压力,MPa
PGOC=气油接触面压力,MPa
WOC=基准面到水油接触面深度,m
GOC=基准面到气油接触面深度,m

若 KPI=1(原始压力不平衡),则每一个网格输入一个压力值(共输入 II×JJ×KK 个)。

4. 初始饱和度数据(每行最多输入 10 个实数)

若 KSI=0(初始饱和度均匀分布),则输入：

SOI=初始含油饱和度均匀分布值,小数
SWI=初始含水饱和度均匀分布值,小数
SGI=初始含气饱和度均匀分布值,小数

若 KSI=1(初始饱和度非均匀分布),则输入:

SO 数组:对每一网格输入初始含油饱和度(共输入 II×JJ×KK 个值)
SW 数组:对每一网格输入初始含水饱和度(共输入 II×JJ×KK 个值)

14.3.10 运行控制参数

1. 标题

文字说明行，只对编辑数据起提示作用,对软件运行计算不提供数据信息。

2. 运算控制参数(输入 1 个整数，7 个实数)

NMAX=本次模拟运算的最大时间步数,时间步数达到该值时模拟过程终止。主要用途是控制运行时间
FACT1=软件自动调整时间步长时,时间步长的增加系数,其值一般取为 1.25。固定时间步长时,令 FACT1=1.0
FACT2=软件自动调整时间步长时,时间步长的减小系数,其值一般取为 0.5。固定时间步长时,令 FACT2=1.0
TMAX=本次模拟的油藏开发最大时间长度,d。当油藏开发天数等于大于该值时模拟过程终止
WORMAX=模拟过程油藏水油比上限。当生产水油比高于等于该值时模拟过程终止

GORMAX=模拟过程油藏气油比上限。当生产气油比高于等于该值时模拟过程终止
PAMIN=模拟过程油藏平均压力下限,MPa。当油藏平均压力低于等于此值时运算停止
PAMAX=模拟过程油藏平均压力上限,MPa。当油藏平均压力高于等于此值时运算停止

14.3.11 解法控制参数

1. 标题

文字说明行,只对编辑数据起提示作用,对软件运行计算不提供数据信息。

2. 解法控制参数(输入 2 个整数,5 个实数)

KSOL=线性代数方程组解法选择代码,代码取不同值的含义是:

1 表示用直接法(条带算法),用于一维问题;
2 表示用线松弛法,用于二维和三维问题;
3 表示用直接法(D4 算法),用于二维问题。

MITR=线松弛法求解线性方程组时的迭代次数上限,一般取值为 250

OMEGA=线松弛法迭代因子 ω 的初始值,合理范围是:1.0<OMEGA<2.0,一般可取为 1.7;程序运行中可自动优化 ω 值以提高方程组求解速度

TOL=线松弛迭代过程收敛时允许的最大压力变化值(误差上限),MPa,一般取值为 0.01MPa。

TOL1=ω 调整的控制参数,一般取值为 0.001。若 TOL1=0,则始终用初始 OMEGA 值进行求解运算

DSMAX=每一个时间步长允许饱和度变化的上限。如果在一个时间步长内,任一流体饱和度在任一网格上的变化超过 DSMAX 值时,模拟程序将利用 FACT2 调小时间步长。一般可取 DSMAX=0.05

DPMAX=每一个时间步长允许的压力变化的上限,MPa。如果在一个时间步长内,压力在任一网格上的变化超过 DPMAX 值,模拟程序将利用 FACT2 调小时间步长。一般可取 DPMAX=0.5MPa

14.3.12 油藏开发过程模拟控制参数

在油藏模拟运算中,油藏开发过程往往根据油藏井位部署、井的生产条件调整及模拟过程控制需要,划分为若干个时间段。每一个时间段划分为若干个时间步,同时给出一系列控制代码,控制各井生产条件输入以及油藏和单井开发生产指标输出。下面是时间步长和输出控制信息,每一时间段必须输入两个控制数据行。

1. 标题

文字说明行,只对编辑数据起提示作用,对软件运行计算不提供数据信息。

2. 时间步数和输入输出控制代码(输入 9 个整数)

(1) IWLCNG=井位部署及单井生产条件输入控制代码

控制代码取不同值的含义:

IWLCNG=0 该时间段内不输入井位部署及单井生产条件
IWLCNG=1 该时间段第一个时间步须输入井位部署及单井生产条件等动态资料数据,并在该时间段内使用这些资料数据

(2) ICHANG=该时间段初设的时间步数
(3) IWLREP=单井生产指标模拟结果的输出控制代码
(4) ISUMRY=油藏总体生产指标模拟结果的输出控制代码
(5) IPMAP=油藏压力分布的输出控制代码
(6) ISOMAP=油藏含油饱和度分布的输出控制代码
(7) ISWMAP=油藏含水饱和度分布的输出控制代码

(8) ISGMAP=油藏含气饱和度分布的输出控制代码
(9) IPBMAP=油藏泡点压力分布的输出控制代码。通常令 IPBMAP=0

上述输出控制代码可取不同值，其含义是：

0——该时间段内不输出相关模拟结果数据；如果 ISUMRY=0，则不再向任何的单一生产指标和典型时刻压力与饱和度分布文件输出数据，也不再向 ANS.RES 输出油藏总体生产指标及压力、饱和度分布数据。
1——该时间段内每一时间步均输出相关结果数据到 ans.res 和单一指标文件中。
2——创建特定时刻动态分布数据输出文件 LMPi.RES，并将该时间段每一时间步的油藏压力分布和饱和度分布数据同时存入综合结果文件 ANS.RES 和特定时刻输出文件 LMPi.RES 中。
3——执行取值为"2"的功能，并创建"重启连续运行数据文件 ANSTRT.DAT"，将该时间段最后时间步的压力和饱和度分布数据存入重启数据文件。

3. 时间步长控制信息(输入 3 个实数)

DT=初始时间步长，d。软件运行过程中会根据具体计算过程的稳定程度不断地对时间步长进行调整，以便既能保证稳定性和计算精度，又能使得时间步长尽量放大，提高运算效率
DTMIN=该时间段内调整时间步长的下限值，d。例如可取 0.1d
DTMAX=该时间段内调整时间步长的上限值，d。例如可取 30d

14.3.13 单井资料

只有当前面"时间步数和输入输出控制代码"中 IWLCNG=1 时，才输入下面的数据行。

1. 标题

文字说明行，只对编辑数据起提示作用，对软件运行计算不提供数据信息。

2. 网格中总井数(输入 1 个整数)

NVQN=总井数

3. 井名或井号(靠最左端输入 1 个字符串)

WELLID=最多 5 个字母的井名

4. 单井资料(输入 5 个整数，4 个实数)

I=该井所在网格的 x 方向序号
J=该井所在网格的 y 方向序号
KPERF1=该完井段最上一个完井网格的 z 方向序号
NLAYER=完井段总层数，指最上面完井层到最下面完井层的所有层位(网格)数，包括中间所夹的非完井层位(网格)
KIP=说明井的类型、井定产量或定井底流压下生产(或注入)动态，以及显式或隐式井底压力计算的控制代码，多数情况下采用显式井底压力方式

控制代码取不同值的含义：

KIP=1，油井——定产量
KIP=2，水井——定注水量
KIP=3，气井——定注气量
KIP=-1，油井——井底流压控制(显式井底压力计算)

KIP=-2,水井——井底流压控制(显式井底压力计算)

KIP=-3,气井——井底流压控制(显式井底压力计算)

KIP=-11,油井——井底流压控制(隐式井底压力计算)

KIP=-12,水井——井底流压控制(隐式井底压力计算)

KIP=-13,气井——井底流压控制(隐式井底压力计算)

注：气井只注气，水井只注水，而油井则可采出油气水三种流体

QO——采油量,m^3/d。仅当KIP=1且QT=0时,可以给定非零值

QW——注(采)水量,m^3/d。仅当KIP=2时,可以给定非零值

QG——注(采)气量,m^3/d。仅当KIP=3时,可以给定非零值

QT——注(采)液量,m^3/d。仅当KIP=1且QO=0时,可以给定非零值。QT为采油量和采水量之和

注：(1)对每一口井,上述四个注采量数据只能有一个不为零,该项指标作为给定的生产条件；其他三项指标均赋0值,但并不是限定这些指标为0,而是表示不给定这些指标或无这些指标数据。(2)输入数据约定符号：流体注入量用负号,流体采出量用正号。

5. 注采层位数据(每行输入2个实数)

对每一口井(或完井段)要输入NLAYER个数据行,每一个数据行输入两个数据：一个完井层的注采指数和井筒流压。第一个数据行必须输入最上面完井层的数据,其余数据行依次向下输入各完井层数据。如果井定产(KIP=1,2,或3)则PWF应取零(不表示井压为零,不影响井的动态)；井底流压由模拟过程得到,作为单井生产模拟结果输出。

(1)PID=完井层位(网格)的注采指数。计算公式为：

$$PID = \frac{0.00708Kh}{\ln\left(\frac{0.121\sqrt{DX \times DY}}{r_w}\right) + S}$$

式中　K——该层(井所在网格)绝对渗透率,mD；

h——该层(井网格)厚度,m；

DX——x方向网格步长,m；

DY——y方向网格步长,m；

r_w——井半径,m；

S——表皮系数。

(2)PWF——单层的井底流压,MPa。若井定产,即KIP>0时,则令PWF=0。

特别强调,在模拟中任何时间段,井数都可能增加或重新完井。任意一口井一旦完井投产,则该井必须在后面每次输入单井资料时都加以描述,即使该井或层关闭；关一层,则令该层PID=0；关井,则令各层PID=0。

各井(层)的PID在多层油藏模拟中用于注采量在各层间的分配。因此,若所给各层PID不合适,会引起某些层内注采量过多或过少,从而导致压力和饱和度异常,甚至程序运算无法收敛而终止。这种情况在各层储量丰度差异较大而渗透率较高时尤其容易发生。

14.4　数据体编写实例

假设一个油藏的构造井位图及离散化以后的网格系统如图14.4.1所示。图中油藏四周粗线为封闭断层,油藏区域内的细斜线是油藏构造等深线,油藏的渗透率、孔隙度等地质参数分布趋势与深度分布相近。本节以该油藏为范例,通过解剖已经编制好的该范例油藏数据

体，进一步展现 ANS 软件数据体的编写方法。范例油藏的所有资料数据都已经输入油藏数据体文件 ans1.dat 和 ans2.dat 中。

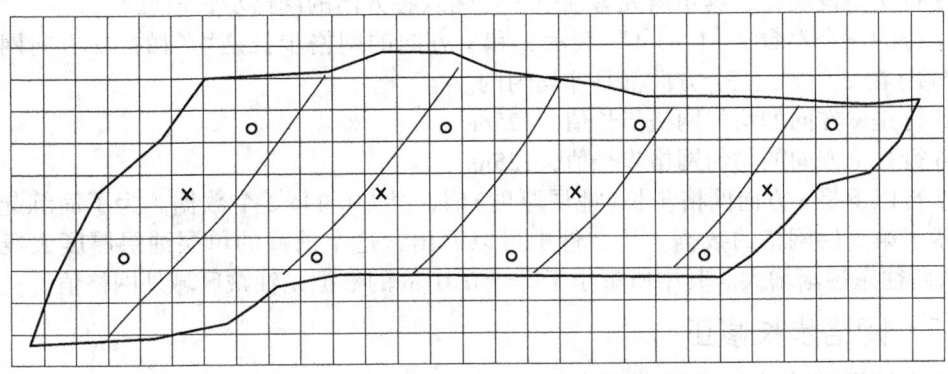

图 14.4.1　G21 油藏构造井位及网格系统示意图
○——生产井　　　　×——注水井

下面按照顺序对范例数据体文件 ans1.dat 和 ans2.dat 中的数据含义逐条进行解读。在阅读本部分内容时，应该同时对照 14.3 节数据体编制方法中相应的说明。

14.4.1　网格系统数据

网络系统（视频 2）数据格式如图 14.4.2 所示。该部分数据是数据输入文件 ans1.dat 的开头部分。

```
文件(F) 编辑(E) 格式(O) 查看(V) 帮助(H)
各坐标方向网格数      / II, JJ, KK
29 11 2
网格步长（米 x 米 x 米）
-1 -1 1
 125.00
 125.00
 0.001  0.001  0.001  0.001  0.001  0.001  0.001  0.001  0.001  0.001
 0.001  0.001  0.001  0.001  0.001  0.001  0.001  0.001  0.001
 0.001  0.001  0.001  0.001  0.001  0.001  0.001  0.001  0.001
 0.001  31.00  31.00  31.00  0.001  0.001  0.001  0.001  0.001
 0.001  0.001  0.001  0.001  0.001  0.001  0.001  0.001  0.001
 0.001  0.001  0.001  0.001  0.001  0.001  32.60  32.5   31.40  31.30
 31.20  31.10  31.00  31.20  31.40  31.60  31.80  32.00  32.20  0.001
 0.001  0.001  0.001  0.001  0.001  33.00  32.00  31.00  31.00  31.00
 31.00  31.00  30.50  30.70  32.90  36.40  41.90  42.30  42.80  43.30
 44.80  44.30  44.00  45.30  45.00  44.00  43.00  0.001
 0.001  0.001  0.001  0.001  33.00  33.00  32.00  30.60  31.00  30.50
 30.50  30.50  30.00  31.00  34.00  38.00  43.00  47.50  48.00  47.50
 47.00  46.50  46.50  46.50  45.50  45.00  44.00  0.001  0.001
 0.001  0.001  0.001  33.40  33.00  33.00  32.00  30.90  30.80  30.60
 30.20  30.00  29.60  33.00  35.00  40.00  45.00  49.00  49.00  48.50
 48.00  48.00  47.50  47.00  46.00  0.001  0.001  0.001  0.001
 0.001  0.001  33.40  33.41  33.33  33.40  33.00  32.80  32.20  32.00
 32.50  32.00  31.00  32.00  35.00  41.00  47.00  49.00  49.60  49.00
 48.00  47.50  47.00  47.00  0.001  0.001  0.001  0.001  0.001
 0.001  0.001  33.40  33.40  33.40  0.001  33.00  33.00  32.50  32.50
 32.50  32.50  32.00  33.00  36.00  40.00  48.00  49.00  49.50  49.50
 49.00  48.00  47.00  0.001  0.001  0.001  0.001  0.001  0.001
 0.001  33.40  33.40  33.40  33.40  33.30  33.30  33.20  0.001  0.001
 0.001  0.001  0.001  0.001  0.001  0.001  0.001  0.001  0.001  0.001
 0.001  33.40  33.40  33.30  33.30  33.30  33.30  0.001  0.001  0.001
 0.001  0.001  0.001  0.001  0.001  0.001  0.001  0.001  0.001  0.001
 0.001  0.001  0.001  0.001  0.001  0.001  0.001  0.001  0.001  0.001
 0.001  0.001  0.001  0.001  0.001  0.001  0.001  0.001  0.001  0.001
```

图 14.4.2　数据体 ans1.dat 中网格系统数据格式示意图　　　　视频 2　网格系统

第1行是说明行，提示研究者下一行数据应该输入油藏离散模型在各个方向的网格数。

第2行是用空格隔开的三个整数，表示 x、y、z 方向的网格数分别是29、11和2。

第3行又是说明行，提示研究者在下一行输入各方向的网格步长信息。

第4行的三个整数"-1 -1 1"表示 x 和 y 方向的网格步长是均匀的，z 方向网格步长（地层厚度）在 x、y、z 三个方向都是非均匀的。

第5行是 x 方向的均匀网格步长值，125m。

第6行是 y 方向的均匀网格步长值，125m。

第7行以下是 z 方向网格步长（地层厚度）值，共 29×11×2 个数据。为了简练起见，图中只显示了第一层网格的数据。从文件中可以看出，这个油藏的单层油层厚度大概为27~50m，从西往东逐渐增大。其中所有小于等于0.01m的数据是油藏区域外网格值。

14.4.2　网格步长修正

网格步长修正（视频3）数据格式如图14.4.3所示。

第1行是"网格步长修正"提示行。

第2行四个整数"0 0 3 0"表示：有三个网格的 z 方向网格步长（地层厚度）需要修正；网格修正信息不输出到模拟结果数据文件中。

第3行表示网格(13，5，1)的 z 方向网格步长修改为36m。

第4行表示网格(18，6，1)的 z 方向网格步长修改为60m。

第5行表示网格(4，8，2)的 z 方向网格步长修改为40m。

图14.4.3　数据体 ans1.dat 中网格步长修正数据格式示意图

14.4.3　网格顶部深度

网格顶部深度（视频4）数据格式如图14.4.4所示。

第1行是"网格顶部深度"提示行。

第2行只有一个整数"1"，表示油藏顶界深度是非均匀分布的。因此，下面需要输入 12×11 个网格顶部深度数据。

第3行以下是第一层网格的顶部深度数据。从文件中可以看出，这个油藏的构造是西部高东部低，即西部浅东部深。油藏区域内储层顶界深度大概在 1950~2070m。

14.4.4　孔隙度和渗透率分布

1. 孔隙度分布

孔隙度分布（视频5）数据格式如图14.4.5所示。

视频3　网格步长修正　　视频4　网格顶部深度　　视频5　孔隙度和渗透率分布

```
油层顶界深度（米）
   1
1943.6   1944.4   1945.4   1946.5   1947.7   1948.7   1950.0   1955.4   1961.4   1966.4
1970.0   1974.7   1980.0   1985.0   1990.0   1990.0   1998.1   2005.0   2010.0   2016.4
2023.3   2030.0   2030.0   2036.1   2041.7   2046.1   2050.0   2054.5   2059.1
1943.9   1944.8   1945.8   1947.1   1948.5   1950.0   1950.0   1956.8   1963.5   1970.0
1970.0   1976.5   1982.3   1986.8   1990.0   1994.5   2001.7   2010.0   2010.0   2018.5
2025.7   2030.0   2034.0   2039.7   2045.5   2050.0   2050.0   2058.2   2063.9
1944.4   1945.3   1946.5   1947.9   1950.0   1950.0   1954.3   1960.3   1966.0   1970.0
1974.2   1980.1   1985.6   1990.0   1990.0   1998.1   2005.0   2010.0   2014.8   2022.1
2030.0   2030.0   2036.7   2043.3   2050.0   2050.0   2056.5   2063.9   2070.0
1945.1   1946.1   1947.3   1948.6   1950.0   1953.3   1958.7   1964.8   1970.0   1970.0
1977.7   1984.6   1990.0   1990.0   1996.2   2003.5   2010.0   2010.0   2018.4   2025.3
2030.0   2034.4   2040.4   2046.0   2050.0   2054.0   2062.0   2070.0   2070.0
1946.1   1947.2   1948.4   1950.0   1950.0   1956.2   1962.8   1970.0   1970.0   1975.2
1982.1   1990.0   1990.0   1995.2   2001.7   2010.0   2010.0   2016.4   2023.7   2030.0
2030.0   2037.9   2044.7   2050.0   2050.0   2058.4   2065.6   2070.0   2071.7
1947.2   1948.4   1950.0   1950.0   1954.3   1960.2   1965.8   1970.0   1974.2   1979.8
1985.6   1990.0   1994.2   1999.8   2005.5   2010.0   2014.8   2021.6   2030.0   2030.0
2035.4   2042.2   2050.0   2050.0   2055.6   2062.6   2070.0   2070.0   2072.4
1948.5   1950.0   1950.0   1954.3   1959.5   1964.9   1970.0   1970.0   1977.9   1984.5
1990.0   1990.0   1998.0   2004.6   2010.0   2010.0   2018.3   2025.2   2030.0   2034.4
2040.0   2045.7   2050.0   2054.6   2060.4   2066.2   2070.0   2071.7   2073.3
1950.0   1950.0   1954.3   1959.4   1964.8   1970.0   1970.0   1976.6   1983.5   1990.0
1990.0   1996.6   2003.6   2010.0   2010.0   2016.6   2023.6   2030.0   2030.0   2038.2
2044.7   2050.0   2050.0   2058.4   2065.1   2070.0   2070.0   2072.4   2074.2
1950.0   1954.4   1959.5   1964.8   1970.0   1970.0   1976.6   1983.3   1990.0   1990.0
1996.7   2003.4   2010.0   2010.0   2016.7   2023.4   2030.0   2030.0   2036.8   2043.8
2050.0   2050.0   2056.5   2064.0   2070.0   2070.0   2071.8   2073.5   2075.1
1955.8   1959.8   1964.8   1970.0   1970.0   1976.3   1983.3   1990.0   1990.0   1996.4
2003.4   2010.0   2010.0   2016.4   2023.4   2030.0   2030.0   2036.5   2043.5   2050.0
2050.0   2055.0   2061.8   2070.0   2070.0   2071.7   2073.1   2074.5   2075.8
1960.9   1964.9   1970.0   1970.0   1975.1   1981.8   1990.0   1990.0   1995.2   2001.9
2010.0   2010.0   2015.2   2021.8   2030.0   2030.0   2035.1   2041.7   2050.0   2050.0
2053.7   2058.4   2064.4   2070.0   2071.6   2072.8   2074.7   2075.3   2076.5
```

图 14.4.4 数据体 ans1.dat 中网格顶部深度数据格式示意图

```
孔隙度与渗透率分布（mD）
   1    1    1    -1
0.001   0.001   0.001   0.001   0.001   0.001   0.001   0.001   0.001   0.001
0.001   0.001   0.001   0.001   0.001   0.001   0.001   0.001   0.001   0.001
0.001   0.001   0.001   0.001   0.001   0.001   0.001   0.001   0.001
0.001   0.001   0.001   0.001   0.001   0.001   0.001   0.001   0.001   0.001
0.001   0.238   0.234   0.232   0.001   0.001   0.001   0.001   0.001
0.001   0.001   0.001   0.001   0.001   0.001   0.249   0.246   0.243   0.241
0.239   0.236   0.233   0.231   0.231   0.227   0.223   0.221   0.219   0.001
0.001   0.001   0.001   0.001   0.001   0.001   0.001   0.001   0.001
0.001   0.001   0.001   0.001   0.001   0.250   0.246   0.243   0.241   0.241
0.237   0.233   0.231   0.231   0.228   0.224   0.221   0.221   0.217   0.213
0.211   0.209   0.206   0.203   0.201   0.199   0.195   0.191   0.001
0.001   0.001   0.001   0.001   0.251   0.248   0.244   0.241   0.241   0.239
0.235   0.231   0.231   0.229   0.225   0.221   0.221   0.218   0.214   0.211
0.211   0.207   0.203   0.201   0.201   0.197   0.193   0.001   0.001
0.001   0.001   0.001   0.251   0.249   0.246   0.243   0.241   0.239   0.236
0.233   0.231   0.229   0.226   0.223   0.221   0.219   0.215   0.211   0.211
0.209   0.205   0.201   0.201   0.199   0.001   0.001   0.001   0.001
0.001   0.001   0.251   0.249   0.246   0.243   0.241   0.241   0.237   0.233
0.231   0.231   0.227   0.223   0.221   0.221   0.217   0.213   0.211   0.209
0.206   0.203   0.201   0.199   0.001   0.001   0.001   0.001   0.001
0.001   0.001   0.249   0.246   0.243   0.241   0.241   0.238   0.234   0.231
0.231   0.228   0.224   0.221   0.221   0.218   0.214   0.211   0.211   0.207
0.203   0.201   0.201   0.001   0.001   0.001   0.001   0.001   0.001
0.001   0.249   0.246   0.243   0.241   0.241   0.238   0.234   0.001   0.001
0.001   0.001   0.001   0.001   0.001   0.001   0.001   0.001   0.001   0.001
0.001   0.001   0.001   0.001   0.001   0.001   0.001   0.001   0.001
0.001   0.246   0.243   0.241   0.241   0.238   0.234   0.001   0.001   0.001
0.001   0.001   0.001   0.001   0.001   0.001   0.001   0.001   0.001   0.001
0.001   0.001   0.001   0.001   0.001   0.001   0.001   0.001   0.001
0.001   0.001   0.001   0.001   0.001   0.001   0.001   0.001   0.001   0.001
0.001   0.001   0.001   0.001   0.001   0.001   0.001   0.001   0.001
```

图 14.4.5 数据体 ans1.dat 中孔隙度分布数据格式示意图

第1行是提示行。

第2行四个整数"1 1 1 -1"表示：孔隙度及 x 方向渗透率、y 方向渗透率都是非均匀分布，z 方向渗透率是一个常数(均匀分布)。

第3行以下是孔隙度分布值，共 29×11×2 个数据。为了简练起见，图中只显示了第一层网格的数据。从文件中可以看出，这个油藏的孔隙度为 0.19~0.25，从西往东逐渐减小。其中所有的"0.001"是油藏区域外网格即哑网格的孔隙度值。

2. 渗透率分布

在 ans1.dat 中，孔隙度数据后面依次是 x 方向渗透率、y 方向渗透率和 z 方向渗透率，如图 14.4.6 所示。

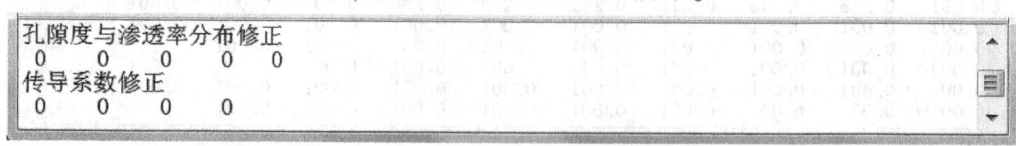

图 14.4.6　数据体 ans1.dat 中渗透率分布数据格式示意图

视频6　孔隙度和渗透率的修正

第1行至第33行是第二层网格的 y 方向渗透率数据。从文件中可以看出，这个油藏的渗透率从西往东逐渐减小。其中所有的"0.1"是赋给油藏区域外网格的渗透率值。

最后一行(第34行)是所有网格的 z 方向渗透率值。因为油层(即网格层)之间纵向不连通，所以垂向(z 方向)渗透率为零。为了避免或降低计算过程不稳定性，统一赋值为小量。

14.4.5　孔隙度和渗透率的修正

孔隙度和渗透率修正(视频6)数据格式如图 14.4.7 所示。

```
孔隙度与渗透率分布修正
  0    0    0    0    0
传导系数修正
  0    0    0    0
```

图 14.4.7　ans1.dat 中孔隙度、渗透率和传导系数修正数据格式示意图

第1行是提示行。

第2行共五个整数"0 0 0 0 0",前四个0表示没有任何网格的孔隙度或x、y、z方向的渗透率需要修正,最后一个0表示修正信息不输出到模拟结果文件中。

14.4.6 传导系数的修正

传导系数修正(视频7)数据格式如图14.4.7所示。

第3行是"传导系数修正"的提示行。

第4行共有四个整数"0 0 0 0",前三个0表示没有任何网格的任何方向的传导系数需要修正,最后一个0表示修正信息不输出到模拟结果文件中。

14.4.7 相对渗透率和毛管力数据

相对渗透率和毛管力(视频8)数据格式如图14.4.8所示。

视频7 传导系数修正

视频8 相对渗透率和毛管力

饱和度	Kro	Krw	Krg	Pcow(MPa)	Pcgo(MPa)
-0.10	0.00	0.00	0.00	1.059	0.106
0.00	0.00	0.00	0.00	1.059	0.107
0.20	0.00	0.00	0.02	1.059	0.108
0.25	0.00	0.00	0.04	1.059	0.110
0.30	0.01	0.00	0.06	1.059	0.113
0.35	0.02	0.00	0.08	1.059	0.126
0.40	0.03	0.00	0.14	1.059	0.164
0.425	0.04	0.005	0.26	0.691	0.207
0.45	0.06	0.01	0.40	0.503	0.262
0.475	0.09	0.02	0.70	0.356	0.473
0.50	0.14	0.03	1.00	0.263	0.746
0.55	0.38	0.05	1.00	0.202	0.827
0.6	0.89	0.08	1.00	0.164	0.919
0.65	1.0	0.12	1.00	0.126	1.020
0.70	1.0	0.16	1.00	0.105	1.189
0.75	1.0	0.26	1.0	0.096	2.020
0.80	1.0	0.36	1.0	0.092	2.020
1.00	1.0	1.00	1.0	0.089	2.020
1.10	1.00	1.00	1.00	0.087	2.020

图14.4.8 数据体 ans1.dat 中相对渗透率和毛管力数据格式示意图

第1行既是提示行也是相对渗透率和毛管力数据表的表头。

该数据表共包含19行数据,以饱和度为-0.10开头、饱和度为1.10结尾。束缚水饱和度为0.4,残余油饱和度为0.25。

14.4.8 流体 PVT 数据

流体 PVT 数据(视频9)格式如图14.4.9所示。

第1行是提示行。

第2行五个实数分别给定:油藏初始泡点压力为9.12MPa,过泡点以后的黏度、体积系数、溶解汽油比的变化斜率分别为0.01357、-0.01744和

视频9 流体PTV数据

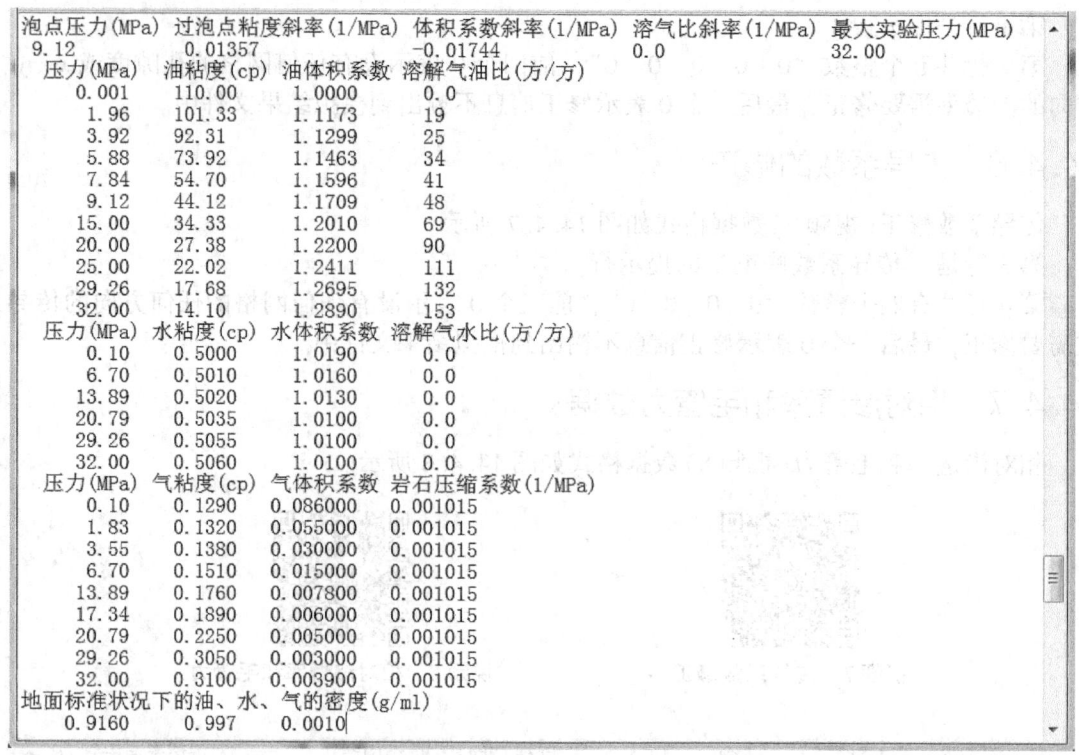

图 14.4.9 数据体 ans1.dat 中的 PVT 数据格式示意图

0.0,饱和流体高压物性实验曲线覆盖的最大实验压力是 32MPa。

第 3 行是提示行,同时也是油相流体高压物性数据表头。

第 4~14 行是油相高压物性数据。最后一行的压力是最大实验测试压力 32MPa。

第 15 行是提示行,同时也是水相流体高压物性数据表头。

第 16~21 行是水相高压物性数据。最后一行的压力是最大实验测试压力 32MPa。

第 22 行是提示行,同时也是气相流体高压物性数据表头。

第 23~31 行是气相高压物性数据。最后一行的压力是最大实验测试压力 32MPa。

第 32 行是提示行。

第 33 行的三个实数给定地面标准状况下油、水、气的密度分别为 0.916g/cm^3、0.997g/cm^3 和 0.001g/cm^3。

14.4.9 初始压力和饱和度

初始压力和饱和度(视频 10)数据如图 14.4.10 所示。该部分数据存储于 ans2.dat。

第 1 行是提示行。

视频 10 初始压力和饱和度

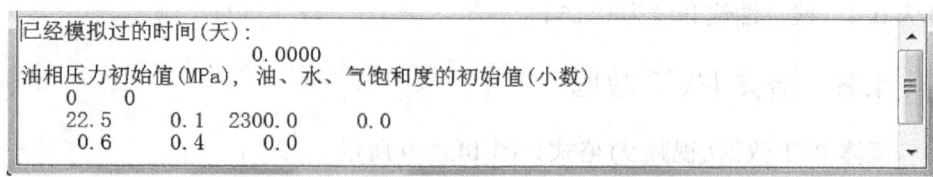

图 14.4.10 数据体 ans2.dat 中初始压力和饱和度数据格式示意图

第2行只有一个实数：0.0000。表示本次模拟运算从第0天开始，即从头开始。

第3行是初始压力和饱和度值输入的提示行。

第4行的二个整数"0 0"，表示压力输入方式为给定油水、油气界面的深度和压力，饱和度输入方式为给定均匀分布值。

第5行的四个实数分别是：油水界面压力22.5MPa，油气界面压力0.1MPa，油水界面深度2300.0m，油气界面深度0.0m。

第6行的三个实数分别是：初始含油饱和度均匀分布值0.6，含水饱和度均匀分布值0.4，含气饱和度均匀分布值0.0。

14.4.10 运行控制参数

运行控制参数(视频11)如图14.4.11所示。

第1行是运行控制参数提示行，同时也是本部分数据表的表头。

第2行八个实数，分别给定：最大模拟时间步数为9900，调增时间步长系数为1.25，调减时间步长系数为0.5，最大模拟油藏开发时间长度为9900天，模拟过程油藏生产水油比上限为49，气油比上限为2000，油藏平均压力下限为0.1MPa，油藏平均压力上限为32.0MPa。

视频11 运行控制参数

```
最大时间步数, 时间步增大、减小系数, 最大模拟时长(天), 水油比、气油比上限, 油藏平均压力下、上限(MPa)
9900         1.25        0.5           9900.0           49.0     2000.0         0.1        32.0
算法, 松弛法迭代次数上限, ω初值, P误差上限(MPa), ω调整参数, 每时间步S和P(MPa)变化上限
2            500          1.7    0.01             0.001        0.001      0.1
```

图14.4.11 数据体ans1.dat中模拟控制类数据格式示意图

14.4.11 解法控制参数

视频12 解法控制参数

解法控制参数(视频12)如图14.4.11所示。

第3行是解法控制参数提示行，同时也是本部分数据表的表头。

第4行两个整数五个实数，分别给定：模拟过程中线性方程组的求解采用线松弛迭代法，松弛求解迭代次数上限为500，松弛迭代因子ω的初值为1.7，每一个迭代步任意网格的压力变化值上限为0.01MPa，松弛因子调整参数为0.001，每一个时间步饱和度和压力的变化上限分别为0.001和0.1MPa。

14.4.12 油藏开发过程模拟控制参数

油藏开发过程模拟控制参数(视频13)输入格式如图14.4.12所示。

1. 图14.4.12(a)中数据

第1行是提示行。

第2~3行是油藏开发过程第一个时间段的控制数据。

视频13 油藏开发过程模拟控制参数

第2行共九个整数"1 1 0 0 0 0 0 0 0"，分别表示：(1)本时间段开始要读入油藏的井位布置及各井的生产条件；(2)本时间段初步划分为一个时间步；(3)本时间段不输出单井生产指标的模拟结果；(4)本时间段不输出油藏整体生产指标的模拟结果；(5)本时间段不输出压力分布数据；(6)本时间段不输出含油饱和度分布数据；(7)本时间段不输出含水饱和度分布数据；(8)本时间段不输出含气饱和度分布数据；(9)本时间段不输出泡点压力分布数据。

```
油藏开发过程模拟控制参数
    1    1    0    0    0    0    0    0    0
         1.0       0.01       1.
单井资料
   12
G1
  8    4    1    2    1       0.0       0.0       0.0       100.0
10.27  0.0
 8.78  0.0
G2
 14    4    1    2    1       0.0       0.0       0.0       100.0
9.52  0.0
8.15  0.0
G3
 20    4    1    2    1       0.0       0.0       0.0       100.0
10.99  0.0
 9.40  0.0
G4
 26    4    1    2    1       0.0       0.0       0.0       100.0
11.17  0.0
 9.55  0.0
G5
  4    8    1    2    1       0.0       0.0       0.0       100.0
11.77  0.0
13.42  0.0
```

(a)

```
GW1
  6    6    1    2    2       0.0    -200.0       0.0       0.0
11.63  0.0
 9.97  0.0
GW2
 12    6    1    2    2       0.0    -200.0       0.0       0.0
9.73  0.0
8.34  0.0
GW3
 18    6    1    2    2       0.0    -200.0       0.0       0.0
16.07  0.0
11.26  0.0
GW4
 24    6    1    2    2       0.0    -200.0       0.0       0.0
11.93  0.0
10.20  0.0
    0    6    0    0    0    0    0    0    0
        5.       0.1      30.
    0    1    1    1    1    1    1    1    1
        0.01       0.01       1.
    0   36    0    0    0    0    0    0    0
        5.       0.1      30.
    0    1    1    1    1    1    1    1    1
        0.01       0.01       1.
    0   73    0    0    0    0    0    0    0
        5.       0.1      30.
    0    1    1    1    2    1    1    1    1
        0.01       0.01       1.
    0   73    0    0    0    0    0    0    0
        5.       0.1      30.
    0    1    1    1    1    3    1    1    1
        0.01       0.01       1.
```

(b)

图 14.4.12　数据体 ans1.dat 中油藏开发过程模拟控制参数输入格式示意图

第 3 行共三个实数，分别给定：本时间段初设时间步长为 1.0 天，最小时间步长 0.01 天，最大时间步长为 1.0 天。

该时间段总长度只有 0.1 天，设置该时间段的目的主要是输入油藏的井位布置及各单井的井史和生产制度。

2. 图 14.4.12(b) 中数据

1)第 17~18 行是第二个开发时间段控制数据

第 17 行的九个整数“0　6　0　0　0　0　0　0　0”分别表示：(1)本时间段不需要读入油藏的井位布置及各井的生产条件数据，即油藏井位和各井生产条件不变，并沿用上一个时间段数据；(2)本时间段初步划分为 6 个时间步；(3)本时间段不输出单井生产指标的模拟结果；(4)本时间段不输出油藏整体生产指标的模拟结果；(5)本时间段不输出压力分布数据；(6)本时间段不输出含油饱和度分布数据；(7)本时间段不输出含水饱和度分布数据；(8)本时间段不输出含气饱和度分布数据；(9)本时间段不输出泡点压力分布数据。

第 18 行共三个实数，分别给定：本时间段初设时间步长为 5.0 天，最小时间步长 0.1 天，最大时间步长为 30.0 天。

可以看出，第 17~18 行控制的时间段长度为 30 天，主要作用是对这段开发过程进行模拟计算，过程中不输出结果。

2)第 19~20 行是第三个开发时间段控制数据

第 19 行的九个整数“0　1　1　1　1　1　1　1　1”分别表示：(1)本时间段的油藏井位和各井生产条件不变，不读入新数据；(2)本时间段初步划分为 1 个时间步；(3)本时间段(所有时间步)输出单井生产指标的模拟结果；(4)本时间段(所有时间步)输出油藏整体生产指标的模拟结果；(5)本时间段(所有时间步)输出压力分布数据；(6)本时间段(所有时间步)输出含油饱和度分布数据；(7)本时间段(所有时间步)输出含水饱和度分布数据；(8)本时间段(所有时间步)输出含气饱和度分布数据；(9)本时间段(所有时间步)输出泡点压力分布数据。

第 20 行共三个实数，分别给定：本时间段初设时间步长为 0.01 天，最小时间步长 0.01 天，最大时间步长为 1.0 天。

可以看出，第 19~20 行控制的时间段长度仅为 0.01 天，主要作用是输出前一个时间段的模拟计算结果。

3）第 21～22 行是第四个开发时间段的控制数据

第 21 行共九个整数 "0 36 0 0 0 0 0 0 0"，除了第二个整数表示本时间段初划为 36 个时间步之外，其他数值均与第 19 行相同，作用也相同。

第 22 行共三个实数，数值及作用均与第 20 行相同。

可以看出，第 21～22 行控制的时间段长度为 180 天，主要作用是对这段开发过程进行模拟计算，过程中不输出结果。

4）第 23～24 行是第五个开发时间段的控制数据

可以看出，该时间段的数据及作用与第 19～20 行控制的时间段完全相同，目的是输出结果数据。

5）第 25～26 行是第六个开发时间段的控制数据

可以看出，该时间段的数据及作用与第 21～22 行控制的时间段相似：只对该时间段进行模拟计算，不输出结果。只不过该时间段长度为 365 天，与第 21～22 行的时间段不同。

6）第 27～28 行是第七个开发时间段的控制数据

第 27 行中第五个整数即控制压力场输出的代码为 "2"，其余所有数据与第 23 行相同。因此，该时间段的作用包含第 23～24 行时间段的作用，另外还会指挥软件将该时间段末的油藏压力及饱和度场数据存入独立输出数据文件 LMP1. RES 中。

7）第 29～30 行是第八个开发时间段的控制数据

可以看出，该时间段的数据及作用与第 25～26 行控制的时间段完全相同，目的只是对该时间段进行模拟计算，不输出结果。

8）第 31～32 行是第九个开发时间段的控制数据

第 31 行中第六个整数即控制含油饱和度输出的代码为 "3"，其余所有数据与第 23 行相同。因此，该时间段的作用包含第 23～24 行时间段的作用，另外还会指挥软件将该时间段末的油藏压力和饱和度场数据存入独立输出数据文件 LMP2. RES 及重启连续运行数据文件 ANSTRT. DAT 之中。

14.4.13　单井资料

单井资料（视频 14）如图 14.4.12 所示。

1. 图 14.4.12（a）中数据

第 4 行是 "单井资料" 的提示行。

第 5 行只有一个整数 "12"，表示井数为 12 口。

第 6 行只有一个字符串 "G1"，是第一口生产井的井名。

第 7 行有 5 个整数和 4 个实数 "8 4 1 2 1 0.0 0.0 0.0 100.0"，分别表示：(1)G1 井所在网格的 x 方向位置是 8；(2)y 方向位置是 4；(3)最上面一个射孔完井网格的 z 方向位置是 1；(4)连续完井层数是 2；(5)该井为定液量生产井；(6)不给定产油量；(7)不给定产水量；(8)不给定产气量；(9)给定产液量为 100m³/d。

视频 14　单井资料

第 8 行有 2 个实数，第一个实数 "10.27" 为最上面完井层（网格）的采液指数，第二个实数 "0.0" 表示不给定井底流压。

第 9 行有 2 个实数，第一个实数 "8.78" 为从上往下第二个完井层（网格）的采液指数，第二个实数 "0.0" 表示不给定井底流压。

第 10～13 行是 "G2" 井的单井资料数据，其格式和作用与 "G1" 井完全相同。

后面从"G3"井到"G8"各生产井的资料数据内容和格式与"G2"井相同。

2. 图 14.4.12(b) 中数据

第 1 行只有一个字符串"GW1",是第一口注水井的井名。

第 2 行有 5 个整数和 4 个实数"6 6 1 2 2 0.0 -200.0 0.0 0.0",分别表示:(1)GW1 井所在网格的 x 方向位置是 6;(2)y 方向位置是 6;(3)最上面一个射孔完井网格的 z 方向位置是 1;(4)连续完井层数是 2;(5)该井为定水量注水井;(6)无产油量数据;(7)给定注水量 200m³/d;(8)无注采气量数据;(9)无注采液量数据。

第 3 行有 2 个实数,第一个实数"11.63"为最上面完井层(网格)的注采指数,第二个实数"0.0"表示不给定井底流压。

视频 15 数据输出分析

第 4 行有 2 个实数,第一个实数"9.97"为从上往下第二个完井层(网格)的采液指数,第二个实数"0.0"表示不给定井底流压。

第 5~16 行是"GW2"~"GW4"三口注水井的单井资料数据,每口井的数据格式和作用与"GW1"井完全相同。

至此,范例油藏模拟数据体解释完毕(视频 15)。

习题

设有一均质等厚油藏,共有两层,顶深 2100m。第一层厚 30m,$K_x = K_y = 50$mD,$\phi = 0.25$;第二层厚 20m,$K_x = K_y = 40$mD,$\phi = 0.20$;垂向不渗透。其他油藏物性参数及流体性质跟示范算例完全相同。本油藏采用正五点井网注水开采。取其中两个相邻注采单元区块,长 800m,宽 400m,如习题图 1 所示。给定生产井单井产液量 60m³/d,注水井单井注入量 60m³/d,注采井都在两层完井。

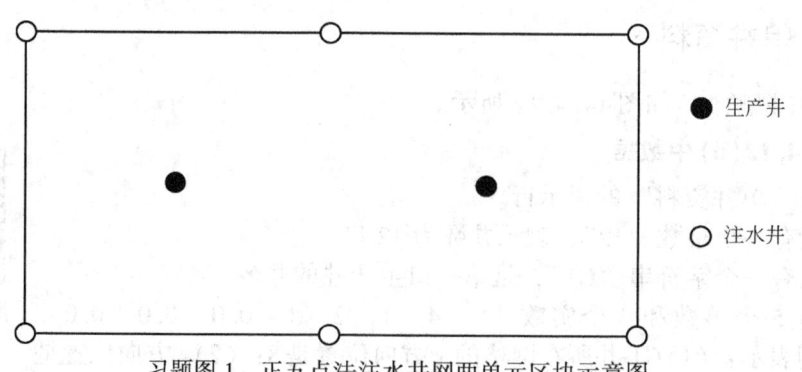

习题图 1 正五点法注水井网两单元区块示意图

试利用 ANS 黑油模型教学软件完成以下工作:

(1)预测第 10 年末区块总体生产指标、各井井底流压及油藏内压力、饱和度分布。

(2)若实际油藏的油井投产前进行了压裂,使得第五年年末的生产井底流压比无压裂情况(1)高 2.0MPa,请对模拟油藏内近井区渗透率和井的采油指数进行修正,完成历史拟合,再重新计算第十年年末的上述指标。

第15章 油藏数值模拟现行技术及发展趋势

本章内容包括两部分：一是在前面章节的基础上，对现行的油藏数值模拟相关技术方法进行简要的补充介绍；二是概述油藏数值模拟技术发展趋势，作为本书的结束语。

15.1 油藏数值模拟现行技术

经过几十年的时间，油藏数值模拟理论和技术得到了全面的发展，形成了许多先进、高效而实用的技术方法，现在已经成为油藏数值模拟大型商业软件的常规配置。除了前面章节介绍过的内容，本节将选择另外几项典型的现行油藏数值模拟相关技术方法，就其基本原理、特点和应用情况等做一些简要介绍。

15.1.1 油藏数值模拟的向量化

油气藏开发实践中，常常因为计算机内存不足或计算速度过慢，使得所需的油藏数值模拟工作难以进行。更快的速度和更大的容量一直是油藏数值模拟领域对计算机技术的需求。

向量计算机与向量算法的产生和发展，使得计算机的运算速度呈现跨越式提高，在很大程度上缓解了油藏数值模拟中的上述问题，油藏数值模拟技术出现了飞跃式发展。

向量计算机和向量算法具有超高计算速度的原因主要有两方面：一是硬件方面，它与普通计算机的主要差别是采用了根据向量计算的特点而设计的高速向量处理部件；二是软件方面，有一套适合于向量化程序设计的语言库和能够自动进行向量化编译的编译程序，同时应用软件也要向量化。目前的商业性油藏数值模拟软件，基本上都配有向量化软件。

下面以两个数组相加的例子简单介绍向量机和向量算法的基本原理。

在计算机上实现的任何一个算术操作，如加、减、乘、除等，都需要若干个操作步来完成。例如，在计算机上实现简单的两个浮点数相加的运算时，一般要经过求阶差、对阶、求和、规格化等步骤。在普通计算机中将两个数组相加时，每一对元素相加的操作是顺序执行的，也就是当一对数组元素数据进入运算器后，按顺序执行上述求阶差、对阶、求和、规格化等各项操作。而且，在执行某一操作时，其他的运算部件都处于等待状态，直至完成所有的操作，运算结果从运算部件输出后，才能再输入下一对数据，再依次按顺序重复以上的运算过程。显然这种运算方式的效率非常低，问题出在各运算部件等待太多，不能同时进行操作而"满负荷"地运转起来。这种在任一给定时刻只对一对(或一个)数据完成一个操作的运算就称为标量运算，如图15.1.1(a)所示，以这种方式进行工作的计算机即称为标量计算机。

在向量算法中，当两个数组中的一对元素(数据)进入向量处理部件后，就不断向前移动，完成各种操作。在这对数据的运算过程中，两个数组中排在后面的元素数据可以接着源源不断地依次输入并完成各种操作，从而形成同时对若干对不同数据进行不同操作的流程，如图15.1.1(b)所示。向量计算就像工厂中的流水生产线一样，在该流水线上第一件待加工的原料完成第一道工序进入下一道工序后，第二件原料即可以进入第一道工序。这样，随着待加工原料源源不断地输入，成品也就源源不断地输出。从而消除了进行某一道工序时其他工序停工等待的现象，因此可以显著提高计算速度。采用向量算法进行工作的计算机称为向量计算机。

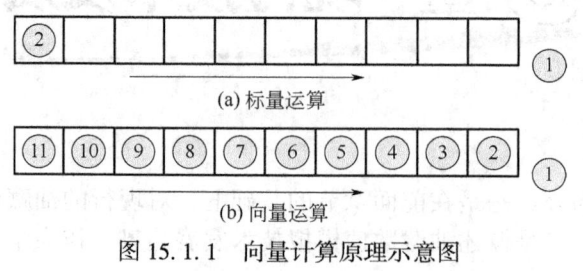

图 15.1.1　向量计算原理示意图
〇——数据对及其编号

向量运算就是同时对许多对元素(数据)进行同样的运算，当然对各个元素的具体操作可以是不同的。一次向量运算最多能够处理的元素数称为最大向量长度，例如有的计算机的向量寄存器存储量为 64 字，有的计算机则为 128 字。显然，位数越高，向量计算机相对于标量计算机的计算效率越高。

对于计算机用户来说，为了充分发挥向量机的效能，除了要了解硬件方面向量机的一些基本原理以外，更重要的是需要掌握其软件方面的特点。概括起来说，在软件方面提高向量机的使用效率是一个综合性问题，它包括程序向量化和充分利用向量机的硬、软件资源实现程序优化，以及向量算法的研究及其在向量机上的实现等。具体内容可查阅相关文献。

15.1.2　油藏数值模拟的并行化

1. 数值模拟并行化概念

数值模拟的并行化要从并行计算机说起。

在计算机发展历史上的任何阶段，由于技术水平的限制，计算机中心处理器(核，core)的性能包括计算速度和容量都是有限的，因此单处理器计算机的计算能力也会受到限制，往往无法满足日益增长的超大计算量数值模拟的需要。然而，如果将多个中心处理器组合在一起形成所谓的并行计算机，其性能就可以大大优于单核计算机，从而满足大型计算的需要，这就是并行计算机产生并迅速发展的理由和原因。20 世纪 70 年代世界上已经开始有并行计算机投入使用，90 年代以后并行计算机进入快速发展阶段，到 2010 年代运算速度位于世界前列的超级计算机都是并行计算机，个人电脑也都进入多核(多处理器)时代。

数值模拟的并行化，简单地说就是将一项大的数据处理与数值计算任务分成多个相互独立并可以同时完成的子任务，把它们分配给多个计算设备(处理器)，由各个计算设备相互协调完成这些子任务，从而达到快速、高效对给定问题进行求解的处理方法。这可以比喻为汽车制造过程，由多个车间或厂家分工制作汽车的不同部件，然后组装完成整车生产，生产效率可以大大提高。

为了实现大型数值计算的并行化，不仅要有功能完善的并行计算机，还必须有适合于在并行机上使用的、能充分发挥并行机功能的、设计合理的并行算法。

对于一个给定的问题，采用不同的处理原理、途径和计算工具，可以构造出多种不同的算法。如何衡量不同算法的性能优劣是并行算法研究和设计时必须考虑的问题。并行算法的最根本目的是缩短计算机的解题时间和提高机器各处理单元的使用率。如果将采用某一并行算法在由 p 个处理器组成的计算机上求解问题 Q 所需的运行时间记为 T_p，而在单处理器计算机上采用串行算法求解同一问题 Q 所需最短时间为 T_1，则定义该并行算法的加速指数为：

$$R_p = \frac{T_1}{T_p}$$

R_p 越大，说明并行算法处理时间越短；若 p 为固定值，说明算法的并行处理效率越高。

2. 油藏模拟并行化的主要功用

油藏数值模拟并行化的主要功能体现在以下两个方面[25]：

(1) 油藏的区域分解模拟方法。区域分解法就是将一个完整的油藏分隔为若干个独立的区域，使一个油藏的整体模拟变为各个独立区域的模拟，把不同独立区域的模拟分配到多个处理机上，通过求解这些区域就可获得整个油藏的模拟结果，这样就有效地提高了求解速度，使全油藏整体模拟更容易实现。

(2) 多任务的并行处理。以油藏数值模拟中的历史拟合为例说明。历史拟合过程是一个反复修改参数、反复试算的过程，需要耗费大量的机时和人力。如果使用常规软件，则必须完成整个生产历史的模拟计算之后，才能够看到计算数据，检查拟合效果，这样很容易造成时间浪费，尤其是在拟合期较长的情况下。因此，可以利用实时监控任务来动态监控拟合效果，减少这部分空闲时间，同时还考虑图形的实时绘制及油藏内压力、饱和度、流线等分布的动态显示。这样就有四个并行的任务：计算任务、实时监控任务、图形实时绘制任务、水淹动画任务。利用多线程编程将不同类别的任务分配到不同的线程中，实现程序的并行化，并通过线程优先级高低的设定来确定任务执行的先后顺序，加强对并行的管理。由此就可以实现可视化实时监控，即随时查看计算过程中压力、饱和度的分布，实时监控计算情况，同时还可以将结果图表保存或输出，而计算过程无需中断。这样不仅使得历史拟合工作更加方便，还大大减少了时间浪费。

3. 油藏模拟并行化需注意的问题

(1) 软件程序的并行化程度。程序中的并行部分对非并行部分的比例要尽可能的大。因为整个程序软件的运算效率主要取决于程序中效率最低的部分，即程序中的非并行部分，非并行比例越小，并行比例越大，程序软件的运算效率就越高，也就越能体现并行软件的优势。

(2) 注意各模块任务加载均衡。加载均衡是一个技术关键。如果加载不均衡，各处理机相互等待的时间就会加大，势必造成不必要的时间浪费。

(3) 优化信息交换。处理机之间的信息交换常常遇到同步问题，该问题处理不好会直接影响到计算结果的正确性，因此，必须慎重处理该问题。

目前，世界上主流的数值模拟软件都已经配备并行版本，为实际油藏数值模拟尤其是大规模和超大规模油藏进行并行化数值模拟提供了极大的便利。

15.1.3 局部网格加密技术

前面各章论述的都是建立在固定的网格系统基础上的传统的油藏数值模拟方法，这种网格在整个计算过程中是不变的，并且每一根网格线必须伸展至两头边界处，因此每一个网格与其相邻网格的接触关系，在整个求解区域内除边界网格以外，其他所有网格都是一样的。无论它们多么不规则，只要是矩形网格，必然是每个网格的每一侧只与一个相邻的网格相接触。使用这种网格系统，当模拟区域中的某些局部需要使用更精密的网格时是很不方便的。例如井的处理，由于井附近流体流动的聚集效应，其参数变化比较剧烈。出于对精度的考虑，一般要求在这样的区域内使用较密的网格，图 15.1.2 所示即为在这种情况下可能采用的不均匀加密网格。采用这种网格系统除了在井点附近按需要加密以外，由于加密网格线必须伸展到两头边界处，所以在远离井点的地方也产生了不需要的加密网格（如图 15.1.2 的 B

角和 D 角处），从而增加了不必要的工作量。又如，化学驱过程模拟时，由于化学剂的段塞有时很小，为了观察驱替前缘的运动情况，需在前缘处使用较密的网格。但前缘的位置是随时间变化的，用传统的网格系统解决这样的问题，只能在整个区域上全面使用较密的网格，以适应模拟前缘移动的需要，这样做必然使计算量大大增加。

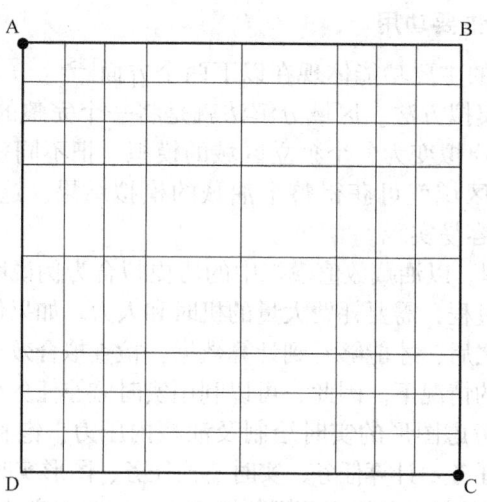

图 15.1.2　常规网格加密法

局部网格加密，就是只在求解区域中最需要的局部使用较密的网格，而在其他地方则使用较粗的网格。这就是说，加密的网格线不一定要伸展到求解区域的边界处，可以只分布于需要加密的地方。例如对于与图 15.1.2 同样的问题，可以使用如图 15.1.3 所示的网格。这种局部网格加密方法与传统网格系统的不同之处是，它允许网格系统内任一网格与其相邻网格接触关系的多变性，使一个网格的一侧可以同时与几个网格相接触。例如图 15.1.3 的网格 A，它的左侧就同时与两个网格相接触。从另一个角度讲，也就是使用局部网格加密技巧，可以将任何一个网格细分，而不影响其相邻网格的形态。这种特点也可以称为网格间连通的任意性。

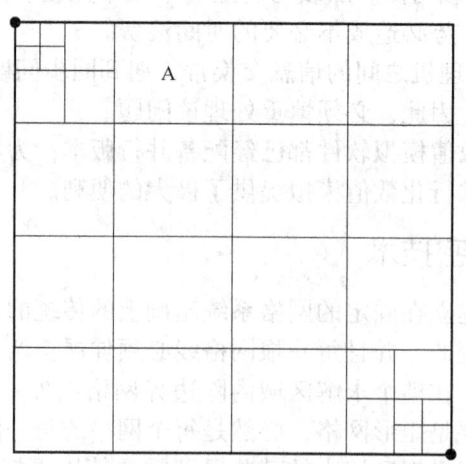

图 15.1.3　近井区的局部加密网格

局部网格加密分固定局部网格加密与动态局部网格加密两种。固定局部网格加密的网格状态在整个计算过程中是固定不变的，常用于在井附近加密等。动态局部网格加密的网格状态是随时间而变的，即在某一时间阶段内，本来是粗网格的任意一个网格，均可以根据需要

(如驱动前缘处)进行加密；而已经加密的网格，在以后的某一时间内若不再需要继续维持这种加密状况(如前缘已移过此处)，可以恢复为粗网格(如图 15.1.4 所示)

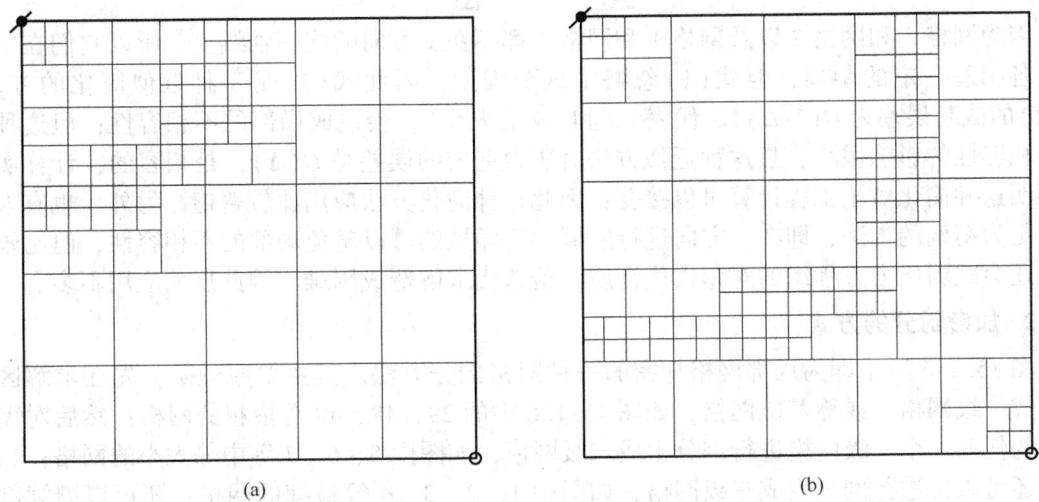

图 15.1.4　追踪驱动前缘移动的动态局部网格加密系统

由于局部网格加密中网格间接触关系在空间与时间(动态局部网格加密)上的多变性，要使这种方法真正在程序中实现，在离散化方法、网格剖分、网格编号、系数矩阵求解等各个方面都有其特点，需要有比较灵活的方法，此外，还必须有方便灵活的数据管理系统。下面对局部网格加密方法的一些特点进行简要介绍。

1. 差分离散化方法

局部加密网格系统差分离散化方法的特点可以二维单向渗流问题为例说明。

不同于常规网格系统，由于局部加密网格系统中一些网格的某一侧相邻网格可能多于一个，因此差分离散时必须考虑相邻网格间流量关系的特殊性。例如图 15.1.5 所示的一个网格对两个网格的接触关系。

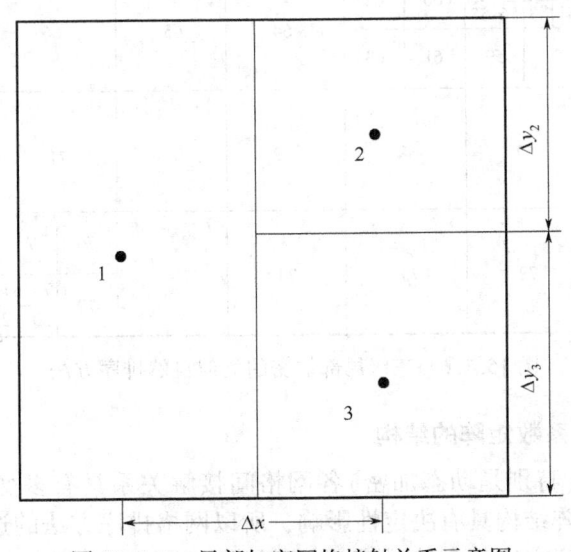

图 15.1.5　局部加密网格接触关系示意图

设 $K/\mu=1$，Δz 为网格厚度，则从网格 2 和网格 3 流向网格 1 的流量可表示为：

$$Q = \frac{p_2-p_1}{\Delta x}\Delta y_2 \Delta z + \frac{p_3-p_1}{\Delta x}\Delta y_3 \Delta z \tag{1}$$

因为网格 1 和网格 2 以及网格 1 和网格 3 都不在 x 方向的同一轴线上，所以它们在 y 方向上各相差一定的距离，但式（1）忽略了这个因素，因此式（1）是一种近似简化的方法。式（1）的截断误差为 $O(1/\Delta)$（Δ 代表 Δx 和 Δy 的大小），会造成局部的不相容性；但这种局部不相容性的影响很小，且这种近似方法对压力造成的误差是 $O(\Delta)$，是相容的，计算实践也证明这种简化对于工程计算可以接受；因此这种简化方法应用比较普遍。另外，也有人提出了更为精确的方法，即在 y 方向进行插值，这样虽然可以避免局部的不相容性，但比较复杂，还会减弱压力方程组的对角占优性质，给迭代求解造成困难，因此反而应用不多。

2. 加密剖分的方式

图 15.1.6 所示即为局部网格加密的一种网格剖分方法。其主要原理是，先在求解区域上生成一级网格，或称基础网格，如图 15.1.6 中的 29、48、49 等最粗的网格；然后对需要加密的任何一个一级网格进行剖分生成二级网格，如图中 5、6、7 等中等大小的网格；二级网格还可以再进行剖分生成三级网格，如图中 1、2、3、4 等最细的网格；还可以继续剖分生成更细的网格，但实际上一般将网格剖分为三级就可以了。这种剖分方法无论是固定加密还是动态加密都可以适用，或者部分固定（如井的附近、断层附近等）而其他地方在追踪前缘时可以进行动态加密。对于一个网格是加密还是合并，或加密到哪一个级次都由事先给定的饱和度变化速度的阈值确定。

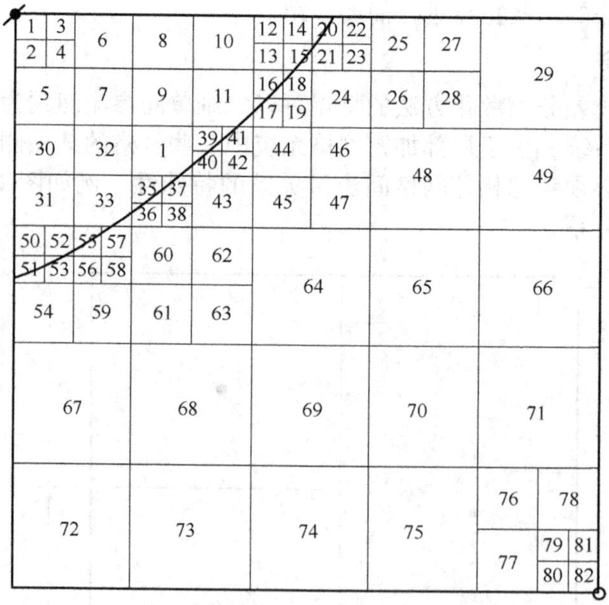

图 15.1.6 三级局部加密的类似自然排序方法

3. 网格排序方法和系数矩阵的结构

局部网格加密方法（特别是动态加密）各网格间接触关系具有多变性，且不同的网格排序方法对方程组系数矩阵结构具有决定性影响，所以网格排序方法的选择显得特别重要。

常规网格系统的排序方法如自然排序、D_4 排序方法等，对局部加密网格系统都是可以使用的，但是要根据局部加密的特点来选择和改造。局部加密网格系统排序的原则是：(1) 尽量消除或减少不必要的非有效网格序号，以免增加存储量；(2)尽量使得系数矩阵结构比较规则，以免方程组求解困难或大幅增加计算工作量。网格排序需要考虑的问题包括：(1)加密后的网格排序和原来未加密时的次序的关系；(2)动态加密时，往往某一处的网格状态有时是粗网格而另一时间已变成了细网格，或者反过来由细网格变成了粗网格，这种情况下网格的序号会随时间发生变化；(3)即使本网格的状况没有变化，但前面的网格进行了加密，也会使本网格的序号发生改变。

图 15.1.6 所示局部加密网格排序方法类似于自然网格排序方法，排序时不考虑网格的级次，将各种不同级次的网格按图上所示的顺序依次统一编号。这种方法的优点是不产生非有效编号，系数矩阵为比较规则的条带型结构，带宽较小，求解比较容易。图 15.1.6 所示网格排序及其产生的系数矩阵只是动态加密过程中某一时刻的状态，随着时间的变化，网格加密位置和网格个数都会变化，其系数矩阵的阶数和结构也要发生相应的改变。

求解方程组时可以利用预处理共轭梯度型的方法，只是在具体使用时要考虑到上述矩阵结构时变性等比较复杂的特点，如每一时间步都需要进行一次不完全 LU 分解，充填的位置和级次都是变化的，这些情况需要作一些特殊处理；对于分散在两旁的非零元素，也需要进行必要的处理。

局部网格加密已发展为较成熟的方法，其应用也较广泛。例如：(1)前面提到的近井地区的处理及驱动前缘的追踪和加密；(2)在垂向进行局部加密以模拟锥进问题，即在底水部位可用较稀的网格(甚至一个网格)而在含油部位则用较密的网格；(3)在一个统一的水力系统内有若干个油(气)藏时，运用此法模拟油藏间的相互干扰作用；(4)利用网格间连通的任意性，解决油层被断层切割而没有完全断开的问题，或不相邻网格间的连通问题，这对于断块油藏、岩性尖灭油藏及通过裂缝使各部分相互连通的油藏等复杂情况的模拟都是很有用的。

15.1.4 自适应隐式方法

在第 8 章已经知道，油藏数值模拟所用的各种隐式程度不同的线性化方法如 IMPES、半隐式方法及全隐式方法等其复杂程度和稳定性是不同的。隐式程度最低的 IMPES 方法比较简单，可节省计算时间和内存，但稳定性差，只能用于解决油水平面渗流等比较简单的问题；半隐式方法居中；隐式程度最高的全隐式方法最复杂，但稳定性也最好。因此，对于那些复杂的、容易使计算过程不稳定的油藏模拟问题就需要用全隐式方法求解。但是，即使是那些比较复杂的油藏开发过程，模拟计算中容易产生不稳定的区域往往只是饱和度或压力等参数变化剧烈之处，并不是整个求解区域，而且参数剧烈变化区域的分布也是随时间而异的。例如：在锥进问题中，只有在近井地区饱和度和压力变化最剧烈，在距井较远的地区，这些参数的变化并不剧烈。实际上，在油藏动态参数没有正在发生剧烈变化的区域，并不必要使用全隐式解法进行模拟计算。但是，一般的模拟方法对求解区域内的所有网格点和所有时间步只能采用同一种解法进行计算，为了保证整个模拟计算的稳定性，就不得不在整个求解区域内都使用隐式程度较高的方法来满足其中最不易稳定的区域的稳定性要求，这样，就使得那些本来只需隐式程度比较低的方法就可以解决问题的区域，也不必要地提高了隐式程度，增大了计算量，降低了数值模拟工作效率。

为了解决上述问题，人们研究建立了自适应隐式方法。其主要思路是：在保证整体计算稳定的前提下，每个网格都自动地选取必要和合适的隐式程度，不过高也不过低，以此达到节约计算工作量的目的；计算中每个网格的隐式程度是不同的，而且是随时间而变化的。

下面以黑油模型为例介绍这种方法的基本原理和特点。

1. 各网格点隐式程度的确定

对于黑油模型,求解变量通常有压力、水饱和度和气饱和度(或泡点压力)三个变量。G. W. Thomas 和 D. H. Thurnau 把计算时每个网格点需要隐式求解的变量数定义为隐式程度。例如,对于 IMPES 方法只有压力是隐式求解的,其隐式程度为 1;如有两个变量(其中有一个为压力)进行隐式求解则其隐式程度为 2;而对三个变量全部隐式求解的问题,则其隐式程度为 3。

目前,所有的解法对压力都是做隐式处理。同时,由于渗流方程组的强非线性主要由相对渗透率和毛管压力引起,这些都是饱和度的函数,因此规定一个时间步内水、气饱和度等变量的某一变化值作为阈值,只要超过这个阈值,这个变量就做隐式处理。在两相状态时可以取泡点压力的某一变化值为阈值来代替气饱和度的阈值。这样就可以确定每一网格点上的隐式程度。

恰当地确定饱和度阈值对于合理使用自适应隐式方法非常重要。阈值定得过大,隐式处理的变量太少,计算容易不稳定。阈值定得过低,隐式处理的变量就非常多,会降低使用自适应隐式方法的效果。

2. 方程组系数矩阵的特点和解法

由第 8 章可知,黑油模型全隐式解法所求解方程组的系数矩阵是一个块状条带形矩阵。

在自适应隐式方法中,当某一变量 x_i 做显式处理时,则该变量在该时间步内的变化 δx_i 一定很小,所以它对 T^{n+1} 的影响可忽略不计,可以令方程中对该 δx_i 项的偏导数为零。这时,相应的非零元素也会变为零,系数矩阵随之发生相应的变化。并且,由于每一时间步隐式变量和显式变量都在改变,所以系数矩阵的具体结构也是时变的。

总的来看,自适应隐式方法中需要隐式求解的方程的数量较全隐式大为降低,而求解显式方程所耗时间只相当于一般消元法的回代过程,所以总体解题时间比全隐式减少。显式求解的变量越多,节省的时间就会越多。

自适应隐式方法的功效可以用平均隐式程度来衡量。整个求解区域内所有网格点第 k 次迭代的平均隐式程度 ξ_k 可由下式确定:

$$\xi_k = \left(\frac{N_1 + 2N_2 + 3N_3}{N_1 + N_2 + N_3} \right)_k$$

其中,N_1、N_2、N_3 分别为本次迭代中隐式程度为 1、2、3 的网格点个数。从概念上来说,平均隐式程度反映了计算中实际隐式程度与 IMPES 隐式程度的比值。当平均隐式程度为 1 时,表明实际使用的为 IMPES 方法;而当平均隐式程度为 3 时,表明实际使用的为全隐式方法。

每个时间步的平均隐式程度可定义为:

$$\sigma_t = \frac{1}{I_N} \left[\sum_{k=1}^{I_N} \xi_k \right]$$

其中 I_N 为整个时间步内的迭代次数。类似地,还可以定义整个模拟过程中的平均隐式程度,或称为隐式因子:

$$\xi = \frac{1}{I_t} \left[\sum_{k=1}^{I_t} \xi_k \right]$$

其中 I_t 为整个模拟过程中的迭代次数。

最大的 σ_t 值可经少量试算后确定,可以用比 $(\sigma_t)_{max}$ 稍大的值来安排计算过程中所需的计算机内存量。显然$(\sigma_t)_{\max} \geq \xi$，一般$(\sigma_t)_{\max}$比$\xi$值大20%左右。由于全隐式的$\xi=3$，所以由$\xi$值可以判断使用自适应隐式方法所节约的工作量。黑油模型的ξ很少大于1.4，一般约等于1.2。

15.1.5 流线分布计算

1. 流线分布计算的概念

流线分布计算指的是利用油藏压力和饱和度的数值模拟结果，建立渗流场流线分布，用以刻画油藏内流体渗流动态。它与利用流线追踪油水流动并计算油水饱和度分布或其他溶剂浓度分布的"流线模拟"方法有所不同[26]。

2. 流线分布计算的原理和方法

对于任一时间步，油藏内流线分布计算的原理和方法如下所述：

(1)利用一般数值模拟过程，求解得到油藏内各个网格上的压力分布和饱和度分布值。

(2)以该时间步的压力分布为基础，利用达西公式计算得到每个网格与其六个相邻网格交界面上的法向渗流速度。

(3)利用插值计算(Pollock D. W., 1988)，可以得到网格块内任一点上渗流速度的大小和方向，以及任意一条流线在交界面上出入该网格的位置。

(4)给定单条流线的流量，根据油藏每一口注采井的位置和注采量，确定其流线的数量。

(5)结合(3)和(4)中方法及数据，计算得到所有流线的轨迹，从而得到两个油藏渗流区域内的流线分布。

(6)将所有流线经过的网格的饱和度值，赋给对应的流线段，从而获得每一条流线上的饱和度分布值。

3. 流线分布计算的作用

图15.1.7(a)是某正方形5点法注采井网单元流线模拟的结果。以此为例可以看出，流线分布计算至少具有如下用途：

(1)可以直观地描述和刻画油藏内井间注采关系和层间流动关系。从流线图很容易判断，注采井间是否联通及连通性强弱，注入水的去向及比例，以及生产井见水的来源；还可以判断不同层位间是否有窜流等，从而为评价注采井网的合理性及对注采井位、层位进行优化设计和调整提供有力帮助。

(2)可以直观地反映油藏内渗流场特征和油水流动状态。流场中流线密集的区域流速大，流线稀疏的区域流速小，没有流线的区域油水没有流动。这样可以很直观地观察到油藏内不同区域油水流动的强弱和方向，很方便地判断水驱油藏的波及系数和开发效果，有利于对油藏渗流场进行合理性评价和优化调整。

(3)与压力分布和饱和度分布的互补关系。油藏流线分布和压力及饱和度分布一样，都是油藏内流场数值模拟的结果，只是不同的表达形式而已；同时，它们又具有不同的属性。压力分布和流线分布是油藏内渗流与开发过程中某一时刻的瞬时状态，而饱和度分布是油藏渗流与开发过程的累积状态。如果油藏内各井的井位、井层和注采条件保持不变，那么数值模拟得到的饱和度分布和任意时刻的流线分布将会有较好的对应关系，饱和度分布就是流线分布所刻画的油水流动的结果，如图15.1.7(b)所示。但是，实际油藏开发过程中不可避免地会对井位、层位和注采条件不断进行调整，这样经过多个开发生产阶段累积形成的饱和度分布是无法跟任何时刻的瞬时流线分布相对应的。综合使用流线分布、压力分布和饱和度分布数据可以更加全面、可靠地对油藏渗流与开发动态进行分析。

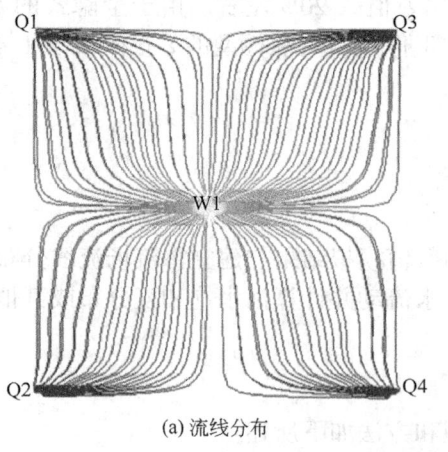
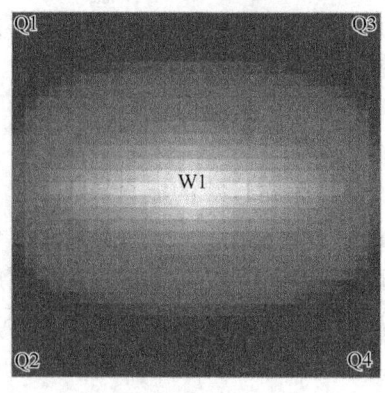

(a) 流线分布　　　　　　　　　　　　　(b) 含油饱和度分布

图 15.1.7　数值模拟饱和度分布与流线分布的对应结果

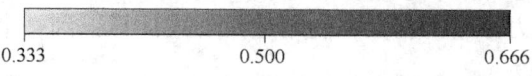

流线分布计算已经是现有油藏数值模拟技术方法的组成部分，所有的主流油藏模拟软件都已经具备此项功能，在各种模型的运算中都可以很方便地调用。

15.1.6　井的自动控制技术

井的自动控制技术指的是油藏数值模拟过程中根据油藏和井的实际情况实现自动关井、开井、定压井转定产井及定产井转定压井等的数值模拟方法和技术。

实际油藏数值模拟时，由于生产情况的复杂性，给定的井的生产条件往往也比较复杂。例如，有时需要先给定液量，然后当井底流压下降到一定程度后，自动保持某一给定最小流压同时进行生产；有时在固定产油量时，随着含水的上升，产液量不断增加，井底流压会不断下降，当到达某一下限压力（最大泵深决定的井底流压）后，井底流压不能继续下降去满足所需的生产压差时，产量就下降；有时井要进行各种修井作业如压裂、酸化、堵水等；有时需要控制一定的井口回压；有时由于存在底水或出砂等问题，要规定最大允许的生产压差；有时由于井筒条件或采油设备的限制而规定最高产油量；有时则由于井的生产气油比或含水过高，达到一定限度就要关井；等等。

现有的油藏模拟软件已经具备更为完善的井的处理功能。用户除了可以直接给定井在某一阶段的某种生产条件以外，还可同时对某口井或某些井甚至全部井规定某种或某些约束条件，例如：最高或最低的油、气、水、液产量，以及最高的气油比和含水率、最高注入量、最高或最低井底流压、最高或最低井口油压等。并且，用户还可以规定一旦某些井的计算结果达到或超过这种约束条件时，对这些井所采取的相应措施，例如：放弃原有生产条件，转而将该约束条件作为生产条件；也可以采取诸如关井、修井、补孔、压裂、酸化等措施。计算机将会按照预先设置的指令自动执行，继续生产模拟。

15.2　油藏数值模拟发展趋势

15.2.1　基于新型机理的数学模型

前面的几十年时间里，油藏数值模拟技术的发展完成了一次大循环。在这个循环中，油藏渗流机理及数学模型的研究要早于计算机软硬件技术的发展，计算机软硬件技术的发展水平是限制油藏数值模拟技术发展的主要问题；因此，研究者们在计算机软硬件上投入了最多的力量。现在，这种情况已经有所转变，计算机软硬件技术不断飞速发展，正在越来越多地满足油藏数值模拟的需要。而随着油气能源工业的发展，更多新型油气藏和新型地下能源正在不断投入勘探与开发，需要有新的数值模拟模型和软件为这一进程提供技术支持。所以，研究认识新型油藏机理、构造新型数学及数值模型，将成为油藏数值模拟技术领域发展的主题，这也意味着油藏数值模拟技术发展进入一个新的大循环。

15.2.2 智能化集成化油藏数值模拟技术

油藏数值模拟的自动化，一是指自身功能的智能化，例如自动地质建模和自动历史拟合技术；二是与油气田智能自动布井技术、油气田开发与调整方案智能优化决策技术等相结合，形成智能化综合油藏数值模拟技术，在数模运算过程中，根据油藏内油气水分布变化及单井生产动态，自动调整油藏开发方案和井的工作制度，自动维持油气田开发过程的最佳健康状态。

油藏数值模拟是油气藏开发研究的一个组成部分。在油藏数值模拟技术迅猛发展的同时，油气田开发各个环节包括地震、测井、油藏描述、试井、采油工艺、地面集输、经济评价等系列软件也都发展迅速，并逐步成龙配套，相关数据也逐步统一标准和接口，实现共享，正在形成油气藏集成管理的超级平台，并借助互联网实现云管理。这种集成化模式的形成和完善，必将大大提高油气田开发研究的整体水平。

15.2.3 快速高效油藏数值模拟技术

快速高效、降低成本一直是油藏数值模拟技术发展的追求。这方面的发展趋势主要表现在以下几个方面：

（1）计算机硬件技术。实践证明计算机硬件水平是数值模拟快速高效发展的根本保证。将最新的计算机技术引入油藏数值模拟领域是石油行业的传统。

（2）软件技术。根据计算机硬件性能设计改进相应的软件，类似向量化、并行化等软件的改进。

（3）方程组解法的改进、新解法的研制，直至脱离复杂数学微分方程的模拟方法的研究。

（4）各种精细化离散方法的研究。包括各种非结构性网格、嵌套网格，以及离散格式的改进如控制体有限差分、控制体有限元和混合有限元等。

几十年来，油藏数值模拟在世界油气田开发研究中发挥了巨大的作用。今后的发展很难具体预测；但可以肯定的是，油藏数值模拟这门科学技术必将为油气工业和人类社会做出更大的贡献，同时，油藏数值模拟技术本身也会得到更大的发展。

1. 现代油藏数值模拟技术大概有哪些？
2. 未来油藏数值模拟技术的发展趋势是什么？

参 考 文 献

[1] 韩大匡,陈钦雷, 油藏数值模拟基础. 北京:石油工业出版社,1993.
[2] Aziz K., Settari A. Petroleum Reservoir Simulation. Applied Science Publishers Ltd. 1979.
[3] 陈月明. 油藏数值模拟基础. 东营:石油大学出版社,1994.
[4] 葛家理. 油气层渗流力学. 北京:石油工业出版社,1982.
[5] 秦同洛,李璠,陈元千. 实用油藏工程方法. 北京:石油工业出版社,1989。
[6] 王新海,韩大匡,郭尚平. 聚合物驱数学模型、参数模型的建立与机理研究. 科学通报,1992,18:1713-1715.
[7] 朱维耀. 一个改进的化学驱油组分模型模拟器. 石油学报,1992,13(1):79-89.
[8] 石济民,林振宝,严宁宁. 热采数值模拟的快速自适应组合网格方法. 石油学报,1995,16(3):55-61.
[9] 徐萃薇. 计算方法引论. 北京:高等教育出版社,1985.
[10] 关治,陈景良. 数值计算方法. 北京:清华大学出版社,1990.
[11] W. F. Leung. A Tensor Model for Anistropic and Heterogeneous Reservoirs With Virable Directional Permeabilities. SPE 15134.
[12] Barenblatt, G. E., Zheltov, Iu. P., and Kochina, I. N. Basic Concepts in the Theory of Seepage of Homogeneous Liquids in Fissured Rocks. Journal of Applied Mathematics and Mechanics. 1960, 24(5): 1286-1303.
[13] Kazemi, H. et al. Numerical Simulation of Water-Oil Flow in Naturally Fractured Reservoirs [J]. SPE J., Dec. 1976, 317-326. Trans., AIME, 267.
[14] Gilman J R, Kazemi H. Improvements in Simulation of Naturally Fractured Reservoirs [J]. Society of Petroleum Engineers Journal, 1983, 23(4): 695-707.
[15] Thomas L K. Fractured Reservoir Simulation. Society of Petroleum Engineers Journal, 1983, 23(2): 42-54.
[16] Saidi A M. Simulation of Naturally Fractured Reservoirs. SPE paper 12270, 1983(11).
[17] 尹定. 全隐式三维三相裂缝黑油模型. 石油学报,1992,13(1):61-68.
[18] Dean R H, Lo L L. Simulations of naturally fractured reservoirs [j]. SPE reservoir engineering, 1988, 3(2): 638-648.
[19] Yanosik J. L. and McCracken T. A. A Nine-Point Finite-Difference Reservoir Simulator for Realistic Prediction of Adverse Mobility Ratio Displacements, SPE J., Aug 1979, 253-262.
[20] K. H. Coatsand A. O. Modine. A Consistent Method for Calculating Transmissibilities in Nine-Point Difference Equations. SPE 12248, 1983.
[21] Wolcott D. S., Kazemi H., Dean R. H. A Practical Method for Minimizing the Grid Orientation Effect in Reservoir Simulation. SPE 36723, 1996.
[22] Hurtado F. S. V., Maliska C. R., etal. On the Factors Influencing the Grid Orientation Effect in Reservoir Simulation [C] // 19th International Congress of Mechanical Engineering. Brasilia, ABCM, 2007.
[23] Eymard R., Guichard C., Masson R. Grid orientation effect in coupled finite volume schemes [J]. IMA Journal of Numerical Analysis, 2013, 33: 582-608.
[24] Karine Laurent, Éric Flauraud, Christophe Preux. Design of coupled finite volume schemes minimizing the grid orientation effect in reservoir simulation [J]. Journal of Computational

Physics, 2021, 425: 109923.
[25] 吕广忠, 张建乔, 栾志安. 油藏数模并行化结构分析. 新疆石油学院学报, 2002, 14(4): 41-44.
[26] Pollock D W. Semianalytical computation of path lines for finite-difference models [J]. Ground Water, 1988, 26(6): 743-750.